CHAPTER WISE
BILINGUAL

MATHS
RPF WARRIOR

विगत वर्षों के प्रश्नों का अध्यायवार संकलन

Author
Aditya Ranjan
Excise Inspector
Editor
Rudra Pratap Verma

S Chand And Company Limited
(ISO 9001 Certified Company)

S Chand And Company Limited

(ISO 9001 Certified Company)

Head Office: D-92, Sector–2, Noida 201301, U.P. (India), Ph. 91-120-4682700
Registered Office: A-27, 2nd Floor, Mohan Co-operative Industrial Estate, New Delhi – 110 044
Phone: 011-49731800
www.schandpublishing.com; e-mail: info@schandpublishing.com

Marketing Offices:

Chennai : Ph: 23632120, chennai@schandpublishing.com
Guwahati : Ph: 2738811, 2735640 guwahati@schandpublishing.com
Hyderabad : Ph: 40186018, hyderabad@schandpublishing.com
Jalandhar : Ph: 4645630, jalandhar@schandpublishing.com
Kolkata : Ph: 23357458, 23353914, kolkata@schandpublishing.com
Lucknow : Ph: 4003633, lucknow@schandpublishing.com
Mumbai : Ph: 25000297, mumbai@schandpublishing.com
Patna : Ph: 2260011, patna@schandpublishing.com

First Edition 2024
Reprint 2024
Second Edition 2024

ISBN: 978-93-587-0789-2 **Product Code:** H2MRW56MATH40BIAB24O

PRINTED IN INDIA

By Vikas Publishing House Private Limited, Plot 20/4, Site-IV, Industrial Area Sahibabad, Ghaziabad – 201 010 and
Published by S Chand And Company Limited, A-27, 2nd Floor, Mohan Co-operative Industrial Estate, New Delhi – 110 044

About Aditya Ranjan

Aditya Ranjan Sir is a renowned Maths Faculty , who has taught lakhs of students through Rankers Gurukul You Tube channel and its offline centre. His free maths & guidance videos have millions of views on youtube. He has a unique approach of solving new TCS questions . He always focuses on relevant and updated content.

His new innovative idea of completing entire maths syllabus for any govt. exam on you tube through **"60 Days 60 Marathon"** is a landmark in online education.

He has got selected at his very early age and his words **"SELECTED है SELECTION दिलायेंगे"** are very popular among students.

EXAMS QUALIFIED:

CGL , CHSL, CPO , CDS (3 TIMES)

**** HE SCORED ****

- **MATHS – 50/50**
- **ENGLISH – 50/50**
- **REASONING – 50/50**

and got selected in **SSC CHSL 2019** with **AIR - 114.**

He scored the same in CGL 2019 PRE and **227/200 in MAINS (MATHS)** and got selected in SSC CGL 2019 as an **EXCISE INSPECTOR.**

CONTACT US

- **YOU TUBE –** RANKERS GURUKUL
- **TELEGRAM–** Maths By Aditya Ranjan
- **Instagram –** aditya_ _ _ranjan
- **Facebook –** Maths By Aditya Ranjan
- **Mail –** Mathsbyadityaranjan@gmail.com

Dedicated to my dear
"ASPIRANTS" & team
"RANKERS' GURUKUL"
Who have inspired me
to write this book.

ACKNOWLEDGMENT

मैं उन सभी लोगों का आभारी हूँ जिन्होंने इस पुस्तक को तैयार करने में मेरी मदद की। मैं विशेषकर विक्रमजीत सर का ऋणी हूँ, जिन्होंने हमेशा बड़े भाई की तरह मेरा मार्गदर्शन किया और शायद जिनके बिना इस मुकाम पर पहुँचना संभव नहीं था। साथ में सबसे ज्यादा आभारी अपनी **Publication Team** का हूँ जिसने बहुत मेहनत करके इस पुस्तक को तैयार करने में मेरी मदद करने के साथ Proofread करके इसको Error Free बनाया है और जिस तरह से महाभारत के रचयिता वेदव्यास जी है लेकिन उसे लिखा गणेश जी ने है उसी तरह से इस किताब को लिखने वाले हमारे **DTP Operators** को भी मैं धन्यवाद करता हूँ साथ ही मैं अपने छात्रों को भी धन्यवाद देना चाहता हूँ जिन्होंने वास्तव में मुझे इस पुस्तक को बनाने के लिए प्रेरित किया।

– आदित्य रंजन

INDEX

MOCK TEST/मॉक टेस्ट

PERCENTAGE

प्रतिशतता

01

1. 3 मीटर का कितना प्रतिशत 75 सेमी है?
What percentage of 3 meters is 75 cm?
RPF Constable 31/03/2019 (Shift-01)
(a) 20% (b) 24%
(c) 22% (d) 25%

2. 10 रूपये का 25% कितना होगा?
What will be 25% of Rs 10?
RPF Constable 31/03/2019 (Shift-02)
(a) Rs. 2.90 (b) Rs. 2.80
(c) Rs. 3.80 (d) Rs. 2.50

3. एक बॉक्स में 70 डिटर्जेट साबुन हैं जिनमें से 28 का उपयोग कर लिया गया है। बॉक्स में कितने प्रतिशत डिटर्जेट साबुन शेष है? (% में)
A box contains 70 detergent soaps out of which 28 have been used. What percentage of detergent soap is left in the box? (% In)
RPF Constable 18/01/2019 (Shift-03)
(a) 60 (b) 80
(c) 70 (d) 50

4. धातु के एक टुकड़े की कीमत 360 रूपये से बढ़ाकर 432 रूपये कर दी गई है। कीमत का अतिरिक्त प्रतिशत ज्ञात कीजिए। (% में)
The price of a piece of metal has been increased from Rs 360 to Rs 432. Find the additional percentage of price. (% In)
RPF Constable 25/01/2019 (Shift-01)
(a) 30 (b) 25
(c) 15 (d) 20

5. एक बल्ब उत्पादक कंपनी ने कुल उत्पाद का 13% उत्पाद दोषपूर्ण पाया, यदि गैर दोषपूर्ण उत्पादों की कुल संख्या 4785 हो, तो कुल दोषपूर्ण उत्पादों की संख्या बताएं।
A bulb manufacturing company found 13% of the total products defective, if the total number of non defective products is 4785, then find the total number of defective products.
RPF SI 12/01/2019 (Shift-03)
(a) 720 (b) 710
(c) 715 (d) 705

6. एक बल्ब निर्माता ने पाया कि कुल उत्पाद का 13% दोषपूर्ण है। यदि गैर दोषपूर्ण उत्पादों की संख्या 4524 है, तो दोषपूर्ण उत्पादों की संख्या ज्ञात करें।
A bulb manufacturer found that 13% of the total product was defective. If the number of non defective products is 4524, find the number of defective products.
RPF Constable 06/01/2019 (Shift-01)
(a) 686 (b) 676
(c) 656 (d) 696

7. यदि कुमार ने कच्चे माल की खरीद में 35000 रुपये, मशीनरी खरीदने में 40000 रुपये खर्च किए और कुल का 20% उसके पास हैं, तो कुल राशि ज्ञात कीजिए।
If Kumar spent Rs.35000 in purchasing raw material, Rs.40000 in purchasing machinery and he has 20% of the total, then find the total amount.
RPF Constable 31/03/2019 (Shift-02)
(a) Rs 90000 (b) Rs 93750
(c) Rs 85750 (d) Rs 80000

8. एक बल्ब उत्पादक कंपनी ने कुल उत्पाद का 11% दोषपूर्ण पाया। यदि गैर दोषपूर्ण उत्पादों की कुल संख्या 5607 है, तो कुल दोषपूर्ण उत्पादों की संख्या बतायें।
A bulb producing company found 11% of the total product defective. If the total number of non defective products is 5607, then tell the number of total defective products.
RPF SI 05/01/2019 (Shift -02)
(a) 693 (b) 643
(c) 983 (d) 463

9. किसी संख्या के 80% के 75% के 66.67% का 25% 6217 है। उस संख्या का 40% ज्ञात करें?
25% of 80% of 75% of 66.67% of a number is 6217. Find 40% of that number?
RPF Constable 24/01/2019 (Shift-02)
(a) 23868 (b) 22868
(c) 24868 (d) 25868

10. यदि 582 के x% का 15% = 17.46 होता है, तो 'x' का मान ज्ञात कीजिए।
If 15% of x% of 582 = 17.46, then find the value of 'x'.
RPF Constable 31/03/2019 (Shift-02)
(a) 25 (b) 10
(c) 20 (d) 2

11. किसी संख्या के तीन-सातवें भाग के एक-तिहाई का दो-पांचवा हिस्सा 15 हैं। उस संख्या का 40 प्रतिशत क्या है?
Two-fifths of one-third of three-sevenths of a number is 15. What is 40 percent of that number?
RPF Constable 30/03/2019 (Shift-03)
(a) 136 (b) 105
(c) 84 (d) 72

12. यदि 150 का 45% + 170 का x% = 317.5 का 40% है, तो 'x' का मान ज्ञात कीजिए।
If 45% of 150 + x% of 170 = 40% of 317.5, then find the value of 'x'.
RPF Constable 30/03/2019 (Shift-01)
(a) 29 (b) 22
(c) 30 (d) 35

13. किसी संख्या का 66.67% का 25%, 80% का 75%, 6347 है। उस संख्या का 40% ज्ञात कीजिए।
25% of 66.67% of 75% of 80% of a number is 6347. Find 40% of that number.
RPF Constable 02/02/2019 (Shift-01)
(a) 24388 (b) 23388
(c) 25388 (d) 26388

14. किसी संख्या का 66.67% का 25%, का 80% का 75%, 6355 है। उस संख्या का 40% ज्ञात कीजिए।
25% of 66.67% of 75% of 80% of a number is 6355. Find 40% of that number.
RPF Constable 03/02/2019 (Shift-02)
(a) 24420 (b) 25420
(c) 26420 (d) 23420

15. अनिल फ्रेंच में 120 में से 73 अंक, अंग्रेजी में 130 में से 89 अंक, स्पैनिश भाषा में 70 में से 37 अंक और जापानी भाषा में 80 में से 41 अंक प्राप्त करता है। उसके द्वारा प्राप्त अंकों का कुल प्रतिशत ज्ञात कीजिए? (% में)
Anil scored 73 marks out of 120 in French, 89 marks out of 130 in English, 37 marks out of 70 in Spanish and 41 marks out of 80 in Japanese. Find the total percentage of marks obtained by him? (% In)
RPF SI 16/01/2019 (Shift-03)
(a) 50 (b) 65
(c) 60 (d) 55

16. नेशनल लेवल टेस्ट में 500 छात्र परीक्षा के लिए उपस्थित हुए। इन छात्रों में से 42% छात्रों को 81-100 प्रतिशत अंक मिले 25% छात्रों को 61-80 प्रतिशत अंक मिले और शेष छात्रों को 41-60 प्रतिशत अंक मिले। उन छात्रों की संख्या ज्ञात करें जिनके पास 41-60 प्रतिशत है।
In National Level Test 500 students appeared for the examination. Out of these students, 42% students got 81-100 percent marks, 25% students got 61-80 percent marks and the remaining students got 41-60 percent marks. Find the number of students who have 41-60 percent.
RPF Constable 01/01/2019 (Shift-01)
(a) 165 (b) 175
(c) 145 (d) 155

17. राष्ट्रीय स्तर की परीक्षा में 650 विद्यार्थियों ने भाग लिया। इनमें से 47% छात्रों ने 81 – 100% अंक प्राप्त किए, 23% छात्रों ने 61 – 80% अंक प्राप्त किए और शेष छात्रों ने 41 – 60% अंक प्राप्त कि तो 41 – 60 प्रतिशत प्राप्त करने वाले छात्रों की संख्या ज्ञात कीजिए।
650 students participated in the national level examination. Out of these, 47% students scored 81 – 100% marks, 23% students scored 61 – 80% marks and remaining students scored 41 – 60% marks then find the number of students who scored 41 – 60%.
RPF Constable 19/01/2019 (Shift-01)
(a) 180 (b) 120
(c) 165 (d) 195

18. किसी फर्म में काम करने वाले कामगारों की संख्या 21% बढ़ा दी जाती हैं और प्रति व्यक्ति उनका वेतन 21% घटा दिया जाता है। ऐसा करने से यदि वेतन के लिए व्यय की जाने वाली कुल राशि में x% की कमी होती है, तो x का मान ज्ञात कीजिए?
The number of workers working on a farm is increased by 21% and their per capital wages are reduced by 21%. By doing this, if the total amount spent on salaries is reduced by x%, then find the value of x?
RPF SI 06/01/2019 (Shift-03)
(a) 4.43 (b) 4.41
(c) 4.42 (d) 4.40

19. स्टेशन मास्टर निर्णय करता है कि आयताकार डिजिटल बोर्ड की लंबाई और चौड़ाई क्रमश: 6% बड़ा दी जाए और 4% घटा दी जाए। क्षेत्रफल में हुए कुल परिवर्तन का पता करें।
The Station Master decides that the length and width of the rectangular digital board should be increased by 6% and decreased by 4% respectively. Find the total change in area.
RPF Constable 05/01/2019 (Shift-01)
(a) 1.69% कमी
(b) 1.69% वृद्धि
(c) 1.76% कमी
(d) 1.76% वृद्धि

20. एक दुकानदार किसी वस्तु के लागत मूल्य में 37% की बढ़ोत्तरी करके उस पर मूल्य अंकित करने के पश्चात उसकी बिक्री पर 37% की छूट रखता है। तो उसे होने वाले कुल लाभ अथवा हानि का प्रतिशत ज्ञात कीजिए?
A shopkeeper, after marking an item by increasing its cost price by 37%, gives a discount of 37% on its sale. Then find the percentage of total profit or loss suffered by him?
RPF SI 06/01/2019 (Shift-01)
(a) 13.69% हानि
(b) 12.96% हानि
(c) 13.69% लाभ
(d) 12.96% लाभ

21. बिनॉय अपने वेतन का 16% हिस्सा दृष्टिहीनों की एक संस्था को, 12% अनाथों की संस्था को, 13% दिव्यांगों की संस्था को दान देता है और वह अपने वेतन का 14% हिस्सा मेडिकल केम्प की स्थापना में मदद के रूप में देता है। शेष 20925 रूपये वह मासिक खर्च के लिए बैंक में जमा करता है। अनाथों की संस्था को वह कितनी राशि दान करता है?
Binoy donates 16% of his salary to an organization for the blind, 12% to an organization for orphans, 13% to an organization for the disabled and he donates 14% of his salary to help establish a medical camp. He deposits the remaining Rs.20925 in the bank for monthly expenses. How much amount does he donate to the orphans' organization?
RPF SI 10/01/2019 (Shift-01)
(a) Rs. 5580 (b) Rs. 5680
(c) Rs. 6890 (d) Rs. 4840

22. मार्टिन अपने वेतन का 13% अंध कल्याण संस्था को, 12% अनाथालय को, 14% कल्याण एजेंसी को और 16% चिकित्सा सहायता एजेंसी को दान करते हैं। उनका शेष वेतन बैंक में उसके मासिक खर्च के लिए 40500 रु. जमा हो जाते हैं। किसी अनाथालय को दान की गई राशि कितनी है?

Martin donates 13% of his salary to the blind welfare institution, 12% to orphanage, 14% to the welfare agency and 16% to the medical aid agency. The rest of his salary is Rs. 40500 accumulates in the bank for its monthly expenditure. What is the amount donated to an orphanage?

RPF SI 06/01/2019 (Shift- 02)

(a) Rs.11,800 (b) Rs.12,800
(c) Rs.10,800 (d) Rs.9,800

23. ओम ने अपनी बेकरी के लिए पिछले साल की तुलना में 12 प्रतिशत अधिक बाजरे का आटा ऑर्डर करने का फैसला किया। यदि उसने पिछले वर्ष 240 किलो बाजरे का आटा ऑर्डर किया था, तो इस वर्ष उसे कितनी मात्रा में बाजरे का आटा ऑर्डर करना चाहिए?

Om decided to order 12 percent more millet flour for his bakery than last year. If he ordered 240 kg last year, then how much quantity of millet flour should he order this year?

SSC GD 13/01/2023 (Shift-03)

(a) 272.2 kg. (b) 268.8 kg.
(c) 252.2 kg. (d) 258.8 kg.

24. पिंकी ने अपनी कार की टंकी को 20 लीटर पेट्रोल से भर दिया। वह एक यात्रा पर निकलती है और अंत में टैंक में केवल 5.5 लीटर पेट्रोल बचता है। टैंक में पेट्रोल में कितने प्रतिशत परिवर्तन हुआ?

Pinky fills her car tank with 20 liters of petrol. She goes on a journey and end up with just 5.5 liters of petrol left in the tank. What is the percent change in the petrol in the tank?

SSC GD 30/01/2023 (Shift-02)

(a) 14.5 percent
(b) 72.5 percent
(c) 5.5 percent
(d) 85.5 percent

25. यदि किसी संख्या का 30% उस संख्या के 60% से 15 कम है, तो वह संख्या ज्ञात कीजिए।

If 30% of a number is 15 less than 60% of that number, then find that number.

SSC GD 22/11/2021 (Shift-02)

(a) 40 (b) 50
(c) 65 (d) 72

26. यदि x का 25%, $(x + 60)$ के 30% से 40 कम है, तो $(x - 40)$ का 35%, 120 से कितने प्रतिशत अधिक होगा?

If 25% of x is 40 less than 30% of $(x + 60)$, then 35% of $(x - 40)$ is what percent more than 120?

SSC GD 17/11/2021 (Shift-01)

(a) 20% (b) $12\frac{1}{2}\%$
(c) $16\frac{2}{3}\%$ (d) 25%

27. एक दुकानदार ने 600 संतरे और 400 केले खरीदे। उसने पाया कि 30% संतरे और 18% केले सड़े हुए हैं। अच्छे फलों का प्रतिशत ज्ञात कीजिए।

A shopkeeper bought 600 oranges and 400 bananas. He found that 30% of oranges and 18% of bananas are rotten. Find the percentage of good fruits.

SSC GD 18/11/2021 (Shift-03)

(a) 74.8 (b) 78.8
(c) 70.8 (d) 64.8

28. एक कार का वर्तमान मूल्य 8,50,000 रुपये है और इसका मूल्य प्रति वर्ष 10% की दर से घट रहा है। 4 वर्ष बाद इसका मूल्य (रुपये में) क्या होगा?

The current value of a car is Rs 8,50,000 and its value is depreciating at the rate of 10% per annum. What will be its value (in Rs) after 4 years?

SSC GD 12/01/2023 (Shift-03)

(a) 5,47,685 (b) 5,57,685
(c) 5,67,685 (d) 4,57,865

29. 2011 से 2014 तक, एक शहर की जनसंख्या सालाना 2% की दर से बढ़ रही है। यदि 2014 में इसकी जनसंख्या 13,265 थी, तो 2011 में इसकी जनसंख्या (लगभग) क्या रही होगी?

From 2011 to 2014, a town's population is increasing at the rate of 2% annually. If its population was 13,265 in 2014, then what would have been its population (Approximately) in 2011?

SSC GD 27/01/2023 (Shift-03)

(a) 12500 (b) 12275
(c) 12250 (d) 12000

30. एक गाँव की जनसंख्या पहले वर्ष में $12\frac{1}{2}\%$ बढ़ जाती है और दूसरे वर्ष में 8% घट जाती है। यदि गाँव की वर्तमान जनसंख्या 3200 है, तो 2 वर्ष बाद गाँव की जनसंख्या कितनी होगी?

The population of a village increases by $12\frac{1}{2}\%$ in the first year and decrease by 8% in the second year. If the present population of village is 3200, then what will be the population of the village after 2 years?

SSC GD 27/01/2023 (Shift-04)

(a) 3312 (b) 3564
(c) 3412 (d) 3388

31. चीनी की कीमत 33% बढ़ जाती है। एक परिवार को चीनी के उपयोग में कितने प्रतिशत कमी करनी चाहिए, ताकि व्यय में वृद्धि न हो?

The price of sugar increases by 33%. By what percent should a family reduce the use of sugar so as not to increase the expenditure?

SSC GD 18/11/2021 (Shift-02)

(a) 29.8 (b) 33
(c) 30 (d) 25.8

32. यदि तेल की कीमत 25 प्रतिशत बढ़ जाती है और अर्पित तेल पर व्यय 10 प्रतिशत बढ़ा देता है, तो वह खरीदे गए तेल की मात्रा कितने प्रतिशत कम कर देगा?

Percent and Arpit increase the expenditure on oil by 10 percent, then by how much percent will he reduce the quantity of oil purchased?

SSC GD 25/01/2023 (Shift-02)

(a) 22% (b) 42%
(c) 12% (d) 88%

33. एक वस्तु के मूल्य में 20% की वृद्धि होने पर गुप्ता परिवार अपने मासिक बजट को इस प्रकार पुनर्व्यवस्थित करता है कि उक्त वस्तु पर 8% अतिरिक्त धन ही व्यय हो। बढ़ी हुई राशि के प्रबंधन के लिए उन्हें उस वस्तु के उपभोग में कितने प्रतिशत की कमी करनी चाहिए?

When the price of an article is increased by 20%, the Gupta family rearranges its monthly budget in such a way that only 8% additional money is spent on the said item. By what percent should they reduce the consumption of that article to manage the increased amount?

SSC GD 24/11/2021 (Shift-02)

(a) 14 (b) 8
(c) 10 (d) 12

34. गेंहू के मूल्य में $12\frac{1}{2}\%$ की कमी होने से एक व्यक्ति 280 रु. में $2\frac{1}{2}$ किग्रा अधिक गेंहू खरीद पाता है। आरंभ में व्यक्ति कितने गेहूं (किग्रा में) खरीद पाता था?

A decrease of $12\frac{1}{2}\%$ in the price of wheat enables a person to buy $2\frac{1}{2}$ kg more wheat for Rs. 280. Initially, how much wheat (in kg) could the person buy?

SSC GD 22/11/2021 (Shift-03)

(a) 20 (b) 12.5
(c) 15 (d) 17.5

35. एक आदमी का खर्च उसकी आय का 70% है। यदि उसकी आय में क्रमिक रूप से 20% और 50% की वृद्धि होगी, तो उसका नया व्यय उसके पिछले व्यय से कितना प्रतिशत अधिक/कम होगा, ताकि उसकी नई बचत पिछली बचत का 2.5 गुना हो जाए?

The expenditure of a man is 70% of his income. If his income will successively increase by 20% and 50%, then his new expenditures is how much percentage more/less than his previous expenditure, so that his new savings become 2.5 times of the previous savings?

SSC GD 11/01/2023 (Shift-04)

(a) 50% अधिक (b) 50% कम
(c) 54% कम (d) 54% अधिक

36. एक आदमी अपनी मासिक आय का क्रमश: 31% और 9% भोजन और कपड़ों पर खर्च करता है, और शेष का एक तिहाई बच्चों की शिक्षा पर खर्च करता है। वह प्रति माह ₹4,500 बचाता है, जो भोजन, कपड़े और बच्चों की शिक्षा पर खर्च करने के बाद शेष राशि के आधे के बराबर है। उनका मासिक वेतन है:

A man spends 31% and 9% of his monthly income on food and clothing, respectively, and one third of the remaining on the education of children. He saves ₹4,500 per month, which is equal to half the balance after spendig on food, clothing and education of children. His monthly salary is:

SSC GD 17/01/2023 (Shift-03)

(a) ₹21,000 (b) ₹22,500
(c) ₹20,650 (d) ₹26,700

37. अब्दुल की सैलरी 1,50,000 रुपये प्रति माह है. वह अपने वेतन का 10% स्कूल की फीस भरने पर खर्च करता है। जुलाई महीने में उनके वेतन में 3% की वृद्धि हुई, लेकिन उसी महीने स्कूल की फीस में 5% की बढ़ोतरी कर दी गई। यदि अन्य व्यय समान हैं तो जुलाई माह में उसकी बचत में शुद्ध परिवर्तन क्या होगा?

Abdul's salary is Rs.1,50,000 per month. He spends 10% of his salary on paying the school fees. He got an increment of 3% in his salary in the month of July, but the school fee was hiked by 5% the same month. What will be the net change in his saving in the month of July if the other expenditures are the same?

SSC GD 24/01/2023 (Shift-02)

(a) Decrease of Rs.3,750
(b) Decrease of Rs.2,750
(c) Increase of Rs.3,750
(d) Increase of Rs.2,750

38. विग्नेश अपनी मासिक आय का 42% भोजन पर, 16% मकान के किराए पर 11% मनोरंजन पर और 7% परिवहन पर खर्च करता है। लेकिन किसी पारिवारिक समारोह के कारण, 18,000 रु. के खर्चों की पूर्ति के लिए उसे साहूकार से 12,000 रु. उधार लेने पड़े। उसकी मासिक आय कितनी है?

Vignesh spends 42% of his monthly income on food, 16% on house rent, 11% on entertainment and 7% on transport. But due to some family function, he had to borrow Rs. 12,000 from a moneylender to meet the expenses of Rs. 18,000. What is his monthly income?

SSC GD 16/11/2021 (Shift-02)

(a) Rs. 30,000
(b) Rs. 25,000
(c) Rs. 20,000
(d) Rs.24,000

39. तीन उम्मीदवारों A, B और C के बीच एक चुनाव में, 80% पंजीकृत मतदाताओं ने मतदान किया और सभी वोट वैध थे। उम्मीदवार B को A से 50% कम वोट मिले, और B और C द्वारा प्राप्त वोटों की संख्या के बीच का अंतर 10000 था। यदि B को C से 10% अधिक वोट मिले, तो मतदान सूची में पंजीकृत मतदाताओं की संख्या है:

In an election between three candidates A, B and C, 80% of the registered voters voted and all the votes were valid. Candidate B got 50% less votes than A, and the difference between the number of votes secured by B and C was 10000. If B got 10% more votes than C, then the number of voters registered on the voting list is:

SSC GD 12/01/2023 (Shift-04)

(a) 175000 (b) 430000
(c) 220000 (d) 537500

40. दो पार्टियों द्वारा लड़े गए चुनाव में, पार्टी A को पार्टी B से 16 प्रतिशत अधिक वोट मिले। यदि पार्टी B को 25200 वोट मिले और कोई अवैध वोट नहीं हैं, तो पार्टी B कितने वोटों से चुनाव हार गई?
In an election contested by two parties, party A secured 16 percent of the total votes more than party B. If party B got 25200 votes and there are no invalid votes, by how many votes did party B lose the election?
SSC GD 13/01/2023 (Shift-01)
(a) 9600 (b) 1800
(c) 5400 (d) 3600

41. दो उम्मीदवारों के बीच चुनाव में, जिसे 64% वोट मिलते हैं, वह 4,340 वोटों के बहुमत से चुना जाता है। कुल पड़े वोटों की संख्या कितनी है? (यह मानते हुए कि डाले गए सभी वोट वैध हैं)
In an election between two candidates, one who gets 64% of the votes polled is elected by a majority of 4,340 votes. What is the total number of votes polled? (considering that all the polled votes are valid)
SSC GD 12/01/2023 (Shift-02)
(a) 15500 (b) 16500
(c) 16000 (d) 15000

42. 30% पुरुष 25 वर्ष से अधिक आयु के हैं, और 80% 50 वर्ष से कम या उसके बराबर आयु के हैं। फुटबॉल सभी पुरुषों में से 20% द्वारा खेला जाता है। यदि 50 वर्ष से अधिक आयु के 20% पुरुष फुटबॉल खेलते हैं, तो कितने प्रतिशत फुटबॉल खिलाड़ी 50 वर्ष से कम या उसके बराबर उम्र के हैं?
30% of the men are over the age of 25 years, and 80% are under or equal to 50 years of age. Football is played by 20% of all men. What percentage of football players are under or equal to 50 years of age, if 20% of men over the age of 50 years play football.
SSC GD 16/01/2023 (Shift-02)
(a) 77% (b) 80%
(c) 71% (d) 82%

43. एक विक्रेता अपने पास मौजूद 40 प्रतिशत संतरे बेच देता है और शेष 10 प्रतिशत फेंक देता है। अगले दिन वह शेष का 50 प्रतिशत बेच देता है और शेष फेंक देता है। विक्रेता अपने संतरे का कितना प्रतिशत फेंक देता है?
A vendor sells 40 percent of oranges he had and throws away 10 percent of the remainder. Next day he sells 50 percent of the remaining and throws away the rest. What percent of his oranges does the vendor throw?
SSC GD 24/01/2023 (Shift-04)
(a) 45% (b) 60%
(c) 33% (d) 27%

44. एक कार चालक को एक निश्चित दूरी तय करने में लगने वाले समय को 40% कम करने के लिए कार की गति कितने प्रतिशत बढ़ानी चाहिए?
By what percentage should a car driver increase the speed of the car to reduce the time by 40% to cover a fixed distance?
SSC GD 25/01/2023 (Shift-03)
(a) $68\frac{1}{3}\%$ (b) $66\frac{2}{3}\%$
(c) $53\frac{1}{6}\%$ (d) $64\frac{1}{3}\%$

45. संख्या 5650 में 15% की वृद्धि करने पर यह बढ़कर ____ हो जायेगी ?
By increasing the number 5650 by 15%, it will increase to ____?
Group D 29/09/2022 (Shift-01)
(a) 6795.50 (b) 6997.25
(c) 6435.00 (d) 6497.50

46. संख्या A, संख्या B का आठ गुना है। संख्या B संख्या A से कितने प्रतिशत कम है?
Number A is eight times of number B. By what percentage is number B less than number A?
NTPC CBT-2 15/06/2022 (Shift-02)
(a) 87.5% (b) 20%
(c) 80% (d) 12.5%

47. 90 के 50% का 80% कितना होगा?
What is 80% of 50% of 90?
RRB ALP & TECH 23/01/2019 (Shift-03)
(a) 36 (b) 30
(c) 34 (d) 32

48. एक राशि के 85% के 50% का 30%, 51 के बराबर है। राशि ज्ञात कीजिए।
30% of 50% of 85% of a sum is equal to 51. Find the amount.
NTPC CBT-1 01/03/2021 (Shift-02)
(a) 350 (b) 400
(c) 250 (d) 300

49. एक राशि के 32% के 40% का 60%, 432 रुपये है। राशि (रुपये में) क्या है?
60% of 40% of 32% of an amount is Rs. 432. What is the amount (in Rs.)?
NTPC CBT-1 02/02/2021 (Shift-01)
(a) 5,525
(b) 5,605
(c) 5,625
(d) 5,555

50. किसी संख्या के 66.67% का 60% का 80% का 25%, 4617 है। उस संख्या का 40% ज्ञात कीजिए।
25% of 66.67% of 60% of 80% of a number is 4617. Find 40% of that number.
RPF Constable 17/01/2019 (Shift-02)
(a) 23085 (b) 25085
(c) 24085 (d) 26085

51. 1 घंटे का 1 मिनट 12 सेकेंड कितना होता है?
1 min 12 sec is how much of 1 hour?
NTPC SI 06/01/2019 (Shift-02)
(a) 2% (b) 12%
(c) 11% (d) 1.2%

52. यदि 300 में 2.5% की कमी की जाती है, तो उत्तर है।
If 300 is decreased by 2.5%, the answer is.
(a) 292.5 (b) 296.5
(c) 297.5 (d) 295

53. जब किसी संख्या में $47\frac{1}{2}\%$ की वृद्धि होती है, तो परिणाम 590 होता है। संख्या ज्ञात कीजिए ।
When a number is increased by $47\frac{1}{2}\%$, the result is 590. Find the number.
Group D 09/09/2022 (Shift-03)
(a) 700 (b) 500
(c) 600 (d) 400

54. एक संख्या में 37% की कमी से यह 315 हो जाती है। इसे कितने प्रतिशत बढ़ाया जाना चाहिए ताकि यह 800 हो जाए?
A number reduced by 37% becomes 315. By what percentage should it be increased so that it becomes 800?
NTPC CBT-1 16/02/2021 (Shift-02)
(a) 63% (b) 60%
(c) 65% (d) 62%

55. एक व्यक्ति को वर्ष 2007 के अपने वार्षिक वेतन के रूप में 8,80,000 रुपये प्राप्त हुए जो 2006 के उसके वार्षिक वेतन से 10% अधिक था। वर्ष 2006 में उसका वार्षिक वेतन था?
A man received Rs. 8,80,000 as his annual salary of the year 2007 which was 10% more than his annual salary in 2006. His annual salary in the year 2006 was?
(a) ₹ 4,80,000
(b) ₹ 8,00,000
(c) ₹ 4,00,000
(d) ₹ 8,40,000

56. 0.002, 0.12 का कितना प्रतिशत है?
0.002 is what percent of 0.12?
NTPC CBT-1 28/12/2020 (Shift-01)
(a) 6% (b) $\frac{5}{3}\%$
(c) $\frac{3}{5}\%$ (d) 5%

57. एक संख्या के 48% और 38% के बीच का अंतर 354 है। उस संख्या का 58% क्या है?
The difference between 48% and 38% of a number is 354. What is 58% of that number?
NTPC CBT-1 31/01/2021 (Shift-02)
(a) 2034.6 (b) 1987.56
(c) 2052.4 (d) 2053.2

58. सुनैना एक निजी कंपनी में कार्य करती है और उसकी वार्षिक आय 300000 रुपये है। उसके पास एक नया और एक पुराना वाहन है उसकी आय का 5% नया वाहन रखने पर खर्च किया जाता है और नए वाहन से 2% अधिक पुराने वाहन पर खर्च किया जाता है। दोनों वाहनों पर कुल वार्षिक व्यय कितना है?
Sunaina works in a private company and her annual income is Rs. 300000. She has a new and an old vehicle. 5% of her income is spent on keeping of new vehicle and 2% more than the new one is spent on old one. What is the total annual expenditure on both vehicles?
Group-D 28/09/2018 (Shift-03)
(a) Rs.20000
(b) Rs.36000
(c) Rs.12500
(d) Rs.25000

59. हेमा ने अपने वेतन का 15% एक धर्मार्थ ट्रस्ट को दान करने का फैसला किया। दान के दिन उसने अपना मन बदल लिया और 4,500 रुपये का दान दिया, जो उसके द्वारा पहले तय किए गए राशि का 125% है। हेमा का वेतन ज्ञात कीजिए।
Hema decided to donate 15% of her salary to a charitable trust. On the day of donation she changed her mind and donated Rs. 4,500 which is 125% of what she has decided earlier. Find Hema's salary
NTPC CBT-1 21/03/2021 (Shift-02)
(a) 30,000 रुपये
(b) 24,000 रुपये
(c) 18,000 रुपये
(d) 32,000 रुपये

60. एक स्पोर्ट शोरूम में अलग-अलग गेम एक्सेसरीज हैं। स्विमिंग एक्सेसरीज की 50%, आउटडोर गेम एक्सेसरीज की 40% और इनडोर गेम एक्सेसरीज की 10% बिक्री होती है। यदि किसी विशेष महीने की दुकान 10000 रुपये की तैराकी पोशाक बेचता है, तो आउटडोर खेल के सामान की बिक्री का अनुमानित आंकड़ा क्या है?
In a sport showroom there are different game accessories. There is 50% selling of swimming accessories, 40% of outdoor game accessories and 10% of indoor game accessories. If in a particular month store sells swimming costumes of worth Rs. 10,000, then what is the estimated figure of the selling of outdoor game accessories?
Group-D 26/09/2018 (Shift-03)
(a) 8000 रुपये (b) 5000 रुपये
(c) 3000 रुपये (d) 4000 रुपये

61. चीनी के मूल्य में 30% की वृद्धि हो जाती है। सीता को चीनी की खपत कितने प्रतिशत कम कर देनी चाहिए कि उसके व्यय में कोई वृद्धि न हो?
The price of the sugar goes up by 30%. By what percent should Sita reduce her consumption so that the expenditure does not increase?
RRB ALP & TECH 29/08/2018 (Shift-01)
(a) $23\frac{1}{13}\%$ (b) $22\frac{1}{13}\%$
(c) 23% (d) 22%

62. एक निश्चित दूरी को तय करने में लगने वाले समय को 20% कम करने के लिए एक मोटर चालक को अपनी गति में कितने प्रतिशत की वृद्धि करनी चाहिए?
By what percentage should a motorist increase his speed to reduce the time taken to cover a certain distance by 20%?
NTPC CBT-1 28/12/2020 (Shift-01)
(a) 20% (b) 30%
(c) 25% (d) 35%

63. एक जीवाणु की आबादी पहले 10 मिनट में 6% और फिर अगले 10 मिनट में 10% की दर से बढ़ती है। 20 मिनट के अंत में जनसंख्या में कुल प्रतिशत वृद्धि कितनी है?
A bacterial population increases at the rate of 6% in the first 10 minutes and then 10% in the next 10 minutes. What is the overall percentage increase in the population at the end of 20 minutes?
NTPC CBT-1 08/02/2021 (Shift-02)
(a) 16% (b) 16.3%
(c) 16.5% (d) 16.6%

64. यदि एक आयत की लंबाई और चौड़ाई में क्रमशः +15% और -10% का परिवर्तन किया जाता है। तो आयत के क्षेत्रफल में % परिवर्तन क्या होगा?

If the length and the breadth of a rectangle is changed by +15% and -10% respectively, what will be % change in the area of the rectangle?

NTPC CBT-1 09/07/2016 (Shift-03)

(a) 2.5% (b) 3.0%
(c) 3.5% (d) 4.5%

65. एक शहर की 20% जनसंख्या युद्ध के कारण मृत हो गई, और शेष जनसंख्या में से 5% व्यक्ति एक महामारी में मारे गए। यदि शहर की वर्तमान जनसंख्या 15,200 है, तो युद्ध से पूर्व शहर की जनसंख्या कितनी थी?

20% of the population of a city died due to a war, and 5% of the remaining population died in an epidemic. If the present population of the city is 15,200, then what was the population of the city before the war?

Group D 30/09/2022 (Shift-01)

(a) 20,000 (b) 20,100
(c) 23,500 (d) 19,680

66. अरविंद 25000 रुपये का निवेश करके एक चाय की दुकान खोलता है। वह इस राशि का 30% साज-सज्जा पर और 20% दुकान के लिए अन्य आवश्यक सामग्री खरीदने पर खर्च करता है। उसकी दुकान के लिए शेष सामग्री खरीदने के लिए उसके पास कितनी राशि बची है?

Arvind opens a tea-shop by investing Rs. 25000. He spends 30% of this amount on furnishing and 20% of it on buying other essential materials for the shop. What amount remains with him to buy remaining materials for his shop?

Group-D 17/09/2018 (Shift-01)

(a) 12500 रुपये
(b) 20,000 रुपये
(c) 12,000 रुपये
(d) 5,000 रुपये

67. मीनाक्षी अपने मासिक वेतन का औसतन 10% खरीदारी, रेस्तरां और मॉल जाने पर खर्च करती है। बाकी 80% उसके घर के खर्च पर खर्च किया जाता है और 10% की बचत होती है। यदि मासिक गृह व्यय 48000 रुपये है, तो मासिक आय क्या है?

Minakshi spends averagely 10% of her monthly salary on shopping, restaurant and going to malls. Rest 80% is spent on her home expenditure and 10% are saved. If the monthly home expenditure is Rs. 48000, then what is the monthly income?

Group-D 25/09/2018 (Shift-03)

(a) Rs.60000
(b) Rs.80000
(c) Rs.120000
(d) Rs.54000

68. XYZ जिले में 50000 मतदाता है। उनमें से 20% शहरी मतदाता है और 80% ग्रामीण मतदाता है। किसी चुनाव के लिए 25% ग्रामीण मतदाता शहर चले गए। ग्रामीण और शहरी, दोनों प्रकार के मतदाताओं में से 60% ईमानदार है, 70% मेहनती है 35% ईमानदार होने के साथ-साथ मेहनती भी है। दो उम्मीदवारों, A और B ने चुनाव लड़ा। उम्मीदवार B को पूरे शहरी वोट मिले, जबकि उम्मीदवार A को ग्रामीण मतदाताओं का समर्थन प्राप्त हुआ। उन मतदाताओं ने अपना मत NOTA पर डाला, जो ईमानदार और मेहनती दोनों है। तो उम्मीदवार A उम्मीदवार B और NOTA के पक्ष में क्रमशः कितने वोट पड़े?

XYZ district has 50000 voters. 20% of them are urban voters and 80% are rural voters. For an election, 25% of the rural voters migrated to the city. 60% of the voters, both rural and urban, are honest, 70% are hardworking, 35% are honest as well as hardworking. Two cand-idates, A and B, contested the election. Candidate B got the overall urban vote, while candidate A got the support of rural voters. Those voters cast their vote on NOTA, which is both honest and hardworking. Then how many votes were cast in favor of candidate A, candidate B and NOTA respectively?

NTPC CBT-1 16/01/2021 (Shift-01)

(a) 19500, 13000 और 17500
(b) 17000, 15500 और 17500
(c) 17875, 14625 और 17500
(d) 19000, 13500 और 17500

69. एक होटल में 60% ने शाकाहारी दोपहर का भोजन किया जबकि 30% ने मांसाहारी दोपहर का भोजन किया और 15% ने दोनों प्रकार का दोपहर का भोजन किया। यदि 96 लोग उपस्थित थे, तो कितने लोगों ने किसी भी प्रकार का दोपहर का भोजन नहीं किया?

In a hotel, 60% had vegetarian lunch while 30% had non vegetarian lunch and 15% had both types of lunch. If 96 people were present, how many did not eat either type of lunch?

(a) 20 (b) 24
(c) 26 (d) 28

70. एक किराने की दुकान दो अलग-अलग विक्रेताओं द्वारा पैक किए गए रस की 600 बोतलें खरीदती है। 20% माल पहले विक्रेता द्वारा, और 80% दूसरे विक्रेता द्वारा लिया जाता है। एक बोतल का विक्रय मूल्य 25 रुपये है । दूसरे विक्रेता के सामान को देखने के बाद, दुकानदार को पता चलता है कि 25% सामान केवल एक दिन तक ही इस्तेमाल किया जा सकता है। वह माल वापस करने का फैसला करता है। उसे दूसरे विक्रेता से कितना पैसा मिलेगा?

A grocery store purchases 600 bottles of juice packed by two different sellers. 20% goods is taken by first seller, and 80% by the second. The selling price of one bottle is Rs. 25. After observing the second seller's goods, the shopkeeper comes to know that 25% goods can be used till one day only. He decides to return the goods. How much money will he get from second seller?

Group-D 26/09/2018 (Shift-01)

(a) 4000 रुपये (b) 3750 रुपये
(c) 3000 रुपये (d) 3500 रुपय

71. एक छात्र को संभवत: अधिकतम अंकों में से कुछ अंक मिले थे। ये अंक % के रूप में 75% थे। यदि परीक्षा में एक अंक का एक प्रश्न और जोड़ दिया जाए तो उसका प्राप्त अंक प्रतिशत 76% हो जाएगा, परीक्षा के प्रारंभिक अधिकतम अंक क्या थे?

A student had a got few marks from maximum marks probably. these marks were 75% as %. if one more questions would be added of one mark in the exam then his obtained marks percentage would have 76% what were the initial maximum marks of the exam?

Group-D 07/12/2018 (Shift-01)

(a) 24 (b) 25
(c) 20 (d) 19

72. 50 लड़कियों और 70 लड़कों की एक कक्षा ने एक संगीत कार्यक्रम प्रायोजित किया। यदि 40% लड़कियों और 50% लड़कों ने कार्यक्रम में भाग लिया, तो कक्षा का लगभग कितना प्रतिशत हिस्सा कार्यक्रम में उपस्थित था?

A class of 50 girls and 70 boys sponsored a concert. If 40% of the girls and 50% of the boys participated in the programme, then approximately what percent of the class was present in the programme?

NTPC CBT-1 28/12/2020 (Shift-01)

(a) 48% (b) 44%
(c) 42% (d) 46%

73. एक स्कूल में लड़कों और लड़कियों की संख्या का अनुपात 5 : 6 है। 20% लड़के और 25% लड़कियां छात्रवृत्ति धारक है। कितने छात्रों को छात्रवृत्ति नहीं मिलती है?

The ratio of the number of boys and girls in a school is 5: 6. 20% boys and 25% girls are scholarship holders. How many students do not get scholarship?

NTPC CBT-1 08/02/2021 (Shift-01)

(a) $\left(\frac{750}{11}\right)\%$ (b) $\left(\frac{8000}{11}\right)\%$
(c) $\left(\frac{950}{11}\right)\%$ (d) $\left(\frac{850}{11}\right)\%$

74. किसी दी गई आबादी में, 20% आबादी अस्थमा से प्रभावित है, जिसमें से 90% अस्थमा के रोगी आटा मिलों में काम करते थे। यदि कुल जनसंख्या का 30% आटा मिलों में काम कर रहा था, तो आटा मिलों में काम करने वाले लोगों का प्रतिशत क्या होगा जो अस्थमा से पीड़ित हैं?

In a given population, 20% of the population is affected with asthma out of which 90% of asthma patients used to work in flour mills. If 30% of the total population was working in flour mills, then what will be the percentage of the people working in flour mills who are suffering from asthma?

NTPC CBT-1 02/02/2021 (Shift-02)

(a) 60% (b) 35%
(c) 30% (d) 50%

75. पिछले साल मनीष कोर्नर ने फर्नीचर बदलने के लिए दुकान-1 पर 1 लाख और दुकान-2 पर 1.5 लाख रुपये का निवेश किया था। उन्होंने अगली तीन तिमाहियों में व्यय एकत्र किया: 20% तिमाही -1 में, 55% तिमाही-2 में। तिमाही 3 में राशि (रुपये में) क्या थी?

Last year, Manish Korner had invested 1 lacs on shop-I and 1.5 lacs on shop-2 for changing the furniture. He collected the expenditure in next three quarters: 20% in quarter-1, 55% in quarter-2. What was the amount (in Rs.) in quarter-3?

Group-D 31/10/2018 (Shift-02)

(a) 60500 रुपये
(b) 62500 रुपये
(c) 62600 रुपये
(d) 70000 रुपये

ANSWER KEY

1.(d)	2.(d)	3.(a)	4.(d)	5.(c)	6.(b)	7.(b)	8.(a)	9.(c)	10.(c)
11.(b)	12.(d)	13.(c)	14.(b)	15.(c)	16.(a)	17.(d)	18.(b)	19.(d)	20.(a)
21.(a)	22.(c)	23.(b)	24.(b)	25.(b)	26.(c)	27.(a)	28.(b)	29.(a)	30.(a)
31.(d)	32.(c)	33.(c)	34.(d)	35.(a)	36.(b)	37.(c)	38.(b)	39.(d)	40.(a)
41.(a)	42.(b)	43.(c)	44.(b)	45.(d)	46.(a)	47.(a)	48.(b)	49.(c)	50.(a)
51.(a)	52.(a)	53.(d)	54.(b)	55.(b)	56.(b)	57.(d)	58.(b)	59.(b)	60.(a)
61.(a)	62.(c)	63.(d)	64.(c)	65.(a)	66.(a)	67.(a)	68.(a)	69.(b)	70.(c)
71.(a)	72.(d)	73.(d)	74.(a)	75.(b)					

SOLUTIONS

1. (d) 3 मीटर = 300 सेमी

अभीष्ट % = $\frac{75}{300} \times 100 = 25\%$

2. (d) प्रश्नानुसार,

$10 \times \frac{25}{100}$ = Rs 2.5

3. (a) प्रश्नानुसार,
कुल साबुन = 70
उपयोग हुए साबुन = 28
शेष साबुन = 42

शेष % = $\frac{42}{70} \times 100 = 60\%$

4. (d) पहले बाद में
मूल्य → 360 : 432
72

% वृद्धि = $\frac{72}{360} \times 100$
= 20% वृद्धि

5. (c) दोषपूर्ण उत्पाद = 13%
गैर दोषपूर्ण उत्पाद = 87%
प्रश्नानुसार,
दोषपूर्ण उत्पाद संख्या
$= \frac{4785}{87} \times 13 = 715$

6. (b) कुल उत्पाद = 100%
दोषपूर्ण उत्पाद = 13%
सही उत्पाद = 87%
दोषपूर्ण उत्पादों की संख्या
$= \frac{4524}{87} \times 13 = 676$

7. (b) कच्चे माल पर खर्च = 35000
मशीन पर खर्च = 40000
कुल खर्च = 75000
% खर्च = 80%
प्रश्नानुसार,

कुल राशि = $\frac{75000}{80} \times 100$
= 93750 रूपये

8. (a) माना कि कंपनी द्वारा उत्पादित बल्बों की कुल संख्या x है।
दोष पूर्ण = 11%
दोष रहित = 89%
प्रश्नानुसार,

$\Rightarrow x \times \frac{89}{100} = 5607$

$x = 5607 \times \frac{100}{89}$

$\Rightarrow x = 6300$
∴ दोषपूर्ण बल्बों की कुल संख्या
$= 6300 \times \frac{11}{100} = 693$

9. (c) $80\% = \frac{4}{5}$, $75\% = \frac{3}{4}$,

$66.67\% = \frac{2}{3}$, $25\% = \frac{1}{4}$

माना कि, संख्या x है,
प्रश्नानुसार,

$\Rightarrow x \times \frac{4}{5} \times \frac{3}{4} \times \frac{2}{3} \times \frac{1}{4} = 6217$

$\Rightarrow x = 62170$

$\Rightarrow x \times 40\% = 62170 \times \frac{40}{100}$

$\Rightarrow 62170 \times \frac{2}{5} = 24868$

10. (c) प्रश्नानुसार,

$\Rightarrow 582 \times \frac{x}{100} \times \frac{15}{100} = 17.46$

$\Rightarrow x = \frac{1746 \times 100}{15 \times 582}$

$\Rightarrow x = 20$

11. (b) माना संख्या = x

$\Rightarrow x \times \frac{3}{7} \times \frac{1}{3} \times \frac{2}{5} = 15$

$\Rightarrow x = \frac{35 \times 15}{2}$

संख्या का 40% = $\frac{35 \times 15}{2} \times \frac{2}{5}$
= 105

12. (d) 150 × 45% + 170 का $x\%$
= 317.5 × 40%
प्रश्नानुसार,

$\Rightarrow 150 \times \frac{45}{100} + \frac{170 \times x}{100}$

$= 317.5 \times \frac{40}{100}$

$\Rightarrow 170x = 317.5 \times 40 - 150 \times 45$
$\Rightarrow 170x = 12700 - 6750$
$\Rightarrow 170x = 5950$
$x = 35$

13. (c) दिया गया है:
माना, संख्या x है।

$80\% = \frac{4}{5}$, $75\% = \frac{3}{4}$, 66.67%

$= \frac{2}{3}$, $25\% = \frac{1}{4}$

प्रश्नानुसार,

$\Rightarrow \left[\left(\frac{1}{4}\right) \times \left(\frac{2}{3}\right) \times \left(\frac{3}{4}\right) \times \left(\frac{4}{5}\right)\right] \times x$
= 6347

$\Rightarrow \frac{1}{10} \times x = 6347$

$\Rightarrow x = 63470$

संख्या x का $40\% = \left(\frac{40}{100}\right) \times 63470$

$= \frac{2}{5} \times 63470 = 25388$

अत: अज्ञात संख्या के 40% का मान 25388 है।

14. (b) माना, संख्या x है।

$80\% = \frac{4}{5}$, $75\% = \frac{3}{4}$, 66.67%

$= \frac{2}{3}$, $25\% = \frac{1}{4}$

प्रश्नानुसार,

$\Rightarrow \frac{1}{4} \times \frac{2}{3} \times \frac{3}{4} \times \frac{4}{5} \times x = 6355$

$\Rightarrow x = 63550$
संख्या x का 40% है

$\Rightarrow x = 63550 \times \frac{2}{5}$

$\Rightarrow x = 12710 \times 2$
$\Rightarrow x = 25420$

15. (c) प्राप्त कुल अंक = 73 + 89 + 37 + 41 = 240
पूर्णांक = 120 + 130 + 70 + 80 = 400
प्रतिशत अंक = $\frac{240}{400} \times 100\% = 60\%$

16. (a) 42% छात्रों को (81 – 100) प्रतिशत अंक
25% छात्रों को (61 – 80) प्रतिशत अंक
(41–60) प्रतिशत अंक वाले शेष छात्र
= 100 – 42 – 25
= 33%
41–60 प्रतिशत अंक वाले छात्र
= $\frac{500 \times 33}{100}$ = 165 छात्र

17. (d) परीक्षा में उपस्थित हुए उम्मीदवारों की कुल संख्या = 650
47% → 81 – 100 प्रतिशत प्राप्त हुआ
23% → 61 – 80 प्रतिशत प्राप्त हुआ
और शेष जिन्हें 41 – 60 प्रतिशत प्राप्त हुआ
= 100% – (47% + 23%) = 30%
अब, 30% → 650 × $\frac{30}{100}$ = 195
अत: 41 - 60% प्राप्त करने वाले छात्रों की संख्या 195 है

18. (b) प्रश्नानुसार,
$= x - y - \frac{xy}{100}$
$= 21 - 21 - \frac{21 \times 21}{100}\%$
= – 4.41% = 4.41% की कमी

SMART APPROACH:-
यदि प्रश्न में लाभ और हानि प्रतिशत समान हो तो, सूत्र से
कमी % = $\frac{-(D)^2}{100}\% = \frac{-(21)^2}{100}\%$
= – 4.41%
ऋण (–)का चिन्ह कमी को संदर्भित करता है।

19. (d) प्रश्नानुसार,
क्षेत्रफल में परिवर्तन
$= 6 - 4 - \frac{6 \times 4}{100} = 2 - 0.24$
= + 1.76 = 1.76% वृद्धि

20. (a) माना, वस्तु का क्रय मूल्य = 100 इकाई वस्तु का अंकित मूल्य
= 137 इकाई
अब, विक्रय मूल्य = $\frac{137 \times 63}{100}$
= 86.31 इकाई
हानि = 100 – 86.31 = 13.69
हानि % = $\frac{13.69}{100} \times 100 = 13.69\%$

SMART APPROACH:-
यदि प्रश्न में लाभ और हानि प्रतिशत समान हो तो, सूत्र से
कमी % = $\frac{-(D)^2}{100}\% = \frac{-(37)^2}{100}\%$
= – 13.69 %
ऋण (–)का चिन्ह कमी को संदर्भित करता है।

21. (a) बिनॉय का खर्चा % = 16% + 12% + 13% + 14% = 55%
शेष % = 100 – 55 = 45%
⇒ 45% = 20925
अनाथों को दान किऐ रूपये
= $\frac{20925}{45} \times 12$ = ₹ 5580

22. (c) माना कि मार्टिन का कुल वेतन x रु. है
कुल वेतन का दान प्रतिशत = 13% + 12% + 14% + 16% = 55%
प्रश्नानुसार,
$\Rightarrow x \times \frac{45}{100} = 40500$
$x = 40500 \times \frac{100}{45}$
∴ अनाथालय में दान की गई राशि
$= x \times \frac{12}{100} = 40500 \times \frac{100}{45} \times \frac{12}{100}$ = 10,800

23. (b) बाजरे के आटा की जरूरी मात्रा
= 240 × $\frac{112}{100}$ = 268.8 किग्रा.

SMART APPROACH:-
चूँकि 240, 3 का गुणज है
अत: 3 के गुणज वाला विकल्प (b) सही उत्तर होगा

24. (b) पेट्रोल की मात्रा में प्रतिशत परिवर्तन
$= \frac{20 - 5.5}{20} \times 100$
= 14.5 × 5 = 72.5%

25. (b) माना संख्या = n
n × 60% – n × 30% = 15
n × 30% = 15
n × $\frac{30}{100}$ = 15
n = 50

26. (c) $(x + 60) \times 30\% - x \times 25\%$ = 40
$30\% x + 18 - 25\% x = 40$
$x \times 5\% = 22$
$x = 440$
$(x - 40) \times 35\% = (440 - 40)$
$\times \frac{35}{100} = 140$
% आय = $\frac{20}{120} \times 100\%$
$= 16\frac{2}{3}\%$

27. (a) 600 : 400 ⟶ 3 : 2
बिना सड़े हुऐ फल ⟶ 70%, 82%
% = 70 % + $\frac{(82-70) \times 2}{3+2}$
= 70% + $\frac{24}{5}$% = 74.8%

28. (b) 10% = $\frac{-1}{10}$
4 के बाद मूल्य
$= 850000 \times \frac{9}{10} \times \frac{9}{10} \times \frac{9}{10} \times \frac{9}{10}$
= 557685

SMART APPROACH:-
वास्तविक गुणा किए बिना 17 और 9 की विभाज्यता की जांच करके सही विकल्प चुना जा सकता है।

29. (a)

	पहले		बाद
2012→	50	:	51
2013→	50	:	51
2014→	50	:	51
	125000	:	132651

प्रश्नानुसार,
132651 → 13265.1 (लगभग)
in 2011 = 125000 → 12500.0 (लगभग)

'OR'

2011 में जनसंख्या

$= \frac{13265 \times 100 \times 100 \times 100}{102 \times 102 \times 102}$

= 12500

30. (a) $12.5\% = \frac{1}{8}$, $8\% = \frac{2}{25}$

	पहले		बाद
I वर्ष	8	:	9
II वर्ष	25	:	23
	200	:	207

प्रश्नानुसार,

200 इकाई → 3200

1 इकाई → 16

207 इकाई → 207 × 16 = 3312

31. (d) खर्च = मूल्य × खपत

∴ खर्च स्थिर है।

मूल्य $\propto \frac{1}{\text{उपभोग}}$

मूल्य → 100 : 133

खपत → 133 : 100

खपत में प्रतिशत कमी

$= \frac{33}{133} \times 100\%$

$= \frac{3300}{133}\% \approx 25.8\%$

32. (c)

	पहले		बाद
मूल्य	4	:	5
खर्च	10	:	11
मात्रा	$\frac{10}{4}$	:	$\frac{11}{5}$

⇒ 25 : 22

[∴ खर्च = मात्रा × मूल्य]

$\therefore$ % कमी $= \frac{25-22}{25} \times 100$

= 12%

33. (c) खर्च = मूल्य × खपत

$\frac{100}{108} = \frac{4}{5} \times \frac{x}{y}$

$\frac{x}{y} = \frac{10}{9}$

खपत में % कमी $= \frac{1}{10} \times 100\%$

= 10%

वैकल्पिक विधि:

100 → 120 → 108 (−12) $\Rightarrow \frac{-12}{120} \times 100 = -10\%$

34. (d)

% में कमी		मात्रा में कमी
12.5%	→	2.5 किग्रा
100%	→	20 किग्रा

(100 − 12.5)% = (20 − 2.5)किग्रा

87.5% = 17.5 किग्रा

35. (a)

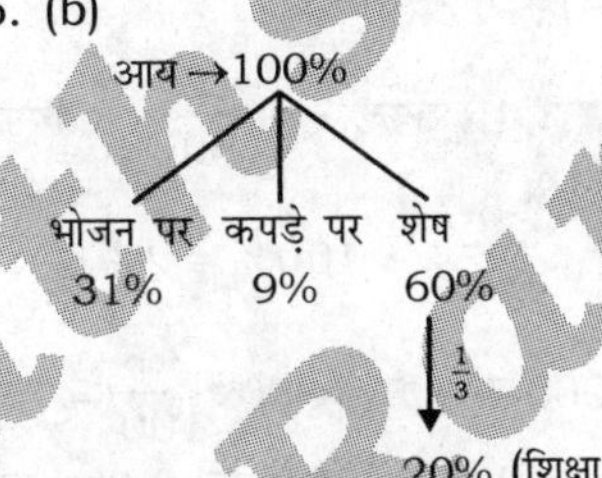

आय	=	खर्च	+	बचत
100		70		30
180		180 − 75 = 105		75

(+20%, +50%, ×2.5)

खर्च में % वृद्धि $= \frac{105-70}{70} \times 100\%$

$= \frac{35}{70} \times 100\% = 50\%$

36. (b)

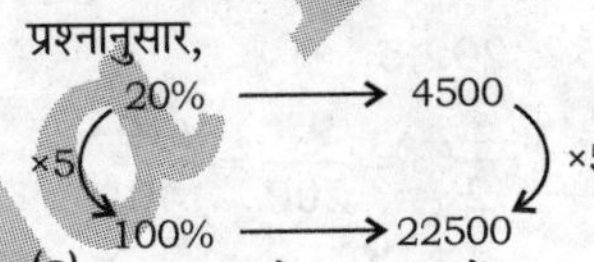

आय → 100%

भोजन पर 31%, कपड़े पर 9%, शेष 60%

60% × $\frac{1}{3}$ → 20% (शिक्षा पर)

बचत = 40%

प्रश्नानुसार,

20% → 4500

(×5) 100% → 22500

37. (c)

	पहले	बाद में
वेतन	100	103
शुल्क	10	10.5
बचत	90	92.5

(+2.5)

प्रश्नानुसार,

100 इकाई = 1,50,000

1 इकाई = 1500

बचत में परिवर्तन = 2.5 इकाई = 1500 × 2.5 = 3750 (वृद्धि)

वैकल्पिक विधि:

आय में वृद्धि = 1,50,000 का 3%

= 4500 रु.

फीस में वृद्धि = 15000 का 5% = 750 रु.

तब बचत में कुल वृद्धि

= 4500 − 750 = 3750 रु.

38. (b) माना, कुल आय = 100%

कुल खर्च = (100 − 42 − 16 − 11 − 7)%

= 18000 − 12000

24% = 6000

4 % = 1000

आय (100%) = 25000 रु.

39. (d) $50\% = \frac{1}{2}$, $10\% = \frac{1}{10}$

A : B : C

22 : 11 : 10

(1) = 10000

कुल वैध मत (22 + 11 + 10)

= 430000

कुल पंजीकृत × $\frac{80}{100}$ = 430000

$= \frac{430000 \times 5}{4} = 537500$

40. (a) A : B

(42 + 16) : 42

58% : 42%

∵ 42% = 25200

16% का मान $= \frac{25200}{42} \times 16$

= 9600 मत.

41. (a) यदि पहले उम्मीदवार को 64% वोट मिले है। तब दूसरे उम्मीदवार को 36% वोट मिलेगें।

हार जीत का अंतर (64 − 36)%

= 4340

28% = 4340

कुल मत $= \frac{4340}{28} \times 100\%$

= 15500

42. (b) माना, कुल आदमीयों की संख्या 100 है। दिया गया है,

आयु	व्यक्तियों की संख्या
< 25	30%
≥ 50	80%
< 50	20%

कुल फुटबाल खिलाड़ीयों की संख्या = 20

प्रश्नानुसार,
50 वर्ष के ऊपर के खिलाड़ीयों की संख्या

$= \frac{20}{100} \times 20 = 4$

⇒ 50 वर्ष से कम या बराबर के खिलाड़ीयों की संख्या = 20 – 4
= 16

अत: आवश्यक % = $\frac{16}{20} \times 100$
= 80 %

43. (c)

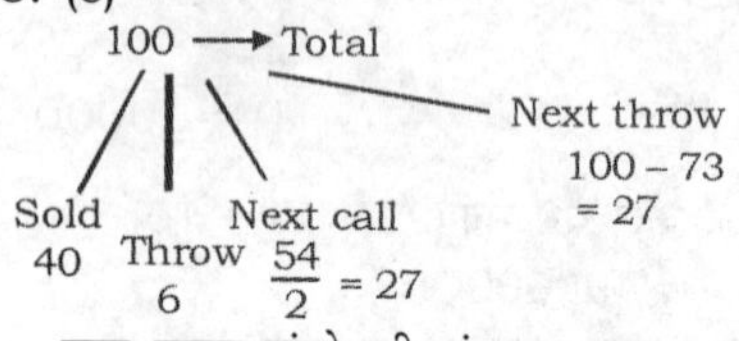

कुल खराब संतरो की संख्या = 27 + 6
= 33

∴ आवश्यक % = $\frac{33}{100} \times 100$
= 33%

44. (b) 40% = $\frac{2}{5}$

	पहले		बाद में
समय	5	:	3
चाल	3	:	5

वृद्धि % = $\frac{5-3}{3} \times 100$

$= \frac{2}{3} \times 100 = 66\frac{2}{3}\%$

45. (d) बढने के बाद संख्या

$= 5650 \times \frac{115}{100} = 6497.5$

46. (a) $\frac{A}{8} : \frac{B}{1}$ (8 → 1 : 7)

अभिष्ट प्रतिशत $= \frac{7}{8} \times 100 = 87.5\%$

47. (a) 90 × 50% का 80%

$= 90 \times \frac{50}{100} \times \frac{80}{100} = 36$

48. (b) माना कि, राशि = x
प्रश्नानुसार,

$\Rightarrow x \times \frac{85}{100} \times \frac{50}{100} \times \frac{30}{100} = 51$

$\Rightarrow x = \frac{51 \times 100 \times 4}{17 \times 3} = 400$

49. (c) माना कि, राशि = x
प्रश्नानुसार,

$x \times \frac{32}{100} \times \frac{40}{100} \times \frac{60}{100} = 432$
$x = 5625$

50. (a) $80\% = \frac{4}{5}$, $60\% = \frac{3}{5}$,

$66.67\% = \frac{2}{3}$, $25\% = \frac{1}{4}$

माना कि, संख्या x है,
प्रश्नानुसार,

$\Rightarrow x \times \frac{4}{5} \times \frac{3}{5} \times \frac{2}{3} \times \frac{1}{4} = 4617$

$x = \frac{4617 \times 100}{8}$

$\Rightarrow x = 57712.5$

$x \times \frac{40}{100} = 57712.5 \times \frac{2}{5}$
= 23085

51. (a) 1 घंटा = 60 मिनट

1 मिनट 12 सेकेंड $= 1 + \frac{12}{60} = \frac{6}{5}$ मिनट

$\% = \frac{6}{5 \times 60} \times 100\% = 2\%$

52. (a) 300 का 2.5% $= 300 \times \frac{2.5}{100} = 7.5$

जब 300 में से 300 के 2.5% को घटा दिया जाता है तो उत्तर = 300 – 7.5 = 292.5

53. (d) $47\frac{1}{2}\% = \frac{95}{200} = \frac{+19}{40}$

40 —(+19)→ 59
×10↓ ×10↓
400 590

54. (b) माना कि, संख्या = x
प्रश्नानुसार,
$x (100 - 37)\% = 315$
$x = 500$
$500 \rightarrow 800$

वृद्धि % $= \frac{800-500}{500} \times 100\% = 60\%$

55. (b) $10\% = \frac{1}{10}$

2006 : 2007
10 : 11

∵ 11 इकाई = 880000
2008 में वार्षिक वेतन (10 इकाई)

$= \frac{880000}{11} \times 10 = 800000$ रुपये

56. (b) % $= \frac{0.002}{0.12} \times 100\%$

$= \frac{20}{12}\% = \frac{5}{3}\%$

57. (d) माना की संख्या = x
प्रश्नानुसार,

$\Rightarrow x \times \frac{48}{100} - x \times \frac{38}{100} = 354$

$\Rightarrow x \times \frac{10}{100} = 354 \Rightarrow x = 3540$

x का 58% $= 3540 \times \frac{58}{100} = 2053.2$

58. (b) कुल खर्च = 5% + (5 + 2)%
= 12%

वार्षिक कुल खर्च = 3,00,000 × 12%
= 36,000

59. (b) हेमा की आय

$= \frac{4500}{15 \times \frac{125}{100}} \times 100 = 24000$

वैकल्पिक विधि:

$15\% \rightarrow \frac{3}{20}$ $\xrightarrow{\times1500} 4500$, $\xrightarrow{\times1500} 30,000 \times \frac{100}{125} = 24000$

60. (a) ∵ 50% स्विमिंग का समान है
प्रश्नानुसार,
कुल × 50% = 10000
कुल = 20000 रुपये
∴ आउटडोर गेमिंग एक्सेसरीज की बिक्री 40% है, तो आउटडोर गेमिंग एक्सेसरीज

$= 20000 \times \frac{40}{100} = 8000$ रुपये

61. (a) खपत में कमी%

$= \frac{x}{100 + x} \times 100$

$= \frac{30 \times 100}{100 + 30} = \frac{3000}{130} = 23\frac{1}{13}\%$

62. (c) गति = $\frac{\text{दूरी}}{\text{समय}}$

दूरी स्थिर है

∵ गति ∝ $\frac{1}{\text{समय}}$

$20\% = \frac{1}{5}$
समय → 5 : 4,
गति → 4 : 5

गति में वृद्धि % = $\frac{5-4}{4}\times100\%$
= 25%

63. (d) क्रमिक प्रतिशत सूत्र

$= x + y + \frac{xy}{100}$

20 मिनट में एकल वृद्धि = 6 + 10 + $\frac{6\times10}{100}$ = 16.6%

64. (c) क्रमिक प्रतिशत सूत्र द्वारा,
क्षेत्रफल में परिवर्तन %

$= 15 - 10 - \frac{15\times10}{100}$ = 3.5%

65. (a) वर्तमान जनसंख्या = 15,200
माना प्रारंभिक जनसंख्या = n
प्रश्नानुसार,

$n \times \frac{80}{100}\times\frac{95}{100} = 15,200$

n = 20,000

66. (a) ∴ वह साज-सज्जा पर 30% और अन्य आवश्यक सामग्रियों पर 20% खर्च करता है, शेष 50% शेष सामग्रियों पर खर्च करता है।
वह शेष सामग्री पर राशि खर्च करता है

= 25000 × $\frac{50}{100}$ = 12500 रुपये

67. (a) ∴ एक व्यक्ति अपने वेतन का 80% घरेलू व्यय करता है।
तो, 80% = 48000
उसकी आय (100%) = 60000 रुपये

68. (a)

कुल वोट
50000
शहर → 20% → 10000
ग्रामीण → 80% → 40000
+25%
+10000 → 20000
−10000 → 30000

NOTA = 50,000×35% = 17500
उम्मीदवार A का वोट
= (100 – 35)% × 30000
= 30,000 × 65% = 19500

उम्मीदवार B का वोट
= 20,000 × (100 – 35)%
= 20,000 × 65% = 13000

69. (b)

60% | 15% | 30%
शाकाहारी, मांसाहारी

केवल शाकाहारी = 60 – 15 = 45%
केवल मांसाहारी = 30 – 15 = 15%
शाकाहारी या मांसाहारी लोगों की संख्या
= 45% + 15% + 15% = 75%
ऐसे लोगों की संख्या जिन्होंने किसी भी प्रकार का दोपहर का भोजन नहीं खाया
= 100 – 75 = 25%
100% = 96 लोग
25% = 24 लोग

70. (c) दूसरी बिक्री से खरीदी गई बोतल
= कुल बोतलों का 80%

= 600 × $\frac{80}{100}$ = 480

बोतलें जिनका जीवन एक दिन था

= 480 × $\frac{25}{100}$ = 120

उसे मिलने वाले पैसे = 120 × 25 = 3000रु.

71. (a) माना कि परिक्षा के प्रारंभिक अधिकतम अंक = x
प्रश्नानुसार,

$(x + 1) \times \frac{76}{100} - \frac{x\times75}{100} = 1$

$\Rightarrow \frac{76x+76}{100} - \frac{75x}{100} = 1$

$\Rightarrow x + 76 = 100$
$x = 24$

72. (d) लड़कियाँ : लड़के
50 : 70
5 : 7
40% : 50%
कक्षा का % = 40% + $\frac{(50-40)\times7}{(5+7)}$%
= 40% + 5.83% = 46%

वैकल्पिक विधिः

	लड़कियाँ		लड़के
कुल	50	:	70
	↓40%		↓50%
भाग लेने वाले	20		35

आवश्यक प्रतिशत

$= \frac{(20+35)}{(50+70)}\times100$

$= \frac{55}{120}\times100 \approx 46\%$

73. (d)

	लड़के		लड़कियाँ
अनुपात	5	:	6
माना कि →	500	:	600
	↓20%		↓25%
छात्रवृति →	100	:	150
छात्रवृति नहीं मिली →	400	:	450

अभिष्ट प्रतिशत $= \frac{850}{1100}\times100$

$= \frac{850}{11}\%$

74. (a) माना कि, कुल जनसंख्या 100 है।
सामान्य जनसंख्या = 100 × $\frac{80}{100}$
= 80
अस्थमा से प्रभावित = 100 × $\frac{20}{100}$
= 20
लेकिन आटा मिलों में काम करने वाली जनसंख्या = 100 × $\frac{30}{100}$ = 30
अस्थमा रोगी जो आटा चक्कियों में काम करता था = 20 × $\frac{90}{100}$ = 18
आटा मिलों में काम करने वाले लोग जो अस्थमा से पीड़ित हैं = $\frac{18}{30}\times100\%$
= 60%

75. (b) तिमाही-3 में राशि = (100 – 75)
= 25%
= 250000 × 25% = 62500

★★★★★

PROFIT & LOSS 02

लाभ तथा हानि

1. किसी वस्तु को 1741 रुपये में बेचने पर उसी वस्तु को 897 रुपये में बेचने पर प्राप्त हानि से 11% अधिक लाभ प्राप्त होता उस वस्तु का लागत मूल्य ज्ञात कीजिए?
By selling an item for Rs 1741, the profit earned would be 11% more than the loss earned by selling the same item for Rs 897. Find the cost price of that item?
RPF SI 19/12/2018 (Shift-03)
(a) 1297 (b) 1486
(c) 1134 (d) 1032

2. एक दुकानदार एक उत्पाद 3,276 रुपये में बेचता है और लाभ 12.5% कमाता है, उस राशि को बताएं जो उत्पाद के क्रय मूल्य के आधे के बराबर है। (रुपये में)
A shopkeeper sells a product for Rs 3,276 and earns a profit of 12.5%. Find the amount which is equal to half of the cost price of the product. (in rupees)
RPF Constable 06/01/2019 (Shift-03)
(a) 1,256 (b) 1,556
(c) 1,356 (d) 1,456

3. 2720 रुपये की दर से बेची गई वस्तु पर अर्जित लाभ, उसी वस्तु को 1243 रुपये की दर से बेचने पर होने वाली हानि से 11% अधिक लाभ है। वस्तु का क्रय मूल्य ज्ञात कीजिए।
The profit earned on the item sold at the rate of 2720 rupees, is 11% more profit than the loss on the same item sold at the rate of Rs. 1,243. Find the purchase price of the item.
RPF SI 06/01/2019 (Shift- 01)
(a) 11934 रुपये (b) 1943 रुपये
(c) 1843 रुपये (d) 1834 रुपये

4. यदि एक दुकानदार किसी वस्तु के क्रय मूल्य में 42% की वृद्धि करता है और उसकी बिक्री पर 42% की छूट रखता है, तो उसे कुल प्रतिशत लाभ या हानि ज्ञात करें?
If a shopkeeper increases the cost price of an article by 42% and keeps a discount of 42% on its sale, then find the total percentage profit or loss?
RPF SI 10/01/2019 (Shift-01)
(a) 16.64% लाभ
(b) 16.64% हानि
(c) 17.64% हानि
(d) 17.64% लाभ

5. एक दुकानदार को अपना उत्पाद 1,254 रुपये में बेचने पर 14% का लाभ होता है। वह राशि ज्ञात करें जो उत्पाद के लागत मूल्य के आधे के समान होगी। (रुपये में)
A shopkeeper makes a profit of 14% by selling his product for Rs. 1,254. Find the amount which will be equal to half of the cost price of the product. (in rupees)
RPF SI 11/01/2019 (Shift-01)
(a) 550 (b) 575
(c) 600 (d) 525

6. किसी वस्तु को 305 रुपये में बेचने पर हुई उसी वस्तु की 641 रुपये में बेचने पर प्राप्त लाभ का 60% है। वस्तु का लागत मूल्य (रुपये में) ज्ञात करें।
The profit made by selling an article for Rs. 305 is 60% of the profit made by selling the same article for Rs. 641. Find the cost price (in rupees) of the item.
RPF SI 11/01/2019 (Shift-01)
(a) 425 (b) 431
(c) 429 (d) 427

7. जब कोई वस्तु 171 रुपये में बेची जाती है, तो उस पर 10% का नुकसान होता है। उस वस्तु का क्रय मूल्य (रुपये में) निकालें।
When an article is sold for Rs 171, there is a loss of 10% on it. Find the purchase price (in rupees) of that item.
RPF Constable 18/01/2019 (Shift-01)
(a) 190 (b) 210
(c) 220 (d) 200

8. एक दुकानदार एक उत्पाद को 729 रुपये में बेचकर उस पर 12.5% का लाभ कमाता है। उस वस्तु के क्रय मूल्य का आधा कितने रुपए के बराबर होगा?
A shopkeeper sells a product for Rs 729 and earns a profit of 12.5% on it. Half of the purchase price of that item will be equal to how many rupees?
RPF Constable 18/01/2019 (Shift-02)
(a) 262 रुपये (b) 648 रुपये
(c) 482 रुपये (d) 324 रुपये

9. एक दुकानदार दो वस्तुएँ में प्रत्येक को 594 रुपये में बेचता है। जिसमें एक वस्तु पर 10% का लाभ अर्जित किया और दूसरे पर 10% की हानि अर्जित किया तो कुल लाभ या हानि प्रतिशत ज्ञात कीजिए।
A shopkeeper sells two articles for Rs 594 each. In which a profit of 10% is earned on one item and a loss of 10% is earned on the other, then find the total profit or loss percentage.
RPF Constable 18/01/2019 (Shift-01)
(a) 4% हानि (b) 1% हानि
(c) 1% लाभ (d) 4% लाभ

10. एक व्यापारी एक वस्तु को 336 रुपये की दर पर बेचता है और 12% लाभ कमाता है, उस वस्तु का लागत मूल्य ज्ञात कीजिए।
A trader sells an article at the rate of Rs 336 and earns 12% profit, find the cost price of that article.
RPF SI 19/01/2019 (Shift-01)
(a) 300 रुपये (b) 430 रुपये
(c) 397 रुपये (d) 350 रुपये

11. एक दुकानदार दो वस्तुओं को 891 रुपये प्रत्येक की दर से बेचता है। किस वस्तु पर उसे 10 प्रतिशत का लाभ हुआ और किस दूसरी वस्तु पर उसे 10% की हानि हुई, समग्र लाभ या हानि का प्रतिशत ज्ञात कीजिए।
A shopkeeper sells two articles at Rs 891 each. On which item did he get a profit of 10 percent and on which other item did he incur a loss of 10%, Find the percentage of overall profit or loss.
RPF SI 19/01/2019 (Shift-01)
(a) 4% लाभ (b) 1% हानि
(c) 1% लाभ (d) 4% हानि

12. एक वस्तु को 243 रुपये में बेचने पर 10% की हानि होती है। उस वस्तु का क्रय मूल्य ज्ञात कीजिए? (रुपये में)
There is a loss of 10% on selling an article for Rs 243. Find the purchase price of that item? (in rupees)
RPF Constable 20/01/2019 (Shift-01)
(a) 240 (b) 250
(c) 270 (d) 260

13. जब किसी वस्तु को 162 रुपये में बेच दिया जाता है तो इस पर 10% की हानि होती है। उस वस्तु का लागत मूल्य ज्ञात किजिए। (रुपये में)
When an article is sold for Rs 162, there is a loss of 10% on it. Find the cost price of that item. (in rupees)
RPF Constable 20/01/2019 (Shift-02)
(a) 170 (b) 150
(c) 180 (d) 200

14. कोई दुकानदार एक वस्तु को 335 रुपये में खरीदकर 268 रुपये में बेचता है। प्रतिशत हानि ज्ञात कीजिए?
A shopkeeper buys an item for Rs. 335 and sells it for Rs.268. Find the percentage loss?
RPF Constable 22/01/2019 (Shift-03)
(a) 35 (b) 20
(c) 30 (d) 25

15. एक दुकानदार ने 208 रुपये में एक वस्तु खरीदी और उसे 260 रुपये में बेच दी। दुकानदार द्वारा अर्जित लाभ प्रतिशत ज्ञात करें (% में)
One shopkeeper bought one item from Rs.208 and sold it for Rs.260. Find out the profit percentage earned by the shopkeeper (in%)
RPF Constable 04/02/2019 (Shift-01)
(a) 30 (b) 25
(c) 20 (d) 35

16. एक रेडियो को 872 रुपये, में बेचने पर 9% का लाभ होता है। यदि इसे 791 रुपयें में बेचा जाए, तो हानि प्रतिशत ज्ञात कीजिए।
There is a profit of 9% on selling a radio for Rs.872. If it is sold for Rs.791, find the loss percentage.
RPF Constable 01/03/2019 (Shift-03)
(a) 1.125% (b) 0.125%
(c) 2.125% (d) 2%

17. किसी वस्तु के लागत मूल्य और बिक्री मूल्य के बीच अंतर 300 रुपये है। यदि लाभ 25% है, तो वस्तु का बिक्री मूल्य ज्ञात कीजिए।
The difference between the cost price and selling price of an article is Rs.300. If the profit is 25%, find the selling price of the article.
RPF Constable 26/03/2019 (Shift-02)
(a) 1550 रुपये (b) 1340 रुपये
(c) 1500 रुपये (d) 1450 रुपये

18. एक व्यक्ति एक घड़ी और एक कैलकुलेटर समान मूल्य में बेचता है। उसे घड़ी पर 15% का लाभ होता है जबकि कैलकुलेटर पर 15% की हानि होती है। उसका कुल लाभ या हानि प्रतिशत ज्ञात कीजिए।
A person sells a watch and a calculator for the same price. He gains 15% on the watch and loses 15% on the calculator. Find his total profit or loss percentage.
RPF Constable 28/03/2019 (Shift-02)
(a) 2.75% (b) 1.75%
(c) 2.25% (d) 5%

19. एक रेडियो को 10% मुनाफे पर बेचा गया। अगर उसे 11.5% मुनाफे पर बेचा गया होता, तो 15 रुपये ज्यादा मुनाफा मिलता। रेडियो का लागत मूल्य क्या है?
A radio was sold at a profit of 10%. If it had been sold at a profit of 11.5%, the profit would have been Rs.15 more. What is the cost price of radio?
RPF Constable 29/03/2019 (Shift-01)
(a) 950 रुपये (b) 1000 रुपये
(c) 1050 रुपये (d) 1100 रुपये

20. 15 रुपये में एक पेन बेचने पर, एक आदमी को उसकी लागत का सोलहवां हिस्सा खोना पड़ता है। एक पेन का लागत मूल्य ज्ञात कीजिये।
By selling a pen for Rs. 15, a man loses one-sixteenth of what it costs him. Find the cost price of one pen.
RPF Constable 29/03/2019 (Shift-02)
(a) 18 रुपये (b) 21 रुपये
(c) 16 रुपये (d) 20 रुपये

21. जीवा ने 18.50 रुपये प्रति किग्रा की दर से 30 किलोग्राम चावल खरीदा और 20 किलोग्राम चावल 23.50 रुपये प्रति किलो की दर से खरीदा। इन दोनों प्रकार के चावलों किलो की दर से खरीदा। उसने इन दोनों प्रकार के चावलों को मिला दिया। 45 प्रतिशत लाभ कमाने के लिए उसे यह मिश्रण, प्रति किलो किस कीमत पर बेचना चाहिए?
Jeeva purchased 30 kg of rice at the rate of Rs.18.50 per kg and 20 kg of rice at the rate of Rs.23.50 per kg. Both these types of rice were purchased at the rate of kg. He mixed these two types of rice. At what price per kg should he sell this mixture to earn 45 percent profit?
RPF Constable 30/03/2019 (Shift-02)
(a) 28.22 रुपये (b) 30.22 रुपये
(c) 29.72 रुपये (d) 26.72 रुपये

22. एक घड़ी को 144 रुपए में बेचा जाता है। यदि लाभ प्रतिशत और क्रय मूल्य संख्यात्मक रूप से समान हैं, तब घड़ी का क्रय मूल्य क्या है?

A watch was sold for Rs.144. If the gain percent and cost price are numerically equal, then what is the cost price of the watch?

RPF Constable 31/03/2019 (Shift-02)

(a) 80 रुपये (b) 100 रुपये
(c) 72 रुपये (d) 90 रुपये

23. एक निर्माता के लाभ 50% के लिए एक थोक व्यापारी को एक लेख बेचता है, जो बदले में, खुदरा विक्रेता को 20% के लाभ पर 3600 रुपये में बेचता है, निर्माता की लागत क्या है?

A manufacturer sells an article to a wholeseller for a profit of 50%, who in turn, sells it to a retailer for Rs. 3600 at a profit of 20%. What are the manufacturer's costs?

RPF Constable 31/03/2019 (Shift-02)

(a) 2500 रुपये (b) 2700 रुपये
(c) 2000 रुपये (d) 3000 रुपये

24. यदि कोई दुकानदार किसी वस्तु के क्रय मूल्य में 36% की वृद्धि करता है और उसकी बिक्री पर 36% का मूल्य रखता है, तो उसे पता होना चाहिए कि उसे कुल कितने प्रतिशत लाभ या हानि हुई है?

If a shopkeeper hikes the purchasing value of a object by 36% and holds a value of 36% on his sale, then he should know the total percentage gain or loss he has received?

(a) 12.96% हानि
(b) 11.56% हानि
(c) 11.56% लाभ
(d) 12.96% लाभ

25. दिव्या ने 3,50,000 रुपये में एक कार खरीदी और उसे 4,35,000 रुपये में बेच दी। उसका लाभ प्रतिशत क्या है (दशमलव के एक स्थान तक सही)?

Divya bought a car for Rs 3,50,000 and sold it for Rs 4,35,000. What is her percentage profit (correct up to one decimal place)?

SSC GD 10/01/2023 (Shift-01)

(a) 23.3% (b) 24.3%
(c) 21.5% (d) 20.7%

26. एक निर्माता अपना उत्पाद वितरक को 10% लाभ पर बेचता है और वितरक इसे ग्राहक को 5% लाभ पर बेचता है। यदि ग्राहक के लिए लागत मूल्य 11,500 रुपये है, तो निर्माता द्वारा अर्जित लाभ (रुपये में) (अंश को नजरअंदाज करें) ज्ञात करें।

A manufacturer sells his product at 10% profit to the distributor and the distributor sells it to the customer at 5profit %. If the cost price to the customer is Rs.11,500, determine the profit (in Rs.) (neglect the fraction) earned by the manufacturer.

SSC GD 23/01/2023 (Shift-03)

(a) 700 (b) 1205
(c) 845 (d) 995

27. 25 वस्तुएं 8,625 रुपये में खरीदी गई और 12,675 रुपये में बेची गई। प्रति लेख अनुमानित लाभ प्रतिशत ज्ञात कीजिए।

25 articles were bought for Rs.8,625 and sold for Rs.12,675. Find the approximate profit percentage per article.

SSC GD 27/01/2023 (Shift-01)

(a) 32% (b) 47%
(c) 39% (d) 45%

28. किसी लेनदेन में, लाभ प्रतिशत क्रय मूल्य का 48% है। बाद में यदि क्रय मूल्य में 20% की वृद्धि हो जाती है लेकिन विक्रय मूल्य पूर्ववत ही रहता है, तो लाभ प्रतिशत में कितनी कमी हो जाएगी?

In a transaction, the profit percentage is 48% of the cost price. Afterwards, if the cost price is increased by 20% but the selling price remains the same, then by how much will the profit percentage decrease?

SSC GD 22/11/2021 (Shift-01)

(a) 34.67% (b) 24.0%
(c) 24.67% (d) 14.67%

29. यदि 200 रुपये से 350 रुपये तक की कीमत पर खरीदी गई किताबें 300 रुपये से 450 रुपये तक की कीमत पर बेची जा रही हैं, तो 8 किताबें बेचने पर अधिकतम संभावित लाभ क्या हो सकता है?

If books bought at prices ranging from Rs.200 to Rs.350 are being sold at prices ranging from Rs.300 to Rs.450, what is the highest possible profit that might be made in selling 8 books?

SSC GD 25/01/2023 (Shift-03)

(a) 1,800 रुपये (b) 2,000 रुपये
(c) 400 रुपये (d) 1,600 रुपये

30. 50 फल बेचकर, एक फल विक्रेता को 10 फलों का विक्रय मूल्य प्राप्त होता है। लाभ प्रतिशत ज्ञात कीजिये।

By selling 50 fruits, a fruit seller gains the selling price of 10 fruits. Find the gain percentage.

SSC GD 31/01/2023 (Shift-04)

(a) 28% (b) 25%
(c) 30% (d) 32%

31. 1800 रु. में एक वस्तु को बेचकर मिला लाभ, एक लाभ की तुलना में तिगुना है जो इसे 1350 रु. में बेचकर प्राप्त होता वस्तु का क्रय मूल्य (रु. में) ज्ञात करें।

The profit made by selling an article for Rs. 1800 is thrice the profit that would have been made by selling it for Rs. 1350. Find the cost price (in Rs.) of the article.

(a) 1250 (b) 1175
(c) 1200 (d) 1125

32. मनोज 12 रुपये में 15 पेंसिलें खरीदता है और उन्हें 1.50 रुपये/पेंसिल की दर से बेचता है। उसका लाभ प्रतिशत क्या है?

Manoj buys 15 pencils for Rs.12 and sells them at the rate of Rs.1.50/pencil. What is his profit percentage?

SSC GD 23/01/2023 (Shift-03)

(a) 64.67% (b) 46.67%
(c) 87.50% (d) 85.70%

33. एक खुदरा विक्रेता ने 1,280 रुपये में कुछ सामान खरीदा और उसने एक तिहाई 15% की हानि पर बेच दिया। शेष को कितने प्रतिशत लाभ पर बेचा जाना चाहिए, ताकि पूरे लेनदेन पर 15% का लाभ हो?

A retailer purchased some goods for Rs.1,280 and he sold one-third at a loss of 15%.At what gain percentage should the remaining be sold, so as to gain 15% on the whole transaction?

SSC GD 13/01/2023 (Shift-01)

(a) 32% (b) 30%
(c) 28% (d) 31%

34. एक व्यापारी 600 रु. में दो वस्तुएं A और B खरीदता है। वह A को 20% के लाभ पर और B को 10% की हानि पर बेचता है। यदि इस पूरे लेनदेन में उसे 8% का लाभ अर्जित होता है, तो वस्तु A का क्रय मूल्य (रु. में) कितना होगा?

A trader buys two articles A and B for Rs. 600. He sells A at a profit of 20% and B at a loss of 10%. If he makes a profit of 8% in the whole transaction, then what will be the cost price (in Rs.) of article A ?

SSC GD 22/11/2021 (Shift-01)

(a) 350 (b) 360
(c) 375 (d) 380

35. एक व्यक्ति ने 2,400 रु. में एक मेज और एक कुर्सी खरीदी। उसने मेज को 12% के लाभ पर और कुर्सी को 10% की हानि पर बेचा, जिससे कुल मिलाकर 4% का लाभ हुआ। मेज का क्रय मूल्य ज्ञात कीजिए। (निकटतम पूर्णांक तक सही करें)

A person bought a table and a chair for Rs. 2,400. He sold the table at a profit of 12% and the chair at a loss of 10%, thereby making an overall profit of 4%. Find the cost price of the table. (correct to the nearest integer)

SSC GD 22/11/2021 (Shift-02)

(a) 1,527 रुपये (b) 1,375 रुपये
(c) 1,150 रुपये (d) 1,225 रुपये

36. जगन ने समान मूल्य की 4 अलमारियां खरीदी। उसने उसमें से 3 को 14% के लाभ पर बेच दी। चौथी अलमारी उसने k% लाभ पर बेची। यदि कुल लाभ 15% है, तो k का मान कितना है?

Jagan bought 4 shelves of the same price. He sold 3 of them at a profit of 14%. He sold the fourth cupboard at a profit of k%. If the total profit is 15%, then what is the value of k?

SSC GD 23/11/2021 (Shift-03)

(a) 15 (b) 18
(c) 16 (d) 14

37. एक आदमी ने दो कुर्सियाँ प्रत्येक 475 रुपये में बेचीं, एक पर 25% का लाभ हुआ और दूसरे पर 20% का नुकसान हुआ। यदि उसने दोनों कुर्सियाँ प्रत्येक 575 रुपये में बेचीं, तो उसका लाभ/हानि प्रतिशत क्या होगा (निकटतम पूर्णांक तक पूर्णांकित)?

A man sold two chairs for Rs.475 each, gaining 25% on one and losing 20% on the other. Had he sold the two chairs for Rs.575 each, what would have been his gain/ loss percentage (rounded off to the nearest integer)?

SSC GD 10/01/2023 (Shift-03)

(a) 45% लाभ (b) 18% लाभ
(c) 41% लाभ (d) 25% हानि

38. एक व्यक्ति दो वस्तुएं बेचता है जिनमें से प्रत्येक का मूल्य 9,180 रुपये है । उसे एक वस्तु पर 8% का लाभ होता है और दूसरी वस्तु पर 15% की हानि होती है। उसका कुल लाभ या हानि कितना है?

A person sells two articles each costing Rs. 9,180. He makes a profit of 8% on one article and a loss of 15% on the other. What is his total profit or loss?

SSC GD 16/11/2021 (Shift-02)

(a) 940 रुपये का लाभ
(b) 940 रुपये की हानि
(c) 840 रुपये की हानि
(d) 840 रुपये का लाभ

39. यदि केलों को 7 रु. प्रति केले के बजाय 10 रु. प्रति केले के मूल्य पर बेचा जाता है, तो कुछ केलों के विक्रय मूल्यों के बीच का अंतर 990 रु. है। यदि सभी केलों का क्रय मूल्य 1,980 है, और यदि अर्जित लाभ 18% है, तो दस केलों का विक्रय मूल्य (रु. में) कितना होगा?

If bananas are sold at Rs. 10 per banana instead of Rs. 7 per banana, then the difference between the selling prices of some bananas is Rs. 990. If the cost price of all the bananas is 1980, and if the profit earned is 18%, then what will be the selling price (in Rs.) of ten bananas?

SSC GD 25/11/2021 (Shift-03)

(a) 90.20 (b) 60.00
(c) 70.80 (d) 99.00

40. 500 रु. प्रत्येक के मूल्य पर तीन वस्तुएं खरीदी जाती हैं। उनमें से एक वस्तु 12% लाभ पर बेची जाती है। यदि अन्य दो वस्तुएं भी बेची जाती हैं और पूरे सौदे में 20% की हानि होती है, तो शेष दो वस्तुओं की बिक्री पर लाभ या हानि का प्रतिशत कितना होगा?

Three articles are bought at Rs. 500 each. One of them is sold at a profit of 12%. If the other two articles are sold and thare is a loss of 20% in the whole transaction, then what will be the percentage of profit or loss on the sale of the remaining two articles?

SSC GD 23/11/2021 (Shift-02)

(a) 40% की हानि
(b) 36% की हानि
(c) 15% का लाभ
(d) 25% का लाभ

41. 18 संतरों को 15120 रु. में बेचने पर एक व्यक्ति को 20% की हानि होती है। 30% का लाभ अर्जित करने के लिए उसे 819 रु. में कितने संतरे बेचने होंगे?

By selling 18 oranges for Rs. 151.20, a person makes a loss of 20%. How many oranges must he sell for Rs. 819 to make a profit of 30%?

SSC GD 16/11/2021 (Shift-03)

(a) 65 (b) 45
(c) 60 (d) 50

42. एक दुकानदार 12% के लाभ पर सामान बेचता है और ऐसे वजन का उपयोग करता है जो मूल वजन से 15% कम है। उसका कुल प्रतिशत लाभ ज्ञात कीजिए। (दशमलव के 2 स्थानों तक सही)
A shopkeeper sells goods at a profit of 12% and uses a weight which is 15% less than the original weight. Find his total percentage gain. (Correct to 2 decimal places)
SSC GD 10/01/2023 (Shift-02)
(a) 31.76% (b) 30.24%
(c) 28.75% (d) 25.80%

43. एक डीलर अपना माल 16% हानि पर बेचने का दावा करता है, लेकिन एक किलोग्राम वजन के स्थान पर 750 ग्राम वजन देता है। उसका कुल लाभ प्रतिशत ज्ञात कीजिये।
A dealer professes to sell his goods at a loss of 16%, but weights 750 gm in place of a kg weight. Find his total profit percentage.
SSC GD 10/01/2023 (Shift-04)
(a) 15% (b) 11%
(c) 14% (d) 12%

44. S, 40 रुपये प्रति किलोग्राम पर चीनी खरीदता है और x रुपये प्रति किलोग्राम पर बेचता है। वजन मापने वाली मशीन में खराबी के कारण वजन 800 ग्राम होने पर वजन एक किलो दिखाता है। यदि उसका लाभ प्रतिशत 30% है तो x प्रति किग्रा का मूल्य क्या है?
S buys sugar for Rs.40 per kg and sells at Rs x per kg. Due to a fault in the weighting machine, it shows 1 kg when the actual weight is 800 gm. What is the value of x per kg if his profit percentage is 30%?
SSC GD 16/01/2023 (Shift-01)
(a) 48.6 (b) 46.1
(c) 41.6 (d) 52.1

45. एक खराब मशीन का वजन 900 ग्राम के बराबर 1000 ग्राम है। एक दुकानदार इस वजन मशीन का उपयोग 45 किलोग्राम चावल 65 रुपये प्रति किलोग्राम पर बेचने के लिए करता है जिसे उसने 58 रुपये प्रति किलोग्राम पर खरीदा था। उसका कुल लाभ प्रतिशत लगभग बराबर है:
A faulty machine weighs 900 g as 1000 g. A shopkeeper uses this weighting machine to sell 45 kg of rice at Rs.65 per kg which he bought at Rs.58 per kg. His overall profit percentage is approximately equal to:
SSC GD 08/02/2023 (Shift-03)
(a) 23.8% (b) 18.9%
(c) 22.6% (d) 24.5%

46. एक बेईमान दुकानदार एक ग्राहक को क्रय मूल्य के ऊपर T % के लाभ पर सामान बेचता है और साथ ही 1 kg के स्थान पर वह 800 g तौलता है। उसका कुल लाभ प्रतिशत 40 % है। T का मान कितना है?
A dishonest shopkeeper sells goods to a customer at a profit of T % over the cost price and also weighs 800g instead of 1kg. His total profit percentage is 40%. What is the value of T?
SSC GD 08/02/2023 (Shift-04)
(a) 40 (b) 24
(c) 10 (d) 12

47. किसी नुकसान के कारण, नितिन एक ऊनी जैकेट को क्रय मूल्य से 10% कम पर बेचता है। यदि वह इसे 500 रुपये अधिक में बेच सकता है, तो उसे 15% का लाभ होगा। जैकेट का क्रय मूल्य कितना है?
Due to some damage, Nitin sells a woollen jacket at 10% below the cost price. If he could sell it for Rs.500 more, he would make a profit of 15%. What is the cost price of the jacket?
SSC GD 23/11/2021 (Shift-03)
(a) 2,500 रुपये (b) 5,000 रुपये
(c) 3,333 रुपये (d) 2,000 रुपये

48. कुणाल ने एक वस्तु खरीदी और उसे 15% हानि पर बेचा। यदि उसने इसे 18% कम में खरीदा होता और 108 रुपये अधिक में बेचा होता, तो उसे 30% का लाभ होता। वस्तु का क्रय मूल्य ज्ञात कीजिये।
Kunal bought an article and sold it at a loss of 15%. If he had bought it for 18% less and sold it for ₹108 more, then he would have had a profit of 30%. Find the cost price of the article.
SSC GD 23/01/2023 (Shift-02)
(a) 540 रुपये (b) 560 रुपये
(c) 570 रुपये (d) 500 रुपये

49. विनोद एक वस्तु खरीदता है और उसे 5% हानि पर बेचता है। यदि उसने इसे 20% कम में खरीदा होता और 25 रुपये अधिक में बेचा होता, तो उसे 20% का लाभ होता। मूल लागत मूल्य क्या था?
Vinod buys an article and sells it at a loss of 5%. If he would have bought it for 20% less and sold it for Rs.25 more, he would have gained 20%. What was the original cost price?
SSC GD 02/02/2023 (Shift-03)
(a) 2,500 रुपये (b) 2,250 रुपये
(c) 2,250 रुपये (d) 1,850 रुपये

50. जब किसी वस्तु के विक्रय मूल्य में 164 रु. की वृद्धि की जाती है तो 12% की हानि 8.5% के लाभ में बदल जाती है। वस्तु का क्रय मूल्य ज्ञात कीजिए।
When the selling price of an article is increased by Rs. 164, a loss of 12% turns into a gain of 8.5%. Find the cost price of the article.
SSC GD 16/11/2021 (Shift-03)
(a) 760 रुपये (b) 840 रुपये
(c) 850 रुपये (d) 800 रुपये

51. एक दूधवाले ने 1,630 रुपये में 90 लीटर दूध खरीदा और 15 लीटर पानी मिलाया। यदि वह इसे रु. 19.00 प्रति लीटर पर बेचता है, तो उसका लाभ प्रतिशत होगा:
A milkman bought 90 litres of milk for Rs.1,630 and added 15 litres of water. If he sells it at Rs.19.00 per litre, his profit percentage will be:
SSC GD 09/02/2023 (Shift-01)
(a) $22\frac{64}{163}\%$ (b) $22\frac{14}{163}\%$
(c) $12\frac{64}{163}\%$ (d) $20\frac{64}{163}\%$

52. सोनी ने एक मोबाइल फोन राजू को 10% के लाभ पर बेचा, राजू ने इसे आलोक को 5% की हानि पर बेचा और आलोक ने इसे सोहन को 20% के लाभ पर बेचा। यदि सोहन ने इसे ₹6,270 में खरीदा, तो सोनी के लिए मोबाइल का लागत मूल्य (₹ में) क्या है?

Soni sold a mobile phone to Raju at a profit of 10%, Raju sold it to Alok at a loss of 5% and Alok sold it to Sohan at a profit of 20%. If Sohan bought it for ₹ 6,270, what is the cost price (in ₹) of the mobile for Soni?

SSC GD 01/02/2023 (Shift-01)

(a) 5,000 रुपये (b) 5,500 रुपये
(c) 4,500 रुपये (d) 4,650 रुपये

53. एक वस्तु को 222 रुपये में बेचने पर एक व्यक्ति को 48 रुपये की हानि होती है। लेन-देन में हुई हानि का प्रतिशत क्या है?

By selling an item for Rs.222, a person incurs a loss of Rs.48. What is the percentage of loss incurred in the transaction?

NTPC CBT-02 17/06/2022 (Shift-03)

(a) $18\frac{8}{9}\%$ (b) $17\frac{7}{9}\%$
(c) $16\frac{7}{18}\%$ (d) $21\frac{23}{37}\%$

54. यदि एक वस्तु को 150% लाभ पर बेचा जाता है, तो उसके क्रय मूल्य का उसके विक्रय मूल्य से अनुपात होगा-

If an article gets 150% profit, then the ratio of its price to selling price will be-

NTPC 03/02/2021 (Shift-01)

(a) 2 : 5 (b) 1 : 3
(c) 1 : 1 (d) 2 : 3

55. यदि A, किसी वस्तु को 384 रूपये में खरीदता है, और उसे 576 रूपये में बेचता है, और B दूसरी वस्तु को 1,254 रूपये में खरीदता है, और उसे 1,672 रूपये में बेचता है। A के प्रतिशत लाभ और B के प्रतिशत लाभ का अनुपात ज्ञात कीजिए।

If A buys an item for Rs.384, and sells it for Rs.576, and B buys the second item for Rs 1254, and sells it for Rs. 1,672. Find the ratio of A's profit percentage and B's profit percentage.

Group-D 23/08/2022 (Shift-01)

(a) $\frac{5}{2}$ (b) $\frac{5}{3}$
(c) $\frac{3}{2}$ (d) $\frac{3}{4}$

56. एक व्यक्ति ने एक रेडियो को 750 रुपये में बेचा और इसके लागत मूल्य का नौवां हिस्सा प्राप्त किया। रेडियो का क्रय मूल्य और प्रतिशत लाभ क्रमश: ज्ञात कीजिए।

A man sold a radio set for Rs. 750 and gained one ninth of its cost price. Find the cost price of the radio and the percentage gain respectively;

NTPC 09/02/2021 (Shift-02)

(a) 555 रुपये और $\frac{100}{9}\%$
(b) 635 रुपये और $\frac{100}{9}\%$
(c) 655 रुपये और $\frac{100}{9}\%$
(d) 675 रुपये और $\frac{100}{9}\%$

57. एक थोक व्यापारी एक टिन का तेल 540 रु में बेचता है और उसे 10% की हानि होती है। अब, यदि वह दूसरे तेल के टिन को 696 रु में बेचने का निर्णय लेता है, तो दूसरे टिन की बिक्री में उसका लाभ प्रतिशत ज्ञात कीजिए।

A wholesaler sells a tin of oil for Rs.540 and makes a loss of 10%. Now, if he decides to sell the second oil of tin for Rs.696, find his profit percentage in the sale of the second tin.

Group-D 17/09/2022 (Shift-01)

(a) 15% (b) 16%
(c) 12% (d) 18%

58. किसी वस्तु के विक्रय मूल्य में 50.00 की कमी कर देने पर 5% का लाभ, 5% की हानि में बदल जाता है। वस्तु का प्रारंभिक विक्रय मूल्य क्या है?

On reducing the selling price of an article by Rs. 50.00 a profit of 5% turns into a loss of 5%. What is the initial selling price of the article?

NTPC 07/02/2021 (Shift-01)

(a) 500.00 रु. (b) 600.00 रु.
(c) 515.00 रु. (d) 525.00 रु.

59. एक गाय को 1,000 रुपये में बेचने पर प्राप्त लाभ की तुलना में 1,010 रुपये में बेचने पर 5% अधिक लाभ होता है। लागत मूल्य ज्ञात करें (रुपये में)

5% more is gained by selling a cow for Rs. 1,010, than what is the gained by selling it for Rs. 1,000. Find the cost price (in Rs.)

NTPC 30/01/2021 (Shift-01)

(a) 400 (b) 200
(c) 280 (d) 300

60. एक वस्तु बेचते समय 8% लाभ और 13% हानि के बीच का अंतर 115.50 रुपये था। वस्तु का लागत मूल्य क्या था?

The difference between 8% profit and 13% loss while selling an item was Rs.115.50. What was the cost price of the item?

NTPC CBT-02 15/06/2022 (Shift-02)

(a) 540 रुपये (b) 560 रुपये
(c) 550 रुपये (d) 580 रुपये

61. एक व्यक्ति ने एक वस्तु को 1200 रुपये में खरीदा, इसकी मरम्मत पर 300 रुपये खर्च किए और इसे 2000 रुपये में बेच दिया। लाभ प्रतिशत क्या है?

A man purchased an item for Rs.1200, spent Rs.300 on its repairs and sold it for Rs. 2000. What is the profit percentage?

NTPC 11/02/2021 (Shift-02)

(a) $33\frac{1}{3}\%$ (b) 33%
(c) 66.66% (d) 40%

62. रूपर्ट एक सेकेंड हैंड टीवी 4,600 रुपये में खरीदता है, इसकी मरम्मत पर कुछ पैसे खर्च करता है, और फिर इसे 5,406 रुपये में बेचता है, जिससे 6% का लाभ होता है। रूपर्ट ने मरम्मत पर कितना खर्च किया?

Rupert purchases a second-hand TV for Rs. 4,600, spends some money on its repairs, and then sells it for Rs. 5,406, thereby earning a profit of 6%. How much did Rupert spend on the repairs?

NTPC 02/02/2021 (Shift-01)

(a) 500 रुपये (b) 600 रुपये
(c) 450 रुपये (d) 400 रुपये

63. एक दुकानदार 100 संतरे 60 रुपये में खरीदता है। वह परिवहन पर 15% खर्च करता है। 20% लाभ प्राप्त करने के लिए 100 संतरे का विक्रय मूल्य क्या होना चाहिए?

A shopkeeper buys 100 oranges for Rs. 60. He spends 15% on transportation. What should be the selling price of 100 oranges for getting 20% profit?

NTPC 10/04/2016 (Shift-03)

(a) 72 रुपये (b) 81.8 रुपये
(c) 82.8 रुपये (d) 83.8 रुपये

64. रीमा 75000 रुपये में एक कार खरीदती है। वह इसकी मरम्मत पर 10000 रुपये खर्च करती है। बाद में उसने इस कार को 15% लाभ पर चीरू को बेच दिया। चीरू ने इसे 10% लाभ पर रितु को बेच दिया। रितु ने कार खरीदने के लिए कितनी राशि खर्च की?

Reema buy a car at Rs. 75000. She spends Rs. 10000 on its repairing. Later she sold this car to Cheeru at 15% profit. Cheeru sold it to Ritu at 10% profit. What sum of money was spend by Ritu to purchase the car?

Group-D 03/10/2018 (Shift-02)

(a) 102575 रु. (b) 105752 रु.
(c) 102252 रु. (d) 107525 रु.

65. अनीशा ने एक टीवी को उसके आरंभिक विक्रय मूल्य का $\frac{4}{5}$ भाग खरीदा और फिर उसे उसके आरंभिक विक्रय मूल्य से 4% अधिक पर बेच दिया। अनीशा का लाभ प्रतिशत क्या है?

Anisha purchased TV a $\frac{4}{5}$ th of its initial selling price and then sold it at 4% more than its initial selling price. What is Anisha's gain percentage?

NTPC 01/03/2021 (Shift-01)

(a) 30% (b) 10%
(c) 40% (d) 20%

66. अगर कोई दूधवाला 50 रु रूपये लीटर दूध बेचता है, तो उसे 2,000 रूपये की हानि होती है यदि वह इसे 60 रु प्रति लीटर पर बेचता है, तो उसे 1,500 रु का लाभ होता है। उसके द्वारा बेचे जाने वाले दूध की कुल मात्र (लीटर में) है:

If a milkman charges Rs 50 for a liter of milk If he sells it, he will suffer a loss of Rs 2,000. If he sells it at Rs 60 per litre, So he makes a profit of Rs 1,500. by him total quantity of milk sold (in litres) is:

Group-D 06/10/2022 (Shift-03)

(a) 400 (b) 150
(c) 350 (d) 200

67. श्याम ने 100 पुस्तकें खरीदने में जो निवेश किया था, उनमें से 65 बेचकर उसे वह राशि वापस मिल गई। लाभ प्रतिशत क्या है?

Shyam gets back the amount he had invested in buying 100 books by selling 65 of them. What is the profit percentage?

NTPC 31/07/2021 (Shift-01)

(a) $53\frac{11}{13}\%$ (b) 65%
(c) 35% (d) $49\frac{9}{13}\%$

68. जब x वस्तुओं का क्रय मूल्य, y वस्तुओं के विक्रय मूल्य के बराबर हो, तो 25% लाभ होता है। तो $x : y$ का अनुपात ज्ञात करें।

When the cost price of x articles is equal to the selling price of y articles, there is a profit of 25%. Then find the ratio of $x : y$.

NTPC 13/01/2021 (Shift-01)

(a) 4 : 5 (b) 5 : 4
(c) 3 : 5 (d) 5 : 3

69. 120 पेनों का क्रय मूल्य, x पेनों के विक्रय मूल्य के बराबर है। यदि लाभ 25% है, तो x का मान ज्ञात कीजिए।

The cost price of 120 pens is equal to the selling price of x pens. If the profit is 25%, then find the value of x.

NTPC 16/01/2021 (Shift-02)

(a) 95 (b) 90
(c) 91 (d) 96

70. एक विक्रेता एक दर्जन पेंसिल 25 रुपये में खरीदता है और 5 पेंसिल के लिये 12 रुपये की दर से बेचता है। लाभ या हानि का प्रतिशत ज्ञात किजिये?

A seller buys a dozen of pencils for Rs. 25 and sells at the rate of Rs. 12 for 5 pencils. Find the percentage of Profit or loss?

Group-D 08/10/2018 (Shift-02)

(a) 15% हानि
(b) 15.2% हानि
(c) 15.2% लाभ
(d) 15% लाभ

71. 10 दर्जन चॉकलेट को 10 रुपये प्रति दर्जन की दर से खरीदा जाता है और 2 रुपये प्रति पीस की दर से बेचा जाता है। यदि व्यापारी 50 रुपये किराए पर खर्च करता है, तो प्रतिशत लाभ ज्ञात कीजिए।

10 dozen of chocolates are purchased at the rate of Rs. 10 per dozen and sold at the rate of Rs. 2 per piece. If the merchant spends Rs. 50 on fare, find the percentage profit.

RRB JE 26/06/2019 (Shift-01)

(a) 60% (b) 18%
(c) 50% (d) 40%

72. एक व्यक्ति ने 1 रुपये में 3 संतरे और 1 रुपये में दो संतरे खरीदे। 20% का लाभ अर्जित करने के लिए प्रत्येक दर्जन को किस राशि पर बेचा जाना चाहिए।

A person bought 3 oranges for Rs. 1 and two oranges for Rs. 1. On which amount will be have sold each dozen to earn a profit of 20%?

Group-D 30/10/2018 (Shift-01)

(a) 8 रुपये (b) 18 रुपये
(c) 10 रुपये (d) 6 रुपये

73. महेश ने अपने स्टॉक का $\frac{3}{4}$ हिस्सा 20% के लाभ पर और शेष स्टॉक 15% के लाभ पर बेचा। कुल लाभ का प्रतिशत ज्ञात कीजिए (लगभग)।

Mahesh sold $\frac{3}{4}$ of his stock at a profit of 20% and the remaining stock at a profit of 15%. Find the percentage of total profit (approximately).

NTPC 11/01/2021 (Shift-01)

(a) 17% (b) 20%
(c) 19% (d) 15%

74. अरविंद ने 15000 रुपये में 120 मीटर कपड़ा खरीदा। उसने इसका 45% हिस्सा 40% के लाभ पर, 25% हिस्सा 10% की हानि पर और शेष कपड़ा लागत मूल्य पर बेच दिया। पूरे लेनदेन में उसका लाभ (रुपये में) है

Arvind bought 120 m cloth for Rs.15000. He sold 45% of it at a gain of 40%, 25% of it at a loss of 10% and the remaining cloth at the cost price. His profit (in Rs.) in the entire transaction is

NTPC CBT-02 16/06/2022 (Shift-01)

(a) 2325 रुपये (b) 2035 रुपये
(c) 4180 रुपये (d) 4075 रुपये

75. एक ट्रेडर द्वारा दो वस्तुएँ बेची जाती हैं। उनमें से एक को 20% लाभ पर बेचा जाता है। इसका विक्रय मूल्य अन्य वस्तु के क्रय मूल्य के बराबर है जिसे 20% हानि पर बेचा जाता है। लगभग प्रभावी लाभ/हानि प्रतिशत ज्ञात कीजिए।

Two article are sold by a trader. One of them if sold for 20% profit. Its selling price equal the cost price of the other article which is sold for 20% loss. Find the effective profit/loss percentage approximately.

NTPC 03/04/2021 (Shift-01)

(a) 1.8% हानि (b) 2.5% लाभ
(c) 4% हानि (d) 1.8% लाभ

76. एक बेईमान विक्रेता अपना माल क्रय मूल्य पर बेचने का दावा करता है। लेकिन वह 1000 ग्राम के बांट के बजाए 850 ग्राम के बांट का उपयोग करता है। उसका प्रतिशत लाभ ज्ञात कीजिए। (2 दशमलव स्थानों तक पूर्णांकित)

A dishonest seller claims to sell his goods at the cost price. But instead of 1000 grams, he uses 850 grams. Find his percentage profit. (rounded to 2 decimal places)

Group-D 14/09/2022 (Shift-02)

(a) 14.65% (b) 15.65%
(c) 17.65% (d) 16.65%

77. एक दुकानदार 1 किग्रा के स्थान पर 950 ग्राम वजन के बाट का उपयोग करता है, और वस्तुओं को अंकित मूल्य पर बेचता है, जो क्रय मूल्य से 15% अधिक है। उसका प्रतिशत लाभ ज्ञात कीजिए।

A shopkeeper uses weights weighing 950 grams instead of 1 kg, and sells goods at marked price, which is 15% more than the cost price. Find his percentage profit.

Group-D 30/08/2022 (Shift-02)

(a) $23\frac{7}{19}\%$ (b) $20\frac{5}{19}\%$
(c) $21\frac{1}{19}\%$ (d) $22\frac{3}{19}\%$

78. एक दुकानदार गेंहू को 20 रु/किग्रा की दर से बेचता है जिसे उसने 18 रु/किग्रा पर खरीदा था और वह बेचते समय 1 किग्रा के स्थान पर केवल 900 ग्राम गेहूँ देता है। दुकानदार को वास्तविक प्राप्त लाभ प्रतिशत ज्ञात कीजिए।

A shopkeeper sells wheat at the rate of Rs.20/kg. sells what he bought at Rs 18/kg and while selling it in place of 1 kg gives only 900 grams of wheat. to the shopkeeper. Find the actual profit percentage obtained.

Group-D 15/09/2022 (Shift-03)

(a) 23.45% (b) 24.45%
(c) 20.45% (d) 22.45%

79. एक बेईमान विक्रेता लागत मूल्य पर $6\frac{1}{4}\%$ हानि पर वस्तुएँ बेचता है लेकिन वास्तव में वजन पर अंकित प्रत्येक 16 ग्राम के लिए 14 ग्राम वस्तु देता है। उसका लाभ या हानि प्रतिशत ज्ञात किजिए।

A dishonest seller sells articles at a loss of Rs. $6\frac{1}{4}\%$ on the cost price but actually gives 14 grams of the article for every 16 grams marked on the weight. Find his profit or loss percentage.

Group-D 20/09/2022 (Shift-03)

(a) $7\frac{1}{3}\%$ हानि
(b) $6\frac{1}{7}\%$ हानि
(c) $7\frac{1}{7}\%$ लाभ
(d) $6\frac{1}{7}\%$ लाभ

80. रघु ने एक वस्तु को 15% की हानि पर बेचा। यदि उसने इस वस्तु को 5% कम में खरीदा होता और इसे 195 रु अधिक में बेचा होता, तो उसे 10% का लाभ होता। वस्तु का क्रय मूल्य (रु में) ज्ञात कीजिए।

Raghu sold an article at a loss of 15%. If he had bought this article at 5% less and sold it for Rs 195 more, he would have made a profit of 10%. Find the purchase price (in Rs) of the item.

Group-D 30/09/2022 (Shift-02)

(a) 1,000 (b) 1,500
(c) 750 (d) 1,250

81. एक वस्तु को 20% के लाभ पर बेचा जाता है। यदि क्रय मूल्य और विक्रय मूल्य दोनो 100 रुपये कम हैं, तो लाभ 4% अधिक होगा। लागत मूल्य ज्ञात कीजिए।

An article is sold at a profit of 20%. If both the cost price and selling price are Rs. 100 less, the profit will be 4% more. Find the cost price.

NTPC 17/02/2021 (Shift-02)

(a) 500 रुपये
(b) 700 रुपये
(c) 800 रुपये
(d) 600 रुपये

82. एक कुर्सी को 5% हानि और एक मेज को 15% के लाभ पर बेचने पर, एक व्यक्ति को 300 रु का लाभ होता है। यदि वह कुर्सी को 5% लाभ पर और मेज को 5% लाभ पर बेचता है, तो उसे 180 रु का लाभ होता है। मेज की वास्तविक लागत मूल्य है।

On selling a chair at 5% loss and a table at 15% gain, a man gains Rs. 300. If he sells the chair at 5% gain and the table at 5% gain, then he gains Rs. 180. The actual cost of the table is:

NTPC 14/03/2021 (Shift-02)

(a) 1600 रुपये
(b) 2400 रुपये
(c) 2200 रुपये
(d) 1800 रुपये

ANSWER KEY

1.(a)	2.(d)	3.(b)	4.(c)	5.(a)	6.(b)	7.(a)	8.(d)	9.(b)	10.(a)
11.(b)	12.(c)	13.(c)	14.(b)	15.(b)	16.(a)	17.(c)	18.(c)	19.(b)	20.(c)
21.(c)	22.(a)	23.(c)	24.(a)	25.(b)	26.(d)	27.(b)	28.(c)	29.(b)	30.(b)
31.(d)	32.(c)	33.(b)	34.(b)	35.(a)	36.(b)	37.(b)	38.(b)	39.(c)	40.(b)
41.(c)	42.(a)	43.(d)	44.(c)	45.(d)	46.(d)	47.(d)	48.(d)	49.(a)	50.(d)
51.(a)	52.(a)	53.(b)	54.(a)	55.(c)	56.(d)	57.(b)	58.(d)	59.(b)	60.(c)
61.(a)	62.(a)	63.(c)	64.(d)	65.(a)	66.(c)	67.(a)	68.(b)	69.(d)	70.(c)
71.(a)	72.(d)	73.(c)	74.(a)	75.(a)	76.(c)	77.(c)	78.(a)	79.(c)	80.(a)
81.(d)	82.(b)								

SOLUTIONS

1. (a)

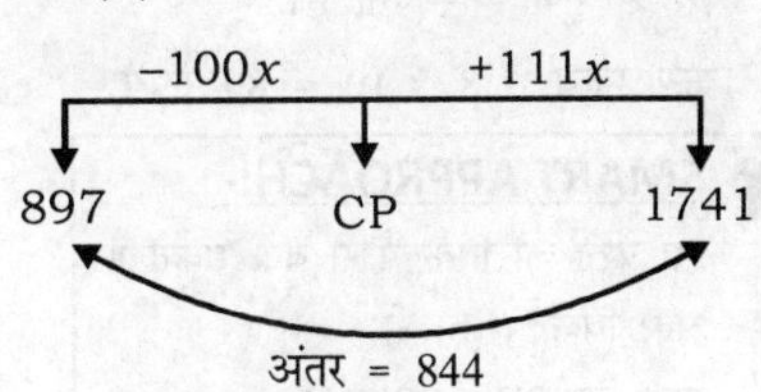

हानि (Loss) = $100x$
लाभ (Profit) = $111x$
$211x = 844$
$x = 4$
हानि (Loss) = $100x = 100 \times 4$
= 400 रुपये
तब, क्रय मूल्य = 897 + 400
= 1297 रुपये

2. (d) लाभ % = 12.5%

प्रश्नानुसार,

विक्रय मूल्य % = 112.5%
$\Rightarrow 112.5\% = 3276$

$1\% = \frac{3276}{112.5}$

$50\% = \frac{3276}{112.5} \times 50 = 1456$ रुपये

वैकल्पिक विधि:

$12.5\% = \frac{1 \rightarrow \text{लाभ}}{8 \rightarrow \text{क्रय मूल्य}}$

विक्रय मूल्य = क्रय मूल्य + लाभ
= 8 इकाई + 1 इकाई = 9 इकाई
9 इकाई = 3276 रुपये
क्रय मूल्य का 50% = 4 इकाई

$= \frac{3276}{9} \times 4 = 1456$ रुपये

3. (b) माना कि वस्तु का क्रय मूल्य x रुपये है

प्रश्नानुसार,
$\Rightarrow (2720 - x)$
$= (x - 1243) \times \frac{111}{100}$
$\Rightarrow 272000 - 100x$
$= 111x - 137973$
$\Rightarrow 111x + 100x$
$= 272000 + 137973$
$\Rightarrow 211x = 409973$
$\Rightarrow x = \frac{409973}{211}$
$\Rightarrow x = 1943$
∴ वस्तु का क्रय मूल्य 1943 रुपये है।

4. (c) हानि% $= \frac{-d^2}{100}\%$

$\frac{(+42\%)(-42\%)}{100} = -17.64\%$

हानि% = 17.64%

5. (a) लाभ (Profit) = 14%

प्रश्नानुसार,
विक्रय मूल्य (SP)
= 100 + 14 = 114%
$\Rightarrow 114\% = 1254$
$\Rightarrow 1\% = \frac{1254}{114}$
$\Rightarrow 50\% = \frac{1254}{114} \times 50 = 550$ रुपये

6. (b)

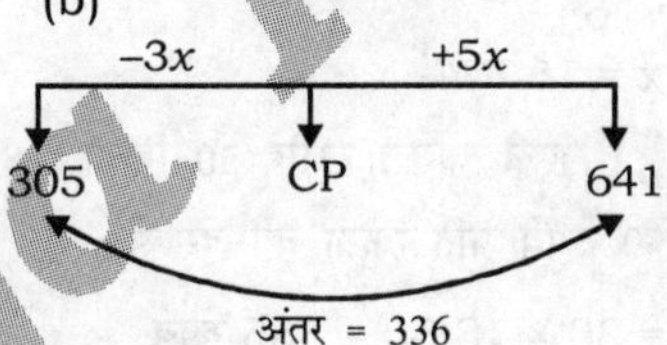

$60\% = \frac{3}{5}$
हानि = $3x$
लाभ = $5x$
$\Rightarrow 3x + 5x = 336$ रुपये
$\Rightarrow x = \frac{336}{8} = 42$ रुपये
$\Rightarrow x = 42$
क्रय मूल्य (CP) = 305 + 3 × 42
= 305 + 126 = 431 रुपये

7. (a) विक्रय मूल्य = 171 रुपये

हानि = 10%
विक्रय मूल्य % = 90%
प्रश्नानुसार,
$\Rightarrow 90\% = 171$
$1\% = \frac{171}{90}$
$100\% = \frac{171}{90} \times 100$
क्रय मूल्य = 190 रुपये

8. (d) लाभ (Profit) = 12.5%

प्रश्नानुसार,
विक्रय मूल्य (SP) = 100 + 12.5
= 112.5%
अत: 112.5% = 729
$1\% = \frac{729}{112.5}$
$50\% = \frac{729}{112.5} \times 50 = 324$ रुपये

9. (b) C.P. : S.P.

पहली वस्तु ⇒ 10 : 11) × 9 ..(i)
दूसरी वस्तु ⇒ 10 : 9) × 11 ..(ii)
S.P. के मान को बराबर करने पर,

	C.P.	:	S.P.
पहली वस्तु ⇒	90	:	99
दूसरी वस्तु ⇒	110	:	99
	200	:	198

हानि% $= \frac{-2}{200} \times 100 = -1\%$

वैकल्पिक विधि:
यदि दो अलग अलग वस्तुओं का विक्रय मूल्य समान हो और लाभ%, हानि% भी समान हैं तो हमेशा हानि होगी।

कुल हानि% $= \frac{\text{लाभ\%} \times \text{हानि\%}}{100}$

यहाँ, कुल हानि% $= \frac{10 \times 10}{100}$
= 1% हानि

10. (a) लाभ % = 12%

विक्रय मूल्य % = 112%
प्रश्नानुसार,
⇒ 112% = 336 रुपये
⇒ 1% = 3 रुपये
⇒ 100% = 300 रुपये
क्रय मूल्य = 300 रुपये

11. (b) कुल हानि % = $\frac{-x^2}{100}$

$= -\frac{10\times10}{100} = -1\%$

हानि % = 1%

12. (c) विक्रय मूल्य = 243 रुपये

हानि % = 10%

विक्रय % = 90%

प्रश्नानुसार,

$\Rightarrow 90\% = 243$

$\Rightarrow 100\% = \frac{243}{90}\times100 = 270$ रुपये

क्रय मूल्य = 270 रुपये

13. (c) हानि % = 10%

विक्रय मूल्य % = 90%

अत: 90% = 162

$1\% = \frac{162}{90}$

$100\% = \frac{162}{90}\times100$

क्रय मूल्य = 180 रुपये

14. (b) क्रय मूल्य (CP) = 335 रुपये

विक्रय मूल्य (SP) = 268 रुपये

हानि = 335 – 268 = 67 रुपये

हानि % = $\frac{67}{335}\times100 = 20\%$

15. (b) लाभ प्रतिशत = $\left[\frac{(260-208)}{208}\right]\times100$

लाभ प्रतिशत = $\left(\frac{52}{208}\right)\times100$

लाभ प्रतिशत = 25%

इसलिए, दुकानदार द्वारा अर्जित लाभ प्रतिशत 25% है।

16. (a) 872 रुपये = 109%

791 रुपये = $\frac{109}{872}\times791$

= 98.875%

हानि% = (100 – 98.875)= 1.125%

17. (c) दिया गया है।

(CP – SP) = 300

प्रश्नानुसार,

$\Rightarrow 25\% = 300$

$\Rightarrow 1\% = \frac{300}{25}$

$\Rightarrow 125\% = \frac{300}{25}\times125$

= 1500 रुपये

18. (c) कुल हानि% = $\frac{-x^2}{100}\%$

$= \frac{-15\times15}{100}\% = -2.25\%$

हानि% = 2.25%

19. (b)

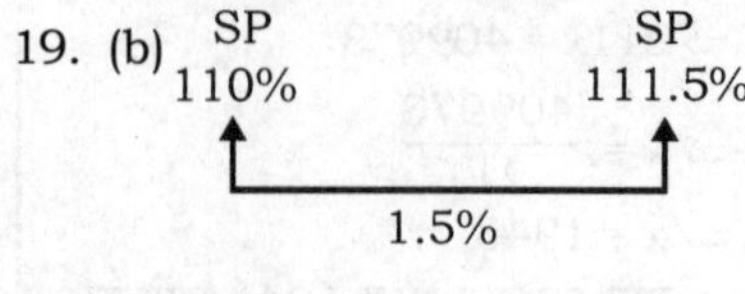

प्रश्नानुसार,

$\Rightarrow 1.5\% = 15$

$\Rightarrow 1\% = 10$

$\Rightarrow 100\% = 1000$ रुपये

क्रय मूल्य = 1000 रुपये

20. (c) माना, एक पेन की लागत मूल्य = x रुपये

एक पेन का विक्रय मूल्य = 15 रुपये

प्रश्नानुसार,

हानि = $\frac{x}{16}$

हानि = क्रय मूल्य - विक्रय मूल्य

$\frac{x}{16} = x - 15$

$\frac{15x}{16} = 15$

$x = 16$ रुपये

21. (c) पहले चावल खरीदे 30 किग्रा, 18.50 रुपये प्रति किग्रा की दर से

= 30 × 18.50 = 555 रुपये

20 किग्रा चावल का क्रय मूल्य

= 23.50 × 20 = 470 रुपये

कुल क्रय मूल्य = 555 + 470

= 1025 रुपये

45% लाभ के लिए

$= \frac{1025}{100}\times145$

= 1486.25

कुल चावल = 50 किग्रा

प्रति किग्रा चावल का विक्रय मूल्य

$= \frac{1486.25}{50} = 29.725$ रुपये

22. (a)

144

18 8

अंतर 10 होना चाहिए

छोटी वाली संख्या क्रय मूल्य होगी उसमें 10 से गुणा कर देना है।

क्रय मूल्य = 8 × 10 = 80 रुपये

SMART APPROACH:-

इस प्रश्न को विकल्प से बना सकते है।

अत: विकल्प (b) से

माना कि CP = 80 रुपये

लाभ% = 80% रुपये [CP = लाभ%]

SP = $\frac{80\times180}{100} = 144$ रुपये

23. (c) माना निर्माता की लागत = x

$\Rightarrow 150\% = \frac{3}{2}$

$\Rightarrow 120\% = \frac{6}{5}$

प्रश्नानुसार,

$\Rightarrow x\times\frac{3}{2}\times\frac{6}{5} = 3600$

$x = 2000$

निर्माता की लागत मूल्य = 2000

24. (a) यदि प्रश्न में लाभ% और हानि% समान हो तब,

हानि% = $-\frac{d^2}{100}\%$

हानि% = $-\frac{36^2}{100}\% = -12.96\%$

हानि% = 12.96%

25. (b)

क्रय मूल्य	:	विक्रय मूल्य
350000	:	43500
70	:	87

लाभ % = $\frac{87-70}{70}\times100\%$

$= \frac{170}{7}\% \cong 24.3\%$

26. (d) लाभ = $\frac{11}{10}\times\frac{21}{20}\times$ क्रय मूल्य

= 11500 रुपये

$\Rightarrow$ क्रय मूल्य = $\frac{11500\times200}{11\times20}$

लाभ = $\frac{1}{10}\times\frac{11500\times200}{11\times21}$

≈ 995 रु.

27. (b) लाभ % = $\frac{12675-8625}{8625}\times100$

$= \frac{4050}{8625}\times100 = 46.95\%$

$\approx 47\%$

28. (c) माना, क्रय मूल्य = 100, लाभ = 48

CP SP

+20% (100 —— 148

120

लाभ % = $\frac{28}{120}\times100\% = \frac{70}{3}\%$

= 23.33%

लाभ में कमी% = (48 – 23.33)%

≈ 24.67%

29. (b) उच्चतम लाभ के लिए C.P न्यूनतम है और S.P अधिकतम है

C.P = 200, S.P = 450

8 पुस्तकें बेचने पर लाभ

= 8 × 450 – 8 × 200

= 8[250] = 2000 रुपये

30. (b) प्रश्नानुसार,

50 SP – 50 CP = 10 SP

⇒ 50 CP = 40 SP

⇒ $\frac{SP}{CP} = \frac{5}{4}$

लाभ % = $\frac{100}{4}$ = 25%

31. (d) माना, लाभ = x

$1800 - 3x = 1350 - x$

$2x = 450$

$x = 225$

CP = 1350 – 225 = 1125 रु.

32. (c) प्रति पेंसिल का क्रय मूल्य = $\frac{12}{15}$

$= \frac{4}{5}$

प्रति पेंसिल का विक्रय मूल्य

= 1.5 = $\frac{3}{2}$

∴ लाभ % = $\frac{\frac{3}{2}-\frac{4}{5}}{\frac{4}{5}}\times100$

$= \frac{7}{10}\times100$

= 87.5%

33. (b) माना, वस्तुओं की कुल संख्या 3 है

1	2	= 3
-15%	x	= +15%
-15%	$2x$	+45%

–15% + 2x = 45%

x = 30%

34. (b) प्रश्नानुसार,

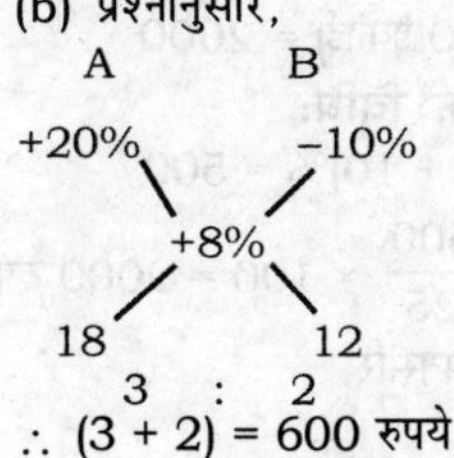

∴ (3 + 2) = 600 रुपये

A (3) = $\frac{600}{5}\times3$ = 360 रुपये

35. (a) प्रश्नानुसार,

मेज कुर्सी

+12% –10%

+4%

14 : 8

7 : 4

∴ (7 + 4) = 2400 रुपये

मेज की कीमत (7) = $\frac{2400}{11}\times7$

≈ 1527 रुपये

36. (b) प्रश्नानुसार,

3	1	= 4
14	: K%	= 15%

$k = \frac{15\times4-(14\times3)}{1}$

$k = \frac{60-42}{1}$

k = 18%

37. (b) 25% = $\frac{1}{4}$, 20% = $\frac{1}{5}$

CP SP

(4 : 5) × 4

(5 : 4) × 5

आवश्यक अनुपात

CP		SP
16	:	20
25	:	20

$\frac{475}{20}\times41$ —— 41 20 → 475

लाभ = 575 × 2 – $\frac{475}{20}\times41$

$= 25\left(23\times2-\frac{19\times41}{20}\right)$

= 176.25

लाभ % = $\frac{176.25}{475\times41}\times20\times100\approx18\%$

38. (b) ∴ विक्रय मूल्य समान हैं

8% = $\frac{2}{25}$, 15% = $\frac{3}{20}$

CP SP

(25 27) × 17

(20 17) × 27

आवश्यक अनुपात

CP		SP
425	:	459
540	:	459
965		918 $\xrightarrow{\times20}$ 9180 × 2

47

कुल हानि = 47 × 20 = 940 रुपये

39. (c) केलों की संख्या = $\frac{990}{10-7}$ = 330

एक केले का क्रय मूल्य = $\frac{1980}{330}$

= 6 रु.

10 केले का क्रय मूल्य = 60

⇒ विक्रय मूल्य = $60\times\frac{118}{100}$

= 70.80 रुपये

40. (b) ∴ जब लागत मूल्य बराबर होता है तो समग्र लाभ/हानि% प्रतिशत का औसत होता है

$\frac{12\% + x\% + x\%}{3} = -20\%$

12% + 2x% = –60%

x% = – 36

अत: कुल मिलाकर हानि प्रतिशत 36 है।

41. (c) एक संतरे का विक्रय मूल्य

$= \frac{151.2}{18}$ = 8.4 रुपये

एक संतरे का क्रय मूल्य

$= \frac{8.4}{4}\times5$

= 10.5 = $\frac{21}{2}$ रुपये

एक संतरे का क्रय मूल्य पर 30% का

लाभ = $\frac{21}{2}\times\frac{13}{10}$

संतरे की संख्या = $\frac{819}{\frac{21}{2}\times\frac{13}{10}}$ = 60

42. (a) $12\% = \frac{6}{50}$, $15\% = \frac{3}{20}$

प्रश्नानुसार,

$\frac{SP}{CP} = \frac{56}{50} \times \frac{20}{17} = \frac{112}{85}$

लाभ % $= \frac{112-85}{85} \times 100\%$

$= \frac{540}{17}\% = 31.76\%$

43. (d) $16\% = \frac{4}{25}$

प्रश्नानुसार,

$\frac{SP}{CP} = \frac{1000}{750} \times \frac{21}{25} = \frac{84}{75}$

लाभ % $= \frac{84-75}{75} \times 100\%$

$= \frac{36}{3}\% = 12\%$

44. (c) प्रश्नानुसार,

$SP = 40 \times \frac{13}{10} \times \frac{800}{1000}$

= 5.2 × 8 = 41.6 रुपये/किग्रा

45. (d) प्रश्नानुसार,

$\Rightarrow \frac{45 \times 1000}{900} = 50$ किग्रा

उसकी मशीन खराब होने के कारण वह 45 किलो की जगह 50 किलो की कीमत तय करता है।

CP	:	SP
45 × 58	:	50 × 13
9 × 29	:	25 × 13
261	:	325

लाभ% $= \frac{325-261}{261} \times 100\%$

$= \frac{6400}{261}\% = 24.5\%$

46. (d) प्रश्नानुसार,

$\frac{SP}{CP}\left(\frac{140}{100}\right) = \frac{1000}{800} \times \frac{y}{x}$

$\frac{7}{5} = \frac{5}{4} \times \frac{y}{x}$

$\frac{y}{x} = \frac{25}{28}$

लाभ % $= \frac{3}{25} \times 100\% = 12\%$

47. (d) माना, वस्तुओं का क्रय मूल्य 100 हैं

$100 \xrightarrow{-15\%} 85$
$100 \xrightarrow{+10\%} 110$) 25

25 इकाई = 500

CP (100 इकाई) = 2000

वैकल्पिक विधि:

CP (15 + 10)% = 500

$CP = \frac{500}{25} \times 100 = 2000$ रुपये

48. (d) प्रश्नानुसार,

CP SP

$100 \xrightarrow{-15\%} 85$

−18% (100 → 82)

$82 \xrightarrow{+30\%} 106.6$ > 21.6

106.6 – 85 = 108

$CP(100) = \frac{1080}{216} \times 100 = 500$ रु.

49. (a) प्रश्नानसार,

CP SP

$100 \xrightarrow{-5\%} 95$

−20% (100 → 80)

$80 \xrightarrow{+20\%} 96$ > 1

1 इकाई = 25

CP(100 इकाई) = 2500 रु.

50. (d) (8.5 + 12) % = 164

$CP (100\%) = \frac{164}{20.5} \times 100$

$CP = \frac{32800}{41}$

CP = 800 रुपये

51. (a)

CP	:	SP
1630	:	(90+15)×19
326	:	399

लाभ % $= \frac{73}{326} \times 100\%$

$= \frac{3650}{163}\% = 22\frac{64}{163}\%$

52. (a) प्रश्नानुसार,

	CP	SP
सोनी	10	11
राजू	20	19
आलोक	5	6
	500	627
	↓×10	↓×10
	5000	6270

सोनी CP = 5000

53. (b) विक्रय मूल्य = 222

हानि = 48

क्रय मूल्य = 222 + 48 = 270

हानि % $= \frac{48}{270} \times 100 = 17\frac{7}{9}\%$

54. (a) माना क्रय मूल्य 100 रुपये है। 150% लाभ पर विक्रय मूल्य

$= 100 + 100 \times \frac{150}{100} = 250$ रुपये

क्रय मूल्य : विक्रय मूल्य

= 100 : 250

2 : 5

55. (c) A का क्रय मूल्य = 384 रु और A का विक्रय मूल्य = 576 रु

A का लाभ

$= \frac{576-384}{384} \times 100$

$= \frac{192}{384} \times 100 = 50\%$

B का क्रय मूल्य = 1254 रु और B का विक्रय मूल्य = 1672

B का लाभ %

$= \frac{1672-1254}{1254} \times 100$

$= \frac{418}{1254} \times 100 = \frac{100}{3}\%$

अनुपात $= \frac{50 \times 3}{100} = 3 : 2$

56. (d) माना क्रय मूल्य $9x$ है

प्रश्नानुसार,

लाभ = क्रय मूल्य $\times \frac{1}{9} = x$

विक्रय मूल्य = क्रय मूल्य + लाभ

$= 9x + x = 10x$

$\because 10x = 750$

$x = 75$

क्रय मूल्य = 75 × 9 = 675 रुपये

लाभ% $= \frac{x}{9x} \times 100 = \frac{100}{9}\%$

SMART APPROACH:-

$\frac{1}{9}$ ← लाभ / क्रय मूल्य

10 इकाई = 750

1 इकाई = 75

$\frac{75}{675} \times 100 = \frac{100}{9}\%$

क्रय मूल्य (9 इकाई) = 75 × 9 = 675

57. (b) विक्रय मूल्य = 540
हानि = 10%

क्रय मूल्य = $540 \times \frac{100}{90} = 600$
दूसरे टिन का विक्रय मूल्य = 696
लाभ प्रतिशत = $\frac{696-600}{600} \times 100$
= 16%

58. (d) माना वस्तु का क्रय मूल्य x रुपये है।
प्रश्नानुसार,
कुल अंतर
x (5% + 5%) = 50
x = 500 रुपये
आरंभिक विक्रय मूल्य = $500 \times \frac{105}{100}$
= 525 रुपये

59. (b) माना गाय का क्रय मूल्य x रुपये है।
प्रश्नानुसार,
$\Rightarrow x \times \frac{5}{100} = 1010 - 1000$
x = 200 रुपये

60. (c) प्रश्नानुसार,
कुल अंतर
8% – (–13%) = 155.5
1% = 5.5
क्रय मूल्य = 100% = 550 रूपये

61. (a) मरम्मत के बाद वस्तु का लागत मूल्य
= 1200 + 300 = 1500 रुपये
विक्रय मूल्य = 2000 रुपये
लाभ% = $\frac{2000-1500}{1500} \times 100\%$
= 33.33% = $33\frac{1}{3}\%$

62. (a) माना मरम्मत के बाद क्रय मूल्य = x रु.
प्रश्नानुसार,
$x \times \frac{106}{100} = 5406$
x = 5100 रुपये
∵ मरम्मत से पूर्व क्रय मूल्य = 4600रु.
∵ मरम्मत पर रुपर्ट द्वारा खर्च = 5100 – 4600 = 500 रुपये

63. (c) 100 संतरों का क्रय मूल्य = 60रु.
100 संतरों पर 15% परिवहन खर्च करने के बाद उसका क्रय मूल्य
= $60 + 60 \times \frac{15}{100}$ = 69 रुपये
20% लाभ पर 100 संतरों का विक्रय मूल्य
= $69 \times \frac{6}{5}$ = 82.8 रुपये

64. (d) मरम्मत के बाद रीमा के कार का क्रय मूल्य
= 75000 + 10000 = 85000 रुपये
चीरू के लिए कार का क्रय मूल्य
= $85000 \times \frac{115}{100}$
रीतू के लिए कार का क्रय मूल्य
= $85000 \times \frac{115}{100} \times \frac{110}{100}$
= 107525 रुपये

65. (a) माना आरंभिक विक्रय मूल्य
= $500x$
TV का क्रय मूल्य = $500x \times \frac{4}{5}$
= $400x$
4% लाभ पर नया विक्रय मूल्य
= $500x \times \frac{104}{100} = 520x$
लाभ = $520x - 400x = 120x$
लाभ% = $\frac{120x}{400x} \times 100 = 30\%$

66. (c) यदि प्रति लीटर दूध का विक्रय मूल्य = 50 रु तो हानि = 2000
यदि प्रति लीटर दूध का विक्रय मूल्य = 60 रु तो लाभ = 1500
माना दूध की कुल मात्रा = x लीटर
प्रश्न के अनुसार
$50x + 2000 = 60x - 1500$
$10x = 3500 \Rightarrow x = 350$ लीटर

67. (a) माना 1 किताब का क्रय मूल्य 1 रुपये है।
100 × क्रय मूल्य = 65 × विक्रय मूल्य
$\frac{\text{क्रय मूल्य}}{\text{विक्रय मूल्य}} = \frac{13}{20}$
लाभ% = $\frac{20-13}{13} \times 100\%$
= $\frac{700}{13}\% = 53\frac{11}{13}\%$

68. (b) x × क्रय मूल्य = y × विक्रय मूल्य
$\frac{x}{y} = \frac{\text{विक्रय मूल्य}}{\text{क्रय मूल्य}}$
माना क्रय मूल्य = 100
तो,
विक्रय मूल्य = 125
प्रश्नानुसार,
$\frac{x}{y} = \frac{125}{100} = \frac{5}{4}$

69. (d) माना क्रय मूल्य = 100 रुपये,
विक्रय मूल्य = 125 रुपये
प्रश्नानुसार,
120 × क्रय मूल्य = x × विक्रय मूल्य
120 × 100 = x × 125
x = 96 पेन

SMART APPROACH:-
25% = $\frac{1}{4}$
5 इकाई → 120 पेन
4 इकाई → $\frac{120}{5} \times 4$ = 96 पेन

70. (c) पेंसिल रुपया
12 : 25 = 125
5 : 12 = 144
लाभ = 144 – 125 = 19 रुपये
$\frac{19}{125} \times 100$ = 15.2% लाभ

71. (a) 1 दर्जन = 12 पीस
10 दर्जन = 120 पीस

	Price (मूल्य)	No. of Chocolate (चॉकलेट की संख्या)
CP →	100	120
SP →	240	120

क्रय मूल्य = 100 + 50 = 150 रु
लाभ% = $\frac{90}{150} \times 100$ = 60%

72. (d) संतरे रुपया
$3_{\times 2}$: $1_{\times 2}$
$2_{\times 3}$: $1_{\times 3}$
6 : 2
6 : 3
12 : 5

1 दर्जन पर 20% लाभ = $5 \times \frac{6}{5}$
= 6 रुपये

73. (c) अनुपात में स्टॉक
= 3 : 1
+ 20% + 15%
कुल लाभ%
= $\frac{3 \times 20 + 1 \times 15}{3+1} = \frac{75}{4}\% \approx 19\%$

74. (a)

कपड़े → 9 : 5 : 6 = 20

लाभ/हानि → 40% : –10% : 0% = x

सम्पूर्ण(x) → $\frac{360-50}{20}$

$= \frac{31}{2}\% = \frac{31}{200} \times 15000$

= 2325 रूपये

75. (a)

		क्रय मूल्य	विक्रय मूल्य
$20\% = \frac{1}{5}$	दोनों वस्तु	$5_{\times5}$	$6_{\times5}$
$20\% = \frac{1}{5}$	अन्य वस्तु	$5_{\times6}$	$4_{\times6}$
		55	54

–1

हानि% $= \frac{1}{55} \times 100 = 1.8\%$

76. (c) लाभ % $= \frac{1000-850}{850} \times 100$

$= \frac{150}{850} \times 100 = 17.65\%$

77. (c) गलत भार पर लाभ

$= \frac{50}{950} \times 100 = 5.26\%$

अंकित मूल्य पर बेचने पर लाभ = 15%

कुल लाभ $= 15 + 5.26 + \frac{15 \times 5.26}{100}$

$= 20.26 + 0.789 = 21.049 = 21\frac{1}{19}\%$

78. (a) माना, दुकानदार 1 किग्रा गेहूं खरीदता है।

1 किग्रा गेहूँ का क्रय मूल्य = 18 रु

चूंकि, वह केवल 900 ग्राम देता है, इसलिए 900 ग्राम गेहूं का क्रय मूल्य

$= \frac{18 \times 900}{1000} = 16.2$ रु

गेहूं का विक्रय मूल्य = 20 रु

वास्तविक लाभ% $= \frac{20-16.2}{16.2} \times 100$

$= \frac{3.8}{16.2} \times 100 = 23.45\%$

79. (c) माना कि वस्तुओं की कीमत 1 रुपये प्रति ग्राम है।

⇒ 16 ग्राम का क्रय मूल्य = 16 रुपये वह वस्तुओं को क्रय मूल्य पर $\frac{25}{4}\%$ की हानि पर बेचता है।

⇒ 16 ग्राम वस्तु का विक्रय मूल्य = $16 - \frac{(16 \times 25)}{(4 \times 100)} = 16 - 1$

= 15 रुपये

वह 16 ग्राम के बजाय 14 ग्राम का भी प्रयोग करता है।

⇒ वह ग्राहक से 14 रुपये के बजाय 16 रुपये लेता है।

⇒ दूकानदार का लाभ = (16 – 15)

= 1 रु

⇒ लाभ % $= \frac{1}{14} \times 100 = \frac{50}{7}\%$

∴ दूकानदार का लाभ प्रतिशत

$= 7\frac{1}{7}\%$

SMART APPROACH:-

हानि $6\frac{1}{4}\% = \frac{-1}{16}$

16 : 15

14 : 16

14 : 15

+1

$\frac{1}{14} \times 100 = 7\frac{1}{7}\%$ लाभ

80. (a)

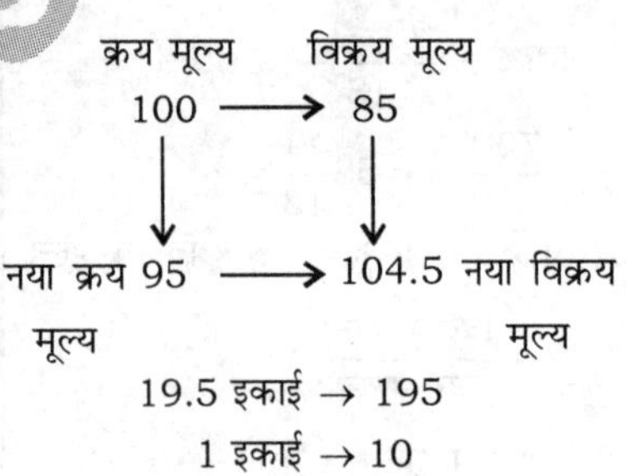

19.5 इकाई → 195

1 इकाई → 10

100 इकाई → 1000

81. (d) मान क्रय मूल्य $=x$, विक्रय मूल्य $= 1.2x$

जब क्रय मूल्य और विक्रय मूल्य 100 रुपये कम कर दिया जाता है।

क्रय मूल्य $= x - 100$, विक्रय मूल्य $= 1.2x - 100$

प्रश्नानुसार,

$\Rightarrow 1.2x - 100 = 1.24 \times (x - 100)$

$\Rightarrow 1.20x - 100 = 1.24x - 124$

$\Rightarrow 0.04x = 24$

$x = 600$ रुपये

क्रय मूल्य = 600 रुपये

SMART APPROACH:-

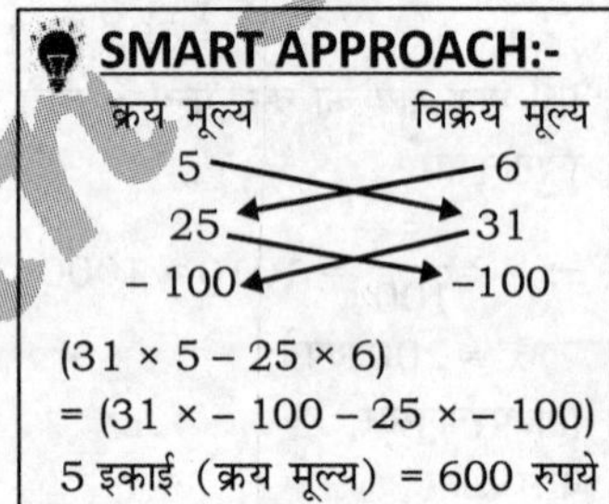

(31 × 5 – 25 × 6)

= (31 × – 100 – 25 × – 100)

5 इकाई (क्रय मूल्य) = 600 रुपये

82. (b) माना कुर्सी का क्रय मूल्य x तथा मेज का क्रय मूल्य y है।

प्रश्नानुसार,

$y \times \frac{15}{100} - x \times \frac{5}{100} = 300$

$15y - 5x = 30000$ ...(i)

यदि वह कुर्सी को 5% लाभ पर तथा मेज को 5% लाभ पर बेचता है तो,

$x \times \frac{5}{100} + y \times \frac{5}{100} = 180$

$5x + 5y = 18000$ ......(ii)

समीकरण (i) तथा (ii) को जोड़ने पर

20y = 48000

y = 2400 रुपये

∴ मेज का क्रय मूल्य 2400 है।

☆☆☆☆☆

DISCOUNT

बट्टा (छूट)

03

1. एक दुकानदार ने क्रय मूल्य के 37% को मार्क अप के रूप में जोड़ा और फिर वह अंकित मूल्य पर 37% की छूट देता है, तो कुल लाभ या हानि प्रतिशत क्या होगा।

If the shopkeeper added 37% of the cost price as mark up and then he gives a discount of 37% on the marked price, then what will be the total profit or loss percentage.

RPF SI 06/01/2019 (Shift-01)

(a) 13.69% हानि
(b) 12.96% हानि
(c) 13.69% लाभ
(d) 12.96% लाभ

2. 10% और 20% की दो क्रमागत छूटों के बाद एक वस्तु का विक्रय मूल्य 2,268 रुपये है। यदि वस्तु का क्रय मूल्य बाजार मूल्य का 50% है, तो उसका क्रय मूल्य ज्ञात कीजिए?

The selling price of an article after two consecutive discounts of 10% and 20% is Rs. 2,268. If the cost price of the article is 50% of the market price, then find its cost price?

RPF SI 29/03/2019 (Shift-02)

(a) 1575 (b) 1875
(c) 1775 (d) 1675

3. क्रमानुसार 12% और 5% की छूट देने के बाद, एक वस्तु को 209 रुपये में बेचा गया था। वस्तु की वास्तविक कीमत क्या थी?

After allowing discounts of 12% and 5% respectively, an article was sold at Rs. 209. What was the actual price of the item?

RPF Constable 31/03/2019 (Shift-01)

(a) Rs.226 (b) Rs.252
(c) Rs.269 (d) Rs.250

4. किसी वस्तु का जोड़ा 37.40 रुपये में 15% की छूट के साथ खरीदा गया। प्रत्येक वस्तु पर कितनी कीमत अवश्य ही लिखी जानी चाहिए?

A pair of an item was purchased for Rs.37.40 with a discount of 15%. What price must be written on each item?

(a) Rs.22 (b) Rs.44
(c) Rs.33 (d) Rs.11

5. एक दुकानदार किसी वस्तु के क्रय मूल्य में 48% की बढ़ोत्तरी करके उसकी बिक्री पर 48% की छूट रखता है, तो उसे होने वाले कुल प्रतिशत लाभ अथवा हानि को ज्ञात कीजिये?

If a shopkeeper increases the purchase price of an item by 48% and gives a discount of 48% on its sale, then find out the total percentage profit or loss incurred by him?

(a) 22.80% लाभ
(b) 22.84% हानि
(c) 23.40% लाभ
(d) 23.04% हानि

6. एक व्यापारी ने एक वस्तु का मूल्य इस प्रकार अंकित किया कि उसे उस वस्तु के क्रय मूल्य पर 28% का लाभ अर्जित हो। उसने इसे अंकित मूल्य पर 15% की छूट देकर बेच दिया। उसका वास्तविक लाभ प्रतिशत कितना था?

A trader marked the price of an article in such a way that he earns a profit of 28% on the cost price of that article. He sold it at a discount of 15% on the marked price. What was his actual profit percentage?

SSC GD 16/11/2021 (Shift-3)

(a) 9% (b) 13%
(c) 12.5% (d) 8.8%

7. किसी वस्तु के अंकित मूल्य पर 12. 5% की छूट देते हुए कोई दुकानदार इसे 805 रु. में बेचता है। यदि उसने यह छूट ना दी होती तो उसे इस पर 15% का लाभ प्राप्त होता । वस्तु का क्रय मूल्य (रु. में) कितना है?

Allowing a discount of 12.5% on the marked price of an article, a shopkeeper sells it for Rs. 805. Had he not given this discount, he would have got a profit of 15% on it. What is the cost price (in Rs.) of the article?

SSC GD 17/11/2021 (Shift-02)

(a) 780 (b) 750
(c) 800 (d) 700

8. यदि एक वस्तु का विक्रय मूल्य 900 रुपये है और छूट 40% है, तो उसका अंकित मूल्य (रु. में) ज्ञात कीजिए ।

If the selling price of an article is Rs.900 and the discount is 40%, then find its marked price (in Rs.).

SSC GD 17/11/2021 (Shift-03)

(a) 1,200 (b) 1,500
(c) 800 (d) 1,600

9. 7,500 रुपये के अंकित मूल्य वाली एक वस्तु पर दो क्रमागत छूटें दी गई, जिनमें से पहली 10% थी। अंत में, इसे 5,805 रुपये में बेचा गया। दूसरी छूट कितने प्रतिशत थी?

Two successive discounts, with the first being 10%, were given on an article having the marked price of Rs. 7,500. Finally, it was sold for Rs. 5,805. What percent was the second discount?

SSC GD 17/11/2021 (Shift-03)

(a) 16% (b) 15%
(c) 14% (d) 12%

10. एक खुदरा व्यापारी 20% की छूट पर एक वस्तु खरीदता है, और उसे 2,200 रु. में बेचकर 10% का लाभ प्राप्त करता है। छूट (रु. में) कितनी थी?

A retailer buys an article at a discount of 20%, and sells it for Rs. 2,200 and makes a profit of 10%. What was the discount (in Rs.)?

SSC GD 23/11/2021 (Shift-03)

(a) Rs. 200 (b) Rs. 500
(c) Rs. 400 (d) Rs.300

11. एक दुकानदार ने पतलून पर 25% की छूट की घोषणा की। उमेश दुकान में गया। वह छूट के रूप में 500 रु. बचाना चाहता था । यदि प्रत्येक पतलून का मूल्य 250 रु. है, तो ऐसा करने के लिए उसे कितने पतलून खरीदने होंगे?

A shopkeeper announced a discount of 25% on trousers. Umesh went to the shop. He wanted to save Rs.500 as discount. If the cost of each trouser is Rs.250, how many trousers will he have to buy to do so?

SSC GD 24/11/2021 (Shift-03)

(a) 8 (b) 6
(c) 5 (d) 4

12. एक वस्तु का सूची मूल्य 576 रु. है। इसे सूची मूल्य पर 20% की छूट देकर बेचा गया है। यदि इसका क्रय मूल्य 480 रु. है, तो लाभ / हानि का प्रतिशत कितना होगा?

The list price of an article is Rs.576. It is sold at a discount of 20% on the list price. If its cost price is Rs. 480, then what will be the profit / loss percentage ?

SSC GD 26/11/2021 (Shift-01)

(a) लाभ, 4% (b) लाभ, 2%
(c) हानि, 4% (d) हानि, 2%

13. एक पेन की कीमत ₹121.5 है और इसका अंकित मूल्य ₹150 है। कोई लाभ या हानि न हो इसके लिए अंकित मूल्य पर दो समान क्रमिक प्रतिशत छूट कितनी होनी चाहिए?

A pen costs ₹121.5 and its marked price is ₹150. What should be two equal successive percentage discounts on marked price to have no profit or loss?

SSC GD 17/01/2023 (Shift-03)

(a) 12.56% (b) 15%
(c) 11.56% (d) 10%

14. एक उपकरण पर जिसका अंकित मूल्य 280 रुपये है, 15% की छूट दी जाती है। कैलकुलेशन में गलती के कारण दुकानदार ग्राहक को 20 रुपये ज्यादा दे देता है। ग्राहक के लिए टूल पर प्रभावी छूट प्रतिशत क्या है?

On a tool whose marked price is Rs.280, a discount of 15% is offered. Due to a calculation mistake, the shopkeeper gives the customer Rs.20 extra. What is the effective discount percentage on the tool for the customer?

SSC GD 27/01/2023 (Shift-01)

(a) 28.1% (b) 22.1%
(c) 35% (d) 31.1%

15. 5,000 रुपये पर 30% की छूट और 17% और 13% की दो क्रमिक छूटों के बीच का अंतर ________ है।

The difference between a discount of 30% and two successive discounts of 17% and13% on Rs.5,000 is ________.

SSC GD 27/01/2023 (Shift-02)

(a) Rs.110.50
(b) Rs.1,389.50
(c) Rs.850.00
(d) Rs.539.50

16. बलवेंद्र पहले 9% और 4% की दो क्रमिक छूट प्रदान करता है और फिर वह सीसीटीवी कैमरे की बिक्री पर 268 रुपये की नकद छूट भी प्रदान करता है। यदि सीसीटीवी कैमरे का अंकित मूल्य 5,000 रुपये है, तो ग्राहक के लिए सीसीटीवी कैमरे का अंतिम मूल्य क्या है?

Balvendra offers two successive discounts of 9% and 4% first and then he also provides a cash discount of Rs.268 on the sale of a CCTV camera. If the marked price of the CCTV camera is Rs.5,000, what is the final price of the CCTV camera for a customer?

SSC GD 07/02/2023 (Shift-01)

(a) Rs. 4,000 (b) Rs. 4,368
(c) Rs. 4,100 (d) Rs. 4,636

17. एक मेज के अंकित मूल्य से लागत मूल्य का अनुपात 3 : 4 है। दुकानदार अंकित मूल्य पर 25% की दो बराबर छूट देता है और मेज को 2,250 रुपये में बेचता है। इस लेन-देन के दौरान हानि ज्ञात कीजिए।

The ratio of the cost price to the marked price of a table is 3 : 4. The shopkeeper gives two equal successive discounts of 25% on the marked price and sells the table for Rs 2,250. Find the loss during this transaction.

SSC GD 11/01/2023 (Shift-03)

(a) Rs. 1,000 (b) Rs. 750
(c) Rs. 500 (d) Rs. 250

18. एक व्यापारी ने 20% की छूट देने के बाद 20% का लाभ कमाने के लिए अपने सामान की कीमत अंकित की। अंकित मूल्य लागत मूल्य से कितना प्रतिशत अधिक है?

A tradesman marked the price of his goods to earn a profit of 20% after giving a discount of 20%. Marked price is how much percentage more than the cost price?

SSC GD 09/02/2023 (Shift-02)

(a) 35% (b) 40%
(c) 50% (d) 20%

19. 10%, 15% और 20% की क्रमिक छूट की राशि की एकल छूट है:

Successive discounts of 10%, 15% and 20% amount to a single discount is:

SSC GD 27/01/2023 (Shift-04)

(a) 38.8% (b) 35.8%
(c) 39.7% (d) 33.7%

20. एक दुकानदार एक वस्तु की खरीद पर निम्नलिखित तीन छूट योजनाओं की घोषणा करता है। इनमें से कौन सी योजना ग्राहक के लिए सबसे अच्छी योजना है?

A shopkeeper announces the following three discount schemes on the purchase of an article. Which of these schemes is the best scheme for a customer?

A. 15% और 18% की दो क्रमिक छूट
Two successive discounts of 15% and 18%

B. 6 वस्तुएं खरीदें और 2 निःशुल्क पाएं
Buy 6 articles and get 2 free

C. 30% की फ्लैट छूट
A flat discount of 30%

SSC GD 01/02/2023 (Shift-01)

(a) Both schemes A and C give the same discount
(b) Scheme A
(c) Scheme B
(d) Scheme C

21. एक व्यापारी अपने माल पर लागत मूल्य से 25% अधिक अंकित करता है और अपने ग्राहकों को उनके बिलों में 12% की कटौती की अनुमति देता है। उसे कितना प्रतिशत लाभ होता है?

A tradesman marks his goods 25% above the cost price and allows his customers a 12% reduction on their bills. What percentage profit does he make?

NTPC CBT-01 08/02/2021 (Shift-02)

(a) 12.5% (b) 14%
(c) 18% (d) 10%

22. 30%, 20% और 10% की क्रमागत तीन छूट के बराबर एकल प्रतिशत छूट ज्ञात कीजिए।

Find a single percentage discount equal to three consecutive discounts of 30%, 20% and 10%.

Group-D 27/09/2022 (Shift-01)

(a) 46.9% (b) 49.6%
(c) 50.4% (d) 60%

23. एक निश्चित बिल पर 32% की छूट पर बिक्री मूल्य और 20% की दो लगातार छूट पर बिक्री मूल्य के बीच का अंतर 25 रूपये है। बिल की वास्तविक राशि ज्ञात कीजिए।

The difference between the selling price of a certain bill at a discount of 32% and the selling price at two consecutive discounts of 20% is Rs. 25. Find the actual amount of the bill.

Group-D 18/08/2022 (Shift-03)

(a) 425 रुपये (b) 576 रुपये
(c) 200 रुपये (d) 625 रुपये

24. किसी वस्तु का बिक्री पर 15% और X% की दो क्रमिक छूट 23.5% की एकल छूट के बराबर है। X% का मूल्य ज्ञात कीजिए।

Two successive discounts of 15% and X% on an article are equal to a single discount of 23.5%. Find the value of X%.

Group-D 22/09/2022 (Shift-01)

(a) 11% (b) 12%
(c) 10% (d) 9%

25. साड़ी बेचने वाली किसी दुकान पर एक ऑफर के तहत ग्राहकों को 3 साड़ियों की खरीद पर 2 साड़ियां मुफ्त मिल रही थीं। ग्राहक को मिलने वाली छूट ज्ञात कीजिए।

Under an offer at a shop selling sarees, customers were getting 2 sarees free on the purchase of 3 sarees. Find the discount available to the customer.

Group-D 22/08/2022 (Shift-02)

(a) 40% (b) 50%
(c) 60% (d) 30%

26. एक दुकानदार 58,000 रूपये मूल्य वाली किसी वॉशिंग मशीन पर 3 क्रमिक छूट देता है, जिसके वजह से उसका मूल्य घटकर 42,000 रूपये हो जाता है। यदि संबंधित छूटें 5%, 10% और x% हैं, तो x का मान ज्ञात कीजिए।

A shopkeeper gives 3 successive discounts on a washing machine priced at Rs.58,000, due to which its price reduces to Rs.42,000. If the respective discounts are 5%, 10% and x%, find the value of x.

Group-D 30/08/2022 (Shift-01)

(a) 12 (b) 10
(c) 15.3 (d) 9

27. कुछ वस्तुओं को इस प्रकार बेचा जाता है कि जब 5% की छूट दी जाती है, तो 33% का लाभ होता है। सूची मूल्य, लागत मूल्य से कितने प्रतिशत अधिक है?

Some goods are sold in such a way that when a discount of 5% is given, a profit of 33% is made. List price is what percent more than cost price?

Group-D 07/10/2022 (Shift-02)

(a) 25% (b) 30%
(c) 35% (d) 40%

28. एक व्यापारी एक कमीज को मुद्रित मूल्य से 6% कम राशि पर बेचता है। उसने मुद्रित मूल्य क्रय मूल्य से 15% अधिक निर्धारित किया। व्यापारी द्वारा अर्जित लाभ प्रतिशत कितना है?

A trader sells a shirt at 6% less amount than the printed price. He fixed the printed price 15% more than the cost price. What is the profit % earned by the trader?

Group- D 08/10/2018 (Shift-01

(a) 8.1% (b) 21%
(c) 13.5% (d) 9%

29. 20% और 30% और 10% की तीन क्रमिक छूट के बाद त्योहारी सीजन की बिक्री के दौरान 1000 रूपये के अंकित मूल्य वाली एक कांस्य वस्तु बेची जाती है। एक ग्राहक द्वारा त्योहारी सीजन के दौरान वस्तु खरीदने पर भुगतान की जाने वाली राशि (रुपये में) क्या होगी?

A bronze article of face value Rs.1000 is sold during the festive season sale after three successive discounts of 20%, 30% and 10%. What will be the amount (in Rs) paid by a customer when he purchases the item during the festive season?

Group-D 15/09/2022 (Shift-01)

(a) 564 (b) 496
(c) 508 (d) 504

30. बिक्री के दौरान, एक टीवी दुकान मालिक किसी भी उपभोक्ता को चुनने के लिए चार अलग-अलग प्रकार की लगातार छूट प्रदान करता है। निम्नलिखित मे से कौन सा विकल्प किसी वस्तु के अंकित मूल्य के प्रतिशत के रूप में दुकान के मालिक को सर्वोत्तम संभव कीमत देगा?

During the sale, a TV shop owner offers four different types of consecutive discounts for any consumer to choose from. Which of the following options will give the shop owner the best possible price as a percentage of the marked price of an item?

Group-D 11/10/2022 (Shift-01)

(a) 25% और 15%
(b) 30% और 10%
(c) 35% और 5%
(d) 20% और 20%

ANSWER KEY

1.(a)	2.(a)	3.(d)	4.(a)	5.(d)	6.(d)	7.(c)	8.(b)	9.(c)	10.(b)
11.(a)	12.(c)	13.(d)	14.(b)	15.(a)	16.(c)	17.(b)	18.(c)	19.(a)	20.(b)
21.(d)	22.(b)	23.(d)	24.(c)	25.(a)	26.(c)	27.(d)	28.(a)	29.(d)	30.(d)

SOLUTIONS

1. (a) हानि % = अंकित मूल्य − छूट − $\frac{\text{अंकित मूल्य} \times \text{छूट}}{100}$

$= 37 - 37 - \frac{37 \times 37}{100}$

हानि % = 13.69%

2. (a) माना कि वस्तु का अंकित मूल्य x रुपये है।

प्रश्नानुसार,

$\Rightarrow x \times \frac{90}{100} \times \frac{80}{100} = 2268$

$\Rightarrow x = 3150$ रु.

$50\% = \frac{1}{2}$ → क्रय मूल्य / → अंकित मूल्य

	क्रय मूल्य	:	अंकित मूल्य
अनुपात	1	:	2

2 इकाई → 3150

1 इकाई → 1575 रु.

3. (d) माना वास्तविक कीमत x है।

छूट (Discount) = 12% और 5%

$12\% = \frac{12}{100} = \frac{88}{100}$, $5\% = \frac{5}{100} = \frac{95}{100}$

$\Rightarrow x \times \frac{88}{100} \times \frac{95}{100} = 209$ रुपये

$x = \frac{209 \times 100 \times 100}{88 \times 95}$

$x = 250$ रुपये

वैकल्पिक विधि:

$12\% = \frac{3}{25}$, $5\% = \frac{1}{20}$

अंकित मूल्य	विक्रय मूल्य
25	22
20	19
500	418
↓ $\times \frac{1}{2}$	↓ $\times \frac{1}{2}$
250 रु.	209 रु.

4. (a) 2 वस्तुओं का क्रय मूल्य 37.40 रुपये

1 वस्तु का क्रय मूल्य = 18.70 रुपये

छूट (15%) = 15%

अंकित मूल्य = $\frac{18.70}{85} \times 100$

= 22 रुपये

5. (d) लाभ/हानि%

$= 48 - 48 - \frac{48 \times 48}{100}$

$= -23.04$

हानि % = 23.04%

6. (d) AB नियम के अनुसार -

समतुल्य लाभ % = $a - b - \frac{ab}{100}$

लाभ % ⇒ $28 - 15 - \frac{28 \times 15}{100}$

$= 13 - 4.2 = 8.8\%$

7. (c) छूट % = 12.5% = $\frac{-1}{8}$

अंकित मूल्य × $\frac{7}{8}$ = 805

अंकित मूल्य = 920 रु.

लाभ % = 15% = $\frac{+3}{20}$

क्रय मूल्य × $\frac{23}{20}$ = 920

क्रय मूल्य = 800 रु.

8. (b) छूट % = 40%

अंकित मूल्य × $\frac{60}{100}$ = 900

अंकित मूल्य = 1500 रु.

9. (c)

$7500 \xrightarrow{-10\%} 6750 \longrightarrow 5805$ (−945)

$\frac{945}{6750} \times 100 = 14\%$

10. (b) छूट % = 20% = $\frac{-1}{5}$

लाभ % = 10% = $\frac{+1}{10}$

क्रय मूल्य × $\frac{11}{10}$ = 2200

क्रय मूल्य = 2000 रु.

वास्तविक मूल्य × $\frac{4}{5}$ = 2000

वास्तविक मूल्य = 2500 रु.

छूट = 2500 – 2000 = 500 रु.

11. (a) छूट % = 25% = $\frac{1}{4}$

एक पतलून पर बचत

= 250 × $\frac{1}{4}$ = 62.5 रु.

पतलूनों की संख्या = $\frac{500}{62.5}$ = 8

12. (c) MP SP CP

576 460.8 480

–20% –19.2

= $\frac{19.2}{480}$ × 100% = $\frac{192}{48}$%

= 4%

13. (d) क्रय मूल्य = 121.5

अंकित मूल्य = 150

न लाभ न हानि के लिए,

विक्रय मूल्य = 121.5

छूट % = $\frac{150-121.5}{150}\times100$

= $\frac{28.5}{3}\times2$

छूट % = $\frac{57}{3}$ = 19%

माना, छूट a% है,

19% = 2a – $\frac{a^2}{100}$

19 = $a\left(2-\frac{a}{100}\right)$

बिना आगे कोई गणना करे विकल्प के द्वारा हल करें।

विकल्प (c) समीकरण को सन्तुष्ट करते है

a = 10%

14. (b) अंकित मूल्य = 280

छूट % = 15% = $\frac{3}{20}$

छूट = 280 × $\frac{3}{20}$ = 42

कुल छूट = 42 + 20 = 62

छूट % = $\frac{62}{280}\times100$ = 22.1%

15. (a) 17% और 13% की प्रभावी छूट

= 17 + 13 – $\frac{17\times13}{100}$

= 30 – 2.21

∴ अंतर = 30 – (30 – 2.21)

= 2.21%

$\frac{2.21}{100}\times5000$ = 110.50

16. (c) छूट % = 9% और 4%

विक्रय मूल्य = 5000 × $\frac{91}{100}$ × $\frac{96}{100}$ =

91 × 48 = 4368 रु.

268 रूपये अतिरिक्त छूट के बाद अंतिम मूल्य = 4368 – 268

= 4100 रु.

17. (b) छूट % = 15% और लाभ % = 10%

क्रय मूल्य : अंकित मूल्य

$3x$: $4x$

$4x\times\frac{3}{4}\times\frac{3}{4}$ = 2250

x = 1000

क्रय मूल्य = $3x$ = 3000

हानि = 3000 – 2250 = 750 रु.

18. (c) $\frac{\text{क्रय मूल्य}}{\text{अंकित मूल्य}}=\frac{100-20\%}{100+20\%}$

$\frac{\text{क्रय मूल्य}}{\text{अंकित मूल्य}}=\frac{80}{120}=\frac{2}{3}$ +1

आवश्यक % = $\frac{1}{2}$ = 50%

19. (a) 10% = $\frac{1}{10}$, 15% = $\frac{3}{20}$,

20% = $\frac{1}{5}$

10 9

5 20 17

5 4

250 153

–97

$\frac{97}{250}\times100$ = 38.8%

20. (b) A. प्रभावी छूट = 15 + 18 – $\frac{15\times18}{100}$

=30.3%

B. 6 वस्तुएं खरीदे 2 निःशुल्क पाएं

छूट = $\frac{2}{8}$ = 25%

C. छूट = 30%

∴ ग्राहक के लिए स्कीम A अच्छा है

21. (d) हम जानते है,

हानि/लाभ % = $x+y+\frac{xy}{100}$

लाभ% = 25 – 12 – $\frac{25\times12}{100}$

⇒ 10%

22. (b) 30% = $\frac{3}{10}$, 20% $\frac{1}{5}$, 10% $\frac{1}{10}$

मूल मूल्य	:	रियायती मूल्य
10	:	7
5	:	4
10	:	9
500	:	252

कुल छूट = 500 – 252 = 248

छूट प्रतिशत = $\frac{248}{500}$ ×100

= 49.6%

23. (d) पहली छूट = 32%

20% की दो क्रमिक छूट

= 20 + 20 – $\frac{20\times20}{100}$ = 36%

दोनों छूटों में अंतर = 36 – 32

= 4%

4% → 25 रुपये

100% → $\frac{25}{4}$ × 100 = 625 रु

24. (c) माना अंकित मूल्य = 100 इकाई

एकल छूट = 23.5%

100

–23.5% –15%

76.5 85

–8.5

$\frac{8.5}{85}$ × 100 = 10%

25. (a) 'x' वस्तु खरीदने पर 'y' वस्तु (मात्र/संख्या) नि:शुल्क दी जाती है तब,

$$\text{छूट\%} = \frac{y}{x+y}\times 100$$

दिया गया है

$x = 3$, $y = 2$

$$\text{छूट\%} = \frac{2}{(3+2)}\times 100 = 40\%$$

26. (c) एकल छूट%

$$= \frac{\text{अंकित मूल्य} - \text{विक्रय मूल्य}}{\text{अंकित मूल्य}}$$

एकल छूट%

$$= \frac{58000-42000}{58000} = 100$$

= 27.58%

क्रमिक छूट → 5%, 10%, x%

5%, 10% का एकल छूट = 5% + 10% − $\frac{5\times 10}{100}$ ⇒ 14.5%

14.5%, x% का एकल छूट = 27.58%

$$14.5\% + x\% - \frac{14.5\times x}{100}$$

= 27.58%

x = 15.29% = 15.3%

27. (d) छूट = 5%, लाभ = 33%

माना, लागत मूल्य = 100,

विक्रय मूल्य = 133

$$\text{अंकित मूल्य} = 133\times\frac{100}{95} = 140$$

आवश्यक प्रतिशत

$$= \frac{140-100}{100}\times 100$$

= 40%

28. (a)

अंकित मूल्य क्रय मूल्य विक्रय मूल्य

115 100 108.1

+15% −6%

लाभ = 108.1 − 100 = 8.1

$$\text{लाभ\%} = \frac{8.1}{100}\times 100\% = 8.1\%$$

29. (d) काँसे की वस्तु का अंकित मूल्य = 1000 रुपये इसलिए, ग्राहक के लिए क्रय मूल्य

$$= 1000\times\frac{80}{100}\times\frac{70}{100}\times\frac{90}{100}$$

= 504 रुपये

30. (d) (a) 25% और 15%

$$\text{प्रभावी छूट} = 25 + 15 - \frac{25\times 15}{100}$$

= 36.25%

(b) 30% और 10%

$$\text{प्रभावी छूट} = 30 + 10 - \frac{30\times 10}{100}$$

= 37%

(c) 35% और 5%

$$\text{प्रभावी छूट} = 35 + 5 - \frac{35\times 5}{100}$$

= 38.25%

(d) 20% और 20%

$$\text{प्रभावी छूट} = 20 + 20 - \frac{20\times 20}{100}$$

= 36%

इसलिए, विकल्प (d) सर्वोत्तम संभव कीमत देगा।

SIMPLE INTEREST

साधारण ब्याज

04

1. 12% की वार्षिक ब्याज दर पर 8,700 रुपये का निवेश 4 साल में कितना होगा? (रुपये में)
What will be the investment of Rs.8,700 in 4 years at an annual interest rate of 12%? (in Rs.)
RPF Constable 17/01/2019 (Shift-03)
(a) 12,876 (b) 13,876
(c) 15,876 (d) 14,876

2. 12% प्रति वर्ष की साधारण ब्याज दर पर राशि पर 5 साल बाद अर्जित ब्याज 4080 रुपये है। निवेश की गई राशि (में रुपये) ज्ञात कीजिए।
The interest earned on a sum after 5 years at simple interest rate of 12% per annum is Rs 4080. Find the amount invested (in Rs).
RPF Constable 18/01/2019 (Shift-02)
(a) 6900 (b) 6800
(c) 6400 (d) 6600

3. 8000 रुपये की राशि प्रति वर्ष 12% पर 4 वर्षों के लिए निवेश करने के बाद (रुपये में) राशि कितनी होगी?
What will be the amount (in Rs) after investing Rs 8000 at 12% per annum for 4 years?
RPF Constable 18/01/2019 (Shift-02)
(a) 12840 (b) 11840
(c) 14840 (d) 13840

4. एक राशि को 12% प्रति वर्ष की साधारण ब्याज दर पर निवेश करने पर 5 वर्ष के बाद 3900 रुपये का ब्याज प्राप्त होता है। निवेश की गई राशि ज्ञात कीजिए। (रुपये में)
A sum invested at 12% per annum simple interest gives interest of Rs.3900 after 5 years. Find the amount invested. (in rupees)
RPF Constable 18/01/2019 (Shift-03)
(a) 6400 (b) 6200
(c) 6500 (d) 6300

5. साधारण ब्याज दर पर निवेश किये गए 7700 रुपये पर 12% प्रति वर्ष की दर से 4 वर्ष के बाद प्राप्त होने वाली राशि ज्ञात कीजिए। (रुपये में)
Find the amount received after 4 years on Rs.7700 invested at simple interest rate 12% per annum. (in Rs.)
RPF Constable 18/01/2019 (Shift-03)
(a) 11396 (b) 12396
(c) 13396 (d) 14396

6. विजय ने 4350 रुपये निवेश किया और दो वर्ष बाद 5220 रुपये की राशि प्राप्त की। यदि उसने साधारण ब्याज पर निवेश किया है तो ब्याज दर ज्ञात कीजिए।
Vijay invested Rs.4350 and received an amount of Rs.5220 after two years. If he has invested on simple interest then find the interest rate.
RPF Constable 18/01/2019 (Shift-01)
(a) 12.5% (b) 8%
(c) 15% (d) 10%

7. साधारण ब्याज दर पर निवेश किये गए 8100 रुपये पर 12% प्रति वर्ष की दर से 4 वर्ष के बाद प्राप्त होने वाली राशि ज्ञात कीजिए। (रुपये में)
Find the amount received after 4 years on Rs.8100 invested at simple interest rate 12% per annum. (in Rs.)
RPF Constable 19/01/2019 (Shift-02)
(a) 11988 (b) 10988
(c) 13988 (d) 12988

8. एक राशि को 12% प्रति वर्ष की साधारण ब्याज दर पर निवेश करने पर 5 वर्ष के बाद 4140 रुपये का ब्याज प्राप्त होता है। निवेश की गई राशि ज्ञात कीजिए। (रुपये में)
An amount invested at 12% per annum simple interest gives interest of Rs.4140 after 5 years. Find the amount invested. (in Rs.)
RPF Constable 19/01/2019 (Shift-02)
(a) 6700 (b) 6900
(c) 6600 (d) 6800

9. किसी निश्चित राशि को 12% की साधारण वार्षिक ब्याज दर पर 5 वर्षों के लिए जमा करने पर 4,200 रुपये ब्याज प्राप्त होता है। जमा की गई राशि ज्ञात कीजिए? (रुपये में)
Depositing a certain amount at a simple annual interest rate of 12% for 5 years yields Rs. 4,200 interest. Find the amount deposited? (in Rs.)
RPF Constable 19/01/2019 (Shift-03)
(a) 7,500 (b) 6,000
(c) 7,000 (d) 6,500

10. 7,400 रुपये, 8% वार्षिक की साधारण ब्याज दर पर निवेश किये गए। यदि 5 वर्षो बाद वह राशि निकाल लेता है और आधी राशि को शेयर बाजार में निवेश करता है, तो शेष बची राशि (रुपये में) कितनी होगी?
Rs.7,400 were invested at a simple interest rate of 8% per annum. If after 5 years the amount is withdrawn and half the amount is invested in the stock market, then what will be the remaining amount (in Rs.)?
RPF SI 05/01/2019 (Shift-03)
(a) 5,160 (b) 5,180
(c) 5,120 (d) 5,140

11. 5600 रुपये की राशि 8% प्रति वर्ष की दर से साधारण ब्याज पर निवेश की गई। यदि 5 साल के बाद की राशि वापस ले ली जाती है और कुल राशि का आधा शेयर बाजार में निवेश किया जाता है। शेष राशि ज्ञात करें। (रुपये में)

A sum of Rs.5600 was invested at simple interest at the rate of 8% per annum. If the amount is withdrawn after 5 years and half of the total amount is invested in the stock market. Find the remaining amount. (in Rs.)

RPF Constable 31/03/2019 (Shift-01)

(a) 3820 (b) 3920
(c) 3720 (d) 3620

12. एक निश्चित धनराशि पर 5 वर्षों में 7% प्रति वर्ष की दर से 4,016.25 रुपये का साधारण ब्याज मिलता है। मूलधन क्या है?

A certain sum of money fetches simple interest of Rs.4,016.25 at the rate of 7% per annum in 5 years. What is the sum?

SSC GD 24/02/2023 (Shift-04)

(a) Rs.10,475
(b) Rs. 9,475
(c) Rs. 11,400
(d) Rs. 11,475

13. एक निश्चित राशि साधारण ब्याज पर 3 वर्ष में 26,980 तथा 8 वर्ष में 40,280 हो जाती है।

A certain sum becomes ₹26,980 in 3years and ₹40,280 in 8 years at simple interest. Find the rate of interest.

SSC GD 27/01/2023 (Shift-02)

(a) 14% (b) 12%
(c) 13% (d) 11%

14. किस राशि के लिए x% वार्षिक ब्याज दर पर x वर्षों का साधारण ब्याज x रु. होगा?

For which amount the simple interest for x years at the rate of x% p.a. will be Rs. x?

SSC GD 25/11/2021 (Shift-02)

(a) Rs. $\frac{100}{x}$ (b) Rs. $\frac{x}{100}$
(c) Rs. x (d) Rs. $100x$

15. 5,000 की धनराशि साधारण ब्याज पर 6 वर्षों में 7,550 हो जाती है। यदि ब्याज दर में 3.5% की वृद्धि हो जाती है, तो धनराशि कितनी हो जाएगी?

A sum of 5,000 at simple interest becomes 7,550 in 6 years. If the rate of interest is increased by 3.5%, what will be the amount?

SSC GD 22/11/2021 (Shift-02)

(a) Rs. 8,200 (b) Rs. 8,600
(c) Rs. 8,000 (d) Rs. 8,500

16. एक व्यक्ति ने 14,000 रु. की धनराशि 5% और 19,000 रु. की धनराशि 6% वार्षिक साधारण ब्याज पर उधार दिया। उसे 3 वर्षों के बाद ब्याज के रूप में कितनी धनराशि प्राप्त होगी?

A person lent an amount of Rs. 14000 at 5% and Rs. 19,000 at 6% p.a. simple interest. How much amount will he get as interest after 3 years?

SSC GD 17/11/2021 (Shift-01)

(a) 3,420 (b) 5,520
(c) 5,445 (d) 2,100

17. विमला ने साधारण ब्याज पर 7,200 रु. का ऋण लिया। ब्याज की दर और अवधि वर्ष के संख्यात्मक मान समान हैं। ऋण अवधि के अंत में यदि उसे ब्याज के रूप में 5,832 रु. की धनराशि का भुगतान करना पड़ा, तो ब्याज दर ज्ञात करें।

Vimla took a loan of Rs. 7,200 at simple interest. The rate of interest and the period of the year have the same numerical value. Find the rate of interest if he had to pay an amount of Rs. 5,832 as interest at the end of the loan tenure,

SSC GD 22/11/2021 (Shift-03)

(a) 8% (b) 9%
(c) 8.5% (d) 12%

18. अमरनाथ ने 22,500 रु. का निवेश किया। साधारण ब्याज की वह वार्षिक दर ज्ञात कीजिए जिसपर उसे 4 वर्षों में 28,800 रु. का मिश्रधन प्राप्त होगा।

Amarnath invested Rs. 22,500. Find the annual rate of simple interest at which he will get an amount of Rs. 28,800 in 4 years.

SSC GD 26/11/2021 (Shift-02)

(a) 6% (b) 4%
(c) 5% (d) 7%

19. कोई धनराशि साधारण ब्याज की किस वार्षिक दर पर $8\frac{1}{3}$ वर्षों में दोगुनी हो जाएगी ?

At what rate of simple interest per annum will a sum of money double in $8\frac{1}{3}$ years?

SSC GD 23/11/2021 (Shift-03)

(a) 12% वार्षिक
(b) 7% वार्षिक
(c) 8.5% वार्षिक
(d) 8% वार्षिक

20. एक निश्चित धनराशि पर समान वार्षिक साधारण ब्याज की दर से 3 वर्षों में प्राप्त मिश्रधन 17,925 रु. और 7 वर्षों में प्राप्त मिश्रधन 21,825 रु. है। 18,500 रु. की धनराशि पर पूर्व की दोगुनी ब्याज दर से $4\frac{2}{5}$ वर्ष में प्राप्त साधारण ब्याज कितना होगा?

A certain sum amounts to Rs.17,925 in 3 years and to Rs.21,825 in 7 years at the same rate per cent per annum at simple interest. What 2 will be the simple interest (in Rs.) on a sum of Rs.18,500 for $4\frac{2}{5}$ years at double the earlier rate?

SSC GD 18/11/2021 (Shift-03)

(a) 7,625 (b) 8,245
(c) 10,582 (d) 9,876

21. एक निश्चित साधारण ब्याज से किसी धनराशि पर 3 वर्षों के बाद प्राप्त मिश्रध न 37,200 रु. और 5 वर्षों के बाद प्राप्त मिश्रधन 42,000रु. है। उसी ध नराशि पर 6% वार्षिक ब्याज दर से 8 वर्षों में प्राप्त होने वाला साधारण ब्याज (रु. में) ज्ञात कीजिए।

The amount received after 3 years on a certain sum of money at a certain simple interest is Rs.37,200 and after 5 years is Rs. 42,000. Find the simple interest (in Rs.) on the same sum of money in 8 years at 6% per annum.

SSC GD 18/11/2021 (Shift-03)

(a) 14,750 (b) 14,400
(c) 14,260 (d) 14,000

22. एक निश्चित धनराशि पर 8.8% की वार्षिक साधारण ब्याज दर से $3\frac{3}{4}$ वर्षों में प्राप्त मिश्रधन 12,236 रु. है। समान राशि पर समान दर से $4\frac{3}{8}$ वर्षों में प्राप्त साधारण ब्याज (रु. में) कितना होगा?

The amount received in $3\frac{3}{4}$ years on a certain sum of money at simple interest rate of 8.8% per annum is Rs. 12,236. What will be the simple interest (in Rs.) on the same sum of money at the same rate in $4\frac{3}{8}$ years?

SSC GD 24/11/2021 (Shift-02)

(a) 3,484 (b) 3,624
(c) 3,524 (d) 3,542

23. 1,625 रु. की राशि पर दो अलग-अलग स्रोतों से 5 वर्षों में प्राप्त साधारण ब्याजों के बीच 32.50 रु. का अंतर है। उनकी ब्याज दरों के बीच अंतर ज्ञात कीजिए।

The difference between the simple interest received in 5 years on an amount of Rs. 1,625 from two different sources is Rs.32.50. Find the difference between their interest rates.

SSC GD 24/11/2021 (Shift-03)

(a) 0.6% (b) 0.5%
(c) 0.3% (d) 0.4%

24. एक निश्चित राशि 6 वर्षों में स्वयं की दोगुनी हो जाती है। वही राशि उसी ब्याज दर पर कितने समय (वर्षों में) में स्वयं की पांच गुनी हो जाएगी?

A certain sum of money doubles itself in 6 years. In how much time (in years) will the same sum become five times itself at the same rate of interest?

SSC GD 17/11/2021 (Shift-01)

(a) 24 (b) 35
(c) 30 (d) 28

25. एक निश्चित धनराशि पर x% वार्षिक साधारण ब्याज की दर से 3 वर्षों में प्राप्त मिश्रधन 5,472 रु. है और समान राशि पर समान साधारण ब्याज की दर से $7\frac{1}{2}$ वर्षों में प्राप्त मिश्रधन 6,930 रु. है। x का मान ज्ञात कीजिए।

The amount received in 3 years at the rate of x% p.a. simple interest on a certain sum of money is Rs. 5,472 and the amount received in $7\frac{1}{2}$ years at the same rate of simple interest on the same sum is Rs. 6,930. Find the value of x.

SSC GD 16/11/2021 (Shift-02)

(a) 8 (b) 7.2
(c) 8.5 (d) 6.5

26. एक निश्चित राशि को r% प्रति वर्ष की दर से 3 वर्ष के लिए साधारण ब्याज पर निवेश करने पर प्राप्त राशि समान राशि पर 19 वर्षों के लिए समान दर पर साधारण ब्याज के बराबर होती है। r का मान क्या है?

The amount obtained by investing a certain sum at r% p.a. for 3 years at simple interest is equal to the simple interest on the same sum at the same rate for 19 years, What is the value of r?

SSC GD 17/11/2021 (Shift-03)

(a) 4 (b) 5.75
(c) 6.25 (d) 8

27. एक धनराशि, साधारण ब्याज की एक निश्चित वार्षिक दर पर 5 वर्ष में 13860 रु. और 8 वर्ष में 16776 रु. हो जाती है। 20000 रु. की धनराशि पर उसी दर पर $3\frac{2}{5}$ वर्ष का साधारण ब्याज कितना होगा?

A sum of money becomes Rs. 13860 in 5 years and Rs. 16776 in 8 years at a certain rate of simple interest per annum. What will be the simple interest on a sum of Rs. 20000 at the same rate for $3\frac{2}{5}$ years?

SSC GD 23/11/2021 (Shift-02)

(a) 7344 (b) 7434
(c) 6473 (d) 6374

28. अरूण ने 7,000 रु. की धनराशि 10% वार्षिक साधारण ब्याज दर पर दो वर्षों के लिए निवेश की भरत ने एक निश्चित धनराशि 8% वार्षिक साधारण ब्याज दर पर 5 वर्षों के लिए निवेश की। यदि अरूण को प्राप्त मिश्रधन, भरत को प्राप्त मिश्रधन के बराबर है, तो भरत द्वारा निवेशित धनराशि कितनी थी?

Arun invested a sum of Rs.7000 at 10% p.a. simple interest for two years. Bharat invested a certain sum of money at 8% per annum simple interest for 5 years. If the amount received by Arun is equal to the amount received by Bharat, then what was the amount invested by Bharat?

SSC GD 24/11/2021 (Shift-03)

(a) Rs.5,800 (b) Rs. 6,200
(c) Rs. 6,500 (d) Rs. 6,000

29. 12,100 रु. को 2 भागों में इस प्रकार विभाजित कीजिए, कि जब इन्हें क्रमश: 3 और 4 वर्ष के लिए 6% की वार्षिक साधारण ब्याज दर पर निवेश किया जाता है तो बराबर का मिश्रधन प्राप्त होता है। दोनों भागों के बीच के अंतर का 75% (रु. में) कितना होगा?

Divide Rs. 12,100 into 2 parts in such a way that when they are invested at 6% per annum simple interest for 3 and 4 years respectively, an equal amount is obtained. What will be 75% (in Rs.) of the difference between the two parts?

SSC GD 18/11/2021 (Shift-03)

(a) 200 (b) 400
(c) 300 (d) 225

30. राही ने किसी बैंक में 600 रु. की धनराशि को जमा कराया जिस पर उसे 8% प्रति वर्ष का साधारण ब्याज प्राप्त होना है। यदि राही ने 5 वर्षों तक बैंक में धनराशि को रखा तो उसे ब्याज के रूप में कितनी राशि प्राप्त होगी?

Rahi deposited Rs. 600 in a bank that promised 8% simple interest per annum. If Rahi kept the money with the bank for 5 years, she will earn an interest of:

RRB ALP & TECH 14/08/2018 (Shift-02)

(a) Rs.240 (b) Rs.200
(c) Rs.280 (d) Rs.480

31. 5.25% साधारण ब्याज प्रति वर्ष 8 वर्षों में 3250 रुपये की राशि पर .... ब्याज अर्जित करेगा।

5.25% simple interest per annum will earn interest on a sum of Rs 3250 in 8 years.

Group-D 03/10/2018 (Shift-03)

(a) Rs. 1,425 (b) Rs. 1,395
(c) Rs. 1,365 (d) Rs. 1,465

32. गैर-लीप वर्ष के 73 दिनों के लिए 48750 रुपये पर 16% प्रति वर्ष की दर से साधारण ब्याज ज्ञात करें।

Find the simple interest on Rs. 48750 at 16% per annum for 73 days of a non-leap year. Find the simple interest on Rs. 48750 at 16% per annum for 73 days of a non-leap year..

NTPC CBT-02 16/06/2022 (Shift-02)

(a) Rs.1560
(b) Rs.1600
(c) Rs.1860
(d) Rs.1500

33. 7.2 वर्षों के लिए निवेश की गई एक राशि परिपक्वता पर राशि के रूप में 5768 रुपये देती है। यदि साधारण ब्याज दर 2% प्रति वर्ष उससे अधिक होती, तो परिपक्वता पर राशि 6272 रुपये होती। निवेश की गई मूल राशि थी।

A sum invested for 7.2 years gives Rs.5768 as maturity amount. If the simple interest rate had been 2% per annum higher than that, the amount on maturity would have been Rs.6272. The original amount invested was?

NTPC CBT-1 23/04/2021 (Shift-01)

(a) Rs. 3500
(b) Rs. 4000
(c) Rs. 3250
(d) Rs. 3750

34. विमल ने कमल को 2 साल के लिए 5000 रुपये और सुमन को 3000 रुपये 4 साल के लिए समान साधारण ब्याज पर दिए और दोनों से ब्याज के रूप में 2200 रुपये प्राप्त किए, प्रति वर्ष ब्याज दर ज्ञात करें।

Vimal lent a loan of Rs. 5000 to Kamal for 2 years and Rs. 3,000 to Suman for 4 years at simple interest at the same rate of interest and received Rs. 2,200 as interest from both. Calculate the interest rate per annum.

Group-D 10/10/2018 (Shift-03)

(a) 13% (b) 15%
(c) 23% (d) 10%

35. जनवरी के महीने में 3500 रुपये में से एक व्यक्ति 1500 रुपये 4% साधारण ब्याज पर और 1000 रुपये 3% साधारण ब्याज पर उधार देता है। उसे किस दर पर शेष धन उधार देना चाहिए ताकि वर्ष के अंत में उसकी कुल आय 3500 रुपये पर 5% हो जाए?

Out of Rs 3500, a person lends Rs 1500 at 4% simple interest and Rs 1000 at 3% simple interest in the month of January. At what rate should he lend the remaining money so that his total income at the end of the year becomes Rs 3500 at 5%?

(a) 7.5 % (b) 8.5%
(c) 6.0% (d) 2%

ANSWER KEY

1.(a)	2.(b)	3.(b)	4.(c)	5.(a)	6.(d)	7.(a)	8.(b)	9.(c)	10.(b)
11.(b)	12.(d)	13.(a)	14.(a)	15.(b)	16.(b)	17.(b)	18.(d)	19.(a)	20.(c)
21.(b)	22.(d)	23.(d)	24.(a)	25.(b)	26.(c)	27.(a)	28.(d)	29.(d)	30.(a)
31.(c)	32.(a)	33.(a)	34.(d)	35.(b)					

SOLUTIONS

1. (a) साधारण ब्याज (SI) = $\frac{P \times R \times T}{100}$
यहाँ, P = मूलधन (Principal)
R = ब्याज की दर (Rate of Interest)
T = समय (Time)
तब, साधारण ब्याज = $\frac{8700 \times 12 \times 4}{100}$
= 4176 रुपये
मिश्रधन (Amount)
= 8700 + 4176 = 12876 रुपये

2. (b) प्रश्नानुसार,
∴ साधारण ब्याज = $\frac{\text{मूलधन} \times \text{दर} \times \text{समय}}{100}$
⇒ 4080 = $\frac{\text{मूलधन} \times 12 \times 5}{100}$
मूलधन = 6800 रुपये

3. (b) राशि (मिश्रधन)
= 8000 + $\frac{8000 \times 12 \times 4}{100}$
= 8000 + 3840 = 11840 रुपये

4. (c) प्रश्नानुसार,
3900 = $\frac{P \times 12 \times 5}{100}$
P = 6500 रुपये

5. (a) राशि (मिश्रधन)=
7700 + $\frac{7700 \times 12 \times 4}{100}$
= 11396 रुपये

6. (d) प्रश्नानुसार,
(5220 – 4350)
= $\frac{4350 \times 2 \times R}{100}$
R = 10%

7. (a) मिश्रधन (Amount) =
8100 + $\frac{8100 \times 12 \times 4}{100}$
= 8100 + 3888 = 11988 रुपये

8. (b) मूलधन (P) = $\frac{4140 \times 100}{12 \times 5}$
= 6900 रुपये

9. (c) मूलधन (P) = $\frac{4200 \times 100}{12 \times 5}$
= 7000 रुपये

10. (b) साधारण ब्याज = $\frac{P \times R \times T}{100}$
= $\frac{7400 \times 8 \times 5}{100}$ = 2960
मिश्रधन = मूलधन + साधारण ब्याज
= 7400 + 2960 = 10360 रुपये
शेष राशि = $\frac{10360}{2}$ = 5180 रुपये

वैकल्पिक विधि:
(P) (100%) → ×74 → Rs.7400
(A) (140%) → ×74 → Rs.10360
∴ आवश्यक मान
= $\frac{10360}{2}$ = 5180 रुपये

11. (b) साधारण ब्याज = $\frac{P \times R \times T}{100}$
= $\frac{5600 \times 8 \times 5}{100}$ = 2240
मिश्रधन = मूलधन + साधारण ब्याज
= 5600 + 2240 = 7840
शेयर बाजार में निवेश की गई राशि
= $\frac{7840}{2}$ = 3920 रुपये
शेष बची राशि = 7840 – 3920
= 3920 रुपये

वैकल्पिक विधि:
(P) (100%) → ×56 → Rs.5600
(A) (140%) → ×56 → Rs.7840
∴ आवश्यक मान = $\frac{7840}{2}$ = Rs. 3920

12. (d) दर(R) = 7% समय (T) = 5 yrs
साधारण ब्याज (S.I) = (R × T)%
मूलधन (P) = $\frac{401625}{(7 \times 5)\%}$ × 100%
= 11475

13. (a) 5 वर्ष का ब्याज =
40280 – 26980 = 13300
3 वर्ष का ब्याज = $\frac{13300}{5} \times 3$
= 7980
∴ मूलधन (P) = 26980 – 7980
= 19000 रु.
∴ दर(R) = $\frac{7980 \times 100}{3 \times 19000}$ = 14%

14. (a) $x = \frac{P \times x \times x}{100}$
मूलधन (P) = $\frac{100}{x}$ रु.

15. (b) 6 वर्ष का ब्याज = 7550 – 5000
= 2550 रु.
1 वर्ष का ब्याज = $\frac{2550}{6}$ = 425 रु.
दर % = $\frac{425}{5000}$ × 100% = 8.5%
नया दर = 8.5% + 3. 5% = 12%
ब्याज (SI) = $\frac{5000 \times 12 \times 6}{100}$ = 3600 रु.
मिश्रधन (A) = 5000 + 3600
= 8600 रु.

वैकल्पिक विधि:
नया दर = (8.5 + 3.5) = 12%
T = 6 year,
SI = (R × T)% = 12 × 6 = 72%
मिश्रधन(A) = (100 + 72)% = 172%
मिश्रधन(A) = $\frac{5000}{100\%} \times 172\%$
= 8600 रुपये

16. (b) ब्याज(SI)
= $\frac{14000 \times 5 \times 3}{100} + \frac{19000 \times 6 \times 3}{100}$
= 2100 + 3420 = 5520 रु.

17. (b) 5832 = $\frac{7200 \times R \times R}{100}$
$R^2 = \frac{5832}{72} = 81$
दर (R) = 9%

18. (d) 4 वर्षों का ब्याज
= 28800 – 22500 = 6300 रु.
1 वर्षों का ब्याज = $\frac{6300}{4}$ = 63 × 25
दर % = $\frac{63 \times 25}{22500}$ × 100% = 7%

19. (a) $SI = \frac{P \times R \times T}{100}$

$1 = \frac{1 \times R \times 25}{100 \times 3}$

दर (R) = 12%

20. (c) 4 वर्ष का ब्याज = 21825 – 17925 = 3900 रु.

1 वर्ष का ब्याज = $\frac{3900}{4}$ = 39 × 25

3 वर्ष का ब्याज = 39 × 25 × 3 = 2925 रु.

मूलधन(P) = 17925 – 2925 = 15000

दर % = $\frac{39 \times 25}{15000} \times 100\%$ = 6.5%

दर दो गुना = 6.5 × 2 = 13%

ब्याज(SI) = $\frac{18500 \times 13 \times 22}{100 \times 5}$ = 10582 रुपये

21. (b) 2 वर्ष का ब्याज = 42000 – 37200 = 4800 रु.

3 वर्ष का ब्याज = 2400 × 3 = 7200 रु.

मूलधन (P) = $\frac{30000 \times 6 \times 8}{100}$ = 14400 रु.

22. (d) $P + \frac{P \times 8.8 \times 15}{100 \times 4} = 12236$

532P = 12236 × 400

मूलधन(P) = 9200 रु.

ब्याज(SI) = $\frac{9200 \times 8.8 \times 35}{100 \times 8}$

= 92 × 1.1 × 35 = 3542 रु.

23. (d) $\frac{1625 \times 5 \times (R_1 - R_2)}{100} = 32.5$

$(R_1 - R_2) = \frac{3250}{1625 \times 5} = 0.4\%$

24. (a) मूलधन मिश्रधन

P : A

1 : 2 —— 6 वर्ष में

① —— SI (ब्याज)

मूलधन मिश्रधन

P : A

1 : 5

④ —— SI

∵ SI ① = 6 वर्ष

SI ④ = 24 वर्ष

वैकल्पिक विधि:

मूलधन और दर (Constant) है, इसलिए

ब्याज ∝ समय

×4 (1 : 6) ×4

4 : 24 वर्ष

25. (b) $4\frac{1}{2}$ वर्ष का ब्याज = 6930 – 5472 = 1458 रु.

3 वर्ष का ब्याज = 1458 × $\frac{2}{9}$ × 3 = 972 रु.

मूलधन (P) = 5472 – 972 = 4500 रु.

$x\% = \frac{972 \times 100}{4500 \times 3} = 7.2$

26. (c) $P + \frac{P \times r \times 3}{100} = \frac{P \times 19 \times r}{100}$

$P = \frac{16Pr}{100}$

दर (r) = 6.25 %

27. (a) 3 वर्ष का ब्याज = 16776 – 13860 = 2916 रु.

1 वर्ष का ब्याज = $\frac{2916}{3}$ = 972 रु.

5 वर्ष का ब्याज = 972 × 5 = 4860 रु.

मूलधन (P) = 13860 – 4860 = 9000 रु.

दर% = $\frac{972}{9000}$ × 100% = 10.8%

ब्याज (SI) = $\frac{2000 \times 10.8 \times 17}{100 \times 5}$ = 68 × 108 = 7344 रु.

28. (d) $7000 + \frac{7000 \times 10 \times 2}{100}$

$= P + \frac{P \times 8 \times 5}{100} \Rightarrow \frac{140P}{100} = 8400$

मूलधन(P) = 6000 रु.

29. (d) Let, distributed amount n day y

$n + \frac{n \times 3 \times 6}{100} = y + \frac{y \times 6 \times 4}{100}$

118n = 124y

$\frac{n}{y} = \frac{124}{118} = \frac{62}{59}$

∴ (62 + 59) = 12100

Difference (अंतर) = (62 – 59) = 100 × 3 = 300

∴ Difference(अंतर) × 75%

= 300 × $\frac{3}{4}$ = 225 रु.

30. (a) दिया है

मूलधन = 600 रुपये, दर = 8%, समय = 5 वर्ष

∴ साधारण ब्याज

= $\frac{\text{मूलधन} \times \text{दर} \times \text{समय}}{100}$

⇒ साधारण ब्याज

= $\frac{600 \times 8 \times 5}{100}$ = 240 रुपये

वैकल्पिक विधि:

8% = $\frac{2}{25}$ → साधारण ब्याज (2), मूलधन (25)

∴ 5 वर्ष का साधारण ब्याज = 5 × 2 = 10 इकाई

प्रश्नानुसार,

25 इकाई = 600

∴ 10 इकाई = $\frac{600}{25} \times 10$ = 240

31. (c) साधारण ब्याज

= $\frac{3250 \times 5.25 \times 8}{100}$ = 1,365 रु

32. (a) साधारण ब्याज = 48750 × $\frac{16}{100} \times \frac{73}{365}$ = 1560 रु

33. (a) Rs. 5,768 : Rs. 6,272

Rs 504

∴ 7.2 × 2% → 504 रु

∴ 100% → $\frac{504 \times 100}{7.2 \times 2}$

= 3500 रु

34. (d) प्रश्नानुसार,

$\frac{5000 \times R \times 2}{100} + \frac{3000 \times R \times 4}{100}$

= 2200 रु

⇒ 220 R = 2200

∴ R = 10%

35. (b)

	A	B	C
कुल आय	→ 1500 :	1000 :	1000
	→ 3 :	2 :	2
दर	→ 4%	3%	x%

∴ 12% + 6% + 2x% = 7 × 5%

x = 8.5%

COMPOUND INTEREST
चक्रवृद्धि ब्याज
05

1. 15% प्रति वर्ष चक्रवृद्धि ब्याज दर पर 2 वर्ष की अवधि के लिए ₹34400 पर प्राप्त होने वाली राशि ज्ञात करें। (₹ में)

Find the amount received on ₹34400 for a period of 2 years at compound interest rate of 15% per annum. (in ₹)

RPF Constable 19/01/2019 (Shift-02)

(a) 47494 (b) 45494
(c) 46494 (d) 44494

2. 3 वर्ष के बाद चक्रवृद्धि ब्याज के तहत कुल राशि 10% प्रति वर्ष पर बताए, यदि मूल राशि ₹18,000 है। (₹ में)

Find the total amount after 3 years under compound interest at 10% per annum, if the principal amount is ₹18,000. (in ₹)

RPF Constable 16/01/2019 (Shift-01)

(a) 23589 (b) 23985
(c) 23598 (d) 23958

3. एक निश्चित राशि को 5% के चक्रवृद्धि ब्याज पर निवेश किया गया। ब्याज की गणना तीन वर्षों के लिए वार्षिक रूप से की गई। यदि आकलित ब्याज ₹2522 है, तो मूलधन का पता लगाएँ।

A certain sum was invested at compound interest at 5%. Interest was calculated annually for three years. If the estimated interest is ₹2522, find the principal amount.

RPF Constable 30/03/2019 (Shift-01)

(a) ₹17000 (b) ₹10000
(c) ₹13000 (d) ₹16000

4. ₹10000 पर 2 वर्ष के लिए 10% प्रतिवर्ष पर चक्रवृद्धि ब्याज पता करें, जो छमाही चक्रवृद्धित है।

Find the compound interest on ₹10000 at 10% per annum for 2 years, compounded half yearly.

RPF Constable 18/01/2019 (Shift-02)

(a) 2258.54 (b) 3142.95
(c) 2225.52 (d) 2155.00

5. चक्रवृद्धि ब्याज पर कोई राशि 3 वर्षों में अपने आप की दो गुनी हो जाती है। कितने वर्षों में यह अपने आप की 32 गुनी हो जाएगी?

Any amount doubles itself in 3 years at compound interest. In how many years will it become 32 times itself?

RPF SI 19/12/2018 (Shift-03)

(a) 16 (b) 12
(c) 15 (d) 14

6. कोई राशि चक्रवृद्धि ब्याज की दर से 5 साल में मूल राशि की तिगुनी हो जाती है, कितने साल में यह मूल राशि की 81 गुनी हो जाएगी?

If a sum becomes three times the original sum in 5 years at the rate of compound interest, in how many years will it become 81 times the original sum?

RPF SI 06/01/2019 (Shift-03)

(a) 20 (b) 22
(c) 19 (d) 21

7. कोई राशि चक्रवृद्धि ब्याज की दर से 4 साल में मूल राशि की तिगुनी हो जाती है, कितने साल में वह मूल राशि की 243 गुनी हो जाएगी?

If a sum becomes three times the original sum in 4 years at the rate of compound interest, in how many years will it become 243 times the original sum?

RPF SI 12/01/2019 (Shift-03)

(a) 14 (b) 18
(c) 16 (d) 20

8. एक निश्चित राशि पर 10% प्रति वर्ष पर दो वर्ष बाद चक्रवृद्धि ब्याज और साधारण ब्याज के बीच अंतर ₹523 है। निवेश की गई राशि ज्ञात करिए।

The difference between compound interest and simple interest on a certain sum at 10% per annum after two years is ₹523. Find the amount invested.

RPF Constable 19/06/2019 (Shift-01)

(a) 52300 (b) 42300
(c) 62300 (d) 72300

9. एक निश्चित राशि पर 5% प्रतिवर्ष की दर से 2 वर्ष के लिए साधारण ब्याज और चक्रवृद्धि ब्याज के बीच का अंतर ₹5 है। राशि पता करें।

The difference between simple interest and compound interest on a certain sum at 5% per annum for 2 years is ₹5. Find the amount.

RPF SI 12/01/2019 (Shift-02)

(a) ₹2000 (b) ₹1500
(c) ₹1600 (d) ₹1900

10. कितने समय में (वर्षों में) 10% वार्षिक चक्रवृद्धि ब्याज दर पर 80,000 रुपये की राशि 1,17,128 रुपये हो जाएगी?

In how much time (in years) would Rs.80,000 amount to Rs.1,17,128 at 10% per annum rate of interest, compounded yearly?

SSC GD 10/01/2023 (Shift-01)

(a) 4 yrs. (b) 2 yrs.
(c) 2.5 yrs. (d) 3.5 yrs.

11. जॉन ने एक बैंक से 10% वार्षिक चक्रवृद्धि ब्याज की दर पर कुछ धनराशि उधार ली, जिस पर ब्याज वार्षिक रूप से संयोजित होता है। यदि उसने 4 वर्ष के अंत में 21,961.50 रुपये का भुगतान करके अपना ऋण चुकाया, तो उसने उधार ली गई राशि क्या है?

John borrowed some amount of money from a bank at the rate of 10% per annum on compound interest for which interest is compounded annually. If he repaid his loan by paying Rs 21,961.50 at the end of 4 years, what is the amount he borrowed?

SSC GD 10/01/2023 (Shift-02)

(a) Rs.17,000
(b) Rs.15,000
(c) Rs.16,000
(d) Rs.14,000

12. 5,750 रुपये पर एक वर्ष के लिए 16% प्रति वर्ष की दर से चक्रवृद्धि ब्याज, वार्षिक रूप से संयोजित और अर्ध-वार्षिक रूप से संयोजित, के बीच अंतर क्या है?
What is the difference between the compound interest on Rs.5,750 for one year at 16% per annum compounded yearly and compounded half-yearly?

SSC GD 10/01/2023 (Shift-03)

(a) Rs. 49.76 (b) Rs. 36.80
(c) Rs. 29.50 (d) Rs. 32.58

13. 5,000 रुपये पर 4% प्रति वर्ष की दर से 1 वर्ष के लिए वार्षिक और अर्ध-वार्षिक चक्रवृद्धि ब्याज के बीच अंतर क्या है?
What is the difference between compound interest on Rs.5,000 compounded yearly and half-yearly for 1 year at 4% per annum?

SSC GD 11/01/2023 (Shift-04)

(a) Rs. 2.04 (b) Rs. 2.00
(c) Rs. 19.04 (d) Rs. 3.20

14. 3 तिमाहियों के बाद कुल रकम 13,310 रुपये होगी यदि ब्याज की दर 40% प्रति वर्ष है और चक्रवृद्धि त्रैमासिक की जाती है, तो वर्तमान मूल्य (रुपये में) निर्धारित करें।
The total amount after 3 quarters would be Rs.13,310. If the rate of interest is 40% per annum and compounding is performed quarterly, determine the present value (in Rs.)

SSC GD 12/01/2023 (Shift-01)

(a) 13000 (b) 10000
(c) 11000 (d) 9000

15. 50,000 रुपये की राशि पर 6% प्रति वर्ष की दर से चक्रवृद्धि ब्याज ज्ञात करें जो 2 वर्ष के अंत में अर्धवार्षिक रूप से संयोजित होगा। (निकटतम पूर्णांक के लगभग)।
Find the compound interest on a sum of Rs.50,000 at the rate of 6% per annum to be compounded half yearly at the end of 2 years. (Approximate to the nearest integer).

SSC GD 12/01/2023 (Shift-01)

(a) Rs. 5,676 (b) Rs. 5,978
(c) Rs. 6,275 (d) Rs. 6,933

16. लारा ने एक बैंक में 8,000 रुपये जमा किए, जिस पर उसे प्रति वर्ष 10% की दर से अर्ध -वार्षिक चक्रवृद्धि ब्याज मिलता है। 18 महीने के बाद उसे कितनी राशि मिलेगी?
Lara deposited Rs 8,000 in a bank, which pays her compound interest at the rate of 10% per annum compounded half-yearly. What is the amount she will receive after 18 months?

SSC GD 12/01/2023 (Shift-04)

(a) Rs. 9,162 (b) Rs. 9,616
(c) Rs. 9,621 (d) Rs. 9,261

17. एक प्रिंसिपल चक्रवृद्धि ब्याज पर 15% प्रति वर्ष की दर से 2 वर्षों में 26,450 रुपये की राशि देता है, ब्याज वार्षिक रूप से चक्रवृद्धि होता है। मूलधन क्या है?
A principal gives an amount of Rs 26,450 in 2 years at the rate of 15% per annum on compound interest, interest is compounding annually. What is the principal?

SSC GD 13/01/2023 (Shift-02)

(a) Rs. 23,000
(b) Rs. 20,000
(c) Rs. 21,000
(d) Rs. 22,000

18. यदि किसी धनराशि पर दो वर्षों के लिए 5% प्रति वर्ष की दर से साधारण ब्याज 50 रुपये है, तो समान दर और समान समय के लिए वार्षिक रूप से संयोजित करने पर चक्रवृद्धि ब्याज क्या है?
If the simple interest on a sum of money for two years at 5% per annum is Rs. 50, then what is the compound interest when compounding annually at the same rate and for the same time?

SSC GD 13/01/2023 (Shift-02)

(a) Rs. 53.00 (b) Rs. 50.50
(c) Rs. 53.50 (d) Rs. 51.25

19. 2 वर्षों में कौन सा मूलधन 5,324 रुपये हो जाएगा, जब ब्याज 10% प्रति वर्ष की दर से, वार्षिक रूप से संयोजित किया जाए?
What principal will amount to Rs. 5,324 in 2 years, when the interest is compounded at 10% per annum, compounding annually?

SSC GD 16/01/2023 (Shift-01)

(a) Rs. 4,400 (b) Rs. 4,324
(c) Rs. 4,420 (d) Rs. 4,440

20. तीन साल पहले, राहुल ने 10% वार्षिक चक्रवृद्धि ब्याज दर पर एक धनराशि उधार ली, जो वार्षिक रूप से चक्रवृद्धि होती है। यदि उस उधार लिए गए पैसे का वर्तमान मूल्य 11,979 रुपये है, तो राहुल ने कितना पैसा उधार लिया था?
Three years ago, Rahul borrowed a sum of money at compound interest rate of 10% per annum compounding annually. If the present value of that borrowed money is Rs.11,979, how much money was borrowed by Rahul?

SSC GD 25/01/2023 (Shift-03)

(a) Rs.9,000 (b) Rs.8,979
(c) Rs.9,979 (d) Rs.8,000

21. ₹3,00,000 पर 20% प्रति वर्ष की दर से अर्द्ध वार्षिक रूप से $2\frac{1}{2}$ वर्षों तक चक्रवृद्धि ब्याज ज्ञात कीजिए।
Find the compound interest on ₹3,00,000, compounded half-yearly, for $2\frac{1}{2}$ years at the rate of 20% per annum.

SSC GD 27/01/2023 (Shift-04)

(a) ₹1,62,156 (b) ₹1,83,153
(c) ₹1,92,156 (d) ₹1,73,153

22. यदि एक निश्चित राशि पर 3 वर्ष के लिए 5% प्रति वर्ष की दर से चक्रवृद्धि ब्याज, वार्षिक चक्रवृद्धि ब्याज और साधारण ब्याज के बीच का अंतर 183 रुपये है, तो निवेश की गई राशि क्या है?
If the difference between the compound interest, compounding annually and the simple interest on a certain sum of money at 5% per annum for 3 years is Rs.183, then what is the sum of money invested?
SSC GD 31/01/2023 (Shift-02)
(a) Rs.20,000
(b) Rs.28,000
(c) Rs.24,000
(d) Rs.16,000

23. A ने अपने पोते P और Q, जो वर्तमान में क्रमशः 13 वर्ष और 14 वर्ष के हैं, के नाम पर एक बैंक में कुल 25,500 रुपये जमा किए। उसने अपने धन को इस प्रकार विभाजित किया कि 25 वर्ष की आयु प्राप्त करने पर उन्हें बराबर राशि प्राप्त हो। यदि बैंक 4% प्रति वर्ष की दर से ब्याज देता है। वार्षिक रूप से संयोजित किया गया, तो Q के नाम पर कितना जमा किया गया है?
A deposited a total of Rs.25,500 in a bank in the names of his grandsons P and Q who are presently 13 years and 14 years old, respectively. He divided his money in such a way that they get equal amounts upon attaining the age of 25 years. If the bank gives interest at a rate of 4% p.a. compounded annually, then how much has been deposited in Q's name?
SSC GD 31/01/2023 (Shift-02)
(a) Rs.12,000
(b) Rs.14,000
(c) Rs.13,000
(d) Rs. 12,500

24. ₹x को 3 साल पहले 5% प्रति वर्ष की चक्रवृद्धि ब्याज दर पर उधार लिया गया था, जहाँ ब्याज सालाना चक्रवृद्धि था। यदि उधार ली गई धनराशि का वर्तमान मूल्य ₹18,522 है, तो x का मूल्य क्या है?
₹x were borrowed at the compound interest rate of 5% per annum, 3 years back, where interest were compounding annually. If the present value of the money borrowed is ₹18,522, what is the value of x?
SSC GD 01/02/2023 (Shift-03)
(a) ₹16,000 (b) ₹15,500
(c) ₹15,000 (d) ₹16,500

25. एक धनराशि 20% प्रति वर्ष की चक्रवृद्धि ब्याज दर पर उधार दी जाती है, जो दो वर्षों के लिए वार्षिक रूप से चक्रवृद्धि होती है। यदि ब्याज अर्द्धवार्षिक रूप से संयोजित होता है तो इस पर 3,133 रुपये अधिक ब्याज मिलेगा। योग ज्ञात कीजिये.
A sum of money is lent out at compound interest rate of 20% per annum, compo-unding annually for two years. It would fetch Rs.3,133 more interest, if interest is compounding half yearly. Find the sum.
SSC GD 06/02/2023 (Shift-04)
(a) Rs.1,20,000
(b) Rs.13,000
(c) Rs.1,30,000
(d) Rs.65,000

26. वर्ष 2019 में 1,20,000 रुपये की राशि को 12% प्रति वर्ष वार्षिक चक्रवृद्धि दर पर सावधि जमा में निवेश किया गया था। वर्ष 2022 में इसका अनुमानित मूल्य क्या होगा?
A sum of Rs.1,20,000 was invested in a fixed deposit in the year 2019 at the rate of 12% per annum compounding annually. What will its approximate value be in the year 2022?
SSC GD 07/02/2023 (Shift-02)
(a) Rs. 1,68,591
(b) Rs. 1,43,200
(c) Rs. 1,61,253
(d) Rs. 1,56,400

27. प्रतिवर्ष चक्रवृद्धि ब्याज की किस दर पर, वार्षिक रूप से संयोजित होने पर, कोई धनराशि 4 वर्षों में $\frac{625}{256}$ गुना हो जाती है?
At what rate of compound interest per annum, compounding annually, does a sum of money become $\frac{625}{256}$ times itself in 4 years?
SSC GD 07/02/2023 (Shift-04)
(a) 20% (b) 26%
(c) 22% (d) 25%

28. 8,000 रु. धनराशि पर $2\frac{1}{8}$ वर्ष में वार्षिक 16% की दर से वार्षिक रूप से चक्रवृद्धि होनेवाला ब्याज (रु. में रु. में निकटतम) कितना होगा?
What will be the interest (in Rs., rounded off to Rs.) on a sum of Rs. 8,000 compounded annually at the rate of 16% per annum for $2\frac{1}{8}$ years?
SSC GD 18/11/2021 (Shift-01)
(a) 2,790 (b) 2,980
(c) 2,765 (d) 2,840

29. वार्षिक चक्रवृद्धि के तहत, 2 वर्षों में समान ब्याज दर पर एक निश्चित राशि पर चक्रवृद्धि ब्याज और साधारण ब्याज का अंतर राशि का 144% है। प्रति वर्ष ब्याज दर ज्ञात कीजिए।
The difference in compound interest, under annual compounding, and simple interest on a certain sum at the same rate of interest in 2 years is 144% of the sum. Find the rate of interest per annum.
SSC GD 16/01/2023 (Shift-01)
(a) 15% (b) 100%
(c) 120% (d) 20%

30. राधा 14% प्रति वर्ष चक्रवृद्धि ब्याज पर 4,00,000 रुपये का ऋण लेती है, जो अर्द्ध-वार्षिक रूप से संयोजित होता है। वह कितना ब्याज है जो वह 2 वर्ष बाद चुकाती है?
Radha takes a loan of Rs.4,00,000 at 14% per annum compound interest, compounded half-yearly. What is the interest that she repays after 2 years?
SSC GD 23/01/2023 (Shift-03)
(a) Rs.1,24,375.40
(b) Rs.1,24,318.40
(c) Rs.1,24,398.40
(d) Rs.1,24,324.40

31. एक व्यक्ति वार्षिक चक्रवृद्धि ब्याज की एक निश्चित दर पर 5 वर्षों के लिए 30,000 रुपये का निवेश करता है। 1 वर्ष के अंत में, यदि राशि 34,200 रूपये है, तो दूसरे वर्ष के अंत में राशि ज्ञात करें।
A person invests Rs.30,000 for 5 years at a certain rate of interest compounded annually. At the end of 1 year, if the sum amounts to Rs.34,200, then find the amount at the end of the second year.
SSC GD 02/02/2023 (Shift-03)
(a) Rs. 38,988
(b) Rs. 39,876
(c) Rs. 45,432
(d) Rs 44,365

32. 2 वर्षों में 25,000 रुपये पर देय राशि क्या होगी जब क्रमिक वर्षों में ब्याज दर क्रमश: 12% और 10% प्रति वर्ष है (ब्याज वार्षिक रूप से चक्रवृद्धि है)?
What will be the amount due on Rs.25,000 in 2 years when the rate of interest in successive years is 12% and 10% per annum respectively (interest is compounding annually)?
SSC GD 08/02/2023 (Shift-03)
(a) Rs. 30,800
(b) Rs. 33,800
(c) Rs. 28,000
(d) Rs. 27,800

33. यदि ब्याज को अर्द्ध वार्षिक आधार पर चक्रवृद्धि किया जाता है, तो 16% वार्षिक ब्याज दर पर 5,000 रु. की धनराशि को 5,832 रु. बनने में लगने वाले वर्षों की संख्या ज्ञात कीजिए।
If the interest is compounded on half yearly basis, then find the number of years taken for an amount of Rs. 5,000 to become Rs. 5,832 at 16% per annum interest.
SSC GD 17/11/2021 (Shift-01)
(a) 1.5 वर्ष (b) 1 वर्ष
(c) $\frac{1}{2}$ वर्ष (d) 2 वर्ष

34. 10 प्रतिशत वार्षिक चक्रवृद्धि ब्याज दर से 1 लाख रूपये का मूलधन 3 वर्ष में बढ़कर कितना (रुपये में)हो जाएगा? (ब्याज वार्षिक रूप से चक्रवृद्धि किया जाता है)
How much (in rupees) will the principal amount of 1 lakh rupees become in 3 years at 10 percent compound annual interest rate? (Interest is compounded annually)
SSC GD 02/02/2023 (Shift-02)
(a) Rs. 1,31,000
(b) Rs. 1,33,100
(c) Rs. 1,21,000
(d) Rs. 1,50,000

35. यदि ब्याज की दर पहले वर्ष के लिए 5%, दूसरे वर्ष के लिए 6% और तीसरे वर्ष के लिए 8% है, तो 3 वर्षों के लिए 75,000 रुपये पर वार्षिक चक्रवृद्धि ब्याज ज्ञात करें।
Find the compound interest, compounding annually on Rs.75,000 for 3 years, if the rate of interest is 5% for the first year, 6% for the second year and 8% for the third year.
SSC GD 13/02/2023 (Shift-03)
(a) Rs. 15,150
(b) Rs. 15,153
(c) Rs. 15,160
(d) Rs. 15,260

36. 7,500 की धनराशि पर 24% वार्षिक दर से 3 महीने में प्राप्त चक्रवृद्धि ब्याज (रु. में निकटतम रु. तक) कितना होगा, यदि ब्याज मासिक रूप में चक्रवृद्धि होता है?
What will be the compound interest (in Rs., rounded off to the nearest Rs.) on a sum of Rs.7500 received in 3 months at 24% p.a., if the interest is compounded monthly?
SSC GD 22/11/2021 (Shift-01)
(a) 303 (b) 459
(c) 439 (d) 465

37. चक्रवृद्धि ब्याज की वार्षिक दर क्या है, जिस पर मूलधन दो वर्षों में 500 रुपये और तीन वर्षों में 700 रुपये हो जाता है?
What is the yearly rate of compound interest at which a principal becomes Rs.500 in two years and Rs.700 in three years?
SSC GD 23/01/2023 (Shift-02)
(a) 32% (b) 38%
(c) 40% (d) 35%

38. 1,225 की राशि पर दो वर्षों का ब्याज 144 रूपये है जब ब्याज एक निश्चित ब्याज दर पर वार्षिक रूप से चक्रवृद्धि होता है। वार्षिक ब्याज दर ज्ञात करें।
The interest on a sum of Rs 1,225 for two years is Rs 144 when compounded annually at a certain interest rate. Find the annual interest rate.
SSC GD 08/02/2023 (Shift-04)
(a) $5\frac{4}{7}\%$ (b) $5\frac{4}{7}\%$
(c) $6\frac{2}{7}\%$ (d) $5\frac{5}{7}\%$

39. एक आदमी एक निश्चित धनराशि उधार लेता है और उसे दो समान किश्तों में 2 वर्षों में वापस चुकाता है। यदि वार्षिक चक्रवृद्धि के मामले में चक्रवृद्धि ब्याज 5% प्रति वर्ष माना जाता है और वह सालाना 882 रुपये का भुगतान करता है, तो उसने कितनी राशि उधार ली थी?
A man borrows a certain sum of money and pays it back in 2 years in two equal instalments. If Compound Interest is reckoned at 5% per annum in case of annual compounding and he pays back annually Rs.882, what sum did he borrow?
SSC GD 23/01/2023 (Shift-04)
(a) Rs. 1,600 (b) Rs. 1,640
(c) Rs. 1,682 (d) Rs. 1,650

40. रमेश ने कुछ पैसे उधार लिए और पहले वर्ष के अंत में 4,565 रुपये और दूसरे वर्ष के अंत में 6,534 रुपये का भुगतान करके भुगतान करने पर सहमत हुए। यदि चक्रवृद्धि ब्याज की दर 10% प्रति वर्ष है, तो रमेश द्वारा उधार ली गई राशि ज्ञात कीजिए।

Ramesh borrowed some money and agreed to pay-off by paying Rs.4,565 at the end of the first year and Rs.6,534 at the end of the second year. If the rate of compound interest is 10% per annum, find the amount borrowed by Ramesh.

SSC GD 17/01/2023 (Shift-02)

(a) Rs.9,550 (b) Rs.9,330
(c) Rs.9,440 (d) Rs.9,660

41. 9,960 रुपये की राशि 7.5% प्रति वर्ष चक्रवृद्धि ब्याज पर उधार ली गई और दो समान वार्षिक किश्तों में वापस भुगतान की गई। प्रत्येक किस्त की राशि क्या थी?

A sum of Rs.9,960 was borrowed at 7.5% per annum compound interest and paid back in two equal annual instalments. What was the amount of each instalment?

SSC GD 07/02/2023 (Shift-04)

(a) Rs. 5,475 (b) Rs. 5,547
(c) Rs. 5,745 (d) Rs. 5,457

42. ब्याज वार्षिक रूप से चक्रवृद्धि होने पर एक धनराशि पर 5% की वार्षिक ब्याज दर से 3 वर्ष में प्राप्त मिश्रधन 9,261 रु. है। इसी धनराशि पर समान ब्याज दर से $3\frac{3}{4}$ वर्षों में प्राप्त साधारण ब्याज (रु. में) ज्ञात कीजिए।

The amount received in 3 years at the rate of 5% per annum on a sum of money, compounded annually, is Rs. 9,261. Find the simple interest (in Rs.) on the same sum of money in $3\frac{3}{4}$ years at the same rate of interest.

SSC GD 22/11/2021 (Shift-03)

(a) Rs. 1,620 (b) Rs. 1,500
(c) Rs. 1,560 (d) Rs. 1,350

43. P रुपये की एक राशि उधार ली गई और प्रत्येक 35,280 रुपये दो समान वार्षिक किस्तों में वापस भुगतान की गई, यदि ब्याज की दर 5% प्रति वर्ष है और ब्याज वार्षिक रूप से चक्रवृद्धि हो रहा है, तो P का मान .... है

A sum of Rs P was borrowed and paid back in two equal yearly instalments, each of Rs.35,280. If the rate of interest was 5% per annum and interest is compounding annually, then the value of P is ________.

SSC GD 12/01/2023 (Shift-02)

(a) Rs. 64,400
(b) Rs. 65,600
(c) Rs. 65,400
(d) Rs. 64,800

44. 1,50,000 रुपये का ऋण दो वर्षों के लिए 10% प्रति वर्ष की चक्रवृद्धि ब्याज दर पर लिया जाता है, जो वार्षिक रूप से संयोजित होता है। इसका भुगतान समान वार्षिक किश्तों में किया जाना है; और किस्त का भुगतान प्रत्येक वर्ष के अंत में किया जाना है। समान वार्षिक किस्त का मूल्य है: (दशमलव के दो स्थानों तक पूर्णांकित)

A loan of Rs 1,50,000 is availed with compound interest rate of 10% per annum for two years compounded annually. It is to be paid in equal yearly instalments; and the instalment is to be paid at the end of each year. The value of the equal yearly instalment is : (Rounded off to two places of decimal)

SSC GD 12/01/2023 (Shift-04)

(a) Rs. 86,428.57
(b) Rs. 84,400.44
(c) Rs. 80,000.24
(d) Rs. 82,208.67

45. सोहन ने चक्रवृद्धि ब्याज पर 20% प्रति वर्ष की दर से पैसा उधार लिया, ब्याज सालाना चक्रवृद्धि था और उसने इसे तीन समान किश्तों में चुकाया, प्रत्येक किस्त का भुगतान हर साल के अंत में किया जाना था। यदि प्रत्येक किस्त 1,250 रुपये की थी, तो सोहन द्वारा उधार लिया गया धन था (निकटतम अभिन्न मूल्य):

Sohan borrowed money at the rate of 20% per annum on compound interest, interest was compounding annually and he paid it in three equal instalments, each instalment was to be paid at the end of every year. If each instalment was for Rs.1,250, then the money borrowed by Sohan was (nearest integral value):

SSC GD 13/01/2023 (Shift-01)

(a) Rs. 2,633 (b) Rs. 2,466
(c) Rs. 4,660 (d) Rs. 4,860

46. एक राशि पर एक निश्चित दर पर 2 वर्षों के लिए वार्षिक रूप से संयोजित चक्रवृद्धि ब्याज 832 रुपये है और समान अवधि के लिए उसी राशि पर समान ब्याज दर पर साधारण ब्याज 800 रुपये है। 3 वर्ष की अवधि के लिए चक्रवृद्धि ब्याज और साधारण ब्याज में अंतर होगा:

The compound interest on a sum at a certain rate per annum compounded annually for 2 years is Rs.832 and the simple interest on the same sum for the same period and at the same rate of interest is Rs.800. The difference in the compound interest and simple interest for a period of 3 years would be:

SSC GD 09/02/2023 (Shift-01)

(a) Rs. 99.48 (b) Rs. 66.52
(c) Rs. 48.00 (d) Rs. 98.56

47. रघु अपनी 16 वर्ष की पुत्री के नाम पर एक योजना में 5,00,000 रुपये का निवेश करता है, जिसमें वार्षिक आधार पर गणनीय 5% वार्षिक ब्याज दर पर चक्रवृद्धि ब्याज का भुगतान किया जाता है। पुत्री की आयु 18 वर्ष होने पर कुल प्राप्त राशि क्या होगी?

Raghu invests Rs.5,00,000 in a scheme in the name of his 16 year old daughter, paying compound interest at 5% per annum compounded annually. What will be the total amount received when the daughter turns 18 years old?

Group D 26/08/2022 (Shift-03)

(a) 5,15,250 रु.
(b) 5,51,520 रु.
(c) 5,52,150 रु.
(d) 5,51,250 रु.

48. चक्रवृद्धि ब्याज की 4% वार्षिक दर पर एक राशि का निवेश करने पर 1 वर्ष के अंत में 78030 रुपये प्राप्त होते हैं, जब ब्याज अर्धवार्षिक रूप से संयोजित होता है। निधि है–

On investing a sum of money at 4% annual rate of compound interest yields Rs. 78030 at the end of 1 year, when the interest is compounded half yearly. The fund is –

Group-D 04/12/2018 (Shift-03)

(a) 76000 रु. (b) 71400 रु.
(c) 72500 रु. (d) 75000 रु.

49. A ने बैंक से 8% वार्षिक चक्रवृद्धि ब्याज पर एक निश्चित राशि उधार ली, यदि वह डेढ़ वर्ष के अंत में 1,96,851 रुपये का भुगतान करता है तो मूलधन क्या होगा?

A borrowed a certain sum of money from the bank at 8% interest compounded yearly. What was the principal if he pays Rs. 1,96,851 at the end of one and a half year?

NTPC CBT-1 31/03/2016 (Shift-03)

(a) 184,000 रु.
(b) 175,000 रु.
(c) 179,000 रु.
(d) 168,000 रु.

50. 100 रुपये की राशि को 10% वार्षिक चक्रवृद्धि ब्याज की दर से दो वर्ष के लिए निवेश किया गया था। यदि समान अवधि के लिए ब्याज की दर को बढ़ाकर 20% कर दिया गया हो, तो निवेशक को ब्याज के रूप में कितने रुपए अधिक मिलेंगे?

A sum of Rs. 100 was invested for two years at 10% compound interest per annum. If the rate of interest is increased to 20% for the same period, then how much more will the investor get as interest?

NTPC CBT-1 31/01/2021 (Shift-01)

(a) 22 रु. (b) 23 रु.
(c) 24 रु. (d) 20 रु.

51. 31600 रुपये की राशि पर $1\frac{1}{3}$ वर्ष के लिए 9% प्रति वर्ष की दर से चक्रवृद्धि ब्याज (रुपये में) क्या है, जब ब्याज 8-मासिक चक्रवृद्धि है? (रुपए के निकटतम)

What is the compound interest (in Rs.) on a sum of Rs.31600 for $1\frac{1}{3}$ years at 9% p.a., when the interest is compounded 8-monthly? (Nearest to a Rs.)

NTPC CBT-02 16/06/2022 (Shift-02)

(a) 3906 (b) 3896
(c) 3928 (d) 3916

52. जमा राशि पर 8% प्रतिवर्ष की दर से 8 वर्ष का साधारण ब्याज 16000 रुपये है। इस दर के एक चौथाई की दर से समान राशि पर 2 वर्ष का चक्रवृद्धि ब्याज कितना होगा।

The simple interest of 8 years at 8% per annum on a deposit is Rs. 16000. What will be the compound interest of 2 years at the rate of one fourth of this rate on the same amount.

NTPC CBT-1 17/01/2017 (Shift-02)

(a) 1,020 रु. (b) 980 रु.
(c) 1,010 रु. (d) 1,015 रु.

53. 8% ब्याज दर पर 1.5 वर्ष के लिए एक राशि का साधारण ब्याज 360 रुपये है। समय को दोगुना कर दिया जाए, तब समान राशि पर समान ब्याज दर के अनुसार चक्रवृद्धि ब्याज ज्ञात करें?

The simple interest on a sum of money for 1.5 years at the rate of 8% is Rs. 360. If the time is doubled, then find the compound interest on the same amount at the same rate of interest?

Group-D 01/10/2018 (Shift-03)

(a) 778.13 रु. (b) 779.13 रु.
(c) 779 रु. (d) 778 रु.

54. एक व्यक्ति निश्चित ब्याज की दर पर 2 वर्ष के लिए 10000 रूपये निवेश करता है। दूसरे वर्ष के अंत में उसकी राशि 11664 रूपये हो जाती है। ब्याज की वार्षिक दर ज्ञात कीजिए, यदि ब्याज वार्षिक संयोजित होता है।

A man invests Rs.10,000 for 2 years at a certain rate of interest. At the end of the second year, it amounts to Rs. 11,664. Calculate the rate of interest per annum, if interest is compounded annually.

NTPC CBT-02 18/01/2017 (Shift-02)

(a) 7.9% (b) 8.5%
(c) 8.7% (d) 8.0%

55. यदि 3,500 रुपये की राशि को 5% वार्षिक चक्रवृद्धि ब्याज पर निवेश किया जाता है, जो वार्षिक रूप से संयोजित होता है, तो वह अवधि क्या है जिसके लिए चक्रवृद्धि ब्याज 358.75 रुपये है?

If a sum of Rs.3,500 is invested at 5% compound interest compounded annually, what is the period for which the compound interest is Rs.358.75?

Group D 26/08/2022 (Shift-01)

(a) 20 महीने (b) 24 महीने
(c) 18 महीने (d) 15 महीने

56. कम से कम वर्षो की संख्या जिसमें 20% चक्रवृद्धि ब्याज पर निवेश की गई राशि उसके दोगुने से अधिक हो जाएगी–

The least number of years in which a sum of money invested at 20% compound interest will become more than its double is:

NTPC CBT-1 31/07/2021 (Shift-01)

(a) 5 वर्ष (b) 6 वर्ष
(c) 3 वर्ष (d) 4 वर्ष

57. दो वर्ष के लिए 11% वार्षिक ब्याज की दर से किसी निश्चित धनराशि पर चक्रवृद्धि ब्याज 4,642 है। समान अवधि और समान दर हेतु साधारण ब्याज ज्ञात कीजिए।

The compound interest on a certain sum of money for two years at the rate of 11% per annum is 4,642. Find simple interest for the same period and same rate

NTPC CBT-1 08/01/2021 (Shift-02)

(a) 4,200 रु. (b) 3,500 रु.
(c) 4,400 रु. (d) 4,500 रु.

58. A और B दोनों ने समान धनराशि समान अवधि के लिए उधार ली। A ने 8% वार्षिक साधारण ब्याज की दर से राशि उधार ली। B ने 5% अर्धवार्षिक चक्रवृद्धि ब्याज की दर से राशि उधार ली। एक वर्ष की समाप्ति पर B और A द्वारा चुकाए गए ब्याज का अनुपात कितना होगा?

Both A and B borrowed the same amount, for the same period. A borrowed an amount at the rate of 8% per annum simple interest. B borrowed an amount at the rate of 5% compound interest half yearly. What will be the ratio of interest paid by B and A at the end of one year?

NTPC CBT-1 10/01/2021 (Shift-02)

(a) 32 : 41 (b) 40 : 41
(c) 41 : 32 (d) 4 : 3

59. अंजलि ने 6% साधारण वार्षिक ब्याज की दर से 2 वर्ष के लिए 22500 रुपये उधार लिए और उसी दिन वह उसी ब्याज दर और समान समय के लिए चक्रवृद्धि ब्याज पर यह राशि अशोक को देती है। उसे कितना नुकसान या लाभ होगा?

Anjali borrowed Rs. 22500 for 2 years at the rate of 6% simple annual interest and on the same day she gives this amount to Ashoka at compound interest for the same interest rate and same time. How much loss or profit will she make?

Group-D 11/10/2018 (Shift-03)

(a) ₹ 73 लाभ
(b) ₹ 73 हानि
(c) ₹ 81 हानि
(d) ₹ 81 लाभ

60. चक्रवृद्धि ब्याज की एक निश्चित दर पर निवेश की गई एक धनराशि 10 वर्ष में स्वयं की तीन गुनी हो जाती है। कितने वर्ष में, यह धनराशि स्वयं की 9 गुनी हो जाएगी ?

A sum of money invested at a certain rate of compound interest triples itself in 10 years. In how many years will this amount become 9 times itself?

Group-D 06/10/2022 (Shift-01)

(a) 15 वर्ष (b) 20 वर्ष
(c) 30 वर्ष (d) 25 वर्ष

61. यदि T किसी धनराशि को निरूपित करता है, M वर्षों की संख्या को निरूपित करता है और P ब्याज दर को निरूपित करता है, तो चक्रवृद्धि ब्याज को निम्न में से किसके द्वारा दर्शाया जा सकता है?

If T represents a sum of money, M represents the number of years and P represents the interest rate, then compound interest can be represented by which of the following?

Group D 29/08/2022 (Shift-01)

(a) $T\left(1+\frac{P}{100}\right)^M - T$

(b) $T\left(1+\frac{P}{100}\right)^M$

(c) $M\left(1+\frac{T}{100}\right)^P - T$

(d) $M\left(1+\frac{M}{100}\right)^M$

ANSWER KEY

1.(b)	2.(d)	3.(d)	4.(d)	5.(c)	6.(a)	7.(d)	8.(a)	9.(a)	10.(a)
11.(b)	12.(b)	13.(b)	14.(b)	15.(c)	16.(d)	17.(b)	18.(d)	19.(a)	20.(a)
21.(b)	22.(c)	23.(c)	24.(a)	25.(c)	26.(a)	27.(d)	28.(b)	29.(c)	30.(b)
31.(a)	32.(a)	33.(b)	34.(a)	35.(b)	36.(b)	37.(c)	38.(d)	39.(b)	40.(a)
41.(b)	42.(b)	43.(b)	44.(a)	45.(a)	46.(d)	47.(d)	48.(d)	49.(b)	50.(b)
51.(a)	52.(c)	53.(b)	54.(d)	55.(b)	56.(d)	57.(c)	58.(c)	59.(d)	60.(b)
61.(a)									

SOLUTIONS

1. (b) 15%, 15%
2 वर्ष का ब्याज = 15 + 15 + $\frac{15\times15}{100}$ = 32.25%
∴ राशि = $\frac{34400}{100}\times 132.25$
= ₹ 45494

2. (d) 10% , 10% , 10%
3 वर्ष का ब्याज दर = 33.10%
3 वर्ष बाद राशि = $\frac{18000}{100}\times 133.1$
= ₹ 23958

3. (d) 3 वर्षों का कुल ब्याज %
= 3R. $\underline{3R^2}$ / $\underline{R^3}$
= 3×5. $\underline{3\times5^2}$ / $\underline{5^3}$ = 15.7625
मूलधन = $\frac{2522}{15.7625}\times 100$
∴ मूलधन = ₹16000

4. (d) ∵ छमाही चक्रवृद्धि ब्याज दर है
दर = 10% (वार्षिक)
नया दर = 5% (अर्धवार्षिक)
समय = 2 वर्ष
नया समय = 4 अर्धवार्षिक
तो, 5% = $\frac{1}{20}$
$\frac{1 \rightarrow \text{ब्याज}}{20 \rightarrow \text{मूलधन}}$
मूलधन मिश्रधन
$(20)^4$ $(21)^4$
160000 194481
34481
16000 इकाई → 10000
1 इकाई → $\frac{1}{16}$
∴ 34481 इकाई → 2155.06

5. (c) वर्ष —— गुना
3 2
×
2^5 या 32
⇒ 15 वर्ष

6. (a) वर्ष —— गुना
5 3
×
81 या 3^4
⇒ 20 वर्ष

7. (d) वर्ष —— गुना
4 3
×
243 या 3^5
⇒ 20 वर्ष

8. (a) 2 वर्ष का CI और SI में अंतर
= $\frac{PR^2}{100^2}$
⇒ 523 = $\frac{P\times10\times10}{100\times100}$
⇒ P = 52300
मूलधन = 52300

9. (a) 2 वर्ष का SI और CI में अंतर
= $\frac{PR^2}{100^2}$
प्रश्नानुसार,
⇒ 5 = $\frac{P\times5\times5}{100\times100}$
P = ₹2000

10. (a) दिया है, दर = 10%
मूलधन : मिश्रधन
80000 : 117128
10000 : 14641
$(10)^4$: $(11)^4$
समय = 4 वर्ष

11. (b) दिया है, दर = 10% = $\frac{1}{10}$
समय = 4 वर्ष
मूलधन मश्रधन
$(10)^4$: $(11)^4$
10000 : 14641
∵ 14641 इकाई = 21961.5
मूलधन (1000)
= $\frac{21961.5}{14641}\times 10000$
= 15000 रु.

12. (b) दिया है,
दर (वार्षिक) = 16%
दर (अर्द्ध-वार्षिक) = 8%,
एकल दर = 8 + 8 + $\frac{8\times8}{100}$
= 16.64%
प्रश्नानुसार,
चक्रवृद्धि ब्याज पर 2 चक्र का दर = 16.64
16.64% − 16% = 0.64%
अन्तर = 5750 × $\frac{0.64}{100}$ = 36.80 रु.

13. (b) दिया है,
दर (वार्षिक)= 4%
दर (अर्द्ध-वार्षिक) = 2%
CI = 2 + 2 + $\frac{2\times2}{100}$ = 4.04%
प्रश्नानुसार,
अन्तर = 5000× $\frac{0.04}{100}$ = 2.00 रु.

14. (b) दिया है,
R = 40% (वार्षिक)
= 10% (त्रैमासिक) = $\frac{1}{10}$
T = 3
मूलधन मिश्रधन
$(10)^3$ → $(11)^3$
$(11)^3$ इकाई = 13310
P$(10)^3$ इकाई = 10000 रु.

15. (c) दिया है,
R (वार्षिक) = 6% , समय = 2 वर्ष
R (अर्द्ध-वार्षिक) = 3% ,
समय = 4(अर्द्ध-वार्षिक चक्र)
प्रश्नानुसार,
दर % = 3 + 3 + $\frac{9}{100}$ = 6.09
एकल दर = 6.09 + 6.09 + $\frac{6.09\times6.09}{100}$
≈ 12.18 + 0.37 ≈ 12.55%
CI = 50000 × 12.55% ≈ 6275 रु.

16. (d) दिया है,
दर = 10% (वार्षिक)
समय = 18 महीने
= 5% (अर्द्ध-वार्षिक)
= 18 महीने (अर्द्ध-वार्षिक = 3 चक्र)
$= \frac{1}{20}$
मूलधन मिश्रधन
$(20)^3$ — $(21)^3$
8000 — 9261
∵ 8000 इकाई = 8000
मूलधन (9261) इकाई = 9261 रु.

17. (b) दर = 15% $= \frac{3}{20}$
मूलधन मिश्रधन
$(20)^2$ — $(23)^2$
400 – 529
∵ 529 इकाई = 2645
P(400) इकाई $= \frac{26450}{529} \times 400$
= 20000 रु.

18. (d) ∵ दर = 5%, समय = 2 वर्ष
SI = 50 रु., CI = ?
1 वर्ष का ब्याज = 25
CI = 25
$25 + 25 \times \frac{5}{100}$
CI = Rs. 51.25

19. (a) दिया है,
R = 10% $= \frac{1}{10}$, T = 2 वर्ष,
प्रश्नानुसार,
मूलधन मिश्रधन
$(10)^2$: $(11)^2$
100 : 121
121 इकाई = 5324
P(100) इकाई $= \frac{5324}{121} \times 100$ = 4400 रु.

20. (a) दिया है,
R = 10%, A = 11979
मूलधन मिश्रधन
10^3 11^3
1000 1331
1331 इकाई = 11979 रु.
1000 इकाई = 9000 रु.

21. (b) दिया है,
R(वार्षिक) = 20%
R(अर्द्ध-वार्षिक) = 10%
T = $2\frac{1}{2}$ वर्ष = 5 चक्र
P = 300000 रु.
प्रश्नानुसार,
∴ CI = (5 × 30000) + (10 × 3000) + (10 × 300) + (5 × 30) + 3
= 150000 + 30000 + 3000 + 150 + 3
= 183153 रु.

22. (c) 3 वर्षों का SI = 3 × 5 = 15%
3 वर्षों का CI
$5 + 5 + \frac{5 \times 5}{100} = 10.25\%$
अब,
$10.25 + 5 + \frac{10.25 \times 5}{100}$
= 15.7625%
15.7625% – 15% = 183
$100\% = \frac{183}{0.7625} \times 100$
= 24000 रु.

23. (c) दोनो के मूलधन का अनुपात उनके दर के अनुपात के बराबर होगा फिर चाहे जितने भी वर्ष दिये हो।
R = 4% $= \frac{1}{25}$
$\frac{P_1}{P_2} = \frac{25}{26}$
(25 + 26) इकाई = 22500
26 इकाई = 13,000 रु.

24. (a) दिया है,
R = 5% $= \frac{1}{20}$, T = 3 वर्ष
A = 18522 , P = x
$P = \frac{18522 \times 20 \times 20 \times 20}{21 \times 21 \times 21}$
= 2 × 20 × 20 × 20 = 16000 रु.

25. (c) 10% $= \frac{1}{10}$
2 वर्ष के लिए अर्द्ध-वार्षिक
$= (10)^4 \longrightarrow (11)^4$
= 10000 ⟶ 14641
CI = 4641
20% $= \frac{1}{5}$
मूलधन मिश्रधन
$(5)^2$ $(6)^2$
$25_{\times 400}$ $36_{\times 400}$
$11_{\times 400}$
∴ 4641 – 4400 = 241
241 इकाई = 3133
P(10000) इकाई $= \frac{3133}{241} \times 10000$
= 130000 रु.

26. (a) दिया है,
दर = 12% $= \frac{3}{25}$
प्रश्नानुसार,
मूलधन मिश्रधन
3 वर्ष के लिए, $(25)^3$: $(28)^3$
∴ $(25)^3$ इकाई = 120000
मिश्रधन $(28)^3$ इकाई $= \frac{120000 \times (28)^3}{(25)^3}$
= 168591.48 रु.

27. (d) दिया है,
मूलधन मिश्रधन
256 : 625
$\sqrt[4]{256}$: $\sqrt[4]{625}$
1 वर्ष के लिए ⟶ 4 : 5
दर % $= \frac{1}{4} \times 100\% = 25\%$

28 (b) दिया है,
R = 16%, P = 8000 रु.
T = 2 वर्ष
क्रमागत दर $= 16 + 16 + \frac{16 \times 16}{100}$
= 34.56%
इसी प्रकार, $\frac{1}{8}$ वर्ष = 2%
$2\frac{1}{8}$ वर्षों के लिए % ब्याज
$= 34.56 + 2 + \frac{34.56 \times 2}{100}$
⇒ 34.56 + 0.6912 = 37.12
⇒ 100 इकाई = 8000 रु.
⇒ 37.2512 × 80 = 2980 रु.

29. (c) प्रश्नानुसार,
अन्तर = राशि$\left(\frac{R}{100}\right)^2$
$144\% = 100 \times \left(\frac{R}{100}\right)^2$
$\frac{144}{100} = \frac{R^2}{100 \times 100}$
R = 120%

30. (b) P = 400,000 रु.
R = 14% वार्षिक
R (अर्द्ध-वार्षिक) = 7%
समय = 4 चक्र
$C.I = 4(7\times4000) + 6(7\times280) + 4(7\times19.60) + 1(7\times1.372)$
= 112000 + 11760 + 5488
= 9.604 = 124318.46 रु.

31. (a) दर = $\frac{4200}{30000}\times100$ = 14%
14% = $\frac{7}{50}$
मूलधन : मिश्रधन
$(50)^2$: $(57)^2$
2500 : 3249
⇒ 2 वर्ष बाद दी गई राशि
= $\frac{30000}{2500}\times3249$
= 38988 रु.

32. (a) प्रभावी दर = 12 + 10 + $\frac{12\times10}{100}$ = 23.2 %
मूलधन : मिश्रधन
100 : 123.2
∴ 100 इकाई → 25000
A (123.2) इकाई = 250 × 123.2
= 25 × 1232 = 30800 रु.

33. (b) R(अर्द्ध-वार्षिक) = $\frac{16}{2}$ = 8%
मूलधन : मिश्रधन
5000 : 5832
$\sqrt{625}$ $\sqrt{729}$
T (अर्द्ध-वार्षिक) = 2 वर्ष
T (वार्षिक) = 1 वर्ष

34. (a) T = 3 वर्ष, P = 100000 रु., R = 10% = $\frac{1}{10}$
मूलधन : मिश्रधन
$(10)^3$: $(11)^3$
1000 इकाई = 100000
1331 इकाई = $\frac{100000}{1000}\times1331$
= 133100 रु.

35. (b) प्रभावी दर
= 5 + 6 + $\frac{6\times5}{100}$ = 11.3%
= 11.3 + 8 + $\frac{11.3\times8}{100}$
= 19.3 + $\frac{11.3\times8}{100}$ = 20.204%
CI = 75000 × $\frac{20.204}{100}$
= 15153 रु.

36. (b) 12 महीने का ब्याज दर = 24% (वार्षिक दर)
तो, 1 महीने का ब्याज दर = 2%
ब्याज = (3 × 150) + (3 × 3) + 0.06
4590.6 ≈ 459 रु.

37. (c) दिया है,
A_2 = 500 रु., A_3 = 700 रु.
A_2 पर ब्याज = 700 – 500 = 200 रु.
∴ R = $\frac{200}{500}$ × 100 = 40%

38. (d) मूलधन : मिश्रधन
1225 : (1225 + 144)
2 वर्ष → $\sqrt{1225}$: $\sqrt{1369}$
1 वर्ष → 35 : 37
दर % = $\frac{2}{35}$ × 100 = $\left(\frac{40}{7}\right)$%
= $5\frac{5}{7}$%

39. (b) T = 2 वर्ष
R = 5% = $\frac{1}{20}$
मूलधन : मिश्रधन
I वर्ष (20 : 21)×21
II वर्ष 400 : 441
820 : 441 (प्रत्येक)
441 इकाई → 882
820 इकाई → 1640 रु.

40. (a) R = 10%
मूलधन : मिश्रधन
I वर्ष 10 : 11 ⟶ 4565
II वर्ष 100 : 121 ⟶ 6534
∴ P = $\left(\frac{10}{11}\times4565\right)$ + $\left(\frac{100}{121}\times6534\right)$
= 4150 + 5400 = 9550 रु.

41. (b) दर = 7.5% = $\frac{3}{40}$
मूलधन : मिश्रधन
I वर्ष (40 : 43)×43
II वर्ष 1600 : 1849
3320 : 1849 (प्रत्येक)
3320 इकाई → 9960
1 इकाई → 3
1849 इकाई → 5547 रु.

42. (b) दर = 5% = $\frac{1}{20}$
मूलधन : मिश्रधन
$(20)^3$: $(21)^3$
8000 : 9261
मूलधन = 8000
साधारण ब्याज = $\frac{8000\times15\times5}{100\times4}$
= 1500 रु.

43. (b) दर ⇒ 5% = $\frac{1}{20}$
मूलधन : मिश्रधन
I वर्ष (20 : 21)×21
II वर्ष 400 : 441
820 : 441 (प्रत्येक)
∵ 441 इकाई = 35280
P(820) इकाई = $\frac{35280\times820}{441}$
= $\frac{3920\times820}{49}$ = 65600 रु.

44. (a) दर = 10% = $\frac{1}{10}$
मूलधन : मिश्रधन
I वर्ष (10 : 11)×11
II वर्ष 100 : 121
210 : 121 (प्रत्येक)
∵ 210 इकाई = 150000
121 इकाई = $\frac{150000}{210}\times121$
= 86428.57 रु.

45. (a) दर = 20% = $\frac{1}{5}$
मूलधन : मिश्रधन
I वर्ष (5 : 6)×36
II वर्ष (25 : 36)×6
III वर्ष 125 : 216
455 : 216 (प्रत्येक)
∵ 216 इकाई = 1250,
P (455) इकाई = $\frac{1250}{216}\times455$
≈ 2635 रु.

46. (d) 2 वर्ष का CI = 832 रु.
2 वर्ष का SI = 800 रु.
दर % = $\frac{32}{400}$ × 100% = 8%
⇒ 8 + 8 + $\frac{64}{100}$ = 16.16%

अब,
3 वर्षों के लिए CI पर प्रभावी दर

$16.64 + 8 + \frac{16.64 \times 8}{100}$
= 25.9712%
3 वर्षों के लिए SI पर प्रभावी दर
= 8 × 3 = 24%

$P = \frac{400}{8} \times 100 = 5000$
3 वर्षों के लिए CI – SI = 5000 × $\frac{1.9712}{100}$ = 98.56 रु.

47. (d) दर = 5% = $\frac{1}{20}$
समय = 16 वर्ष से 18 वर्ष तक = 2 वर्ष

मूलधन	मिश्रधन
(P)	(A)
20	21
20	21
400	441
×1250	×1250
500000	551250

इसलिए,
2 वर्ष बाद कुल राशि = 5,51,250 रु.

48. (d) दर = $\frac{4}{2}$% = 2% प्रति अर्द्धवार्षिक,
समय = 2 वर्ष

मूलधन		मिश्रधन
50	:	51
2500	:	2601
×30		×30
75000		78030

49. (b) दर = 8%, समय = 1.5 वर्ष
अर्द्धवार्षिक के लिए
दर = 4% = $\frac{1}{25}$, समय = 3 चक्र

मूलधन		मिश्रधन
25^3	:	26^3
15625	:	17576
×11.2 (Approx)		×11.2 (Approx)
175000		196851

50. (b) 10% पर समतुल्य चक्रवृद्धि ब्याज = 21%
20% पर समतुल्य चक्रवृद्धि ब्याज = 44%
चक्रवृद्धि ब्याज दर में वृद्धि = (44 – 21)% = 23%
ब्याज दर में वृद्धि = 100 का 23% = 23 रु

51. (a) दर = 9% × $\frac{8}{12}$ = 6%

8 माह	8 माह
6%	6%

समतुल्य चक्रवृद्धि ब्याज दर = 6% + 6% + $\frac{6 \times 6}{100}$% = 12.36%
चक्रवृद्धि ब्याज = 31600 का 12.36%
= 3906 (लगभग)

52. (c) कुल साधारण ब्याज = 8% × 8 = 64%
नया ब्याज दर = 2%
समतुल्य चक्रवृद्धि ब्याज दर = 2% + 2% + $\frac{2 \times 2}{100}$% = 4.04%
64% → 16000
4.04% → Rs. 1010

53. (b) कुल साधारण ब्याज दर = 1.5 × 8% = 12%
12% → 360 (साधारण ब्याज)
100% → 3000 (मूलराशि)
चक्रवृद्धि ब्याज की दर = 8%
समय = 1.5 × 2 = 3 वर्ष
समतुल्य चक्रवृद्धि ब्याज दर
= 25.9712%
चक्रवृद्धि ब्याज
= 3000 × $\frac{25.9712}{100}$
= 779.13 रुपये

54. (d) मूलधन = 10,000, समय = 2 वर्ष
मिश्रधन = 11664

	मूलधन	मिश्रधन
2 वर्ष →	10000	11664
1 वर्ष →	100	108

⇒ ब्याज दर = 8%

55. (b) P = 3500, CI = 358.75

P		A
$3500_{\times 100}$	:	$3858.75_{\times 100}$
350000	:	385875
400	:	441
$(20)^2$	:	$(21)^2$

∴ समय = 2 वर्ष = 24 महीने

56. (d) दर = 20% = $\frac{1}{5}$

मूलधन		मिश्रधन
5	:	6 → 1 वर्ष
25	:	36 → 2 वर्ष
125	:	216 → 3 वर्ष
625	:	1296 → 4 वर्ष

दोगुने से अधिक
∴ समय = 4 वर्ष

57. (c) चक्रवृद्धि ब्याज दर = 11%
2 वर्ष के लिए ब्याज = 11 + 11 + $\frac{11 \times 11}{100}$
= 22 + 1.21 = 23.21%
23.21% → 4642
1% → 200
2 वर्ष के लिए साधारण ब्याज
= 11 + 11 = 22%
22% → 22 × 200 = 4400 रुपये

58. (c) पहले वर्ष के अंत में साधारण ब्याज की दर = 8 प्रतिशत
पहले वर्ष के अंत में चक्रवृद्धि ब्याज की दर = $\left(5+5+\frac{5 \times 5}{100}\right) = \frac{41}{4}$%
चूँकि मूलधन A और B के लिए समान है
तब ब्याज, दर के अनुपात के अनुसार प्राप्त होगा।

∴ B		A
$\frac{41}{4}$%	:	8%
⇒ 41	:	32

59. (d) अंजलि द्वारा चुकाई गई कुल ब्याज प्रतिशत = 2 × 6% = 12%
अंजलि द्वारा कमाई गई कुल ब्याज प्रतिशत = 12.36%
लाभ = मूलधन का 0.36%
= $\frac{36}{100 \times 100} \times 22500$ = 81 रुपये

60. (b) 10 वर्ष में राशि तीन गुनी हो जाती है।
$3^2 = 9$
तो, 9 गुना होने में लगा समय = 10 × घात
= 10 × 2 = 20 वर्ष

61. (a) मूलधन = T, समय = M, दर = P
चक्रवृद्धि ब्याज = $T\left(1+\frac{P}{100}\right)^M - T$

★★★★★

RATIO & PROPORTION

अनुपात और समानुपात

06

1. यदि A : B = 4 : 3 और B : C = 5 : 2 है, A : B : C का पता लगाएँ।
If A : B = 4 : 3 and B : C = 5 : 2, find A : B : C.
RPF Constable 28/03/2019 (Shift-03)
(a) 12 : 3 (b) 20 : 15 : 6
(c) 20 : 25 (d) 3 :1 : 2

2. X और Y की उम्र 6:7 के अनुपात में है। यदि उनकी आयु का योग 78 है, तो उनकी आयु के बीच का अंतर है-
The ages of X and Y are in the ratio 6:7. If the sum of their ages is 78, then the difference between their ages is-
RPF Constable 17/01/2019 (Shift-02)
(a) 7 (b) 8
(c) 6 (d) 9

3. एक विशिष्ट राशि को 6:5 के अनुपात में 2 भागों में विभाजित किया गया। यदि पहला भाग ₹126 का है, तो (रुपए में) कुल राशि क्या होगी?
A certain amount was divided into 2 parts in the ratio 6:5. If the first part is of ₹126, what will be the total amount (in rupees)?
RPF Constable 17/01/2019 (Shift-01)
(a) 251 (b) 241
(c) 261 (d) 231

4. हामिद, क्रिस्टो और गणेश के वेतन का अनुपात क्रमशः 3:5:7 है. यदि गणेश को हामिद से ₹524 ज्यादा मिल रहे है तो क्रिस्टो का वेतन क्या है?
The ratio of salaries of Hamid, Christo and Ganesh is 3:5:7 respectively. If Ganesh is getting ₹524 more than Hamid, then what is Christo's salary?
RPF SI 05/01/2019 (Shift-02)
(a) 545 (b) 610
(c) 685 (d) 655

5. दो संख्याएँ इस प्रकार हैं कि उनके मध्य 4 : 7 का अनुपात है यदि प्रत्येक संख्या को 4 बढ़ा दिया जाता है, तो अनुपात 3 : 5 हो जाता है। सबसे बड़ी संख्या का पता लगाएँ।
Two numbers are such that the ratio between them is 4 : 7. If each number is increased by 4, the ratio becomes 3:5. Find the largest number.
RPF Constable 28/03/2019 (Shift-02)
(a) 36 (b) 56
(c) 64 (d) 48

6. दो संख्याओं का योग 40 है और उनके बीच का अंतर 4 है। दोनों संख्याओं का अनुपात प्राप्त करें।
The sum of two numbers is 40 and the difference between them is 4. Find the ratio of both the numbers.
RPF Constable 29/03/2019 (Shift-01)
(a) 11 : 18 (b) 21 : 19
(c) 11 : 9 (d) 22 : 9

7. एक बॉक्स में तीन अलग-अलग प्रकार के पुराने सिक्के 7:6:8 के अनुपात में हैं, पुराने सिक्कों के मूल्य क्रमशः ₹1, ₹5 और ₹10 हैं। यदि बॉक्स में रखे सिक्को की कुल कीमत 936 रुपये है, तो ₹5 के पुराने सिक्को की संख्या बताएं।
A box contains three different types of old coins in the ratio 7:6:8, the values of the old coins are ₹1, ₹5 and ₹10 respectively. If the total value of coins kept in the box is ₹936, find the number of old ₹5 coins.
RPF SI 5/01/2019 (Shift-02)
(a) 48 (b) 52
(c) 45 (d) 50

8. एक स्कूल के बच्चे ने तीन अलग-अलग प्रकार के पेन खरीदे और उनकी संख्या क्रमशः 7 : 6 : 5 के अनुपात में है, जिसकी कीमत क्रमशः ₹5, ₹10, ₹15 है। यदि बच्चे ने सभी पेन खरीदने के लिए ₹340 खर्च किए हैं। उसने जो ₹10 का पेन खरीदा है, उसकी संख्या ज्ञात कीजिए।
A school child bought three different types of pens and their numbers are in the ratio 7 : 6 : 5 with their prices being ₹5, ₹10, ₹15 respe-ctively. If the child spent ₹340 to buy all the pens. Find the number of pens worth ₹10 that he bought.
RPF Constable 17/01/2019 (Shift-01)
(a) 10 (b) 14
(c) 16 (d) 12

9. एक बॉक्स में 3:2:1 के अनुपात में पेन, पेंसिल और रबर हैं. यदि पेन, पेंसिल और रबर का मूल्य क्रमशः ₹3, ₹2 और ₹2 है और बॉक्स पर खर्च की गई राशि ₹135 है तो बॉक्स में पेनों की संख्या ज्ञात करिए।
A box contains pens, pencils and erasers in the ratio 3:2:1. If the price of pen, pencil and eraser are ₹3, ₹2 and ₹2 respectively and the amount spent on the box is ₹135, then find the number of pens in the box.
RPF Constable 18/01/2019 (Shift-03)
(a) 25 (b) 27
(c) 28 (d) 26

10. आमिर ने 4 बच्चों के बीच में 875 उपहार बांटे। पहले बच्चे का हिस्सा दूसरे बच्चे के हिस्से के दोगुना, तीसरे बच्चे के हिस्से के तिगुना और चौथे बच्चे के हिस्से के चार गुना के बराबर है. पहले और दूसरे बच्चे द्वारा प्राप्त कुल उपहारों का योग बताएं।

Aamir distributed 875 gifts among 4 children. The share of the first child is equal to double the share of the second child, triple the share of the third child and four times the share of the fourth child. Find the sum of total gifts received by the first and second child.

RPF SI 05/01/2019 (Shift-01)

(a) 610 (b) 630
(c) 620 (d) 640

11. एक थैले में 12 : 13 : 11 के अनुपात में विभिन्न प्रकार के पुराने सिक्के हैं, जिनके मूल्य क्रमशः 3 रू, 4 रू और 5 रू हैं। यदि सिक्कों का कुल मूल्य 572 रू हो, तो 3 रु. के मूल्य वाले सिक्कों की कुल संख्या कितनी होगी?

A bag contains old coins of different types in the ratio 12 : 13 : 11, whose denom-inations are Rs 3, Rs 4 and Rs 5 respectively. If the total value of coins is Rs 572, then What will be the total number of coins worth Rs. 3.

RPF S.I. 19/12/2018 (Shift-01)

(a) 48 (b) 38
(c) 56 (d) 26

12. यदि 2P = 3Q = 5R और P + Q + R = 6200, है, तो P और R के बीच का अंतर है:

If 2P = 3Q = 5R and P + Q + R = 6200, then the difference between P and R is:

SSC GD 31/01/2023 (Shift-04)

(a) 3000 (b) 2000
(c) 1200 (d) 1800

13. दो संख्याएँ X और Y इस प्रकार हैं कि X के 3% और Y के 2% का योग X के 2% और Y के 6% के योग का दो-तिहाई है। X का तीन गुना और Y का दो गुना का अनुपात है-

Two numbers X and Y are such that the sum of 3% of X and 2% of Y is two-third of the sum of 2% of X and 6% of Y. The ratio of three times of X to two times of Y is:

SSC GD 17/11/2021 (Shift-3)

(a) 3:4 (b) 5:9
(c) 9:5 (d) 4 : 3

14. 500 रुपये को A, B, C और D के बीच इस प्रकार बाँटा जाता है कि A और B को मिलने वाली राशि C और D को मिलने वाली राशि के तीन गुना से अधिक है, B को C से 4 गुना और C को D से 1.5 गुना अधिक मिलते है। B के हिस्से का मूल्य है :

Divide Rs.500 among A, B, C and D so that A and B together get thrice as much as C and D together, B gets 4 times what C gets and C gets 1.5 times as much as D. The value of B's share is:

SSC GD 01/02/2023 (Shift-04)

(a) Rs. 250 (b) Rs. 300
(c) Rs. 125 (d) Rs. 75

15. 152 को तीन भागों में इस प्रकार विभाजित किया जाता है कि पहले भाग का $\frac{1}{5}$, दूसरे भाग का $\frac{1}{3}$ और तीसरे भाग का $\frac{1}{11}$ बराबर है। दूसरे और तीसरे भाग का योग कितना होगा?

152 is divided into three parts in such a way that $\frac{1}{5}$ of the first part, $\frac{1}{3}$ of the second part and $\frac{1}{11}$ of the third part is equal. What will be the sum of second and third part?

SSC GD 26/11/2021 (Shift-2)

(a) 120 (b) 128
(c) 112 (d) 64

16. किसी पिग्गी बैंक में 1 रु. के सिक्के, 2 रु. के सिक्के और 5 रु. के सिक्के 5: 9:4 के अनुपात में हैं। यदि पिग्गी बैंक में कुल राशि 860 रु है, तो उसमें 5 रु. के कितने सिक्के हैं?

In a piggy bank Rs. 1 coins, Rs. 2 coins and Rs. 5 coins are in the ratio of 5: 9:4. If the total amount in the piggy bank is Rs. 860, then how many Rs. 5 coins are there?

SSC GD 23/11/2021 (Shift-3)

(a) 50 (b) 90
(c) 60 (d) 80

17. एक बैग में 441 रु. की धनराशि 50 p, 25 p और 20 p के सिक्कों के रूप में है जिनका अनुपात 4 : 3 : 2 है। 25 p के सिक्कों की संख्या ज्ञात कीजिए।

A bag contains Rs. 441 in the form of 50 p, 25 p and 20 p coins in the ratio 4 : 3 : 2. Find the number of coins of 25 p.

SSC GD 24/11/2021 (Shift-3)

(a) 400 (b) 240
(c) 460 (d) 420

18. एक डेयरी मालिक प्रतिदिन 3 किस्मों - फुल क्रीम, टोंड और डबल टोंड - के एक लीटर के पैकेटों में 528 लीटर दूध बेचता है। टोंड दूध के पैकेटों की बिक्री, फुल क्रीम दूध के पैकेटों की तुलना में 80% अधिक है, और डबल टोड दूध के पैकेटों की बिक्री, टोंड दूध के पैकेटों की तुलना में 60% कम है। वह प्रतिदिन डबल टोंड दूध के कितने पैकेट बेचता है?

A dairy owner sells 528 liters of milk per day in one liter packets of 3 varieties - full cream, toned and double toned. The sale of toned milk packets is 80% more than that of full cream milk packets, and the sale of double toned milk packets is 60% less than that of toned milk packets. How many packets of double toned milk does he sell per day?

SSC GD 25/11/2021 (Shift-3)

(a) 100 (b) 112
(c) 108 (d) 110

19. A और B की आय का अनुपात 5 : 7 है। A का व्यय, B की बचत के बराबर है। यदि A और B का कुल व्यय 15,750 रु है, तो उनकी कुल बचत (रु. में) कितनी होगी?

The ratio of income of A and B is 5 : 7. A's expenditure is equal to B's savings. If the total expenditure of A and B is Rs. 15,750, then what will be their total savings (in Rs.)?

SSC GD 26/11/2021 (Shift-2)

(a) 11,280 (b) 11,250
(c) 11,180 (d) 11,200

20. 15 : 12 का डुप्लीकेट अनुपात क्या है?
What is the duplicate ratio of 15 : 12?
NTPC CBT-1 15/02/2021 (Shift-01)
(a) 150 : 120 (b) 212 : 144
(c) 225 : 144 (d) 45 : 36

21. 225 : 144 का सब-डुप्लीकेट अनुपात क्या है?
What is the sub-duplicate ratio of 225 : 144?
NTPC CBT-1 23/02/2021 (Shift-01)
(a) 15 : 12 (b) 5 : 12
(c) 12 : 5 (d) 12 :15

22. 1 : 2, 3 : 10 और 10 : 21 का यौगिक अनुपात है-
The compounds ratio of 1 : 2, 3 : 10 and 10 : 21 is:
NTPC CBT-1 05/04/2021 (Shift-01)
(a) 1 : 7 (b) 7 :1
(c) 14 : 1 (d) 1 : 14

23. 45 : 75, 3 : 5, 51: 68 और 256 : 81 का यौगिक अनुपात क्या है?
What is the compound ratio of 45 : 75, 3 : 5, 51: 68 and 256 : 81?
NTPC CBT-1 01/02/2021 (Shift-02)
(a) $\frac{64}{75}$ (b) $\frac{128}{75}$
(c) $\frac{75}{32}$ (d) $\frac{32}{45}$

24. यदि $x : y = 3 : 4$, तो $(7x - 4y) : (3x + 2y) = ?$
If $x : y = 3 : 4$, then $(7x - 4y) : (3x + 2y) = ?$
NTPC CBT-02 17/06/2022 (Shift-03)
(a) 1 : 4 (b) 1 : 3
(c) 2 : 7 (d) 5 : 17

25. यदि $a : b = \sqrt{7} : \sqrt{3}$ है, तो (3a + 2b) : (3a – 2b) का मान इनमें से किसके बराबर होगा?
If $a : b = \sqrt{7} : \sqrt{3}$, then the value of (3a + 2b) : (3a – 2b) is equal to which of the following?
NTPC CBT-1 16/01/2021 (Shift-02)
(a) $\frac{2+\sqrt{21}}{(-2-\sqrt{21})}$ (b) $\frac{2+\sqrt{21}}{(-2+\sqrt{21})}$
(c) $\frac{2-\sqrt{21}}{(2+\sqrt{21})}$ (d) $\frac{2+\sqrt{21}}{(2-\sqrt{21})}$

26. अनुपात 15 : 23, 17 : 25, 7 : 15, 21 : 29 में से सबसे छोटा है:
Out of ratios 15 : 23, 17 : 25, 7 : 15, 21 : 29, the smallest one is:
NTPC CBT-1 28/02/2016 (Shift-01)
(a) 21 : 29 (b) 17 : 25
(c) 15 : 23 (d) 7 : 15

27. यदि $(3a^2 - 8b^2) : (a^2 + 4b^2) = 2 : 1$ तो a : b = ?
If $(3a^2 - 8b^2) : (a^2 + 4b^2) = 2 : 1$, then a : b = ?
NTPC CBT-1 27/02/2021 (Shift-01)
(a) 5 : 4 (b) 1 : 4
(c) 4 : 5 (d) 4 : 1

28. यदि A : B : C = 2 : 4 : 6,तो $\frac{A}{B}:\frac{B}{C}:\frac{C}{A} = ?$
If A : B : C = 2 : 4 : 6, then $\frac{A}{B}:\frac{B}{C}:\frac{C}{A} = ?$
NTPC CBT-1 11/03/2021 (Shift-02)
(a) 3 : 4 : 18 (b) 3 : 4 : 10
(c) 4 : 3 : 16 (d) 4 : 3 : 8

29. A के वेतन का B के वेतन से अनुपात 4 : 5 है। B के वेतन का C के वेतन से अनुपात 3:4 है। तो, A के वेतन का C के वेतन से अनुपात ज्ञात कीजिए।
The ratio of A's salary to B's salary is 4 : 5. The ratio of B's salary to C's salary is 3:4. So, find the ratio of A's salary to C's salary.
Group-D 26/09/2022 (Shift-03)
(a) 3 : 5 (b) 4 : 5
(c) 4 : 3 (d) 5 : 4

30. यदि (a + b) : (b + c) : (c + a) = 6 : 7 : 8 है और a + b + c = 14 है तो c का मान कितना होगा?
If (a + b) : (b + c) : (c + a), 6 : 7 : 8 and a + b + c = 14, then what is the value of c ?
NTPC CBT-1 10/01/2021 (Shift-02)
(a) 10 (b) 12
(c) 8 (d) 6

31. A से B का अनुपात x : 12 है और B से C का अनुपात 4 : y है। यदि A से C का अनुपात 5 : 3 है तो x : y है-
The ratio of A to B is x : 12 and the ratio of B to C is 4 : y. If the ratio of A to C is 5 : 3 then x : y is:
NTPC CBT-1 01/04/2021 (Shift-02)
(a) 5 : 3 (b) 5 : 1
(c) 3 : 1 (d) 3 : 5

32. यदि a, b का 7.5% है, b, c का 1.50% है और d, c का 5% है, तो a : d ज्ञात कीजिए।
If a is 7.5% of b, b is 1.50% of c and d is 5% of c, then find a : d.
NTPC CBT-1 26/07/2021 (Shift-02)
(a) 9 : 400 (b) 8 : 300
(c) 9 : 100 (d) 8 : 100

33. एक विद्यालय में 200 विद्यार्थी हैं, जिनमें से $\frac{2}{5}$ भाग लड़के है। विद्यालय में लड़कियों की संख्या ज्ञात कीजिए।
There are total 200 students in a school, of which $\frac{2}{5}$ th are boys. Find the number of girls in the school.
NTPC CBT-02 17/01/2017 (Shift-03)
(a) 100 (b) 60
(c) 120 (d) 80

34. दो स्टेशनों के बीच प्रथम और द्वितीय श्रेणी के किराए का अनुपात 4 : 1 है और प्रथम और द्वितीय श्रेणी में यात्रा करने वाले यात्रियों की संख्या का अनुपात 1: 40 है। यदि कुल किराए के रूप में 1100 एकत्र किए जाते हैं, तो प्रथम श्रेणी से एकत्र की गयी राशि यात्री हैं-
The ratio of first and second class fares between two stations is 4 : 1 and that of the number of passengers travelling by first and second class is 1 : 40. If Rs. 1100 is collected as total fare, the amount collected from first class passengers is:
NTPC CBT-1 15/04/2021 (Shift-01)
(a) Rs. 275 (b) Rs. 315
(c) Rs. 127.50 (d) Rs. 100

35. एक मिठाई की 250 ग्राम मात्रा में 20 ग्राम काजू और 30 ग्राम बादाम है। इसी मिठाई की 350 ग्राम मात्रा में काजू और बादाम क्रमश: कितने ग्राम होंगे?

250 grams of a sweet has 20 grams of cashew and 30 grams of almonds. How many grams of cashew and almonds, respectively, will be there in 350 grams of the same sweet?

NTPC CBT-02 19/01/2017 (Shift-02)

(a) 40 & 60 (b) 25 & 45
(c) 21 & 28 (d) 28 & 42

36. 1,162 रुपये को A, B और C में 35 : 28 : 20 के अनुपात में विभाजित किया।
Divided Rs. 1,162 among A, B and C in the ratio of 35 : 28 : 20.

NTPC CBT-1 14/03/2021 (Shift-02)

(a) A = Rs. 512, B = Rs. 385 और C = Rs. 265
(b) A = Rs. 490, B = Rs. 392 और C = RS. 280
(c) A = Rs. 512, B = RS. 365 और C = Rs. 285
(d) A = Rs. 450, B = Rs. 425 और C = Rs. 327

37. 50 रुपये की राशि को A, B और C के बीच इस प्रकार विभाजित किया जाता है कि A को B से 5 रुपये अधिक मिलते हैं और B को C से 9 रुपये अधिक मिलते हैं। शेयरों का अनुपात क्या है?

An amount of Rs. 50 is divided among A, B and C such that A gets Rs. 5 more than B and B gets Rs. 9 more than C. what is the ratio of the shares?

NTPC CBT-1 27/02/2021 (Shift-02)

(a) 13 : 24 : 13
(b) 29 : 18 : 9
(c) 23 : 18 : 9
(d) 14 : 23 : 14

38. यदि 750 रुपये को तीन भाग x, y और z में इस प्रकार विभाजित किया जाता है कि $(x - 5) : (y - 10) : (z - 15) = 5 : 4 : 3$ हो, तो x, y और z का हिस्सा ज्ञात कीजिए।

If Rs. 750 divided in three part x, y and z such a way that $(x - 5) : (y - 10) : (z - 15) = 5 : 4 : 3$. Then find the share of x, y and z respectively.

NTPC CBT-1 03/05/2019 (Shift-03)

(a) Rs. 250, Rs. 200, Rs. 150
(b) Rs. 305, Rs. 250, Rs. 195
(c) Rs. 310, Rs. 170, Rs. 240
(d) Rs. 300, Rs. 240, Rs. 180

39. तीन मित्र A, B और C, Rs. 5525 की राशि को आपस में इस प्रकार विभाजित करते हैं कि, यदि A, B और C को प्राप्त होने वाली राशियों में से क्रमश: Rs. 50, Rs.100 और Rs. 75 निकाल दिए जाएं, तो उन्हें प्राप्त होने वाली राशियों के हिस्सों का अनुपात 11: 18 : 24 होगा। आरम्भ में C को प्राप्त राशि कितनी थी?

Three friends A, B and C divide Rs. 5525 amongst them in such a way that if Rs. 50, Rs.100 and Rs. 75 are removed from the same that A, B and C received respectively, then the share of the sums that they get would have been in the ratio of 11 : 18 : 24. How much did C initially receive?

NTPC CBT-02 13/06/2022 (Shift-02)

(a) Rs. 1900 (b) Rs. 2475
(c) Rs. 1150 (d) Rs. 2325

40. यदि राजेश, सुरेश और चंदन के बीच 330 पेंसिलें क्रमश: $\frac{1}{4}, \frac{2}{3}, \frac{1}{3}$ के अनुपात में वितरित की गई, तो चंदन को कितनी पेंसिलें मिलीं?

If 330 pencils were distributed among Rajaesh, suresh and Chandan in the ratio of $\frac{1}{4}, \frac{2}{3}, \frac{1}{3}$ respectively then how many pencils did Chandan get?

NTPC CBT-1 31/01/2021 (Shift-02)

(a) 78 (b) 88
(c) 56 (d) 48

41. गलती से, 117 रुपये को A, B और C में $\frac{1}{2} : \frac{1}{3} : \frac{1}{4}$ में विभाजित करने के बजाए उसे 2 : 3 : 4 के अनुपात में विभाजित किया जाता है। इनमें से कौन सबसे ज्यादा और कितना हासिल करता है?

By mistake, instead of dividing Rs. 117 among A, B and C in the ratio $\frac{1}{2} : \frac{1}{3} : \frac{1}{4}$. It was divided in the ratio of 2 : 3 : 4. Who gains the most and by how much?

NTPC CBT-1 31/05/2019 (Shift-03)

(a) 20 रुपये A द्वारा हासिल किया गया
(b) 22 रुपये B द्वारा हासिल किया गया
(c) 25 रुपये C द्वारा हासिल किया गया
(d) इनमें से कोई नहीं

42. उज्ज्वल के पास 50 रुपये, 100 रुपये और 200 रुपये मूल्यवर्ग के 5,250 के करेंसी नोट हैं। प्रत्येक मूल्यवर्ग के नोटों की संख्या समान है। उज्ज्वल के पास कुल कितने नोट हैं?

Ujjwal has 5,250 currency notes of Rs.50, Rs.100 and Rs.200 denominations. The number of notes of each denomination is equal. How many notes does Ujjwal have in total?

Group-D 11/10/2022 (Shift-01)

(a) 30 (b) 60
(c) 45 (d) 15

43. 1 : 2 : 3 के अनुपात में एक रुपये, 50 पैसे और 25 पैसे के सिक्कों वाले बॉक्स में 50 पैसे के सिक्कों की संख्या 80 थी। डिब्बे में कितने पैसे थे?

In a box containing one rupee, 50 paisa and 25 paisa coins in the ratio 1 : 2 : 3, the number of 50 paisa coins was eighty. How much money was there in the box?

NTPC CBT-1 05/02/2021 (Shift-01)

(a) Rs.108 (b) Rs. 100
(c) Rs. 105 (d) Rs. 110

44. अनुपात 7 : 11 के प्रत्येक पद में क्या जोड़ा जाना चाहिए ताकि यह 3 : 4 के बराबर हो जाए?

What must be added to each term of ratio 7 : 11 so as to make it equal to 3 : 4?

(a) 3 (b) 4
(c) 5 (d) 6

45. वह छोटी से छोटी पूर्णांक संख्या ज्ञात करें, जिसे इसके अनुपात 5 : 6 की दोनों संख्याओं से घटाने पर प्राप्त अनुपात 17: 22 से कम होता है।

Find the least integer number which, when subtracted from both the numbers in the ratio 5 : 6, is less than the ratio 17 : 22.

NTPC CBT-1 11/01/2021 (Shift-01)

(a) 4 (b) 5
(c) 2 (d) 3

46. गूथे हुए आटे में चीनी और आटे का प्रारंभिक अनुपात 4 : 7 था जस्टिन ने उस 22 किलो आटे में और आटा मिलाया चीनी और आटे के अनुपात में परिवर्तन 2 : 5 जस्टिन ने बाद में कितना आटा मिलाया?

The initial ratio of Sugar and Flour in a dough was 4 : 7 Justin Added more flour in that 22 kg dough change to the ratio of sugar and flour 2 : 5 how much flour did Justin later add?

Group-D 22/09/2018 (Shift-03)

(a) 2 kg (b) 4 kg
(c) 8 kg (d) 6 kg

47. एक बैग में लाल गेंद और हरी गेंद का अनुपात 15 : 26 है। यदि बैग में 12 और हरी गेंद डाल दी जाती है तो लाल गेंद और हरी गेंद का अनुपात 1 : 2 हो जाता है। बैग में कितनी लाल गेंद है?

The ratio of red ball and green ball in a bag is 15 : 26. If 12 more green ball are put in the bag then the ratio of red ball and green ball become 1 : 2. How many red ball in the bag?

NTPC CBT-1 26/09/2018 (Shift-02)

(a) 60 (b) 30
(c) 45 (d) 15

48. P और Q के मासिक वेतन का अनुपात 4 : 3 है। यदि P और Q के वर्तमान वेतन में क्रमश: 10% तथा 5% की वृद्धि हुई है, तो नया अनुपात क्या होगा?

The monthly salaries of P and Q are in the ratio 4 : 3. If P and Q get an increase of 10% and 5% of their existing salaries respectively, what will be the new ratio?

NTPC CBT-02 18/01/2017 (Shift-01)

(a) 63 : 88 (b) 60 : 45
(c) 45 : 60 (d) 88 : 63

49. अमर और कोमल की आय का अनुपात 5 : 4 है और इनके व्यय का अनुपात 2 : 1 है। यदि उनमें से प्रत्येक प्रतिमाह 6000 रु. बचाता है, तो अमर की आय ज्ञात कीजिए।

The ratio of the income of Amar and Komal is 5 : 4 and the ratio of their expenditure is 2 : 1. If each of them saves Rs. 6000 per month, then find the income of Amar

NTPC CBT-1 04/01/2021 (Shift-02)

(a) Rs. 6000
(b) Rs. 12000
(c) Rs. 8000
(d) Rs. 10000

50. आमिर और अली की आय का अनुपात 5 : 3 है और वे क्रमश: 9 : 5 के अनुपात में खर्च करते है। यदि आमिर 2600 रु. की बचत करता है और अली 1800 रु. की बचत करता है, तो क्रमश: उनकी आय ज्ञात कीजिए।

The ratio of income of Amir and Ali is 5 : 3 and they spend in the ratio 9 : 5 respectively. If Amir saves Rs. 2600 and Ali saves Rs. 1800, then find their income respectively.

NTPC CBT-1 17/01/2021 (Shift-01)

(a) Rs. 8000, Rs. 4800
(b) Rs. 8500, Rs. 5100
(c) Rs. 9000, Rs. 5400
(d) Rs. 6000, Rs. 3600

51. यदि $\frac{4}{9} : x = \frac{2}{3} : \frac{16}{81}$ है, तो x = ?

If $\frac{4}{9} : x = \frac{2}{3} : \frac{16}{81}$ then x = ?

RRB ALP & TECH 22/01/2019 (Shift-03)

(a) $\frac{16}{121}$ (b) $\frac{48}{243}$
(c) $\frac{24}{121}$ (d) $\frac{32}{243}$

52. यदि 40 : 35 :: 35: x, तो x का मान ज्ञात कीजिए।

If 40 : 35 :: 35: x, then find the value of x.

Group-D 18/08/2022 (Shift-03)

(a) $\frac{245}{8}$ (b) $\frac{49}{16}$
(c) $\frac{49}{14}$ (d) $\frac{49}{8}$

53. x और y सीधे अनुपात में हैं और y = 92.5 है जब x = 37 है। जब x = 16 हो तो y का मान क्या होगा?

x and y are in direct proportion and y = 92.5 when x = 37. What will be the value of y when x = 16?

NTPC CBT-02 16/06/2022 (Shift-03)

(a) 48 (b) 32
(c) 40 (d) 24

54. $8+3\sqrt{3}$ और $16-6\sqrt{3}$ के बीच माध्य आनुपातिक क्या है?

What is the mean proportional between $8+3\sqrt{3}$ and $16-6\sqrt{3}$?

NTPC CBT-1 12/03/2021 (Shift-01)

(a) $\sqrt{48}$ (b) $\sqrt{128}$
(c) $\sqrt{74}$ (d) $\sqrt{54}$

55. 24 और 60 के लिए तृतीयानुपाती ज्ञात कीजिए।

Find the third proportional for 24 and 60.

RRB ALP & TECH 23/01/2019 (Shift-02)

(a) 144 (b) 150
(c) 164 (d) 120

56. 14, 28 और 21 के चतुर्थानुपात का पता लगाएं।
Find the fourth proportional to 14, 28, and 21.
NTPC CBT-02 19/01/2017 (Shift-01)
(a) 14 (b) 40
(c) 42 (d) 41

57. 4, 10, 12, 24 में प्रत्येक में कौन सी संख्या जोडी जानी चाहिए जिससे परिणामी संख्याएँ समानुपातिक हो?
Which number should be added in 4, 10, 12 and 24 each to make these numbers in proportion.
(a) 9 (b) 3
(c) 6 (d) 4

58. वह छोटी से छोटी सम्भावित संख्या ज्ञात कीजिए, जिसे 16, 19 और 23 से घटाने पर प्राप्त संख्याएं वित समानुपात (continued proportion) में हो?
Find the smallest possible number which, when subtracted from 16, 19 and 23, is in constant proportion?
NTPC CBT-1 19/01/2021 (Shift-01)
(a) 1
(b) 8
(c) 9
(d) 7

59. जब x को 2, 3, 30 और 35 में जोड़ा जाता है तो इस क्रम में प्राप्त होने वाली संख्याएँ समानुपात में है। $(x + 7)$ तथा $(x - 2)$ के बीच मध्य समानुपाती ज्ञात करें
When x is added to each of 2, 3, 30 and 35, then the numbers obtained in this order, are in proportion. What is the mean proportional between $(x + 7)$ and $(x - 2)$?
(a) 7
(b) 4
(c) 6
(d) 5

ANSWER KEY

1.(b)	2.(c)	3.(d)	4.(d)	5.(b)	6.(c)	7.(a)	8.(d)	9.(b)	10.(b)
11.(a)	12.(d)	13.(c)	14.(b)	15.(c)	16.(d)	17.(d)	18.(c)	19.(b)	20.(c)
21.(a)	22.(d)	23.(a)	24.(d)	25.(b)	26.(d)	27.(d)	28.(a)	29.(a)	30.(d)
31.(b)	32.(a)	33.(c)	34.(d)	35.(d)	36.(b)	37.(c)	38.(b)	39.(b)	40.(b)
41.(c)	42.(c)	43.(d)	44.(c)	45.(c)	46.(d)	47.(c)	48.(d)	49.(d)	50.(a)
51.(d)	52.(a)	53.(c)	54.(c)	55.(b)	56.(c)	57.(d)	58.(d)	59.(c)	

SOLUTIONS

10. (b) A B C

4 : 3 → 5 : 2

⇒ A : B : C

4×5 : 5×3 : 3×2

20 : 15 : 6

2. (c) X : Y

6 : 7 = 13

अंतर = 1

13 इकाई = 78

1 इकाई (अंतर) = 6

3. (d) A : B

6 : 5 = 11 (6 + 5)

↓×21 ↓×21

126 231

4. (d) हामिद : क्रिस्टो : गणेश

3 : 5 : 7

अंतर = 4 ×131 → 524

7 ×131 → ₹655

5. (b) माना संख्याएं $4x$ और $7x$ है।

संख्याएँ (Number) A : B

$4x : 7x$

अब,

$$\frac{4x+4}{7x+4} = \frac{3}{5}$$

$\Rightarrow 20x + 20 = 21x + 12$

$x = 8$

∴ बड़ी संख्या (Largest Number) $= 7 \times 8 = 56$

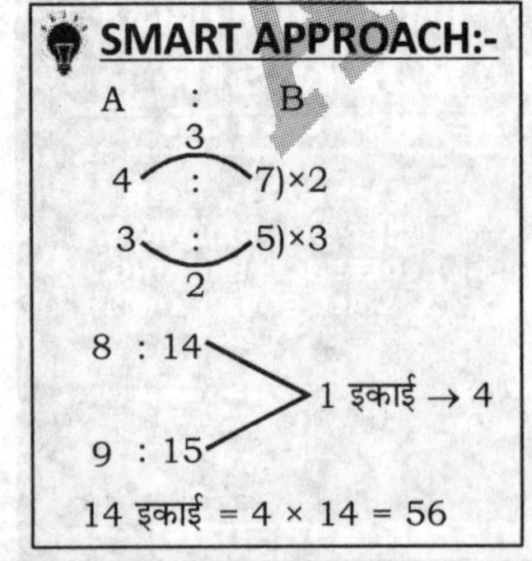

6. (c) माना संख्याएं x और y है।

$x + y = 40$ ..... (i)

$x - y = 4$ ..... (ii)

समीकरण (i) और (ii) से

$$x = \frac{40+4}{2} = 22$$

$$y = \frac{40-4}{2} = 18$$

$$\therefore \frac{x}{y} = \frac{11}{9} = 11 : 9$$

7. (a)

सिक्के (coin) ₹1 ₹5 ₹10

सिक्को की संख्या 7 : 6 : 8

कीमत 7 : 30 : 80 = ₹117

↓×8 ↓×8

₹240 ₹936

$₹5$ के सिक्कों की संख्या $= \frac{240}{5} = 48$

8. (d)

पेन की संख्या 7 : 6 : 5

कीमत 5 : 10 : 15

कुल खर्चे का अनुपात 35 : 60 : 75 = 170

↓×2 ↓×2

120 340

तब,

₹10 पेन की संख्या $= \frac{120}{10} = 12$

9. (b)

	पेन	पेंसिल	रबर	
संख्या	3	2	1	
कीमत	3	2	2	
कुल खर्च	9	4	2	= 15
	↓×9			↓×9
	₹ 81			₹ 135

∴ पेनों की संख्या $= \frac{81}{3} = 27$

10. (b)

A B C D

बच्चे 12 : 6 : 4 : 3 = 25

18 ↓×35 → ₹630

↓×35 → ₹875

11. (a) पुराने सिक्के के संख्याओ का अनुपात 12 यूनिट, 13 यूनिट और 11 यूनिट हैं जिनका मूल्य क्रमश: 3 रुपये, 4 रुपये. और 5 रु. है।

कुल कीमत $= (12 \times 3 + 13 \times 4 + 11 \times 5)$

= 143 इकाई

⇒ 143 इकाई = 572

⇒ 1 इकाई = 4

3 रुपये की सिक्कों की संख्या

$= 12 \times 4 \Rightarrow 48$

12. (d) 2P = 3Q = 5R

P : Q : R

15 : 10 : 6

तथा,

P + Q + R = 6200

प्रश्नानुसार

⇒ 31 इकाई → 6200

(P – R) का अंतर = 9 इकाई

$$\Rightarrow \frac{6200}{31} \times 9 = 1800$$

13. (c) प्रश्नानुसार,

$X \times 3\% + Y \times 2\%$

$= (X \times 2\% + Y \times 6\%) \times \frac{2}{3}$

$9X + 6Y = 4X + 12Y$

$5X = 6Y$

$$\frac{X}{Y} = \frac{6}{5}$$

अब,

$$\Rightarrow \frac{3X}{2Y} = \frac{3 \times 6}{2 \times 5} = \frac{9}{5}$$

14. (b) $A + B = 3(C + D)$ ...(i)

$B = 4C$ ...(ii)

$$\Rightarrow \frac{B}{C} = \frac{4}{1}$$

$C = \frac{3}{2}D$ ....(iii)

$$\Rightarrow \frac{C}{D} = \frac{3}{2}$$

(ii) और (iii) समीकरण का मान (i) समीकरण में रखने पर

A + 6D = $3\times\frac{5}{2}D$

$\frac{A}{D}=\frac{3}{2}$

तब,

A : B : C : D

3   12   3   2

∴ B के शेयर = $\frac{12}{20}\times 500$ = 300 रु

15. (c) $I\times\frac{1}{5} = II\times\frac{1}{3} = III\times\frac{1}{11}$

I : II : III = 5 : 3 : 11

(5 + 3 + 11) = 152

(II + III)का योग

= $\frac{152}{19}$ × (3 + 11)

= 8 × 14 = 112

16. (d) सिक्कों की संख्या = 5 : 9 : 4

कुल रूपये = 5 × 1 + 9 × 2 + 4 × 5 = 43 इकाई

∴ 43 इकाई = 860

5 रूपये सिक्कों की संख्या (4) = 20 × 4 = 80

17. (d) सिक्कों का अनुपात = 4 : 3 : 2

कुल राशि

= $\frac{1}{2}\times4+\frac{1}{4}\times3+\frac{1}{5}\times2$

= $\frac{63}{20}$ इकाई

∴ $\frac{63}{20}$ इकाई = 441

25 पैसे के सिक्कों की संख्या = 140 × 3 = 420

18. (c) $\frac{T}{F}=\frac{9}{5}$, $\frac{D}{T}=\frac{2}{5}$

T : F : D = 45 : 25 : 18

(45 + 25 + 18) इकाई = 528

D का हिस्सा (18 इकाई) = $\frac{528}{88}$ × 18 = 108

19. (b) माना, A का व्यय और B का बचत क्रमश: P और Q है।

प्रश्नानुसार, P = Q

आय (A : B) = 5n : 7n

7n – (15750 – P) = Q

7n – 15750 + P = Q

7n = 15750

n = 2250

[∴ P = Q]

कुल आय (A + B) = (5n + 7n)

= 12 × 2250 = 27000 रु

कुल बचत (A + B)

= 27000 – 15750 =11250 रु

20. (c) अनुपात = 15 : 12

∴ डुप्लीकेट अनुपात = $\left(\frac{15}{12}\right)^2=\frac{225}{144}$

21. (a) अनुपात = 225 : 144

∴ सब डुप्लीकेट अनुपात = $\sqrt{\frac{225}{144}}$

= $\frac{15}{12}$

22. (d) यौगिक अनुपात = $\frac{1}{2}\times\frac{3}{10}\times\frac{10}{21}$

= $\frac{1}{14}$

23. (a) यौगिक अनुपात

= $\frac{45}{75}\times\frac{3}{5}\times\frac{51}{68}\times\frac{256}{81}$

= $\frac{9}{15}\times\frac{3}{5}\times\frac{3}{4}\times\frac{256}{81}=\frac{64}{75}$

24. (d) $\frac{x}{y}=\frac{3}{4}$

x = 3 और y = 4 रखने पर,

$\Rightarrow \frac{7x-4y}{3x+2y}=\frac{21-16}{9+8}=\frac{5}{17}$

25. (b) दिया है, a : b = $\sqrt{7}:\sqrt{3}$

तब,

$\frac{3a+2b}{3a-2b}=\frac{(3\sqrt{7}+2\sqrt{3})}{(3\sqrt{7}-2\sqrt{3})}$

हर का परिमेयकरण करने पर,

$\frac{(3\sqrt{7}+2\sqrt{3})^2}{(3\sqrt{7})^2-(2\sqrt{3})^2}$

= $\frac{75+12\sqrt{21}}{63-12}$

= $\frac{25+4\sqrt{21}}{17}=\frac{(\sqrt{21}+2)^2}{17}$

= $\frac{\sqrt{21}+2}{\sqrt{21}-2}$

अत: विकल्प (b) सत्य है

26. (d)

$\frac{15}{23}$ +8, $\frac{17}{25}$ +8, $\frac{7}{15}$ +8, $\frac{21}{29}$ +8,

दिये गए सभी विकल्पों में, जिस भिन्न का अंश सबसे बड़ा है, वही भिन्न बड़ा होगा अत: सबसे छोटा भिन्न $\frac{7}{15}$ है।

27. (d) दिया है,

$\Rightarrow \frac{3a^2-8b^2}{a^2+4b^2}=\frac{2}{1}$

$\Rightarrow 3a^2-8b^2=2a^2+8b^2$

$\Rightarrow a^2=16b^2$

$\Rightarrow \left(\frac{a}{b}\right)^2=\frac{16}{1}$

$\Rightarrow \frac{a}{b}=\frac{4}{1}$

28. (a) A : B : C = 2 : 4 : 6

तब,

$\frac{A}{B}:\frac{B}{C}:\frac{C}{A}=\frac{2}{4}:\frac{4}{6}:\frac{6}{2}$

4, 6, और 2 का ल.स.प. = 12

= $\frac{2}{4}\times12:\frac{4}{6}\times12:\frac{6}{2}\times12$

= 6 : 8 : 36 = 3 : 4 : 18

29. (a) A : B = 4 : 5 और B : C = 3 : 4

A : B : C

$4_{\times3}$ $5_{\times3}$

  $3_{\times5}$ $4_{\times5}$

12 : 15 : 20

इसलिए, A और C का अनुपात = 12 : 20 = 3 : 5 है।

30. (d) a + b + c = 14 ....(i)

(a + b) : (b + c) : (c + a) = 6 : 7 : 8

(a + b) = 6x

(b + c) = 7x

(c + a) = 8x

योग 2(a + b + c) = 21x

$\Rightarrow 21x = 28$

$\Rightarrow x=\frac{4}{3}$

समीकरण (i) से

$\Rightarrow c = 14-6\times\frac{4}{3}\Rightarrow c=6$

31. (b) A : B = x : 12
B : C = $4_{\times 3}$: $y_{\times 3}$
A : C = 5 : 3

$\Rightarrow \frac{x}{3y} = \frac{5}{3}$

$\therefore \frac{x}{y} = \frac{5}{1}$

32. (a) a = b × 7.5%

$\frac{a}{b} = \frac{3}{40}$

& $b = c \times \frac{1.50}{100}$

$\Rightarrow \frac{b}{c} = \frac{3}{200}$ ⇒ d = c × 5%

$\Rightarrow \frac{d}{c} = \frac{1}{20}$

a : b = $3_{\times 3}$: $40_{\times 3}$
b : c = $3_{\times 40}$: $200_{\times 40}$
c : d = $20_{\times 400}$: $1_{\times 400}$
a : d = 9 : 400

33. (C) माना, कुल विद्यार्थियों की संख्या 5 इकाई है।
5 इकाई → 200
लड़कियों की संख्या = 3 इकाई →

$\frac{200}{5} \times 3 = 120$

34. (d)

	प्रथम श्रेणी		द्वितीय श्रेणी
किराया →	4	:	1
यात्री →	1	:	40
कुल राशि →	4	:	40

प्रश्नानुसार,
⇒ (4 + 40) इकाई = 1100
⇒ 44 इकाई = 1100
⇒ 1 इकाई = 25
प्रथम श्रेणी से एकत्र की गई राशि (4 इकाई) = 25 × 4 = 100 रुपये

35. (d)
C : A
2 : 3

5 इकाई → $\frac{350}{5}$

1 इकाई → 70

काजू = 2 इकाई $70 \times \frac{2}{5}$

$= \frac{140}{5} = 28$

बादाम = 3 इकाई → $70 \times \frac{3}{5}$

$= \frac{210}{5} = 42$

36. (b) प्रश्नानुसार,

$A = \frac{1162}{83} \times 35 = 14 \times 35 = 490$

$B = \frac{1162}{83} \times 28 = 14 \times 28 = 392$

$C = \frac{1162}{83} \times 20 = 280$

37. (c) दिया है
A = B + 5
& B = C + 9
⇒ A + B + C = 50
⇒ B + 5 + C + 9 + C = 50
⇒ C + 9 + 5 + C + 9 + C = 50
⇒ 3C = 27 ⇒ C = 9
⇒ B = 18 ⇒ A = 23
अत:, A : B : C = 23 : 18 : 9

वैकल्पिक विधि:

50
A B C
$x+14$ $x+9$ x

$3x + 23 = 50 \Rightarrow 3x = 27$
$\Rightarrow x = 9$
आवश्यक अनुपात = 23 : 18 : 9

38. (b) दिया है,
$(x-5) : (y-10) : (z-15)$
= 5 : 4 : 3
और $x + y + z = 750$

$x - 5 = 5k$
$y - 10 = 4k$
$z - 15 = 3k$
$x + y + z - 30 = 12k$
$12k = 750 - 30$
$k = 60$

अत:, $x = 5k + 5 = 305$
y = 4k + 10 = 250
z = 3k + 15 = 195

39. (b) $A - 50 = 11x$
$B - 100 = 18x$
$C - 75 = 24x$
प्रश्नानुसार,
$\Rightarrow 11x + 18x + 24x$
= 5525 – (50 + 100 + 75)
$\Rightarrow 53x = 5300$
$\Rightarrow x = 100$
∴ C को प्राप्त राशि = $24x + 75$
= 2475 रुपये

40. (b)

राजेश		सुरेश		चन्दन → कुल
$\frac{1}{4}_{\times 12}$	:	$\frac{2}{3}_{\times 12}$	:	$\frac{1}{3}_{\times 12}$
3	:	8	:	4 → 15 इकाई

चन्दन को मिलने वाले पेंन्सिलों की संख्या = 4 इकाई = $\frac{330}{15} \times 4$
= 22 × 4 = 88

41. (c) दिया है,

$A : B : C = \frac{1}{2} : \frac{1}{3} : \frac{1}{4}$

= 6 : 4 : 3
117 को 6 : 4 : 3 के अनुपात में विभाजित करने पर,

$A = \frac{117}{13} \times 6 = 54$

$B = \frac{117}{13} \times 4 = 36$

$C = \frac{117}{13} \times 3 = 27$

पुन:
117 को 2 : 3 : 4 के अनुपात में विभाजित करने पर,

$A = \frac{117}{9} \times 2 = 26$

$B = \frac{117}{9} \times 3 = 39$

$C = \frac{117}{9} \times 4 = 52$

C को सबसे अधिक राशि प्राप्त हुई है। = 52 – 27 = 25

42. (c) माना कुल नोट = $3x$
प्रश्न के अनुसार,
$50x + 100x + 200x = 5250$
$350x = 5250 \Rightarrow x = 15$
कुल नोट = $3x$ = 3 × 15 = 45

43. (d)

मूल्य वर्ग →	1 रुपये		50 पैसे		25 पैसे
संख्या →	1	:	2	:	3
	↓×40		↓×40		↓×40
धन →	40		80		120

∴ कुल धन = $40 \times 1 + 80 \times \frac{1}{2} + 120 \times \frac{1}{4}$
= 40 + 40 + 30 = 110 रुपये

44. (c) माना x जोड़ने पर
तब,

$\Rightarrow \frac{7+x}{11+x} = \frac{3}{4}$

$\Rightarrow 28 + 4x = 33 + 3x$
$\Rightarrow x = 5$

45. (c) माना, आवश्यक संख्या x है

$\Rightarrow \frac{5-x}{6-x} < \frac{17}{22}$

$\Rightarrow 110 - 22x < 102 - 17x$

$\Rightarrow 5x > 8$

$\Rightarrow x > \frac{8}{5} \Rightarrow x > 1.6$

$\therefore$ छोटा पूर्णांक = 2

46. (d) अनुपात

चीनी : आटे = कुल

4 : 7 = 11 इकाई

$\Rightarrow$ 11 इकाई $\rightarrow$ 22

1 इकाई $\rightarrow$ 2

4 इकाई $\rightarrow$ 8 kg.

7 इकाई $\rightarrow$ 14 kg.

प्रश्नानुसार,

$\Rightarrow \frac{8}{14+x} = \frac{2}{5}$

$\Rightarrow 40 = 28 + 2x \Rightarrow 2x = 12$

$x = 6$ किग्रा

$\therefore$ जस्टिन बाद में 6 किग्रा आटा मिलाता है।

वैकल्पिक विधि:

$\because$ चीनी दोनो जगह समान रहेगा।

$\because$ लाल गेंद दोनों परिस्थितियों में समान है।

चीनी : आटा

$4_{\times 2}$: 7 $\rightarrow$ 11 इकाई $\rightarrow$ 22 किग्रा

+3 1 इकाई $\rightarrow$ 2 किग्रा

$2_{\times 2}$: $5_{\times 2}$ 3 इकाई $\rightarrow 2 \times 3 = 6$ किग्रा

47. (c) दिया है,

लाल और हरे गेदों का अनुपात 15 : 26 है

$\Rightarrow \frac{15x}{26x+12} = \frac{1}{2}$

$\Rightarrow 30x = 26x + 12 \Rightarrow x = 3$

लाल गेदों = $15x = 45$

वैकल्पिक विधि:

लाल : हरा

पहले $\rightarrow$ 15 : 26 +4

बाद में $\rightarrow$ $1_{\times 15}$: $2_{\times 15}$

4 इकाई $\rightarrow$ 12 गेंद

1 इकाई $\rightarrow$ 3 गेंद

$\therefore$ 15 इकाई $\rightarrow 15 \times 3 = 45$ गेंद

48. (d)

P Q

400 300

$\downarrow$+10% $\downarrow$+5%

440 315

$\Rightarrow$ 88 : 63

49. (d)

अमर : कोमल

आय $\rightarrow$ 5 : 4

व्यय $\rightarrow$ 2 : 1

बचत $\rightarrow$ 3 : 3

प्रश्नानुसार,

3 इकाई = 6000

1 इकाई = 2000

अमर की आय (5 इकाई) = 5 × 2000

= 10000 रुपये

50. (a)

आमिर : अली

आय $\rightarrow$ 5 : 3

खर्च $\rightarrow$ 9 : 5

बचत $\rightarrow$ 2600 1800

हम जानते है,

आय – बचत = खर्च

तब,

$\Rightarrow \frac{5x-2600}{3x-1800} = \frac{9}{5}$

$\Rightarrow 25x - 13000 = 27x - 16200$

$\Rightarrow 2x = 3200$

$\Rightarrow x = 1600$

आमिर की आय $\rightarrow 5x = 5 \times 1600$

= 8000

अली की आय $\rightarrow 3x = 3 \times 1600$

= 4800

51. (d) $\frac{4}{9} : x = \frac{2}{3} : \frac{16}{81}$

$x \times \frac{2}{3} = \frac{4}{9} \times \frac{16}{81}$

$\Rightarrow x = \frac{4}{9} \times \frac{16}{81} \times \frac{3}{2} = \frac{32}{243}$

52. (a) 40 : 35 :: 35 : x

$\Rightarrow 40x = 35 \times 35$

$\Rightarrow x = \frac{1225}{40} = \frac{245}{8}$

53. (c) x और y समान अनुपात में है।

$\Rightarrow \frac{37}{16} = \frac{92.5}{y_2} \Rightarrow y_2 = 40$

54. (c) माना, माध्य अनुपात x है

इसलिए, x

$= \sqrt{(8+3\sqrt{3})(16-6\sqrt{3})}$

$= \sqrt{2(8+3\sqrt{3})(8-3\sqrt{3})}$

$= \sqrt{2 \times (64-27)} = \sqrt{2 \times 37} = \sqrt{74}$

55. (b) माना, तृतीय अनुपात = x

$\therefore$ 24 : 60 :: 60 : x

$24x = 60 \times 60 \Rightarrow x = \frac{60 \times 60}{24} = 150$

56. (c) माना, x चतुर्थ समानुपात है,

$\Rightarrow \frac{14}{28} = \frac{21}{x} \Rightarrow x = 42$

57. (d)

a b c d

$x = \frac{bc-ad}{(a+d)-(b+c)}$

4 10 12 24

$x = \frac{10 \times 12 - 24 \times 4}{28-22}$

$x = \frac{24}{6} = 4$

वैकल्पिक विधि:

4 10 12 24

6 12

1 2

4 12

12 8

(2 – 1) इकाई $\rightarrow$ 12 – 8

1 इकाई $\rightarrow$ 4

वैकल्पिक विधि:

$+6\left(\frac{4+x}{10+x}\right) = +12\left(\frac{12+x}{24+x}\right)$

$\Rightarrow (4 + x) \times 12 = (12 + x) \times 6$

$\Rightarrow 8 + 2x = 12 + x$

$\therefore x = 4$

अत: विकल्प (b) सही उत्तर है।

58. (d)

16 19 19 23

3 4

16 19

64 57

अब,

(4–3) इकाई = 64 – 57

1 इकाई = 7

अत: वह छोटी संभावित संख्या = 7

वैकल्पिक विधि:

$+3\left(\frac{16-x}{19-x}\right) = \left(\frac{19-x}{23-x}\right)+4$

$\Rightarrow (16 - x) \times 4 = 3(19 - x)$

$\Rightarrow x = 7$

59. (c) माना, संख्या x है-

$+1\left(\frac{2+x}{3+x}\right) = +5\left(\frac{30+x}{35+x}\right)$

$(2 + x) \times 5 = (30 + x) \times 1$

$10 + 5x = 30 + x$

$\therefore 4x = 20 \Rightarrow x = 5$

$x + 7 = 5 + 7 = 12$

$x - 2 = 5 - 2 = 3$

अत: 12 और 3 का

मध्यानुपात = $\sqrt{12 \times 3} = \sqrt{36} = 6$

AGE & PARTNERSHIP

आयु और साझेदारी

07

1. ऋषिका और आकाश ने साझेदारी में कुछ पैसे निवेश किए। ऋषिका ने 1875 रुपये निवेश किये और लाभ से अपने हिस्से के रूप में 225 रुपये प्राप्त किए। अगर आकाश ने लाभ से अपने हिस्से के रूप में 288 रुपये कमाए, तो आकाश ने कितनी राशि का निवेश किया था?
Rishika and Akash invested some money each in a partnership. Rishika had invested Rs.1875 and took Rs.225 as his share from the profit made. If Akash took Rs.288 as his share of the profit made, then how much had Akash invested?
(a) 2475 रु (b) 2500 रु
(c) 2400 रु (d) 2250 रु

2. सोहेल ने 2250 रुपये से एक कारोबार आरंभ किया जबकि त्रिशला 3 महीने बाद कुछ राशि निवेश की। यदि 12 माह के अंत में (सोहेल के निवेश से), सोहेल और त्रिशला ने लाभ को 25 : 24 के अनुपात में बांटा है, तो त्रिशला ने कितना निवेश किया था?
Sohail started a business with Rs.2250 while Trishala invested some amount after 3 months. If at the end of 12 months (from Sohail's investment), Sohail and Trishala share the profit in the ratio 25 : 24, then how much did Trishala invest?
(a) 2160 रु (b) 2480 रु
(c) 2880 रु (d) 2920 रु

3. मनोज और नवीन ने 5 : 6 के अनुपात में कुछ राशि का निवेश करके एक साझेदारी व्यापार आरंभ किया। सेखर छः माह के बाद नवीन के समान राशि का निवेश करके उनके साथ आ जाता है। एक वर्ष के अंत में मनोज नवीन और सेखर के बीच लाभ को किस अनुपात में वितरित किया जाना चाहिए?
Manoj and Naveen started a partnership business investing some amount in the ratio of 5: 6. Sekhar joined them after six months with an amount was to that of Naveen. In what proportion should the profit at the end of one year be distributed among Manoj, Naveen and Sekhar?
(a) 5 : 6 : 3 (b) 6 : 3 : 5
(c) 6 : 5 : 3 (d) 5 : 3 : 6

4. रवि और रश्मि ने एक व्यवसाय में क्रमशः 150 रुपये और 200 रुपये का निवेश किया लेकिन कुछ महीनों के बाद रवि ने अपना पैसा वापस ले लिया। यदि बारह महीनों के अंत का लाभ रवि और रश्मी के बीच 1 : 2 के अनुपात में बांटा गया था, तो कितने महीनों के बाद रवि ने अपना पैसा निकाल लिया?
Ravi and Rashmi invested Rs. 150 and Rs. 200 respectively in a business but Ravi withdraw his money after a few months. If the end of twelve months' profit was shared between Ravi and Rashmi in the ratio 1 : 2, after how many months did Ravi take out his money?
(a) 4 (b) 6
(c) 8 (d) 10

5. मिताली और झूलन ने क्रमशः 336 रुपये एवं 231 रुपये एक कारोबार में निवेश किए परंतु मिताली ने कुछ महीनों बाद पैसे वापस निकाल लिए। 12 महीनो के समापन पर मिताली और झूलन द्वारा आपस में बांटे गए लाभ का अनुपात 2:3 होने पर मिताली ने कितने महीनों के बाद अपना पैसा निकाल लिया होगा?
Mitali and Jhulan invested Rs.336 and Rs.231 respectively in a business but Mitali withdraw her money after a few months. If the end-of twelve-months' profit was shared between Mitali and Jhulan in the ratio 2 : 3, after how many months did Mitali take out her money?
(a) 4.5 (b) 5.5
(c) 6.5 (d) 7.5

6. सुहास और नितिन ने 8:3 के अनुपात में एक व्यवसाय में कुछ पैसे निवेश किये, लेकिन कुछ महीनों के बाद सुहास ने अपना पैसा वापस निकाल लिया। यदि वर्ष के अंत में सुहास और नितिन द्वारा लाभ को 5:4 के अनुपात में साझा किया गया, तो नितिन ने कितने महीनों के लिए अकेले पैसा निवेश किया?
Suhas and Nitin invested some money in a business in the ratio 8:3, but Suhas withdrew his money after a few months. If at the end of twelve months' profit was shared by Suhas and Nitin in the ratio 5:4, for how many months did Nitin invested alone?
(a) $5\frac{5}{8}$ (b) $6\frac{3}{8}$
(c) $5\frac{3}{8}$ (d) $6\frac{5}{8}$

7. A एक व्यवसाय में कार्यरत है और B स्लीपिंग पार्टनर है। A 5000 रुपये डालता है। और B 6000 रुपये डालता है। A को व्यवसाय के प्रबंधन के लिए लाभ का 12.5% प्राप्त होता है और शेष को उनकी पूंजी के अनुपात में विभाजित किया जाता है। 880 रुपये के लाभ से प्रत्येक को क्या मिलता है?
A is a working and B is sleeping partners in a business. A puts in Rs. 5000 and B puts in Rs.6000. A receives 12.5% of the profit for managing the business and the rest is divided in proportion to their capital. What does each get out of a profit of Rs. 880?
(a) 460, 420 (b) 480, 400
(c) 530, 350 (d) 550, 330

8. गिरि और कमल ने एक व्यवसाय में क्रमशः 5 : 7 के अनुपात में पूंजी निवेश की। यदि व्यवसाय में कुल 1,728 रुपये की धनराशि निवेशित की गई हो, तो व्यवसाय में गिरि का हिस्सा कितना था?

Giri and Kamal invested capital in a business in the ratio 5 : 7 respectively. If a total amount of Rs 1,728 was invested in the business, what was Giri's share in the business?

Group-D 27/09/2022 (Shift-02)

(a) 702 रुपये (b) 720 रुपये
(c) 1,008 रुपये (d) 1,080 रुपये

9. श्रीनिवास ने अभी हाल ही में अपने से 4 वर्ष छोटी लड़की से शादी की है। 5 वर्ष बाद उनकी औसत आयु 33 वर्ष होगी। लड़की की वर्तमान आयु ज्ञात कीजिए।

Srinivas has recently married a girl four years younger than him. After 5 years their average age will be 33 years. Find the present age of the girl.

Group-D 17/08/2022 (Shift-01)

(a) 35 वर्ष (b) 30 वर्ष
(c) 26 वर्ष (d) 31 वर्ष

10. P, Q और R की आयु 4 : 7 : 9 के अनुपात में हैं। 8 वर्ष पहले, R की आयु, Q की वर्तमान आयु के बराबर थी। वर्तमान में उनकी आयु का योग कितना है?

The ages of P, Q and R are in the ratio 4 : 7 : 9. 8 years ago, R's age was equal to Q's present age. What is the sum of their present ages?

RRB JE 24/05/2019 (Shift-03)

(a) 60 वर्ष (b) 100 वर्ष
(c) 50 वर्ष (d) 80 वर्ष

11. राधा और मुरारी की आयु का अंतर 12 वर्ष है। पांच वर्ष पूर्व उनकी आयु का योग 28 वर्ष था। यदि राधा की आयु मुरारी की आयु से अधिक है, तो मुरारी की वर्तमान आयु (वर्षों में) ज्ञात कीजिए।

The difference of ages of Radha and Murari is 12 years. Five years ago the sum of their ages was 28 years. If Radha's age is more than Murari's age, then find Murari's present age (in years).

Group-D 18/09/2022 (Shift-02)

(a) 17 वर्ष (b) 15 वर्ष
(c) 13 वर्ष (d) 25 वर्ष

12. एक पिता और पुत्र की आयु का योग 45 वर्ष है। पांच साल पहले उनकी आयु का गुणनफल उस समय पिता की आयु का चार गुना था। पिता की वर्तमान आयु क्या है?

The sum of the ages of a father and son is 45 years. The product of his age five years ago was four times his father's age at that time. What is the present age of the father?

RRB JE 27/06/2019 (Shift-03)

(a) 36 वर्ष (b) 42 वर्ष
(c) 28 वर्ष (d) 60 वर्ष

13. एक परिवार में, पिता की आयु उसके एक बेटे की आयु का 5 गुना है। माँ की आयु उसके दूसरे बेटे की आयु की 4 गुनी है। माता-पिता की आयु का अंतर, बेटों की आयु के योग के आधा है। तो:

In a family, the age of the father is 5 times the age of one of his sons. The mother's age is 4 times the age of her second son. The difference of ages of parents is half the sum of the ages of sons. So :

Group-D 02/06/2019 (Shift-03)

(a) वे जुड़वां हैं।
They are twins.
(b) उनकी उम्र का अंतर 5 है।
The difference of their ages is 5.
(c) एक बेटे की आयु दूसरे की तुलना में दोगुनी है।
One son is twice as old as the other.
(d) उनकी आयु का योग 5 से अधिक है।
The sum of their ages is more than 5.

14. एक पिता ने अपने बेटे से कहा, "मैं तुम्हारे जन्म के समय तुम्हारी उम्र के बराबर था। यदि पिता की वर्तमान आयु 40 वर्ष है, तो 5 वर्ष पहले पुत्र की आयु क्या थी?"

A father said to his son, "I was of the same age as you at the time of your birth. If the present age of the father is 40 years, what was the age of the son 5 years ago?"

Group-D 06/09/2022 (Shift-02)

(a) 14 वर्ष (b) 16 वर्ष
(c) 18 वर्ष (d) 15 वर्ष

15. 10 वर्ष पहले, A और B की आयु का अनुपात 5 : 9 था। अब से 25 वर्ष बाद, उनकी आयु का अनुपात 15 : 17 हो जायेगी। अब से 15 वर्ष बाद A की आयु क्या होगी?

10 years ago, the ratio of ages of A and B was 5 : 9. 25 years from now, the ratio of their ages will be 15 : 17. What will be the age of A 15 years from now?

Group-D 17/08/2022 (Shift-01)

(a) 30 वर्ष (b) 38 वर्ष
(c) 35 वर्ष (d) 26 वर्ष

16. एक व्यक्ति और उसकी पत्नी की वर्तमान आयु का अनुपात 7 : 6 है। 6 वर्ष बाद उनकी आयु का यह अनुपात 8 : 7 हो जायेगा। यदि उनके विवाह के समय, उनकी आयु का अनुपात 4 : 3 था, तो उनका विवाह आज से कितने वर्ष पहले हुआ था?

The ratio of the present ages of a man and his wife is 7 : 6. After 6 years their age ratio will become 8 : 7. If at the time of their marriage, the ratio of their ages was 4 : 3, then how many years ago did they get married?

Group-D 24/08/2022 (Shift-02)

(a) 18 वर्ष (b) 16 वर्ष
(c) 15 वर्ष (d) 13 वष

17. A, B और C ने एक व्यवसाय शुरू किया। उन्होंने क्रमशः 6 महीने, 12 महीने और 14 महीने के लिए साझेदारी की। यदि उनका लाभ क्रमशः 5 : 4 : 7 के अनुपात में है, तो उनके संबंधित निवेश का अनुपात है।

A, B and C started a business. They entered into partnership for 6 months, 12 months and 14 months respectively. If their profits are in the ratio 5 : 4 : 7 respectively, then the ratio of their respective investments is.

Group-D 17/08/2022 (Shift-02)

(a) 5 : 2 : 3 (b) 2 : 3 : 5
(c) 2 : 3 : 7 (d) 1 : 5 : 3

18. रवि ने 50,000 रुपये का निवेश करके एक व्यवसाय शुरू किया। छह महीने बाद राजू उसके साथ जुड़ गया और 1,00,000 रुपये की राशि का निवेश किया। रवि के निवेश करने के एक वर्ष में, उन्होंने 63,000 रुपये का लाभ कमाया। लाभ में राजू का हिस्सा कितना है?

Ravi started a business by investing Rs. 50,000. Six months later, Raju joined him and invested an amount of Rs. 1,00,000. In one year of Ravi's investment, he made a profit of Rs. 63,000. What is Raju's share in the profit?

Group-D 22/08/2022 (Shift-01)

(a) 32,500 रु. (b) 31,000 रु.
(c) 32,000 रु. (d) 31,500 रु.

19. X, Y और Z एक साझेदारी करते हैं। X, पूरी पूँजी का एक-तिहाई योगदान देता है जबकि Y के योगदान के बराबर X और Z मिलकर योगदान देते हैं। यदि 93000 रू की पूँजी निवेश की जाती है तब वर्ष के अंत में Z को मिला होगा? (रु. में)

X, Y and Z enter into a partnership. X contributes one-third of the whole capital while Y contributes as much as X and Z together contribute. If the investment is Rs.93,000, how much would Z receive? (in Rs.)

(a) 16000 (b) 15500
(c) 42000 (d) 15000

ANSWER KEY

1.(c)	2.(c)	3.(a)	4.(c)	5.(b)	6.(b)	7.(a)	8.(b)	9.(c)	10.(d)
11.(c)	12.(a)	13.(a)	14.(d)	15.(a)	16.(a)	17.(a)	18.(d)	19.(b)	

SOLUTIONS

1. (c)

	ऋषिका	:	आकाश
लाभ →	225	:	288
	25	:	32

25 इकाई → 1875

आकाश का हिस्सा (32 इकाई)

$= \frac{1875}{25} \times 32 = 75 \times 32 = 2400$ रु

2. (c)

	सोहेल	:	त्रिशला
निवेश →	2250 × 12	:	x × 9
लाभ →	25	:	24

$\frac{2250 \times 12}{x \times 9} = \frac{25}{24}$

$x = 24 \times 120 = 2880$ रु

अत: त्रिशला ने 2880 रूपये का निवेश किया

3. (a)

M	:	N	:	S	
5	:	6	:	6	= राशि
×12		×12		×6	= समय
60	:	72	:	36	= लाभ

(शेखर 6 महीने बाद निवेश करता है।)

अत: लाभ का अनुपात = 5 : 6 : 3

4. (c) माना, रवि ने अपना पैसा x महीने के लिए निवेश किया।

	रवि	:	रश्मि
निवेश →	150 × x	:	200 × 12
लाभ →	1	:	2

$\frac{150 \times x}{200 \times 12} = \frac{1}{2}$

$x = \frac{200 \times 12}{150 \times 2} \Rightarrow x = 8$ माह

अत: रवि 8 महीने बाद अपना पैसा निकाल लेता है।

5. (b)

	मिताली	:	झूलन
निवेश →	336 × x	:	336 × 12
लाभ →	2	:	3

माना, मिताली ने x महीने के लिए अपना पैसा निवेश किया

$336 \times x : 231 \times 12 = 2 : 3$

$\frac{336x}{231 \times 12} = \frac{2}{3}$

$x = \frac{2 \times 231 \times 12}{336 \times 3} = \frac{11}{2} = 5.5$ माह

अत: मिताली 5.5 महीने बाद अपना पैसा निकाल लेती है

6. (b) माना सुहास ने x महीने के लिए अपना पैसा निवेश किया

	सुहास	:	नितिन
निवेश →	8 × x	:	3 × 12
लाभ →	5	:	4

$\frac{8 \times x}{3 \times 12} = \frac{5}{4}$

$32x = 5 \times 12 \times 3$

$x = \frac{5 \times 12 \times 3}{32} = \frac{45}{8} = 5\frac{5}{8}$ महीना

इसलिए, नितिन ने $\left(12 - 5\frac{5}{8}\right) = 6\frac{3}{8}$ महीने के लिए अकेले अपना पैसा निवेश किया।

7. (a)

	A	:	B
निवेश/लाभ →	5000	:	6000
	5	:	6

$12.5\% = \frac{1}{8}$

माना, कुल लाभ = 8 इकाई

8 इकाई → 880

1 इकाई → 110

शेष लाभ = 880 – 110 = 770

प्रश्नानुसार,

11 इकाई → 770

5 इकाई → 350

6 इकाई → 420

∴ A का लाभ = 350 + 110 = 460

B का लाभ = 420

8. (b) गिरि और कमल की निवेशित पूँजी के अनुपात = 5 : 7

कुल निवेशित धन = 1,728 रुपये

गिरि का हिस्सा = $\frac{5}{12} \times 1728$

= 720 रुपये

9. (c) माना पत्नी और पति की आयु क्रमशः n और m है

m – n = 4 .....(1)

5 वर्ष बाद उनकी आयु का योग = 33 × 2 = 66

वर्तमान में उनकी आयु का योग = 66 – 5 × 2 = 56

m + n = 56 ....(2)

अब समीकरण (1) और (2) से

m – n = 4 .....(1)

m + n = 56 .....(2)

2m = 60

m = 30

n = 26

अतः पत्नी की आयु = 26 वर्ष

10. (d) माना P, Q और R की आयु $4x$, $7x$ और $9x$ है

प्रश्नानुसार,

$9x - 8 = 7x$

$\Rightarrow 2x = 8 \Rightarrow x = 4$

अतः उनकी वर्तमान आयु का योग

$= 4x + 7x + 9x = 20x = 20 \times 4 = 80$

11. (c) माना राधा और मुरारी की वर्तमान आयु क्रमशः x और y है।

$x - y = 12$ .....(1)

$(x - 5) + (y - 5) = 28$

$\Rightarrow x + y = 38$ .....(2)

समीकरण (1) और (2) को हल करने पर

$x = 25$ और y = 13

अतः मुरारी की वर्तमान आयु 13 वर्ष है।

12. (a) माना पुत्र की आयु = x

पिता की आयु = y,

$x + y = 45$

प्रश्न के अनुसार,

$(x - 5) \times (y - 5) = (y - 5) \times 4$

$(x - 5) = 4 \Rightarrow x = 9$

पिता की वर्तमान आयु = 45 – 9

= 36 वर्ष

13. (a) माना, पहले पुत्र की आयु = x वर्ष

पिता की आयु = $5x$

और, दूसरे बेटे की उम्र = y वर्ष

माता की आयु = 4y,

प्रश्नानुसार,

$(5x - 4y) = \frac{x + y}{2}$

$\Rightarrow 10x - 8y = x + y \Rightarrow 9x = 9y$

$\Rightarrow x = y$

अतः वे जुड़वां हैं

14. (d) माना पुत्र की आयु = x

प्रश्न के अनुसार,

	पिता		पुत्र
प्रारंभिक आयु →	x	:	0
वर्तमान आयु →	40	:	x

उनकी वर्तमान आयु और प्रारंभिक आयु के बीच का अंतर बराबर होगा

$40 - x = x - 0$

$x = 20$ वर्ष

5 वर्ष पहले पुत्र की आयु

= 20 – 5 = 15 वर्ष

15. (a) प्रश्नानुसार,

$\frac{5x + 25}{9x + 25} = \frac{15}{17}$

$85x + 425 = 135x + 375$

$\Rightarrow 50x = 50 \Rightarrow x = 1$

A की वर्तमान आयु = 5 × 1 + 10 = 15 वर्ष

15 वर्ष बाद A की आयु

= 15 + 15 = 30 वर्ष

16. (a) माना उनकी वर्तमान आयु $7x$ और $6x$ है

$\frac{7x + 6}{6x + 6} = \frac{8}{7}$

$\Rightarrow 49x + 42 = 48x + 48$

$\Rightarrow x = 6$

इनकी वर्तमान उम्र 42 और 36 साल है।

माना x वर्ष पहले उनकी शादी हुई थी।

अब, $\frac{42 - x}{36 - x} = \frac{4}{3}$

$\Rightarrow 126 - 3x = 144 - 4x$

$\Rightarrow -3x + 4x = 144 - 126 \Rightarrow x = 18$

18 साल पहले इनकी शादी हुई थी।

17. (a)

		A	:	B	:	C
निवेश	→	x	:	y	:	z
समय	→	6	:	12	:	14
लाभ	→	5	:	4	:	7

निवेश = $\frac{\text{लाभ}}{\text{समय}}$

अब, निवेश का अनुपात (x : y : z)

$= \frac{5}{6} : \frac{4}{12} : \frac{7}{14} = \frac{5}{6} : \frac{1}{3} : \frac{1}{2}$

= 5 : 2 : 3

18. (d)

	रवि	राजू
समय →	12 महीने	6 महीने
निवेश →	50000	100000
लाभ →	1	1

कुल लाभ (2 इकाई) = 63000

1 इकाई = 31500 रुपये

इसलिए, राजू का लाभ = 31500 रुपये

19. (b) माना कुल पूँजी = 6 इकाई

प्रश्नानुसार,

X = 6 × $\frac{1}{3}$ = 2 इकाई

Y = X + Z

Y = 3 और Z = 1 को रखने पर,

6 इकाई = 93000

1 इकाई = 15500

∴ Z को मिला = 15500 रुपये

MIXTURE & ALLIGATION

मिश्रण और संलयन

08

1. 20 लीटर और 36 लीटर के दो कंटेनरों में दूध और पानी का अनुपात क्रमश: 3 : 7 और 7 : 5 है। यदि दोनों बर्तनों को एक साथ मिला दिया जाए तो दूध और पानी का अनुपात क्या होगा?
The ratio of milk and water in two containers of 20 litres and 36 litres are in the ratio 3 : 7 and 7 : 5, respectively. What will be the ratio of milk and water if the two containers are mixed together?
SSC GD 10/01/2023 (Shift-03)
(a) 9 : 13 (b) 21 : 23
(c) 27 : 29 (d) 21 : 25

2. 40 लीटर मिश्रण में 10% अल्कोहल और शेष पानी है। यदि इसमें 4 लीटर पानी मिलाया जाए तो नए मिश्रण में अल्कोहल का प्रतिशत होगा:
40 litres of a mixture has 10% alcohol and the rest water. If 4 litres of water be mixed in it, the percentage of alcohol in the new mixture will be:
SSC GD 17/01/2023 (Shift-02)
(a) $9\frac{1}{11}\%$ (b) $9\frac{2}{11}\%$
(c) $11\frac{1}{9}\%$ (d) $11\frac{1}{11}\%$

3. दूध और पानी के मिश्रण में 18 भाग दूध और 8 भाग पानी है। मिश्रण का कितना अंश निकालकर उसके स्थान पर पानी डालना चाहिए ताकि पानी और दूध का अनुपात बराबर हो जाए?
A mixture of milk and water contains 18 parts of milk and 8 parts of water. How much fraction of the mixture should be removed and replaced by water so the ratio of water and milk are equal?
SSC GD 07/02/2023 (Shift-02)
(a) $\frac{1}{18}$ (b) $\frac{12}{18}$
(c) $\frac{10}{18}$ (d) $\frac{5}{18}$

4. एक घोल में 50 लीटर शुद्ध दूध होता है। 10 लीटर दूध को उतनी ही मात्रा में पानी से बदल दिया जाता है। पुन: 10 लीटर मिश्रण को 10 लीटर पानी से प्रतिस्थापित किया जाता है और यह क्रिया एक बार और दोहराई जाती है। अंतिम घोल में दूध की मात्रा ज्ञात कीजिये।
A solution consists of 50 litres of pure milk. 10 litres of milk is replaced with equal quantity of water. Again 10 litres of the mixture is substituted by 10 litres of water and this operation is repeated one more time. Find the quantity of milk in the final solution.
SSC GD 27/01/2023 (Shift-01)
(a) 25 litres (b) 25.6 litres
(c) 25.4 litres (d) 25.2 litres

5. समान क्षमता वाले दो कंटेनरों में दूध और पानी का अनुपात क्रमश: 3: 4 और 3: 1 है। यदि दोनों कंटेनरों को पूरे मिश्रण को रखने की क्षमता वाले एक बड़े कंटेनर में खाली कर दिया जाता है, तो बड़े कंटेनर में दूध और पानी का अनुपात क्या है?
Two containers with equal capacity have milk and water in the ratio of 3 : 4 and 3 : 1 respectively. If both the containers are emptied into a bigger container having the capacity to contain the whole mixture, then what is the ratio of milk to water in the bigger container?
SSC GD 30/01/2023 (Shift-04)
(a) 32 : 31 (b) 23 : 11
(c) 33 : 21 (d) 33 : 23

6. एक किराने वाले को 120 रुपये प्रति किलोग्राम और 130 रुपये प्रति किलोग्राम मूल्य की दो प्रकार की चाय को किस अनुपात में मिलाना चाहिए, ताकि मिश्रण को 136.40 रुपये प्रति किलोग्राम पर बेचकर उसे 10% का लाभ हो सके?
In what ratio must a grocer mix two varieties of tea worth Rs.120 per kg and Rs.130 per kg, so that by selling the mixture at Rs.136.40 per kg, he may gain 10%?
SSC GD 17/01/2023 (Shift-02)
(a) 1 : 2 (b) 3 : 4
(c) 3 : 2 (d) 2 : 5

7. एक फार्मा कंपनी में एक वैज्ञानिक कुछ दवा का आविष्कार करने के लिए एसीटोन और टोल्यूनि के शुद्ध रूप को मिला रहा है। एसीटोन और टोल्यूनि को मिलाने के बाद प्राप्त घोल की कीमत 16 रुपये प्रति लीटर है। वैज्ञानिक के लिए एसीटोन की कीमत 14 रुपये प्रति लीटर है। भंडारण की समस्या के कारण वैज्ञानिक के टोल्यूनि की कीमत एसीटोन से महंगी है। घोल में टोल्यूनि और एसीटोन का अनुपात 4:1 है। वैज्ञानिक के प्रति लीटर टोल्यूनि की कीमत (में ₹) क्या है?
In a pharma company, a scientist is mixing the purified form of Acetone and Toluene to invent some medicine. The cost of the solution obtained after mixing Acetone and Toluene is Rs.16 per litre. Acetone costs Rs.14 per litre to the scientist. Due to storage issue, Toluene's cost is expensive than Acetone to the scientist. The ratio of Toluene to Acetone in the solution is 4 : 1. What is the cost of Toluene per litre (in ₹) to the scientist?
SSC GD 30/01/2023 (Shift-02)
(a) 21 (b) 18.5
(c) 16.5 (d) 20

8. एक दुकानदार ने 60 किग्रा चावल 42 रु. प्रति किग्रा की दर से खरीदे और उसमें 52 रु. प्रति किग्रा की दर वाला 120 किग्रा चावल मिला दिया। 20% का लाभ अर्जित करने के लिए उसे मिश्रण को किस दर (रु. प्रति किग्रा) पर बेचना चाहिए?

A shopkeeper bought 60 kg of rice at the rate of Rs.42 per kg and added 120 kg of rice at the rate of Rs.52 per kg. At what rate (in Rs. per kg) should he sell the mixture to make a profit of 20%?

SSC GD 18/11/2021 (Shift-02)

(a) Rs.54.82 (b) Rs.58.40
(c) Rs.53.25 (d) Rs.55.50

9. रुपये 48 प्रति किग्रा वाले 6 किग्रा चावल को अन्य किस्म के 3 किग्रा चावल के साथ मिश्रित करके रुपये 60 प्रति किग्रा मूल्य वाला मिश्रण तैयार किया जाता है। इस मिश्रण में मिश्रित किए गए अन्य किस्म के चावल का प्रति किग्रा मूल्य ज्ञात करें।

6 kg of rice priced at Rs. 48 per kg is mixed with 3 kg of rice of another variety to prepare a mixture priced at Rs. 60 per kg. Find the price per kg of other varieties of rice mixed in this mixture.

Group-D 30/09/2022 (Shift-02)

(a) Rs. 64 (b) Rs. 72
(c) Rs. 84 (d) Rs. 80

10. किसी मिश्र धातु मे 35% चांदी थी। यदि मिश्र धातु की मात्रा में 119 ग्राम चांदी थी। तो मिश्र धातु में अन्य तत्वों की मात्रा कितनी थी?

An alloy contained 35% silver. If the amount of mixed metal was 119 grams of silver. So what was the quantity of other elements in the mixed metal?

RRB ALP 31/08/2018 (Shift-01)

(a) 221 ग्राम (b) 204 ग्राम
(c) 340 ग्राम (d) 273 ग्राम

11. 50 लीटर शुद्ध दूध वाले एक कंटेनर से 10 लीटर दूध निकालकर 10 लीटर पानी डाला जाता है। यदि इस प्रक्रिया को तीन बार दोहराया जाता है, तो अंततः पानी और दूध के बीच क्या अनुपात है?

From a container containing 50 liters of pure milk, 10 liters of milk is taken out and 10 liters of water is added. If this process is repeated three times, what is the final ratio between water and milk?

RRB JE 27/05/2019 (Shift-03)

(a) 7 : 16 (b) 9 : 16
(c) 61 : 64 (d) 64 : 61

12. अल्कोहल से भरे पीपे में से 3 लीटर शराब निकाली जाती है और फिर उसे पानी से भर दिया जाता है। इस क्रिया को एक बार फिर किया जाता है। अब पीपे में बची हुई अल्कोहल की मात्रा और पानी की मात्रा के बीच का अनुपात 16 : 9 है। मूल रूप से पीपे में कितनी अल्कोहल थी? (लीटर में)

3 litres are drawn from a cask full of wine and is then filled with water.This operation is performed once more. The ratio of the quantity of wine now and that of the water is 16 : 9, How much wine the cask hold originally? (In liters)

(a) 9 (b) 13
(c) 15 (d) 11

13. सेब के रस और संतरे के रस वाले एक मिश्रण में, 20% सेब का रस था। दोनों रसों वाले एक अन्य मिश्रण में, 30% संतरे का रस था। दोनों मिश्रणों को एक निश्चित अनुपात में मिलाया गया, जिसकी वजह से निर्मित नए मिश्रण में सेब के रस और संतरे के रस का अनुपात 4 : 3 हो गया। अंतिम मिश्रण में पहले मिश्रण और दूसरे मिश्रण का क्रमानुसार अनुपात ज्ञात कीजिए।

In a mixture containing apple juice and orange juice, 20% was apple juice. Another mixture containing both juices, contained 30% orange juice. Both the mixtures were mixed in a certain ratio, due to which the ratio of apple juice and orange juice in the new mixture prepared became 4 : 3. Find the respective ratio of first mixture and second mixture in the final mixture.

RRB NTPC 15/06/2022 (Shift-03)

(a) 10 : 29 (b) 9 : 26
(c) 2 : 7 (d) 5 : 14

14. दूध-पानी के एक मिश्रण का $\frac{2}{3}$ भाग दूध है। मिश्रण की कुल मात्रा 21 लीटर है। यदि इसमें 4 लीटर पानी और मिला दिया जाए तो मिश्रण में दूध का प्रतिशत क्या रह जायेगा?

In a mixture of milk and water, $\frac{2}{3}$ is milk. The total quantity of the mixture is 21 litres. If 4 liters of water is added to it, what will be the percentage of milk left in the mixture?

RRB ALP 09/08/2018 (Shift-02)

(a) 44 (b) 11
(c) 56 (d) 14

15. पानी और शरबत के दो अलग अलग मिश्रण जिनमें पानी और शरबत का अनुपात क्रमशः 4 : 1 और 3 : 1 है, उनको 1 : 2 के अनुपात में मिश्रित किया जाता है। अंतिम मिश्रण में पानी और शरबत का अनुपात क्या है?

Two different mixtures of water and syrup, the ratio of water and syrup being 4 : 1 and 3 : 1 respectively, are mixed in the ratio of 1 : 2. What is the ratio of water and syrup in the final mixture?

RRB ALP 20/08/2018 (Shift-03)

(a) 4 : 3 (b) 19 : 11
(c) 17 : 13 (d) 23 : 7

16. चाय की तीन किस्में, जिनकी लागत मूल्य प्रति किलोग्राम 500 रुपये, 720 रुपये और 900 रुपये है, को 9: 5:11 के अनुपात में मिश्रित किया जाता है। यदि विक्रेता को 20% का लाभ कमाना है तो मिश्रित चाय का प्रति किलोग्राम विक्रय मूल्य क्या होना चाहिए?

Three varieties of tea, whose cost prices per kg are Rs.500, Rs.720 and Rs.900 are blended in the ratio 9: 5:11. What should be the selling price per kg of the blended tea if the seller has to make a profit of 20%?

NTPC CBT-02 15/06/2022 (Shift-02)

(a) Rs.884 (b) Rs.854
(c) Rs.844 (d) Rs.864

17. दो उत्पादों A और B के स्टॉक में, आरंभ में कुल स्टॉक का 80% भाग उत्पाद A था। यदि स्टॉक से 20 किग्रा उत्पाद A और 8 किग्रा उत्पाद B निकाला जाता है, तो स्टॉक में उत्पाद A और उत्पाद B का अनुपात बदल कर 9 : 2 हो जाता है। आरंभ में कुल स्टॉक (किग्रा में) कितना था?

In the stock of two products A and B, initially 80% of the total stock was product A. If 20 kg of product A and 8 kg of product B are removed from the stock, the ratio of product A and product B in the stock changes to 9 : 2. What was the total stock (in kg) at the beginning?

Level-03 17/06/2022 (Shift-02)

(a) 150 किलो ग्राम
(b) 165 किलो ग्राम
(c) 220 किलो ग्राम
(d) 160 किलो ग्राम

18. मिश्रण A में, 6 लीटर पानी में 5 लीटर सिरप है, मिश्रण B में 5.5 लीटर पानी में 3.5 लीटर सिरप है। दोनों में से किस मिश्रण में सिरप की सान्द्रता अधिक होती है?

In mixture A, there is 5 liters of syrup in 6 liters of water, in mixture B, there is 3.5 liters of syrup in 5.5 liters of water. Which of the two mixtures has higher concentration of syrup?

RRB NTPC 07/04/2021 (Shift-03)

(a) सिरप की सान्द्रता अधिक है यह निर्धारित करने में सक्षम होने के लिए अधिक जानकारी की आवश्यकता है।
(b) सिरप की सान्द्रता A और B दोनों में समान है।
(c) B में अधिक है।
(d) A में अधिक है।

19. 40% चीनी घोल प्राप्त करने के लिए 35% चीनी घोल की एक निश्चित मात्रा को 48% चीनी घोल के 8 लीटर के साथ मिलाया जाता है। मिश्रण में 35% चीनी का घोल कितने लीटर था?

A certain quantity of a 35% sugar solution is mixed with 8 litres of a 48% sugar solution to obtain a 40% sugar solution. How many litres of the 35% sugar solution was there in the mixture?

NTPC CBT-02 15/06/2022 (Shift-01)

(a) 12.8 (b) 13.6
(c) 13.2 (d) 12.5

20. एक बर्तन में दूध के एक नमूने में 4% पानी है। पानी की मात्रा को 2% तक कम करने के लिए बर्तन में 8 लीटर दूध में कितनी मात्रा में शुद्ध दूध मिलाया जाना चाहिए?

A sample of milk in a vessel contains 4% water. How much quantity of pure milk should be added to 8 liters of milk in the vessel to reduce the amount of water to 2%?

RRB NTPC 31/01/2021 (Shift-03)

(a) 8 लीटर (b) 7 लीटर
(c) 7.5 लीटर (d) 6.5 लीटर

ANSWER KEY

1.(c)	2.(a)	3.(d)	4.(b)	5.(d)	6.(c)	7.(c)	8.(b)	9.(c)	10.(a)
11.(c)	12.(c)	13.(b)	14.(c)	15.(d)	16.(d)	17.(d)	18.(d)	19.(a)	20.(a)

SOLUTIONS

1. (c) पहले कंटेनर में दूध $= 20 \times \frac{3}{10}$
$= 6$ लीटर
पहले कंटेनर में पानी $= 20 - 6$
$= 14$ लीटर
दूसरे कंटेनर में दूध $= 36 \times \frac{7}{12}$
$= 21$ लीटर
दूसरे कंटेनर में पानी $= 36 - 21$
$= 15$ लीटर
अनुपात $= (6 + 21) : (14 + 15)$
$= 27 : 29$

वैकल्पिक विधि:

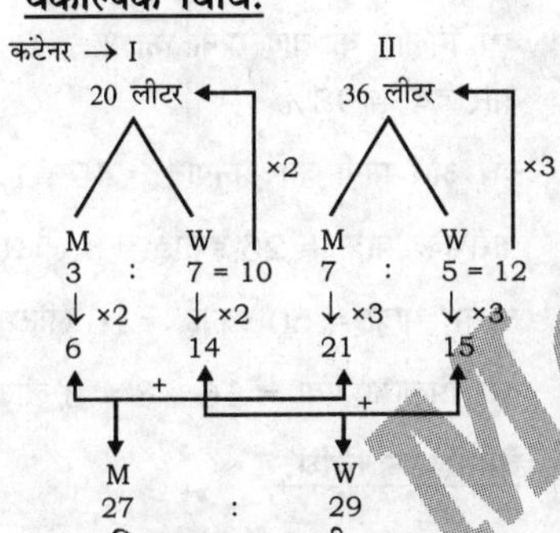

2. (a)

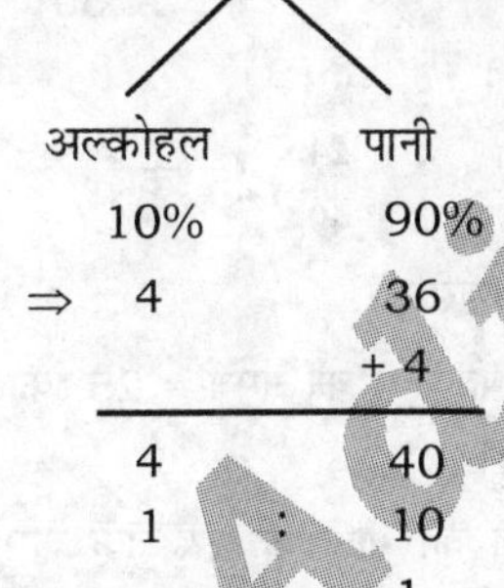

अल्कोहल का प्रतिशत $= \frac{1}{11} \times 100$

$= 9\frac{1}{11}\%$

3. (d)

दूध		पानी	मिश्रण
18		8	26
13	:	13	26

आवश्यक भिन्न $= \frac{5}{18}$

चूँकि मिश्रण निकालकर उतना ही पानी मिलाया गया तो मिश्रण की अंतिम मात्रा पर कोई फर्क नहीं पड़ेगा।

4. (b) अंतिम दूध = मूल दूध

$$\left[1 - \frac{\text{बदली गई मात्रा}}{\text{मूल मात्रा}}\right]^x$$

$$= 50\left[1 - \frac{10}{50}\right]^3 = 50 \times \frac{4}{5} \times \frac{4}{5} \times \frac{4}{5}$$

$$= \frac{128}{5} = 25.6 \text{ लीटर}$$

5. (d)

	दूध		पानी		मिश्रण
I →	$3_{\times 4}$	:	$4_{\times 4}$	:	7 ×4
	12		16		
II →	$3_{\times 7}$	:	$1_{\times 7}$	:	4 ×7
	21		7		

अंतिम → (21 + 12) : (16 + 7)
33 : 23

6. (c) लाभ = 10%
तब,
$CP = \frac{10}{11} \times 136.40$
$= 12.4 \times 10 = \text{Rs. } 124$

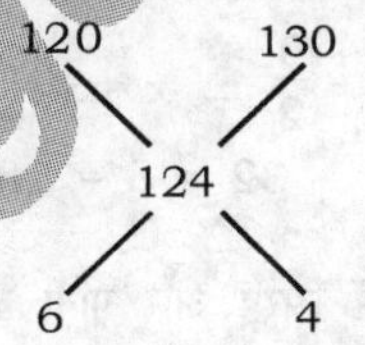

7. (c) मान लीजिए, प्रति लीटर टोल्यूनि की लागत $= x$ रुपये

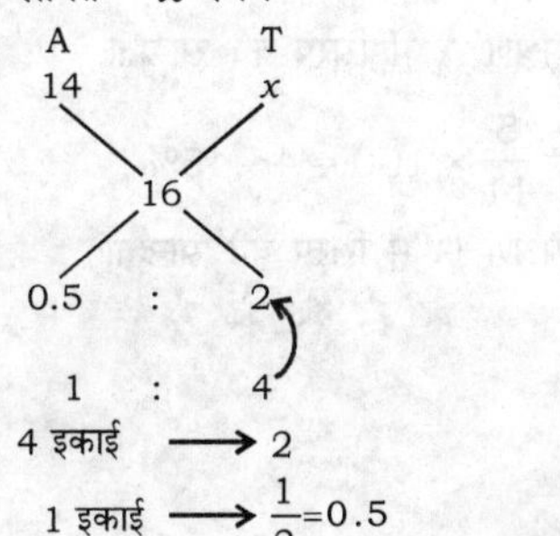

$\Rightarrow x - 16 = \frac{1}{2}$
$\Rightarrow x = 16.5$

8. (b)

I		II
60 kg	:	120 kg
1	:	2

मूल्य → 42 : 52
CP प्रति किग्रा क्रय मूल्य
$\frac{1\times42\times+2\times52}{1+2} = \frac{146}{3}$
20% प्रतिशत लाभ पर विक्रय मूल्य
$\Rightarrow \frac{146}{3} \times \frac{6}{5}$
$= \frac{292}{5} = 58.40$ Rs/kg

9. (c)

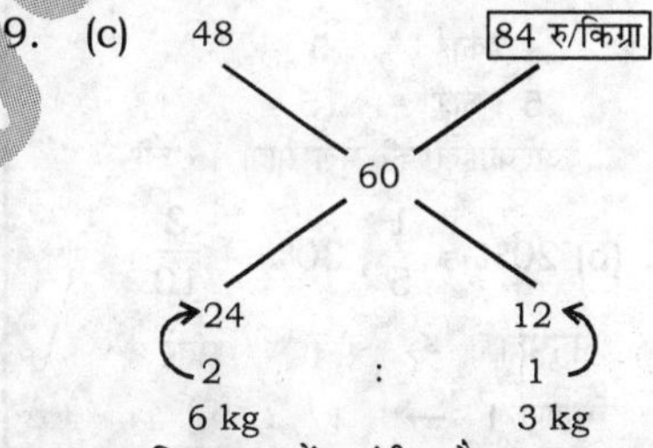

10. (a) मिश्रधातु में चांदी और अन्य तत्वों का अनुपात = 35 : 65 या 7 : 13
7 इकाई → 119 ग्राम
फिर, 13 इकाई → 221 ग्राम
अत: मिश्रधातु में अन्य तत्व की मात्रा
= 221 ग्राम

11. (c)
$$\frac{\text{शेष दूध की मात्रा}}{\text{कुल मात्रा}} = \left(1 - \frac{\text{निकाली गई मात्रा}}{\text{कुल मात्रा}}\right)^n$$
प्रश्न के अनुसार,
$$\frac{\text{शेष दूध की मात्रा}}{\text{कुल मात्रा}}$$
$$= \left(1 - \frac{10}{50}\right)^3 = \frac{64}{125}$$
आवश्यक अनुपात →(125 – 64) :64
= 61 : 64

12. (c) $\frac{\text{अंतिम मात्रा}}{\text{वास्तविक मात्रा}} = \left(1 - \frac{x}{c}\right)^n$
c → पात्र की कुल क्षमता
x → जितनी मात्रा एक बार में निकाली जाती है।

n → जितनी बार निकाला जाता है।

आरम्भ में मात्रा,

$$\frac{16}{(16+9)}=\left(1-\frac{3}{c}\right)^2 \Rightarrow \frac{16}{25}=\left(1-\frac{3}{c}\right)^2$$

$$\Rightarrow \sqrt{\frac{16}{25}}=1-\frac{3}{c} \Rightarrow \frac{3}{c}=\frac{1}{5}$$

c = 15 लीटर

वैकल्पिक विधि:

अल्कोहल : पानी

16 : 9

मूल मिश्रण की मात्रा = 16 + 9 = 25

मूल अल्कोहल : शेष अल्कोहल

25 : 16

इस प्रक्रिया को 2 बार किया गया इसलिए वर्गमूल करेंगे।

√25 : √16

5 : 4

1

1 इकाई → 3

5 इकाई → 15

अल्कोहल की मूल मात्रा 15 ली

13. (b) 20% = $\frac{1}{5}$, 30% = $\frac{3}{10}$

अनुपात	→	सेब	:	संतरे
मिश्रण 1	→	1	:	4
मिश्रण 2	→	7	:	3

अब, सेब के जूस पर एलिगेशन विधि का उपयोग करने पर 1

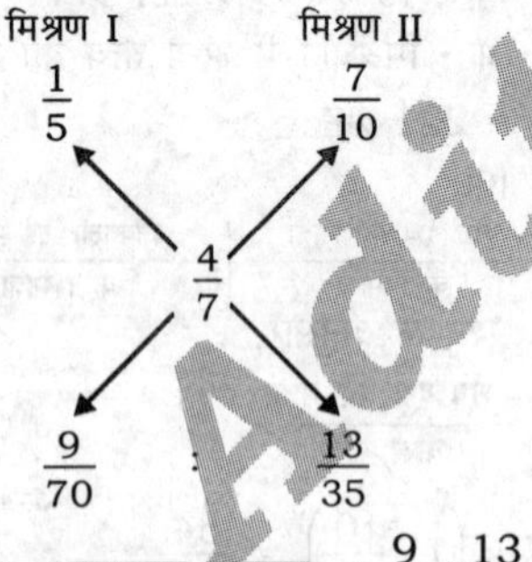

अत:, आवश्यक अनुपात = $\frac{9}{70}:\frac{13}{35}$

= 9 : 26

14. (c) मिश्रण में दूध की मात्रा

$= 21\times\frac{2}{3} = 14$ लीटर

मिश्रण में पानी की मात्रा = 21 – 14

= 7 लीटर

नए मिश्रण में पानी की मात्रा = 7 + 4

= 11 लीटर

दूध का आवश्यक प्रतिशत

$= \frac{14}{14+11}\times 100 = \frac{14}{25}\times 100$

= 56%

15. (d) दिए गए अनुपात को संतुलित करने पर, हमारे पास है;

		पानी : शरबत	कुल मात्रा
प्रारंभिक	→	4 : $1)_{\times 4\times 1}$	= 5 × 4 × 1
		16 : 4	
दूसरा मिश्रण	→	3 : $1)_{\times 5\times 2}$	= 4 × 5 × 2
		30 : 10	
		46 : 14 या 23 : 7	

16. (d) मात्रा → 9 : 5 : 11

कीमत/किग्रा. → 500 रु 720 रु 900 रु

औसत मूल्य $= \frac{9\times500+5\times720+11\times900}{9+5+11}$

= 720 रुपये

लाभ % = 20%

∴ विक्रय मूल्य $= 720\times\frac{6}{5} = 864$ रु

17. (d)

A : B

80 : 20 → 4 : 1

अब, $\frac{4x-20}{x-8}=\frac{9}{2} \Rightarrow x = 32$

∴ कुल स्टॉक = 32 × 5 = 160 किलोग्राम

18. (d) मिश्रण A में सिरप और पानी का अनुपात = 5 : 6

मिश्रण B में सिरप और पानी का अनुपात = 7 : 11

मिश्रण A में सिरप की सान्द्रता

$= \frac{5}{11}\times 100 = 45.45\%$

मिश्रण B में सिरप की सान्द्रता

$= \frac{7}{18}\times 100 = 38.88\%$

अत: मिश्रण A में सिरफ की सांद्रता अधिक है।

19. (a)

A 35% B 48%

40%

8 : 5

5 इकाई → 8 लीटर

8 इकाई → 8 × 1.6

= 12.8 लीटर

20. (a) पानी = 4% और दूध = 96%

दूध और पानी का अनुपात = 24 : 1

दूध मिलाने के बाद पानी का % = 2% और दूध = 98%

दूध और पानी का अनुपात = 49 : 1

प्रारंभिक मात्रा = 25 इकाई = 8 लीटर

अंतिम मात्रा = 50 इकाई = 16 लीटर

दूध मिलाया गया = 16 – 8 = 8 लीटर

वैकल्पिक विधि:

4% = $\frac{1}{25}$ और 2% = $\frac{1}{50}$

पानी : दूध

1 : 24

1 : 49

25 इकाई

प्रश्नानुसार:-

प्रारंभिक दूध का नमूना = 25 इकाई = 8 लीटर

पानी की मात्रा को 2% तक कम करने के लिए शुद्ध दूध को बर्तन में डाला जाना चाहिए।

= 25 इकाई = 8 लीटर

☆☆☆☆☆

AVERAGE

औसत

1. एक अंग्रेजी आधारित कंपनी के एक समर्थन परियोजना में, 519 पुरुष और 519 महिला कर्मचारी हैं। सभी कर्मचारियों की औसत उत्पादकता प्रति दिन 69 कॉल है। एक पुरुष कर्मचारी द्वारा प्राप्त औसत कॉल 69 कॉल प्रति दिन है। एक महिला कर्मचारी द्वारा प्राप्त प्रति दिन लिए गये औसत कॉल कितने है?

In a support project of an English based company, there are 519 male and 519 female employees. The average productivity of all employees is 69 calls per day. The average call received by a male employee is 69 calls per day. What is the average calls received per day by a female employee?

RPF Constable 10/01/2019 (Shift-01)

(a) 67 (b) 71
(c) 69 (d) 73

2. एक गिफ्ट बॉक्स में 10 कड़े हैं। पहले 4 कड़ों का औसत भार 43 ग्राम है और बाकी 6 कड़ों का औसत भार 44 ग्राम है। सभी कड़ों का कुल औसत भार (ग्राम में) ज्ञात कीजिए?

There are 10 bangles in a gift box. The average weight of the first 4 bangles is 43 grams and the average weight of the remaining 6 bangles is 44 grams. Find the total average weight (in grams) of all the bangles?

RPF SI 10/01/2019 (Shift-01)

(a) 43.6 (b) 43.2
(c) 43.4 (d) 43.8

3. एक व्यक्ति एक समबाहु त्रिभुजाकार मैदान पर 20 kmph, 24 kmph और 30 kmph की गति से यात्रा करता है। यात्रा की औसत गति ज्ञात कीजिए?

A man travels on an equilateral triangular field at the speed of 20 kmph, 24 kmph and 30 kmph. Find the average speed of the journey?

RPF SI 11/01/2019 (Shift-02)

(a) 28 kmph (b) 24 kmph
(c) 32 kmph (d) 36 kmph

4. अंकगणितीय सामानांतर श्रेणी का औसत ज्ञात कीजिए जिसका प्रथम पद 45 है और अंतिम पद 57 है।

Find the average of the arithmetic progression whose first term is 45 and last term is 57.

RPF Constable 19/01/2019 (Shift-01)

(a) 49 (b) 53
(c) 55 (d) 51

5. एक कंपनी का व्यय वित्तीय वर्ष की पहली तिमाही के दौरान 43500 रुपये, वित्तीय वर्ष की दूसरी तिमाही के दौरान 46500 रुपये और वित्तीय वर्ष की तीसरी तिमाही के दौरान 57600 रुपये था। यदि पूरे वित्तीय वर्ष के दौरान औसत तिमाही व्यय 54075 रुपये है, तो वित्तीय वर्ष की अंतिम तिमाही के लिए व्यय (रुपये में) ज्ञात करें।

The expenditure of a company was Rs. 43500 during the first quarter of the financial year, Rs. 46500 during the second quarter of the financial year and Rs. 57600 during the third quarter of the financial year. If the average quarterly expenditure during the entire financial year is Rs. 54075, find the expenditure (in rupees) for the last quarter of the financial year.

RPF Constable 19/01/2019 (Shift-01)

(a) 64800 (b) 67600
(c) 68700 (d) 68400

6. लुईस दौड़ का पहला हिस्सा 440 km/h की गति से और दूसरा हिस्सा 660 km/h की गति से तय करता है। दोनों हिस्सों की औसत गति (km/h में) बताएं।

Lewis covers the first part of the race at a speed of 440 km/h and the second part at a speed of 660 km/h. Find the average speed (in km/h) of both the parts.

RPF Constable 24/01/2019 (Shift-03)

(a) 548 (b) 528
(c) 538 (d) 528

7. एक प्रतियोगिता जीतने के लिए, जर्मिलिन को चार परीक्षाओं में औसतन 80 अंक चाहिए। पहले तीन परीक्षाओं में उसके अंक 81, 77 और 73 हैं। प्रतियोगिता जीतने के लिए उसे चौथी परीक्षा में कितने अंक प्राप्त करने चाहिए?

To win a competition, Germilin needs an average of 80 marks in four exams. His marks in the first three exams are 81, 77 and 73. How many marks should he score in the fourth exam to win the competition?

RPF Constable 25/01/2019 (Shift-01)

(a) 89 (b) 67
(c) 68 (d) 66

8. 7 संख्याओं का औसत 143 है। एक संख्या में कटौती करने के बाद, औसत समान रहता है। अपवर्जित संख्या ज्ञात कीजिए।

The average of 7 numbers is 143. After cutting one number, the average remains the same. Find the excluded number.

RPF Constable 25/01/2019 (Shift-01)

(a) 143 (b) 139
(c) 141 (d) 137

9. राज्य में ग्यारह क्रिकेट टीम का औसत वजन 100 किलोग्राम है। जब कोच का वजन भी जोड़ा जाता हैं, तो औसत वजन 1 किलो बढ़ जाता है। कोच का वजन (किलो में) क्या है?
The average weight of the eleven cricket teams in the state is 100 kg. When the weight of the coach is also added, the average weight increases by 1 kg. What is the weight (in kg) of the coach?
RPF Constable 25/01/2019 (Shift-01)
(a) 116 (b) 110
(c) 114 (d) 112

10. X ने कुल 60 रुपये में एक दर्जन पेंसिलें और 200 रुपये में 20 पेन खरीदे। X द्वारा खरीदी गई स्टेशनरी की कुल औसत लागत ज्ञात कीजिए।
X bought a dozen pencils for a total of Rs 60 and 20 pens for Rs 200. Find the total average cost of the stationery X bought.
SSC GD 24/01/2023 (Shift-04)
(a) ₹ 8.000 (b) ₹ 8.125
(c) ₹ 8.250 (d) ₹ 8.375

11. यदि निम्न छः प्रेक्षणों $x + 2$, $x + 5$, $x + 8$, $x + 11$, $x + 14$ और $x + 17$ का औसत 12.5 है, तो प्रथम तीन प्रेक्षणों का औसत कितना है?
If the average of the following six observations $x + 2$, $x + 5$, $x + 8$, $x + 11$, $x + 14$ and $x + 17$ is 12.5, then what is the average of the first three observations?
SSC GD 16/11/2021 (Shift-03)
(a) 3 (b) 9
(c) 8 (d) 6

12. किसी कक्षा के दो वर्ग A और B हैं, जिनमें क्रमशः 38 और 42 छात्र हैं यदि वर्ग A के छात्रों का औसत वजन 55 किग्रा और वर्ग B के छात्रों का औसत वजन 32 किग्रा है, तो कक्षा के सभी छात्रों का औसत वजन ज्ञात करें।
There are two classes A and B of a class which have 38 and 42 students respec-tively. If the average weight of the students of class A is 55 kg and that of the students of class B is 32 kg, then find the average weight of all the students of the class.
SSC GD 16/11/2021 (Shift-02)
(a) 42 kg (b) 40.925 kg
(c) 42.925 kg (d) 44.925 kg

13. वर्ष 2001, 2002, 2003 और 2004 में एक इलेक्ट्रॉनिक्स दुकान की बिक्री का औसत 1850 है, और वर्ष 2002, 2003, 2004 और 2005 के लिए बिक्री का औसत 2125 है। यदि 2005 में बिक्री 1200 है, तो 2001 में बिक्री ज्ञात करें?
The average of sales of an electronics shop in the years 2001, 2002, 2003 and 2004 is 1850, and that for the years 2002, 2003, 2004 and 2005 is 2125. If the sales in 2005 are 1200, then find the sales in 2001?
SSC GD 27/01/2023 (Shift-04)
(a) 110 (b) 100
(c) 120 (d) 130

14. किसी विशेष वर्ष में विपिन का औसत मासिक व्यय पहले 4 महीनों के दौरान ₹6,250, अगले 4 महीनों के दौरान ₹6,500, और वर्ष के शेष महीनों के दौरान ₹x था। यदि वर्ष में कुल बचत ₹15,000 थी और उसका मासिक वेतन ₹9,600 है, तो x का मान ज्ञात कीजिए।
In a particular year the average monthly expenditure of Vipin was ₹6,250 during the first 4 months, ₹6,500 during the next 4 months, and ₹x during the remaining months of the year. If the total savings in the year was ₹15,000 and his monthly salary is ₹9,600, then find the value of x.
SSC GD 25/01/2023 (Shift-02)
(a) ₹12,000 (b) ₹12,750
(c) ₹13,000 (d) ₹12,300

15. विभिन्न दिनों में एक निश्चित शहर का औसत तापमान इस प्रकार है:
The average temperature of a certain city on different days is as follows:
सोमवार, मंगलवार, बुधवार और गुरुवार = 42°
Monday, Tuesday, Wednesday and Thursday = 42°
मंगलवार, बुधवार, गुरुवार और शुक्रवार = 44°
Tuesday, Wednesday, Thursday and Friday = 44°
यदि सोमवार और शुक्रवार के तापमान का अनुपात 3 : 5 है तो शुक्रवार को तापमान क्या है?
What is the temperature on Friday if the ratio of the temperature on Monday and Friday is 3 : 5?
SSC GD 27/01/2023 (Shift-03)
(a) 42° (b) 44°
(c) 20° (d) 15°

16. एक सेब, एक संतरा और एक आम की औसत कीमत 36 रुपये है। एक सेब और एक संतरे की औसत कीमत 28 रुपये है और एक संतरा और एक आम की औसत कीमत 32 रुपये है। एक संतरे की कीमत (रुपये में) है:
The average cost of an apple, an orange and a mango is Rs 36. The average cost of an apple and an orange is Rs 28 and that of an orange and a mango is Rs 32. The cost of an orange (in Rs) is:
SSC GD 13/01/2023 (Shift-04)
(a) 24 (b) 18
(c) 16 (d) 12

17. अरुण ने एक स्कूल में अंग्रेजी शिक्षक की नौकरी के लिए आवेदन किया। नौकरी के लिए टेस्ट में उन्हें बोलने में 9, सुनने में 8, लिखने में 6 और इंटरव्यू में 7 अंक मिले। अंतिम स्कोर की गणना के लिए, बोलने, सुनने, लिखने और इंटरव्यू के लिए क्रमशः 4, 3, 3 और 4 का भार सौंपा गया था। अरुण का भारित औसत स्कोर क्या है? (दो दशमलव स्थानों तक पूर्णांकित करें)
Arun applied for a job of English teacher in a school. In the test for the job, he scored 9 in speaking, 8 in listening, 6 in writing, and 7 in interview. For calculating the final score, weights of 4, 3, 3 and 4 were assigned to speaking, listening, writing and interview respectively. What is the weighted average score of Arun? (Round off to two decimal places)
SSC GD 27/01/2023 (Shift-02)
(a) 7.75 (b) 6.95
(c) 7.57 (d) 7.45

18. एक कारखाने में सभी श्रमिकों का औसत वेतन 3,000 रुपये है। इन कर्मचारियों में 12 उच्च अधिकारी हैं और इनका औसत वेतन 12,000 रुपये है. शेष श्रमिकों का औसत वेतन 2,500 रुपये है। श्रमिकों की कुल संख्या .... है।
The average salary of all the workers in a factory is Rs 3,000. Among these workers, there are 12 higher officers and their average salary is Rs 12,000. The average salary of the remaining workers is Rs 2,500. The total number of the workers is ______.
SSC GD 13/01/2023 (Shift-03)
(a) 200 (b) 204
(c) 216 (d) 228

19. केवल लड़कों और लड़कियों की एक कक्षा में, लड़कियों की संख्या लड़कों की संख्या से आधी है और लड़कियों के औसत अंक लड़कों के औसत अंकों से दोगुने हैं। यदि कक्षा का औसत अंक 56 हैं, तो लड़कों का औसत अंक क्या हैं?
In a class of only boys and girls, the number of girl is half the number of boys and the average marks of girls are double of the average marks of boys. If the average marks of the class are 56, then what are the average marks of boys?
SSC GD 09/02/2023 (Shift-04)
(a) 40 (b) 42
(c) 44 (d) 38

20. एक दुकानदार फलों का एक उपहार पैकेट बेच रहा है जिसमें वह सेब और आम मिला रहा है। पैकेट में औसतन 100 रुपये प्रति किलोग्राम की दर से कुल 12 किलोग्राम फल हैं। पैकेट में 90 रुपये प्रति किलो की दर से 8 किलो सेब हैं, जबकि X रुपये प्रति किलो की दर से 4 किलो आम हैं. X का मान ज्ञात करें।
A shopkeeper is selling a gift packet of fruits in which he is mixing apples and mangoes. The packet contains total of 12 kg fruits at an average rate of Rs.100 per kg. In the packet there are 8 kg of apples at the rate of Rs.90 per kg, while there are 4 kg of mangoes at the rate of Rs.X per kg. Find the value of 'X'.
नोट: पैकिंग के लिए अन्य सभी शुल्कों को नजरअंदाज किया जाएगा।
Note: All other charges are to be ignored for packing.
SSC GD 07/02/2023 (Shift-02)
(a) 95 (b) 100
(c) 120 (d) 110

21. 25 छात्रों की एक कक्षा के भूगोल परीक्षा में औसत अंक 64 हैं। यदि तीन छात्रों के वास्तविक अंक 54, 64 और 67 के बजाय क्रमशः 44, 46 और 61 के रूप में पढ़े गए थे, तो सही औसत ज्ञात करें
The average marks in geography exam of a class of 25 students are 64. If the marks of three students were misread as 44, 46 and 61 in lieu of the actual marks 54, 64 and 67 respectively, then find the correct average
SSC GD 01/02/2023 (Shift-03)
(a) 65.45 (b) 65.36
(c) 64.55 (d) 64.54

22. छः संख्याओं A, B, C, D, E और F का औसत 58 है। यदि पहली संख्या A, संख्याओं B और C के योग की $\frac{2}{5}$ है, और साथ ही संख्याओं D, E और F के योग के $\frac{3}{4}$ के भी बराबर है, तो B और C के योग का मान कितना है?
The average of six numbers A, B, C, D, E and F is 58. If the first number A is $\frac{2}{5}$ of the sum of the numbers B and C, and also 3/4 of the sum of the numbers D, E and F, then what is the value of the sum of B and C?
SSC GD 18/11/2021 (Shift-01)
(a) 360 (b) 240
(c) 116 (d) 180

23. छह संख्याओं A, B, C, D, E और F में से, पहली पांच संख्याओं A, B, C, D और E का औसत, अंतिम पांच संख्याओं B, C, D, E और F के औसत से 26 अधिक है। A और F के बीच का अंतर ज्ञात करें।
Out of six numbers A, B, C, D, E and F, the average of first five numbers A, B, C, D and E is 26 more than the average of last five numbers B, C, D, E and F. Find the difference between A and F.
SSC GD 22/11/2021 (Shift-03)
(a) 125 (b) 140
(c) 120 (d) 130

24. 10 और 20 के बीच 3 के पहले तीन गुणजों के औसत और 4 के पहले 2 गुणजों के औसत के बीच का अंतर ज्ञात करें।
Find the difference between the average of the first three multiples of 3 and the average of the first 2 multiples of 4 between 10 and 20.
SSC GD 25/11/2021 (Shift-03)
(a) 2 (b) 4
(c) 3 (d) 1

25. एक समूह में 56 छात्रों का औसत वजन 55 किग्रा है। यदि 60 किग्रा औसत वजन वाले 12 छात्र इस समूह से निकल जाते हैं और 52.5 किग्रा औसत वजन वाले 6 छात्र इस समूह में शामिल हो जाते हैं, तो समूह में शेष बचे छात्रों के औसत वजन में हुई कमी ज्ञात कीजिए ।
The average weight of 56 students in a group is 55 kg. If 12 students with an average weight of 60 kg left the group and 6 students with an average weight of 52.5 kg joined the group, then find the decrease in the average weight of the remaining students in the group.
SSC GD 17/11/2021 (Shift-02)
(a) 2.5 kg (b) 1.5 kg
(c) 1.8 kg (d) 2kg

26. एक समूह में कुछ व्यक्तियों का औसत वजन 70 किग्रा है। जब 60 किग्रा औसत वजन वाले 15 व्यक्ति इस समूह को छोड़कर चले जाते हैं या 87.5 किग्रा औसत वजन वाले 15 व्यक्ति इस समूह में शामिल होते हैं, तो दोनों ही स्थितियों में समूह में व्यक्तियों का औसत वजन बराबर रहता है। आरंभ में इस समूह में कितने सदस्य थे?

The average weight of some individuals in a group is 70 kg. When 15 persons with an average weight of 60 kg leave the group or 15 persons with an average weight of 87.5 kg join the group, the average weight of the individuals in the group remains the same in both the cases. How many members were there in this group in the beginning?

SSC GD 25/11/2021 (Shift-02)

(a) 65 (b) 45
(c) 35 (d) 55

27. 30 पुरुषों की औसत आयु 25 वर्ष है। 30 वर्ष की औसत आयु के 5 नए पुरुष उनके साथ जुड़ गए। सभी पुरुषों की एक साथ औसत आयु ज्ञात कीजिए।

The average age of 30 men is 25 years. 5 new men of an average age of 30 years joined them. Find the average age of all the men put together.

SSC GD 13/02/2023 (Shift-04)

(a) $26\frac{5}{7}$ वर्ष (b) $27\frac{5}{7}$ वर्ष
(c) $25\frac{5}{7}$ वर्ष (d) $28\frac{5}{7}$ वर्ष

28. निम्नलिखित तालिका के आधार पर दिए गए 6 महीनों में इकाई में निर्मित पेंचों की औसत संख्या क्या है?

Based on the following table, what is the average number of screws manufactured in the unit in given 6 months?

Months	No. of screws manufactured
January	200
February	300
March	250
April	250
May	250
June	250

Group-D 28/09/2018 (Shift-02)

(a) 300 (b) 200
(c) 250 (d) 150

29. दो फुटबॉल टीम, टीम A और टीम B एक टूर्नामेंट में खेले और छह मैचों में किए गए लक्ष्य निम्नलिखित हैं।

Two football teams, team A and team B played in a tournament and following are the goals done in six matches.

Play	Goal by Team A	Goal by Team B
Kesue 1	2	3
Kesue 2	1	0
Kesue 3	0	1
Kesue 4	4	5
Kesue 5	3	2
Kesue 6	2	1

औसत लक्ष्यों के आधार पर, हम क्या भ्रम पैदा कर सकते हैं?

Based on average targets, what confusion we can derive?

Group-D 26/09/2018 (Shift-03)

(a) टीम A और B का औसत अंक बराबर है।
(b) टीम A का औसत अंक टीम B की तुलना में अधिक है।
(c) टीम A और टीम B का औसत अंक कम है।
(d) टीम B का औसत अंक टीम A की तुलना में अधिक है।

30. दो संख्याओं का औसत XY है। यदि एक संख्या X है, तो दूसरी संख्या है:

The average of two numbers is XY. If one number is X, the other is:

(a) $\frac{Y}{2}$ (b) Y
(c) 2XY – X (d) X(Y – 1)

31. निम्नलिखित प्रश्न को पढ़ें और निर्णय लें कि दिए गए कथनों में से कौन सा/से पर्याप्त है/हैं:

Read the following question and decide which of the given statments is/are sufficient :

सवाल/Question:

x, y, z के औसत अंक 180 हैं। x के अंक क्या हैं?

The average marks of x, y, z is 180. What is x's marks?

कथन/Statements :

1. y और z मिलकर 50 अंक प्राप्त करते है।
y and z together score 50 marks.
2. x और z मिलकर 60 अंक प्राप्त करते है।
x and z together score 60 marks.

RRB ALP & TECH 30/08/2018 (Shift-02)

(a) 1 अकेला पर्याप्त है जबकि 2 अकेला पर्याप्त नहीं है
(b) या तो 1 या 2 पर्याप्त है
(c) 1 और 2 दोनों मिलकर पर्याप्त हैं
(d) 2 अकेले पर्याप्त हैं जबकि 1 अकेला पर्याप्त नहीं है

32. a, 11, 23 और 17 का औसत 15 है और a, b, 12 और 25 का औसत 16 है। $\frac{a}{b}$ का मान है।

The average of a, 11, 23 and 17 is 15 and the average of a, b, 12 and 25 is 16. The value of $\frac{a}{b}$ is:

NTPC CBT-1 24/07/2021 (Shift-02)

(a) $\frac{3}{4}$ (b) $\frac{1}{3}$
(c) $\frac{2}{3}$ (d) $\frac{1}{2}$

33. आरोही $\frac{4}{7},\frac{1}{3},\frac{2}{5},\frac{5}{7}$ क्रम में व्यवस्थित की गई मध्य दो परिमेय संख्याओं का औसत है:

The average of the middle two rational numbers of $\frac{4}{7},\frac{1}{3},\frac{2}{5},\frac{5}{7}$ are arranged in ascending order is:

NTPC CBT-1 28/02/2016 (Shift-01)

(a) $\frac{86}{90}$ (b) $\frac{43}{45}$
(c) $\frac{43}{90}$ (d) $\frac{17}{35}$

34. 5 लोगों के समूह में पहले तीन और अंतिम दो की औसत आयु का अनुपात 9 : 7 है। यदि उनकी आयु का अंतर 12 है, तो सभी पाँचों की औसत आयु क्या होगी?

In a group of 5 people the ratio of the average age of first three and the last two is 9 : 7. If the difference of their age is 12, then what will be the average age of all the five?

Group-D 03/10/2018 (Shift-02)

(a) 46.8 (b) 49.2
(c) 48.4 (d) 64.8

35. यदि a_1, a_2, a_3 और a_4 का औसत 19.5 है, $a_1 = 21$ है और a_1, a_2 और a_3 का औसत a_2, a_3 और a_4 के औसत के बराबर है, तो a_4 का मान क्या होगा?

If the average of a_1, a_2, a_3 and a_4 is 19.5, $a_1 = 21$ and the average of a_1, a_2 and a_3 is equal to the average of a_2, a_3 and a_4, then what will be the value of a_4?

NTPC CBT-1 17/01/2021 (Shift-01)

(a) 25 (b) 21
(c) 18 (d) 20

36. 25 बैग का औसत वजन 55 किलो है। एक बैग के वजन को 56 के बजाय 65 के रूप में गलत तरीके से पढ़ा गया था। सही माध्य ज्ञात कीजिए।

The average weight of 25 bags is 55 kg. The weight of one bag was misread as 65 instead of 56. Find the correct mean.

(a) 54.64 (b) 55.36
(c) 55.25 (d) 55.65

37. 10 प्रेक्षणों का माध्य 25 है। जाँच करने पर यह पाया गया कि दो प्रेक्षणों को 6 और 9 के रूप में गलत तरीके से कॉपी किया गया था। यदि गलत अवलोकनों का सही मान 4 और 5 द्वारा प्रतिस्थापित किया जाता है, तो सही माध्य होगा–

The mean of 10 observations is 25. On checking, it was found that two of the observations were wrongly copied as 6 and 9. If the wrong observations are replaced by correct values 4 and 5, then the correct mean will be:

NTPC CBT-1 16/02/2021 (Shift-01)

(a) 22.4 (b) 24.4
(c) 24.3 (d) 23.4

38. एक परीक्षा में एक कक्षा के 3 छात्रों के औसत अंक 25 में से 18 है। दो नए छात्र परीक्षा देते हैं। ऐसी न्यूनतम संख्या कितनी है जो नए छात्र द्वारा प्राप्त की जा सकती है और यह अन्य छात्रों की तुलना में कम है और अन्य 5 छात्रों का कुल औसत बढ़ाकर 20 किया जाता है।

The average mark of 3 students of a class in a test is 18 out of 25. Two new students take test. How much is such minimum marks that can be obtained by the new student who has scored less than other students and the total average of other 5 students is raised to 20.

NTPC CBT-1 06/01/2019 (Shift-02)

(a) 23 (b) 20
(c) 21 (d) 22

39. चार व्यक्तियों A, B, C तथा D का औसत भार 68 किलोग्राम है। जब एक पांचवां व्यक्ति E ग्रुप में शामिल होता है तो औसत भार 2 किलोग्राम कम हो जाता है। A के स्थान पर एक नये व्यक्ति F जिसका भार E के भार से 4 किलोग्राम अधिक है, के ग्रुप में आ जाने से औसत भार 65 किलोग्राम हो जाता है। A का भार क्या है?

Average weight of four men A, B, C, D is 68 kg. If 5th man E enters the group the average weight decreases by 2 kg. The average weight becomes 65 kg if a man F comes in place of A and whose weight is 4 kg more than weight of E. Find the weight of A.

NTPC CBT-02 09/06/2022

(a) 64 किग्रा (b) 74 किग्रा
(c) 60 किग्रा (d) 70 किग्रा

40. 10 पारियों के बाद, किसी बल्लेबाज का प्रति पारी औसत स्कोर 52 था। 12 पारियों के बाद औसत स्कोर बढ़ कर 54 हो गया। यदि बल्लेबाज ने, पिछली एक पारी की तुलना में 12वीं पारी में 16 रन अधिक बनाए हैं तो उसने 11वीं पारी में कितने रन बनाए?

After 10 innings the average score per innings of a batsman was 52. After 12 innings the average score to 54. If the batsman had scored 16 more runs in the 12th innings than in the previous one, how many runs did he score in the 11th innings?

RRB ALP & TECH 14/08/2018 (Shift-01)

(a) 55 (b) 56
(c) 54 (d) 53

41. क्रिकेटरों के एक समूह का औसत स्कोर 42 था। एक नया खिलाड़ी शामिल होता है और समूह के औसत का 250% स्कोर करता है। परिणामस्वरूप कुल औसत में 30% की वृद्धि हुई, नए खिलाड़ी से पहले समूह में क्रिकेटरों की संख्या कितनी थी?

The average score of a group of cricketers was 42. A new player joins and score 250% of the average of the group. As a result the overall average is increased by 30%. What was the number of cricketers in the group before, the new player joined?

NTPC CBT-1 22/01/2019 (Shift-02)

(a) 3 (b) 5
(c) 6 (d) 4

42. एक कक्षा में 35 छात्रों की औसत ऊंचाई 4'2" है। औसत ऊंचाई 4'10" के तीन छात्र नए खंड में चले गए जबकि कुल ऊंचाई 33'4" के 6 छात्र कक्षा में शामिल हो गए। कक्षा में छात्रों की औसत ऊंचाई अब हैं।

The average height of 35 students in a class is 4'2". Three students of average height 4'10" moved to new section while 6 students of total height 33'4" joined the class. The average height of the students in the class is now.

(a) 4'6" (b) 5'
(c) 4'4" (d) 4'9"

43. 10 छात्रों के समूह के प्राप्तांकों का औसत 20 है। यदि समूह में से एक छात्र निकल जाये तो शेष समूह का औसत बढ़कर 21 हो जाता है। पुन: एक छात्र के शामिल होने पर प्राप्तांकों का औसत घटकर 20.6 हो जाता है। समूह से बाहर गए छात्र और समूह में नए शामिल छात्र के प्राप्तांक का औसत क्या है?

The average marks obtained by a group of 10 students were 20. One student left the group as a result of which the average of the remaining students rose to 21. But another student joined, as a result of which the average marks of the group dropped a bit and became 20.6. What were the average marks obtained by the student who left and the one who joined?

RRB ALP & TECH 17/08/2018 (Shift-03)

(a) 14 (b) 16
(c) 15 (d) 13

44. एक कॉलेज G_1, G_2 और G_3 के तीन समूहों के छात्रों की संख्या क्रमश: 20, 40 और 60 है। समूह G_1, G_2 और G_3 द्वारा प्राप्त औसत अंक 50% 60% और 70% है कॉलेज के सभी छात्रों के औसत अंक क्या हैं?

The number of students of three groups of a college G_1, G_2 and G_3 is 20, 40 and 60 respectively. The average marks obtained by group G_1, G_2 and G_3 is 50%, 60% and 70% what is the average marks of all the students of the college?

Group-D 03/10/2018 (Shift-02)

(a) 62% (b) 61%
(c) 60% (d) 63%

45. चार क्रमागत विषम संख्याओं का योगफल 160 है, सबसे छोटी संख्या ज्ञात कीजिए।

The sum of four consecutive odd numbers is 160, find the smallest number.

NTPC CBT-1 10/01/2021 (Shift-01)

(a) 39 (b) 35
(c) 37 (d) 41

46. लगातार सात संख्याओं के अनुक्रम पर विचार करें। यदि प्रथम पाँच संख्याओं का औसत z है, तो अंतिम तीन संख्याओं का औसत ज्ञात कीजिए।

Consider a sequence of seven consecutive numbers. If the average of the first five numbers is z, then find the average of the last three numbers.

NTPC CBT-02 16/06/2022 (Shift-02)

(a) z + 5 (b) z + 1
(c) z + 7 (d) z + 3

47. 5 क्रमागत संख्याओं का औसत 50 है। सबसे बड़ी और सबसे छोटी संख्या के गुणनफल का चौथी और दूसरी संख्या के गुणनफल से क्या अंतर है?

The average of 5 consecutive numbers is 50. What is the difference of the products of the largest and smallest number to the product of fourth and second number?

NTPC CBT-1 27/04/2016 (Shift-01)

(a) 3 (b) –3
(c) 0 (d) 10

48. 7 के प्रथम 20 गुणजों का औसत ज्ञात कीजिए।

Find the average of first 20 multiples of 7

NTPC CBT-1 03/04/2016 (Shift-03)

(a) 66.5 (b) 67.5
(c) 73.5 (d) 74.5

49. पहली सौ प्राकृतिक संख्याओं का औसत क्या है?

What is the mean of first hundred natural numbers?

RRB ALP & TECH 14/08/2018 (Shift-02)

(a) 50 (b) 50.5
(c) 51.5 (d) 51

50. पहली 1947 सम संख्याओं का औसत क्या है?

What is the average of first 1947 even numbers?

Group-D 21/02/2016

(a) 1948 (b) 1
(c) 1947 (d) 325

51. 3 क्रमागत प्राकृत संख्याओं (जो बढ़ते क्रम में हैं) का औसत K है। यदि दो और क्रमागत संख्याओं को पहले सेट के ठीक आगे जोड़ दिया जाता है, फिर नया औसत बन जाएगा:

The average of 3 consecutive natural numbers (which are in increasing order) is K. If two more consecutive numbers just next to the first set of numbers are added, then the new average will become;

NTPC CBT-1 24/07/2021 (Shift-02)

(a) $\frac{2K+1}{2}$ (b) K + 1
(c) 2K – 1 (d) K + 2

52. P, Q तथा R का औसत भार 58 किग्रा है। यदि P और Q का औसत भार 54 किग्रा तथा Q और R का औसत भार 48 किग्रा है, तो Q का भार ज्ञात कीजिए।

The average weight of P, Q and R is 58 kg. If the average weight of P and Q is 54 kg and that of Q and R is 48 kg, then find the weight of Q.

NTPC CBT-1 04/01/2021 (Shift-02)

(a) 28 किग्रा (b) 32 किग्रा
(c) 30 किग्रा (d) 26 किग्रा

53. 81 परिणामों का औसत 54 है। यदि पहले 59 परिणामों का औसत 52 है और अंतिम 21 परिणामों का औसत 60 है, तो 60 वें परिणाम की गणना करें?

Average of 81 results is 54. If the average of first 59 results is 52 and last 21 result is 60, then calculate the 60th result?

Group-D 11/12/2018 (Shift-01)

(a) 52 (b) 60
(c) 46 (d) 62

54. 25 संख्याओं का औसत 55 है। पहली 11 संख्याओं का औसत 51 है और अंतिम 10 संख्याओं का औसत 56 है। दी गई 25 संख्याओं में से 66, 70 और शेष 4 संख्याओं का औसत क्या है?

The average of 25 numbers is 55. The average of first 11 numbers is 51 and the average of last 10 numbers is 56. What is the average of 66, 70 and the remaining 4 numbers out of given 25 numbers?

NTPC CBT-02 15/06/2022 (Shift-02)

(a) 68 (b) 65
(c) 66 (d) 64

55. किसी कक्षा में 9 छात्र और कुछ छात्राएं हैं। किसी परीक्षा में छात्रों के प्राप्तांकों का औसत 12 है और छात्राओं के प्राप्तांकों का औसत 14 है। यदि सभी छात्रों के कुल प्राप्तांकों का औसत 13.1 हो तो कक्षा में कुल छात्रों की संख्या क्या थी ?

In a class, there were 9 boys and some girls. In a lest the mean score obtained by the boys was 12 while that obtained by the girls was 14. If the overall average was 13.1, what was the total number of students in the class?

RRB ALP & TECH 09/08/2018 (Shift-01)

(a) 19 (b) 22
(c) 20 (d) 21

56. एक कक्षा में r लड़कों की औसत आयु a वर्ष है। यदि उनमें से s की औसत आयु b वर्ष है। तो शेष लड़कों की औसत आयु है।

The average age of r boys in a class is a years. If the average age of s of them is b years then the average age of the remaining boys is:

(a) $\frac{(ra - sb)}{(r - s)}$

(b) $\frac{(sa - rb)}{(r - s)}$

(c) $\frac{(ra + sb)}{(r - s)}$

(d) $\frac{(ra - sb)}{(r + s)}$

57. रविवार को पुस्तकालय में औसतन 510 और अन्य दिनों में 240 आगंतुक आते हैं। रविवार से शुरू होने वाले 30 दिनों के महीने में प्रतिदिन -आगंतुकों की औसत संख्या है।

A library has an average of 510 visitors on Sundays and 240 on other days. The average number of visitors per day in a month of 30 days beginning with a Sunday is.

(a) 250
(b) 276
(c) 280
(d) 285

58. एक छात्र ने पांच अनिवार्य विषयों में 60% औसत अंक प्राप्त किए। उसे दो वैकल्पिक विषयों में से प्रत्येक में समान अंक मिले और यदि इन दोनों विषयों के अंकों को अनिवार्य विषयों के अंकों में जोड़ दिया जाए तो अंकों का औसत 4% कम हो जाता है। प्रत्येक वैकल्पिक विषय में उसे कितने प्रतिशत अंक प्राप्त हुए?

A student got 60% average marks in five compulsory subjects. He got equal marks in each of the two optional subjects and if the marks of these two subjects are added to the marks of the compulsory subjects the average of marks is reduced by 4%. What percentage of marks did he get in each of the optional subjects?

(a) 46% (b) 50%
(c) 52% (d) 56%

ANSWER KEY

1.(c)	2.(a)	3.(b)	4.(d)	5.(c)	6.(b)	7.(a)	8.(a)	9.(d)	10.(b)
11.(c)	12.(c)	13.(b)	14.(d)	15.(c)	16.(d)	17.(c)	18.(d)	19.(b)	20.(c)
21.(b)	22.(d)	23.(d)	24.(d)	25.(b)	26.(d)	27.(c)	28.(c)	29.(a)	30.(c)
31.(a)	32.(d)	33.(d)	34.(b)	35.(b)	36.(a)	37.(b)	38.(c)	39.(b)	40.(b)
41.(d)	42.(c)	43.(a)	44.(d)	45.(c)	46.(d)	47.(a)	48.(c)	49.(b)	50.(a)
51.(b)	52.(c)	53.(c)	54.(b)	55.(c)	56.(a)	57.(d)	58.(a)		

SOLUTIONS

1. (c) माना महिला कर्मचारी की औसत उत्पादकता = x

पुरूष		महिला		पुरूष + महिला
519	:	519	=	1038
1	:	1	=	2
69	:	x	=	69
69		x	=	138

$69 + x = 138$

$\Rightarrow x = 69$

2. (a) 4 कड़ों का औसत भार = 43 gm

बाकी 6 कड़ों का औसत भार = 44 gm

सभी का कुल भार = 4 × 43 + 6 × 44

= 172 + 264 = 436

अत: सभी कड़ों का औसत भार

$= \frac{436}{10} = 43.6$ gm

वैकल्पिक विधि:

कुल औसत भार

$= 44 + \frac{(43-44)\times 4}{10}$

$= 44 - \frac{1\times 4}{10} = 43.6$

3. (b) माना, समबाहु त्रिभुज की भुजा की दूरी = 120 km

तब पहली भुजा में लगा समय

$= \frac{120}{20} = 6$ घंटे

इसी प्रकार, दूसरी भुजा में लगा समय

$= \frac{120}{24} = 5$ घंटे

तीसरी भुजा में लगा समय $= \frac{120}{30}$

= 4 घंटे

तब कुल दूरी = 120 × 3 = 360

कुल समय = 6 + 5 + 4 = 15

तब औसत गति $= \frac{360}{15} = 24$ km/h

वैकल्पिक विधि:

औसत चाल $= \frac{\text{कुल दूरी}}{\text{कुल समय}}$

$= \frac{1+1+1}{\frac{1}{20}+\frac{1}{24}+\frac{1}{30}} = \frac{3}{\frac{1\times 6+1\times 5+1\times 4}{120}}$

$= \frac{3\times 120}{15} = 24$ km/h

4. (d) प्रथम पद (a) = 45

अंतिम पद (l) = 57

समानांतर श्रेणी (A.P.) का औसत

$= \frac{a+l}{2} = \frac{45+57}{2} = \frac{102}{2} = 51$

5. (c) वित्तीय वर्ष की पहली तिमाही में कंपनी का व्यय = 43500

वित्तीय वर्ष की दूसरी तिमाही में कंपनी का व्यय = 46500

वित्तीय वर्ष की तीसरी तिमाही में कंपनी का व्यय = 57600

9 महीने तक कुल खर्च

= 43500 + 46500 +57600

= 147600

प्रश्न के अनुसार,

दिए गए वित्तीय वर्ष में कुल व्यय

= 54075 × 4 = 216300

वित्तीय वर्ष की अंतिम तिमाही में कंपनी का व्यय

= 216300 – 147600 = 68700

वैकल्पिक विधि:

1st तिमाही	2nd तिमाही	3rd तिमाही	4th तिमाही
↓	↓	↓	↓
43500	46500	57600	x

4th तिमाही औसत = 54075 + (54075 – 43500 + 54075 – 46500 + 54075 – 57600)

= (54075 + 10575 + 7575 – 3525) = 68700

6. (b) जब दौड़ के दोनों हिस्से बराबर हों।

तब औसत गति $= \frac{2xy}{x+y}$

$= \frac{2\times 440\times 660}{(440+660)} = \frac{2\times 440\times 660}{1100}$

= 528

7. (a) 4 परीक्षाओं के औसत अंक = 80

अत: योग 80 × 4 = 320

3 परीक्षाओं का योग = 81 + 77 + 73 = 231

अत: चौथी परीक्षा के अंक

= 320 – 231 = 89

वैकल्पिक विधि:

माना चौथे परीक्षा का प्राप्त अंक 80 है

विचलन = 1 – 3 – 7 = – 1

यदि 9 घटा में है तो इसको compensate करने के लिए 9 को जोड़ना होगा ताकि विचलन (deviation) '0' हो जाए = 80 + 9 = 89

8. (a) 7 संख्याओं का औसत = 143

अत: योग = 7 × 143 = 1001

6 संख्याओं का योग = 6 × 143 = 858

हटाई गई संख्या = 1001 – 858 = 143

वैकल्पिक विधि:

यदि 7 संख्याओ का औसत 143 है और 1 संख्या हटाने पर भी औसत 143 ही रहता है तो इससे स्पष्ट है कि हटाई गई संख्या 143 ही होगी।

9. (d) क्रिकेट टीम का औसत = 100 kg

अत: योग = 11 × 100 = 1100 kg

कोच का वजन जोड़ने पर टीम का औसत = 101 kg

अत: योग = 101 × 12 = 1212

कोच का वजन = 1212 – 1100

= 112 kg

वैकल्पिक विधि:

औसत वजन = 100 किग्रा

(1 किग्रा सबका वजन बढ़ता है)

वजन में वृद्धि = 1 × 12 = 12 किग्रा

कोच का वजन = 100 + 12 = 112 किग्रा

10. (b) औसत = $\frac{60+200}{12+20}=\frac{260}{32}$

= Rs. 8.125

11. (c)

$(x + 2) + (x + 5) + (x + 8) + (x + 11) + (x + 14) + (x + 17) = 12.5 \times 6$

$\Rightarrow 6x + 57 = 75$

$\Rightarrow x = 3$

$\therefore (x + 2) + (x + 5) + (x + 8)$

= (3 + 2) + (3 + 5) + (3 + 8)

= 5 + 8 + 11 = 24

औसत = $\frac{24}{3}$ = 8

SMART APPROACH:-

यदि अवलोकन की संख्या सम है, तो संख्या का औसत बीच की दो संख्याओं का औसत होता है

$\frac{x+8+x+11}{2} = 12.5$

$\Rightarrow x = 3$

यदि अवलोकन की संख्या विषम है तो अवलोकन का औसत मध्य संख्या है

$\Rightarrow (x + 2), (x + 5), (x + 8) = 3 + 5 = 8$

12. (c) A : B

38 : 42 → 19 : 21

55 : 32

औसत = $32 + \frac{(55-32)\times19}{(19+21)}$

$= 32 + \frac{437}{40} = 32 + 10.925$

= 42.925

13. (b) प्रश्नानुसार,

2001, 2002, 2003, 2004 की बिक्री का योग = 1850 × 4

2002, 2003, 2004, 2005 की बिक्री का योग = 2125 × 4

⇒ 2005 में बिक्री – 2001 में बिक्री = (2125 – 1850) × 4 = 1100

⇒2001 में बिक्री = 1200 – 1100 = 100

14. (d) मासिक आय = 9600

वार्षिक आय = 9600 × 12

= 115200

वर्ष में कुल बचत = 15000

कुल खर्च = 1,00,200

$4 \times 6250 + 4 \times 6500 + 4 \times x = 1,00,200$

$\Rightarrow 25000 + 26000 + 4x = 1,00,200$

$\Rightarrow 4x = 49200$

$\Rightarrow x = 12300$

15. (c) $M + T + W + Th = 42° \times 4$

$T + W + Th + F = 44° \times 4$

$-M + F = 8°$

$\frac{M}{F} = \frac{3}{5}$

2 इकाई → 8°

5 इकाई → 20°

16. (d) A + O + M = 36 × 3 = 108

A + O = 28 × 2 = 56

M = 108 – 56 = 52

O + M = 32 × 2 = 64

संतरा (O) = 64 – 52= Rs. 12

17. (c)

	अंक (m)	भार (w)
बोलना	9	4
सुनना	8	3
लिखना	6	3
साक्षात्कार	7	4

औसतन भार = $\frac{\sum m \times w}{\sum w}$

$\frac{36+24+18+28}{14} = \frac{106}{14}$

= 7.57

18. (d) उच्च अधिकारी शेष

12000 2500

3000

500 : 9000

1 : 18

∵ 1 इकाई = 12

कुल (1 + 18) इकाई = 19 × 12 = 228

19. (b)

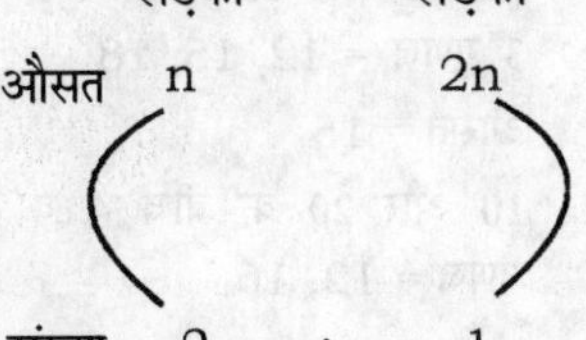

संख्या 2 : 1

$\frac{n\times2+2n\times1}{2+1} = 56$

n = 14 × 3 = 42

लड़कों का औसत (n) = 42

20. (c) 8 × 90 + 4 × X = 12 × 100

⇒ 4X = 1200 – 720

⇒ 4X = 480

⇒ X = 120

21. (b) सही औसत =

$64+\frac{(-44-46-61+54+64+67)}{25}$

$= 64 + \frac{34}{25} = 65.36$

22. (d) A, B, C, D, E, F का योग

= 58 × 6 = 348

$A = (B + C) \times \frac{2}{5}$

दिया है,

$A = (D + E + F) \times \frac{3}{4}$

$B + C = \frac{5}{2}A$

$D + E + F = \frac{4}{3}A$

$\because A + \frac{5A}{2} + \frac{4A}{3} = 348$

⇒ 6A + 15A + 8A = 348 × 6

⇒ A = 72

∴ B और C का योग = $\frac{5\times72}{2}$ = 180

23. (d)

$\frac{A+B+C+D+E}{5} - \frac{B+C+D+E+F}{5}$

= 26

$\frac{A+B+C+D+E-B-C-D-E-F}{5}$

= 26

⇒ A – F = 26 × 5 = 130

24. (d) 10 और 20 के बीच 3 के प्रथम 3 गुणज = 12, 15, 18

औसत = 15

10 और 20 के बीच 4 के प्रथम 2 गुणज = 12, 16

औसत = $\frac{12+16}{2} = 14$

अंतर = (15 – 14) = 1

25. (b) शेष विद्यार्थियों का औसतन भार

$= \frac{56\times55-12\times60+6\times52.5}{50}$

$= \frac{3080-405}{50} = \frac{2675}{50}$

= 53.5

औसत वजन में कमी = (55 – 53.5)

= 1.5 kg

26. (d) शुरुआत में सदस्यों की संख्या = x

प्रश्नानुसार,

$\frac{(70-60)\times15}{x-15} = \frac{(87.5-70)\times15}{x+15}$

$\Rightarrow \frac{10\times15}{x-15} = \frac{17.5\times15}{x+15}$

$\Rightarrow 7.5x = 412.5$

$\Rightarrow x = 55$

27. (c) सभी पुरूषों का औसत = 25 + $\frac{(30-25)\times5}{(30+5)} = 25 + \frac{25}{35}$

$= 25\frac{5}{7}$ वर्ष

28. (c) पेंचों की औसत संख्या

$= \frac{200+300+250+250+250+250}{6}$

$= \frac{1500}{6} = 250$

29. (a) टीम A का औसत स्कोर

$= \frac{2+1+0+4+3+2}{6} = \frac{12}{6} = 2$

टीम B का औसत स्कोर

$= \frac{3+0+1+5+1+2}{6} = \frac{12}{6} = 2$

टीम A और टीम B का औसत स्कोर बराबर है।

30. (c) माना कि दूसरी संख्या a है।

प्रश्नानुसार,

$\frac{X+a}{2} = XY$

a = 2XY – X

31. (a) $\frac{x+y+z}{3} = 180$

$x + y + z = 540$ ......(i)

x के अंक के लिए

कथन 1 से

y + z = 50 ...... (ii)

समीकरण (i) – समीकरण (ii)

$x - 540 - 50$

$x = 490$

कथन 2 से

$x + z = 60$ ..... (iii)

समीकरण (i) – समीकरण (iii)

y = 540 – 60

y = 480

अत: कथन 1 अकेले प्रश्न का उत्तर देने के लिए पर्याप्त है और कथन 2 प्रश्न का उत्तर देने के लिए पर्याप्त नहीं है।

32. (d) a, 11, 23 ,17 का औसत 15 है

a + 11 + 23 + 17 = 15 × 4

a = 9

a, b, 12, 25 का औसत 16 है

a + b + 12 + 25 = 16 × 4

a + b = 64 – 37

a + b = 27

b = 27 – a = 27 – 9 = 18

$\frac{a}{b} = \frac{9}{18} = \frac{1}{2}$

33. (d) परिमेय संख्या = $\frac{4}{7} \simeq 57.14\%$

$\frac{1}{3} \simeq 33.33\%$, $\frac{2}{5} = 40\%$

$\frac{5}{7} \simeq 71.42\%$

आरोही क्रम में व्यवस्थित की गई परिमेय संख्या = $\frac{1}{3}, \frac{2}{5}, \frac{4}{7}, \frac{5}{7}$

प्रश्नानुसार,

औसत = $\frac{\frac{2}{5}+\frac{4}{7}}{2} = \frac{14+20}{35\times2} = \frac{17}{35}$

34. (b) पहले तीन और अंतिम दो की औसत आयु का अनुपात = 9 : 7

माना तीन व्यक्तियों का औसत x और दो व्यक्तियों का औसत y है

प्रश्नानुसार,

$\frac{x}{y} = \frac{9}{7}$ ....(i)

$x - y = 12$ ....(ii)

$x = 12 + y$

समीकरण (i) में x का मान रखने पर

$\frac{y+12}{y} = \frac{9}{7}$

$\Rightarrow 7y + 84 = 9y$

$\Rightarrow y = 42$

$\therefore x = 54$

पांचो की औसत आयु

$= \frac{(54\times3)+(42\times2)}{5}$

$= \frac{246}{5} = 49.2$

35. (b) $(a_1 + a_2 + a_3 + a_4)$ का योग = 19.5 × 4 = 78

प्रश्नानुसार,

$\frac{a_1+a_2+a_3}{3} = \frac{a_2+a_3+a_4}{3}$

$a_1 = a_4$

$\because a_1 = 21$

$\therefore a_4 = 21$

36. (a) सही माध्य = $55 + \left(\frac{56-65}{25}\right)$

= 55 – 0.36 = 54.64

37. (b) सही माध्य

$= 25 + \frac{(4+5)-(6+9)}{10}$

= 25 – 0.6 = 24.4

38. (c) तीन विद्यार्थियों द्वारा प्राप्त अंकों का योग = 3 × 18 = 54

पांच विद्यार्थियों द्वारा प्राप्त अंकों का योग = 5 × 20 = 100

किसी नये छात्र द्वारा अधिकतम अंक प्राप्त किये जा सकते हैं = 25

$\therefore$ नए छात्रों में से किसी एक द्वारा प्राप्त किए जा सकने वाले न्यूनतम अंक = 100 – (54 + 25) = 21

39. (b) दिया है,
$A + B + C + D = 68 \times 4 = 272$ ....(i)
E का भार = $(68 - 2) - 4 \times 2$
= 58 किग्रा
F का भार = 4 + 58 = 62 किग्रा
अभी, $F + B + C + D = 4 \times 65$
= 260 .....(ii)
(i) – (ii)
$\Rightarrow A - F = 12$
$\Rightarrow A = 12 + 62 = 74$ किग्रा

40. (b) 10 पारियों का कुल स्कोर
$= 10 \times 52 = 520$
12 पारियों का कुल स्कोर = 12×54
= 648
माना 11वीं पारी में x रन बनाता है।
$x + x + 16 = 648 - 520$
$\Rightarrow 2x = 128 - 16$
$\Rightarrow 2x = 112 \Rightarrow x = 56$ रन
अत: बल्लेबाज 11वीं पारी में 56 रन बनाया है

41. (d) माना समूह में पहले खिलाड़ियों की संख्या = x
नए खिलाड़ी का स्कोर = $42 \times \frac{250}{100}$
= 105
नया औसत = $42 + 42 \times \frac{30}{100} = 54.6$
प्रश्नानुसार,
$\frac{42x + 105}{(x+1)} = 54.6$
$\Rightarrow 42x + 105 = 54.6x + 54.6$
$\Rightarrow 12.6x = 50.4 \Rightarrow x = 4$

42. (c) 3 विद्यार्थियों के चले जाने के बाद 32 विद्यार्थी रह जायेंगे
$\because$ 4 फीट 2 इंच = 4.17 फीट
35 विद्यार्थियों की लम्बाई का योग
$= 35 \times 4.17 \simeq 145.95$ फीट
तीन छात्रों की ऊंचाई का योग
$= 3 \times 4.83$ [$\because$ 4'10" = 4.83 फीट]
$\simeq 14.49$ फीट
6 छात्रों की कुल ऊंचाई 33 फीट 4 इंच $\simeq 33.33$ फीट है
नई कुल ऊंचाई = 145.95 – 14.49 + 33.33 फीट
$= 179.28 - 14.49 \simeq 164.79$ फीट
नई औसत ऊंचाई = $\frac{164.79}{(35 - 3 + 6)}$
$\simeq 4.33$ फीट $\simeq$ 4'4"

43. (a) 10 छात्रों का कुल प्राप्तांक = $20 \times 10 = 200$
1 छात्र के निकलने के बाद शेष छात्रों का कुल प्राप्तांक = $21 \times 9 = 189$
$\therefore$ निकले छात्र का प्राप्तांक
= 200 – 189 = 11
पुन: 1 छात्र के शामिल होने पर छात्रों का कुल प्राप्तांक = $20.6 \times 10 = 206$
$\therefore$ नये छात्र का प्राप्तांक = 206 – 189
= 17
$\therefore$ अभीष्ट औसत = $\frac{11+17}{2} = 14$

44. (d) समूहों के विद्यार्थियों का अनुपात
= 20 : 40 : 60
$G_1 : G_2 : G_3 = 1 : 2 : 3$
औसत अंक = 50% : 60% : 70%
सभी विद्यार्थियों के औसत अंक
$= \frac{50 \times 1 + 60 \times 2 + 70 \times 3}{1+2+3}$
$= \frac{380}{6} = 63.33\% \simeq 63\%$

45. (c) चार क्रमागत विषम संख्याओं का
औसत = $\frac{160}{4} = 40$
संख्याएँ = 37, 39, 41, 43
सबसे छोटी संख्या = 37

46. (d) मान लीजिए 7 क्रमागत संख्याएँ
$(x - 3)$ $(x - 2)$, $(x - 1)$, (x) $(x + 1)$, $(x + 2)$, $(x + 3)$
पहली 5 संख्याओं का औसत (z)
$= \frac{(x-3)+(x-2)+(x-1)+(x)+(x+1)}{5}$
$\Rightarrow 5x - 5 = 5z$
$\Rightarrow x - 1 = z$
$\Rightarrow x = z + 1$ ....(i)
अंतिम 3 संख्याओं का औसत
$= \frac{[(x + 1) + (x + 2) + (x + 3)]}{3}$
$= \frac{(3x + 6)}{3} = \frac{3(x + 2)}{3}$
$= x + 2 = z + 1 + 2 = z + 3$
$\therefore$अंतिम 3 संख्याओं का औसत (z + 3) है।

47. (a) माना, पहली संख्या = x
5 क्रमागत संख्या का योग = 50×5
= 250
प्रश्नानुसार,
$x + x + 1 + x + 2 + x + 3 + x + 4 = 250$
$x = \frac{250 - 10}{5} = 48$
सबसे छोटी और सबसे बड़ी संख्या का गुणनफल = $x \times (x + 4)$
= 48 (48 + 4) = 2496
चौथी और दूसरी संख्या का गुणनफल
$= (x + 1)(x + 3) = 49 \times 51$
= 2499
अंतर = 2499 – 2496 = 3

वैकल्पिक विधि:
जब क्रमागत संख्याओं की संख्या विषम है तो उनका औसत मध्य संख्या होती है।
तीसरी संख्या = 50
संख्याए = 48, 49, 50, 51, 52
सबसे छोटी और सबसे बड़ी संख्या का गुणनफल = $48 \times 52 = 2496$
चौथी और दूसरी संख्या का गुणनफल
$= 49 \times 51 = 2499$
अंतर = 2499 – 2496 = 3

48. (c) 7 के प्रथम 20 गुणजों का योग
= 7 (1 + 2 + 3 + ... + 20)
7 के प्रथम 20 गुणज का औसत
$= \frac{7(1+2+3+..........+20)}{20}$
हम जानते हैं,
अंकगणित श्रृंखला की n संख्या का योग
$= \frac{N(N+1)}{2} = \frac{7 \times 20 \times 21}{2 \times 20}$
= 73.5

49. (b) $\because$ पहली n प्राकृतिक संख्याओं का
औसत = $\left(\frac{n+1}{2}\right)$
$\therefore$ पहली 100 प्राकृतिक संख्याओं का
औसत = $\left(\frac{100+1}{2}\right) = \frac{101}{2} = 50.5$

50. (a) हमें ज्ञात है,
प्रथम n सम संख्याओं का औसत
$= \frac{n(n + 1)}{n} = (n + 1)$
$\because$ n = 1947
औसत = (1947 + 1)
औसत = 1948

51. (b) माना 3 क्रमागत प्राकृतिक संख्या x, $x + 1$, $x + 2$ है
प्रश्नानुसार,
$$\frac{x+x+1+x+2}{3} = K$$
$x = K - 1$
अगली दो संख्याए $(x + 3)$, $(x + 4)$ है
नया औसत
$$= \frac{x+x+1+x+2+x+3+x+4}{5}$$
$$= \frac{5x+10}{5} = x + 2$$
$= K - 1 + 2 = K + 1$

52. (c) P, Q तथा R का कुल वजन
$= 58 \times 3 = 174$ किग्रा.
P तथा Q का कुल वजन $= 54 \times 2 = 108$ किग्रा.
Q तथा R का कुल वजन $= 48 \times 2 = 96$ किग्रा.
R का वजन $= 174 - 108 = 66$ किग्रा.
Q का वजन $= 96 - 66 = 30$ किग्रा.

53. (c) 81 — 54) + 2 × 59 = + 118
59 — 52) −6 × 21 = −126
21 — 60
60वां रिजल्ट $= 54 + 118 - 126 = 46$

54. (b) 25 संख्याओं का योग $= 55 \times 25 = 1375$
पहली 11 संख्याओं का योग $= 51 \times 11 = 561$
अंतिम 10 संख्याओं का योग $= 56 \times 10 = 560$
शेष 4 संख्याओं का योग $= 1375 - (561 + 560) = 254$
अब, 4 संख्याओं 66 और 70 का योग $= 254 + 66 + 70 = 390$
औसत $= \frac{390}{6} = 65$

55. (c) माना कक्षा में छात्राओं की संख्या $= x$
प्रश्नानुसार-
$$\Rightarrow \frac{9\times12+x\times14}{(9+x)} = 13.1$$
$\Rightarrow 108 + 14x = 117.9 + 13.1x$
$\Rightarrow 0.9x = 9.9$
$\Rightarrow \boxed{x = 11}$
⇒ अत: कक्षा में छात्राओं की संख्या = 11
⇒ एवं कक्षा में कुल छात्रों की संख्या $= 11 + 9 = 20$

वैकल्पिक विधि:

छात्र 12, छात्राएं 14
13.1
0.9 → 9, 1.1 → (11)

छात्रो की कुल संख्या $= 9 + 11 = 20$

☆☆☆☆☆

56. (a) r लड़कों की कुल आयु = ra वर्ष
s लड़कों की कुल आयु = sb वर्ष
अत: शेष लड़कों की कुल आयु
= ra − sb
शेष लड़कों की कुल संख्या = r − s
शेष लड़कों का औसत $= \left(\frac{ra - sb}{r - s}\right)$ वर्ष

57. (d) प्रश्नानुसार,
महीने की शुरुआत रविवार से होती है, महीने में पांच रविवार होंगे।
पांच रविवारों में आंगतुको की संख्या
$= 510 \times 5 = 2550$
अन्य दिनों में आंगतुको की संख्या
$= 240 \times 25 = 6000$
औसत $= \frac{2550+6000}{30} = 285$

58. (a) माना कि प्रत्येक वैकल्पिक विषय का अंक x है।
प्रश्नानुसार,
$$\frac{5\times60+2\times x}{(5+2)} = (60 - 4)$$
$300 + 2x = 392$
$x = 46\%$

TIME & WORK
समय और कार्य
10

1. A किसी कार्य को 12 दिन में पूरा कर सकता है। B, A की तुलना में 20% कम कार्य-कुशल है। B को कार्य पूरा करने में कितने दिन का समय लगेगा?

A can do a piece of work in 12 days. B is 20% less efficient than A. In how many days will B take to complete the work?

NTPC CBT-1 28/12/2020 (Shift-02)

(a) 16 दिन (b) 18 दिन
(c) 20 दिन (d) 15 दिन

2. A किसी काम को 60 दिनों में पूर्ण कर सकता है। उसने 15 दिन काम किया और शेष काम को B ने 30 दिन में पूर्ण किया। यदि वे मिलकर काम करते है, तो कार्य .....में पूर्ण हो जाएगा।

A can do a piece of work in 60 days. He worked for 15 days and the remaining work was completed by B in 30 days. If they work together, the work will be completed in ....

NTPC CBT-1 17/01/2021 (Shift-02)

(a) 10 दिन (b) 24 दिन
(c) 25 दिन (d) 12 दिन

3. A, B के मुकाबले दोगुनी तेजी से कार्य करता है। यदि दोनों मिलकर किसी कार्य को 12 दिन में करते है, तो B अकेले उसी कार्य को पूरा करने में कितने दिन का समय लेगा?

A works twice as fast as B. If both together can do a piece of work in 12 days, then in how many days will B alone complete the same work?

NTPC CBT-1 21/01/2021 (Shift-02)

(a) 24 (b) 36
(c) 48 (d) 12

4. P और Q अलग-अलग 8 और 16 दिनों में एक काम को कर सकते हैं। उन्होंने कार्य पूर्ण होने तक एक साथ काम किया, P और Q द्वारा किए गए कार्य का अनुपात क्या है?

P and Q can do any work separately in 8 and 16 days resectively. They worked together and got the Job done when the work is done, what is the ratio of the work done by P and Q.

NTPC CBT-1 23/05/2019 (Shift-02)

(a) 2 : 5 (b) 3 : 2
(c) 2 : 1 (d) 2 : 3

5. X एक काम का $\frac{1}{4}$ भाग को 10 दिनों में कर सकता है। Y 40 दिनों में 40% काम कर सकता है और Z 13 दिनों में $\frac{1}{3}$ काम कर सकता है। तब सर्वप्रथम कौन कार्य को पूर्ण करेगा।

X can do $\frac{1}{4}$ of a work in 10 days. Y can do 40% of the work in 40 days and Z can do $\frac{1}{3}$ of the work in 13 days. who will complete the work first?

(a) X (b) Y
(c) Z (d) X and Z

6. A और B एक साथ मिलकर 12 दिन में एक तालाब खोद सकते हैं। यदि A अकेले उस तालाब को 24 दिन में खोद सकता है। ज्ञात कीजिए कि B, 1 दिन में तालाब का कितना हिस्सा खोद सकता है?

A and B together can dig a pond in 12 days. If A alone can dig the pond in 24 days. Find what part of the pond B can dig in 1 day?

NTPC CBT-1 23/01/2021 (Shift-01)

(a) $\frac{1}{4}$ (b) $\frac{1}{36}$
(c) $\frac{1}{24}$ (d) $\frac{1}{12}$

7. एक सैन्य छावनी में 425 आदमियों के लिए 30 दिन का प्रावधान था। हालांकि, 375 पुरुषों ने शिविर में भाग लिया। प्रावधान कितने समय तक चले?

In an army camp, there were provisions for 425 men for 30 days. However, 375 men attended the camp. How long did the provisions last?

NTPC CBT-1 28/01/2021 (Shift-01)

(a) 30 दिन (b) 35 दिन
(c) 34 दिन (d) 32 दिन

8. A अकेला किसी कार्य को 10 दिन में पूरा कर सकता है और B उस कार्य को 15 दिन में पूरा कर सकता है। A और B उस कार्य को 4800 रुपये में हाथ में लेते हैं। वे C की मदद से उस कार्य को 5 दिन में पूरा करते हैं। C को कितनी धनराशि भुगतान करनी होगी?

A alone can do a piece of work in 10 days and B can do that work in 15 days. A and B undertake that work for Rs 4800. They complete the work in 5 days with the help of C. How much amount will C have to pay?

NTPC CBT-1 08/01/2021 (Shift-02)

(a) 1,200 रुपये (b) 800 रुपये
(c) 600 रुपये (d) 700 रुपये

9. A एक कार्य को 24 दिनों में पूरा कर सकता है। उसने 21 दिनों तक कार्य किया और फिर B ने शेष कार्य को 5 दिनों में समाप्त कर दिया। A और B मिलकर उस काम को कितने दिनों में पूरा कर सकते हैं?

A can complete a piece of work in 24 days. He worked for 21 days and then B finished the remaining work in 5 days. In how many days can A and B together finish the work?

NTPC CBT-1 01/04/2021 (Shift-01)

(a) 45 दिन (b) 40 दिन
(c) 15 दिन (d) 24 दिन

10. A एक काम को अकेले 32 दिनों में कर सकती है, जबकि B के साथ मिलकर वह 24 दिनों में काम कर सकती है। यदि C अकेला उस काम को 64 दिनों में कर सकता है, तो B और C मिलकर उस काम को कितने दिनों में कर सकते हैं?

A can do a piece of work alone in 32 days, while together with B she can do the work in 24 days. If C alone can do the work in 64 days, in how many days can B and C together do the work?

NTPC CBT-1 10/10/2021 (Shift-02)

(a) $38\frac{2}{5}$ दिन (b) $38\frac{3}{5}$ दिन
(c) $37\frac{4}{5}$ दिन (d) $38\frac{4}{5}$ दिन

11. A और B एक साथ मिलकर किसी कार्य को 30 दिनों में कर सकते हैं। B और C एक साथ मिलकर उसी कार्य को 40 दिनों में पूरा कर सकते है जबकि C और A एक साथ मिलकर उसी कार्य को 60 दिनों में पूरा कर सकते हैं। उन्हें एक साथ मिलकर इस कार्य को करने में कितना समय लगेगा?

A and B working together can do a piece of work in 30 days. B and C together can complete the same work in 40 days while C and A together can complete the same work in 60 days. How much time will they take together to complete the work?

NTPC CBT-1 03/04/2021 (Shift-02)

(a) $28\frac{2}{3}$ (b) $23\frac{2}{3}$
(c) $24\frac{2}{3}$ (d) $26\frac{2}{3}$

12. 14 व्यक्ति, 12 दिन में एक दीवार का निर्माण कर सकते हैं। 7 व्यक्तियों का एक अन्य समूह, जिसमें में प्रत्येक व्यक्ति, पहले समूह के व्यक्तियों की तुलना में केवल एक चौथाई कुशल है, इस दीवार के निर्माण कार्य को दिन में पूरा कर लेंगे?

14 men can build a wall in 12 days. Another group of 7 persons, each of whom is only one fourth as efficient as the persons of the first group, will complete the construction of this wall in how many days?

NTPC CBT-1 31/01/2021 (Shift-01)

(a) 96 दिन (b) 108 दिन
(c) 120 दिन (d) 84 दिन

13. 8 लड़के और 12 लड़कियां मिलकर एक प्रोजेक्ट का काम 5 दिनों में पूरा कर सकते हैं। यदि एक लड़के को अकेले उसी प्रोजेक्ट को पूरा करने में 50 दिन लगते हैं, तो उसी प्रोजेक्ट को पूरा करने के लिए अकेले एक लड़की को कितने दिनों की आवश्यकता होगी?

8 boys and 12 girls together can finish a project work in 5 days. If it takes 50 days for one boy alone to finish the same project, how many days are required for one girl alone to complete the same project work?

NTPC CBT-1 15/02/2021 (Shift-02)

(a) 150 (b) 275
(c) 300 (d) 200

14. A प्रतिदिन 5 घंटे कार्य करके एक कार्य को 8 दिन में पूरा कर सकता है और B प्रतिदिन 6 घंटे कार्य करके उसी कार्य को 10 दिन में पूरा कर सकता है। वे दोनों एक साथ मिलकर प्रतिदिन 8 घंटे कार्य करते हुए उसी कार्य को कितने समय में पूरा कर लेंगे?

A working 5 hours a day can complete a piece of work in 8 days and B working 6 hours a day can complete the same work in 10 days. In how much time will they together complete the same work working 8 hours a day?

NTPC CBT-1 23/01/2021 (Shift-02)

(a) 6 दिन (b) 3 दिन
(c) 4.5 दिन (d) 5 दिन

15. 10 पुरुष एक कार्य को 18 दिनों में पूरा कर सकते हैं। 6 दिनों के बाद, 5 और पुरुष जुड़ते हैं। शेष कार्य कितने दिनों में पूरा होगा?

10 men can complete a task in 18 days. After 6 days, 5 more men join. In how many days the remaining work will be completed?

NTPC CBT-1 03/02/2021 (Shift-01)

(a) 6 (b) 12
(c) 10 (d) 8

16. A, B और C किसी कार्य को 5 दिन में पूरा कर सकते हैं। B, C और D उसी कार्य को 10 दिन में पूरा कर सकते हैं। C, D और A उसी कार्य को 15 दिन में पूरा कर सकते हैं और D, A और B उसी कार्य को 30 दिन में पूरा कर सकते हैं। A, B, C और D मिलकर उसी कार्य को कितने दिन में पूरा करेंगे?

A, B and C can do a piece of work in 5 days. B, C and D can complete the same work in 10 days. C, D and A can complete the same work in 15 days and D, A and B can complete the same work in 30 days. In how many days will A, B, C and D together complete the same work?

NTPC CBT-1 29/12/2020 (Shift-01)

(a) $8\frac{1}{2}$ दिन (b) $7\frac{1}{2}$ दिन
(c) 8 दिन (d) 7 दिन

17. श्रद्धा और मयूरी एक साथ काम करते हुए 45 दिनों में एक काम पूरा कर सकते हैं। हालांकि, मयूरी अकेले काम करती है और एक तिहाई काम पूरा करने पर चली जाती है और फिर श्रद्धा बाकी काम खुद ही खत्म कर लेती है। नतीजतन, दोनों 104 दिनों में काम पूरा करने में सक्षम हैं। अगर मयूरी उससे तेज काम करती है। तो श्रद्धा अकेले काम को कितने दिनों में पूरा कर पाएगी?

Working together, Shardha and Mayuri can complete a work in 45 days. However, Mayuri works alone and goes away on completion of one third of the work and then Shardha finishes the remaining work herself. As a result, both are able to complete the work in 104 days. If Mayuri work faster than her. So in how many days Shardha will be able to complete the work alone?

Group-D 28/09/2018 (Shift-03)

(a) 72 (b) 60
(c) 240 (d) 120

18. सैंड्रा और मयूरी एक साथ एक का काम को 60 दिनों में पूरा कर सकते है। हालांकि मयूरी अकेले काम करती है और एक तिहाई काम पूरा करने के बाद चली जाती है और सैंड्रा फिर बाकी काम अकेले खत्म करती है। इस प्रकार, दोनों ने 150 दिनों में कार्य पूरा किया यदि मयूरी ने सैंड्रा की तुलना में तेजी से काम किया, तो सैंड्रा अकेले उस काम को कितने दिनों में कर सकती थी?

Sandra and Mayuri can work together and complete a task in 60 days. Although Mayuri works alone and leaves after completing one third of the work and Sandra then finishes the remaining work alone. Thus, both of them completed the work in 150 days: If Mayuri worked faster, than Sandra in how many days Sandra could do that work alone?

Group-D 06/12/2018 (Shift-03)

(a) 240 (b) 180
(c) 165 (d) 225

19. A और B एक काम को 45 घंटे में कर सकते हैं। यदि A अकेले कार्य करता है और कार्य का $\frac{3}{8}$ भाग पूरा करता है, तो शेष कार्य B द्वारा किया जाता है। कार्य को पूरा करने में कुल 102 दिन लगते हैं। A उस कार्य को कितने दिनों में पूरा करेगा, जो उन दोनों के बीच अकेले कार्य को पूरा करने के लिए अधिक कुशल है?

A and B can do a work in 45 hours. If A works alone and completes the $\frac{3}{8}$ part of the work, then leaves the remaining work to .be done by B. It takes a total of 102 days to complete the work. In how many days A will complete the work, which is more efficient between them to complete the work alone?

Group-D 05/12/2018 (Shift-02)

(a) 170 (b) 96
(c) 72 (d) 120

20. A और B एक काम को 12 दिनों में पूरा कर सकते हैं। हालांकि अकेले A ने $\frac{1}{5}$ काम पूरा किया और काम छोड़ दिया। फिर B अकेले कार्य करना शुरू करता है और शेष कार्य को पूरा करता है। काम पूरा होने में कुल 22 दिन लगते हैं। यदि B, A से अधिक कुशल है, तो B ने अकेले कार्य को पूरा करने में कितने दिन का समय लिया?

A and B can complete a work in 12 days. Although alone A completed $\frac{1}{5}$ of the work and left the work. Then B started working alone and completed the remaining work. The work take a total of 22 days to complete. If B is more efficient than A, how many days did B take to complete the work alone?

Group-D 12/11/2018 (Shift-02)

(a) 16.5 (b) 15
(c) 44 (d) 20

21. एक मशीन X, 4 घंटे में 1000 बोल्ट और दूसरी मशीन Y, 12 घंटे में 1000 बोल्ट का उत्पादन कर सकती है। X और Y मशीनें एक साथ अपनी-अपनी नियत उत्पादन दर पर 1000 बोल्ट का उत्पादन कितने घंटों में कर सकती हैं?

A machine X can produce 1000 bolts in 4 hours and another machine Y can produce 1000 bolts in 12 hours. In how many hours can machines X and Y together at their respective rates of production produce 1000 bolts?

SSC GD 24/11/2021 (Shift-03)

(a) 2 (b) 4
(c) 6 (d) 3

22. A किसी कार्य को 10 दिन में पूरा कर सकता है और B उसी कार्य को 15 दिन में पूरा कर सकता है। यदि वे 5 दिन तक एक साथ मिलकर उस कार्य को करते हैं, तो कार्य का कितना भाग शेष बचेगा?

A can do a piece of work in 10 days and B can do the same work in 15 days. If they together complete the work for 5 days, then what part of the work will be left?

SSC GD 18/11/2021 (Shift-01)

(a) $\frac{1}{6}$ (b) $\frac{1}{8}$
(c) $\frac{1}{2}$ (d) $\frac{1}{3}$

23. A किसी कार्य का 2/5 भाग, 6 दिन में कर सकता है और B उसी कार्य का 30% भाग 3 दिन में कर सकता है। उन्होंने 4 दिन तक एक साथ काम किया। शेष कार्य अकेले C द्वारा 6 दिन में पूरा किया गया। B और C मिलकर मूल कार्य का 70% भाग कितने दिनों में पूरा कर सकते हैं।

A can do 2/5 part of a work in 6 days and B can do 30% of the same work in 3 days. They worked together for 4 days. The remaining work was completed by C alone in 6 days. B and C together can complete 70% of the original work in how many days.

SSC GD 16/11/2021 (Shift-02)

(a) $5\frac{1}{2}$ दिन (b) $4\frac{1}{2}$ दिन
(c) 4 दिन (d) 5 दिन

24. अरुण और आदित्य एक काम को अलग-अलग क्रमशः 8 दिन और 12 दिन में पूरा कर सकते हैं। 2 दिन अकेले काम करने के बाद, आदित्य काम छोड़ देता है, अरुण शेष काम कितने दिनों में पूरा करेगा?

Arun and Aditya can complete a piece of work separately in 8 days and 12 days, respectively. After 2 days of working alone, Aditya leaves the work, In how many days Arun will complete the remaining work?

SSC GD 13/01/2023 (Shift-04)

(a) 6 दिन (b) $7\frac{1}{3}$ दिन
(c) 7 दिन (d) $6\frac{2}{3}$ दिन

25. A, B और C एक कार्य को क्रमश: 30, 60 और 120 दिनों में पूरा कर सकते हैं। A ने काम पूरा होने से 10 दिन पहले काम छोड़ दिया और B ने काम पूरा होने से 5 दिन पहले काम छोड़ दिया। संपूर्ण कार्य को पूरा करने के लिए आवश्यक दिनों की संख्या ज्ञात कीजिए।

A, B, and C can complete a work in 30, 60, and 120 days respectively. A left the work 10 days before the work was completed and B left 5 days before the completion of the work. Find the number of days required to complete the whole work.

SSC GD 12/01/2023 (Shift-03)

(a) $\frac{170}{7}$ दिन (b) $\frac{144}{7}$ दिन
(c) $\frac{89}{7}$ दिन (d) $\frac{190}{7}$ दिन

26. M एक काम को 12 दिनों में और N 24 दिनों में कर सकता है। वे एक साथ काम करना शुरू करते हैं, लेकिन M काम पूरा होने से 6 दिन पहले काम छोड़ देता है। संपूर्ण कार्य को पूरा करने के लिए कुल दिनों की संख्या ज्ञात कीजिए?

M can do a piece of work in 12 days and N in 24 days. They begin together, but M leaves the work 6 days before the completion of the work. Find the total number of days to complete the entire work?

SSC GD 16/01/2023 (Shift-01)

(a) 10 दिन (b) 12 दिन
(c) 7 दिन (d) 6 दिन

27. P, Q और R किसी कार्य को अकेले करते हुए क्रमश: 10 दिन, 20 दिन और 30 दिन में पूरा कर सकते हैं। यदि Q और R, एक-एक दिन छोड़कर P की सहायता करते हैं, तो उस कार्य को कितनी जल्दी पूरा किया जा सकता है?

P, Q and R can complete a work in 10 days, 20 days and 30 days respectively. If Q and R help P in alternate days each, then how soon can the work be completed?

SSC GD 16/11/2021 (Shift-01)

(a) 5 दिन (b) $6\frac{1}{2}$ दिन
(c) 7 दिन (d) 9 दिन

28. A, B और C एक कार्य को क्रमश: 60, 30 और 20 दिनों में पूरा कर सकते हैं। यदि प्रत्येक पांचवें दिन B और C मिलकर उसकी सहायता करते हैं, तो A कितने दिनों में काम पूरा कर सकता है?

A, B and C can complete a work in 60, 30 and 20 days respectively. In how many days can A complete the work if he is assisted by B and C together on every fifth day?

SSC GD 17/11/2021 (Shift-03)

(a) 15 (b) 30
(c) 35 (d) 25

29. यश एक काम को 49 दिनों में कर सकता है और नमन उसी काम को 35 दिनों में कर सकता है। सौरव उसी कार्य को 7 दिनों में कर सकता है। समान कार्य को पूरा करने के लिए आवश्यक कुल दिन ज्ञात कीजिए यदि वे वैकल्पिक दिनों में कार्य करते हैं जैसे कि यश पहले दिन कार्य करता है, नमन दूसरे दिन कार्य करता है, सौरव तीसरे दिन कार्य करता है और फिर यश चौथे दिन कार्य करता है इत्यादि।

Yash can do a piece of work in 49 days and Naman can do the same work in 35 days. Saurav can do the same work in 7 days. Find the total days required to complete the same work if they work on alternate days such that Yash works on the first day, Naman works on the second day, Saurav work on the third day and then again Yash works on the fourth day and so on.

SSC GD 13/01/2023 (Shift-04)

(a) $\frac{118}{7}$ दिन (b) $\frac{116}{7}$ दिन
(c) $\frac{117}{7}$ दिन (d) $\frac{114}{7}$ दिन

30. अनु किसी कार्य को करने में बिन्नी से चार गुना कार्यकुशल है। वे एक साथ मिलकर किसी कार्य को 7 घंटे में पूरा करती हैं। अनु अकेले उसी कार्य को कितने घंटों में पूरा करेगी?

Anu is four times as efficient as Binny in doing a work. Together they can complete a work in 7 hours. In how many hours will Anu alone complete the same work?

SSC GD 16/11/2021 (Shift-01)

(a) $\frac{31}{4}$ (b) 24
(c) $\frac{35}{4}$ (d) 22

31. सोनू किसी कार्य को उतने ही समय में पूरा कर सकता है, जितने समय में मनु और राज मिलकर उस कार्य को पूरा कर सकते हैं। यदि राज अकेले इस कार्य को 30 दिन में पूरा कर सकता है और सोनू और मनु मिलकर इस कार्य को 15 दिन में पूरा कर सकते हैं, तो मनु अकेले इस कार्य को कितने दिन में पूरा कर सकता है?

Sonu can complete a work in the same amount of time as Manu and Raj together can complete that work. If Raj alone can complete the work in 30 days and Sonu and Manu together can complete the work in 15 days, then in how many days can Manu alone complete the work?

SSC GD 22/11/2021 (Shift-02)

(a) 42 दिन (b) 60 दिन
(c) 58 दिन (d) 45 दिन

32. एक निश्चित कार्य को करने के लिए, A, B और C की क्षमताओं का अनुपात 2 : 3 : 5 है। एक साथ कार्य करते हुए, वे उस कार्य को 15 दिनों में पूरा कर सकते हैं। B और C इसी कार्य के 80% हिस्से को कितने दिनों में पूरा करेंगे?

The ratio of the efficiency of A, B and C to do a certain work is 2 : 3 : 5. Working together, they can complete the work in 15 days. In how many days will B and C complete 80% of the same work?

SSC GD 25/11/2021 (Shift-02)

(a) 12 दिन (b) 15 दिन
(c) 20 दिन (d) 18 दिन

33. एक कारखाने को 144 दिनों में, एक निर्धारित संख्या में वस्तुओं के निर्माण के लिए 56 मशीनों की आवश्यकता है। उसी संख्या में वस्तुएं 96 दिनों में बनाने के लिए कितनी मशीनों की आवश्यकता होगी?

A factory requires 56 machines to manufacture a specified number of articles in 144 days. How many machines will be required to process the same number of things in 96 days?

SSC GD 17/11/2021 (Shift-01)

(a) 84 (b) 77
(c) 63 (d) 81

34. 30 व्यक्तियों ने 10 घंटे में 50 पेड़ काटे। यदि 10 आदमी काम छोड़ दें तो 15 घंटे में कितने पेड़ काटे जायेंगे?

30 men cut 50 trees in 10 h. If 10 men leave the job, how many trees will be cut in 15 h?

SSC GD 12/01/2023 (Shift-02)

(a) 50 (b) 45
(c) 55 (d) 60

35. भोजन का भंडार 315 पुरुषों के लिए 48 दिनों के लिए पर्याप्त है। यदि 45 आदमी और मिल जाएं तो भोजन का वही भंडार कितने दिनों के लिए पर्याप्त होगा?

A stock of food is enough for 315 men for 48 days. For how many days the same stock of food is enough, if 45 more men join?

SSC GD 27/01/2023 (Shift-03)

(a) 46 (b) 42
(c) 48 (d) 44

36. यदि 6 पुरुष एक कार्य को 4 दिनों में पूरा कर सकते हैं और 3 महिलाएँ उसी कार्य को 7 दिनों में पूरा कर सकती हैं, तो 8 पुरुषों और 3 महिलाओं द्वारा उसी कार्य को पूरा करने में लगने वाला समय ज्ञात कीजिए।

If 6 men can complete a work in 4 days and 3 women can complete the same work in 7 days, then find the time taken to complete same work by 8 men and 3 women.

SSC GD 27/01/2023 (Shift-02)

(a) $\frac{22}{15}$ दिन (b) $\frac{24}{13}$ दिन
(c) $\frac{25}{12}$ दिन (d) $\frac{21}{10}$ दिन

37. एक कार्य पर 15 व्यक्ति एक साथ मिलकर काम करना शुरू करते हैं, लेकिन कुछ दिनों के बाद 6 व्यक्ति काम छोड़कर चले जाते हैं। परिणामस्वरूप, जो काम 42 दिनों में पूरा हो सकता था, वह 54 दिनों में पूरा हुआ। काम शुरू होने के कितने दिनों के बाद 6 व्यक्तियों ने काम छोड़ दिया था?

On a work, 15 persons start working together, but after some days 6 persons leave the work. As a result, the work which could have been completed in 42 days was completed in 54 days. After how many days from the start of the work did 6 persons leave the work ?

SSC GD 26/11/2021 (Shift-02)

(a) 24 (b) 32
(c) 18 (d) 12

38. 'K' एक काम का $\frac{3}{4}$ भाग 6 दिनों में कर सकता है और 'J' उसी काम का $\frac{2}{5}$ भाग 4 दिनों में कर सकता है। यदि वे दोनों मिलकर काम करते हैं तो यह काम समाप्त होने में कितने दिन लगेंगे?

'K' can do $\frac{3}{4}$ th of a work in 6 days and 'J' can do $\frac{2}{5}$ th of the same work in 4 days. How long (in days) will they take, if they work together to finish the work?

NTPC CBT-02 18/01/2017 (Shift-02)

(a) $4\frac{2}{3}$ दिन (b) $4\frac{3}{8}$ दिन
(c) $4\frac{1}{4}$ दिन (d) $4\frac{4}{9}$ दिन

39. पारस एक काम का 40%, 8 दिनों में पूरा कर सकता है जबकि दीप्ति और पारस मिलकर उस काम का 10% एक दिन में पूरा कर सकते हैं। काम को पूरा करने के लिए अकेले दीप्ति द्वारा लिया गया समय ज्ञात कीजिए।

Paras can complete 40% of the work in 8 days while Deepti & Paras together can complete 10% of the work in a day. Find the time taken by Deepti alone to complete the work.

NTPC CBT-02 13/06/2022 (Shift-02)

(a) 20 दिन (b) 22 दिन
(c) 21 दिन (d) 23 दिन

40. A और B एक साथ मिलकर किसी कार्य को 12 दिन में पूरा कर सकते है। A अकेले उसी कार्य को 20 दिन में पूरा कर सकता है। यदि B प्रतिदिन केवल आधे दिन तक कार्य करता है, तो A और B एक साथ मिलकर उस कार्य को कितने दिन में पूरा करेंगे?

A and B together can complete a work in 12 days. A alone can complete the same work in 20 days. If B works only half a day every day, then in how many days will A and B together complete the work?

Group - D 26/08/2022 (Shift-03)

(a) $\frac{43}{2}$ दिन (b) $\frac{22}{3}$ दिन
(c) 15 दिन (d) $\frac{40}{3}$ दिन

41. X, $\frac{1}{4}$ काम को 10 दिनों में कर सकता है। Y, 4 दिनों में 40% काम कर सकता है और Z, 13 दिनों में $\frac{1}{3}$ काम कर सकता है। तो कार्य को कौन सर्व-प्रथम पूर्ण करेगा।

X can do $\frac{1}{4}$ of a work in 10 days. Y can do 40% of the work in 4 days and Z can do $\frac{1}{3}$ of the work in 13 days. who will complete the work first?

(a) X (b) Y
(c) Z (d) X और Z

42. A और B एक कार्य को 40 दिन में पूरा कर सकते हैं, B और C इसे 30 दिन में पूरा कर सकते है, जबकि C और A इसी काम को 24 दिन में पूरा कर सकते हैं। A, B और C प्रत्येक अलग-अलग इस कार्य को कितने दिन में पूरा कर सकते है?

A and B can complete a task in 40 days, B and C can complete it in 30 days while C and A can complete the same task together in 24 days. How many days will each of A, B and C take to complete the task individually?

RRB ALP & TECH 29/08/2018 (Shift-01)

(a) 48, 96 और 32
(b) 32, 48 और 96
(c) 60, 120 और 40
(d) 40, 120 और 60

43. A, B और C अकेले एक कार्य को क्रमशः 8, 9 और 12 दिनों में समाप्त कर सकते हैं। C अकेले काम करना शुरू करता है और एक दिन बाद B उसके साथ जुड़ जाता है। कार्य शुरू होने के तीन दिन बाद A भी उनके साथ जुड़ जाता है। पूरा कार्य कितने दिनों में समाप्त हो जाएगा?

A, B and C can finish a work alone in 8, 9 and 12 days respectively. C starts working alone and after a day B joins him. A also joins them three days after the work begins. In how many days the entire work will be finished?

(a) $3\frac{7}{29}$ दिन (b) $3\frac{23}{29}$ दिन
(c) $4\frac{15}{23}$ दिन (d) $1\frac{6}{23}$ दिन

44. A अकेले किसी काम को 11 दिनों में कर सकता है जबकि B अकेले उसे करने में 16.5 दिन लेता है। उन्हें C के साथ मिलकर कार्य को पूरा करने में 5.5 दिन लगते हैं। यदि 'C' और 'D' एक साथ कार्य करते हैं तो वे इसे 22 दिनों में पूरा कर सकते हैं। तो D अकेला उस काम को कितने दिनों में पूरा कर सकता है?

A can do a work alone in 11 days while B takes 16.5 days to do it alone. It takes 5.5 days for them to complete the work together with C. If 'C' and 'D' work together then they can complete it in 22 days. Then in how many days can D alone finish the work?

Group-D 06/12/2018 (Shift-02)

(a) 44 दिन (b) 55 दिन
(c) 77 दिन (d) 66 दिन

45. A किसी कार्य को अकेले 20 दिनों में पूरा कर सकता है, B इसे अकेले 15 दिनों में पूरा कर सकता है और C इसे अकेले 18 दिनों में पूरा कर सकता है। B और C ने एक साथ काम शुरू किया लेकिन 4 दिनों के बाद दोनों को काम छोड़ने के लिए मजबूर होना पड़ा। शेष कार्य A द्वारा किया गया:

A can complete a piece of work alone in 20 days, B can do it alone in 15 days and C can complete it alone in 18 days. B and C started the work together but both were forced to leave after 4 days. The remaining work was done by A in:

NTPC CBT-02 16/06/2022 (Shift-01)

(a) $10\frac{2}{9}$ दिन (b) 12 दिन
(c) $9\frac{2}{45}$ दिन (d) $14\frac{2}{45}$ दिन

46. A, B और C मिलकर एक कार्य को 16 दिनों में पूरा कर सकते हैं। इसके बाद, तीनों ने 2 दिनों तक एक साथ काम किया। फिर A ने काम छोड़ दिया, B और C ने 9 और दिनों तक काम किया और फिर B ने छोड़ दिया। C शेष कार्य को 6 दिनों में पूरा करता है। यदि C अकेले पूरे कार्य को 24 दिनों में पूरा कर सकता है, तो B अकेला उसे कितने दिनों में पूरा कर सकता है?

A, B and C together can complete a task in 16 days. After, three of them worked together for 2 days. A left B and C contimued for 9 more days and then B left. C complete the remaining work in 6 days. If C alone can complete the entire task in 24 days, them in how many days can B alone complete it?

NTPC CBT-1 03/04/2021 (Shift-01)

(a) 36 दिन (b) 35 दिन
(c) 30 दिन (d) 32 दिन

47. A, B और C एक कार्य को क्रमशः 36, 54 और 72 दिनों में पूरा कर सकते हैं। उन्होंने मिलकर कार्य शुरू किया लेकिन A कार्य पूरा होने से 8 दिन पहले छोड़ देता है जबकि B पूरा होने से 12 दिन पहले छोड़ देता है। C ने जितने दिनों तक कार्य किया है वह है-

A, B and C can complete a task in 36, 54 and 72 days respectively. Together they started the task but A left 8 days before the completion of the task while B left 12 days before the completion. The number of days for which C worked is:

NTPC CBT-1 02/02/2021 (Shift-01)

(a) 24 (b) 28
(c) 40 (d) 32

48. A एक साड़ी को 11 दिनों में, B उसे 20 दिनों में और C उसे 55 दिनों में पेंट कर सकता है, यदि वे स्वतंत्र रूप से काम करते हैं। यदि कार्य पूरा होने तक प्रत्येक विषम संख्या वाले दिन पर B द्वारा A की सहायता की जाती है और प्रत्येक सम संख्या वाले दिन पर C द्वारा A को सहायता प्रदान की जाती है, तो कार्य कितने दिनों में पूरा किया जा सकता है?

A can paint a saree in 11 days, B in 20 days and C in 55 days, if they work independently. If A is assisted by B on every odd numbered day and A is assisted by C on every even numbered day till the work is completed, then in how many days can the work be completed?

Group - D 17/08/2022 (Shift-03)

(a) 8 दिन (b) 18 दिन
(c) 12 दिन (d) 9 दिन

49. A किसी कार्य का $33\frac{1}{3}\%$ भाग 10 दिनों में पूरा कर सकता है और B उसी कार्य का एक-चौथाई भाग 30 दिनों में पूरा कर सकता है। A, B और C मिलकर समान कार्य को 12 दिनों में पूरा कर सकते हैं। यदि A प्रत्येक दिन काम करता है, तथा B और C एक एक दिन छोड़कर उसकी सहायता करते हैं, जिसमें पहले दिन B, A की सहायता करता है, तो ज्ञात कीजिए की कार्य कितने दिनों में पूरा हो जायेगा?

A can complete $33\frac{1}{3}\%$ of a work in 10 days and B can complete one-fourth of the same work in 30 days. A, B and C together can complete the same work in 12 days. If A works every day, and B and C help him on alternate days, in which B helps A on the first day, then find in how many days will the work be completed?

Group - D 26/09/2022 (Shift-03)

(a) $18\frac{4}{13}$ दिन (b) $17\frac{1}{3}$ दिन

(c) $18\frac{2}{3}$ दिन (d) $17\frac{3}{13}$ दिन

50. A अकेले किसी कार्य को 10 दिनों में पूरा कर सकता है और B अकेले उसी कार्य को 15 दिनों में पूरा कर सकता है। A, B और C एक साथ कार्य करते हुए इस कार्य को $4\frac{1}{2}$ दिनों में पूरा कर सकते हैं। यदि B कार्य नहीं करता है, जबकि A और C, C से प्रारंभ करके वैकल्पिक दिनों में कार्य करते हैं, तो कार्य कितने दिनों में पूरा होगा?

A alone can complete a work in 10 days and B alone can complete the same work in 15 days. A, B and C working together can complete the work in $4\frac{1}{2}$ days. If B does not work, while A and C work on alternate days starting from C, then in how many days will the work be completed?

Group - D 26/09/2022 (Shift-03)

(a) $13\frac{1}{9}$ दिन (b) $13\frac{1}{5}$ दिन

(c) 13 दिन (d) $12\frac{2}{3}$ दिन

51. कंप्यूटर गेम में एक बिल्डर 10 घंटे में एक दीवार बना सकता है जबकि एक विध्वंसक ऐसी दीवार को 25 घंटे में पूरी तरह से ध्वस्त कर सकता है। बिल्डर और विध्वंसक दोनों को शुरू में समतल जमीन पर एक साथ काम करने के लिए तैयार किया गया था। लेकिन 15 घंटे के बाद विध्वंसक को हटा दिया गया पूरी दीवार को बनाने में कितना समय लगा?

In a computer game, a builder can build a wall in 10 hours while a destroyer can completely demolish such a wall in 25 hours. Both builders and destroyers were initially designed to work together on level ground. But after 15 hours the destroyers were removed. How much time did it take to build the entire wall?

Group-D 16/09/2007

(a) 16 घंटा 20 मिनट

(b) 16 घंटा

(c) 17 घंटा 2 मिनट

(d) 18 घंटा 24 मिनट

52. A, B की तुलना में 50% कुशल है। C, A और B द्वारा एक साथ पूरे किए गए कार्य का आधा एक दिन में पूरा करता है। यदि C अकेले कार्य को 40 दिनों में पूरा करता है, तो A, B और C मिलकर कार्य को कितने दिनों में पूरा कर सकते हैं-

A is 50% as efficient as B. C completes half of the task completed by A and B together in a day. If C alone completes the task in 40 days, then A, B and C together can complete the task in:

NTPC CBT-1 09/02/2021 (Shift-01)

(a) $13\frac{1}{3}$ दिन (b) 13 दिन

(c) $\frac{43}{3}$ दिन (d) $\frac{1}{3}$ दिन

53. A, B और C मिलकर एक निश्चित कार्य को 40 दिन में पूरा कर सकते हैं। B और C मिलकर उसी कार्य को 60 दिन में पूरा कर सकते हैं। B, A से 25% अधिक कार्यकुशल है। A, B और C एकसाथ मिलकर 30 दिन तक कार्य करते हैं। B अकेले शेष कार्य को कितने दिन में पूरा करेगा?

A, B and C together can complete a certain work in 40 days. B and C together can complete the same work in 60 days. B is 25% more efficient than A. A, B and C work together for 30 days. In how many days will B alone complete the remaining work?

Group - D 05/09/2022 (Shift-02)

(a) 30 दिन (b) 20 दिन

(c) 32 दिन (d) 24 दिन

54. किसी कार्य को पूरा करने के लिए A और B द्वारा आवश्यक दिनों का अनुपात 3 : 5 है, कार्य को पूरा करने के लिए उन्हें $5\frac{5}{8}$ दिनों की आवश्यकता होती है। A अकेला उस कार्य को दुगुना कितने दिनों में पूरा कर सकता है?

Ratio of days required by A and B to complete some work is 3:5 They require $5\frac{5}{8}$ days to complete the work. In how many days can A alone complete twice the work?

Group-D 16/09/2007

(a) 15 दिन (b) 30 दिन

(c) 9 दिन (d) 18 दिन

55. A एक काम को 6 दिनों में कर सकता है। B कार्य को पूरा करने में 8 दिन लेता है। C कार्य को पूर्ण करने में उतना ही समय लेते है जितना की A और B मिलकर समय लेते है यदि B और C एक साथ कार्य करते हैं, तो उन्हें कार्य पूरा करने में कितना समय लगेगा?

A can do a work in 6 days. B takes 8 days to complete the work. C takes equal time to the time taken by A and B to work together to complete the work. If B and C work together how much time to take them to complete the work?

Group-D 01/10/2018 (Shift-01)

(a) $\frac{14}{5}$ दिन (b) $\frac{13}{5}$ दिन

(c) $\frac{11}{5}$ दिन (d) $\frac{12}{5}$ दिन

56. 8 पुरुष और 12 महिलाएं किसी दीवार को 10 दिन में बना सकते हैं। 6 पुरुष और 8 महिलाएं इसे 14 दिन में बना सकते हैं। 1 महिला को अकेले इसे बनाने में कितना समय लगेगा?

8 men and 12 women can build a wall in 10 days. 6 men and 8 women can make it in 14 days. How long will it take for 1 woman alone to make it?

Group - D 24/08/2022 (Shift-01)

(a) 140 दिन (b) 700 दिन

(c) 350 दिन (d) 280 दिन

57. 3 पुरुष या 4 महिलाएं किसी कार्य को 15 दिनों में कर सकते हैं। 3 पुरुष 9 दिन काम करते है और छोड़ देते हैं। शेष कार्य को 12 दिनों में पूरा करने के लिए आवश्यक महिलाओं की संख्या ज्ञात कीजिए।

3 men or 4 women can do a work in 15 days. 3 men work for 9 days and leave. Find the number of women required to complete the remaining work in 12 days.

Group - D 15/09/2022 (Shift-02)

(a) 3 (b) 1

(c) 4 (d) 2

58. 45 लोग 12 दिनों में 40,000 बल्ब बना सकते हैं। 9 दिनों में 100000 बल्ब बनाने के लिए कितने अतिरिक्त लोगों की आवश्यकता होगी?

45 people can make 40,000 bulbs in 12 days. How many additional people will be required to hire 100000 bulbs in 9 dys?

Group-D 16/10/2018 (Shift-01)

(a) 100 (b) 105

(c) 110 (d) 120

59. 30 पुरुषों वाली एक टीम को किसी कार्य को 41 दिन में पूरा करना है। 25 दिन बाद, 6 और पुरुष कार्य के लिए नियोजित किए जाते हैं, और कार्य एक दिन पहले समाप्त हो जाता है। यदि 6 और पुरुष कार्य के लिए नियोजित नहीं किए जाते. तो इस कार्य के पूरे होने में कितने दिन की देरी होती?

A team of 30 men has to complete a work in 41 days. After 25 days, 6 more men are employed for the work, and the work is finished a day earlier. If 6 more men were not employed for the work, then by how many days would there have been a delay in completing the work?

Group - D 09/09/2022 (Shift-03)

(a) 2 दिन (b) 4 दिन

(c) 3 दिन (d) 1 दिन

60. एक कार्य को पूरा करने के लिए देय कुल राशि 800 रूपये है। C इसे अकेले 24 दिनों में कर सकता है, जबकि B इसे अकेले 8 दिनों में कर सकता है। A की सहायता से वे इस कार्य को 3 दिनों में पूरा करते हैं। कार्य को पूरा करने में A को उसके हिस्से के रूप में प्राप्त धन की राशि ज्ञात कीजिए।

The total amount payable for completing a task is Rs. 800. C alone can do it in 24 days, while B alone can do it in 8 days. With the help of A they complete the work in 3 days. Find the amount of money A received as his share in completing the work.

Group - D 19/09/2022 (Shift-01)

(a) 300 रुपये (b) 450 रुपये

(c) 400 रुपये (d) 350 रुपये

ANSWER KEY

1.(d)	2.(b)	3.(b)	4.(c)	5.(c)	6.(c)	7.(c)	8.(b)	9.(c)	10.(a)
11.(d)	12.(a)	13.(c)	14.(b)	15.(d)	16.(b)	17.(d)	18.(b)	19.(c)	20.(d)
21.(b)	22.(a)	23.(b)	24.(d)	25.(a)	26.(b)	27.(c)	28.(b)	29.(c)	30.(c)
31.(b)	32.(b)	33.(a)	34.(a)	35.(b)	36.(d)	37.(a)	38.(d)	39.(a)	40.(c)
41.(b)	42.(c)	43.(c)	44.(d)	45.(a)	46.(a)	47.(a)	48.(a)	49.(b)	50.(a)
51.(b)	52.(a)	53.(d)	54.(d)	55.(d)	56.(d)	57.(d)	58.(b)	59.(a)	60.(c)

SOLUTIONS

1. (d)
   A : B
   क्षमता → 5 : 4
   कुल कार्य = 12 × 5 = 60
   B द्वारा कार्य को पूर्ण करने में लगा समय
   $= \frac{60}{4} = 15$ दिन

2. (b) A × 60 = A × 15 + B × 30
   A × 45 = B × 30
   $\Rightarrow \frac{A}{B} = \frac{30}{45} = \frac{2}{3}$
   A : B
   क्षमता → 2 : 3
   कुल कार्य = 60 × 2 = 120
   A और B द्वारा किया गया कार्य
   $= \frac{120}{5} = 24$ दिन

3. (b) प्रश्नानुसार,
   B : A = 1 : 2 (क्षमता)
   A और B द्वारा किया गया कुल कार्य
   = (1 + 2) × 12 = 36
   B द्वारा कार्य को करने में लगा समय
   $= \frac{36}{1} = 36$ दिन

4. (c) $\therefore$ समय $\propto \frac{1}{\text{क्षमता}}$
   P और Q द्वारा लिया गया समय का अनुपात = 1 : 2
   $\therefore$ P और Q के क्षमता का अनुपात = 2 : 1

5. (c) $\therefore$ X द्वारा $\frac{1}{4}$ कार्य को करने में लगा समय = 10 दिन
   X द्वारा 1 कार्य को करने में लगा समय
   = 4 × 10 = 40 दिन
   $\because$ Y द्वारा $\left(40\% = \frac{2}{5}\right)$ कार्य को करने में लगा समय = 40 दिन
   Y द्वारा 1 कार्य को करने में लगा समय
   $= \frac{40}{2} \times 5 = 100$ दिन
   Z द्वारा $\frac{1}{3}$ कार्य को करने में लगा समय
   = 13 दिन
   Z द्वारा 1 कार्य को करने में लगा समय
   = 3 × 13 = 39 दिन
   $\therefore$ अतः Z कार्य को पहले समाप्त कर लेगा।

6. (c) A + B → 12 दिन — 2
   A → 24 दिन — 1
   (24)
   B कर सकता है $\rightarrow \frac{24}{1} = 24$ दिन
   B का एक दिन का कार्य $= \frac{1}{24}$

7. (c) सूत्र,
   $\frac{M_1D_1T_1}{W_1} = \frac{M_2D_2T_2}{W_2}$
   प्रश्नानुसार,
   $425 \times 30 = 375 \times D_2$
   $D_2 = 34$ दिन

8. (b) $\because$ पैसा कार्य की क्षमता के अनुसार वितरित होगा
   10, 15 और 5 का ल.स. = 30
   A → 10 — 3
   B → 15 — 2
   A + B+ C → 5 — 6
   (30)
   C की क्षमता = 6 – 3 – 2 = 1
   A : B : C = 3 : 2 : 1
   $\because$ (3 + 2 + 1) = 6 इकाई = 4800 रु.
   C का हिस्सा (1) इकाई $= \frac{4800}{6}$
   = 800 रु

9. (c) A × 24 = A × 21 + B × 5
   A × 3 = B × 5
   $\frac{A}{B} = \frac{5}{3}$
   A : B
   क्षमता → 5 : 3
   कुल कार्य = 5 × 24 = 120
   A और B द्वारा किया गया कार्य
   $= \frac{120}{8} = 15$ दिन

10. (a) क्षमता
    A = 32 — 6
    A + B = 24 — 8
    C = 64 — 3
    (192)
    A → 6   B → 8 – 6 = 2
    C → 3   B → 2
    + = 5
    $B + C = \frac{192}{5} = 38\frac{2}{5}$ दिन

11. (d) 30, 40 और 60 का ल.स.प = 120
    A+B → 30 — 4
    B+C → 40 — 3
    C+A → 60 — 2
    (120)
    2(A + B + C) = 9
    $\Rightarrow A + B + C = \frac{9}{2}$
    (A + B + C) कार्य को कर सकते है
    $= \frac{120}{\frac{(4+3+2)}{2}} = \frac{240}{9} = \frac{80}{3}$ दिन
    $= 26\frac{2}{3}$ दिन

12. (a) $\frac{M_1D_1E_1}{W_1} = \frac{M_2D_2E_2}{W_2}$
    $\Rightarrow \frac{14 \times 12 \times 1}{1} = \frac{7 \times D_2 \times \frac{1}{4}}{1}$
    $\therefore D_2 = 96$ दिन

13. (c) (8B + 12G) × 5 = B × 50
    2B = 12G
    $\frac{B}{G} = \frac{6}{1}$ (क्षमता)

अब,
$(8B + 12G) \times 5 = G \times T$
$(8 \times 6 + 12 \times 1) \times 5 = 1 \times T$
T = 300 दिन

14. (b) A कार्य को कर सकता है
$= 5 \times 8 = 40$ घंटे
B कार्य को कर सकता है $= 6 \times 10$
= 60 घंटे
40, और 60 का ल.स. = 120
A → 40 ┐ 120 → 3
B → 60 ┘ 120 → 2
A और B कार्य को कर सकते है
$= \frac{120}{(3+2)\times 8} = 3$ दिन

15. (d) सूत्र,
$10 \times 18 = 10 \times 6 + (10 + 5) \times D$
$180 = 60 + 15D$
$120 = 15D$
D = 8 दिन

16. (b) 5, 10, 15 और 30 का ल.स.
= 30
A + B + C = 5 → 6
B + C + D = 10 → 3
C + D + A = 15 → 2
D + A + B = 30 → 1
(कुल कार्य 30)
(A + B + C + D) की क्षमता
$= \frac{(6+3+2+1)}{3} = 4$
वे कार्य को एक साथ कर सकते है
$= \frac{30}{4} = 7\frac{1}{2}$ दिन

17. (a) इस प्रकार के प्रश्नों को हम विकल्प के द्वारा हल कर सकते है।
श्रद्धा → S
मयूरी → M
क्षमता → M > S
विकल्प (a) द्वारा
S → 72 दिन — क्षमता 5
S + M → 45 दिन — 8
(कुल कार्य 360)
↓ ↓
5 3
$= 360 \times \frac{1}{3} = 120$
प्रश्नानुसार,
$\frac{120}{S} + \frac{240}{M} = 104$
$\Rightarrow \frac{120}{S} + \frac{240}{3} = 104$
$\Rightarrow 24 + 80 = 104$
⇒ 104 = 104 (संतुष्ट)

18. (b) विकल्प हल करने पर-
S + M → 60 दिन — 3
S → 180 दिन — 1
(कुल कार्य 180)
M की क्षमता = 3 – 1 = 2
S & M द्वारा लिया गया समय = 150 दिन (दिया है)
$S \rightarrow 180 \times \frac{2}{3} = 120$ कार्य
$M \rightarrow 180 \times \frac{1}{3} = 60$ कार्य
$\frac{120}{S} + \frac{60}{M} = 150$ दिन
$\frac{120}{1} + \frac{60}{2} = 120 + 30$
= 150 दिन
अत: सैड्रा अकेले काम को 180 दिन में पूर्ण कर लेगी।

19. (c) विकल्प द्वारा हल करने पर-
A + B → 45 घंटे — 8
A → 72 घंटे — 5
(कुल कार्य 360)
B की क्षमता = 8 – 5 = 3
A और B द्वारा लिया गया समय
= 102 दिन
$A \rightarrow 360 \times \frac{3}{8} = 45 \times 3 = 135$
$B \rightarrow 360 \times \frac{5}{8} = 45 \times 5 = 225$
$\frac{135}{A} + \frac{225}{B} = 102$ (दिया है)
$\frac{135}{5} + \frac{225}{3} = 27 + 75$
= 102 (satisfied)
अत: विकल्प (c) सही विकल्प है।

20. (d) विकल्प (d) द्वारा हल करने पर-
A + B → 12 दिन — 5
B → 20 दिन — 3
(कुल कार्य 60)
A की क्षमता = 5 – 3 = 2
A और B द्वारा लिया गया समय
= 22 दिन (दिया है)
$A \rightarrow 60 \times \frac{1}{5} = 12$
$B \rightarrow 60 \times \frac{4}{5} = 48$
$\frac{14}{A} + \frac{48}{B} = 22$ दिन
$\frac{12}{2} + \frac{48}{3} = 6 + 16 = 22$ दिन (संतुष्ट)
अत: विकल्प (d) सही विकल्प है।

21. (b) X → 4 घंटे — क्षमता 3
Y → 12 घंटे — 1
12 ← कुल कार्य
(X + Y) द्वारा इस कार्य को पूरा करने में लगा समय $= \frac{12}{3+1} = 4$ दिन

22. (a)
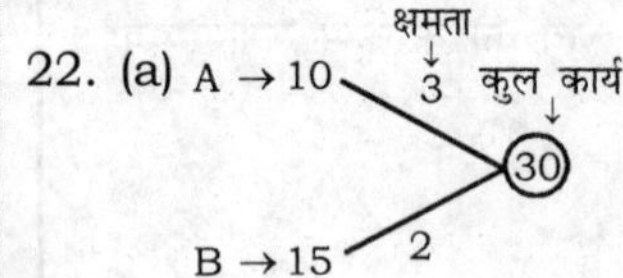

A तथा B द्वारा 5 दिन तक किया गया कार्य = (3 + 2) × 5 = 25 इकाई
शेष कार्य = 30 – 25 = 5 इकाई
कार्य का बचा हुआ शेष भाग
$= \frac{5}{30} = \frac{1}{6}$

23. (b) $A = 6 \times \frac{5}{2} = 15$ दिन
$B = 3 \times \frac{10}{3} = 10$ दिन
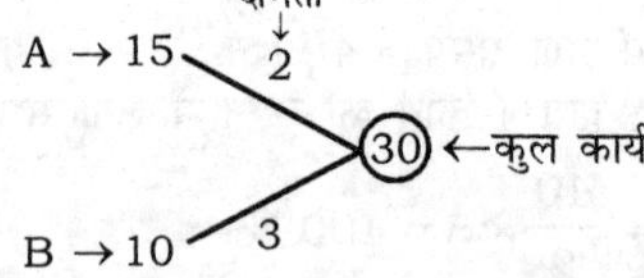

(A + B) द्वारा 4 दिन में किया गया कार्य

= (2 + 3) × 4 = 20 इकाई

शेष कार्य = 30 – 20 = 10 इकाई

C की क्षमता $= \frac{10}{6} = \frac{5}{3}$

(B + C) की क्षमता $= \frac{5}{3} + 3$

$= \frac{14}{3}$

पूरे कार्य का 70% = 30 × 70%

= 21 इकाई

(B + C) द्वारा 70% कार्य पूरा करने में

लगा समय $= \frac{21}{14} \times 3 = \frac{9}{2} = 4\frac{1}{2}$ दिन

24. (d) अरूण → 8 (क्षमता 3), आदित्य → 12 (क्षमता 2), 24 ← कुल कार्य

आदित्य द्वारा 2 दिन का किया गया कार्य

= 2 × 2 = 4

शेष कार्य को अरूण द्वारा पूरा करने में

लगा समय $= \frac{24-4}{3} = \frac{20}{3} = 6\frac{2}{3}$ दिन

25. (a) A → 30 (क्षमता 4), B → 60 (2), C → 120 (1), 120 ← कुल कार्य

कुल कार्य = 120 + 10 × 4 + 5 × 2 = 170

समय $= \frac{170}{4+2+1} = \frac{170}{7}$ दिन

26. (b) M → 12 (क्षमता 2), N → 24 (1), 24 ← कुल कार्य

कुल कार्य = 24 + 2 × 6 = 36

(M + N) द्वारा इस कार्य को पूरा करने

में लगा समय $= \frac{36}{2+1}$ = 12 दिन

27. (c) P → 10 (क्षमता 6), Q → 20 (3), R → 30 (2), 60 ← कुल कार्य

दिन	कार्य
पहला →	P + Q → 9
दूसरा →	P + R → 8
2 दिन$_{\times 3}$ →	17 इकाई$_{\times 3}$
6 दिन →	51 इकाई
+1 दिन →	9 इकाई
7 दिन →	60 इकाई

अत: कार्य 7 दिन में पूरा होगा।

28. (b) A → 60 (क्षमता 1), B → 30 (2), C → 20 (3), 60 ← कुल कार्य

प्रश्नानुसार,

(A + B + C) द्वारा 5 दिन में किया गया कार्य = 4 × 1 + (1 + 2 + 3)

= 10 इकाई

दिन	कार्य
5	10
30	60

(6× ... ×6)

अत:, A , (B + C) के सहायता से मिलकर इस कार्य को करने लगा समय

= 30 दिन

29. (c) यश → 49 (क्षमता 5), नमन → 35 (7), सौरभ → 7 (35), 245 ← कुल कार्य

3 दिन का कार्य = 5 + 7 + 35 = 47

15 दिन का कार्य = 47 × 5 = 235

16 दिन का कार्य = 235 + 5 = 240

शेष कार्य को नमन द्वारा किया गया कार्य

$= \frac{245-240}{7} = \frac{5}{7}$

कुल कार्य में लगा समय $= 16 + \frac{5}{7}$

$= \frac{117}{7}$ दिन

30. (c) अन्नु : बिन्नी

क्षमता → 4 : 1

कुल कार्य को करने लगा समय

= (4 + 1) × 7 = 35

अकेले अन्नु द्वारा पूरा कार्य को करने

लगा समय $= \frac{35}{4}$ दिन

31. (b) राज → 30 (क्षमता 1), सोनू + मनु → 15 (2), 30 कुल कार्य

सोनू की क्षमता – मनु की क्षमता

= 1(राज की क्षमता)

सोनू की क्षमता + मनु की क्षमता = 2

∵ 2(मोनू की क्षमता) = 2 – 1

मनु का क्षमता $= \frac{1}{2}$

मनु द्वारा किया गया कार्य

$= \frac{30}{\frac{1}{2}} = 60$ दिन

32. (b) A : B : C (क्षमता)

2 : 3 : 5

कुल कार्य = (2 + 3 + 5) × 15 = 150 इकाई

(B + C) द्वारा कुल कार्य का 80% कार्य करने में लगा समय

$= \frac{150 \times \frac{4}{5}}{(3+5)} = 15$ दिन

33. (a) $\frac{M_1 D_1 T_1}{W_1} = \frac{M_2 D_2 T_2}{W_2}$

$56 \times 144 = m_2 \times 96$

$m_2 = 84$

34. (a) $\frac{M_1 D_1 T_1}{W_1} = \frac{M_2 D_2 T_2}{W_2}$

$\frac{30 \times 10}{50} = \frac{(30-10) \times 15}{W_2}$

$W_2 = 50$ पेड़

35. (b) प्रश्नानुसार,

⇒ 315 × 48 = (45 + 315) × d

$\Rightarrow \frac{315 \times 48}{360} = 42$ दिन

36. (d) प्रश्नानुसार,

6M × 4 = 3W × 7

$\frac{M}{W} = \frac{7}{8}$

कुल कार्य = 6M × 4

= 6 × 7 × 4 = 168

(8M + 3W) का क्षमता

8 × 7 + 3 × 8 = 56 + 24 = 80

समय $= \frac{168}{80} = \frac{21}{10}$ दिन

37. (a) 15 व्यक्ति द्वारा किया गया कार्य
= 15 × 42 = 630 इकाई
9 व्यक्ति द्वारा किया गया कार्य
= 9 × 54 = 486 इकाई
6 व्यक्ति द्वारा किया गया कार्य
= 630 × 486 = 144 इकाई

समय = $\frac{144}{6}$ = 24 दिन

वैकल्पिक विधि:

15 × x + 9(54 – x) = 15 × 42
⇒ 6x = 630 – 486 = 144
x = 24 दिन

38. (d) 8, 10 का ल.स.प. = 40 इकाई

K → $\frac{3}{4}$ (×2) → 6 दिन, 8 दिन → क्षमता 5
J → $\frac{2}{5}$ (×2) → 4 दिन, 10 दिन → क्षमता 4
40 कुल कार्य

⇒ लिया गया कुल समय = $\frac{40}{9} = 4\frac{4}{9}$ दिन

39. (a) पारस को 100 % कार्य को पूर्ण करने में लगा समय = $\frac{8}{40} \times 100$
= 20 दिन
(दीप्ती + पारस) को 100% कार्य को पूर्ण करने में लगा समय = 10 दिन
20 और 10 का ल.स.प. 20

	क्षमता	
P = 20 दिन	→ 1	कुल कार्य 20
(D + P) = 10 दिन	→ 2	

दीप्ती की क्षमता (2 – 1) = 1 इकाई
कुल कार्य को अकेले दीप्ती द्वारा करने में लगा समय = $\frac{20}{1}$ = 20 दिन

40. (c) 12, 20 और X का ल.स.प. = 60

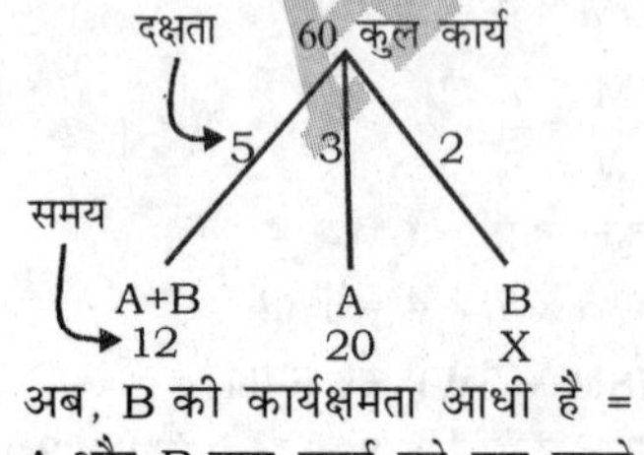

अब, B की कार्यक्षमता आधी है = 1
A और B द्वारा कार्य को पूरा करने में लगा समय = $\frac{60}{3+1}$ = 15 दिन

41. (b) 40% = $\frac{2}{5}$

x → $\frac{1}{4}$ → 10 दिन, 40 दिन (×10)
y → $\frac{2}{5}$ → 4 दिन, 10 दिन (×2)
z → $\frac{1}{3}$ → 13 दिन, 39 दिन (×13)

	x	y	z
समय →	40 दिन	10 दिन	39 दिन

सबसे कम समय (y)
अत: y सबसे पहले काम पूरा करेगा।

42. (c)

	क्षमता	
A + B → 40 दिन	3	120 कुल कार्य
B + C → 30 दिन	4	
C + A → 24 दिन	5	

2(A + B + C) = 12 इकाई
A + B + C = 6 इकाई
क्षमता A → 6 – 4 = 2 इकाई
B → 6 – 5 = 1 इकाई
C → 6 – 3 = 3 इकाई

A → $\frac{120}{2}$ = 60 दिन

B → $\frac{120}{1}$ = 120 दिन

C → $\frac{120}{3}$ = 40 दिन

43. (c)

A = 8	9	72 कुल कार्य
B = 9	8	
C = 12	6	

C × 1 + (B + C) × 2 + (A + B + C)n = 72
6 + 14 × 2 + 23n = 72
34 + 23n = 72
23n = 38

n = $\frac{38}{23}$

कुल समय = $1\frac{15}{23} + 3 = 4\frac{15}{23}$ दिन

44. (d)

समय	क्षमता	
A = 11	6	कुल कार्य 66
B = $\frac{33}{2}$	4	
A + B + C = $\frac{11}{2}$	12	
C + D = 22	3	

A + B + C = 12
C = 12 – 6 – 4 = 2
C + D = 3
D = 1
अत: D की क्षमता = 1
∴ D द्वारा कार्य पूरा करने में लगा समय
= $\frac{66}{1}$ = 66 दिन

45. (a) 20, 15 और 18 का ल.स.प
= 180

	क्षमता	
A → 20 दिन	9	कुल कार्य 180
B → 15 दिन	12	
C → 18 दिन	10	

शेष कार्य = 180 – 4 (B + C)
= 180 – 4 × 22 = 92 इकाई
अत: A द्वारा लिया गया कुल समय
= $\frac{92}{9} = 10\frac{2}{9}$ दिन

46. (a) 24, 16 का ल.स.प. = 48

	क्षमता	
C → 24 दिन	2	48 कुल कार्य
A + B + C → 16 दिन	3	

A + B + C	B + C	C
2 दिन	9 दिन	6 दिन
6 कार्य	(48–18) 30 कार्य	6 × 2 = 12 कार्य

B + C → $\frac{30}{9} = \frac{10}{3}$ (क्षमता)
(C = 2)

$\frac{10}{3} - 2 = \frac{10-6}{3} = \frac{4}{3}$ (B की क्षमता)

B द्वारा लिया गया कुल समय
= $\frac{48 \times 3}{4}$
= 12 × 3 = 36 दिन

47. (a) 36, 54, 72 का ल.स.प = 216

A = 36	6	216 कुल कार्य
B = 54	4	
C = 72	3	

A द्वारा 8 दिन में किया गया कार्य
= 6 × 8 = 48

B द्वारा 12 दिन में किया गया कार्य
$= 12 \times 4 = 48$
तब कुल कार्य $= 48 + 48 + 216$
$= 312$
तब C को कार्य करने में लगा समय
$= \frac{312}{13} = 24$ दिन

48. (a)

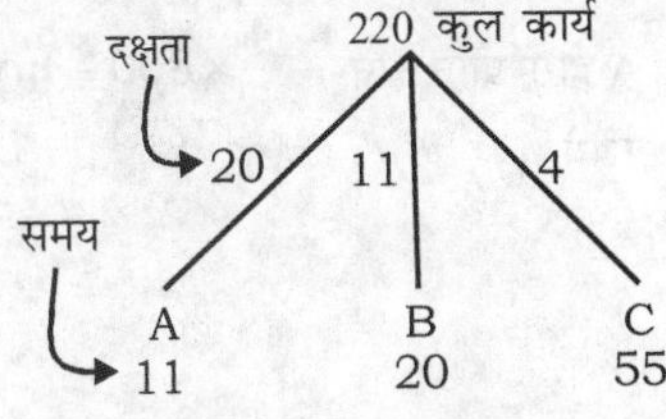

A + B, A + C, A + B................

दिन कार्य
पहला → A + B → 31
दूसरा → A + C → 24
2 दिन $_{\times 4}$ ⟶ 55 इकाई $_{\times 4}$
8 दिन ⟶ 220 इकाई

49. (b) $33\frac{1}{3}\% = \frac{1}{3}$

$A \to \frac{1}{3} \longrightarrow 10$ दिन
$\times 10 \longrightarrow 30$ दिन

$B \to \frac{1}{4} \longrightarrow 30$ दिन
$\times 30 \longrightarrow 120$ दिन

A → 30 दिन — क्षमता 4
B → 120 दिन — 1 — कुल कार्य 120
A + B + C → 12 दिन — 10

क्षमता → ④ ① ⑤
पहला दिन → (A + B) → 5 इकाई
दूसरा दिन → (A + C) → 9 इकाई
$2_{\times 8}$ दिन → $14_{\times 8}$
16 दिन → 112 इकाई
1 → 5
17 दिन → 117 इकाई
$\frac{3}{9}$ दिन → 3 इकाई
$17\frac{1}{3}$ दिन → 120 इकाई

अतः कार्य $17\frac{1}{3}$ दिन में समाप्त हो जायेगा।

50. (a)

A → 10 दिन — क्षमता 9
B → 15 दिन — 6 — 90 कुल कार्य
A + B + C → $\frac{9}{2}$ दिन — 20

C की क्षमता = 20 − 15 = 5
C, A, C, A ....
दिन कार्य
पहला → C → 5
दूसरा → A → 9
2 दिन $_{\times 6}$ ⟶ 14 इकाई $_{\times 6}$
12 दिन ⟶ 84 इकाई
1 दिन → C → 5 इकाई
$\frac{1}{9}$ दिन → A → 1 इकाई
$13\frac{1}{9}$ दिन ⟶ 90 इकाई

51. (b) 10, 25 का ल.स.प = 50

बिल्डर = 10 — 5
विध्वंसक = 25 — −2 — 50

1 घण्टे मे किया गयाा कुल कार्य
= 5 − 2 = 3
15 घण्टे में उन लागो द्वारा किया गया कार्य = 3 × 15 = 45
बचा हुआ कार्य = 50 − 45 = 5
बिल्डर द्वारा शेष कार्य को करने मे लगा समय $= \frac{5}{5} = 1$
अतः कुल आवश्यक समय = 15 + 1
= 16 घण्टे

52. (a) $50\% = \frac{1}{2}$

A : B
क्षमता → 1 : 2
प्रश्नानुसार,
$C = \frac{1+2}{2} = \frac{3}{2}$ (क्षमता)
A : B : C
$= 1 : 2 : \frac{3}{2}$
(क्षमता) = 2 : 4 : 3
C द्वारा किया गया कार्य = 40 × 3
= 120
A + B + C द्वारा कुल लिया गया समय
$= \frac{120}{9} = \frac{40}{3} = 13\frac{1}{3}$ दिन

53. (d) क्षमता $\propto \frac{1}{\text{समय}}$

A + B + C B + C
समय → 40 60
2 : 3
क्षमता → 3 2
कुल कार्य = 40 × 3 = 120 इकाई
प्रश्नानुसार,
A B
क्षमता → 1 1.25
+25%
B द्वारा शेष कार्य करने में लगा समय
$= \frac{10 \times (A+B+C)}{B} = \frac{10 \times 3}{1.25}$
= 24 दिन

54. (d) समय $\propto \frac{1}{\text{क्षमता}}$

A : B = 3 : 5 (समय)
A : B = 5 : 3 (क्षमता)
(A + B) द्वारा किया गया कुल कार्य
$= (5 + 3) \times \frac{45}{8} = 45$
A को पहले से दोगुना कार्य करने में लगा समय $= \frac{2 \times 45}{5} = 18$ दिन

55. (d) A = 6 दिन — क्षमता 4
B = 8 दिन — 3 — 24 कुल कार्य

प्रश्नानुसार,
(A + B) : C = (4 + 3) : 7 (क्षमता)
अतः B और C को कार्य पूरा करने में लगा समय $= \frac{24}{3+7} = \frac{12}{5}$ दिन

56. (d)
(8M+12W) × 10 = (6M+8W) × 14
⇒ 40M + 60W = 42M + 56W
$\Rightarrow 1M = 2W \Rightarrow \frac{M}{W} = \frac{2}{1}$ (eff.)
कुल कार्य = 10(2 × 8 + 1 × 12)
= 280 इकाई
1 महिला द्वारा लिया गया समय $= \frac{280}{1}$
= 280 दिन

57. (d) प्रश्न के अनुसार,

$3M \times 15 = 4W \times 15$

पुरूष और महिला की दक्षता = 4 : 3

कुल कार्य = दक्षता × समय

$= 4W \times 15$

$= 4 \times 3 \times 15 = 180$ इकाई

3 पुरूषों द्वारा 9 दिनों में किया गया कार्य = $3 \times 4 \times 9 = 108$ इकाई

शेष कार्य = $180 - 108 = 72$ इकाई

माना शेष कार्य को पूरा करने के लिए x महिलाओं की आवश्यकता है।

$\frac{72}{x \times 3} = 12 \Rightarrow x = 2$

अतः 2 महिलाओं की आवश्यकता है।

58. (b) $\frac{M_1D_1T_1}{W_2} = \frac{M_2D_2T_2}{W_2}$

$\frac{45 \times 12}{40000} = \frac{M_2 \times 9}{100000}$

$M_2 = 150$

$\therefore$ आवश्यक अतिरिक्त लोग

$= 150 - 45 = 105$

59. (a) $30 \times 25 + 36 \times 15 = 30 \times x$

$125 + 90 = 5x$

$\Rightarrow x = 43$

देरी $43 - 41 = 2$ दिन

60. (c) 8, 24 और 3 का ल.स.प = 24

कुल कार्य

	B	C	A+B+C
दक्षता	3	1	8
समय	8 दिन	24 दिन	3 दिन

(कुल कार्य = 24)

A की दक्षता = $8 - (3 + 1) = 4$

A द्वारा प्राप्त धन = $\frac{4}{8} \times 800 = 400$ रुपये

☆☆☆☆☆

PIPE & CISTERN

नल और टंकी

11

1. दो पाइप A और B एक टंकी को क्रमशः 36 मिनट और 48 मिनट में भर सकते हैं। दोनों पाइप एक ही समय में खोले जाते हैं, और कुछ समय बाद पाइप B को बंद कर दिया जाता है। यदि टंकी आधे घंटे में भर जाती है, तो पाइप B को कितने मिनट बाद बंद कर दिया गया था?
Two pipes A and B can fill a tank in 36 minutes and 48 minutes respectively. Both pipes are opened at the same time, and after some time pipe B is closed. If the tank is filled in half an hour, after how many minutes was pipe B closed?
Group D 22/08/2022 (Shift-03)
(a) 8 (b) 5
(c) 10 (d) 9

2. एक टंकी को तीन पाइपों A, B और C द्वारा 4 घंटे में भरा जाता है। पाइप C, पाइप B से दोगुना तेज है, और पाइप B, पाइप A से दोगुना तेज है। पाइप A द्वारा टंकी को भरने में कितना समय लगेगा?
A tank is filled by three pipes A, B and C in 4 hours. Pipe C is twice as fast as Pipe B, and Pipe B is twice as fast as pipe A . How much time will A take to fill the tank?
Group D 23/08/2022 (Shift-03)
(a) 25 hrs (b) 26 hrs
(c) 20 hrs (d) 28 hrs

3. किसी टंकी से 4 पाइप जुड़े हुए हैं। उनमें से दो पाइप टंकी को भरने के लिए हैं, और अन्य दो पाइप जल को एक हौज में स्थानांतरित करने के लिए हैं। अकेले खोले जाने पर, पहले दो पाइप टंकी को क्रमशः 40 सेकंड और 80 सेकंड में भर सकते हैं, जबकि अकेले खोले जाने पर, अंतिम दो पाइप क्रमशः 80 सेकंड और 160 सेकंड में टंकी को खाली कर सकते हैं। यदि सभी पाइपों को एक साथ खोल दिया जाए, तो टंकी कितने समय में भर जाएगी?
There are 4 pipes connected to a tank. Two of those pipes are for filling the tank, and the other two pipes are for transferring water to a cistern. When opened alone, the first two pipes can fill the tank in 40 seconds and 80 seconds respectively, while when opened alone, the last two pipes can empty the tank in 80 seconds and 160 seconds respectively. If all the pipes are opened together, in how much time will the tank be filled?
Group D 01/09/2022 (Shift-03)
(a) 53.33 sec (b) 24.44 sec
(c) 16.8 sec (d) 21.2 sec

4. समान धारिता वाले 15 पाइपों का उपयोग करके पानी की एक टंकी को 9 मिनट में भरा जा सकता है। उपरोक्त के समान धारिता वाले 20 पाइपों का उपयोग किए जाने पर पानी की उस टंकी को कितने मिनट में भरा जा सकेगा?
A water tank can be filled in 9 minutes by using 15 pipes of equal capacity. In how many minutes will that water tank be filled if 20 pipes of the same capacity as above are used?
Group D 28/09/2022 (Shift-03)
(a) 6.75 (b) 18
(c) 10 (d) 13

5. एक टंकी को 5 पाइप 80 मिनट में भर सकते हैं। समान धारिता के 8 पाइपों से टंकी को भरने में कितना समय लगेगा?
5 pipes can fill a tank in 80 minutes. How much time will it take to fill the tank with 8 pipes of equal capacity?
RRB NTPC 05/02/2021 (Shift-01)
(a) 50 min (b) 78 min
(c) 128 min (d) 30 min

6. तीन नल P, Q और R द्वारा अलग-अलग एक टंकी को भरने में लिए गए समय का अनुपात 2 : 1 : 6 है। इनमें से कौन सा नल सबसे तेज है?
The ratio of time taken by three taps P, Q and R to fill a tank separately is 2 : 1 : 6. Which of these taps is the fastest?
RRB JE 27/06/2019 (Shift-01)
(a) Can't be determined
निर्धारित नहीं किया जा सकता
(b) P
(c) Q (d) R

7. एक साथ कार्य करते हुए पाइप A और B एक खाली टैंक को 10 घंटे में भर सकता है। उन्होंने 4 घंटे तक एक साथ काम किया और फिर B ने काम करना बंद कर दिया तथा A ने कार्य अंत तक जारी रखा। टैंक को भरने में कुल 13 घंटे लग गए। A द्वारा अकेले खाली टैंक को भरने में कितना समय लगेगा?
Pipes A and B working together can fill a water tank in 10 hours. They worked together for 4 hours and then B stopped working and A continued till the end. It took a total of 13 hours to fill the tank. How much time will A alone take to fill the tank?
RRB ALP 09/08/2018 (Shift-03)
(a) 16 hrs (b) 13 hrs
(c) 15 hrs (d) 12 hrs

8. दो पाइप X और Y एक टंकी को क्रमशः 21 घंटे और 24 घंटे में भर सकते हैं। पाइपों को एक साथ खोला जाता है और यह पाया जाता है कि तली में रिसाव के कारण 48 मिनट अधिक लगते हैं। जब टंकी भर जाती है, तो कितने समय में रिसाव उसे खाली कर देगा यदि उस दौरान कोई पाइप नहीं खुला है?

Two pipes X and Y can fill a tank in 21 hours and 24 hours respectively. The pipes are opened together and it is found that it takes 48 minutes more to fill the tank due to leakage at the bottom. When the tank is filled, in how much time will the leak empty it if no pipe is open during that time?

Group D 18/08/2022 (Shift-02)

(a) 130 hrs (b) 120 hrs
(c) 144 hrs (d) 168 hrs

9. एक टैंक से 30 पाइप जुड़े हुए हैं, जिनमें से कुछ भरने वाले पाइप हैं, और शेष जल निकासी पाइप हैं। प्रत्येक भरने वाला पाइप 24 घंटे में टैंक को पूरी तरह से भर सकता है, और प्रत्येक खाली करने वाला पाइप टैंक को पूरी तरह से 18 घंटे में खाली कर सकता है। जब सभी पाइप एक साथ खोले जाते हैं, तो टैंक को पूरी तरह से भरने में $1\frac{1}{2}$ घंटे का समय लगता है। दिए गए पाइपों में से कितने पाइप खाली करने वाले पाइप हैं?

There are 30 pipes connected to a tank, some of which are filling pipes, and the remaining are draining pipes. Each filling pipe can completely fill the tank in 24 hours, and each emptying pipe can empty the tank completely is 18 hours. When all the pipes are opened together it takes $1\frac{1}{2}$ hour to fill the tank completely. How many of the given pipes are emptying pipe?

Group D 28/09/2022 (Shift-03)

(a) 8 (b) 6
(c) 12 (d) 9

10. एक टंकी में तीन इनलेट लगे हुए हैं। जब पहले दो एक साथ खोले जाते हैं तो टंकी को भरने में उतना ही समय लगता है, जितना अकेले तीसरे इनलेट द्वारा टंकी को भरने में लगता है। दूसरे इनलेट को टंकी को भरने में पहले की तुलना में 5 घंटे अधिक और तीसरे की तुलना में 4 घंटे कम लगते हैं। पहला इनलेट अकेले टंकी को कितने घंटे में भर सकता है?

A tank has three inlet throats. When the first two are opened together, the time taken to fill the tank is the same as time taken by the third inlet alone. The second inlet takes 5 hours more than the first and 4 hours less than the third to fill the tank. In how many hours can the first inlet alone fill the tank?

RRB JE 26/06/2019 (Shift-01)

(a) 15 hrs (b) 6 hrs
(c) 12 hrs (d) 10 hrs

11. एक बड़े टैंकर को पाइप A और B द्वारा क्रमश: 60 मिनट और 30 मिनट में भरा जा सकता है। यदि पाइप B को आधे समय के लिए खोला जाता है, और शेष समय के लिए पाइप A और B दोनों को खोल दिया जाता है, तो खाली टैंकर को भरने में कितना समय लगेगा?

A large tanker can be filled by pipes A and B in 60 minutes and 30 minutes respectively. If pipe B is opened for half the time, and both pipes A and B are opened for the remaining time, how much time will it take to fill the empty tanker?

Group D 02/09/2022 (Shift-03)

(a) 20 min (b) 15 min
(c) 24 min (d) 28 min

12. पाइप A एक टैंक को 8 घंटे में भर सकता है। पाइप B और C पूरे भरे टैंक को क्रमश: 20 घंटे और 15 घंटे में खाली कर सकते हैं। पाइप A और B को एक साथ 5 घंटे के लिए खोला जाता है, और फिर B को बंद कर दिया जाता है, और C को तुरंत खोल दिया जाता है। तो टैंक कुल कितने समय में पूरा भर जाएगा?

Pipe A can fill a tank in 8 hours. Pipes B and C can empty the entire filled tank in 20 hours and 15 hours respectively. Pipes A and B are opened together for 5 hours, and then B is closed, and C is opened immediately. Then in how much time will the tank be completely filled?

Group D 06/10/2022 (Shift-02)

(a) $10\frac{5}{7}$ hrs (b) $15\frac{5}{7}$ hrs
(c) $10\frac{3}{7}$ hrs (d) $11\frac{2}{7}$ hrs

13. पाइप A, B और C किसी खाली टंकी से जुड़े हैं। पहले दो पाइप क्रमश: 4 और 10 घंटों में टंकी को पूरा भर देते हैं, और तीसरा पूरी भरी टंकी को 6 घंटों में खाली कर देता है। यदि तीनों पाइपों को एक साथ खोल दिया जाए, जब टंकी आधी भरी हो, तो टंकी को पूरा भरने में कितने घंटे लगेंगे?

Pipes A, B and C are connected to a liquid tank. The first two pipes fill the tank completely in 4 and 10 hours respectively, and the third drains the completely filled tank in 6 hours. If all three pipes are opened together when the tank is half full, how many hours will it take to fill the tank completely?

RRB ALP 31/08/2018 (Shift-03)

(a) $\frac{90}{11}$ (b) $\frac{30}{11}$
(c) $\frac{60}{11}$ (d) $\frac{120}{11}$

14. पाइप A और B एक भरे हुए टैंक को क्रमश: 16 घंटे और 24 घंटे में खाली कर सकते हैं. पाइप C अकेले खाली टैंक को 4 घंटे में भर सकता है। यदि A, B और C को एक साथ खोल दिया जाए, तो टंकी का 35% भरने में कितना समय लगेगा।

Pipes A and B can empty a full tank in 16 hours and 24 hours, respectively. Pipe C alone can fill the empty tank in 4 hours. If A, B and C are opened together, then 35% tank will be filled in.

SSC GD 17/11/2021 (Shift-03)

(a) $2\frac{1}{5}$ hours (b) $2\frac{2}{5}$ hours
(c) $3\frac{1}{5}$ hours (d) $3\frac{2}{5}$ hours

15. पाइप A एक टैंक का 50% भाग 4 घंटे में भर सकता है और पाइप B उसी टैंक को 12 घंटों में पूरी तरह से भर सकता है। यदि दोनों पाइपों को एक ही समय पर खोला जाता है, तो खाली टैंक कितने समय में पूरी तरह से भर जाएगा?

Pipe A can fill 50% of a tank in 4 hours and pipe B can fill the same tank completely in 12 hours. If both the pipes are opened at the same time, in how much time will the water tank be completely filled?

(a) 4 घंटे 52 मिनट
(b) 4 घंटे 48 मिनट
(c) 4 घंटे 40 मिनट
(d) 4 घंटे 55 मिनट

16. एक टैंक का $\frac{2}{5}$ वां हिस्सा पानी से भरा है। पाइप P, इसे 10 मिनट में भर सकता है, जबकि पाइप Q, इसे 6 मिनट में खाली कर सकता है। यदि P और Q, दोनों को एक साथ खोल दिया जाए, तो टैंक कितने समय में खाली हो जाएगा?

$\frac{2}{5}$ th of a tank is filled with water. Pipe P can fill it in 10 minutes, while pipe Q can drain it in 6 minutes. If both the pipes P and Q are opened together, then in how much time will the tank be emptied?

RRB JE 01/06/2019 (Shift-01)

(a) 7 मिनट (b) 6 मिनट
(c) 6.5 मिनट (d) 5.5 मिनट

17. पानी के एक टैंक में 2 छिद्र हैं। पहला छिद्र टैंक को अकेला 9 मिनट में खाली करता है और दूसरा छिद्र टैंक को अकेला 6 मिनट में खाली करता है। यदि पानी के बहाव की दर स्थिर हो तो दोनों छिद्रों से एक साथ रिसाव होने पर टैंक कितने मिनट में खाली हो जाएगा?

A water tank has two holes. The 1st hole alone empties the tank in 9 minutes and 2nd hole alone empties the tank in 6 minutes. If water leaks out at a constant rate, how many minutes does it take if both the holes together empty the tank?

NTPC CBT-02 17/01/2017 (Shift-01)

(a) $3\frac{2}{5}$ (b) $3\frac{3}{5}$
(c) $\frac{3}{5}$ (d) $3\frac{1}{5}$

18. एक पाइप एक टैंक को दूसरे से तीन गुना तेजी से भर सकता है। एक साथ खोले गए दोनों पाइप टैंक को 36 मिनट में पूरी तरह से भर सकते हैं। तेज चलने वाला पाइप अकेले खाली टैंक को पूरा भरने में कितने घंटे का समय लेगा?

One pipe can fill a tank three times faster than another. Both the pipes taken together can fill the tank completely in 36 minutes. How many hours will it take for the fast moving pipe alone to completely fill the tank?

Group D 20/09/2022 (Shift-02)

(a) $\frac{8}{5}$ (b) $\frac{4}{5}$
(c) $\frac{1}{2}$ (d) $\frac{12}{5}$

19. दो इनलेट पाइपों में से एक की दक्षता, दूसरे की तुलना में दोगुनी है। दोनों एक निकास पाइप के साथ कार्य करते हुए, जो एक टंकी को 8 घंटे में स्वयं खाली कर सकता है, खाली टंकी को 8 घंटे में भर सकते हैं। कम दक्षता वाले इनलेट पाइप को खाली टंकी को अपने आप भरने में कितने घंटे लगेंगे?

One of the two inlet pipes works twice as efficiently as the other. The two, working alongside a drain pipe that can empty a cistern all by itself in 8 hours, can fill the empty cistern in 8 hours. How many hours will the less efficient inlet pipe take to fill the empty cistern by itself?

RRB ALP Tier-1 17/08/2018 (Shift-02)

(a) 8 (b) 6
(c) 12 (d) 10

20. एक पाइप एक खाली टंकी को 15 घंटे में भर सकता है, लेकिन तली में रिसाव होने के कारण यह 20 घंटे में भर जाती है। यदि टैंक भरा हुआ है, तो टैंक में कोई अन्य प्रवेश या निकासी बिंदु खुला नहीं होने पर रिसाव को खाली करने में कितना समय लगेगा?

A pipe can fill a water tank in 15 hours, but due to leakage at the bottom it gets filled in 20 hours. If the tank is full, how much time will it take to plug the leak if there are no other entry or exit points into the tank?

Group D 11/10/2022 (Shift-03)

(a) 40 घंटे (b) 50 घंटे
(c) 30 घंटे (d) 60 घंटे

21. यदि पाइप A एक टंकी को X घंटे में भर सकता है, पाइप B उसी टंकी को Y घंटे में भर सकता है, और पाइप C पूरी भरी टंकी को Z घंटे में खाली कर सकता है, तो पाइप A, B और C सभी को एक साथ खोल दिए जाने पर, टंकी को पूरा भरने में लगने वाला समय ज्ञात कीजिए।

If pipe A can fill a tank in X hours, pipe B can fill the same tank in Y hours, and pipe C can empty a completely filled tank in Z hours, then, find the time taken to fill the tank completely when pipes A, B and C are opened together.

Group D 29/09/2022 (Shift-02)

(a) $\frac{XYZ}{YZ+XZ-XY}$
(b) $\frac{XYZ}{YZ+XZ+XY}$
(c) $\frac{XYZ}{YZ-XZ-XY}$
(d) $\frac{XYZ}{YZ-XZ+XY}$

22. तीन पाइप P, Q और R, एक टैंक को क्रमश: 30 मिनट, 20 मिनट और 10 मिनट में भर सकते हैं। जब टैंक खाली होता है, तो तीनों पाइपों को खोल दिया जाता है, जबकि वे क्रमश: तीन रासायनिक विलयनों S, T और U का निर्वहन करते हैं। 3 मिनट बाद टैंक में मौजूद सामग्री में विलयन U का अनुपात ज्ञात कीजिए।

Three pipes P, Q and R can fill a tank in 30 minutes, 20 minutes and 10 minutes respectively. When the tank is drained, all three pipes are rolled while they discharge three chemical solutions S, T and U respectively. Find the ratio of solution U to the contents in the tank after 3 minutes.

RRB JE 28/06/2019 (Shift-03)

(a) $\frac{6}{11}$ (b) $\frac{4}{11}$

(c) $\frac{5}{11}$ (d) $\frac{7}{11}$

23. तीन पाइप P, Q और R, अलग-अलग एक टैंक को 10, 15 और 20 घंटे में भर सकते हैं। P को सुबह 7 बजे, Q को सुबह 8 बजे और R को सुबह 9 बजे खोला गया। टैंक किस समय तक पूरा भर गया, यदि R एक बार में केवल 3 घंटे की अवधि तक काम कर सकता है और उसके बाद उसे 1 घंटे के लिए बंद करना पड़ता है?

Three pipes P, Q and R can separately fill a tank in 10, 15 and 20 hours. P was called at 7 am, Q at 8 am and R at 9 am. By what time will the tank be completely filled, if R can work only for a period of 3 hours at a time and after that he has to stop for 1 hour?

RRB JE 26/06/2019 (Shift-03)

(a) 12 : 00 बजे सायं

(b) 12 : 12 बजे सायं

(c) 12 : 30 बजे सायं

(d) 1 : 00 बजे सायं

24. दो पाइप A और B एक टैंक को क्रमशः 25 मिनट और आधे घंटे में भर सकते हैं और पाइप C तीन गैलन प्रति मिनट खाली कर सकता है। यदि तीनों पाइपों को एक साथ संचालित किया जाता है, तो टैंक 15 मिनट में भर जाता है। टैंक की धारिता ज्ञात कीजिए।

Two pipes A and B can fill a tank in 25 minutes and half an hour respectively and pipe C can empty three gallons per minute. If all three pipes are operated together, the tank is filled in 15 minutes. Find the capacity of the tank.

RRB ALP Tier-1 30/08/2018 (Shift-01)

(a) 600 गैलन (b) 240 गैलन

(c) 450 गैलन (d) 300 गैलन

25. एक टंकी में पानी भरने के लिए 3 नल हैं। टंकी को भरने में पहला नल 6 घंटे लेता है, दूसरा नल 1 दिन लेता है और तीसरा नल 18 घंटे लेता है। लेकिन तल में एक छेद था, जो पूरी तरह से भरे हुए टैंक को 18 घंटे में खाली करने में सक्षम था। 1 घंटे के बाद छेद का पता चला और उसे तुरंत ठीक कर दिया गया। तीनों नलों से टंकी को भरने में कितना समय लगेगा?

There are 3 taps for filling water in a tank. The first tap takes 6 hours, the second tap takes 1 day and the third tap takes 18 hours to fill the tank. But there was a hole in the bottom, which was capable of draining a completely filled tank in 18 hours. The hole was discovered after 1 hour and was immediately repaired. How much time will it take to fill the tank from all three taps?

RRB NTPC 10/01/2021 (Shift-01)

(a) 4 घंटे

(b) 3 घंटे

(c) $4\frac{4}{5}$ घंटे

(d) $3\frac{15}{19}$ घंटे

26. तीन पाइप A, B और C मिलकर एक टैंक को 6 घंटे में भर सकते हैं। उन्हें पहले 2 घंटे के लिए खोला जाता है। फिर C को बंद कर दिया जाता है और A और B शेष भाग को 7 घंटे में भर देते हैं। C अकेले टैंक को कितने समय में भर सकता है?

Three pipes A, B and C together can fill a tank in 6 hours. They are first opened for 2 hours. Then C is closed and A and B fill the remaining portion in 7 hours. In how much time can C alone fill the tank?

RRB JE 27/06/2019 (Shift-01)

(a) 10 घंटे (b) 14 घंटे

(c) 11 घंटे (d) 12 घंटे

27. एक टैंक को 4 मिनट में पूरी तरह से भरने के लिए दो पाइप A और B एक साथ चलते हैं। यदि टंकी को पूरा भरने में A को B से 6 मिनट कम समय लगता है, तो टंकी को पूरा भरने में अकेले B को कितना समय लगेगा?

Two pipes A and B together completely fill a tank in 4 minutes. If the tank is filled completely. If A takes 6 minutes less than B, then how much time will B alone take to fill the tank completely?

Group D 26/08/2022 (Shift-01)

(a) 20 मिनट (b) 6 मिनट

(c) 15 मिनट (d) 12 मिनट

28. यदि दो पाइप A और B एक साथ खोले जाते हैं तो एक खाली टंकी 20 घंटे में भर जाएगी। केवल पाइप A खोले जाने पर, यह खाली टंकी को पाइप B द्वारा इसे अकेले भरने में लिए जाने वाले समय की तुलना में 9 घंटे पहले भर देता है, तो पाइप B को अकेले यह खाली टंकी भरने में कितना समय लगेगा?

If two pipes A and B are opened together then a water tank will be filled in 20 hours. When only pipe A is drawn, it fills the water tank 9 hours earlier than the time taken by pipe B alone to fill it, then how much time will it take for pipe B alone to fill the water tank?

Group D 16/09/2022 (Shift-03)

(a) 42 घंटे (b) 39 घंटे

(c) 45 घंटे (d) 36 घंटे

ANSWER KEY

1.(a)	2.(d)	3.(a)	4.(a)	5.(a)	6.(c)	7.(c)	8.(d)	9.(b)	10.(a)
11.(c)	12.(b)	13.(b)	14.(b)	15.(b)	16.(b)	17.(b)	18.(b)	19.(c)	20.(d)
21.(a)	22.(a)	23.(c)	24.(c)	25.(a)	26.(b)	27.(d)	28.(c)		

SOLUTIONS

1. (a) दक्षता

144(कुल कार्य)

दक्षता → 4, 3

समय → A 36, B 48

पाइप A शुरू से अंत तक खोला गया = पाइप A द्वारा 30 मिनट में भरा गया कुल भाग

= 30 × 4 = 120 इकाई

अब, पाइप B द्वारा भरा गया शेष भाग = 144 – 120 = 24 इकाई

पाइप B द्वारा 24 इकाई भाग भरने में लगा कुल समय = $\frac{24}{3}$ = 8 मिनट

वैकल्पिक विधि:

समय जिसके बाद B को बंद करना है। $= 48\left(1-\frac{30}{36}\right) = 48 \times \frac{6}{36} =$ 8 मिनट

2. (d)

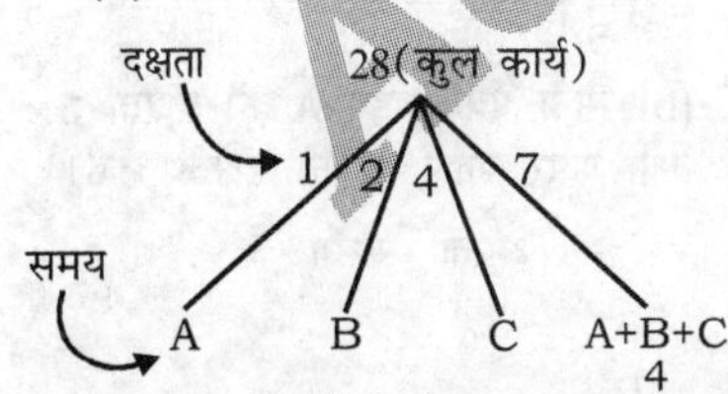

पाइप A द्वारा लिया गया समय = $\frac{28}{1}$ = 28 घंटे

3. (a)

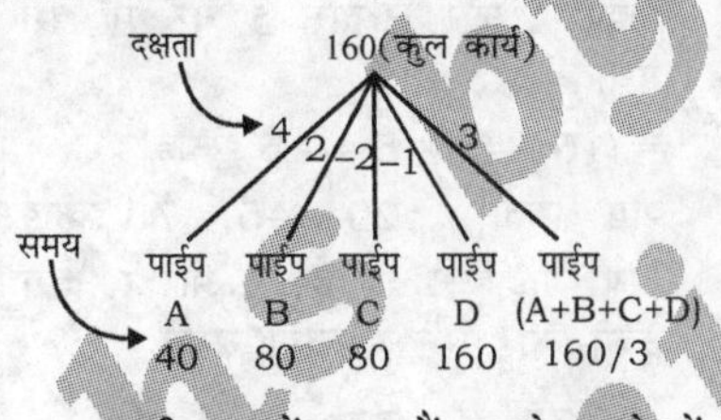

सभी पाइपों द्वारा टैंक को भरने में लगा समय = $\frac{160}{3}$ = 53.33 सेकंड

4. (a) माना 20 पाइपों से पानी की टंकी को भरने में लगने वाला समय = t मिनट

9 × 15 = t × 20 ⇒ t = 6.75 मिनट

5. (a) दोनों स्थितियों में काम बराबर होगा

5 पाइप × 80 मिनट = 8 पाइप × x

$\Rightarrow x = \frac{5 \times 80}{8}$ = 50 मिनट

6. (c) दक्षता $\propto \frac{1}{\text{समय}}$

नल P, Q और R के समय का अनुपात = 2 : 1 : 6

नल P, Q और R की दक्षता

$= \frac{1}{2} : \frac{1}{1} : \frac{1}{6}$ = 3 : 6 : 1

स्पष्ट रूप से, सबसे तेज नल Q है।

7. (c) माना कुल कार्य = 130 इकाई अर्थात 10 और 13 का ल.स.म.

(A+B) की क्षमता = $\frac{130}{10}$ = 13 इकाई

(A + B) द्वारा 4 घंटे में किया गया कार्य = 13 × 4 = 52 इकाई

शेष कार्य = 130 – 52 = 78 इकाई

जो A द्वारा 9 घंटे में पूरा किया जाता है

फिर, अकेले A द्वारा पूरे काम को पूरा करने में लगा समय

$= \frac{9}{78} \times 130$ = 15 घंटे

8. (d) दक्षता

168(कुल कार्य)

दक्षता → 8, 7

X 21, Y 24

(X + Y) द्वारा टंकी को भरने में लगा समय = $\frac{168}{8+7}$ = 11 घंटे 12 मिनट

लेकिन रिसाव के कारण कुल समय = 11 घंटा 12 मिनट + 48 मिनट = 12 घंटा

(X + Y + L) की दक्षता = $\frac{168}{12}$ = 14

रिसाव दक्षता = (8 + 7) – 14 = 1

रिसाव से पूरी टंकी खाली करने में लगा समय = $\frac{168}{1}$ = 168 घंटे

9. (b) माना खाली करने वाले पाइपों की संख्या = x

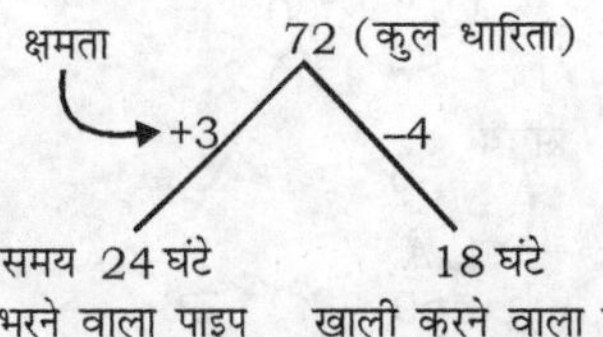

प्रश्न के अनुसार,

$(30-x) \times 3 \times \frac{3}{2} - x \times 4 \times \frac{3}{2} = 72$

$\Rightarrow \frac{270 - 9x - 12x}{2} = 72$

$\Rightarrow 270 - 21x = 144$

$\Rightarrow 21x = 126$

$\Rightarrow x = 6$

तो खाली करने वाले पाइपों की संख्या $(x) = 6$

10. (a) माना तीसरा पाइप टंकी को भरने में x घंटे लेता है

टैंक को भरने के लिए दूसरे इनलेट पाइप के द्वारा लिया गया समय

$= (x + 4)$ घंटे

और टैंक को भरने के लिए पहले इनलेट पाइप को $(x + 9)$ घंटे लगते हैं

प्रश्न के अनुसार,

$\frac{1}{x} = \frac{1}{x+4} + \frac{1}{x+9}$

$\Rightarrow x(2x + 13) = (x + 4)(x + 9)$

$\Rightarrow x = 6$

इसलिए पहले पाइप द्वारा टैंक को भरने में लगने वाला समय = 6 + 9 = 15 घंटे

वैकल्पिक विधि:

A : B : C

समय $\rightarrow x + 9 : x + 4 : x$

A + B = C

$x = x$

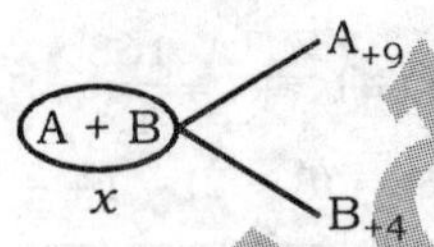

$x = \sqrt{9 \times 4} = 6$

A द्वारा लिया गया समय = $x + 9$ = 6 + 9 = 15 घंटे

11. (c) दक्षता (कुल कार्य)

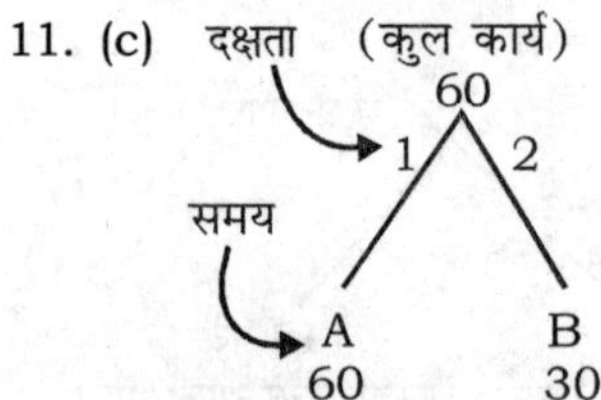

B पूरे समय के लिए कार्य करता है और A आधे समय के लिए कार्य करता है, तो दक्षता = $2 + \frac{1}{2} = \frac{5}{2}$

दोनों को कार्य पूरा करने में लगा समय

$= \frac{60 \times 2}{5} = 24$ मिनट

12. (b)

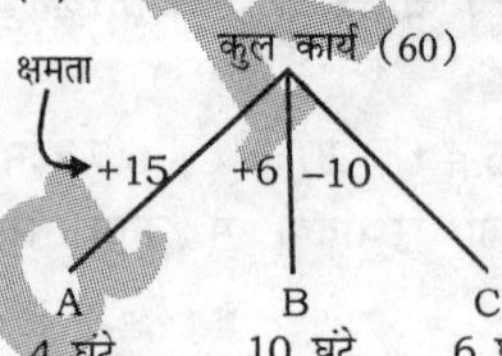

पाइप A और B द्वारा 5 घंटे में भरा गया

= (15 – 6) × 5 = 45 इकाई

शेष क्षमता = 120 – 45 = 75 इकाई

अब, पाइप B बंद है, A और C द्वारा टंकी को भरने में लगा समय

$= \frac{75}{15-8} = \frac{75}{7} = 10\frac{5}{7}$ घंटे

कुल समय = $10\frac{5}{7} + 5 = 15\frac{5}{7}$ घंटे

13. (b)

कुल कार्य (60)

क्षमता

+15 +6 –10

A 4 घंटे, B 10 घंटे, C 6 घंटे

आधा टैंक भरने में तीन पाइपों द्वारा लिया गया समय

$= \frac{60}{2 \times (15 + 6 - 10)} = \frac{30}{11}$ घंटे

14. (b)

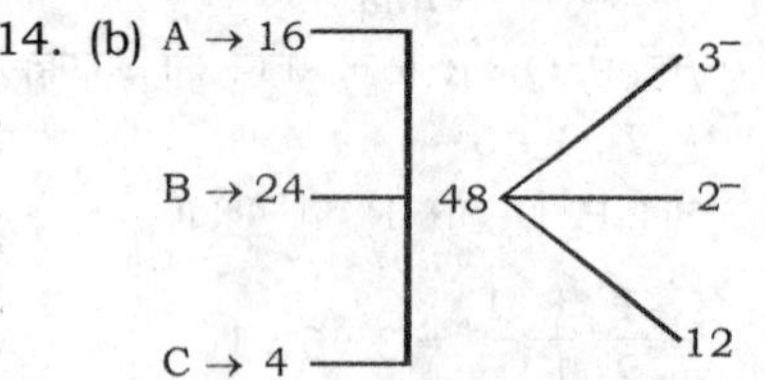

(A + B + C) द्वारा 1 घंटे में किया गया कार्य = (12 – 3 – 2) = 7 इकाई

35% टंकी भरने में लगा समय

$= \frac{48 \times 35}{7 \times 100} = \frac{12}{5} = 2\frac{2}{5}$ घंटे

15. (b) पाइप A $\rightarrow$ 50% – 4 घंटे में

$\Rightarrow$ 100% $\rightarrow$ 8 घंटे में

पाइप B $\rightarrow$ 100% – 12 घंटे में

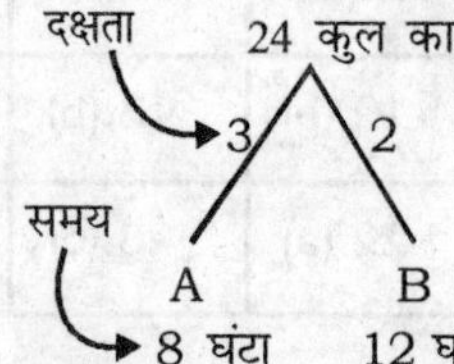

A और B द्वारा एक साथ कार्य को पूरा करने में लिया गया समय

$= \frac{24}{3+2} = 4\frac{4}{5}$ घंटे

= 4 घंटे 48 मिनट

16. (b)

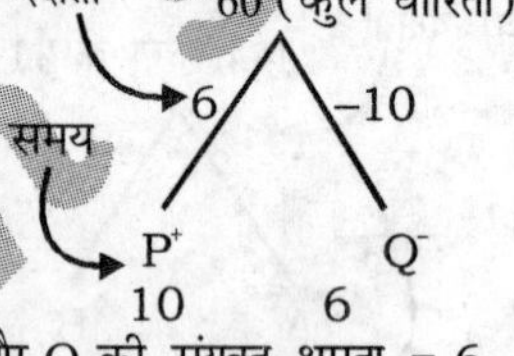

P और Q की संयुक्त क्षमता = 6 – 10 = – 4

टैंक की कुल क्षमता का $\frac{2}{5}$ भाग

$= \frac{2}{5} \times 60 = 24$ लीटर

P और Q द्वारा भरी हुई टंकी को खाली करने में लगा समय = $\frac{24}{4}$

= 6 मिनट

17. (b) क्षमता 18 इकाई

2 3

9 मिनट A, 6 मिनट B

माना, टंकी की धारिता = 18 इकाई

आवश्यक समय = $\frac{18}{2+3} = \frac{18}{5}$

$= 3\frac{3}{5}$ मिनट

18. (b) माना एक पाइप A की दक्षता $3x$ तथा दूसरे पाइप B की दक्षता x है।

	क्षमता	समय
A	$3x$	
B	x	
A + B	$4x$	36

टैंक की कुल क्षमता = $36 \times 4x$

$= 144x$

इसलिए, पाइप A द्वारा टंकी को पूरा भरने में लगा समय = $\frac{144x}{3x} = 48$ मिनट या $\frac{48}{60} = \frac{4}{5}$ घंटे

19. (c) माना, कम गति से चलने वाले पाइप की दक्षता(A) = x

तेज चलने वाले पाइप की दक्षता (B) = $2x$

	A	:	B
दक्षता →	x	:	$2x$
समय →	$2x$	:	x

$A + B = \frac{x \times 2x}{x + 2x} = \frac{2x^2}{3x} = \frac{2x}{3}$

A + B → $\frac{2x}{3}$ 24

      $16x$

C → −8 $-2x$

$\therefore \frac{16x}{24 - 2x} = 8$

$\Rightarrow 2x = 24 - 2x$

$\Rightarrow 4x = 24$

$\Rightarrow x = 6$

$\Rightarrow 2x = 12$

∴ कम दक्षता वाले पाइप द्वारा टंकी को भरने में लगा समय = 12 घंटे

20. (d) (15, 20) का ल.स.प = 60

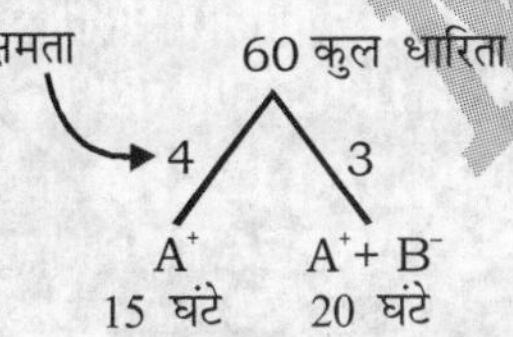

B^- की क्षमता = 4 − 3 = 1

B को टंकी खाली करने में लगा समय = $\frac{60}{1}$ = 60 घंटे

वैकल्पिक विधि:

आवश्यक समय = $\frac{15(15+5)}{5} = 60$ घंटे

21. (a)

पाइप A, B और C की कुल दक्षता

$= \frac{1}{X} + \frac{1}{Y} - \frac{1}{Z} = \frac{YZ + ZX - XY}{XYZ}$

पाइप A, B और C का कुल समय

$= \frac{XYZ}{YZ + ZX - XY}$

22. (a)

दक्षता → 2, 3, 6   60(कुल धारिता)

समय → पाइप(P) 30मि.   पाइप(Q) 20मि.   पाइप(R) 10मि.

तीन मिनट में भरा गया कुल टैंक

= (2 + 3 + 6) × 3 = 33 इकाई

तीन मिनट बाद टंकी में, रासायनिक विलयन (U)

= (6) × 3 = 18 इकाई

आवश्यक अनुपात = $\frac{18}{33} = \frac{6}{11}$

23. (c)

दक्षता → 6, 4, 3   60(कुल धारिता)

समय → P 10   Q 15   R 20

दोपहर 12 बजे तक P, Q और R द्वारा कुल टैंक भरा गया = 5 × (P की दक्षता) + 4 × (Q की दक्षता) + 3 × (R की दक्षता)

= 5 × 6 + 4 × 4 + 3 × 3 = 55 इकाई

अब, शेष काम = (60 − 55) इकाई

= 5 इकाई

P + Q द्वारा 5 इकाई भरा गया

$= \frac{5}{6+4} = \frac{1}{2}$ घंटे।

दोपहर 12:30 बजे टंकी पूरी तरह भर जाती है।

24. (c)

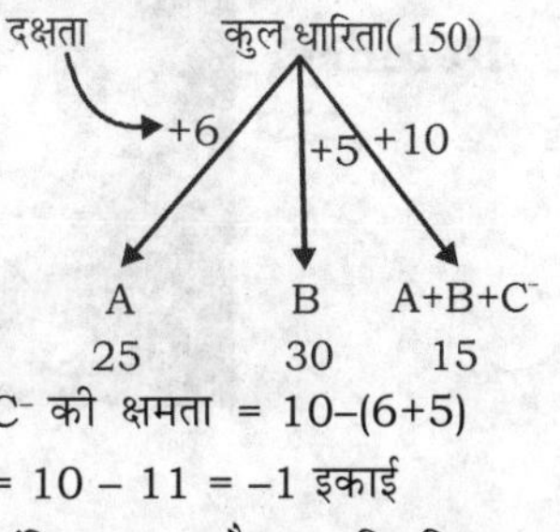

C^- की क्षमता = 10−(6+5)

= 10 − 11 = −1 इकाई

चूंकि C^-, 3 गैलन प्रति मिनट खाली कर सकता है।

इसलिए, टैंक की क्षमता

$= \frac{150}{1} \times 3$ = 450 गैलन

25. (a)

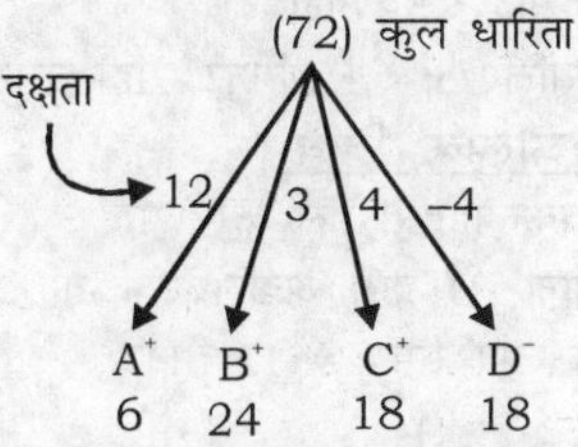

छेद का पता लगने से पहले एक घंटे में टैंक भर जाता है = (12 + 3 + 4 − 4) = 15 इकाई

शेष कार्य = (72 − 15) = 57 इकाई।

तो, टंकी की यह 57 इकाई तीन नलों से = $\frac{57}{(12+3+4)}$ = 3 घंटे में भर जाएगी।

कुल समय = (1 + 3) = 4 घंटे

26. (b) प्रश्न के अनुसार,

(A + B + C) × 6 = (A+B+C) × 2 + (A + B) × 7

⇒ 6A + 6B + 6C = 2A + 2B + 2C + 7A + 7B

⇒ 6A + 6B + 6C = 9A + 9B + 2C

$\Rightarrow 4C = 3A + 3B \Rightarrow \frac{A+B}{C} = \frac{4}{3}$

कुल कार्य = 7 × 6 घंटे = 42 इकाई

C द्वारा भरने में लगा समय = $\frac{42}{3}$

= 14 घंटे

27. (d) माना B द्वारा लिया गया समय = x मिनट

अत: A द्वारा लिया गया समय

= $(x - 6)$ मिनट

A और B के 1 मिनट का कार्य = $\frac{1}{4}$

$\frac{1}{x} + \frac{1}{x-6} = \frac{1}{4}$

$\Rightarrow \frac{x - 6 + x}{x(x-6)} = \frac{1}{4}$

$\Rightarrow 8x - 24 = x^2 - 6x$

$\Rightarrow x^2 - 14x + 24 = 0$

$\Rightarrow x^2 - 12x - 2x + 24 = 0$

$\Rightarrow (x-12)(x-2) = 0$

2 मान संभव नहीं है।

इसलिए $x = 12$ मिनट, सही उत्तर है।

वैकल्पिक विधि:

विकल्प द्वारा हल करने पर,

माना, B द्वारा अकेले टैंक को भरने में लगा समय = 12 मिनट

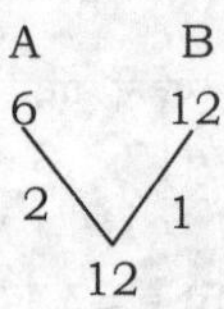

A और B → $\frac{12}{3}$ = 4 मिनट

अत: विकल्प (d) सही उत्तर है।

28. (c) माना A द्वारा अकेले खाली टैंक को भरने में लिया गया समय = x घंटे B द्वारा अकेले खाली टैंक को भरने में लिया गया समय = $(x + 9)$ घंटे

$$\frac{1}{x}+\frac{1}{x+9} = \frac{1}{20}$$

$$\Rightarrow \frac{x+x+9}{x(x+9)} = \frac{1}{20}$$

$\Rightarrow 20(2x + 9) = x^2 + 9x$

$\Rightarrow x^2 - 31x - 180 = 0$

$\Rightarrow x^2 - 36x + 5x - 180 = 0$

$\Rightarrow x(x - 36) + 5(x - 36) = 0$

$\Rightarrow x = 36$ घंटे

B द्वारा अकेले खाली टैंक को भरने में लिया गया कुल समय = 45 घंटे

वैकल्पिक विधि:

विकल्प द्वारा हल करने पर,

माना B को अकेले टंकी भरने में लगा समय = 45 घंटे

A B
36 45
5 4
180

A और B द्वारा टैंक को भरने में लगा समय = $\frac{180}{9}$ = 20 घंटे

अत: विकल्प (c) सही उत्तर है।

TIME & DISTANCE
समय और दूरी
12

1. टेलिन सामान्य गति के $\frac{10}{11}$ से चलता है और सामान्य समय से 13 मिनट अधिक लेता है। लिया गया सामान्य समय ज्ञात कीजिये।

   Tellyn moves at a speed of $\frac{10}{11}$ of normal speed and takes 13 minutes more than normal time. Find the usual time taken

   RPF SI 06/01/2019 (Shift- 01)

   (a) 130 mins (b) 120 mins
   (c) 140 mins (d) 150 mins

2. 1000 किमी की दूरी को पूरा करने के लिए राकेश और विक्की द्वारा लिया गया समय 35 : 27 के अनुपात में है। उनकी गतियों का अनुपात होगा-

   The time taken by Rakesh and Vicky to complete a distance of 1000 km is in the ratio 35 : 27. The ratio of their speeds will be-

   RPF SI 06/01/2019 (Shift-01)

   (a) 35 : 27 (b) 39 : 27
   (c) 27 : 35 (d) 27 : 39

3. एक व्यक्ति समतुल्य त्रिभुज क्षेत्र के मैदानों के साथ-साथ 18 किमी प्रति घंटे, 24 किमी प्रति घंटे और 36 किमी प्रति घंटे की गति से यात्रा करता है। यात्रा की औसत गति बताइये।

   A person travels at the equivalent triangle area along with the plains of the triangular area, at 18 kmph, 24 km, and 36 kmph. Tell the average speed of travel.

   RPF SI 06/01/2019 (Shift- 01)

   (a) 22 kmph (b) 24 kmph
   (c) 18 kmph (d) 34 kmph

4. फ्रैंकलिन रेस का पहला लैप 560 मील प्रति घंटे की गति से पूरा होता है और रेस का दूसरा लैप 840 मील प्रति घंटे की गति से पूरा होता है। सबसे पहले, दोनों लैप्स की औसत गति ज्ञात करें। (मील प्रति घंटा)

   The first lap of the race Franklin completes 560 miles per hour and the second lap of the race completes at 840 miles per hour. First, find the average speed of both laps. (mph-miles per hour)

   RPF Constable 02/02/2019 (Shift-01)

   (a) 682 (b) 702
   (c) 692 (d) 672

5. एक व्यक्ति साईकल से 15 किमी/घंटा की रफ्तार से छात्रावास से कॉलेज को जाता है और 4.5 मिनट की देरी से पहुँचता है। यदि वो 20 किमी/घंटा की रफ्तार से साईकिल चलाता है तो 4.5 मिनट पहले पहुँच जाता है। छात्रावास और कॉलेज के बीच की दूरी बताइए। (किमी में)

   A person goes from hostel to college by bicycle at a speed of 15 kmph and reaches there late by 4.5 minutes. If he cycles at a speed of 20 kmph, he reaches 4.5 minutes earlier. Tell the distance between the hostel and the college. (in km)

   RPF SI 05/01/2019 (Shift-01)

   (a) 8 (b) 6
   (c) 9 (d) 7

6. एक कार 5 घंटे में 240 किमी की दूरी तय करती है। यदि यह अपनी सामान्य गति से आधी गति से चलती है, तो समान दूरी तय करने में कितना अधिक समय लगेगा?

   A car covered 240 km in 5 h. If it travels with half of its usual speed, then how much more time will be taken to cover the same distance?

   SSC GD 10/01/2023 (Shift-01)

   (a) 3 h. (b) 10 h.
   (c) 5 h. (d) 4 h.

7. एक व्यक्ति 3 किमी / घंटा, 4 किमी / घंटा, 5 किमी / घंटा और 6 किमी / घंटा की चाल से समान दूरियां तय करता है और उसे कुल 3 घंटे 48 मिनट लगते हैं। कुल दूरी (किमी में) कितनी है?

   A man travels equal distances at the speed of 3 km/h, 4 km/h, 5 km/h and 6 km/h and takes total 3 hours 48 minutes. What is the total distance (in km)?

   SSC GD 22/11/2021 (Shift-03)

   (a) 4 (b) 16
   (c) 20 (d) 12

8. एक लड़का घर से कॉलेज तक 35 किमी/घंटा की गति से यात्रा करता है और 3 किमी/घंटा की गति से वापस आता है। यदि पूरी यात्रा में 6 घंटे 30 मिनट लगे, तो घर से कॉलेज की दूरी (2 दशमलव स्थानों तक सही) है:

   A boy travelled from the home to the college at the rate of 35 km/h and walked back at the rate of 3 km/h. If the whole journey took 6 h 30 min, then the distance of the college from the home (correct to 2 decimal places) is:

   SSC GD 10/01/2023 (Shift-04)

   (a) 18.01 km. (b) 17.58 km.
   (c) 17.25 km. (d) 17.96 km.

9. एक चोर अपराह्न 3:30 बजे एक कार चुराता है और इसे 80 किमी/घंटा की रफ्तार से चलाता है। चोरी का पता शाम चार बजे चला। और मालिक 90 किमी/घंटा की गति से दूसरी कार में निकल पड़ता है। वह चोर को कब पकड़ेगा?

A thief steals a car at 3:30 p.m. and drives it at 80km/h. The theft is discovered at 4:00 p.m. and the owner sets off in another car at 90km/h. When will he catch the thief?

SSC GD 11/01/2023 (Shift-03)

(a) 8:00 p.m. (b) 8:30 p.m.
(c) 7:30 p.m. (d) 7:00 p.m.

10. 900 किमी की उड़ान के दौरान खराब मौसम के कारण एक विमान की गति धीमी हो गई थी। यात्रा के लिए इसकी औसत गति 300 किमी/घंटा कम हो गई और उड़ान के समय में 30 मिनट की वृद्धि हुई। उड़ान की मूल अवधि थी–

During a flight of 900 km, an aircraft was slowed down due to bad weather. Its average speed for the trip was reduced by 300 km/h and the time of flight increased by 30 min. The original duration of the flight was:

SSC GD 17/11/2021 (Shift-03)

(a) $\frac{3}{2}$ h (b) 2 h
(c) 1 h (d) 3 h

11. रवीश ने पूरी दूरी का पहला 20 किमी 12 किमी/घंटा की गति से तय किया; अगले 25 किमी की दूरी 10 किमी/घंटा की गति से और शेष दूरी 15 किमी/घंटा की गति से तय करें। यदि उसकी कुल औसत गति 13.5 किमी/घंटा थी, तो रवीश ने 15 किमी/घंटा की गति से कितनी दूरी तय की?

Ravish travelled the first 20 km of an entire distance at a speed of 12 km/h; the next 25 km at a speed of 10 km/h and the remaining distance at a speed of 15 km/h. If his overall average speed was 13.5 km/h, what was the distance that Ravish travelled at a speed of 15 km/h?

SSC GD 13/01/2023 (Shift-03)

(a) 111.95 km.
(b) 110.95 km.
(c) 112.5 km.
(d) 113.95 km.

12. बिना रुके एक ट्रेन 75 किमी/घंटा की औसत गति के साथ एक निश्चित दूरी तय करती है और रुकने के साथ यह 65 किमी/घंटा की औसत गति के साथ समान दूरी तय करती है। ट्रेन प्रति घंटे कितने मिनट रुकती है?

A Without stoppages a train travels a certain distance with an average speed of 75 km/h and with stoppages it covers the same distance with an average speed of 65 km/h. How many minutes per hour does the train stop?

SSC GD 12/01/2023 (Shift-04)

(a) 10 min (b) 7 min
(c) 9 min (d) 8 min

13. सीमा और गीता, एक ही समय में स्थान A से 90 किमी दूर स्थित स्थान B पर जाने के लिए यात्रा शुरू करती है। सीमा की चाल, गीता की चाल से 3 किमी / घंटा कम है। गीता, स्थान B पर पहुंचती है और तुरंत वापस चलना शुरू करती है। मार्ग में वह स्थान B से 15 किमी की दूरी पर सीमा से मिलती है। गीता की चाल (किमी / घंटा में) ज्ञात कीजिए।

Seema and Geeta, at the same time, start the journey to reach place B which is 90 km away from place A. The speed of Seema is 3 km/h less than the speed of Geeta. Geeta reaches place B and immediately starts walking back. On the way it meets Seema at a distance of 15 km from point B. Find the speed (in km/h) of Geeta.

SSC GD 23/11/2021 (Shift-02)

(a) 9 (b) 10.5
(c) 12 (d) 7.5

14. 50 मिनट तक 5 किमी/घंटा की चाल से चलने पर एक छात्र अपने विद्यालय, निर्धारित समय से 10 मिनट बाद पहुंचता है। समय पर विद्यालय पहुंचने के लिए छात्र की चाल कितनी होनी चाहिए?

Walking at the speed of 5 km/h for 50 minutes, a student reaches his school 10 minutes behind the scheduled time. What should be the speed of the student to reach the school on time?

SSC GD 24/11/2021 (Shift-02)

(a) $\frac{25}{4}$ km/hr
(b) 6 km/hr
(c) 6.5 km/hr
(d) $\frac{25}{6}$ km/hr

15. एक कुत्ता खरगोश की हर 6 छलांग के लिए 5 छलांग लगाता है, लेकिन कुत्ते की 4 छलांग खरगोश की 5 छलांग के बराबर होती है। कुत्ते और खरगोश की गति का अनुपात क्या है?

A dog takes 5 leaps for every 6 leaps of a hare, but 4 leaps of the dog are equal to 5 leaps of the hare. The ratio of the speed of dog and hare is-

SSC GD 13/01/2023 (Shift-02)

(a) 16 : 24 (b) 24 : 16
(c) 25 : 24 (d) 24 : 25

16. लखनऊ शताब्दी एक्सप्रेस दोपहर 1:30 pm दिल्ली से रवाना होती है और रात 10:30 pm लखनऊ पहुंचती है। ट्रेन की औसत चाल 90 किमी/घंटा है। दिल्ली से लखनऊ तक ट्रेन द्वारा कितनी दूरी तय की गई है?

The Lucknow Shatabdi Express leaves Delhi at 1:30 pm and reaches Lucknow at 10:30 pm. The average speed of the train is 90 km/hr. What is the distance covered by

NTPC CBT-1 27/01/2021 (Shift-01)

(a) 750 किमी (b) 830 किमी
(c) 810 किमी (d) 800 किमी

17. एक व्यक्ति 6 किमी की दूरी 45 मिनट में तय करना चाहता है। यदि वह कुल समय के $\frac{2}{3}$ समय में आधी दूरी तय करता है, तो शेष समय में शेष दूरी तय करने के लिए किमी/घंटा में उसकी गति क्या होनी चाहिए?

A person wants to cover a distance of 6 km in 45 minutes. If he covers half the distance in $\frac{2}{3}$ of the total time, what should be his speed in km/h to cover the remaining distance in the remaining time?

NTPC CBT-1 01/01/2021 (Shift-01)

(a) 12 किमी/घंटा
(b) 14 किमी/घंटा
(c) 8 किमी/घंटा
(d) 10 किमी/घंटा

18. पृथ्वी राजधानी एक्सप्रेस से दिल्ली जा रहा है, जो छह मिनट की देरी से चल रही है। चालक ने अपनी चाल 4 किमी/घंटा बढ़ा दी। ट्रेन अगले स्टेशन पर पहुँचती है जो सही समय पर 36 किमी दूर है। ट्रेन की मूल चाल क्या है?

Prithvi is going to Delhi by Rajdhani express, which is running late by six minutes. The driver increased its speed by 4 km/hr. the train reaches the next station which is 36 km far at the correct time. What is the original speed of the train?

Group - D 04/12/2018 (Shift-03)

(a) 20 किमी/घंटा
(b) 36 किमी/घंटा
(c) 30 किमी/घंटा
(d) 26 किमी/घंटा

19. सचिन ने दिल्ली से हैदराबाद तक की 360 किमी की दूरी 4 घंटे में तय की, कुछ हवाई जहाज से और कुछ ट्रेन से। यदि उसने अपनी पूरी यात्रा हवाई जहाज से की होती, तो उसकी ट्रेन का $\frac{4}{5}$ समय बच जाता और वह 2 घंटे पहले अपने गंतव्य पर पहुँच जाता। ट्रेन द्वारा तय की गई दूरी ज्ञात कीजिये?

Sachin covers a distance of 360 km from Delhi to Hyderabad in 4 hours, some by plane and some by train. If he had done his entire journey by plane, he would have saved $\frac{4}{5}$ of his train time and would have reached his destination 2 hours earlier. Find the distance traveled by train?

Group-D 05/11/2018 (Shift-02)

(a) 45 किमी (b) 75 किमी
(c) 50 किमी (d) 90 किमी

20. एक वस्तु 4s में 15m और अगली 16m, 2s में चलती है। उस वस्तु की औसत चाल क्या है?

An object moves 15m in 4s and next 16m in 2s. What is the average speed of that object?

Group-D 25/09/2018 (Shift-01)

(a) 6.17 मी./से. (b) 4.17 मी./से
(c) 3.17 मी./से. (d) 5.17 मी./से

21. एक व्यक्ति अपने घर से 2 घंटे में अपने कार्यालय पहुंचता है। वह कुल दूरी का $\frac{1}{4}$ भाग साईकिल से 15 किमी/घंटा की चाल से तय करता है कुल दूरी का $\frac{1}{2}$ भाग बस से 30 किमी/घंटा की चाल से और शेष 5 किमी/घंटा की चाल से चलकर तय करता है। इस व्यक्ति की औसत चाल क्या है?

A person reaches his office in 2 hours from his home. He travels $\frac{1}{4}$th of the total distance at a speed of 15 km/h by cycling, $\frac{1}{2}$ of the total distance at a speed of 30 km/h by bus and the rest by walking at a speed of 5 km/h. What is the average speed of this person?

Group-D 10/10/2018 (Shift-01)

(a) 15 किमी/घंटे
(b) 12 किमी/घंटे
(c) 10 किमी/घंटे
(d) 14 किमी/घंटे

22. दो ट्रेनें एक ही समय में दो स्टेशनों से शुरू होती हैं और क्रमशः 30 किमी/घंटा और 35 किमी/घंटा की चाल से एक-दूसरे की ओर बढ़ती हैं। जब वे मिलते हैं तो पता चलता है कि एक ट्रेन दूसरी से 30 किमी अधिक चल चुकी है। दोनों स्टेशनों के बीच की दूरी ज्ञात कीजिए।

Two trains start at the same time from two stations and proceed towards each other at 30 km/h and 35 km/h, respectively. When they meet, it is found that one train has covered 30 km more than the other. Find the distance between the two stations.

NTPC CBT-02 16/06/2022 (Shift-03)

(a) 390 किमी (b) 400 किमी
(c) 410 किमी (d) 380 किमी

23. एक ट्रेन एक स्टेशन से 40 किमी/घंटा की चाल से चलती है। दो घंटे के बाद एक अन्य ट्रेन उसी स्टेशन से समान दिशा में एक निश्चित चाल से चलती है। यदि दूसरी ट्रेन 4 घंटे में प्रथम ट्रेन पकड़ती है, तो दूसरी ट्रेन की चाल क्या है?

A train runs from a station at a speed of 40 km/hr. After two hours another trains laves from the same station at a certain speed in the same direction. If the second train catches the first train in 4 hours, then what is the speed of second train?

Group - D 03/10/2018 (Shift-02)

(a) 60 किमी/घंटा
(b) 65 किमी/घंटा
(c) 50 किमी/घंटा
(d) 55 किमी/घंटा

24. एक ट्रेन पटना से सुबह 5 बजे निकलती है और 9 am भोपाल आती है। दूसरी ट्रेन भोपाल से 6:30 am प्रस्थान करती है और पटना में 10:00 am आती है। दोनों ट्रेन कितने बजे मिलती हैं?

A train departs at 5 am from Patna and arrives Bhopal at 9 am second train departs at 6:30 am from Bhopal and arrives at 10:00 am at Patna. Both train meet at what time?

Group - D 15/11/2018 (Shift-01)

(a) 7:55 pm
(b) 7:55 am
(c) 7:40 am
(d) 7:40 pm

25. एक ही समय पर चलने वाली दो कारें A और B एक दूसरे से विपरीत दिशा में t घंटे के बाद मिलती हैं और पहुँचने के बाद वे 5 घंटे और 6 घंटे के बाद अपने गंतव्य पर पहुँचती हैं। यदि कार A की चाल 55 किमी/घंटा है, तो कार B की चाल क्या होगी? Two cars A and B starting at the same time meet each other in opposite direction after t hours and after arriving they reach their destination after 5 hours and 6 hours. If the speed of car A is 55 km/hr, what will be the speed of the car B?

Group-D 05/11/2018 (Shift-01)

(a) $66\sqrt{12}$ किमी/घंटा
(b) $110\sqrt{3}$ किमी/घंटा
(c) $\frac{110}{\sqrt{6}}$ किमी/घंटा
(d) $\frac{55}{6}\sqrt{30}$ किमी/घंटा

26. हेमा को एक निश्चित दूरी तक चलने और साइकिल से लौटने में 9 घंटे 55 मिनट का समय लगता है। उसे पैदल चलने में 12 घंटे 30 मिनट लगते हैं, दोनों तरफ से साइकिल से जाने और साइकिल से वापस आने में कितना समय लगता है?
Hema takes 9 hours 55 minutes to walk a certain distance and return by bicycle. She takes 12 hours and 30 minutes to walk, how long does it take to go from both sides by bicycle and return from bicycle.

NTPC CBT-1 24/01/2019 (Shift-03)

(a) 7 घंटे 20 मिनट
(b) 7 घंटे 15 मिनट
(c) 7 घंटे 35 मिनट
(d) 7 घंटे 45 मिनट

27. अनुपम और बिनेट एक साथ खड़े होकर 2 किमी लंबे वृत्ताकार रेसिंग ट्रैक पर विपरीत दिशा में दौड़ने लगे। वे क्रमश: 9 किमी/घंटा और 11 किमी/घंटा की चाल से दौड़ते हैं। वे कितने समय बाद ट्रैक पर मिलेंगे?
Anupam and Vinet together started running in opposite direction on 2 km long circular racing track. They ran at the speeds of 9 km/h and 11 km/h respectively. After how much time will they meet on the track?

NTPC CBT-1 15/03/2021 (Shift-02)

(a) 6 मिनट (b) 12 मिनट
(c) 10 मिनट (d) 20 मिनट

28. चार मित्र P, Q, R और S 400 मीटर लंबे एक वृत्ताकार ट्रैक के चारों ओर एक ही समय पर क्रमश: 4, 8, 16 और 20 मीटर/सेकेंड की चाल से दौड़ते हैं। यदि वे सभी एक ही दिशा में चल रहे हों, तो कितने समय बाद वे पहली बार मिलेंगे?
Four friends P, Q, R and S run around a circular track of length 400 m starting at the same point at the same time at speeds of 4, 8, 16 and 20 m/s, respectively. If all of them are moving in the same direction, after how much time would they meet for the first time?

NTPC CBT-02 14/06/2022 (Shift-02)

(a) 100 सेकंड (b) 120 सेकंड
(c) 145 सेकंड (d) 90 सेकंड

29. रूही को 8 घंटे में 360 किमी की यात्रा करनी थी। यात्रा के दौरान, उसने 60 किमी/घंटा की औसत चाल से यात्रा की, लेकिन बीच में दो ब्रेक लिए, लंबा ब्रेक कम समय के ब्रेक से दोगुना हो गया, कितने मिनट के लिए छोटा ब्रेक लिया गया था।
Ruhi had to travel 360 km in 8 hour. During the journey, he traveled at an average speed of 60 km/h but took two breaks in the journey. The long break was double the short break. For how many minutes the short break was taken.

NTPC CBT-1 22/01/2019 (Shift-03)

(a) 30 (b) 45
(c) 40 (d) 35

ANSWER KEY

1.(a)	2.(c)	3.(b)	4.(d)	5.(c)	6.(c)	7.(a)	8.(d)	9.(a)	10.(c)
11.(c)	12.(d)	13.(b)	14.(a)	15.(c)	16.(c)	17.(a)	18.(b)	19.(d)	20.(d)
21.(b)	22.(a)	23.(a)	24.(c)	25.(d)	26.(a)	27.(a)	28.(a)	29.(c)	

SOLUTIONS

1. (a) प्रश्नानुसार,
माना कि टेलीन की गति 11 इकाई है
⇒ गति = 11 : 10
⇒ समय = 10 : 11
11 – 10 = 1 इकाई
⇒ 1 इकाई = 13 मिनट
⇒ 10 इकाई 10 × 13 = 130 मिनट

2. (c) गति और समय हमेशा व्युत्क्रमानुपाती होते हैं।

	राकेश		विक्की
समय	35	:	27
चाल	27	:	35

3. (b)

चाल	दूरी	समय
18		4
24	72	3
36		2

औसत चाल = $\frac{\text{कुल दूरी}}{\text{कुल समय}}$

औसत चाल = $\frac{3 \times 72}{4+3+2}$
= 24 किमी/घंटा

4. (d) प्रश्नानुसार,
$S_1 = 560$, $S_2 = 840$

औसत गति = $\frac{2 \times S_1 \times S_2}{S_1 + S_2}$

= $\frac{2 \times 560 \times 840}{560 + 840}$
= 672 मील/घंटे

5. (c) प्रश्नानुसार,

चाल₁ → 15 km/hr, चाल₂ → 20 km/hr, LCM (60); समय (Time) 4 और 3; अंतर = 1 unit ↓ (4.5 + 4.5)

अत: 1 इकाई = $\frac{9}{60} = \frac{3}{20}$ घंटा

दूरी = 60 इकाई = $\frac{3}{20} \times 60$
= 9 किमी

6. (c) चाल = $\frac{240}{5}$ = 48 किमी./घंटा
अब,
चाल को आधा करने पर दूरी तय करने में लगा कुल समय = $\frac{240}{24}$ = 10 घंटा
अतिरिक्त समय = 10 – 5 = 5 घंटा

7. (a) प्रश्नानुसार,
⇒ 3 घंटा 48 मिनट

$= 3 + \frac{48}{60} = \frac{19}{5}$ घंटा

माना कि कुल दूरी = D

$\frac{D}{3}+\frac{D}{4}+\frac{D}{5}+\frac{D}{6} = \frac{19}{5}$ घंटा

$\frac{20D + 15D + 12D + 10D}{60} = \frac{19}{5}$

$\frac{57D}{60} = \frac{19}{5} \Rightarrow D = 4$ किमी.

8. (d) दिया है,
6 घंटा 30 मिनट = $\frac{13}{2}$ घंटा

कुल दूरी = $\frac{S_1 \times S_1}{S_1 + S_2} \times T$

$= \frac{35 \times 3}{35+3} \times \frac{13}{2} = 17.96$ किमी.

9. (a) चोर द्वारा 30 मिनट में तय की गई दूरी
(3 : 30 pm – 4 : 00 pm)

$= 80 \times \frac{1}{2} = 40$ किमी.

सापेक्ष गति = 90 – 80 = 10 किमी./घंटा
मालिक द्वारा चोर को पकड़ने में लिया गया समय = $\frac{40}{10}$ = 4 घंटा

∵ 4 pm + 4 घंटा → 8 : 00 pm.
अत: मालिक चोर को 8 बजे अपराह्न को पकड़ लेगा।

10. (c) 30 मिनट = $\frac{1}{2}$ घंटा
माना कि समय = T
30 मिनट समय बढ़ाने के बाद

$= T + \frac{1}{2}$

$\Rightarrow \frac{900}{T} - \frac{900}{T+\frac{1}{2}} = 300$ किमी.

विकल्प (c) से T = 1 रखने पर यह समीकरण को संतुष्ट करता है।

11. (c) औसत चाल = $\frac{\text{कुल दूरी}}{\text{कुल समय}}$

$\Rightarrow 13.5 = \frac{20 + 25 + x}{\frac{20}{12}+\frac{25}{10}+\frac{x}{15}}$

$\Rightarrow 13.5 \times \frac{250}{60} + 13.5 \times \frac{x}{15}$
$= 45 + x$
$56.25 + 0.9x = 45 + x$
$0.1x = 11.25$
$x = 112.5$ किमी.

12. (d) ठहराव = $\frac{75-65}{75} \times 60$ मिनट
= 8 मिनट

13. (b) A ——75—— C (90) ——15—— B
सीमा = 75
गीता = 90 + 15 = 105

	सीमा		गीता
दूरी →	75	:	105
	5	:	7

2 इकाई → 3 किमी/घंटा
1 इकाई → 1.5 किमी/घंटा
7 इकाई → 10.5 किमी/घंटा
अत: गीता की चाल 10.5 किमी/घंटा है।

14. (a) तय की गई दूरी = 5 किमी × $\frac{50}{60}$

$= \frac{25}{6}$ किमी

निर्धारित समय में $\frac{25}{6}$ किमी दूरी तय करने में लगा समय = 50 – 10
= 40 मिनट

अत:, आवश्यक चाल = $\frac{25}{6} \times \frac{60}{40}$

$= \frac{25}{4}$ किमी/घंटा

15. (c)

	कुत्ता		खरगोश
क्षमता →	5	:	6
समय →	4	:	5
चाल →	25	:	24

16. (c) 1:30PM बजे से 10:30PM बजे के बीच कुल समय = 9 घंटे
दिल्ली से लखनऊ के बीच की कुल दूरी = 90 × 9 = 810 किमी

17. (a) प्रश्नानुसार,
शेष दूरी = 3 किमी.
समय = $45 \times \frac{1}{3}$ = 15 मिनट
शेष दूरी को शेष समय में तय करने के लिए व्यक्ति की औसत चाल
$= \frac{3}{15} \times 60$ = 12 किमी/घंटा

18. (b) माना, ट्रेन की चाल = x किमी/घंटा
प्रश्नानुसार,
$D = \frac{S_1 \times S_2}{S_1 \sim S_2} \times T$
$\Rightarrow \frac{x(x+4)}{4} \times \frac{6}{60} = 36$
$x(x + 4) = 36 \times 40$
$x = 36$ किमी/घंटा

19. (d) माना हवाई जहाज P समय तथा ट्रेन Q समय लेता है।
P + Q = 4 घंटे ____ (1)
यदि केवल हवाई जहाज से यात्रा की होती,
तब, समय = (4 – 2) घंटे = 2 घंटे
तब हवाई जहाज की चाल = $\frac{360}{2}$
= 180 किमी./घंटा
प्रश्नानुसार,
$\frac{4}{5} Q = 2$
$Q = \frac{5}{2}$
समीकरण (1) से-
$P = 4 - \frac{5}{2} = \frac{3}{2}$
हवाई जहाज→ $\frac{3}{2} \times 180$ = 270 किमी.
ट्रेन → 360 – 270 = 90 किमी.

20. (d) हम जानते हैं,
औसत चाल = $\frac{\text{कुल दूरी}}{\text{कुल समय}}$
$= \frac{15+16}{4+2} = \frac{31}{6}$ = 5.17 मी/से.

21. (b) माना, कुल दूरी = $60x$
प्रश्नानुसार,
$\frac{15x}{15} + \frac{30x}{30} + \frac{15x}{5} = 2$
$30x + 30x + 90x = 60$
$150x = 60$
$x = \frac{60}{150} = \frac{2}{5}$
तय की गई कुल दूरी = $60 \times \frac{2}{5}$
= 24 किमी
औसत चाल = $\frac{24}{2}$ = 12 किमी/घंटा

22. (a) प्रश्न में समय समान है इसलिए, जो अनुपात चाल का होगा वही दूरी का होगा।

	ट्रेन 1	ट्रेन 2
चाल →	30	35
दूरी →	30	35
	6	: 7

1 इकाई → 30 किमी
(6 + 7) इकाई → 13 × 30 = 390 किमी

23. (a) पहली ट्रेन द्वारा दो घंटे में तय की गयी दूरी = 40 × 2 = 80 किमी
माना, दूसरी ट्रेन की चाल = x किमी/घंटा
प्रश्नानुसार
$\frac{80}{(x-40)}$ = 4 घंटा
x = 60 किमी/घंटा

24. (c)
28 किमी (माना)
7 किमी/घंटा   8 किमी/घंटा
P —4 घंटा→ B   P ←3.5 घंटा— B
6:30 am तक पहली ट्रेन द्वारा चली गयी दूरी = 7 × 1.5 = 10.5 किमी
मिलने का समय = 6:30 am + $\frac{17.5}{15}$ घंटे
= 7:40 am

25. (d) हम जानते हैं,
$\frac{S_1}{S_2} = \sqrt{\frac{T_2}{T_1}}$
A की चाल (S_1) = 55 किमी/घंटा
A द्वारा लिया गया समय (T_1) = 5 घंटे
B की चाल (S_2) = ?
B द्वारा लिया गया समय (T_2) = 6 घंटे
$\frac{55}{S_2} = \sqrt{\frac{6}{5}}$
$S_2 = \frac{55\sqrt{5}}{\sqrt{6}} \times \frac{\sqrt{6}}{\sqrt{6}} = \frac{55}{6}\sqrt{30}$ किमी/घंटा

26. (a) हेमा को साईकिल से चलने पर लगा समय
⇒ (9 : 55) 2 – (12 : 30)
⇒ (18 : 110) – (12 : 30)
⇒ 6 : 80 ⇒ 7 : 20
7 घंटा 20 मिनट

27. (a) प्रश्नानुसार,
विपरीत दिशा में अनुपम और विनेत की सापेक्ष चाल = (9 + 11) = 20 किमी/घंटा
पाथ की लंबाई = 2 किमी
समय, जब वे एक दूसरे से मिलेगें = $\frac{2}{20}$
$= \frac{1}{10}$ घंटा या 6 मिनट

28. (a) प्रत्येक को एक चक्कर पूरा करने में लगा समय
$P = \frac{400}{4}$ = 100 सेकण्ड
$Q = \frac{400}{8}$ = 50 सेकण्ड
$R = \frac{400}{16}$ = 25 सेकण्ड
$S = \frac{400}{20}$ = 20 सेकण्ड
वह समय जब वे एक दूसरे से पहली बार मिलेगें
= (100, 50, 25, 20 का ल.स.)
= 100 सेकण्ड

29. (c) प्रश्नानुसार,
दी गई दूरी को तय करने में लगा समय
$= \frac{360}{60}$ = 6 घंटे
लेकिन वह बिना किसी विराम के इस दूरी को तय करने में 8 घंटे का समय लेती है
तब,
दो विराम में लिया गया समय
(8 – 6) = 2 घंटे
दिया हैं,

लंबा विराम	:	छोटा विराम
2	:	1

∵ (2 + 1) इकाई = 3 इकाई
= 120 मिनट
छोटा विराम (1) इकाई = $\frac{120}{3} \times 1$
= 40 मिनट

TRAIN
रेलगाड़ी

13

1. 46 मीटर प्रति सेकंड की गति से चलने वाली ट्रेन को एक सिग्नल को पार करने में 12 सेकंड का समय लगता है। ट्रेन की लंबाई कितनी है? (मीटर में)
A train running at a speed of 46 meters per second takes 12 seconds to cross a signal. What is the length of the train? (in meters)
RPF Constable 17/01/2019 (Shift-02)
(a) 552 (b) 562
(c) 542 (d) 572

2. 650 मीटर लंबे पुल के एक छोर पर सिग्नल को पार करने में एक ट्रेन को 27 सेकंड लगते हैं। यदि उस ट्रेन को उस पुल को पार करने में 92 सेकंड का समय लगता है, तो उस ट्रेन की लंबाई है। (मीटर में)
A train takes 27 seconds to cross the signal at one end of a 650 meter long bridge. If that train takes 92 seconds to cross that bridge, then the length of that train is. (in meters)
RPF Constable 17/01/2019 (Shift-01)
(a) 270 (b) 250
(c) 240 (d) 260

3. दो ट्रेनें स्टेशन A और B से शुरू होती हैं और क्रमश: 50 किमी प्रति घंटे और 60 किमी प्रति घंटे की गति से एक-दूसरे की ओर यात्रा करती हैं। उनकी मुलाकात के समय, दूसरी ट्रेन ने पहली ट्रेन से 120 किमी अधिक यात्रा की थी। A और B के बीच की दूरी है:
Two trains start from stations A and B and travel towards each other at a speed of 50 kmph and 60 kmph respectively. At the time of their meeting, the second train had travelled 120 km more than the distance between A and B is :
RPF Constable 20/01/2019 (Shift-01)
(a) 1320 किमी (b) 1440 किमी
(c) 1660 किमी (d) 600 किमी

4. एक ट्रेन 72 किमी प्रति घंटे की गति से चलती है। किन्हीं दो स्टेशनों के बीच की दूरी 42 किमी है और ट्रेन प्रत्येक स्टेशन पर 5 मिनट के लिए रुकती है। तो ट्रेन द्वारा 350 किमी जाने में लिया गया समय है।
A train runs at the speed of 72 km per hour. The distance between any two stations is 42km and the train stops at each stations for 5 minutes. Then the time taken by train to go 350 km is.
RPF Constable 17/01/2019 (Shift-01)
(a) 6 घंटे 31 मिनट 40 सेकंड
(b) 5 घंटे 31 मिनट
(c) 5 घंटे 31 मिनट 40 सेकंड
(d) 5 घंटे 30 मिनट 40 सेकंड

5. दो स्टेशनों A और B के बीच की दूरी 220 किमी है। एक ट्रेन स्टेशन A से स्टेशन B की ओर 80 किमी प्रति घंटे की औसत गति से चलती है। आधे घंटे के बाद, एक अन्य ट्रेन स्टेशन B से स्टेशन A की ओर 100 किमी प्रति घंटे की औसत गति से चलना शुरू करती है। स्टेशन A से वे जिस स्थान पर मिलते हैं, उसकी दूरी है।
The distance between two stations A and B is 220 km. A train starts from station A towards station B at an average speed of 80 kmph. After half an hour, another train starts from station B towards station A at an average speed of 100 kmph. The distance of the point where they meet from station A is
RPF Constable 02/02/2019 (Shift-01)
(a) 150 किमी (b) 120 किमी
(c) 130 किमी (d) 140 किमी

6. दो ट्रेनों की गति क्रमश: 45 किमी प्रति घंटा और 10 मीटर प्रति सेकंड है। उनकी गति के बीच का अनुपात क्या होगा?
The speeds of two trains are respectively 45 kmph and 10 metres per second. What will the ratio between their speeds?
RPF Constable 03/02/2019 (Shift-02)
(a) 9 : 2 (b) 2 : 9
(c) 4 : 5 (d) 5 : 4

7. एक ट्रेन की चाल 110 किमी/घंटा है। यह 20% बढ़ जाती है और फिर ट्रेन एकसमान चाल से चलती है। ट्रेन चालक गति 'कम करने' का संकेत देखता है, इसलिए वह उस समय की ट्रेन की चाल को 40% कम कर देता है। ट्रेन की अंतिम चाल (किमी/घंटा में, दशमलव के एक स्थान तक सही) कितनी है?
The speed of a train is 110 km/h. It increases by 20% and then the train continues with the same speed. The train driver sees the signal 'Slow down', so he reduces the speed of the train by 40% at that time. What is the final speed of the train (in km/h, correct up to a decimal place)?
SSC GD 17/11/2021 (Shift-02)
(a) 79.2 (b) 69.2
(c) 66.5 (d) 75.5

8. 90 किमी/घंटा की चाल से चल रही एक ट्रेन किसी निश्चित दूरी को तय करने में 50 मिनट का समय लेती है। यदि चाल में $33\frac{1}{3}\%$ की वृद्धि हो जाए, तो उस दूरी की $2\frac{4}{5}$ गुनी दूरी तय करने में ट्रेन को कितना समय लगेगा?

A train running at a speed of 90 km/h takes 50 minutes to cover a certain distance. If the speed is increased by $33\frac{1}{3}\%$, then how much time will the train take to cover $2\frac{4}{5}$ times that distance?

SSC GD 23/11/2021 (Shift-03)

(a) 1 घंटा 45 मिनट
(b) 1 घंटा 30 मिनट
(c) 1 घंटा 20 मिनट
(d) 1 घंटा 25 मिनट

9. एक ट्रेन की लंबाई 150 मीटर है। 3 सेकंड में, यह ट्रेन के समान दिशा में 2 किमी/घंटा की गति से चल रहे एक व्यक्ति को पार कर जाती है। ट्रेन की गति निर्धारित करें-

The length of a train is 150 metres. In 3 seconds, it passes a man moving at a speed of 2 km/h in the same direction as the train. Determine the train's speed.

SSC GD 24/01/2023 (Shift-02)

(a) 190 km/h/190 किमी/घंटा
(b) 167 km/h/167 किमी/घंटा
(c) 172 km/h/172 किमी/घंटा
(d) 182 km/h/182 किमी/घंटा

10. दो स्टेशनों A और B के बीच की दूरी 700 किमी है। एक ट्रेन 80 किमी / घंटा की चाल से स्टेशन A से स्टेशन B तक जाती है और 65 किमी/घंटा की एक समान चाल से वापस A तक लौटा आती है। पूरी यात्रा के दौरान ट्रेन की औसत चाल लगभग कितनी है?

The distance between two stations A and B is 700 km, A train travels from station A to station B with a speed of 80 km/h and comes back to A at a uniform speed of 65 km/h. What is the average speed of the train for the whole journey?

SSC GD 18/11/2021 (Shift-01)

(a) 74 km/h
(b) 70.73 km/h
(c) 72.7 km/h
(d) 71.72 km / h

11. एक रेलगाड़ी स्थान A से स्थान B तक 90 किमी/घंटा की चाल से जाती है और 75 किमी/घंटा की चाल से वापस आती है। यदि यह कुल $14\frac{2}{3}$ घंटे लेती है, तो स्थान A और स्थान B के बीच की दूरी ज्ञात कीजिए।

A train travels from point A to point B with a speed of 90 km/h and comes back with a speed of 75 km/h. If it takes total $14\frac{2}{3}$ hrs, then find the distance between 3 place A and place B.

SSC GD 22/11/2021 (Shift-03)

(a) 5800 km (b) 600 km
(c) 620 km (d) 560 km

12. 65 किमी/घंटा की गति से यात्रा करने वाली एक ट्रेन सुबह 10:00 बजे बॉम्बे से निकलती है। और 76 किमी/घंटा की गति से यात्रा करने वाली एक अन्य ट्रेन दोपहर 12:00 बजे शुरू होती है। उसी दिशा में। बम्बई से कितनी दूरी (किमी में) पर वे एक साथ होंगे?

A train travelling at the speed of 65 km/h leaves Bombay at 10:00 A.M. and another train travelling at the speed of 76 km/h starts at 12:00 P.M. in the same direction. At what distance (in km) from Bombay will they be together?

SSC GD 31/01/2023 (Shift-01)

(a) 925 km (b) 988 km
(c) 898.18 km (d) 1,000 km

13. एक तेज ट्रेन 192 किमी की यात्रा के लिए, धीमी ट्रेन से 2 घंटे कम समय लेती है। यदि धीमी ट्रेन की चाल से 16 किमी/घंटा कम है, तो क्रमशः धीमी और तेज ट्रेनों की चाल ज्ञात करें।

A faster train takes 2 hours less than a slower train to travel 192 km. If it is 16 km/hr less than the speed of the slow train, find the speed of the slow and fast trains respectively.

SSC GD 02/02/2023 (Shift-04)

(a) 32 किमी/घंटा, 48 किमी/घंटा
(b) 28 किमी/घंटा, 34 किमी/घंटा
(c) 30 किमी/घंटा, 40 किमी/घंटा
(d) 48 किमी/घंटा, 64 किमी/घंटा

14. समान लंबाई की दो रेलगाड़ियाँ एक खंभे को पार करने में क्रमशः 13 सेकंड और 26 सेकंड लेती हैं। यदि ये रेलगाड़ियाँ एक ही दिशा में चल रही हों, तो उन्हें एक-दूसरे को पार करने में कितना समय लगेगा?

Two trains of equal lengths take 13 seconds and 26 seconds, respectively, to cross a pole. If these trains are moving in the same direction, then how long will they take to cross each other?

SSC GD 23/01/2023 (Shift-03)

(a) 40 seconds/40 सेकंड
(b) 50 seconds/50 सेकंड
(c) 39 seconds/39 सेकंड
(d) 52 seconds/52 सेकंड

15. 10 फरवरी 2014 को, एक ट्रेन सुबह 6 बजे दिल्ली से निकलती है और 10 बजे जयनगर पहुँचती है। दूसरी ट्रेन सुबह 8 बजे जयनगर से निकलती है और 11:30 बजे दिल्ली पहुँचती है। दोनों ट्रेनें किस समय एक-दूसरे को पार करती हैं?

On 10 February 2014, a train leaves Delhi at 6 a.m. and reaches Jainagar at 10 a.m. Another train leaves Jainagar at 8 a.m. and reaches Delhi at 11:30 a.m. At what time do the two trains cross each other?

SSC GD 30/01/2023 (Shift-02)

(a) 6:56 a.m. (b) 9:15 a.m.
(c) 8:48 a.m. (d) 8:56 a.m.

16. एक ट्रेन विपरीत दिशा में समान गति से चल रही दूसरी ट्रेन को 5 सेकंड में पार करती है। यदि पहली ट्रेन की गति दोगुनी कर दी जाए और दूसरी ट्रेन की गति आधी कर दी जाए, तो ट्रेनों को पार करने में लगने वाला समय ________ सेकंड है।

A train crosses another train running at the same speed in the opposite direction in 5 seconds. If the speed of the first train is doubled and the speed of the second train is halved, then the time taken by the trains to cross is ______ seconds.

SSC GD 06/02/2023 (Shift-01)

(a) 6 (b) 4
(c) 3 (d) 5

17. एक ट्रेन स्टेशन P से शुरू होती है, स्टेशन Q, R, S, T से होकर चलती है और स्टेशन U पर पहुँचती है। यह स्टेशन Q, R, S और T पर क्रमशः 2 मिनट, 4 मिनट, 6 मिनट और 8 मिनट के लिए रुकती है। P और U के बीच की दूरी 50 किमी है। यदि ट्रेन स्टेशनों के बीच एक समान गति से 70 मिनट तक चलती है, तो स्टेशन P और U के बीच ट्रेन की औसत गति (किमी/घंटा में) क्या है?

A train starts from station P, runs through stations Q, R, S, T and reaches station U. It stops at stations Q, R, S and T for 2 minutes, 4 minutes, 6 minutes, and 8 minutes, respectively. The distance between P and U is 50 km. What is the average speed of the train between stations P and U (in km/h), if it runs for 70 minutes between the stations, with uniform speed?

SSC GD 06/02/2023 (Shift-01)

(a) $\frac{100}{6}$ (b) $\frac{110}{3}$
(c) $\frac{110}{4}$ (d) $\frac{100}{3}$

18. राजधानी ट्रेन एक विशेष दूरी 'd' के लिए 75 किमी/घंटा की निरंतर गति से एक सीधी रेखा में यात्रा करती है और फिर पहले की तरह उसी दिशा में 100 किमी/घंटा की स्थिर गति से '2d' के बराबर एक और दूरी तय करती है। पूरी यात्रा के दौरान ट्रेन की औसत गति ज्ञात कीजिये?

The Rajdhani train travels in a straight line at a constant speed of 75 km/h for a particular distance 'd' and then travels another distance equal to '2d' at a constant speed of 100 km/h in the same direction as earlier. Find the average speed of the train during the whole journey?

SSC GD 06/02/2023 (Shift-03)

(a) 84 km/h (b) 90km/h
(c) 96 km/h (d) 88 km/h

19. ट्रेन P और Q एक ही दिशा में समानांतर ट्रैक पर चल रही हैं। ट्रेन P, ट्रेन Q को पूरी तरह से 60 सेकंड में पार करती है और ट्रेन P में मौजूद एक यात्री ट्रेन Q को 40 सेकड में पार करता है। यदि ट्रेन की गति 2 : 1 के अनुपात में है, तो उनकी लंबाई का अनुपात ज्ञात कीजिए?

Train P and Q are moving on a parallel track in the same direction. Train P crosses train Q completely in 60 seconds and a passenger present in train P crosses train Q in 40 seconds. If the speed of the train is in the ratio of 2 : 1 then calculate the ratio of their lengths?

NTPC CBT-1 32/05/2019 (Shift-03)

(a) 3 : 4 (b) 1 : 2
(c) 3 : 1 (d) 3 : 2

20. 200 मीटर और 400 मीटर लंबाई की दो ट्रेनें समानांतर लाइनों पर चलती हैं। जब वे एक ही दिशा में दौड़ते हैं, तो उच्च गति वाली ट्रेन को दूसरी ट्रेन से आगे निकलने में 30 सेकंड का समय लगता है, और जब वे विपरीत दिशाओं में यात्रा करती हैं, तो उन्हें एक दूसरे को पार करने में 6 सेकंड का समय लगता है। दोनों ट्रेनों की गति (किमी / घंटा में) क्या है?

Two trains of length 200 m and 400 m run on parallel lines. When they run in the same direction, it takes 30 seconds for the train with the higher speed to overtake the other train, and when they travel in the opposite directions, they takes 6 seconds to cross each other. What are the speed (in km/h) of the two trains?

NTPC CBT-1 15/02/2021 (Shift-01)

(a) 280 और 140
(b) 190 और 260
(c) 216 और 144
(d) 184 और 144

21. दो ट्रेनें क्रमशः 56 किमी प्रति घंटे और 29 किमी प्रति घंटे की गति से समान दिशा में आगे बढ़ रही हैं। तेज ट्रेन धीमी ट्रेन में बैठे एक व्यक्ति को 16 सेकंड में पार करती है। तेज गति वाली ट्रेन की लंबाई कितनी है?

Two trains are moving at 56 kmph and 29 kmph, respectively in the same direction. The faster train crosses a person sitting in the slower train in 16 second. What is the length of the faster train?

Group - D 16/09/2007

(a) 125 मीटर (b) 120 मीटर
(c) 110 मीटर (d) 90 मीटर

22. एक रेलगाड़ी जो एक नियत गति से चल रही है, समान दिशा में चलने वाले दो व्यक्तियों को क्रमशः 4 सेकंड और 4.2 सेकंड में पार करती है। पहला व्यक्ति 4.5 किलोमीटर प्रति घंटा की गति से चल रहा था, जबकि दूसरा 6 किलोमीटर प्रति घंटा की गति से चल रहा था। रेलगाड़ी की गति (किलोमीटर प्रति घंटा में) क्या थी?

A train travelling at constant speed crosses two persons walking in the same direction in 4 seconds and 4.2 seconds, respectively. The first person was walking at the speed of 4.5 km/h while the second was walking at the speed of 6 km/h. What was the speed of the train (in km/h)?

RRB ALP & TECH 30/08/2018 (Shift-03)

(a) 32 (b) 40
(c) 42 (d) 36

23. एक ट्रेन, ट्रेन की दिशा में क्रमशः 2 किमी/घंटे और 4 किमी/घंटे की गति से चल रहे दो व्यक्तियों को क्रमशः 9 और 10 सेकंड में पूरी तरह से पार करती है। ट्रेन की लंबाई और गति ज्ञात कीजिए।

A train overtakes two persons who are walking in the same direction in which the train is going at the rate of 2 km/h and 4 km/h and passes them completely in 9 and 10 seconds respectively. Find the length and speed of the train.

Group - D 31/10/2018 (Shift-02)

(a) 22 किमी/घंटा, 50 मीटर

(b) 22 किमी/घंटा, 80 मीटर

(c) 32 किमी/घंटा, 50 मीटर

(d) 32 किमी/घंटा, 80 मीटर

24. 75 मीटर लंबी एक ट्रेन ने विपरीत दिशा में 6 किमी/घंटा की गति से चल रहे व्यक्ति को $7\frac{1}{2}$ सेकंड में ओवरटेक किया। इसके बाद यह ट्रेन पहले व्यक्ति के समान दिशा में चलते हुए एक दूसरे व्यक्ति को पीछे छोड़ गयी और उसे $6\frac{3}{4}$ सेकंड में पार कर गयी। दूसरा व्यक्ति किस दर से यात्रा कर रहा था?

A train 75 meters long overtook a person who was walking at 6 km/hr in the opposite direction and passed him in $7\frac{1}{2}$ seconds. Subsequently it overtook a second person, walking in the same directions as the 1st person and passed him in $6\frac{3}{4}$ seconds. At what rate was the second person travelling ?

NTPC CBT-1 28/12/2020 (Shift-01)

(a) $11\frac{3}{4}$ किमी/घंटा

(b) 10 किमी/घंटा

(c) 8 किमी/घंटा

(d) $4\frac{1}{2}$ किमी/घंटा

25. 30 किमी की यात्रा के बाद दुर्घटना के कारण एक ट्रेन सेवा बाधित हो गई। गति को मूल गति के चार-पांचवें हिस्से तक कम कर दिया गया था। इस वजह से 45 मिनट की देरी हुई। अगर दुर्घटना 18 किमी आगे होती, तो 36 मिनट की देरी से चल रही होती। ट्रेन की मूल गति क्या थी?

A train service got disrupted due to an accident after a travel of 30 km. The speed was reduced to four-fifth of the original speed. This caused it a delay of 45 min. If the accident had happened 18 km farther, it would have been running late for 36 min. What was the original speed of the train?

NTPC CBT-1 02/02/2021 (Shift-02)

(a) 30 किमी/घंटा

(b) 60 किमी/घंटा

(c) 50 किमी/घंटा

(d) 40 किमी/घंटा

26. 100 मीटर की लम्बाई वाली ट्रेन A स्टेशन X से शुरू होती है और 4 घण्टे में स्टेशन Y तक पहुँचती है, जो स्टेशन X से 320 किमी. दूर है, और 9 सेकण्ड में दूसरी ट्रेन B को पार कर जाती है, जो स्टेशन Y पर खड़ी है। ट्रेन B की लम्बाई क्या है?

Train A of length 100 meters starts from station X and reaches station Y in 4 hours which is 320 kms from station X and in 9 seconds crosses another train B, which is standing at station Y. What is the length of train Y?

(a) 200 मीटर (b) 130 मीटर

(c) 100 मीटर (d) 150 मीटर

27. ट्रेन A, ट्रेन B से जो विपरीत दिशा में जा रही है, से 54 सेकंड में आगे निकल जाती है जिसकी लम्बाई A से दुगुनी है और ट्रेन A से आधी गति पर चल रही है। ट्रेन A विपरीत दिशा में जाने वाली एक दूसरी ट्रेन C को 20 सेकंड में पार करती है, जिसकी गति ट्रेन A से दुगुनी है। अगर ट्रेन A की गति 60 किमी प्रति घंटा है, तो ट्रेन C की लम्बाई क्या है?

Train A overtakes train B which is going in opposite direction in 54 seconds which is twice the length of A and running at half the speed of train A. Train A crosses another train C going in opposite direction in 20 seconds whose speed is twice that of train A. If the speed of train A is 60 kmph, then what is the length of train C?

(a) 650 मीटर (b) 550 मीटर

(c) 250 मीटर (d) 450 मीटर

28. दो स्टेशन X और Y और दो ट्रेनें A और B हैं। स्टेशन X और Y के बीच की दूरी 180 किमी. है। 210 मीटर की लम्बाई वाली ट्रेन A स्टेशन X से 5 घंटे में स्टेशन Y तक पहुँचती है। यदि ट्रेन B स्टेशन Y पर ठहरी हुई है और ट्रेन A 40 सेकण्ड में ट्रेन B को पार करती है, तो ट्रेन B की लम्बाई कितनी है?

Two stations X and Y and two trains A and B. The distance between station X and Y is 180 km. Train A is 210 meter long. From station X it reaches station Y in 5 hours. If the train B is halting at station Y and the train A crosses train B in 40 seconds, then what is the length of train B?

(a) 250 मीटर (b) 230 मीटर

(c) 190 मीटर (d) 200 मीटर

29. एक ट्रेन X 400 मीटर की लंबाई वाले प्लेटफार्म के बाहर खड़ी है। यदि 280 मीटर की लंबाई वाली एक और ट्रेन Y 40 सेकण्ड में प्लेटफॉर्म को पार करती है और 30 सेकण्ड में ट्रेन X को भी पार करती है, तो ट्रेन X की लंबाई क्या है?

A train X is standing on a platform of length 400 m. If another train Y of length 280 m crosses the platform in 40 sec and also crosses train X in 30 sec, then what is the length of train X?

(a) 210 मीटर

(b) 255 मीटर

(c) 230 मीटर

(d) 280 मीटर

30. ट्रेन A स्टेशन X से सुबह 8.00 बजे चलती है और स्टेशन Y की ओर जाती है जो कि 250 किमी दूर है। एक अन्य ट्रेन B स्टेशन Y से सुबह 10.00 बजे चलती है और स्टेशन X की ओर जाती है। ट्रेन A और ट्रेन B की गति का अनुपात 8:9 है। स्टेशन Y, और उस स्थान के बीच जहां तक ट्रेन A सुबह 10 बजे चली है, की दूरी 170 किमी है। स्टेशन Y से किस दूरी पर और किस समय पर दोनों ट्रेनें मिलेंगी?

Train A leaves station X at 8.00 am and travels towards station Y which is 250 km away. Another train B leaves station Y at 10.00 am and goes towards station X. The ratio of speed of train A to that of train B is 8 : 9. The distance between station Y, and the place where train A leaves at 10 AM, is 170 km. At what distance from station Y and at what time both the trains will meet?

(a) 125 किमी, 2 pm

(b) 160 किमी, 12 pm

(c) 90 किमी, 12 pm

(d) 80 किमी, 2 pm

31. एक ट्रेन P से Q तक μ किमी/घंटा की चाल से जाती है फिर Q से R तक (QR = 2PQ) 3μ किमी/घंटा की चाल से जाती है और R से P तक μ/2 किमी/घंटा की चाल से वापस आती है। P से शुरू होकर P तक वापस आने के दौरान इस पूरी यात्रा में ट्रेन की औसत चाल (किमी/घंटा में) ज्ञात करें।

A train goes from P to Q with a speed μ km/h, then from Q to R (QR = 2PQ) with a speed 3μ km/h, and returns from R to P with a speed μ/2 km/h. What is the average speed (in km/h) of the train for the entire journey starting from P and back to P?

(a) $\frac{18\mu}{23}$ (b) $\frac{4\mu}{3}$

(c) $\frac{16\mu}{23}$ (d) $\frac{3\mu}{2}$

ANSWER KEY

1.(a)	2.(a)	3.(a)	4.(c)	5.(b)	6.(d)	7.(a)	8.(a)	9.(d)	10.(d)
11.(b)	12.(c)	13.(a)	14.(d)	15.(d)	16.(b)	17.(d)	18.(b)	19.(b)	20.(c)
21.(b)	22.(d)	23.(a)	24.(b)	25.(a)	26.(c)	27.(b)	28.(c)	29. (c)	30. (c)
31. (a)									

SOLUTIONS

1. (a) माना ट्रेन की लंबाई y मीटर है।
तब,
समय = $\frac{\text{दूरी}}{\text{चाल}}$
$\therefore 12 = \frac{y}{46}$
y = 12 × 46 = 552 m

2. (a) दोनों ही condition में ट्रेन की चाल समान रहेगी।
∴ माना ट्रेन की लंबाई = y m
तब,
$\frac{y}{27} = \frac{650 + y}{92}$
⇒ 92y = 17550 + 27 y
⇒ 92y – 27y = 17550
⇒ 65y = 17550
⇒ y = 270 मीटर

3. (a) समय समान है
चाल ∝ दूरी
चाल ⟶ 50 : 60 = 5 : 6
दूरी ⟶ 5 : 6
1 इकाई = 120 किमी
A और B के बीच की कुल दूरी
(5 + 6) इकाई = $\frac{120}{1} \times 11$
= 1320 किमी

4. (c) रेल की गति = 72 किमी/घण्टा
रेल प्रत्येक 42 किमी पर 5 मिनट रूकती है।
अर्थात:-
72 किमी = 60 मिनट
42 किमी = $\frac{60}{72}$ × 42 = 35 मिनट
रेलगाड़ी द्वारा प्रत्येक स्टेशन तक पहुँचने में लगा समय = (35 + 5)
= 40 मिनट
रेलगाड़ी को 350 किमी जाना है जिसको यह (336 किमी + 14 किमी) में कवर करेगी।
→ 336 किमी को तय करने मे लगा
समय = $\frac{336}{72}$ = 4 घण्टे 40 मिनट
336 किमी को कवर करने में रेलगाड़ी के स्टॉप = $\frac{336}{42}$ = 8
8 स्टॉप में लगा समय = 8×5=40 मिनट
कुल समय = 4 घण्टे 40 मिनट + 40 मिनट = 5 घण्टे 20 मिनट
→ 14 किमी को तय करने में लगा
समय = $\frac{14}{72}$ × 60
= 11 मिनट 40 सेकण्ड
कुल समय = 5 घण्टे 20 मिनट + 11 मिनट 40 सेकण्ड
= 5 घण्टे 31 मिनट 40 सेकण्ड

SMART APPROACH:-
72 किमी = 60 मिनट
42 किमी = $\frac{60}{72}$ × 42 = 35 मिनट
42 किमी = 35 मिनट + 5 मिनट = 40 मिनट
↓
रूकने का समय
350 किमी = 336 किमी + 14 किमी
↓
8 बार रूकेगी
= $\frac{336}{72}$ घण्टे + (8 × 5)मिनट + $\frac{14}{72}$ घण्टे
↓
रूकने का कुल समय
= 5 घण्टे 31 मिनट 40 सेकण्ड

5. (b)
A —— 220 km —— B
40
A —— 180 km ——
पहली ट्रेन द्वारा आधे घंटे में तय की गयी दूरी = 40 किमी
शेष दूरी = 220 – 40 = 180 किमी
प्रश्नानुसार,
$\frac{180}{(100 + 80)}$ = 1 घंटा
वो दूरी जहाँ मिलेगें = (40 + 80)
= 120 किमी

6. (d) $S_1 = 45 \times \frac{5}{18}$ मी./से = $\frac{25}{2}$ मी./से
S_2 = 10 मी./से.
$S_1 : S_2 = \frac{25}{2} : 10 = 5 : 4$

7. (a) S_T = 110 किमी/घंटा
$20\%^{+}, 40\%^{-}$
समतुल्य परिवर्तन
$= 20 - 40 - \frac{40 \times 20}{100}$
= – 20 – 8 = – 28%
अंतिम चाल = 110 × $\frac{100 - 28}{100}$
= 11 × $\frac{72}{10}$ = 79.2 किमी/घंटा

8. (a) प्रारम्भिक चाल = 90 किमी/घंटा
समय = 50 मिनट
दूरी = चाल × समय
= 90 × $\frac{50}{60}$ = 15 × 5 = 75 किमी
$33\frac{1}{3}\% = \frac{+1}{3}$
बढ़ी हुई चाल = 90 × $\frac{4}{3}$
= 30 × 4 = 120 किमी./घंटा
बढ़ा हुआ छूट = 75 × $2\frac{4}{5}$
= 75 × $\frac{14}{5}$ = 15 × 14
समय = $\frac{15 \times 14}{120} = \frac{210}{120}$
= 1घंटा 45मिनट

9. (d) ल. = 150 मी.
व्यक्ति की चाल = 2 किमी./घंटा
t = 3से.
सापेक्ष चाल = (x – 2) किमी./घंटा
$\frac{150}{3} = (x - 2) \times \frac{5}{18}$
180 = x – 2
x = 182 किमी./घंटा

10. (d)
700 किमी.
A → 80 किमी./घंटा
B ← 65 किमी./घंटा
औसत चाल = $\frac{\text{कुल दूरी}}{\text{कुल समय}}$
$= \frac{2 \times 700}{700\left[\frac{1}{80} + \frac{1}{65}\right]}$

$= \frac{2 \times 700}{\frac{700}{5}\left[\frac{1}{16}+\frac{1}{13}\right]}$

$= \frac{10 \times 16 \times 13}{29}$

$= \frac{160 \times 13}{29}$ = 71.72 किमी./घंटा

SMART APPROACH:-

औसत चाल $= \frac{2ab}{a+b}$

$= \frac{2 \times 80 \times 65}{80+65}$

= 71.72 किमी/घंटा

Note: वास्तविक दूरी की कोई आवश्यकता नही है।

11. (b) माना, A & B के बीच की दूरी $= x$.

कुल समय $= 14\frac{2}{3}$ घंटा

प्रश्नानुसार,

$\frac{x}{90} + \frac{x}{75} = \frac{44}{3}$

$\frac{x}{15}\left[\frac{11}{30}\right] = \frac{44}{3}$

$x = 4 \times 10 \times 15$

$x = 600$ किमी.

12. (c)

10 : 00 — 65किमी./घंटा — 130किमी. — 76किमी./घंटा — 12 : 00

सापेक्ष गति = (76 – 65)

= 11 किमी./घंटा

कुल दूरी = 65 × 2 = 130 किमी.

$\Rightarrow$ समय $= \frac{130}{11}$ घंटे

$\because$ दूरी $= \frac{130}{11} \times 76$

= 898.18 किमी.

13. (a) माना तेज ट्रेन की चाल $= x$ किमी./घंटा

धीमी ट्रेन की चाल $= x - 16$ किमी.

प्रश्नानुसार,

$\frac{192}{x-16} - \frac{192}{x} = 2$ घंटे

विकल्प के द्वारा हल करने पर-

$x = 48$

अतः विकल्प (a) सही उत्तर होगा।

14. (d) माना दोनो ट्रेन की लंबाई $= x$ है।

पहले ट्रेन की चाल (S_1)

$= \frac{x}{13}$ मी./से.

दूसरे ट्रेन की चाल (S_2)

$= \frac{x}{26}$ मी./से.

प्रश्नानुसार,

$2x = x\left(\frac{1}{13} - \frac{1}{26}\right) \times t$

$2 = \frac{1}{26} \times t \Rightarrow t = 52$ से.

15. (d)

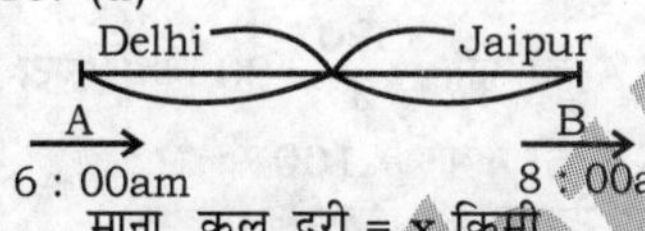

माना, कुल दूरी = x किमी.

A की चाल $= \frac{x}{4}$ किमी./घंटा

B की चाल $= \frac{2x}{7}$

सामेपक्ष चाल $= \frac{x}{4} + \frac{2x}{7}$

$= \frac{7x+8x}{28} = \frac{15x}{28}$

At 8 : 00am →

A द्वारा कुल चली गयी दूरी

$= \frac{x}{4} \times 2 = \frac{x}{2}$

शेष दूरी $= x - \frac{x}{2} = \frac{x}{2}$ किमी.

समय $= \frac{\text{दूरी}}{\text{चाल}} = \frac{\frac{x}{2}}{\frac{15x}{28}} = \frac{14}{15}$ घंटा

$= \frac{14}{15} \times 60 = 56$ मिनट

अतः समय = 8 : 56 मिनट

16. (b) A→ ←B

माना दोनों की चाल x मी./से.

सापेक्ष चाल $= 2x$ मी./से.

समय = 5 से.

दूरी = सापेक्ष चाल × समय

$= 2x \times 5 = 10x$ मी.

अब,

A की चाल $= 2x \Rightarrow$ B की चाल $= \frac{x}{2}$

समय $= \frac{10x}{2x + \frac{x}{2}} = \frac{10x \times 2}{5x} = 4$ से.

17. (d)

विश्राम काल

2मिनट 4मिनट 6मिनट 8मिनट

P Q R S T U

कुल दूरी = 50 किमी.

कुल समय

= 70 + (2 + 4 + 6 + 6)

= 70 + 20 = 90 मिनट

$= \frac{90}{60}$ घंटा $= \frac{3}{2}$

P & U के बीच की औसत गति

$= \frac{\text{कुल दूरी}}{\text{समय}} = \frac{50}{\frac{3}{2}} = \frac{100}{3}$ किमी/घंट

18. (b) दूरी = d

चाल = 75 किमी./घंटा

समय $= \frac{d}{75}$ घंटा

शर्तानुसार, दूरी = 2d

चाल = 100 किमी./घंटा

समय $= \frac{2d}{100} = \frac{d}{50}$ घंटा

औसत चाल $= \frac{3d}{\frac{d}{75} + \frac{d}{50}}$

$= \frac{3d}{\frac{d}{25}\left[\frac{1}{3}+\frac{1}{2}\right]} = \frac{3}{\frac{5}{25 \times 6}}$

$= \frac{3 \times 25 \times 6}{5} = 90$ किमी./घंटा

19. (b)

	P	Q
चाल	$2x$	x

एक ही दिशा में चलने पर रेलगाड़ियों की सापेक्षिक चाल $= 2x - x = x$

$P + Q = 60x$ .... (i)

$Q = 40x$ .... (ii)

$P = 60x - 40x = 20x$

P : Q = 1 : 2

20. (c) माना, रेलगाड़ियों की चाल x तथा y है।

एक ही दिशा में सापेक्षिक चाल $= (x - y)$ किमी/घंटा

विपरीत दिशा में सापेक्षिक चाल $= (x + y)$ किमी/घंटा

$x - y = \frac{600}{30} = 20$ मी./से.

$x + y = \frac{600}{6} = 100$ मी./से.

$x = 60 \times \frac{18}{5} = 216$ किमी/घंटा

$y = 40 \times \frac{18}{5}$ = 144 किमी/घंटा

21. (b) तेज चलने वाली ट्रेन की लम्बाई = x मी.

प्रश्नानुसार,

$\frac{x}{(56-29)\times\frac{5}{18}} = 16$

$x = 16 \times 27 \times \frac{5}{18}$ मी. = 120 मी.

22. (d) माना, ट्रेन की चाल = x किमी/घंटा

$(x - 4.5) \times 4 = (x - 6) \times 4.2$

$\Rightarrow 4x - 18 = 4.2x - 25.2$

$\Rightarrow 0.2x = 7.2$

$\Rightarrow x$ = 36 किमी/घंटा

ट्रेन की चाल = 36 किमी/घंटा

23. (a) माना, ट्रेन की लम्बाई T तथा चाल x है।

प्रश्नानुसार,

$\frac{T}{(x-2)} = 9$ .... (i)

$\frac{T}{(x-4)} = 10$ .... (ii)

समीकरण (i) को समीकरण (ii) से विभाजित करने पर,

$\frac{x-4}{x-2} = \frac{9}{10} \Rightarrow 10x - 40 = 9x - 18$

$\Rightarrow x$ = 22 किमी/घंटा

$T = 20 \times 9 \times \frac{5}{18}$ मी. = 50 मी.

24. (b) माना, ट्रेन और दूसरे व्यक्ति की गति क्रमशः x और y किमी/घंटा है।

$\frac{75\times18}{(x+6)\times5} = \frac{15}{2} \Rightarrow 36 = x + 6$

$\Rightarrow x$ = 30 किमी/घंटा

पुनः

$\frac{75}{(30+y)\times\frac{5}{18}} = 6\frac{3}{4}$

$\Rightarrow \frac{75\times18}{(30+y)\times5} = \frac{27}{4}$

$\Rightarrow 600 = 450 + 15y$

$\Rightarrow 15y = 150$

$\Rightarrow$ y = 10 किमी/घंटा

25. (a)

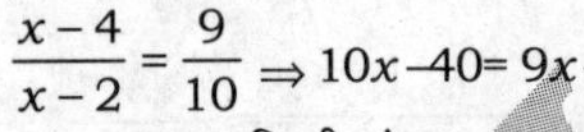

P ——30 किमी—— X ———— Q

चाल → 5 : 4

समय → 4 : 5

1 इकाई → 45 मिनट

180 मिनट

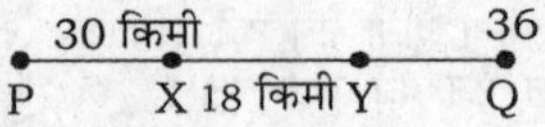

P ——30 किमी—— X ——18 किमी—— Y —— Q (36 मिनट)

चाल → 5 : 4

समय → 4 : 5

1 इकाई → 36 मिनट

144 मिनट

ट्रेन की मूल चाल

$= \frac{18}{180-144} \times 60$

$= \frac{18}{36} \times 60$ = 30 किमी/घंटा

26. (c) चाल = $\frac{\text{दूरी}}{\text{समय}}$

ट्रेन A की गति= $\frac{320}{4}$ =80 किमी/घंटा

ट्रेन A की लंबाई = 100 मीटर

माना, ट्रेन B की लंबाई = L_B

तब,

$100 + L_B = 80 \times \frac{5}{18} \times 9$

L_B = 200 – 100 = 100 मीटर

27. (b) दिया है,

A ट्रेन की गति = 60 किमी/घंटा

B ट्रेन = $\frac{60}{2}$ = 30 किमी/घंटा

C ट्रेन = 2 × 60 = 120 किमी/घंटा

प्रश्नानुसार,

माना, ट्रेन A की लंबाई = a किमी

और ट्रेन C की लंबाई = c किमी

अब, ट्रेन B की लंबाई = 2a किमी

प्रश्नानुसार,

$\frac{2a+a}{60+30} = \frac{54}{3600}$

$\frac{3a\times18}{(60+30)\times5} = 54$

a = 450

अब, ट्रेन A और ट्रेन B एक दूसरे को पार करने का मामला है।

$20 = \frac{450 + C\times18}{(60+120)\times5}$

= 450 + C = 1000

= C = 550 मीटर

28. (c)

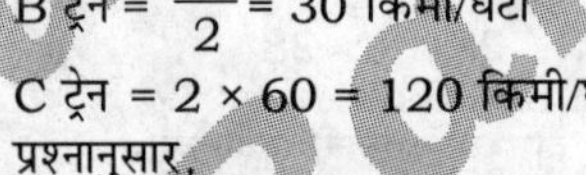

A (5 घंटा →) x ———— B y

|—— 180 किमी ——|

L_A = 210 मीटर

A ट्रेन की गति= $\frac{180}{5}$ = 36 किमी/घंटे

दूरी = चाल × समय

ट्रेन B की लम्बाई + ट्रेन A की लम्बाई

$= 36 \times \frac{5}{18} \times 40$

ट्रेन B की लम्बाई + 210 = 400

L_B = 400 – 210 = 190 मीटर

29. (c) चाल = $\frac{\text{दूरी}}{\text{समय}}$

ट्रेन की गति y = $\frac{280+400}{40}$

$= \frac{680}{40}$ = 17 मी/सेकण्ड

माना, ट्रेन की लंबाई = x

$\Rightarrow 17 \times 30 = x + 280$

$\Rightarrow x = 510 - 280$

30. (c)

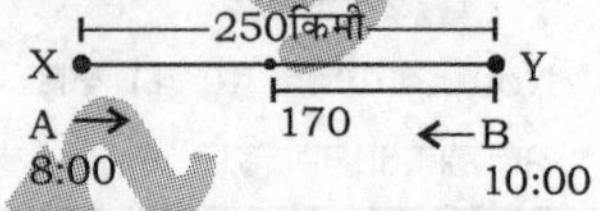

X |——250किमी——| Y

A → 8:00   170   ← B 10:00

	A	B
गति	8 :	9

2 घंटे में, ट्रेन A ने यात्रा की = 250 – 170

= 80 किमी

ट्रेन A की गति = $\frac{80}{2}$ = 40 किमी/घंटा

$\therefore 8 \rightarrow 40$

ट्रेन B = 9 → 45 किमी/घंटा

$\therefore$ वे $\frac{170}{85}$ = 2 घंटे, दोपहर 12 बजे मिलेंगे

और y से दूरी = 45 × 2 = 90 किमी

31. (a)

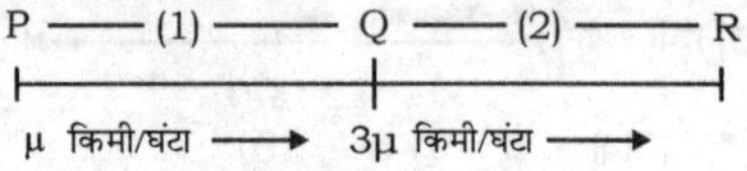

P —— (1) —— Q —— (2) —— R

μ किमी/घंटा ⟶ 3μ किमी/घंटा ⟶

$\Rightarrow$ QR = 2PQ

PQ के लिए समय $\Rightarrow \frac{1}{\mu}$

"QR"

$\Rightarrow \frac{2}{3\mu}$

"RP"

$\Rightarrow \frac{1+2}{\frac{\mu}{2}} = \frac{6}{\mu}$

औसत चाल = $\frac{\text{कुल दूरी}}{\text{कुल समय}} = \frac{1+2+3}{\frac{1}{\mu}+\frac{2}{3\mu}+\frac{6}{\mu}}$

$= \frac{6\times3\mu}{(3+2+18)} = \frac{18\mu}{23}$ $\frac{\text{किमी}}{\text{घंटा}}$

RACE
दौड़
14

1. 400 मीटर लंबी एक गोलाकार दौड़ में, A और B एक ही समय में एक ही बिंदु से क्रमशः 10 किमी/घंटा और 16 किमी/घंटा की गति से दौड़ना शुरू करते हैं। एक ही दिशा में दौड़ते समय वे कितने समय बाद प्रारंभिक बिंदु पर पहली बार मिलेंगे?

In a circular race of 400 m , A and B start at speed of 10 km/hr and 16 km/hr, respectively, at the same time from the same point. After how much time will they meet for the first time at the starting point when running in the same direction?

(a) 180 सेकंड (b) 200 सेकंड
(c) 240 सेकंड (d) 220 सेकंड

2. 1000 मीटर की रैखिक दौड़ में सलोनी ने श्वेता को 100 मीटर से हराया, जबकि श्वेता ने सोनम को 150 मीटर से हराया। उसी दौड़ में सलोनी ने सोनम को कितने मीटर से हराया?

In a linear race of 1000 m, Saloni beat Shweta by 100 m, while Shweta beat Sonam by 150 m. By how many metres does Saloni beat Sonam, in the same race?

(a) 220 मीटर (b) 250 मीटर
(c) 225 मीटर (d) 235 मीटर

3. एक दौड़ में, अरविंद, भानु से $\frac{5}{4}$ गुना तेज दौड़ता है। यदि अरविंद भानु को 60 मीटर की बढ़त देता है, तो शुरुआती बिंदु से दूरी ज्ञात करें जहां वे दोनों मिलेंगे।

In a race, Aravind runs $\frac{5}{4}$ times as fast as Bhanu. if Aravind gives a lead of 60m to Bhanu, find the distance from the starting point where both of them will meet.

(a) 320 मीटर (b) 340 मीटर
(c) 360 मीटर (d) 300 मीटर

4. 4 किमी की दौड़ में, A, B और C, प्रत्येक ने समान गति से दौड़ते हुए, क्रमशः पहला, दूसरा और तीसरा स्थान हासिल किया। यदि A, B को 1 किमी से हराता है और B, C को 1 किमी से हराता है, तो उसी दौड़ में A, C को कितने मीटर से हराता है?

In a 4 km race, A, B and C, each running at uniform speed, secured first, second and third position, respectively. If A beats B by 1 km and B beats C by 1 km, then by how many metres does A beat C in the same race?

(a) 1750 मीटर (b) 1700 मीटर
(c) 1775 मीटर (d) 1725 मीटर

5. 2,700 मीटर की एक गोलाकार दौड़ में, P और Q क्रमशः 23 किमी/घंटा और 49 किमी/घंटा की गति से विपरीत दिशाओं में बिंदु A से दौड़ना शुरू करते हैं। उन्हें पहली बार मिलने में कितना समय लगा?

In a circular race of 2,700 m, P and Q start from point A in opposite directions at speeds of 23 km/h and 49 km/h, respectively. What is the time taken by them to meet for the first time?

(a) 135 sec/सेकंड
(b) 130 sec/सेकंड
(c) 140 sec/सेकंड
(d) 145 sec/सेकंड

6. A 4 मिनट में 1 किमी दौड़ सकता है, और B समान दूरी 4 मिनट 10 सेकंड में तय कर सकता है। 1 किमी की दौड़ में A, B को कितनी दूरी से हरा सकता है?

A can run 1 km in 4 min, and B can cover the same distance in 4 min 10 sec. By what distance can A beat B in a 1 km race?

(a) 45 मीटर (b) 40 मीटर
(c) 35 मीटर (d) 30 मीटर

7. 2000 मीटर की परिधि वाले एक गोलाकार स्टेडियम के चारों ओर 8000 मीटर की दौड़ में, सबसे तेज धावक रोहन और सबसे धीमे धावक सोहम एक ही बिंदु से शुरू करते हैं और 10 वें मिनट के अंत में पहली बार एक साथ शुरुआती बिंदु पर पहुंचते हैं। यदि रोहन, सोहम की गति से दोगुनी गति से दौड़ता है, तो रोहन को दौड़ पूरी करने में कितना समय लगेगा?

In a 8000 m race around a circular stadium having a circumference of 2000 m, the fastest runner Rohan and the slowest runner Soham starting from the same point and reach the starting point together at the end of the 10th minute, for the first time after the start of the race. If Rohan runs at twice the speed of Soham, what is the time taken by Rohan to finish the race?

(a) 15 मिनट (b) 10 मिनट
(c) 20 मिनट (d) 25 मिनट

8. तीन धावक अमन, रमेश और नरेश दौड़ लगाते हैं, अमन रमेश से 48 मीटर आगे और नरेश से 68 मीटर आगे रहता है। समान लंबाई की एक अन्य दौड़ में, रमेश, नरेश से 25 मीटर आगे है। प्रत्येक धावक पूरी दूरी एक स्थिर गति से तय करता है। दौड़ की लंबाई ज्ञात कीजिए।

Three runners Aman, Ramesh and Naresh run a race, with Aman finishing 48 metres ahead of Ramesh and 68 metres ahead of Naresh. In another race of same length, Ramesh finishes 25 metres ahead of Naresh. Each runner travels the entire distance at a constant speed. Find the length of the race.

(a) 240 मीटर (b) 242 मीटर
(c) 244 मीटर (d) 248 मीटर

9. 625 मीटर की एक गोलाकार दौड़ में, A और B एक ही बिंदु से, एक ही समय पर और क्रमश: 90 किमी/घंटा और 72 किमी/घंटा की गति से दौड़ना शुरू करते हैं। यदि वे समान दिशा में दौड़ रहे हैं तो कितने समय बाद वे पहली बार ट्रैक पर मिलेंगे?

In a circular race of 625 m, A and B start from the same point, at the same time and at speeds of 90 km/h and 72 km/h, respectively. After how much time will they meet again for the first time on the track if they are running in the same directions?

(a) In 115 seconds/सेकंड में
(b) In 122 seconds/सेकंड में
(c) In 125 seconds/सेकंड में
(d) In 120 seconds/सेकंड में

10. 5000 मीटर की एक गोलाकार दौड़ में, एक ही बिंदु से शुरू करते हुए, दो प्रतियोगियों A और B की गति क्रमश: 36 किमी/घंटा और 54 किमी/घंटा है। जब वे विपरीत दिशा में दौड़ रहे हों और जब वे एक ही दिशा में दौड़ रहे हों तो पहली बार मिलने में लगने वाले समय (सेकंड में) के बीच का अंतर?

In a circular race of 5000 m, starting from the same point, the speeds of two contestants A and B are 36 km/h and 54 km/h, respectively. The difference between the time taken (in seconds) to meet for the first time when they are running in the opposite directions and when they are running in the same direction?

(a) 600 (b) 800
(c) 200 (d) 1000

11. A की गति B की गति से 30% अधिक है। यदि A और B 117 मीटर लंबी दौड़ में दौड़ते हैं, तो A को, B को शुरुआत के रूप में दौड़ की लंबाई का कितना हिस्सा देना चाहिए, ताकि दौड़ एक ही समय पर खत्म हो?

A's speed is 30% more than that of B. If A and B run a race on a 117 m length race, what part of the length of the race should A give B as a head start, so that the race ends in a dead hit?

(a) 90 मीटर (b) 117 मीटर
(c) 27 मीटर (d) 36 मीटर

12. A, B और C क्रमश: 5 मी/से., 3 मी/से. और 8 मी/से., की गति से चलते हैं। वे एक ही समय पर एक बिंदु से दौड़ शुरू करते हैं। कुछ समय बाद, यह पाया गया कि A और C के बीच की दूरी 6 मीटर है। A और B के बीच की दूरी ज्ञात कीजिए।

A, B and C runs at speed 5 m/s, 3 m/s and 8 m/s, respectively. They started the race at the same time from the same point. After some time, it was found that the distance between A and C is 6 m. Determine the distance between A and B.

(a) 3 मीटर (b) 2 मीटर
(c) 5 मीटर (d) 4 मीटर

13. 1000 मीटर की एक रेखीय दौड़ में A ने B को 50 मी या 5 सेकंड से हरा देता है। निर्धारित किजिए कि A को दौड़ पूरी करने में कितना समय लगता है।

In a linear race of 1000 m, A beats B by 50 m or 5 seconds. Determine how much time A takes to complete the race.

(a) 120 सेकंड (b) 60 सेकंड
(c) 100 सेकंड (d) 95 सेकंड

14. 5 किमी की दौड़ में, X, Y और Z, प्रत्येक एक समान गति से दौड़ते हुए, क्रमश: स्वर्ण, रजत और कांस्य पदक प्राप्त करते हैं। यदि X, Y को 0.5 किमी से हराता है और Y, Z को 0.5 किमी से हराता है, तो X कितने मीटर से Z को हराता है?

In a 5 km race, X, Y and Z, each running at a uniform speed, get the gold, silver, and bronze medals, respectively. If X beats Y by 0.5 km and Y beats Z by 0.5 km, then by how many metres does X beat Z?

(a) 960 मीटर (b) 975 मीटर
(c) 950 मीटर (d) 1,000 मीटर

15. 1200 मीटर की एक गोलाकार दौड़ में, A और B एक ही समय पर क्रमश: 27 किमी/घंटा और 45 किमी/घंटा की गति से एक ही बिंदु से शुरू करते हैं। वे कितने समय बाद पहली बार ट्रैक पर उसी दिशा में दौड़ते हुए मिलेंगे?

In a circular race of 1200 m, A and B start from the same point, at the same time with speeds of 27 km/h and 45 km/h, respectively. After how much time will they meet for the first time on the track when they running in the same direction?

(a) 220 सेकंड (b) 180 सेकंड
(c) 200 सेकंड (d) 240 सेकंड

ANSWER KEY

1.(c)	2.(d)	3.(d)	4.(a)	5.(a)	6.(b)	7.(c)	8.(a)	9.(c)	10.(b)
11.(c)	12.(d)	13.(d)	14.(c)	15. (d)					

SOLUTIONS

1. (c) सापेक्ष गति = (16 – 10) = 6 किमी/घंटा
पहली बार A और B को मिलने में लगा
कुल समय = $\frac{400 \times 18}{6 \times 5}$ = 240 से.

2. (d) सभी के दूरी का अनुपात
सलोनी : श्वेता : सोनम
1000 : 900
1000 : 850
200 : 180 : 153
47
प्रश्नानुसार,
200 → 1000
47 → $\frac{1000}{200} \times 47 = 235$
अत: दूरी में अंतर = 235 मी.

3. (d)
A 60 मी B ← 4 इकाई →
← 5 इकाई →
अरविंद : भानू = 5 : 4
अंतर = 1 इकाई
1 इकाई = 60
वह दूरी जँहा पर वे मिलेगें = 60×5
= 300 मी.

4. (a)
A B C
$4_{\times 4}$ $3_{\times 4}$
$4_{\times 3}$ $3_{\times 3}$
16 : 12 : 9
16 इकाई = 4 किमी. = 4000 मी.
1 इकाई = $\frac{4000}{16}$ मी.
A, C को 7 इकाई से हराता है
7 इकाई = $\frac{4000}{16} \times 7$ = 1750 मी.

5. (a) दूरी = 2700 मी.
सापेक्ष गति = 23 + 49 = 72 किमी/घंटा
पहली बार मिलने में लगा समय
= $\frac{2700 \times 18}{72 \times 5}$ = 135 से.

6. (b) चूँकि A, B को 10 सेकंड से हराता है इसलिए 10 सेकंड मे B द्वारा तय की गई
दूरी = $\frac{1000}{250} \times 10$ = 40 मी.
अत: 1 किमी की रेस में A, B को 40 मी. से हराता है

7. (c) रोहन : सोहन
चाल 2 : 1
रेस = $\frac{8000}{2000}$ = 4 चक्कर
चूँकि, रोहन की गति सोहन की गति से दोगुनी है और वे 10 मिनट के बाद पहली बार प्रारंभिक बिंदु पर मिलते हैं।
∴ जितने समय में रोहन 2 चक्कर पूरे करता है उतने ही समय में सोहन 1 चक्कर लगाता है
रोहन द्वारा रेस पूरा करने में लगा कुल समय = 10 × 2 = 20 मिनट

8. (a) माना, रेस की कुल लंबाई = x मी.
इसलिए अमन द्वारा तय की गई दूरी = x मी.
रमेश द्वारा तय की गई दूरी = $(x-48)$ मी.
नरेश द्वारा तय की गई दूरी = $(x-68)$ मी.
अब, जब रमेश x मी दूरी तय करता है तब नरेश $(x-25)$ मी दूरी तय करता है
पहली शर्त
$\therefore \frac{\text{अमन}}{\text{रमेश}} = \frac{x}{x-48}$
$\frac{\text{रमेश}}{\text{नरेश}} = \frac{x-48}{x-68}$ – (1)
$\frac{\text{अमन}}{\text{नरेश}} = \frac{x}{x-68}$
दूसरी शर्त
$\frac{\text{रमेश}}{\text{नरेश}} = \frac{x}{x-25}$ – (2)
समीकरण (1) और (2) को बराबर करने पर
$\frac{x-48}{x-68} = \frac{x}{x-25}$
$\Rightarrow x^2 - 73x + 1200 = x^2 - 68x$
$\Rightarrow 5x = 1200$
$\Rightarrow x = 240$

9. (c) सापेक्ष गति = (90 – 72)
= 18 किमी/घंटा
दूरी = 625 मी.
आवश्यक समय = $\frac{625 \times 18}{18 \times 5}$
= 125 से.

10. (b) जब A और B एक ही दिशा में दौड़ रहे हों तो मिलने में लगने वाला
समय = $\frac{5000 \times 18}{(54-36) \times 5}$ = 1000 सेकंड
जब A और B विपरीत दिशा में दौड़ रहे हों तो मिलने में लगने वाला समय
= $\frac{5000 \times 18}{(36+54) \times 5}$ = 200 से.
समय मे अंतर = (1000 – 200)
= 800 सेकंड

11. (c) 30% = $+\frac{3}{10}$
चाल → A : B = 13 : 10
दूरी → A : B = 13 : 10
A द्वारा तय दूरी = 13 इकाई = 117 मी.
1 इकाई = $\frac{117}{13}$ मी.
3 इकाई = $\frac{117}{13} \times 3$ मी. = 27 मी
अत: एक ही समय पर रेस समाप्त करने हेतू A, B को 27 मी की लीड देगा।

12. (d) A : B : C
चाल = 5 : 3 : 8
A और C के बीच की दूरी = 6 मी
(8 – 5) = 3 इकाई = 6 मी.
1 इकाई = 2 मी.
A और B के बीच की दूरी (5 – 3)
= 2 इकाई
$\Rightarrow$ 2 इकाई = 2 × 2 = 4 मी.

13. (d)

दूरी : समय

$\times 19\left(\begin{matrix}50 \\ 950\end{matrix}\right.$ $\left.\begin{matrix}5 \\ 95\end{matrix}\right)\times 19$

A द्वारा तय की गई दूरी — A द्वारा लिया गया समय

A द्वारा रेस को पूरा करने में लगा कुल समय = 95 से.

14. (c)

X	Y	Z
5	4.5	
$10_{\times 10}$	$9_{\times 10}$	
	5	4.5
	$10_{\times 9}$	$9_{\times 9}$
100	90	81

अंतर = 19

100 इकाई $\rightarrow$ 5000 मी.

1 इकाई $\rightarrow \frac{5000}{100}$ मी.

19 इकाई $\rightarrow \frac{5000}{100}\times 19$ मी.

= 950 मी.

अत: X, Z को 950 मी. से हराएगा।

15. (d) दूरी = 1200 मी.
सापेक्ष गति = (45 – 27)
= 18 किमी/घंटा

कुल समय = $\frac{1200}{18}\times\frac{18}{5}$

= 240 सेकंड

☆☆☆☆☆

BOAT & STREAM
नाव और धारा
15

1. शांत पानी में एक आदमी की गति $\left(\frac{28}{3}\right)$ किमी/घंटा है। उसे धारा के अनुकूल दिशा में नाव चलाने में जितना समय लगता है, उससे तीन गुना अधिक समय धारा के प्रतिकूल नाव चलाने में लगता है। धारा का वेग क्या है?
Speed of a man in still water is $\left(\frac{28}{3}\right)$ km/h. it takes him thrice as much time to row downstream as it takes to row upstream. What is the velocity of the stream?
RPF Constable 07/12/2018 (Shift-02)
(a) $\frac{16}{3}$ किमी/घंटा
(b) $\frac{20}{3}$ किमी/घंटा
(c) 6 किमी/घंटा
(d) $\frac{14}{3}$ किमी/घंटा

2. एक नाव चलाने वाले को नदी के प्रतिकूल 60 किमी की दूरी तय करने में 8 घंटे लगते हैं जबकि धारा के अनुकूल समान दूरी को तय करने में 5 घंटे लगते है। रुके हुए पानी में रोवर की गति क्या होगी ?
It takes 8 hours for a rower to cover a distance of 60 km upstream of a river while it takes 5 hours to cover the same distance downstream. What will be the speed of the rower in stagnant water.
RPF SI 05/01/2019 (Shift-03)
(a) 9.25 किमी/घंटा
(b) 9.80 किमी/घंटा
(c) 9.75 किमी/घंटा
(d) 9.5 किमी/घंटा

3. एक नाविक धारा के प्रतिकूल 2 किमी की दूरी 1 घंटे में और धारा के अनुकूल 1 किमी की दूरी 10 मिनट में तय करता है। शांत जल में नाविक की चाल ज्ञात कीजिए।
A sailor covers 2 km in the upstream in 1 hour and a distance of 1 km in the downstream in 10 minutes. Find the speed of sailor in still water.
RPF Constable 25/01/2019 (Shift-01)
(a) 4 किमी/घंटा (b) 2.5 किमी/घंटा
(c) 3 किमी/घंटा (d) 4.5 किमी/घंटा

4. नाव द्वारा धारा के प्रतिकूल और धारा के अनुकूल एक निश्चित दूरी को तय करने में लिए गए समय का अनुपात 4 : 1 है। धारा के अनुकुल और धारा के प्रतिकूल नाव की गति का अनुपात ज्ञात कीजिए।
The ratio of time taken by the boat to cover a certain distance upstream and downstream is 4 : 1. Find the ratio of speed of boat downstream and upstream.
RRB JE 25/05/2019 (Shift-01)
(a) 4 : 1 (b) 3 : 5
(c) 1 : 4 (d) 5 : 3

5. एक मोटर नाव जिसकी गति शांत पानी में 11 किमी/घंटा है, धारा के अनुकूल 28 किमी की दूरी 2 घंटे 20 मिनट में तय करती है। धारा की गति ज्ञात कीजिए।
A motor boat whose speed is 11 km/h in still water covers a distance of 28 km downstream in 2 hrs 20 mins. Find the speed of the current.
NTPC CBT - I 10/01/2021(Shift-01)
(a) 7 किमी/घंटा (b) 2 किमी/घंटा
(c) 1 किमी/घंटा (d) 1 किमी/घंटा

6. राजू धारा के प्रतिकूल एक नदी में धारा के अनुकूल गति से दुगना समय लेता है। यदि नदी 5 किमी / घंटा की गति से बहती है तो शांत जल राजू की गति ज्ञात कीजिए।
Raju takes twice as long to row upstream as to row downstream in a river. If the river flows at 5 km/h, then find the speed of Raju in still water.
NTPC CBT - I 31/07/2021 (Shift-01)
(a) 19 किमी/घंटा (b) 15 किमी/घंटा
(c) 13 किमी/घंटा (d) 17 किमी/घंटा

7. एक नाविक धारा के प्रतिकूल 24 किमी और धारा के अनुकूल 36 किमी की दूरी तय करता है और हर बार उसे 6 घंटे लगते हैं। धारा की गति ज्ञात कीजिए।
A sailar travels a distance of 24 km the upstream and 36 km in the downstream and takes 6 hours each time. Find the speed of the stream.
RRB JE 26/05/2019 (Shift-02)
(a) 1 किमी/घंटा (b) 4 किमी/घंटा
(c) 13 किमी/घंटा (d) 3 किमी/घंटा

8. एक नाव को शांत पानी में अपने गंतव्य तक पहुंचने और वहां से अपने शुरुआती बिंदु पर लौटने में 15 घंटे लगते हैं। यदि नदी बहती है तो उसी यात्रा में 16 घंटे लगते हैं। नाव और नदी की गति के बीच का अंतर 15 किमी/घंटा है। नदी के प्रवाह की गति ज्ञात कीजिए।
15 hours is taken by a boat to reach its destination in still water and return to its starting point from there. The same journey requires 16 hours if the river flows. The difference between the speed of boat and the river is 15 km/hr. Find the speed of the flow of river.
RRB Group-D 25/05/2019 (Shift-01)
(a) 10 किमी/घंटा (b) 6 किमी/घंटा
(c) 4 किमी/घंटा (d) 5 किमी/घंटा

9. स्थिर जल में नाव की चाल 15 किमी/घंटा है। धारा की चाल 3 किमी/ घंटा है। धारा की विपरीत दिशा और धारा की दिशा में दो यात्राओं को पूरा करने में लगने वाले समय के बीच का अंतर अर्थात (एक छोर से दूसरे छोर तक जाना और वापस आना और उसी का फिर से दोहराना) 10 मिनट है। दोनों छोरों के बीच की दूरी कितनी है?
The speed of the boat in still water is 15 km/h. The speed of the stream is 3 km/h. The difference between the time taken to complete two trips downstream and upstream i.e. (going from one end to the other and coming back and repeating the same again) is 10 minutes. What is the distance between the two ends?

NTPC CBT - I 08/09/2021 (Shift-01)

(a) 2 किमी (b) 2.5 किमी
(c) 3 किमी (d) 3.5 किमी

10. एक स्टीमर धारा के अनुकूल जाता है और दो बंदरगाहों के बीच की दूरी 6 घंटे में तय करता है। यह धारा के प्रतिकूल समान दूरी 8 घंटे तय करती है। यदि धारा की गति 3 किमी/घंटा है, तो शांत पानी में स्टीमर की गति है:
A steamer goes downstream and covers the distance between two ports in 6 h. It covers the same distance upstream is 8 h. if the speed of the stream is 3 km/h, then the speed of the stream in still water is:

NTPC CBT - I 06/04/2021 (Shift-01)

(a) 10 किमी/घंटा
(b) 21 किमी/घंटा
(c) 10.375 किमी/घंटा
(d) 20.5 किमी/घंटा

11. शांत पानी में एक नाव की गति 12 किमी/घंटा है और धारा की गति 3 किमी/घंटा है। एक व्यक्ति नाव से धारा के प्रतिकूल 135 किमी जाता है और धारा के अनुकूल चलकर प्रारंभिक बिंदु पर लौट आता है। कुल यात्रा को तय करने में लगा समय ज्ञात कीजिए।
The speed of a boat in still water is 12 km/hr and the speed of stream is 3 km/hr. A person goes 135 km in the upstream by boat and returns to the starting point by walking in the downstream. Find the time taken to cover the total journey in hours.

NTPC CBT - I 29/04/2016 (Shift-01)

(a) 24 (b) 48
(c) 36 (d) 30

12. शांत पानी में एक नाव की गति 12 किमी/घंटा है। इसकी धारा की गति 8 किमी/घंटा है। नाव को धारा की दिशा में एक विशेष दूरी तक ले जाया जाता है और वापस उसी बिंदु पर लाया जाता है। पूरे मार्ग के दौरान नाव की औसत गति क्या है?
The speed of a boat 12km/hr in still water. Its speed of current is 8 km/hr. The boat is taken to a particular distance in the direction of the current and brought back to the same point. What is the average speed of the boat during the entire course?

RRC Group - D 16/09/2007 (Shift-00)

(a) 7 किमी/घंटा (b) 6 किमी/घंटा
(c) 7 किमी/घंटा (d) $\frac{20}{3}$ किमी/घंटा

13. एक नाव धारा के प्रतिकूल शहर P से शहर Q तक जाती है और फिर वह धारा के अनुकूल शहर Q से शहर P की ओर लौटती है। यदि स्थिर पानी में नाव की गति 35 किमी/घंटा है और धारा की गति 5 किमी/घंटा है तो कुल यात्रा में नाव की औसत गति क्या है?
A boat moves in the upstream from city P to city Q and then it returns in the downstream from city Q to city P. If in stagnant water the speed of the boat is 35 km/hr and the stream speed is 5 km/hr then in total journey what is the average speed of boat?

NTPC CBT - I 03/04/20216 (Shift-03)

(a) 36.38 किमी/घंटा
(b) 34.28 किमी/घंटा
(c) 35 किमी/घंटा
(d) 33.33 किमी/घंटा

14. शांत जल में एक नाव की गति 11 किमी/घंटा है। यदि धारा के विपरीत दिशा में दूरी 2 घंटे में 19 किमी तय होती है। धारा की गति ज्ञात कीजिए।
In still water the speed of a boat is 11 km/hr. If the distance covers 19 km in 2 hours in the upstream. Find the speed of the stream.

NTPC CBT - I 29/04/2016 (Shift-01)

(a) 1.5 किमी/घंटा
(b) 3.2 किमी/घंटा
(c) 7.5 किमी/घंटा
(d) 4.5 किमी/घंटा

15. एक नाविक धारा के विपरीत 75 किमी की दूरी तय करने में 12 घंटे लेता है। जबकि धारा की दिशा में समान दूरी को तय करने में उसे 7.5 घंटे लगते है धारा की गति क्या है?
A sailor takes 12 hours to cover a distance of 75 kms against the current, while he takes 7.5 hours to cover the same distance in the direction of the current what is the speed of the current?

RRC Group- D 16/09/2007 (Shift-00)

(a) 8.425 किमी/घंटा
(b) 6.625 किमी/घंटा
(c) 6.25 किमी/घंटा
(d) 1.875 किमी/घंटा

16. एक व्यक्ति एक नाव को धारा की दिशा में 9 किमी/घंटा की चाल से और धारा की विपरीत दिशा में 7 किमी/घंटा की चाल से चला सकता है। धारा की चाल ज्ञात करें।
A man can row a boat Downstream with a speed of 9 km/h and upstream with a speed of 7 km/h. Find the speed of the stream.

SSC GD 18/11/2021 (Shift-03)

(a) 1 किमी/घंटा
(b) 2 किमी/घंटा
(c) $\frac{3}{4}$ किमी/घंटा
(d) 1.5 किमी/घंटा

17. एक नाव 52 मिनट के कुल समय में धारा की विपरीत दिशा में 10 किमी और धारा की दिशा में 11 किमी की दूरी तय कर सकती है। यदि धारा की चाल 5 किमी/घंटा है, तो धारा की दिशा में नाव की चाल (किमी / घंटा में) ज्ञात कीजिए।
A boat can cover a distance of 10 km upstream and 11 km Downstream in a total time of 52 minutes. If the speed of the stream is 5 km/h, then find the speed (in km/h) of the boat in the direction of the stream.

SSC GD 16/11/2021 (Shift-03)

(a) 25 (b) 35
(c) 30 (d) 20

18. शांत जल में एक नाव की चाल 10 किमी / घंटा है। नाव द्वारा धारा की दिशा में 35 किमी जाने में लगा समय धारा की विपरीत दिशा में 14 किमी जाने में लगने वाले समय का 1.25 गुना है। धारा की दिशा में 60 किमी जाने में कितना समय (घंटे में) लगेगा?
The speed of a boat in still water is 10 km/h. The time taken by the boat to travel 35 km Downstream is 1.25 times the time taken by the boat to travel 14 km upstream. How much time (in hours) will it take to travel 60km downstream?

SSC GD 17/11/2021 (Shift-02)

(a) 3 (b) 4
(c) 4.5 (d) 3.5

19. एक मोटर नाव की धारा विपरीत दिशा में किसी निश्चित समय में 24 किमी की दूरी तय करती है, जो कि उसी धारा की दिशा में समान दूरी को तय करने में लगे समय से एक घंटा अधिक है। यदि धारा की चाल 2 किमी /घंटा है, तो धारा की विपरीत दिशा में यात्रा करने के दौरान बोट की चाल (किमी/घंटा में) कितनी है?
A motor boat upstream covers a distance of 24 km in a certain time, which is one hour more than the time taken to cover the same distance downstream. If the speed of the stream is 2 km/hr, then what is the speed (in km/hr) of the boat while traveling upstream?

SSC GD 26/11/2021 (Shift-02)

(a) 8 (b) 9
(c) 10 (d) 6

20. शांत जल में नाव की गति 30 किमी घंटा है और धारा की गति 6 किमी/घंटा है। प्रत्येक तरफ से 5 मिनट में धारा के अनुकूल और धारा के प्रतिकूल तय की गई दूरी ज्ञात कीजिए
The speed of a boat in still water is 30 km h and the speed of current is 6 km/h. Find the distance travelled downstream and upstream in 5 minutes each way.

NTPC 26/07/2021 (Shift-02)

(a) 3 किमी, 2 किमी
(b) 3 किमी, 3 किमी
(c) 3 किमी, 4 किमी
(d) 2 किमी, 2 किमी

21. शांत जल में एक नाव की गति 11 किमी/घंटा है। यदि नाव धारा के प्रतिकूल 2 घंटे में 19 किमी की दूरी तय करती है। तब धारा की गति ज्ञात कीजिए।
In still water the speed of a boat is 11 km/hr. If the boat covers 19 km in 2 hours in the upstream. Find the speed of the stream.

RRB NTPC 29/04/2016 (Shift-01)

(a) 1.5 किमी/घंटा
(b) 1.8 किमी/घंटा
(c) 1.7 किमी/घंटा
(d) 1.6 किमी/घंटा

22. शांत जल में नाव की गति 20 किमी/घंटा है। नाव धारा के साथ 364 किलोमीटर की यात्रा करती है और फिर विपरीत दिशा से अपने शुरुआती बिंदु तक जाती है। यदि यात्रा में लिया गया कुल समय 40 घंटे है। धारा की गति क्या है?
In still water the speed of a boat is 20 km/hr. The boat travels 364 kilometers with the flow of water and then travels in the opposite direction to its beginning point. Total time taken by the boat is 40 hours. What is the speed of the current?

RRB Group D 25/05/2019 (Shift-02)

(a) 10 किमी/घंटा
(b) 8 किमी/घंटा
(c) 4 किमी/घंटा
(d) 6 किमी/घंटा

23. एक नाविक धारा के प्रतिकूल 100 किमी की दूरी तय करने में 16 घंटे का समय लेता है, जबकि धारा के प्रवाह के साथ समान दूरी की यात्रा करने में केवल 10 घंटे का समय लगता है। धारा की गति क्या है।
A rower takes 16 hours to rowed 100 km upstream, while it takes only 10 hours to travel the same distance with the flow of the stream. What is the speed of the stream.

Group-D 07/12/2018 (Shift-03)

(a) 6.625 किमी/घंटा
(b) 1.875 किमी/घंटा
(c) 6.25 किमी/घंटा
(d) 8.125 किमी/घंटा

24. मान्यता ने धारा के अनुकूल एक निश्चित दूरी 2 घंटे में तय की, जबकि धारा के प्रतिकूल समान दूरी तय करने में उसे 30 मिनट अधिक लगे। शांत पानी में दो तरफा यात्रा करने में उसे कितना समय लगेगा?
Manyata rowed a certain distance downstream in 2 hours while it took 30 minutes more to row the same distance upstream. How much time will she take to make the two-way journey in still water?

NTPC CBT-02 15/06/2022 (Shift-01)

(a) 4:15:10 घंटे
(b) 4:10 घंटे
(c) 4:26:40 घंटे
(d) 4:02:20 घंटे

25. धारा की चाल 4 किमी/घंटा है। एक नाव धारा की दिशा में 40 किमी और धारा की विपरीत दिशा में 12 किमी की दूरी 4 घंटे में तय कर सकती है। शांत जल में नाव की चाल (किमी/घंटा में) ज्ञात कीजिए।

The speed of the stream is 4 km/h. A boat can cover a distance of 40 km downstream and 12 km upstream in 4 hours. Find the speed of the boat (in km/h) in still water.

Group D 05/09/2022 (Shift-02)

(a) 16 (b) 12
(c) 10 (d) 14

26. एक तैराक स्थिर पानी में 9 किमी/घंटा की गति से तैर रहा है और यह देखते हुए कि प्रवाह की दिशा में एक निश्चित दूरी तय करने में उसके द्वारा लिया गया समय विपरीत दिशा में समान दूरी को तय करने में लगने वाले समय का आधा है। पानी के प्रवाह की गति ज्ञात कीजिए।

A swimmer swimming in still water at a speed of 9 km/hour and given that the time taken by him to cover a certain distance in the direction of the flow is half the time taken to cover the same distance in the direction opposite the flow of water. Find the speed of water.

Group D 12/10/2018 (Shift-02)

(a) 10 किमी/घंटा
(b) 3 किमी/घंटा
(c) 5 किमी/घंटा
(d) 8 किमी/घंटा

27. एक नदी में, B, A और C के बीच में है और A और C से भी समान दूरी पर है। एक नाव A से B तक जाती है और वापस आने में कुल समय 5 घंटे 15 मिनट लेती है, और A से C तक 7 घंटे में जाती है। यदि नदी A से C की ओर बहती है तो C से A तक जाने में कितना समय लगेगा?

In a river, B is between A and C and is also equidistant from A and C. A boat goes from A to B and back in 5 hours 15 minutes and from A to C in 7 hours. How long will it take to go from C to A if the river flows from A to C?

Group D 16/09/2007 (Shift-01)

(a) 2 घंटे (b) $2\frac{1}{4}$ घंटे
(c) $3\frac{1}{4}$ घंटे (d) $3\frac{1}{2}$ घंटे

28. शांत जल में नाविक की गति x किमी/घंटा है और धारा की गति y किमी/घंटा है। यदि कोई व्यक्ति धारा के विपरीत एक निश्चित दूरी तय करता है और फिर वही दूरी धारा की दिशा में लौटता है तो यात्रा के दौरान उसकी औसत गति ज्ञात कीजिए।

The speed of a sailor in still water is x km/hr and the speed of stream is y km/hr. If a person moves a certain distance opposite the stream, and then returns the same distance in the direction of the stream, find his average speed during the journey.

RRB JE 29/05/2019 (Shift-02)

(a) $\frac{x^2+y^2}{xy}$ (b) $\frac{x^2-y^2}{2xy}$
(c) $\frac{x^2+y^2}{x}$ (d) $\frac{x^2-y^2}{x}$

ANSWER KEY

1.(d)	2.(c)	3.(a)	4.(c)	5.(c)	6.(b)	7.(a)	8.(d)	9.(c)	10.(b)
11.(a)	12.(d)	13.(b)	14.(a)	15.(d)	16.(a)	17.(c)	18.(c)	19.(a)	20.(a)
21.(a)	22.(d)	23.(b)	24.(c)	25.(b)	26.(b)	27.(d)	28.(d)		

SOLUTIONS

1. (d) शांत जल में व्यक्ति की चाल

$= \frac{28}{3}$ किमी/घंटा

यदि दूरी नियत है, तब

चाल $\propto \frac{1}{\text{समय}}$

धारा के अनुकूल : प्रतिकूल

समय → 1 : 3

चाल → 3 : 1

आदमी की गति $= \frac{3x+x}{2} = \frac{28}{3}$

$\frac{2x}{2} = \frac{28}{3}, x = \frac{14}{3}$

धारा की गति $= \frac{3x-x}{2} = x = \frac{14}{3}$ किमी/घंटा

2. (c) धारा के प्रतिकूल नाव चलाने वाले की गति

$= \frac{60}{8} = \frac{15}{2}$ किमी/घंटा

धारा के अनुकूल नाव चलाने वाले की गति

$= \frac{60}{5} = 12$ किमी/घंटा

शांत जल में नाव चलाने वाले की गति

$= \frac{D+U}{2} = \frac{12+7.5}{2} = \frac{19.5}{2}$

= 9.75 किमी/घंटा

3. (a) धारा के अनुकूल नाविक की गति (D)

$= \frac{1}{\frac{10}{60}} = 6$ किमी/घंटा

धारा के प्रतिकूल नाविक की गति (U)

$= \frac{2}{1} = 2$ किमी/घंटा

शांत जल में नाविक की गति

$= \frac{6+2}{2} = 4$ किमी/घंटा

4. (c) हम जानते है कि, चाल $= \frac{\text{दूरी}}{\text{समय}}$

∴ दूरी नियत है

चाल $\propto \frac{1}{\text{समय}}$

धारा के अनुकूल : प्रतिकूल

समय → 4 : 1

चाल → 1 : 4

5. (c) शांत जल में मोटर बोट की गति = 11 किमी/घंटा

धारा के अनुकूल मोटर बोट की गति =

$\frac{28}{\frac{7}{3}} = 12$ किमी/घंटा

धारा की गति = धारा के अनुकूल – शांत जल में मोटर बोट की गति

= 12 – 11 = 1 किमी/घंटा

6. (b) यदि दूरी नियत है, तब

चाल $\propto \frac{1}{\text{समय}}$

धारा के अनुकूल : प्रतिकूल

समय → 1 : 2

चाल → 2 : 1

धारा की गति = 5 किमी/घंटा

धारा की गति $= \frac{D-U}{2}$

$\Rightarrow 5 = \frac{2x-x}{2}$

$\Rightarrow x = 10$

शांत जल में राजू की गति $= \frac{2x+x}{2} = \frac{3\times10}{2} = 15$ किमी/घंटा

7. (a) धारा के अनुकूल नाव की गति

$= \frac{36}{6} = 6$ किमी/घंटा

धारा के प्रतिकूल नाव की गति

$= \frac{24}{6} = 4$ किमी/घंटा

धारा की गति $= \frac{6-4}{2} = 1$ किमी/घंटा

8. (d) माना शांत पानी में नाव की गति x किमी/घंटा है और नदी की गति y किमी/घंटा है और दूरी D किमी है।

प्रश्नानुसार,

$\Rightarrow \frac{D}{x} + \frac{D}{x} = 15$

$\Rightarrow x = \frac{2D}{15}$ किमी/घंटा

$\Rightarrow D = \frac{15x}{2}$ किमी

और $x - y = 15$ किमी/घंटा

धारा के प्रतिकूल नाव की चाल $= (x-y)$

प्रश्नानुसार,

$\Rightarrow \frac{D}{x+y} + \frac{D}{x-y} = 16$

$\Rightarrow \frac{\frac{15x}{2}}{x+y} + \frac{\frac{15x}{2}}{15} = 16$

$\Rightarrow \frac{15x}{2x+2y} + \frac{x}{2} = 16$

$\Rightarrow x - y = 15$ या $x = 15 + y$

विकल्प द्वारा हल करने पर,

y = 5

9. (c) शांत जल में नाव की चाल = 15 किमी/घंटा

धारा की चाल = 3 किमी/घंटा

माना, कि दूरी (15 और 3 का ल.स.म)

धारा के अनुकूल नाव की चाल

= 15 + 3 = 18 किमी/घंटा

धारा के प्रतिकूल नाव की चाल

= 15 – 3 = 12 किमी/घंटा

प्रश्नानुसार,

$\Rightarrow 2\left(\frac{15}{12} - \frac{15}{18}\right) = 10$ मिनट

$\Rightarrow 30\left(\frac{1}{36}\right) = \frac{1}{6}$ घंटा

$\Rightarrow$ (1) इकाई $= \frac{36}{6} \times \frac{1}{30}$

$\Rightarrow$ (15) इकाई = 3 किमी

दो बिंदूओं के बीच की दूरी = 3 किमी

10. (b) यहाँ दूरी नियत है, तब

चाल $\propto \frac{1}{\text{समय}}$

धारा के अनुकूल : प्रतिकूल

समय → 6 : 8

चाल → 8 : 6

4 : 3

धारा की गति = $\frac{D-U}{2} = \frac{4x-3x}{2}$

$\Rightarrow 3 = \frac{x}{2}$

$x = 6$

शांत जल में स्टीमर की गति

$= \frac{D+U}{2} = \frac{4x+3x}{2}$

$= \frac{7x}{2} = \frac{7}{2} \times 6 = 21$ किमी/घंटा

11. (a) धारा के अनुकूल नाव की चाल
= 12 + 3 = 15 किमी/घंटा
धारा के प्रतिकूल नाव की चाल
= 12 − 3 = 9 किमी/घंटा
प्रश्नानुसार,

कुल समय = $\frac{135}{15} + \frac{135}{9}$

= 9 + 15 = 24 घंटा

12. (d) धारा के अनुकूल नाव की चाल
= 12 + 8 = 20 किमी/घंटा
धारा के प्रतिकूल नाव की चाल
= 12 − 8 = 4 किमी/घंटा
हम जानतें है कि औसत गति

$= \frac{2 \times S_1 \times S_2}{(S_1 + S_2)}$

औसत गति $= \frac{2 \times 20 \times 4}{(20+4)} = \frac{20}{3}$ किमी/घंटा

13. (b) धारा के अनुकूल नाव की गति
= 35 + 5 = 40 किमी/घंटा
धारा के प्रतिकूल नाव की गति
= 35 − 5 = 30 किमी/घंटा
हम जानते है, औसत चाल

$= \frac{2 \times S_1 \times S_2}{(S_1 + S_2)}$

औसत चाल $= \frac{2 \times 40 \times 30}{(40+30)} = \frac{240}{7}$

= 34.28 किमी/घंटा

14. (a) शांत जल में नाव की चाल = 11 किमी/घंटा

धारा के प्रतिकूल नाव चाल = $\frac{19}{2}$ किमी/घंटा

धारा के प्रतिकूल नाव की चाल = शांत जल में नाव की चाल − धारा की चाल

$\Rightarrow \frac{19}{2} = 11 -$ धारा की चाल

धारा की चाल = $11 - \frac{19}{2} = 1.5$ किमी/घंटा

15. (d) धारा के अनुकूल नाविक की गति (D)

$= \frac{75}{7.5} = 10$ किमी/घंटा

धारा के प्रतिकूल नाविक की गति (U)

$= \frac{75}{12} = \frac{25}{4}$ किमी/घंटा

धारा की चाल = $\frac{D+U}{2}$

$= \frac{\left(10 - \frac{25}{4}\right)}{2} = \frac{15}{8}$ किमी/घंटा

= 1.875 किमी/घंटा

16. (a) धारा के अनुकूल गति (D) = 9 किमी/घंटा
धारा के प्रतिकूल गति (U) = 7 किमी/घंटा

धारा की गति = $\frac{D-U}{2} = \frac{9-7}{2}$

= 1 किमी/घंटा

17. (c) माना शांत जल में नाव की गति = x किमी/घंटा
धारा की गति = 5 किमी/घंटा

$\frac{11}{(x+5)} + \frac{10}{(x-5)} = \frac{52}{60}$

$\therefore x = 25$ किमी/घंटा

धारा की दिशा में नाव की गति = $x + 5$
= 25 + 5 = 30 किमी/घंटा

18. (c) शांत जल में नाव की गति = 10 किमी/घंटा
माना, धारा की गति = y किमी/घंटा
नाव को धारा की दिशा में 35 किमी की दूरी तय करने में $1.25\left(\frac{5}{4}\right)$ गुना समय लगता है

$\left(\frac{35}{10+y}\right) = \frac{14}{(10-y)} \times \frac{5}{4}$

$\frac{2}{(10+y)} = \frac{1}{(10-y)}$

20 − 2y = 10 + y

y = $\frac{10}{3}$ किमी/घंटा

अब, धारा के अनुकूल 60 किमी की दूरी तय करने में लगने वाला समय

समय = $\frac{60}{10 + \frac{10}{3}}$

$= \frac{60 \times 3}{40} = 4.5$ घंटे

19. (a) माना, शांत जल में नाव की गति = x किमी/घंटा
धारा की गति = 2 किमी/घंटा
प्रश्नानुसार,

$\frac{24}{x-2} - \frac{24}{x+2} = 1$

$x = 10$ किमी/घंटा

धारा के प्रतिकूल नाव की गति = $x - 2$
= 10 − 2 = 8 किमी/घंटा

20. (a) शांत जल में नाव की गति = 30 किमी/घंटा
शांत जल में धारा की गति = 6 किमी/घंटा
धारा के अनुकूल नाव की गति
= 30 + 6 = 36 किमी/घंटा
धारा के अनुकूल नाव द्वारा तय की गई दूरी

$36 \times \frac{5}{60} = 3$ किमी

धारा के प्रतिकूल नाव की गति
= 30 − 6 = 24 किमी/घंटा
धारा के प्रतिकूल तय की गई दूरी

$= 24 \times \frac{5}{60} = 2$ किमी

21. (a) शांत जल में नाव की गति = 11 किमी/घंटा
धारा के प्रतिकूल नाव की गति

$= \frac{19}{2}$ किमी/घंटा

धारा के प्रतिकूल नाव की गति = शांत जल में नाव की गति – धारा की गति

धारा की गति = $11-\frac{19}{2}$ = 1.5 किमी/घंटा

22. (d) शांत जल में नाव की गति = 20 किमी/घंटा

माना धारा की गति = x किमी/घंटा

प्रश्नानुसार,

$$\frac{364}{20+x}+\frac{364}{20-x}=40$$

विकल्प D से x = 6 से रखने पर

$$\frac{364}{26}+\frac{364}{14}=40$$

14 + 26 = 40

40 = 40 (संतुष्ट)

अत: धारा की गति = 6 किमी/घंटा

23. (b) धारा के प्रतिकूल गति

$=\frac{100}{16}=\frac{25}{4}$ किमी

धारा के अनुकूल गति $=\frac{100}{10}=10$ किमी

धारा की गति $=\frac{D-U}{2}$

$$\frac{\left(10-\frac{25}{4}\right)}{2}=\frac{40-25}{4\times2}=\frac{15}{8}$$

= 1.875 किमी/घंटा

24. (c)

अनुप्रवाह = 2 घंटा — 5 किमी/घंटा

ऊर्ध्वप्रवाह = 2.5 घंटा — 4 किमी/घंटा

(10) कुल दूरी

नाव की गति $=\frac{D+U}{2}=\frac{5+4}{2}=4.5$ किमी/घंटा

शांत जल में दो तरफा यात्रा करने में लगा समय = $2\times\frac{10}{4.5}=4\frac{4}{9}$ घंटा

= 4 घंटा 26 मिनट 40 सेकण्ड

25. (b) माना स्थिर जल में नाव की गति x किमी/घंटा है।

$$\Rightarrow \frac{40}{x+4}+\frac{12}{x-4}=4$$

x = 12 किमी/घंटा

26. (b) शांत जल में तैराक की गति = 9 किमी/घंटा

जब दूरी नियत है तो:-

गति $\propto \frac{1}{\text{समय}}$

∴ समय (D : U)

1 : 2

गति (D : U)

2 : 1 = $2x : x$

शांत जल में तैराक की गति = 9 किमी/घंटा

$$\Rightarrow 9=\frac{D+U}{2}$$

$$\Rightarrow 9=\frac{2x+x}{2}$$

$\Rightarrow x=6$

पानी की गति $=\frac{D-U}{2}=\frac{2x-x}{2}$

$=\frac{x}{2}=\frac{6}{2}=3$ किमी/घंटा

☆☆☆☆☆

27. (d) माना धारा के अनुकूल नाव की गति = a किमी/घंटा

धारा के प्रतिकूल नाव की गति = b किमी/घंटा

A ——D—— B ——D—— C

$$\frac{D}{a}+\frac{D}{b}=\frac{21}{4} \quad ....(i)$$

$$\frac{2D}{a}=7 \text{ या } \frac{D}{a}=\frac{7}{2} \quad ....(ii)$$

दोनों समीकरणों को हल करने पर,

$\frac{D}{b}=\frac{7}{4}$ या $\frac{2D}{b}=\frac{14}{4}=3\frac{1}{2}$ घंटे

28. (d) शांत जल में नाव की गति = x किमी/घंटा

धारा की गति = y किमी/घंटा

औसत गति $=\frac{\text{कुल दूरी}}{\text{कुल समय}}$

धारा के अनुकूल गति = $(x + y)$ किमी/घंटा

धारा के प्रतिकुल गति = $(x - y)$ किमी/घंटा

कुल दूरी = 2D

कुल समय $=\left[\frac{D}{x+y}+\frac{D}{x-y}\right]$

औसत गति $=\frac{2D}{\frac{D}{(x+y)}+\frac{D}{(x-y)}}$

$$=\frac{2D}{\frac{D(x-y+x+y)}{x^2-y^2}}$$

$=\frac{x^2-y^2}{x}$ किमी/घंटा

NUMBER SYSTEM
संख्या प्रणाली
16

1. जब 45342 को 9 से विभाजित किया जाता है, तो क्या शेषफल बचेगा?
When 45342 is divided by 9, what will be the remainder?
RPF Constable 17/01/2018 (Shift-01)
(a) 2 (b) 1
(c) 0 (d) 4

2. निम्नलिखित में से कौन-सी संख्या 12 से पूर्ण विभाज्य है-
Which of the following numbers is completely divisible by 12?
RPF Constable 17/01/2018 (Shift-01)
(a) 74276 (b) 78726
(c) 78286 (d) 78276

3. निम्न में से पूर्ण वर्ग कौन-सा है?
Which of the following is a perfect square?
RPF Constable 17/01/2018 (Shift-03)
(a) 5778 (b) 5777
(c) 5776 (d) 5772

4. 480 मोबाइल किसी कक्षा के छात्रों को बराबर-बराबर संख्या में कितने तरीकों से बांटे जा सकते हैं?
In how many ways can 480 mobiles be distributed equally among the students of a class?
RPF S.I. 19/12/2018 (Shift-01)
(a) 14 (b) 16
(c) 20 (d) 24

5. जब किसी संख्या को 72 से विभाजित किया जाता है, तो शेषफल 8 बचता है। जब उसी संख्या को 9 से विभाजित किया जाता है, तो शेषफल क्या होगा?
When a number is divided by 72, the remainder remains 8. When the same number is divided by 9, what will be the remainder?
RPF SI 05/01/2019 (Shift-02)
(a) 4 (b) 7
(c) 8 (d) 2

6. 64! में अनुगामी शून्यों की संख्या ज्ञात कीजिए?
Find the number of trailing zeros in 64!
RPF SI 10/01/2019 (Shift-01)
(a) 18 (b) 16
(c) 12 (d) 14

7. समान्तर श्रेणी का औसत ज्ञात कीजिए जिसका पहला पद 33 है और अंतिम पद 45 है।
Find the average of the arithmetic progression whose first term is 33 and last term is 45.
RPF Constable 18/01/2019 (Shift-01)
(a) 37 (b) 39
(c) 43 (d) 41

8. 127 × 137 × 413 × 291 × 342 × 533 × 342 के गुणनफल का इकाई स्थान ज्ञात कीजिए।
Find the unit digit of the product 127 × 137 × 413 × 291 × 342 × 533 × 342.
(a) 6 (b) 8
(c) 10 (d) 4

9. $(257)^{45} \times (248)^{73}$ में इकाई अंक ज्ञात कीजिए।
Find the unit digit in $(257)^{45} \times (248)^{73}$.
(a) 4 (b) 6
(c) 5 (d) 3

10. $(263)^{149} + (263)^{150} + (263)^{151}$ में इकाई का अक ज्ञात करें।
Find the unit's digit in $(263)^{149} + (263)^{150} + (263)^{151}$.
SSC GD 25/11/2021 (Shift-02)
(a) 3 (b) 9
(c) 7 (d) 1

11. 52900 में गुणनखंडों की संख्या ज्ञात कीजिए।
Find the number of factors in 52900.
(a) 27 (b) 31
(c) 33 (d) 29

12. 50 और 80 के बीच कितनी अभाज्य संख्याएँ मौजूद हैं?
How many prime numbers exist between 50 and 80?
SSC GD 06/02/2023 (Shift-03)
(a) 5 (b) 8
(c) 6 (d) 7

13. प्रथम चार अभाज्य संख्याओं का औसत, जो विषम हैं:
The average of the first four prime numbers that are odd is:
SSC GD 12/01/2023 (Shift-04)
(a) 4.6 (b) 4
(c) 6 (d) 6.5

14. चार अभाज्य संख्याएँ आरोही क्रम में व्यवस्थित हैं। पहली तीन संख्याओं का गुणनफल 255 है और अंतिम तीन का गुणनफल 1955 है। सबसे बड़ी अभाज्य संख्या है:
Four prime numbers are arranged in ascending order. The product of the first three numbers is 255 and that of the last three is 1955. The largest prime number is:
SSC GD 10/01/2023 (Shift-04)
(a) 23 (b) 31
(c) 17 (d) 29

15. पांच अंकों की उस छोटी से छोटी संख्या को ज्ञात कीजिए जो 18, 21 और 24 से पूर्णतः विभाज्य है।
Find the smallest five digit number which is exactly divisible by 18, 21 and 24.
SSC GD 22/11/2021 (Shift-01)
(a) 10060 (b) 10080
(c) 10286 (d) 11310

16. यदि सात अंकों की संख्या 42971K2, 44 से विभाज्य है, तो K का मान है:
If a seven-digit number 42971K2 is divisible by 44, then the value of K is:
SSC GD 30/01/2023 (Shift-02)
(a) 4 (b) 7
(c) 3 (d) 4

17. वह छोटी से छोटी संख्या ज्ञात करें, जिसमें 18 जोड़ने पर प्राप्त संख्या 28, 36 और 45 से पूर्णत: विभाज्य हो
Find the least number in which the number obtained by adding 18 is completely divisible by 28, 36 and 45.
SSC GD 26/11/2021 (Shift-01)
(a) 1242 (b) 280
(c) 518 (d) 1000

18. संख्या 2483 में किस छोटी से छोटी संख्या को जोड़ने पर यह 3, 4, 5 और 6 से पूर्णत: विभाज्य हो जाएगी?
By adding which least number to the number 2483 will it be completely divisible by 3, 4, 5 and 6?
SSC GD 17/11/2021 (Shift-01)
(a) 30 (b) 37
(c) 22 (d) 23

19. सात अंकों की वह सबसे बड़ी संख्या कौन-सी है, जिसे 10, 15, 20, 24 और 30 से विभाजित करने पर क्रमश: 6, 11, 16, 20 और 26 शेषफल प्राप्त होते हैं?
What is the greatest seven digit number which when divided by 10, 15, 20, 24 and 30 leaves remainders 6, 11, 16, 20 and 26 respectively ?
SSC GD 18/11/2021 (Shift-01)
(a) 9999956 (c) 9999960
(b) 9999976 (d) 9999980

20. मान लीजिए x वह सबसे बड़ी संख्या है, जिससे 6564, 7416 और 8907 को विभाजित करने पर प्रत्येक स्थिति में समान शेषफल प्राप्त होता है। x के अंकों का योगफल ज्ञात कीजिए।
Let x be the greatest number by which dividing 6564, 7416 and 8907 leaves the same remainder in each case. Find the sum of the digits of x.
SSC GD 23/11/2021 (Shift-02)
(a) 6 (b) 9
(c) 10 (d) 5

21. दो संख्याओं के बीच का अंतर 1086 है। जब हम बड़ी संख्या को छोटी संख्या से विभाजित करते हैं तो हमें भागफल के रूप में छह और शेषफल के रूप में छह प्राप्त होता है। बड़ी संख्या ज्ञात कीजिये।
The difference between two numbers is 1086. When we divide the larger number by the smaller we get six as quotient and six as remainder. Find the larger number.
SSC GD 17/01/2023 (Shift-03)
(a) 1402 (b) 1302
(c) 1502 (d) 1202

22. Find the remainder of/का शेषफल ज्ञात कीजिए।
$$\frac{3126^{20^{21^{22^{23^{---}}}}}}{5}.$$
SSC GD 01/02/2023 (Shift-04)
(a) 4 (b) 0
(c) 1 (d) 2

23. यदि N = $(24^3 + 25^3 + 26^3 + 27^3)$, तो N को 102 से विभाजित करने पर शेषफल बचता है:
If N = $(24^3 + 25^3 + 26^3 + 27^3)$, then N divided by 102 leaves a remainder of:
SSC GD 24/01/2023 (Shift-04)
(a) 12 (b) 1
(c) 0 (d) 18

24. निम्नलिखित में से कौन से जोड़े सह-अभाज्य हैं?
Which of the following pairs are co-prime?
Group D 20/09/2018 (Shift-02)
(a) 348, 296 (b) 114, 213
(c) 59, 97 (d) 3025, 4920

25. 1 से 100 तक गिनने पर दहाई के स्थान पर अंक 2 कितनी बार आता है?
How many times does the digit 2 come in place of tens in counting from 1 to 100?
NTPC CBT-01 31/03/2016 (Shift-01)
(a) 20 (b) 11
(c) 10 (d) 19

26. दो धनात्मक संख्याओं का योग 45 है और उनका अंतर 19 है। संख्याएँ ज्ञात कीजिए।
The sum of two positive numbers is 45, and their difference is 19. Find the numbers.
NTPC CBT-01 01/09/2022 (Shift-03)
(a) 32, 13 (b) 30, 15
(c) 25, 20 (d) 31, 15

27. तीन क्रमागत प्राकृत संख्याओं का योग 141 है। मध्य संख्या का मान ज्ञात कीजिए।
The sum of three consecutive natural numbers is 141. Find the value of the middle number.
NTPC CBT-01 09/09/2022 (Shift-03)
(a) 46 (b) 47
(c) 56 (d) 57

28. आरुशी को किसी संख्या में 2.4 से गुणा करना था, लेकिन इसके बजाय उसने इसमें 4.2 से गुणा किया। यदि उसे प्राप्त गुणनफल 65.1 था, तो उसे सही गुणनफल के रूप में क्या प्राप्त होना चाहिए था?
Arushi had to multiply a number by 2.4, but instead she multiplied it by 4.2. If the product he got was 65.1, then what should he have got as the correct product?
NTPC CBT-02 12/06/2022 (Shift-01)
(a) 37.20 (b) 46.88
(c) 113.93 (d) 36.50

29. यदि किसी संख्या को दोगुना करने और परिणाम में 20 जोड़ने पर वही उत्तर मिलता है जो उस संख्या को 8 से गुणा करने और गुणनफल में से 4 घटाने पर मिलता है, तो संख्या ज्ञात करें।
If doubling a number and adding 20 to the result gives the same answer as multiplying the number by 8 and subtracting 4 from the product, find the number
RRB JE 25/05/2019 (Shift-02)
(a) 3 (b) 4
(c) 6 (d) 2

30. दो अंकों वाली एक धनात्मक संख्या के अंकों का गुणनफल 24 है। जब इस संख्या में 18 जोड़ा जाता है, तो संख्या के अंकों के स्थान परस्पर बदल जाते है। वह छोटी से छोटी धनात्मक संख्या ज्ञात कीजिए, जिसे दी गई संख्या में से घटाने पर प्राप्त संख्या पूर्ण वर्ग हो?

A two-digit positive number is such that the product of its digits is 24. When 18 is added to the number, the digits interchange their places. Which smallest positive number should be subtracted from the given number to make it a perfect square?

NTPC CBT-02 12/06/2022 (Shift-02)

(a) 0 (b) 8
(c) 12 (d) 10

31. निम्नलिखित में से कौन सी संख्या 7, 11 और 13 से विभाज्य है?

Which of the following numbers is divisible by 7, 11 and 13?

NTPC CBT-02 14/06/2022 (Shift-01)

(a) 1002001 (b) 1003001
(c) 1005001 (d) 1004001

32. 1 और 150 के बीच ऐसी कितनी संख्याएँ हैं जो 3 और 4 दोनों से विभाज्य हैं?

How many numbers are there between 1 and 150 which are divisible by both 3 and 4?

NTPC CBT-01 26/08/2022 (Shift-01)

(a) 10 (b) 11
(c) 12 (d) 9

33. 5 दोस्तों के बीच एक केक बांटा गया। उनमें से चार को शेयर के रूप में $\frac{1}{8}, \frac{1}{6}, \frac{5}{12}$ और $\frac{1}{12}$ मिलते हैं। पांचवें मित्र को केक का कितना भाग मिलेगा?

A cake is distributed among 5 friends. Four of them get $\frac{1}{8}, \frac{1}{6}, \frac{5}{12}$ and $\frac{1}{12}$ as shares. What part of the cake will be getting by the fifth friend?

Group-D CBT 17/09/2018 (Shift-01)

(a) $\frac{3}{8}$ (b) $\frac{5}{24}$
(c) $\frac{1}{6}$ (d) $\frac{1}{4}$

34. 1 + 3 + 5 + 7 +...+ 21 का मान ज्ञात कीजिए।

Find the value of 1 + 3 + 5 + 7 +...+ 21.

NTPC CBT-01 25/08/2022 (Shift-01)

(a) 121 (b) 211
(c) 108 (d) 144

35. प्रथम 11 प्राकृत संख्याओं के वर्गों का योग ज्ञात कीजिए।

Find the sum of squares of first 11 natural numbers.

CRA 22/02/2017 (Shift-02)

(a) 506 (b) 512
(c) 510 (d) 508

36. 32+ XXIII = ?

NTPC CBT-02 09/06/2022

(a) LV (b) XLV
(c) 55 (d) Both a & c

37. रोमन अंकों में 500 की संख्या को कैसे प्रदर्शित किया जाएगा?

How will the number 500 be represented in Roman notation?

DMRC Stenographer Paper-I 28/02/2016

(a) L (b) M
(c) D (d) C

38. XCVI दर्शाता है?

XCVI denotes?

(A) 116 (B) 496 (C) 96 (D) 84

NTPC CBT-01 Graduate 28/03/2016

(a) D (b) A
(c) B (d) C

39. 300 पृष्ठों वाली पुस्तक के पृष्ठों को क्रमांकित करने के लिए कितने अंकों की आवश्यकता होती है?

How many digits are required for numbering the pages of a book having 300 pages?

(a) 299 (b) 492
(c) 789 (d) 792

40. तीन संख्याएँ $x \leq y \leq z$, जो एक-दूसरे के सह-अभाज्य हैं, जैसे कि पहली दो संख्याओं का गुणनफल 143 है, और अंतिम दो संख्याओं का गुणनफल 195 है। तीनों संख्याओं का योग है।

Three numbers $x \leq y \leq z$, which are co-prime to each other, such that the product of the first two numbers is 143, and the product of the last two numbers is 195. Then the sum of all three numbers.

NTPC CBT-01 1/09/2022 (Shift-02)

(a) 29 (b) 39
(c) 62 (d) 45

ANSWER KEY

1.(c)	2.(d)	3.(c)	4.(d)	5.(c)	6.(d)	7.(b)	8.(d)	9.(b)	10.(b)
11.(a)	12.(d)	13.(d)	14.(a)	15.(b)	16.(b)	17.(a)	18.(b)	19.(a)	20.(a)
21.(b)	22.(c)	23.(c)	24.(c)	25.(c)	26.(a)	27.(b)	28.(a)	29.(b)	30.(d)
31.(a)	32.(c)	33.(b)	34.(a)	35.(a)	36.(d)	37.(c)	38.(d)	39.(d)	40.(d)

SOLUTIONS

1. (c) नोट : 9 का विभाज्यता का नियम संख्या 9 से तभी विभाजित होगी जब उसके अंकों का योग 9 से विभाज्य होगा।
अब,
$\frac{45342}{9} = \frac{4+5+3+4+2}{9} = \frac{18}{9}$
अत: शेषफल (Remainder) = 0

2. (d) नोट:
1. 4 का Divisibility Rule : संख्या के अंतिम दो अंक 4 से विभाजित होने चाहिए।
76, 4 से पूर्णत: विभाजित है।
2. 3 का Divisibility Rule: संख्या के सभी अंकों का जोड़ 3 से विभाजित होना चाहिए।
अब, $\frac{78276}{3\times4}$
और अंकों का जोड़ = 7 + 8 + 2 + 7 + 6 = 30
अत: विकल्प (d) सही होगा।

3. (c) नोट: किसी भी संख्या को पूर्ण वर्ग होने के लिए उसके अंतिम अंक को 0, 1, 4, 5, 6 और 9 होना होगा।
5776, 76 का वर्ग है।
इसलिए विकल्प (c) सही होगा,

4. (d) $480 = 2^5 \times 3^1 \times 5^1$
कुल तरीकों की संख्या = 6 × 2 × 2 = 24 तरीके।

5. (c) संख्या 72 से विभाज्य है इसलिए संख्या = 72k + 8
∴ आवश्यक शेषफल = (72k + 8)/9 = 8

6. (d) प्रश्न व्याख्या (27) के अनुसार,
$\therefore \frac{64}{5} = 12$
$\Rightarrow \frac{12}{5} = 2$
∴ शून्यों की कुल संख्या = 12 + 2 = 14

7. (b) समान्तर श्रेणी का औसत (A.P.)
$= \frac{\text{पहला पद + अंतिम पद}}{2}$
$= \frac{33+45}{2} = 39$

8. (d) 127 × 137 × 413 × 291 × 342 × 533 × 342
= 7 × 7 × 3 × 1 × 2 × 3 × 2
∴ इकाई का अंक = 4

9. (b) $(257)^{45} \times (248)^{73}$
$= 7^{45} \times 8^{73}$
प्रत्येक अंक की चक्रियता 4 की होती है इसलिए घात को 4 से भाग दिया जाता है।
7^{45} = 45 ÷ 4 शेष = 1
8^{73} = 73 ÷ 4 शेष = 1
$= 7^1 \times 8^1 = 7 \times 8 = 56$
∴ इकाई अंक = 6

10. (b) $(263)^{145} + (265)^{150} + (263)^{151}$
इकाई स्थान अंक $(3^1 + 3^2 + 3^3)$
(3 + 9 +27) = 39 → 9 (इकाई अंक)

11. (a) $52900 = (23)^2 \times (5)^2 \times (2)^2$
गुणनखंडों की संख्या
p = 2, q = 2, z = 2
= (p + 1) (q + 1)(z + 1)
(2 + 1) (2 + 1)(2 + 1)
= 3 × 3 × 3 = 27

12. (d) 50 और 80 के बीच अभाज्य संख्याएँ
= 53, 59, 61, 67, 71, 73, 79
कुल = 7

13. (d) प्रथम चार अभाज्य संख्या जो विषम है = 3, 5, 7, 11
औसत $= \frac{3+5+7+11}{4} = \frac{26}{4} = 6.5$

14. (a) प्रथम तीन संख्याओं का गुणनफल = 255
= 255 = 3 × 5 × 17
अंतिम तीन संख्याओं का गुणनफल = 1955
= 1955 = 17 × 23 × 5
सबसे बड़ी अभाज्य संख्या = 23

15. (b) 18, 21 और 24 का ल.स.म. = 504
5 अंकों की सबसे छोटी संख्या = 10000
```
504)10000(19
    504
    ----
    4960
    4536
    ----
     424
```
5 अंकों की छोटी संख्या जो 504 से विभाजित है = 10000 + (504 – 424) = 10080

16. (b) 42971K2 → 4 × 11
⇒ (4 + 9 + 1 + 2) – (2 + 7 + K) = 0 or 11
⇒ 16 – 9 – K = 0
⇒ K = 7

17. (a) 28, 36, 45 का ल.स.प. = 1260
1260 वह छोटी संख्या है, जो 28, 36 और 45 से पूर्णत: विभाजित है।
अत: आवश्यक संख्या = 1260 – 18 = 1242

18. (b) 3, 4, 5 और 6 का ल.स.प. = 60
```
60)2483(41
   240
   ---
    83
    60
    --
    23
```
छोटी संख्या जो जोड़ी जाएगी → 60 – 23 = 37

19. (a) 10, 15, 20, 24, और 30 का ल.स.प. = 120
विकल्प से हल करने पर-
(a) 7 अंकों की सबसे बड़ी संख्या
$= \frac{9999956+4}{120}$
9999960, 120 से पूर्णत: विभाजित है।
अंत: 9999960, सात अंकों की सबसे बड़ी संख्या है जो 120 से पूर्णत: विभाजित है।

20. (a) दो या दो से अधिक संख्याओं का महत्तम समापवर्तक उनका सबसे बड़ा गुंणज होता है जो उन्हें विभाजित करता है।
यदि x सबसे बड़ी संख्या है तो 6564, 7416 और 8907 को विभाजित करने पर प्रत्येक शर्त में समान शेषफल प्राप्त होता है तब,
$7416 - 6564 = 850 \Rightarrow 213 \times 4$
$8907 - 7416 = 1491 \Rightarrow 213 \times 7$
$8907 - 6564 = 2343 \Rightarrow 213 \times 11$
प्राप्त सभी संख्याओं का महत्तम समापवर्तक
$x \rightarrow 213$
अंकों का योग = 2 + 1 + 3 = 6

21. (b) $\Rightarrow$ A – B = 1086 —— ①
इसी प्रकार, A = B × 6 + 6
$\Rightarrow$ A – 6B = 6 .... ②
समीकरण ① और ② से
$\Rightarrow$ 5B = 1080
$\Rightarrow$ B = 216
$\therefore$ A = 1086 + 216 = 1302

22. (c)
$$\frac{3126^{20^{21^{22^{23\cdots}}}}}{5}$$
6 के किसी भी घात के लिए इकाई अंक हमेशा 6 आता है।
और कोई संख्या जिसका इकाई अंक 6 हो उसे 5 से भाग देने पर हमेशा 1 शेषफल प्राप्त होता है।
$\therefore$ शेषफल = 1

23. (c) N = $(24^3 + 25^3 + 26^3 + 27^3)$
यदि N = $(a^n + b^n + c^n + d^n)$ में n विषम हो तो (a + b + c + d) इसका एक गुणनखंड होता है।
इसलिए N का एक गुणनखंड
= 24 + 25 + 26 + 27 = 102 होगा
चूंकि N = 102a
शेषफल = 0

24. (c) सह-अभाज्य संख्याओं का अर्थ है संख्याओं के ऐसे जोड़े जिनमें 1 के अलावा कोई समान गुणनखंड नहीं है।
(c) 59, 97
59 का गुणनखंड = 1, 59
97 का गुणनखंड = 1, 97
59, 97 एक सह अभाज्य जोड़ा है।

25. (c) संख्याएँ $\rightarrow$ 20, 21, 22, 23, 24, 25, 26, 27, 28, 29
1 से 100 तक गिनने पर दहाई के स्थान पर 2 अंक 10 बार आता है।

26. (a) माना संख्याएँ a और b हैं।
a + b = 45 .... (i)
a – b = 19 .... (ii)
समीकरण (i) और (ii) को हल करने पर, हम प्राप्त करते हैं, a = 32 और b = 13

27. (b) क्रमागत संख्याओं की मध्य संख्या = संख्याओं का औसत
$\therefore$ मध्य संख्या = $\frac{141}{3} = 47$

28. (a) सही गुणनफल = $\frac{65.1}{4.2} \times 2.4$
= 37. 20

29. (b) माना संख्या x है
प्रश्नानुसार,
$2 \times x + 20 = 8 \times x - 4$
$\Rightarrow 2x + 20 = 8x - 4$
$\Rightarrow 6x = 24 \Rightarrow x = 4$

30. (d) माना संख्या = $10x + y$
$xy = 24$ ....(i)
तथा
$10x + y + 18 = 10y + x$
$9y - 9x = 18$
$y - x = 2$ ......(ii)
(i) और (ii) से
$y = 6, x = 4$
$\therefore$ संख्या = 46
46 – 10 = 36 $\rightarrow$ पूर्ण वर्ग
अत: अभीष्ट सबसे छोटी संख्या 10 हैं।

31. (a) विकल्प - (a) 1002001
7,11,13 से विभाज्य है के अनुसार संख्या 1001 से विभाज्य होनी चाहिए।
1002001, 1001 से विभाज्य है।
अत: 1002001, 7, 11 और 13 से विभाज्य है।

32. (c) 3 और 4 दोनों से विभाज्य = 12 से विभाज्य
1 से 150 के बीच की संख्या जो 12 से विभाज्य है
$= \frac{150}{12} = 12$

33. (b) प्रश्नानुसार,
पांचवे मित्र का प्राप्त भाग
$= 1 - \left(\frac{1}{8} + \frac{1}{6} + \frac{5}{12} + \frac{1}{12}\right)$
$1 - \left(\frac{3 + 4 + 10 + 2}{24}\right) = 1 - \frac{19}{24}$
$= \frac{5}{24}$

34. (a) 1 + 3 + 5 + 7 + ... + 21
विषम संख्याओं का योग = n^2, जहाँ n पदों की संख्या है। यहाँ n = 11, योग = $11^2 = 121$

35. (a) 11 प्रकृतिक संख्या = 1, 2, 3,-- 11
योग = $1^2 + 2^2 + 3^2 + \text{----} + 11^2$
प्रथम n प्राकृतिक संख्याओं के वर्ग का योग
$= \frac{n(n+1)(2n+1)}{6}$
यहाँ, n = 11 हैं।
$= \frac{11(11+1)(2\times11+1)}{6} = 11 \times 2 \times 23$
= 22 × 23 = 506

36. (d) XXIII = 23
$\therefore$ 32 + 23 = 55 = LV
$\therefore$(a) और (c) दोनों

37. (c) हम 500 को सीधे रोमन अंक D से दर्शा सकते हैं

38. (d) XC = 90 $\Rightarrow$ VI = 6
XCVI = 90 + 6 = 96

39. (d) 1 से 9 तक आवश्यक अंक = 9 × 1 = 9
10 से 99 तक आवश्यक अंक = [(99 – 10) + 1] × 2 = 180
100 से 300 तक, आवश्यक अंक = [(300 – 100)+ 1] ×3 = 201 × 3 = 603
कुल अंकों की आवश्यकता = 9 + 180 + 603 = 792

40. (b) माना पहली, दूसरी और तीसरी संख्या क्रमश: a, b और c है।
a × b = 143 = 11 × 13
b × c = 195 = 13 × 15
क्रमश: a, b, c = 11, 13, 15 एक दूसरे से सह-आभाज्य है।
संख्याओं का योगफल 11 + 13 + 15 = 39

LCM & HCF

ल.स.प और म.स.प

17

1. सबसे बड़ी संख्या ज्ञात करें जो 180 और 270 को भाग दे सके।
Find the largest number that can divide 180 and 270.
RPF Constable 18/01/20179 (Shift-02)
(a) 94 (b) 90
(c) 92 (d) 96

2. दो संख्याओं का ल.स.प. 51 और म.स.प 17 है। उनमें से एक संख्या यदि 17 है, तो दूसरी संख्या ज्ञात कीजिए।
The LCM of two numbers is 51 and HCF is 17. If one of those numbers is 17, then find the other number.
RPF Constable 11/01/2019 (Shift-02)
(a) 34 (b) 867
(c) 51 (d) 17

3. उन संख्याओं का गुणनफल ज्ञात कीजिए, जिनका ल.स.प. 8201 और म.स.प. 1 है।
Find the product of those numbers whose LCM is 8201 and HCF is 1.
RPF Constable 16/01/2019 (Shift-02)
(a) 8501 (b) 8201
(c) 8301 (d) 8401

4. उन संख्याओं का गुणनफल ज्ञात कीजिए जिनका लघुत्तम समापवर्तक (ल.स.प.) 25 और महत्तम समापवर्तक (म.स.प.) 8 है।
Find the product of those numbers whose least common multiple (LCM) is 25 and greatest common factor (HCF) is 8.
RPF Constable 10/01/2019 (Shift-03)
(a) 220 (b) 200
(c) 160 (d) 180

5. उन दो नंबरों के गुणनफल का ज्ञात कीजिए, जिनका ल.स.प. 120 और म.स.प. 13 है।
Find the product of two numbers whose LCM and HCF is 120 and 13 respectively.
RPF SI 10/01/2019 (Shift-02)
(a) 1560 (b) 1880
(c) 1660 (d) 1220

6. दो संख्याओं का ल.स.प. 182 है और उनका म.स.प. 13 है। एक संख्या 13 दी गई है तो दूसरी संख्या ज्ञात कीजिए।
The least common multiple of two numbers is 182 and their greatest common factor is 13. If one of the numbers is 13 then find the other number.
RPF SI 19/01/2019 (Shift-01)
(a) 182 (b) 143
(c) 132 (d) 121

7. वह बड़ी से बड़ी संख्या ज्ञात कीजिए जो 126 और 189 को विभाजित कर सकती है?
Find the largest number which can divide 126 and 189?
RPF Constable 18/01/2019 (Shift-03)
(a) 63 (b) 21
(c) 27 (d) 9

8. दो संख्याओं का ल.स.प. 55 और म.स.प. 11 है। उनमें से एक संख्या यदि 11 है, तो दूसरी संख्या ज्ञात कीजिए।
The LCM of two numbers is 55 and HCF is 11. If one of the numbers is 11, then find the other number.
RPF Constable 20/01/2019 (Shift-03)
(a) 22 (b) 11
(c) 33 (d) 55

9. वह बड़ी से बड़ी संख्या ज्ञात कीजिए जो 162 और 243 को विभाजित कर सकती है।
Find the largest number which can divide 162 and 243.
RPF Constable 20/01/2019 (Shift-03)
(a) 84 (b) 81
(c) 82 (d) 83

10. दो संख्याओं का ल.स.प. 64 और म.स.प. 16 है। यदि उनमें से एक संख्या 64 है, तो दूसरी संख्या ज्ञात कीजिए।
The LCM of two numbers is 64 and HCF is 16. If one of them is 64, find the other number.
RPF Constable 17/01/2019 (Shift-03)
(a) 8 (b) 16
(c) 64 (d) 32

11. उन दो संख्याओं का गुणनफल ज्ञात कीजिए जिनका लघुत्तम समापवर्त्य 45 और महत्तम समापवर्तक 10 है।
Find the product of two numbers whose least common multiple is 45 and greatest common factor is 10.
RPF SI 19/12/2019 (Shift-02)
(a) 450 (b) 400
(c) 550 (d) 350

12. वह अधिकतम संख्या क्या होगी जो 852, 1065 और 1491 को पूर्णत: विभाजित कर सकती है।
What will be the maximum number which can completely divide 852, 1065 and 1491?
RPF Constable 30/03/2019 (Shift-02)
(a) 213 (b) 193
(c) 189 (d) 217

13. पाँच घंटियाँ पहले एक साथ बजाना शुरू करती हैं फिर वे 6, 5, 7, 8 और 10 सेकंड के अंतरालों पर बजाती हैं। कितने अंतराल के बाद वे फिर से एक साथ बजेंगी?
Five bells start ringing together first. Then they play at intervals of 6, 5, 7, 8 and 10 seconds. After what interval will they ring together again?
RPF Constable 31/02/2019 (Shift-02)

(a) 18 मिनट (b) 14 मिनट
(c) 20 मिनट (d) 16 मिनट

14. वह सबसे बड़ी संख्या ज्ञात कीजिए जो 54 और 81 को पूर्णतः विभाजित कर सकती है।
Find the largest number which can exactly divide 54 and 81.
RPF Constable 17/01/2019 (Shift-01)
(a) 6 (b) 27
(c) 9 (d) 18

15. 6 और 110 का ल.स.प. क्या है?
What is the LCM of 6 and 110?
SSC GD 16/01/2023 (Shift-02)
(a) 440 (b) 300
(c) 330 (d) 660

16. $\frac{3}{7}$ और $\frac{18}{52}$ का लघुत्तम समापवर्त्य (LCM) कितना होगा?
What will be the LCM of $\frac{3}{7}$ and $\frac{18}{52}$?
SSC GD 25/11/2021 (Shift-02)
(a) 6 (b) 7
(c) 18 (d) 10

17. दो संख्याओं के बीच का अनुपात 3 : 5 है। यदि इन संख्याओं का ल.स.प. 240 है, तो दोनों संख्याएँ कौन सी हैं?
The ratio between two numbers is 3 : 5. If the LCM of these numbers is 240, then what are the two numbers?
SSC GD 13/02/2023 (Shift-01)
(a) 48 और 80 (b) 42 और 88
(c) 48 और 88 (d) 36 और 94

18. वह न्यूनतम संख्या ज्ञात कीजिए जो 8, 24 और 30 से पूर्णतः विभाज्य हो।
Find the least number, which is exactly divisible by 8, 24 and 30.
SSC GD 09/02/2023 (Shift-04)
(a) 150 (b) 60
(c) 130 (d) 120

19. छह घंटियां क्रमशः 12 मिनट, 9 मिनट, 8 मिनट, 6 मिनट, 3 मिनट और 10 मिनट के अंतराल में स्वतः बजती है। शुरू होने के क्षण से 12 घंटे में वे एक-साथ कितनी बार बजेंगी?
Six bells automatically ring at intervals of 12 minutes, 9 minutes, 8 minutes, 6 minutes, 3 minutes and 10 minutes respectively. How many times will they ring together in 12 hours from the start ?
SSC GD 22/11/2021 (Shift-02)
(a) 4 (b) 6
(c) 3 (d) 2

20. सुबह 9 बजे 5 घंटियाँ एक साथ शुरू होती हैं। वे 12 सेकंड, 18 सेकंड, 24 सेकंड, 36 सेकंड और 45 सेकंड के अंतराल पर बजते हैं। किस समय घंटियाँ पुनः एक साथ बजती हैं?
5 bells start commencing together at 9 AM. They ring at the intervals of 12 seconds, 18 seconds, 24 seconds, 36 seconds and 45 seconds. At what time do the bells ring together again?
SSC GD 10/01/2023 (Shift-01)
(a) 9 : 10 am (b) 9 : 06 am
(c) 9 : 08 am (d) 9 : 05 am

21. तीन धावक एक गोलाकार ट्रैक पर दौड़ना शुरू करते हैं। वे सुबह 6 बजे एक ही बिंदु से शुरू करते हैं और 1 चक्कर पूरा करने में क्रमशः 12 सेकंड, 15 सेकंड और 24 सेकंड लेते हैं। वे आरंभिक बिंदु पर पुनः किस समय मिलेंगे?
Three runners start running on a circular track. They start from the same point at 6 AM and take 12 seconds, 15 seconds and 24 seconds respectively to finish 1 round. At what time will they meet again at the starting point?
SSC GD 08/02/2023 (Shift-02)
(a) 6:03:20 AM
(b) 6:02:30 AM
(c) 6:01:40 AM
(d) 6:02:00 AM

22. $\frac{3}{4},\frac{7}{8}$ और $\frac{9}{20}$ का म.स.प है:
The HCF of $\frac{3}{4},\frac{7}{8}$ and $\frac{9}{20}$ is:
SSC GD 13/02/2023 (Shift-01)
(a) $\frac{1}{50}$ (b) $\frac{1}{40}$
(c) $\frac{1}{20}$ (d) $\frac{1}{30}$

23. 2.16, 2.44 और 3.36 का सबसे बड़ा सामान्य भाजक है:
The greatest common divisor of 2.16, 2.44 and 3.36 is:
SSC GD 13/02/2023 (Shift-03)
(a) 0.05 (b) 0.02
(c) 0.03 (d) 0.04

24. 8 मी और 14 मीटर लंबी दो रस्सियां समान लंबाई के टुकड़ों में काटी जानी है। प्रत्येक टुकड़े की अधिकतम संभव लंबाई कितनी होगी?
Two ropes 8m and 14m long are to be cut into pieces of equal length. What is the maximum possible length of each piece?
SSC GD 18/11/2021 (Shift-02)
(a) 4 m (b) 2 m
(c) 1 m (d) 6 m

25. वह सबसे बड़ी संख्या कौन सी है जिससे 187, 233 और 279 को विभाजित करने पर प्रत्येक स्थिति में समान शेष बचता है?
What is the largest number which can divide 187, 233 and 279, leaving the same remainder in each case?
SSC GD 08/02/2023 (Shift-01)
(a) 30 (b) 36
(c) 46 (d) 56

26. 12 और 16 का HCF और LCM का योग क्या होगा?
What will be the sum of HCF and LCM of 12 and 16?
SSC GD 07/02/2023 (Shift-03)
(a) 56 (b) 44
(c) 52 (d) 48

27. दो संख्याओं का LCM उनके HCF का 15 गुना है। ल.स.प. और म.स.प. का योग 112 है। यदि एक संख्या 49 है, तो दूसरी संख्या है:

The LCM of two numbers is 15 times their HCF. The sum of the LCM and the HCF is 112. If one of the numbers is 49, then the other number is:

SSC GD 10/01/2023 (Shift-02)

(a) 18 (b) 21
(c) 24 (d) 15

28. दो संख्याओं का लघुत्तम समापवर्त्य (LCM), उनके महत्तम समापवर्तक (HCF) का 45 गुना है, तथा लघुत्तम समापवर्त्य (LCM) और महत्तम समापवर्तक (HCF) का योग 1518 है। यदि उन संख्याओं में से एक को 16 से विभाजित किया जाता है, तो भागफल 18 और शेषफल 9 प्राप्त होता है। दूसरी संख्या ज्ञात कीजिए।

The LCM (LCM) of two numbers is 45 times their HCF, and the sum of LCM and HCF is 1518. If one of those numbers is divided by 16, the quotient is 18 and the remainder is 9. Find the second number.

SSC GD 24/11/2021 (Shift-02)

(a) 330 (b) 165
(c) 495 (d) 363

29. यदि प्रथम 110 प्राकृत संख्याओं का LCM N है, तो प्रथम 115 प्राकृत संख्याओं का LCM ज्ञात कीजिए।

If the LCM of the first 110 natural numbers is N, then find the LCM of the first 115 natural numbers.

SSC GD 07/02/2023 (Shift-02)

(a) 111×112×113×114×115N
(b) 113N
(c) 115N
(d) 111×113N

30. 36, 72 और 126 का HCF क्या है?

What is HCF of 36, 72 and 126?

RRB ALP & TECH 13/08/2018 (Shift-02)

(a) 18 (b) 36
(c) 9 (d) 12

31. तीन संख्याएं परस्पर सह-अभाज्य हैं, और प्रथम दो और अंतिम दो संख्याओं के गुणनफल क्रमशः 432 और 945 हैं। तीनों संख्याओं का लघुत्तम समापवर्त्य ज्ञात कीजिए।

Three numbers are co-prime to one another and the product of the first two and the last two are 432 and 945, respectively. Find the LCM of the three numbers.

Group D 17/09/2022 (Shift-03)

(a) 14850 (b) 15120
(c) 16650 (d) 15030

32. दो संख्याओं के महत्तम समापवर्तक और लघुत्तम समापवर्त्य क्रमशः 44 और 264 हैं यदि उनमें से एक संख्या दूसरी संख्या की $\frac{3}{2}$ गुनी है, तो छोटी संख्या ज्ञात कीजिए

The HCF and the LCM of two numbers are 44 and 264, respectively. If one of the numbers is $\frac{3}{2}$ times of the other, what is the smaller number?

Group D 16/09/2022 (Shift-01)

(a) 132 (b) 44
(c) 88 (d) 176

33. दो धनात्मक पूर्णांकों का योगफल 55 है। यदि उनके महत्तम समापवर्तक और लघुत्तम समापवर्त्य क्रमशः 5 और 120 हैं, तो उनके व्युत्क्रमों का योगफल................है।

The sum of two positive integers is 55. If their greatest common multiple and least common multiple are 5 and 120 respectively, then the sum of their reciprocals is....

Group D 25/08/2022 (Shift-01)

(a) $\frac{120}{13}$ (b) $\frac{11}{120}$
(c) $\frac{14}{6}$ (d) $\frac{12}{13}$

34. दो संख्याओं का लघुत्तम समापवर्त्य, उनके महत्तम समापवर्तक के 20 गुने के बराबर है, और उनका महत्तम समापवर्तक 213 है। यदि इन दो संख्याओं में से किसी एक को 225 से विभाजित किया जाता है, तो भागफल 4 और शेषफल 165 प्राप्त होता है। दूसरी संख्या ज्ञात कीजिए।

The least common multiple of two numbers is equal to 20 times their greatest common multiple, and their greatest common multiple is 213. If either of these two numbers is divided by 225, the quotient is 4 and the remainder is 165. Find the second number.

Group D 06/10/2022 (Shift-02)

(a) 639 (b) 852
(c) 426 (d) 1065

35. चार घंटियां क्रमशः 2, 4, 6 और 8 सेकंड के अंतरालों पर बजती हैं। दोपहर 12 बजे वे सभी एक साथ बजी। उसी दोपहर 12 बजे से 12 : 50 बजे के बीच अगले 50 मिनट में वे कितनी बार एक साथ बजेंगी, यदि इसमें 12 बजे घंटियों के बजने को छोड़ा गया है और 12: 50 बजे घंटियों के बजने को शामिल किया गया है?

Four bells ring at intervals of 2, 4, 6 and 8 seconds respectively. They all rang together at 12 noon. How many times will they ring together in the next 50 minutes between 12 o'clock and 12:50 o'clock on the same afternoon, excluding the ringing of bells at 12 o'clock and including the ringing of bells at 12:50 o'clock?

Group D 30/09/2022 (Shift-02)

(a) 126 (b) 123
(c) 125 (d) 124

36. जब 6892, 7105 और 7531 को सबसे बड़ी संख्या x से विभाजित किया जाता है, तो प्रत्येक स्थिति में शेषफल समान होता है। x के अंकों का योग है:

When 6892, 7105 and 7531 are divided by the largest number x, the remainder is the same in each case. The sum of the digits of x is:

NTPC CBT-02 14/06/2022 (Shift-01)

(a) 9 (b) 7
(c) 13 (d) 6

37. जब 1833, 2482 ओर 3190 को एक बड़ी से बड़ी संख्या x से विभाजित किया जाता है, तो प्रत्येक स्थिति में शेषफल y प्राप्त होता है। $(3x - 14y)$ का मान ज्ञात कीजिए।

When 1833, 2482 and 3190 are divided by a larger number x, the remainder in each case is y. Find the value of $(3x - 14y)$.

Group D 08/09/2022 (Shift-02)

(a) 1333 (b) 131
(c) 121 (d) 123

38. जब 44, 96, और 184 को एक संख्या x से विभाजित किया जाता है, तो प्रत्येक स्थिति में समान शेषफल प्राप्त होता है। x का सबसे बड़ा मान ज्ञात कीजिए।

44, 96 and 184, when divided by a number x, leaves the same remainder in each case. The largest value of x is:

Group D 26/09/2022 (Shift-02)

(a) 6 (b) 4
(c) 3 (d) 8

39. मान लीजिए कि x वह बड़ी से बड़ी संख्या है, जिससे 7072, 8505 और 9925 को विभाजित करने पर क्रमश: 22, 45 और 55 शेषफल प्राप्त होते हैं। x के अंकों का योग ज्ञात कीजिए।

Let x be the largest number by wich dividing 7072, 8505 and 9925 leaves remainders 22, 45 and 55 respectively. Find the sum of the digits of x.

Group D 06/09/2022 (Shift-01)

(a) 6 (b) 5
(c) 7 (d) 8

40. भाग विधि द्वारा दो संख्याओं का महत्तम समापवर्तक ज्ञात करने में, भागफल क्रमश: 1, 5 और 2 प्राप्त होते हैं, और अंतिम भाजक 15 है। उन दो संख्याओं का लघुत्तम समापवर्त्य ज्ञात कीजिए।

In finding the greatest common multiple of two numbers by division method, the quotients are 1, 5 and 2 respectively, and the final divisor is 15. Find the least common multiple of those two numbers.

Group D 06/09/2022 (Shift-03)

(a) 2130
(b) 3045
(c) 2115
(d) 2145

ANSWER KEY

1.(b)	2.(c)	3.(b)	4.(b)	5.(a)	6.(a)	7.(a)	8.(d)	9.(b)	10.(b)
11.(a)	12.(a)	13.(b)	14.(b)	15.(c)	16.(c)	17.(a)	18.(d)	19.(c)	20.(b)
21.(d)	22.(b)	23.(d)	24.(b)	25.(c)	26.(c)	27.(d)	28.(b)	29.(b)	30.(a)
31.(b)	32.(c)	33.(b)	34.(b)	35.(c)	36.(d)	37.(c)	38.(b)	39.(a)	40.(d)

SOLUTIONS

1. (b) 180 — अंतर — 270

   (90) → सबसे बड़ी संख्या

   ↓ म.स.प

2. (c) पहली संख्या × दूसरी संख्या

   = ल.स.प. × म.स.प.

   ⇒ 17 × दूसरी संख्या = 51 × 17

   दूसरी संख्या = 51

3. (b) संख्याओं का गुणनफल

   = ल.स.प. × म.स.प.

   ⇒ 8201 × 1 = 8201

4. (b) संख्याओं का गुणफल

   = ल.स.प. × म.स.प.

   ⇒ 25 × 8 = 200

5. (a) संख्याओं का गुणनफल

   = ल.स.प. × म.स.प.

   ⇒ 120 × 13 = 1560

6. (a) पहली संख्या × दूसरी संख्या

   = ल.स.प. × म.स.प.

   13 × दूसरी संख्या = 182 × 13

   दूसरी संख्या = 182

7. (a) 126 — अंतर — 189

   (63) → सबसे बड़ी संख्या

   ↓ म.स.प

8. (d) पहली संख्या × दूसरी संख्या

   = ल.स.प. × म.स.प.

   ⇒ 11 × दूसरी संख्या = 55 × 11

   ⇒ दूसरी संख्या = 55

9. (b) 162 — अंतर — 243

   (81) → सबसे बड़ी संख्या

   ↓ म.स.प

10. (b) पहली संख्या × दूसरी संख्या

    = ल.स.प. × म.स.प.

    64 × दूसरी संख्या = 64 × 16

    दूसरी संख्या = 16

11. (a) संख्याओं का गुणनफल

    = ल.स.प. × म.स.प.

    = 45 × 10 = 450

12. (a)

    852 — अंतर — 1065 — अंतर — 1491

    213 — अंतर — 426

    (213) → सबसे बड़ी संख्या

    ↓ म.स.प

13. (b) 6, 5, 7, 8, 10 का ल.स.प.

2	6,	5,	7,	8,	10
4	3,	5,	7,	4,	5
5	3,	5,	7,	1,	5
3	3,	1,	7,	1,	1
7	1,	1,	7,	1,	1
	1,	1	1,	1,	1

$\Rightarrow 2 \times 4 \times 5 \times 3 \times 7 = 40 \times 21 = 840$

ल.स.प. = 840 सेकंड या 14 मिनट

14 मिनट बाद घंटियाँ एक साथ फिर बजेंगी।

14. (b)

    54 — अंतर — 81

    (27) → सबसे बड़ी संख्या

    ↓ म.स.प

15. (c) ल.स.प. (6, 110) = 330

16. (c) ल.स.प. $\left(\frac{3}{7}, \frac{18}{52}\right)$

    $= \frac{\text{ल.स.प.}(3,18)}{\text{म.स.प.}(7,52)} = \frac{18}{1} = 18$

17. (a) अनुपात = 3 : 5 = 3n : 5n

    ल.स.प. (n × 3 × 5) = 240

    म.स.प. (n) = 16

    संख्यायें = 3 × 16 = 48, 5 × 16 = 80

18. (d) 8, 24 और 30 का ल.स.प. = 120

19. (c) (12, 9, 8, 6, 3, 10) का ल.स.प.

    ⇒ 360 मिनट = 6 घंटे

    अत: प्रत्येक 6 घंटे में सभी घंटियाँ एक साथ बजेगी

    $\Rightarrow \left(\frac{12}{6} + 1\right) = 3$ बार

20. (b) 12, 18, 24, 36 तथा 45 का ल.स.प.

    = 360 सेंकण्ड = 6 मिनट

    अत: पुन: सभी घंटियाँ एक साथ 9:06 am पर बजेंगी।

21. (d) 12, 15 तथा 24 का ल.स.प.

    = 120 सेंकण्ड = 2 मिनट

    वे शुरूआती बिंदु पर 6:02 am फिर मिलेंगे।

22. (b) $\frac{3}{4}, \frac{7}{8}, \frac{9}{20}$ का म.स.प.

    $= \frac{3,7,9 \text{ का म.स.प.}}{4,8,20 \text{ का ल.स.प.}} = \frac{1}{40}$

23. (d) $2.16 \Rightarrow 2^3 \times 3^3 \times 10^{-2}$

    $2.44 \Rightarrow 2^2 \times 61 \times 18^{-2}$

    $3.76 \Rightarrow 2^4 \times 3 \times 7 \times 10^{-2}$

    म.स.प. $= 2^2 \times 10^{-2} = 0.04$

24. (b) प्रत्येक टुकड़े की अधिकतम संभव लंबाई

    = 8 तथा 14 का म.स.प. = 2 मीटर

25. (c) 233 – 187 = 46

    279 – 233 = 46

    279 – 197 = 92

    सबसे बड़ी संख्या = 46

26. (c) 12 तथा 16 का म.स.प. = 4

    12 तथा 16 का ल.स.प. = 48

    ल.स.प. तथा म.स.प. योग

    = 48 + 4 = 52

27. (d) I^{st} संख्या = 49, IInd संख्या = ?
माना, म.स.प. = x, ल.स.प. = $15x$
$\because\ 15x + x = 112$
$x = 7$
म.स.प. = 7, ल.स.प. = 15 × 7 = 105
I × II = ल.स.प. × म.स.प.
15 × 7 × 7 = 49 × म.स.प.
म.स.प. = 15

28. (b) दिया है,
ल.स.प. = 45 म.स.प.
म.स.प. + ल.स.प. = 1518
46 म.स.प. = 1518
म.स.प. = 33
प्रथम संख्या = 16 × 18 + 9 = 297
1485 × 33 = 297 × II
II = 165
अत: दूसरी संख्या 165 होगा।

29. (b) प्रथम 100 प्राकृतिक संख्यायें → 1, 2, -----------110
110 प्राकृतिक संख्याओं का ल.स.प. = N
अब –
115 प्राकृतिक संख्याओं का ल.स.प. = N
.____________ 110, 111, 112, 113, 114, 115
∵ 111, 112, 114 और 115 ये संख्याएँ पहले 110 प्राकृतिक संख्याओं में गुणज हैं
अब, ल.स.प. = 113N

30. (a) दी गई संख्याएँ = 36, 72, 126
अर्थात् 36 = 2 × 2 × 3 × 3
72 = 2 × 2 × 3 × 3 × 3
126 = 2 × 3 × 3 × 7
अभीष्ट म.स.प. = 2 × 3 × 3 = 18

31. (b) माना संख्याएँ x, y और z हैं
$xy = 432$
$yz = 945$
मध्य संख्या = 432 और 945 का म.स.प = 27
पहली संख्या = 16
दूसरी संख्या = 35
इसलिए, 27, 16 और 35 का ल.स.प = 15120

32. (c) माना पहली संख्या x और दूसरी संख्या $\frac{3x}{2}$ है
प्रश्नानुसार,
ल.स.प. × म.स.प. = दो संख्याओं का गुणनफल
$\Rightarrow x \times \frac{3x}{2} = 44 \times 264$
$\Rightarrow x^2 = 7744 \Rightarrow x = 88$
अत: छोटी संख्या = 88

33. (b) माना दो संख्याएँ x और y हैं।
दो संख्याओं का गुणनफल (xy)
= ल.स.प × म.स.प = 5 × 120 = 600
उनके व्युत्क्रमों का योग
$\frac{1}{x} + \frac{1}{y} = \frac{x+y}{xy} = \frac{55}{600} = \frac{11}{120}$

34. (b) दो संख्याओं को म.स.प = 213
दो संख्याओं का लघुत्तम समापवर्तय
= 20 × 213 = 4260
यदि किसी संख्या को 225 से विभाजित किया जाता है, तो भागफल = 4 और शेषफल = 165 होता है
तब, संख्या
= 225 × 4 + 165 = 1065
अब,
म.स.प × ल.स.प
= पहली संख्या × दूसरी संख्या
213 × 4260 = 1065 × दूसरी संख्या
दूसरी संख्या = 852

35. (c) 2, 4, 6 और 8 का ल.स.प = 24 सेकंड
50 मिनट में कुल सेकंड = 3000 सेकंड
घंटियों के एक साथ बजने की कुल संख्या
$= \frac{3000}{24} = 125$

36. (d)

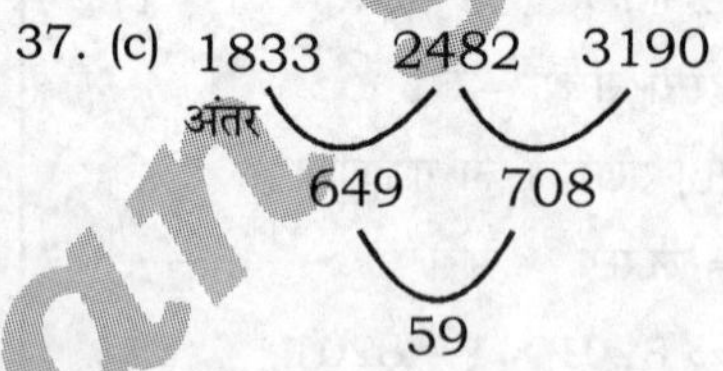

म.स.प (x) = 213
x के अंकों का योग = 2 + 1 + 3 = 6

37. (c) 1833   2482   3190
अंतर: 649   708
59

649 और 708 का म.स.प. = 59
अत: $x = 59$

59) 1833 (31
−177
63
−59
4

शेषफल = 4, y = 4
$(3x - 14y) = 3 \times 59 - 14 \times 4 = 177 - 56 = 121$

38. (b) 44, 96 और 184 का महत्तम समापवर्तक (म.स.प) = 4
अत: अभीष्ट संख्या = 4 है।

39. (a) x से पूर्णत: विभाज्य संख्याएं

7072	8505	9925
−22	−45	−55
7050	8460	9870

(7050, 8460 और 9870) का म.स.प. = 1410
संख्या (x) = 1410
अंकों का योग = 1 + 4 + 1 + 0 = 6

40. (d) हम जानते हैं,

भाज्य = भाजक × भागफल + शेषफल

अंतिम भाजक = 15 और भागफल = 2

भाज्य = 15 × 2 = 30

अब,

भाजक = 30, भागफल = 5, शेषफल = 15

भाज्य = 30 × 5 + 15 = 165

फिर से,

भाजक = 165,

भागफल = 1,

शेषफल = 30

भाज्य (b) = 165 × 1 + 30 = 195

अत: दो संख्याएँ, a = 165, b = 195

लघुत्तम समापवर्त्य = 2145

वैकल्पिक विधिः

```
165)195(1
    -165
     30)165(5
        -150
          15)30(2
             30
              0
```

अत: दो संख्याएँ,
a = 165, b = 195
लघुत्तम समापवर्त्य = 2145

☆☆☆☆☆

SIMPLIFICATION 18

सरलीकरण

1. x का मान ज्ञात कीजिए।
Find the value of x
$\frac{2}{5}(x)+\frac{3}{10}(x)-\frac{3}{5}(x)=531$
RPF SI 05/01/2019 (Shift-01)
(a) 5210 (b) 5410
(c) 5310 (d) 5510

2. सरल कीजिए/Simplify
$\frac{1}{12}\div\frac{1}{12}\div\frac{1}{12}\div\frac{1}{12}\div\frac{1}{12}$
RPF SI 05/01/2019 (Shift-02)
(a) 1287 (b) 1278
(c) 1728 (d) 1782

3. सरल कीजिए/Simplify:
$(8^4)^2\times\frac{1}{512^2}\times8+18$
RPF SI 06/01/2019 (Shift-01)
(a) 490 (b) 530
(c) 510 (d) 550

4. दिए गए समीकरण में प्रश्नवाचक चिह्न (?) के स्थान पर क्या आएगा?
What will come in place of question mark (?) in the given equation?
12.34 + 23.45 + 34.56 – 45.67 = 2 × ?
RPF SI 06/01/2019 (Shift-02)
(a) 13.34 (b) 14.34
(c) 12.34 (d) 11.34

5. सरल कीजिए/Simplify
$\frac{23\times552\div24+23}{552\div23-1}$
RPF Constable 17/01/2019 (Shift-01)
(a) 25 (b) 23
(c) 26 (d) 24

6. x का मान ज्ञात कीजिए
Find the value of x
$\sqrt{(189-x)}=\sqrt{(178-\sqrt{81})}$
RPF Constable 17/01/2019 (Shift-01)
(a) 20 (b) 27
(c) 38 (d) 49

7. सरल कीजिए/Simplify
$\sqrt{\left(157-\sqrt{182-\sqrt{156+\sqrt{169}}}\right)}$
RPF Constable 17/01/2019 (Shift-01)
(a) 11 (b) 12
(c) 14 (d) 13

8. x का मान ज्ञात कीजिए–
Find the value of x
$x^3\div11=968$
RPF Constable 17/01/2019 (Shift-01)
(a) 24 (b) 20
(c) 26 (d) 22

9. X का भिन्नात्मक मान ज्ञात कीजिए, जहाँ X = 0.344444...
Find the fractional value of X, where X = 0.344444...
RPF Constable 17/01/2019 (Shift-03)
(a) $\frac{31}{990}$ (b) $\frac{35}{99}$
(c) $\frac{31}{90}$ (d) $\frac{13}{99}$

10. सरल कीजिए/Simplify
48 – [15 + {38 – (28 – 7)}]
RPF Constable 18/01/2019 (Shift-02)
(a) 19 (b) 18
(c) 16 (d) 17

11. X = 0.5808080 तो X का भिन्नात्मक मान ज्ञात कीजिए:
X = 0.5808080 then find the fractional value of X:
RPF Constable 18/01/2019 (Shift-02)
(a) $\frac{572}{990}$ (b) $\frac{574}{990}$
(c) $\frac{573}{990}$ (d) $\frac{575}{990}$

12. सरल कीजिए/Simplify
$(38\times33\times38\times33)\div\left(2\left(\sqrt{1089}\div2\right)\right)^2$
RPF Constable 04/02/2019 (Shift-01)
(a) 1444 (b) 5444
(c) 1222 (d) 2444

13. सरल कीजिए/Simplify:
120 – [100 – (81 ÷ 9 – (65 – 100 ÷ 2) ÷ 15)]
RPF Constable 04/02/2019 (Shift-01)
(a) 36 (b) 32
(c) 28 (d) 34

14. निम्नलिखित का मान बताइए।
Give the value of the following.
523 + 523 × 523 ÷ 523
SSC GD 16/11/2021 (Shift-02)
(a) 1542 (b) 1005
(c) 1046 (d) 1235

15. $\left(\frac{1}{4}\times\frac{3}{4}\div1\frac{1}{4}\text{ of }\frac{2}{5}\right)\div\left(\frac{3}{4}\div1\frac{2}{3}\text{ of }\frac{4}{5}\right)-\left(\frac{1}{2}-\frac{1}{2}\times\frac{1}{4}\right)$ का मान कितना होगा?
What will be the value of $\left(\frac{1}{4}\times\frac{3}{4}\div1\frac{1}{4}\text{ of }\frac{2}{5}\right)\div\left(\frac{3}{4}\div1\frac{2}{3}\text{ of }\frac{4}{5}\right)-\left(\frac{1}{2}-\frac{1}{2}\times\frac{1}{4}\right)$?
SSC GD 18/11/2021 (Shift-01)
(a) $\frac{11}{12}$ (b) $\frac{2}{3}$
(c) $\frac{7}{24}$ (d) $\frac{5}{12}$

16. $\frac{\frac{3}{7}\div\frac{3}{7}\times\frac{3}{7}}{\frac{3}{7}\div\frac{3}{7}\text{ of }\frac{3}{7}}-\frac{9}{49}$ का मान क्या होगा?
What will be the value of $\frac{\frac{3}{7}\div\frac{3}{7}\times\frac{3}{7}}{\frac{3}{7}\div\frac{3}{7}\text{ of }\frac{3}{7}}-\frac{9}{49}$?
SSC GD 22/11/2021 (Shift-01)
(a) 1 (b) $\frac{40}{49}$
(c) $\frac{9}{49}$ (d) 10

17. व्यंजक $7 - 1\frac{2}{7}$ of $2\frac{1}{3} \div \frac{3}{7}$ of $\frac{7}{9} + 3\left(2 - \frac{2}{7} \div \frac{3}{7} \text{of} \frac{1}{3}\right)$ को सरल करने पर ____ परिणाम प्राप्त होगा।
Simplifying the expression $7 - 1\frac{2}{7}$ of $2\frac{1}{3} \div \frac{3}{7}$ of $\frac{7}{9} + 3\left(2 - \frac{2}{7} \div \frac{3}{7} \text{of} \frac{1}{3}\right)$ will result in ____.

SSC GD 22/11/2021 (Shift-02)

(a) $\frac{48}{7}$ (b) −2
(c) 0 (d) $\frac{37}{7}$

18. $\left(1 - \frac{1}{2}\right)\left(1 - \frac{1}{3}\right)\left(1 - \frac{1}{4}\right)$ ..... $\left(1 - \frac{1}{23}\right)$ को सरल करने पर प्राप्त परिणाम ______ होगा।
The result obtained on simplification of $\left(1 - \frac{1}{2}\right)\left(1 - \frac{1}{3}\right)\left(1 - \frac{1}{4}\right)$ ..... $\left(1 - \frac{1}{23}\right)$ will be ______.

SSC GD 24/11/2021 (Shift-03)

(a) $\frac{1}{23}$ (b) $\frac{1}{22}$
(c) $\frac{1}{3}$ (d) $\frac{1}{2}$

19. $72 - \left[20 - \left\{10 - \left(6 - \overline{6 - 4}\right)\right\}\right]$ का मान कितना है?
What is the value $72 - \left[20 - \left\{10 - \left(6 - \overline{6 - 4}\right)\right\}\right]$?

SSC GD 25/11/2021 (Shift-03)

(a) 58 (b) 48
(c) 56 (d) 44

20. यदि x[-3 {-6 (-a)}] + 6[-3 {-3 (-a)}]=6a, तो x ज्ञात कीजिए।
If x[-3 {-6 (-a)}] + 6[-3 {-3 (-a)}]=6a, then find x.

SSC GD 23/01/2023 (Shift-03)

(a) $-\frac{10}{3}$ (b) $\frac{10}{3}$
(c) 9 (d) −9

21. 100 ÷ 10- [-2 + {-9 + (3 - 6 of 2)}] का मान ज्ञात कीजिए।
What is the value of 100 ÷ 10– [–2 + {–9 + (3 – 6 of 2)}]?

SSC GD 30/01/2023 (Shift-03)

(a) 0 (b) 20
(c) 30 (d) −6

22. 6 : 11 और 8 : 9 के लिए कौन सा संबंध सही है?
Which relation is correct for 6 : 11 and 8 : 9?

SSC GD 31/01/2023 (Shift-02)

(a) 6 : 11 ≥ 8 : 9
(b) 6 : 11 = 8 : 9
(c) 6 : 11 > 8 : 9
(d) 8 : 9 > 6 :11

23. $\frac{(0.0002)^2 + (0.0033)^2 + (0.0444)^2}{(0.00002)^2 + (0.00033)^2 (0.00444)^2}$ का मान ज्ञात कीजिये
Find the value of $\frac{(0.0002)^2 + (0.0033)^2 + (0.0444)^2}{(0.00002)^2 + (0.00033)^2 (0.00444)^2}$

SSC GD 08/02/2023 (Shift-03)

(a) 100 (b) 80
(c) 90 (d) 110

24. यदि $\frac{5}{8}$ of 184 × 15 ÷ 5 + k = 513 ÷ 9 + 435, तो k का मान है:
If $\frac{5}{8}$ of 184 × 15 ÷ 5 + k = 513 ÷ 9 + 435, then the value of k is:

SSC GD 13/02/2023 (Shift-02)

(a) 192 (b) 147
(c) 239 (d) 136

25. निम्नलिखित को हल कीजिए।/Solve the following
1.1 + 1.001 + 10.01 + 11.11

NTPC CBT-01 11/01/2021 (Shift-02)

(a) 23.221 (b) 3.124
(c) 23.14 (d) 4.213

26. 2.09 ÷ 0.000209 = ?

Group-D 07/12/2018 (Shift-03)

(a) 100000 (b) 1000000
(c) 1000 (d) 10000

27. यदि x, 0.3333 × 0.25 × 0.499 × 0.125 × 24 के गुणनफल का निकटतम सन्निकट है, तो x का मान ज्ञात कीजिए।
x is the nearest approximation to the product of 0.3333 × 0.25 × 0.499 × 0.125 × 24, then find the value of x.

NTPC CBT-01 16/01/2021 (Shift-01)

(a) $\frac{3}{4}$ (b) $\frac{2}{5}$
(c) $\frac{3}{8}$ (d) $\frac{1}{8}$

28. यदि किसी ईंट के भार का $\frac{3}{4}$, $\frac{7}{8}$ किलोग्राम हो तो उसके भार का $\frac{5}{7}$ कितना होगा?
If $\frac{3}{4}$ of the weight of a brick is $\frac{7}{8}$ kg, then $\frac{5}{7}$ of the weight of the brick will be:

RRB ALP & TECH 14/08/2018 (Shift-01)

(a) $\frac{20}{21}$ किलोग्राम (b) $\frac{5}{6}$ किलोग्राम
(c) $\frac{5}{8}$ किलोग्राम (d) $\frac{15}{32}$ किलोग्राम

29. निम्नलिखित में से कौन सा विकल्प निकटतम अनुमानित मान है जो निम्नलिखित समीकरण में प्रश्न चिह्न (?) के स्थान पर आएगा?
Which of the following options is the closest approximate value which will come in place of question mark(?) in the following equation?
24.99% of 799.897+29.989% of 120.010 = 190 + 22.998% of?

NTPC CBT-02 16/06/2022 (Shift-03)

(a) 150 (b) 180
(c) 220 (d) 200

30. यदि a = $\frac{17}{99}$, b = $\frac{13}{47}$ और c = $\frac{34}{33}$ है, तो (ab) ÷ cका मान क्या है?
If a = $\frac{17}{99}$, b = $\frac{13}{47}$ and c = $\frac{34}{33}$, then what is the value of (ab) ÷ c = ?

NTPC CBT-02 17/06/2022 (Shift-02)

(a) $\frac{17}{264}$ (b) $\frac{13}{282}$
(c) $\frac{19}{289}$ (d) $\frac{21}{354}$

31. 'a' का मान ज्ञात कीजिए:
$\frac{7}{a-2}=\frac{5}{a+4}$
Solve for 'a': $\frac{7}{a-2}=\frac{5}{a+4}$
NTPC CBT-02 19/01/2017 (Shift-02)
(a) – 38 (b) 19
(c) –19 (d) 38

32. निम्नलिखित में से कौन * का स्थान लेगा?
Which of the following will take place of *?
$1\frac{1}{4}+1\frac{1}{6}-1\frac{1}{8}=*+1\frac{1}{12}$
NTPC CBT-01 22/05/2019 (Shift-03)
(a) $\frac{5}{12}$ (b) $\frac{7}{12}$
(c) $\frac{7}{24}$ (d) $\frac{5}{24}$

33. $\frac{(0.01)^2+(0.22)^2+(0.333)^2+(0.4444)^2}{(0.001)^2+(0.022)^2+(0.0333)^2+(0.04444)^2}$ का मान ज्ञात करें।
Find the value of $\frac{(0.01)^2+(0.22)^2+(0.333)^2+(0.4444)^2}{(0.001)^2+(0.022)^2+(0.0333)^2+(0.04444)^2}$
NTPC CBT-01 08/04/2021 (Shift-01)
(a) 125 (b) 100
(c) 50 (d) 75

34. यदि $\frac{1}{43.21}=0.02314$ तो $\frac{1}{0.0004321}$ = ?
If $\frac{1}{43.21}=0.02314$ then $\frac{1}{0.0004321}$ = ?
NTPC CBT-02 19/01/2017 (Shift-02)
(a) 23.14 (b) 231.4
(c) 0.0002314 (d) 2314

35. यदि $1.5x=0.02y$ है, तो, $\frac{1}{\left(\frac{y+x}{y-x}\right)}$ का मान ज्ञात कीजिए।
If $1.5x=0.02y$, then find the value of $\frac{1}{\left(\frac{y+x}{y-x}\right)}$.
Group-D 13/09/2022 (Shift-02)

(a) $\frac{38}{37}$ (b) $\frac{370}{38}$
(c) $\frac{37}{38}$ (d) $\frac{37}{380}$

36. सरल करें।/Simplify
$1\div\left[\left\{\frac{p^2}{(p+6)}\right\}+\left\{\frac{6p}{(p+6)}\right\}\right]$
NTPC CBT-01 17/01/2017 (Shift-02)
(a) $\frac{1}{p}$ (b) $\frac{1}{(p+6)}$
(c) p + 6 (d) p

37. $23-\left[24-\left\{25-\left(26-\overline{27-28}\right)\right\}\right]=?$
RRB ALP & TECH 14/08/2018 (Shift-03)
(a) –2 (b) –3
(c) –1 (d) 1

38. निम्नलिखित को हल करें-/Solve the following
$\left(1+\frac{1}{x}\right)\left(1+\frac{1}{x+1}\right)\left(1+\frac{1}{x+2}\right)\left(1+\frac{1}{x+3}\right)=?$
NTPC CBT-01 02/02/2021 (Shift-01)
(a) $1+\frac{1}{x+4}$ (b) $x+4$
(c) $\frac{1}{x}$ (d) $\frac{x+4}{x}$

39. $\frac{1}{4}+\frac{1}{4\times5}+\frac{1}{4\times5\times6}$ का मान ज्ञात करें। (2 दशमलव स्थानों तक)
Find the value of $\frac{1}{4}+\frac{1}{4\times5}+\frac{1}{4\times5\times6}$ (up to 2 decimal places)
NTPC CBT-01 11/01/2021 (Shift-01)
(a) 0.33 (b) 0.21
(c) 0.38 (d) 0.31

40. सरल करें।/Simplify:
$\frac{1}{1.2.3}+\frac{1}{2.3.4}+\frac{1}{3.4.5}+\frac{1}{3.4.5}+\frac{1}{4.5.6}$
NTPC CBT-01 10/01/2021 (Shift-02)
(a) $\frac{7}{30}$ (b) $\frac{19}{30}$
(c) $\frac{5}{30}$ (d) $\frac{2}{60}$

41. का मान ज्ञात करें।/Find the value of $\frac{1}{1\times2}\times\frac{1}{2\times3}+\frac{1}{3\times4}+\frac{1}{4\times5}+\frac{1}{5\times6}+....+\frac{1}{9\times10}$
NTPC CBT-01 24/05/2019 (Shift-03)

(a) $\frac{1}{10}$ (b) $\frac{5}{11}$
(c) $\frac{9}{10}$ (d) $\frac{2}{5}$

42. निम्न में से कौन-सा भिन्न सबसे बड़ा है?
Which of the following fractions is the largest?
$\frac{5}{7},\frac{9}{14},\frac{16}{21},\frac{29}{42}$
Group-D 17/09/2022 (Shift-02)
(a) $\frac{16}{21}$ (b) $\frac{29}{42}$
(c) $\frac{5}{7}$ (d) $\frac{42}{29}$

43. निम्नलिखित में से कौन-सा भिन्न सबसे छोटा है?
Which fraction among the following is the least?
$\frac{5}{11},\frac{7}{12},\frac{8}{13},\frac{9}{17}$
(a) $\frac{8}{13}$ (b) $\frac{5}{11}$
(c) $\frac{9}{17}$ (d) $\frac{7}{12}$

44. $\frac{1}{2+\frac{1}{2+\frac{1}{2-\frac{1}{2}}}}\times\frac{19}{8}=?$
(a) 1 (b) $\frac{8}{19}$
(c) $\frac{19}{8}$ (d) 2

45. निम्नलिखित को सरल कीजिए।
Simplify the following.
$240\div\frac{5}{1\div\frac{4}{1\div\frac{5}{1\div3}}}$
NTPC CBT-01 02/03/2021 (Shift-02)
(a) $\frac{4}{5}$ (b) $\frac{4}{3}$
(c) $\frac{5}{3}$ (d) $\frac{5}{4}$

46. का मान ज्ञात करें।/Find the value of $\frac{1}{5}+999\frac{494}{495}\times99$
(a) 90000 (b) 99000
(c) 90900 (d) 99990

47. $777\frac{1}{5}+777\frac{2}{5}+777\frac{3}{5}+777\frac{4}{5}$ का मान ज्ञात कीजिए।
Find the value of
$777\frac{1}{5}+777\frac{2}{5}+777\frac{3}{5}+777\frac{4}{5}$

NTPC CBT-01 03/03/2021 (Shift-01)

(a) 3110 (b) 3018
(c) 3000 (d) 3108

48. $2.\overline{56}$ का सही व्यंजक क्या है (बार दशमलव की पुनरावृत्ति को दर्शाता है)?
Correct expression of $2.\overline{56}$ =? (the bar indicates repeating decimal)

NTPC CBT-02 17/01/2017 (Shift-03)

(a) $2\frac{56}{100}$ (b) $2\frac{56}{1000}$
(c) $2\frac{560}{90}$ (d) $2\frac{56}{99}$

49. 2.666... + 2.777... भिन्न रूप में है?
2.666... + 2.777... is in different form?

Group-D 18/08/2022 (Shift-01)

(a) $\frac{31}{9}$ (b) $\frac{47}{9}$
(c) $\frac{49}{9}$ (d) $\frac{29}{9}$

50. $1.\overline{45}+0.3\overline{12}+1.1\overline{2}$ को सरल करें
Simplify $1.\overline{45}+0.3\overline{12}+1.1\overline{2}$

NTPC CBT-01 08/04/2021 (Shift-02)

(a) $\frac{589}{900}$ (b) $\frac{13}{20}$
(c) $\frac{374}{495}$ (d) $2\frac{791}{900}$

51. n का मान ज्ञात कीजिए, जब
Find the value of n, when
$2^{-7} \times 2^{3n+4} = 2^{11} \div 2^{5}$

Group-D 06/10/2022 (Shift-01)

(a) 2 (b) 5
(c) 3 (d) 4

52. $216^{\frac{2}{3}}+\frac{1}{256^{-\frac{3}{4}}}+32^{\frac{1}{5}}-\frac{1}{10^{-2}}-2$ का मान क्या होगा?
What will be the value of
$216^{\frac{2}{3}}+\frac{1}{256^{-\frac{3}{4}}}+32^{\frac{1}{5}}-\frac{1}{10^{-2}}-2$?

Group-D 19/09/2022 (Shift-02)

(a) −1 (b) −2
(c) 0 (d) 1

53. $\left(\frac{1}{2}\right)^{-2}+\left(\frac{1}{3}\right)^{-2}+\left(\frac{1}{4}\right)^{-2}$ का मान ज्ञात कीजिए?
Find the value of $\left(\frac{1}{2}\right)^{-2}+\left(\frac{1}{3}\right)^{-2}+\left(\frac{1}{4}\right)^{-2}$.

Group-D 16/09/2022 (Shift-02)

(a) 29 (b) 25
(c) 21 (d) 13

54. यदि $\sqrt{2116}=46$ है तो $\sqrt{21.16}+\sqrt{0.2116}+\sqrt{0.002116}+\sqrt{0.00002116}$ का मान ज्ञात कीजिए
If $\sqrt{2116}=46$ then find the value of
$\sqrt{21.16}+\sqrt{0.2116}+\sqrt{0.002116}+\sqrt{0.00002116}$

NTPC CBT-01 27/02/2021 (Shift-02)

(a) 5.1106 (b) 5.1116
(c) 5.0016 (d) 5.0006

55. $\sqrt{93+\sqrt{32+\sqrt{274+\sqrt{225}}}}$ का मान ज्ञात करें।
Evaluate: $\sqrt{93+\sqrt{32+\sqrt{274+\sqrt{225}}}}$

RRB ALP & TECH 31/08/2018 (Shift-03)

(a) 9 (b) 11
(c) 12 (d) 10

56. $5\sqrt{12}+6\sqrt{27}-4\sqrt{75}+\sqrt{192}$ का मान ज्ञात कीजिए।
The value of
$5\sqrt{12}+6\sqrt{27}-4\sqrt{75}+\sqrt{192}$ is:

NTPC CBT-02 17/06/2022 (Shift-01)

(a) $22\sqrt{3}$ (b) $16\sqrt{3}$
(c) $18\sqrt{3}$ (d) $20\sqrt{3}$

57. $\frac{\sqrt{1296}}{\sqrt{121}}\times\frac{15}{(216)^{\frac{1}{3}}}\times\frac{11}{\sqrt{225}}$ का मान ज्ञात कीजिए।
Find the value of $\frac{\sqrt{1296}}{\sqrt{121}}\times\frac{15}{(216)^{\frac{1}{3}}}\times\frac{11}{\sqrt{225}}$.

Group-D 16/09/2022 (Shift-01)

(a) 36 (b) 6
(c) 11 (d) 15

58. सरल कीजिए/Simplify
$\frac{7+3\sqrt{5}}{3+\sqrt{5}}+\frac{7-3\sqrt{5}}{3-\sqrt{5}}$

NTPC CBT-02 14/06/2022 (Shift-02)

(a) 14 (b) 6
(c) 3 (d) 4

59. का मान ज्ञात कीजिए।/Find the value of
$\left(\frac{\sqrt{3}-1}{\sqrt{3}+1}+\frac{\sqrt{3}+1}{\sqrt{3}-1}+\frac{2-\sqrt{3}}{2+\sqrt{3}}+\frac{2+\sqrt{3}}{2-\sqrt{3}}\right)$

NTPC CBT-01 13/01/2021 (Shift-02)

(a) 18 (b) 14
(c) 16 (d) 20

60. सरल कीजिए:/Simplify
$\frac{(542+321)^2-(542-321)^2}{542\times321}$

NTPC CBT-01 09/01/2021 (Shift-02)

(a) $\frac{642}{271}$ (b) 1
(c) 4 (d) $\frac{1}{271}$

61. x का मान ज्ञात कीजिए।/Find the value of x.
$\frac{(17)^3+7^3}{(17)^2+7^2-x}=24$

NTPC CBT-01 01/03/2021 (Shift-02)

(a) x = 127 (b) x = 121
(c) x = 119 (d) x = 117

62. निम्नलिखित समीकरण को सरल कीजिये:
Simplify the following expression:
$\frac{15^3+20^3+25^3-22500}{15^2+20^2+25^2-300-500-375}$

NTPC CBT-02 16/06/2022 (Shift-01)

(a) 75 (b) 80
(c) 50 (d) 60

ANSWER KEY

1.(c)	2.(c)	3.(b)	4.(c)	5.(d)	6.(a)	7.(b)	8.(d)	9.(c)	10.(c)
11.(d)	12.(a)	13.(c)	14.(c)	15.(c)	16.(a)	17.(b)	18.(a)	19.(a)	20.(a)
21.(c)	22.(d)	23.(a)	24.(b)	25.(a)	26.(d)	27.(d)	28.(b)	29.(d)	30.(b)
31.(c)	32.(d)	33.(b)	34.(d)	35.(c)	36.(a)	37.(b)	38.(d)	39.(d)	40.(a)
41.(c)	42.(a)	43.(b)	44.(a)	45.(a)	46.(b)	47.(a)	48.(d)	49.(c)	50.(d)
51.(c)	52.(c)	53.(a)	54.(a)	55.(d)	56.(b)	57.(b)	58.(c)	59.(a)	60. (c)
61.(c)	62.(d)								

SOLUTIONS

1. (c) $\frac{2}{5}(x)+\frac{3}{10}(x)-\frac{3}{5}(x) = 531$

$\Rightarrow \frac{4x+3x-6x}{10} = 531$

$\Rightarrow \frac{x}{10} = 531 \Rightarrow x = 5310$

2. (c) $\frac{1}{12} \div \frac{1}{12} \div \frac{1}{12} \div \frac{1}{12} \div \frac{1}{12}$

$= \frac{1}{12} \times 12 \times 12 \times 12 \times 12$

$\Rightarrow 12 \times 12 \times 12 = 1728$

3. (b) $\left((8^4)^2 \times \frac{1}{512^2}\right) \times 8 + 18$

$= \left(8^8 \times \frac{1}{8^6}\right) \times 8 + 18$

$= (8^2) \times 8 + 18$
$= 8^3 + 18 = 530$

4. (c) 12.34 + 23.45 + 34.56 – 45.67 = 2 × ?
$\Rightarrow$ 35.79 + 34.56 – 45.67 = 2 × ?
$\Rightarrow$ 70.35 – 45.67 = 2 × ?
$\Rightarrow$ 24.68 = 2 × ? $\Rightarrow$? = 12.34

5. (d) $\frac{\frac{23\times552}{24}+23}{\frac{552}{23}-1} = \frac{23\times23+23}{24-1}$

$= \frac{552}{23} = 24$

6. (a) $\sqrt{189-x} = \sqrt{(178-\sqrt{81})}$

दोनों पक्षो का वर्ग करने पर
$\Rightarrow 189 - x = 178 - 9$
$\Rightarrow x = 189 - 169 = 20$

7. (b) $\sqrt{\left(157-\sqrt{182-\sqrt{156+\sqrt{169}}}\right)}$

$= \sqrt{\left(157-\sqrt{\left(182-\sqrt{(156+13)}\right)}\right)}$

$= \sqrt{157-\sqrt{182-13}}$

$= \sqrt{157-\sqrt{169}}$

$= \sqrt{157-13} = \sqrt{144} = 12$

8. (d) $\frac{x^3}{11} = 968 \Rightarrow x^3 = 968 \times 11$

$\Rightarrow x = (10648)^{\frac{1}{3}}$
$\Rightarrow x = 22$

Note:-
हम विकल्प में इकाई अंक से उत्तर मार्क कर सकते है।

9. (c) दिया गया है, $x = 0.344444...$

$\Rightarrow x = 0.3\overline{4} \Rightarrow x$

$= \frac{34-3}{90} = \frac{31}{90}$

10. (c) 48 – [15 + {38 – (28 – 7)}]
= 48 – [15 + {38 – 21}]
= 48 – [15 + 17]
= 48 – 32 = 16

11. (d) दिया गया है कि x का मान = 0.5808080....

$\Rightarrow x = 0.5\overline{80} \Rightarrow x = \frac{580-5}{990}$

$= \frac{575}{990}$

12. (a) (38 × 33 × 38 × 33) ÷ $(2(\sqrt{1089 \div 2})^2)$ (38 × 33 × 38 × 33) ÷ (1089)
= 38 × 38 = 1444

13. (c) 120 – [100 – (81 ÷ 9 – (65 – 100 ÷ 2) ÷ 15)]
= 120 – [100 – (81 ÷ 9 – (65 – 50) ÷ 15)]

$= 120 - [100 - (81 \div 9 - 15 \div 15)]$
$= 120 - [100 - (9 - 1)]$
$= 120 - [100 - 8]$
$= 120 - 92 = 28$

14. (c) $523 + 523 \times 523 \div 523$
$523 + 523 \times 1 = 1046$

15. (c) $\left[\frac{1}{4}\times\frac{3}{4}\div\frac{5}{4}\text{of}\frac{2}{5}\right] \div \left(\frac{3}{4}\div\frac{5}{3}\text{of}\frac{4}{5}\right) - \left(\frac{1}{2}-\frac{1}{2}\times\frac{1}{4}\right) = \left[\frac{1}{4}\times\frac{3}{4}\times2\right]$
$\div\left[\frac{3}{4}\times\frac{3}{4}\right] - \left(\frac{1}{2}-\frac{1}{8}\right)$
$= \frac{3}{8} \div \left[\frac{3}{4}\times\frac{3}{4}\right] - \left(\frac{3}{8}\right)$
$= \frac{3}{8} \times \frac{16}{9} - \frac{3}{8} = \frac{16-9}{24} = \frac{7}{24}$

16. (a) $\dfrac{\frac{3}{7}\div\frac{3}{7}\times\frac{3}{7}}{\frac{3}{7}\div\frac{3}{7}\text{of}\frac{3}{7}} \div \frac{9}{49} = \dfrac{1\times\frac{3}{7}}{\frac{3}{7}\div\frac{9}{49}}$
$\div \frac{9}{49} = \dfrac{\frac{3}{7}}{\frac{3}{7}\times\frac{49}{9}} \div \frac{9}{49} = \frac{3}{7} \times$
$\frac{3}{7} \div \frac{9}{49} = 1$

17. (b) $7 - \frac{9}{7}$ of $\frac{7}{3} \div \frac{3}{7}$ of $\frac{7}{9} + 3 \left(2-\frac{2}{7}\div\frac{3}{7}\text{of}\frac{1}{3}\right)$
$= 7 - 3 \div \frac{1}{3} + 3\left(2-\frac{2}{7}\div\frac{1}{7}\right)$
$= 7 - 3 \div \frac{1}{3} + 3\left(2-\frac{2}{7}\times7\right)$
$= 7 - 9 + 3 \times 0 = -2$

18. (a) $\left(1-\frac{1}{2}\right)\left(1-\frac{1}{3}\right)\left(1-\frac{1}{4}\right)$ ----- $\left(1-\frac{1}{23}\right)$
$\frac{1}{2} \times \frac{2}{3} \times \frac{3}{4} \times$ ----- $\frac{22}{23} = \frac{1}{23}$

19. (a) $72 - \left[20-\left\{10-\left(6-\overline{6-4}\right)\right\}\right]$
$72 - \left[20-\left\{10-(6-2)\right\}\right]$
$= 72 - [20 - 6] = 72 - 14 = 58$

20. (a) $x [- 3\{- 6(-a)\}] + 6 [-3\{-3(-a)\}] = 6a$
$\Rightarrow x [- 3(6a)] + 6 [-3(3a)] = 6a$
$\Rightarrow -18ax - 54a = 6a$
$\Rightarrow x = \frac{-60}{18} = \frac{-10}{3}$

21. (c) $100 \div 10 - [- 2 + \{-9 + (3 - 6 \text{ of } 2)\}]$
$\Rightarrow 10 - [- 2 + \{- 9 + (-9)\}]$
$= 10 - [- 2 - 18] = 10 + 20 = 30$

22. (d) $\frac{6}{11} = 0.5 \Rightarrow \frac{8}{9} = 0.8$
$\therefore \frac{8}{9} > \frac{6}{11}$

23. (a) माना,
a = (0.0002), b = (0.0033), c = (0.0444)
$= \dfrac{a^2 + b^2 + c^2}{\left(\frac{a}{10}\right)^2+\left(\frac{b}{10}\right)^2+\left(\frac{c}{10}\right)^2} = \dfrac{a^2 + b^2 + c^2}{\frac{a^2 + b^2 + c^2}{100}}$
$= 100$

24. (b) $\frac{5}{8}$ of $184 \times 15 \div 5 + k$
$= 513 \div 9 + 435$
$\frac{5}{8} \times 184 \times 15 \div 5 + k$
$= \frac{513}{9} + 435$
$23 \times 5 \times \frac{15}{5} + k = 57 + 435$
$23 \times 15 + k = 492$
$k = 492 - 345$
$k = 147$

25. (a)
```
  1.1
  1.001
 10.01
 11.11
------
 23.221
```

26. (d) $2.09 \div 0.000209$
$= \frac{2.09}{0.000209} = 10000$

27. (d) $x = 0.3333 \times 0.25 \times 0.499 \times 0.125 \times 24$
$= \frac{3333}{10000}\times\frac{25}{100}\times\frac{499}{1000}\times\frac{125}{1000}\times24$
$= \frac{3333}{10000}\times\frac{1}{4}\times\frac{499}{1000}\times3$
$= \frac{9999}{10000}\times\frac{1}{4}\times\frac{499}{1000}$
माना, 9999 ~ 10000, और 499 ~ 500
$= \frac{10000}{10000}\times\frac{1}{4}\times\frac{500}{1000} = \frac{1}{8}$

28. (b) माना ईंट का भार x है।
प्रश्नानुसार,
$\frac{3x}{4} = \frac{7}{8}$
$x = \frac{7}{8}\times\frac{4}{3}$
अत: $\frac{5x}{7} = \frac{7}{8}\times\frac{4}{3}\times\frac{5}{7}$
$\frac{5x}{7} = \frac{5}{6}$
अत: ईंट के भार का $\frac{5}{7}$ भाग, $\frac{5}{6}$ किग्रा के बराबर होगा।

29. (d) 24.99% of 799.897 + 29.989% of 120.01 = 190 + 22.998% of ?
Approximation का प्रयोग करके
$\Rightarrow \frac{1}{4}\times800+\frac{30}{100}\times120$
$= 190+\frac{23}{100}\times ?$
$\Rightarrow 200 + 36 = 190 + \frac{23}{100}\times ?$
$\Rightarrow 236 - 190 = \frac{23}{100}\times ?$
$\Rightarrow 200 = ?$

30. (b) $\left(\frac{17}{99}\times\frac{13}{47}\right)\div\frac{34}{33}$
$=\frac{17}{99}\times\frac{13}{47}\times\frac{33}{34}=\frac{13}{282}$

31. (c) $\frac{7}{a-2} = \frac{5}{a+4}$
$\Rightarrow 7a + 28 = 5a - 10$
$\Rightarrow 2a = -38$
$\Rightarrow a = -19$

32. (d) $1\frac{1}{4}+1\frac{1}{6}-1\frac{1}{8} = x+1\frac{1}{12}$
$\Rightarrow x = \frac{5}{4}+\frac{7}{6}-\frac{9}{8}-\frac{13}{12}$

$\Rightarrow x = \frac{(30+28-27-26)}{24}$

$\Rightarrow x = \frac{58-53}{24} \Rightarrow x = \frac{5}{24}$

33. (b)

$\frac{(0.01)^2+(0.22)^2+(0.333)^2+(0.4444)^2}{(0.001)^2+(0.022)^2+(0.0333)^2+(0.04444)^2}$

$= \frac{(10)^2\times[(0.001)^2+(0.022)^2+(0.0333)^2+(0.04444)^2]}{[(0.001)^2+(0.022)^2+(0.0333)^2+(0.04444)^2]}$

= 100

34. (d) $\frac{1}{0.0004321} = \frac{100000}{43.21}$

$= 0.02314 \times 100000 = 231.4$

35. (c) $1.5x = 0.02y \Rightarrow \frac{x}{y} = \frac{0.02}{1.5}$

तब $\frac{1}{\left(\frac{y+x}{y-x}\right)}$ का मान $= \frac{1}{\frac{1.5+0.02}{1.5-0.02}}$

$= \frac{1.48}{1.52} = \frac{37}{38}$

36. (a) $1 \div \left[\left\{\frac{p^2}{(p+6)}\right\}+\left\{\frac{6p}{(p+6)}\right\}\right]$

$= 1 \div \left[\frac{(p^2+6p)}{(p+6)}\right] = 1 \div \left[\frac{p(p+6)}{(p+6)}\right]$

$= 1 \div p = \frac{1}{p}$

37. (b) $23-\left[24-\{25-(26-27-28)\}\right]$

$= 23 - [24 - \{25 - (26 + 1)\}]$

$= 23 - [24 - \{25 - 27\}]$

$= 23 - [24 + 2]$

$= 23 - 26 = -3$

38. (d)

$\left(1+\frac{1}{x}\right)\left(1+\frac{1}{x+1}\right)\left(1+\frac{1}{x+2}\right)\left(1+\frac{1}{x+3}\right)$

$= \frac{(x+1)}{x}\times\frac{(x+2)}{(x+1)}\times\frac{(x+3)}{(x+2)}\times\frac{(x+4)}{(x+3)}$

$= \frac{(x+4)}{x}$

39. (d) $\frac{1}{4}+\frac{1}{4\times5}+\frac{1}{4\times5\times6}$

$= \frac{5\times6+6+1}{4\times5\times6} = \frac{37}{120} = 0.308$

$\simeq 0.31$

40. (a)

$\frac{1}{1\times2\times3}+\frac{1}{2\times3\times4}+\frac{1}{3\times4\times5}+\frac{1}{4\times5\times6}$

$\Rightarrow \frac{1}{2}\left[\frac{2}{1\times2\times3}+\frac{2}{2\times3\times4}+\frac{2}{3\times4\times5}+\frac{2}{4\times5\times6}\right]$

$\Rightarrow \frac{1}{2}\left[\frac{3-1}{1\times2\times3}+\frac{4-2}{2\times3\times4}+\frac{5-3}{3\times4\times5}+\frac{6-4}{4\times5\times6}\right]$

$\Rightarrow \frac{1}{2}\left[\frac{1}{1\times2}-\frac{1}{5\times6}\right]$

$\Rightarrow \frac{1}{2}\left[\frac{1}{2}-\frac{1}{30}\right] = \frac{1}{2}\times\frac{14}{30} = \frac{7}{30}$

41. (c) $\frac{1}{1\times2}+\frac{1}{2\times3}+\frac{1}{3\times4}+\frac{1}{4\times5}+\frac{1}{5\times6}$

$+.....+\frac{1}{9\times10}$

$\Rightarrow 1-\frac{1}{2}+\frac{1}{2}-\frac{1}{3}+..........+\frac{1}{9}-\frac{1}{10}$

$\Rightarrow 1-\frac{1}{10} = \frac{9}{10}$

42. (a) $\frac{5}{7}, \frac{9}{14}, \frac{16}{21}, \frac{29}{42}$

$\frac{5}{7} = 0.714, \ \frac{9}{14} = 0.642$

$\frac{16}{21} = 0.761, \ \frac{29}{42} = 0.690$

इसलिए, $\frac{16}{21}$ सबसे बड़ा भिन्न है।

SMART APPROACH:-

हर को बराबर करें और अंश की तुलना करें।

$\frac{30}{42}, \frac{27}{42}, \frac{32}{42}, \frac{29}{42}$

इसलिए, $\frac{16}{21}$ सबसे बड़ा है।

43. (b) $\frac{5}{11}, \frac{7}{12}, \frac{8}{13}, \frac{9}{17}$

$\frac{5}{11} \times \frac{7}{12} \Rightarrow \frac{7}{12} > \frac{5}{11}$ .....(I)

60 < 77

$\frac{5}{11} \times \frac{8}{13} \Rightarrow \frac{5}{11} < \frac{8}{13}$ .....(II)

65 < 88

$\frac{5}{11} \times \frac{9}{17} \Rightarrow \frac{5}{11} < \frac{8}{17}$ .....(III)

85 < 99

(I), (II) और (III) से

इसलिए, $\frac{5}{11}$ सबसे छोटा भिन्न है।

44. (a) $\frac{1}{2+\frac{1}{2+\frac{1}{2-\frac{1}{2}}}}\times\frac{19}{8}$

सबसे पहले अंतिम पद लिखें। $\Rightarrow \frac{1}{2}$

अंतिम पद में पहले 1 लिखें और फिर 2 लिखें।

1 2

फिर तुरंत पिछली वाली संख्या को अगली वाली संख्या में गुणा करके जोड़े।

$= 1-2+3+8+19$ (×2, ×2, ×2)

और अंत में अंतिम संख्या को ठीक पूर्ववर्ती संख्या के साथ भिन्न के रूप में लिखें।

$= \frac{19}{8}$

अब, प्रश्न के अनुसार

$= \frac{1}{\frac{19}{8}}\times\frac{19}{8} = \frac{8}{19}\times\frac{19}{8} = 1$

45. (a) $240 \div \frac{5}{1\div\frac{4}{1\div\frac{5}{1\div3}}}$

$= 240 \div \frac{5}{1\div\frac{4}{1\div\frac{5}{\frac{1}{3}}}}$

$= 240 \div \frac{5}{1\div\frac{4}{1\div15}}$

$= 240 \div \frac{5}{1\div\frac{4}{\frac{1}{15}}} = 240 \div \frac{5}{1\div60}$

$= 240 \div \frac{5}{\frac{1}{60}}$

$= 240 \div 300 = \frac{240}{300} = \frac{4}{5}$

46. (b) $\frac{1}{5}+999\frac{494}{495}\times99$

यहाँ 495 – 494 = 1

इसलिए हम इसे $1 - \frac{1}{495}$ भी लिख सकते है।

$= \frac{1}{5} + \left(999 + 1 - \frac{1}{495}\right) \times 99$

$= \frac{1}{5} + 99000 - \frac{99}{495} = \frac{1}{5} + 99000 - \frac{1}{5}$

$= 99000$

47. (a) $777\frac{1}{5} + 777\frac{2}{5} + 777\frac{3}{5} + 777\frac{4}{5}$

$= 777 \times 4 + \left(\frac{1}{5} + \frac{2}{5} + \frac{3}{5} + \frac{4}{5}\right)$

$= 3108 + \frac{10}{5} = 3110$

48. (d) $2.\overline{56} = 2 + \frac{56}{99} = 2\frac{56}{99}$

49. (c) 2.666.... + 2.77...

$= 2 + \frac{6}{9} + 2 + \frac{7}{9} = 4\frac{13}{9} = \frac{49}{9}$

50. (d) $1.4\overline{5} + 0.3\overline{12} + 1.11\overline{2}$

$= 1 + \frac{45}{99} + \frac{312-3}{990} + 1 + \frac{112-11}{900}$

$= 2 + \frac{45}{99} + \frac{309}{990} + \frac{101}{900}$

$= 2 + \frac{4500 + 3090 + 1111}{9900} = 2 + \frac{8701}{9900}$

$= 2\frac{791}{900}$

51. (c) $2^{-7} \times 2^{3n+4} = 2^{11} \div 2^{5}$

आधार सामान है,

$-7 + 3n + 4 = 11 - 5$

$3n + 4 = 6 + 7$

$\Rightarrow 3n = 9 \Rightarrow n = 3$

52. (c) $216^{\frac{2}{3}} + \frac{1}{256^{-\frac{3}{4}}} + 32^{\frac{1}{5}} - \frac{1}{10^{-2}} - 2$

$= \sqrt[3]{216^2} + \sqrt[4]{256^3} + \sqrt[5]{2^5} - 10^2 - 2$

$= 36 + 64 + 2 - 100 - 2 = 0$

53. (a) $\left(\frac{1}{2}\right)^{-2} + \left(\frac{1}{3}\right)^{-2} + \left(\frac{1}{4}\right)^{-2}$

$= 2^2 + 3^2 + 4^2 = 4 + 9 + 16$

$= 29$

54. (a) $\sqrt{21.16} + \sqrt{0.2116} + \sqrt{0.002116} + \sqrt{0.00002116}$

$= 4.6 + 0.46 + 0.046 + 0.0046$

$= 5.1106$

55. (d) $\sqrt{93 + \sqrt{32 + \sqrt{274 + \sqrt{225}}}}$

$= \sqrt{93 + \sqrt{32 + \sqrt{274 + 15}}}$

$= \sqrt{93 + \sqrt{32 + \sqrt{289}}}$

$= \sqrt{93 + \sqrt{32 + 17}}$

$= \sqrt{93 + 7} = 10$

56. (b) $5\sqrt{12} + 6\sqrt{27} - 4\sqrt{75} + \sqrt{192}$

$= 10\sqrt{3} + 18\sqrt{3} - 20\sqrt{3} + 8\sqrt{3}$

$= 16\sqrt{3}$

57. (b) $\frac{\sqrt{1296}}{\sqrt{121}} \times \frac{15}{(216)^{\frac{1}{3}}} \times \frac{11}{\sqrt{225}}$

$= \frac{36}{11} \times \frac{15}{6} \times \frac{11}{15} = 6$

58. (c) $\frac{7+3\sqrt{5}}{3+\sqrt{5}} + \frac{7-3\sqrt{5}}{3-\sqrt{5}}$

$= \frac{(7+3\sqrt{5})(3-\sqrt{5}) + (7-3\sqrt{5})(3+\sqrt{5})}{4}$

$= \frac{21 + 9\sqrt{5} - 7\sqrt{5} - 15 + 21 - 9\sqrt{5} + 7\sqrt{5} - 15}{4}$

$= \frac{12}{4} = 3$

59. (a) $\left(\frac{\sqrt{3}-1}{\sqrt{3}+1} + \frac{\sqrt{3}+1}{\sqrt{3}-1} + \frac{2-\sqrt{3}}{2+\sqrt{3}} + \frac{2+\sqrt{3}}{2-\sqrt{3}}\right)$

$= \frac{(\sqrt{3}-1)^2 + (\sqrt{3}+1)^2}{(3-1)} + \frac{(2-\sqrt{3})^2 + (2+\sqrt{3})^2}{(4-3)}$

$= \frac{(4 - 2\sqrt{3} + 4 + 2\sqrt{3})}{2} + \frac{(7 - 4\sqrt{3} + 7 + 4\sqrt{3})}{1}$

$= 4 + 14 = 18$

60. (c) $\frac{(542+321)^2 - (542-321)^2}{542 \times 321} = 4$

[हम जानते है कि $\frac{(a+b)^2 - (a-b)^2}{ab} = 4$]

61. (c) $\frac{17^3 + 7^3}{17^2 + 7^2 - x} = 24$

हम जानते है कि $\frac{a^3 + b^3}{(a^2 + b^2 - ab)} = a + b$

a = 17 और b = 7

अत: $x = ab = 17 \times 7 = 119$

62. (d) $\{a^3 + b^3 + c^3 - 3abc = (a + b + c)\,[a^2 + b^2 + c^2 - ab - bc - ca\}$

$\frac{15^3 + 20^3 + 25^3 - 22500}{15^2 + 20^2 + 25^2 - 300 - 500 - 375}$

$= (15 + 20 + 25) = 60$

☆☆☆☆☆

MENSURATION 2D & 3D

द्विविमीय और त्रिविमीय क्षेत्रमिति

19

1. यदि एक वृत्त की त्रिज्या 19 गुना कर दी जाती है, तो इसकी परिधि पिछली परिधि की कितनी गुना हो जाएगी?

If the radius of a circle is increased 19 times, its circumference will become how many times the previous circumference?

RPF SI 05/01/2019 (Shift-01)

(a) 20 (b) 19
(c) 21 (d) 18

2. शीशे के वर्ग के टुकडे का क्षेत्रफल 1444 सेमी² है। जो की एक मेज के ऊपर रखा गया है। मेज और कांच के टुकडे की धार के बीच की चौड़ाई 9 सेमी है। मेज की लंबाई बताएं। (सेमी में)

The area of a square piece of glass is 1444 cm^2. Which is kept on a table. The width between the table and the edge of the glass piece is 9 cm. Specify the length of the table. (in cm)

RPF SI 05/01/2019 (Shift-01)

(a) 54 (b) 58
(c) 52 (d) 56

3. $28\sqrt{3}$ सेमी विकर्ण वाले घन को पिघलाकर घनाभ बनाने पर उसकी ऊंचाई कितनी होगी, यदि घनाभ की लम्बाई घन की भुजा के बराबर है और घनाभ की चौड़ाई 14 सेमी है। (सेमी में)

What will be the height of a cube of diagonal $28\sqrt{3}$ cm if it is melted and converted into a cuboid. If the length of the cuboid is equal to the side of the cube and the breadth of the cuboid is 14 cm. (in cm)

RPF SI 06/01/2019 (Shift-03)

(a) 56 (b) 59
(c) 57 (d) 58

4. समकोण त्रिभुज का क्षेत्रफल ज्ञात कीजिए, जिसका कर्ण 78 सेमी और आधार 72 सेमी है।

Find the area of a right triangle whose hypotenuse is 78 cm and base is 72 cm.

RPF Constable 17/01/2019 (Shift-01)

(a) 1060 सेमी² (b) 1080 सेमी²
(c) 1090 सेमी² (d) 1010 सेमी²

5. धातु की 25 सेमी लंबी, 5 सेमी चौड़ी और 1 सेमी मोटी चादर को पिघलाकर एक घन बनाया जाता है। घन के किनारे की लंबाई ज्ञात कीजिए।

A metal sheet 25 cm long, 5 cm wide and 1 cm thick is melted and formed into a cube. Find the length of the edge of the cube.

RPF Constable 17/01/2019 (Shift-01)

(a) 2.5 cm (b) 4.5 cm
(c) 5 cm (d) 3 cm

6. एक आयत की चौड़ाई 100 सेमी और कर्ण 260 सेमी है। इसकी परिधि कितनी है? (सेमी में)

The breadth of a rectangle is 100 cm and its hypotenuse is 260 cm. What is its circumference? (in cm)

RPF Constable 17/01/2019 (Shift-02)

(a) 650 (b) 680
(c) 670 (d) 660

7. एक चतुर्भुज की भुजाएँ 2 : 3 : 4 : 5 के अनुपात में हैं और परिधि 294 सेमी है। इसकी सबसे छोटी भुजा ज्ञात करें। (सेमी में)

The sides of a quadrilateral are in the ratio 2 : 3 : 4 : 5 and the perimeter is 294 cm. Find its shortest side. (in cm)

RPF Constable 17/01/2019 (Shift-03)

(a) 43 (b) 42
(c) 41 (d) 44

8. यदि एक कॉन्फ्रेंस हॉल का आयतन 3808 मी³ है और फर्श का क्षेत्रफल 224 मी² है। कमरे की ऊंचाई ज्ञात कीजिए?

If the volume of a conference hall is 3808 m^3 and the area of floor is 224 m^2. find the height of the room

RPF Constable 18/01/2019 (Shift-01)

(a) 16 मीटर (b) 19 मीटर
(c) 18 मीटर (d) 17 मीटर

9. समांतर चतुर्भुज का आधार उसकी ऊंचाई का तीन गुना होता है। यदि उसका क्षेत्रफल 588 सेमी² है तो आधार और ऊंचाई ज्ञात करें। (सेमी में)

The base of a parallelogram is three times its height. If its area is 588 cm^2, find the base and height. (in cm)

RPF Constable 18/01/2019 (Shift-01)

(a) 39, 13 (b) 36, 12
(c) 45, 15 (d) 42, 14

10. एक आयत की चौड़ाई 65 सेमी है और इसका विकर्ण 169 सेमी है। इसकी परिधि (सेमी) ज्ञात करें।

The breadth of a rectangle is 65 cm and its diagonal is 169 cm. Find its circumference (cm).

RPF Constable 18/01/2019 (Shift-02)

(a) 452 (b) 442
(c) 422 (d) 432

11. 31 सेमी और 32 सेमी विकर्ण वाले समचतुर्भुज का क्षेत्रफल ज्ञात करिए। (सेमी² में)

Find the area of the rhombus with diagonals 31 cm and 32 cm. (in cm^2)

RPF Constable 18/01/2019 (Shift-03)

(a) 496 (b) 476
(c) 466 (d) 486

12. 102 सेमी भुजा वाले एक समबाहु त्रिभुज का क्षेत्रफल ज्ञात कीजिए। (सेमी^{2} में)
Find the area of an equilateral triangle with a side of 102 cm. (in cm^2)
RPF Constable 03/02/2019 (Shift-02)
(a) $2601\sqrt{3}$ (b) $2691\sqrt{3}$
(c) $2661\sqrt{3}$ (d) $2631\sqrt{3}$

13. एक आयत की लंबाई 12 सेंटीमीटर और चौड़ाई 8 सेंटीमीटर है। अगर लंबाई को 4 सेंटीमीटर बढ़ा दिया जाता है, तो चौड़ाई क्या होनी चाहिये ताकि नये आयत का क्षेत्रफल पहले आयत के क्षेत्रफल के बराबर हो?
The length of a rectangle is 12 cm and breadth is 8 cm. If the length is increased by 4 cm. So what should be the width so that the area of the new rectangle is equal to the area of the first rectangle?
RPF Constable 31/03/2019 (Shift-01)
(a) 6 सेंटीमीटर (b) 5 सेंटीमीटर
(c) 4 सेंटीमीटर (d) 3 सेंटीमीटर

14. एक त्रिभुज का क्षेत्रफल, जिसका आधार और संगत ऊँचाई क्रमश: 3.2 मीटर और 75 सेमी है:
The area of a triangle whose base and corresponding height are, respectively, 3.2 m and 75 cm, is:
SSC GD 06/02/2023 (Shift-02)
(a) 3 m^2 (b) 2 m^2
(c) 1.2 m^2 (d) 2.5 m^2

15. एक वृत्ताकार बगीचे की परिधि 506 मीटर है। 14 रु./मीटर^2 की दर से इसे समतल करने की लागत (रु. में) कितनी होगी? (जहाँ, $\pi = \frac{22}{7}$)
The circumference of a circular garden is 506 m. What will be the cost (in Rs.) of leveling it at the rate of Rs.14/m^2? (Where, $\pi = \frac{22}{7}$)
SSC GD 22/11/2021 (Shift-01)
(a) 312581 (b) 285131
(c) 251831 (d) 218531

16. एक समकोण त्रिभुज की भुजाओं की लंबाई का अनुपात 5 : 12 : 13 है और इसका परिमाप 90 सेमी है। त्रिभुज का क्षेत्रफल (सेमी^{2} में) ज्ञात कीजिए।
The ratio of the lengths of the sides of a right angled triangle is 5 : 12 : 13 and its perimeter is 90 cm. Find the area (in cm^2) of the triangle.
SSC GD 16/11/2021 (Shift-03)
(a) 702 (b) 270
(c) 780 (d) 540

17. जब एक तार को मोड़कर वृत्त बनाया जाता है तो यह 18634 सेमी^{2} का क्षेत्रफल घेरता है। इसी तार को एक आयत बनाने के लिए मोड़ा जाता है जिसकी भुजाएं 5 : 6 के अनुपात में हैं। आयत की छोटी भुजा की लंबाई (सेमी में) ज्ञात कीजिए। (जहाँ, $\pi = \frac{22}{7}$)
When a wire is bent into a circle, it occupies an area of 18634 cm^2. The same wire is bent to form a rectangle whose sides are in the ratio 5 : 6. Find the length (in cm) of the shorter side of the rectangle. (Where, $\pi = \frac{22}{7}$)
SSC GD 16/11/2021 (Shift-03)
(a) 132 (b) 100
(c) 110 (d) 154

18. 15 सेमी लंबी भुजा वाले वर्ग के विकर्ण का उसकी भुजा से अनुपात ज्ञात करें।
Find the ratio of the diagonal of a square of side 15 cm long to its side.
SSC GD 22/11/2021 (Shift-02)
(a) 2 : 3 (b) $\sqrt{2} : 3$
(c) $1 : \sqrt{2}$ (d) $\sqrt{2} : 1$

19. यदि किसी आयत की लंबाई और चौड़ाई को दोगुना किया जाता है, तो इसका परिमाप कितना हो जाएगा?
If the length and breadth of a rectangle are doubled, what will be its perimeter?
SSC GD 23/11/2021 (Shift-03)
(a) Three times/तीन गुना
(b) Four times/चार गुना
(c) Half/आधा
(d) Two times/दो गुना

20. एक समलंब में, विपरीत समानांतर भुजाओं की लंबाई क्रमश: 12 सेमी और 8 सेमी है, और उनके बीच की न्यूनतम दूरी 16 सेमी है, समलंब का क्षेत्रफल ज्ञात करें।
In a trapezium, the lengths of opposite parallel sides are 12 cm and 8 cm respectively, and the shortest distance between them is 16 cm, Find the area of the trapezium.
SSC GD 25/01/2023 (Shift-02)
(a) 84.5 cm^2 (b) 144 cm^2
(c) 62.5 cm^2 (d) 160 cm^2

21. यदि एक त्रिभुज की भुजाएं 21 सेमी, 35 सेमी और 28 सेमी हैं, तो इसकी अंत: त्रिज्या की माप कितनी है? (सेमी में)
If the sides of a triangle are 21 cm, 35cm and 28 cm, then what is the measure of its in–radius? (in cm)
SSC GD 16/11/2021 (Shift-02)
(a) 21 cm (b) 7 cm
(c) 9 cm (d) 8 cm

22. एक त्रिभुज की अंत:त्रिज्या 8 सेमी है और इसकी भुजाओं की लंबाई का योग 60 सेमी है। त्रिभुज का क्षेत्रफल (सेमी^{2} में) है:
The in-radius of a triangle is 8 cm and the sum of the lengths of its sides is 60 cm. The area of the triangle (in cm^2) is:
SSC GD 27/01/2023 (Shift-01)
(a) 160 (b) 140
(c) 240 (d) 260

23. एक वर्ग और एक समबाहु त्रिभुज की परिधि समान होती है। यदि वर्ग का विकर्ण $12\sqrt{2}$ सेमी है, तो त्रिभुज का क्षेत्रफल है:
A square and an equilateral triangle have equal perimeters. If the diagonal of the square is $12\sqrt{2}$ cm, the the area of the triangle is:
SSC GD 07/02/2023 (Shift-04)

(a) $64\sqrt{5}\,m^2$ (b) $67\sqrt{2}\,m^2$
(c) $64\sqrt{3}\,m^2$ (d) $65\sqrt{3}\,m^2$

24. दो वृत्तों की त्रिज्याएं क्रमशः 21 सेमी और 25 सेमी हैं। उस वृत्त का क्षेत्रफल (सेमी² में, दशमलव के एक स्थान तक सही) कितना होगा जिसकी परिधि इन दोनों वृत्तों की परिधि के अंतर के बराबर है। ($\pi = \frac{22}{7}$ लें)

The radii of two circles are 21 cm and 25 cm respectively. What will be the area (in cm^2, correct to one decimal place) of the circle whose circumference is equal to the difference of the circumferences of these two circles.

(Take $\pi = \frac{22}{7}$)

SSC GD 26/11/2021 (Shift-01)

(a) 49.7 (b) 52.3
(c) 50.3 (d) 48.9

25. एक व्यक्ति ने एक ऐसा आयताकार भूखंड खरीदा, जिसकी लंबाई और चौड़ाई का अनुपात 7 : 5 है। यदि भूखंड पर तार की बाड़ लगाने की लागत 15 रु. /मीटर की दर से 2,880 रु. है, तो भूखंड की लंबाई ज्ञात करें।

A person bought a rectangular plot of land whose length and breadth are in the ratio 7 : 5. If the cost of wire fencing on the plot at the rate of Rs. 15/m is Rs. 2,880, then find the length of the plot.

SSC GD 17/11/2021 (Shift-01)

(a) 60 m (b) 40 m
(c) 56 m (d) 84 m

26. एक समकोण त्रिभुज में, 14 सेमी और 48 सेमी लंबाई वाली भुजाएं समकोण बनाती हैं। लंबी भुजा को केंद्र मानकर, घुमाने पर बनने वाले शंकु का आयतन कितना होगा? ($\pi = \frac{22}{7}$)

In a right angled triangle, the sides of lengths 14 cm and 48 cm make right angles. What will be the volume of the cone formed by rotating the longer side as the centre?

($\pi = \frac{22}{7}$)

SSC GD 26/11/2021 (Shift-02)

(a) $33792\ cm^3$ (b) $2112\ cm^3$
(c) $9856\ cm^3$ (d) $29568\ cm^3$

27. यदि एक त्रिभुज की भुजाएं 8 सेमी, 8 सेमी और 12 सेमी हैं, तो त्रिभुज का क्षेत्रफल कितना होगा?

If the sides of a triangle are 8 cm, 8 cm and 12 cm, then what is the area of the triangle?

SSC GD 24/11/2021 (Shift-03)

(a) $64\ cm^2$ (b) $12\sqrt{7}\ cm^2$
(c) $19\ cm^2$ (d) $34\ cm^2$

28. वृत्ताकार प्लेट की परिधि 440 मीटर है। इसके परितः 5 मीटर चौड़ा वृत्ताकार पथ है। पथ का क्षेत्रफल (मीटर² में, $\pi = \frac{22}{7}$ मानते हुए) लगभग कितना होगा?

The perimeter of a circular plot is 440m. There is a circular path 5 meters wide around it. What is the approximate area of the path (in m^2, assuming $\pi = \frac{22}{7}$) ?

SSC GD 25/11/2021 (Shift-03)

(a) 2121.4 (b) 2278.6
(c) 1822.9 (d) 1964.3

29. एक त्रिभुजाकार पार्क की भुजाएं 96 मीटर, 110 मीटर और 146 मीटर हैं। इसका क्षेत्रफल उस समचतुर्भुजाकार मैदान के क्षेत्रफल के बराबर है, जिसका एक विकर्ण 60 मीटर है। इसके दूसरे विकर्ण की लंबाई (मीटर में) ज्ञात कीजिए।

The sides of a triangular park are 96 m, 110 m and 146 m. Its area is equal to the area of a field in the shape of rhombus one of whose diagonals is 60 m. Find the length (in m) of its other diagonal.

SSC GD 16/11/2021 (Shift-02)

(a) 218 (b) 176
(c) 132 (d) 88

30. एक आयताकार पार्क 110 मीटर लंबा और 70 मीटर चौड़ा है। दो क्रॉस पथ, जिनमें से प्रत्येक की चौड़ाई 6 मीटर है, भुजाओं के समानांतर निर्मित किया जाता है। यदि इन पथों के निर्माण की लागत 175 रु/मीटर² है, तो इन पथों के निर्माण की कुल लागत (रु. में) कितनी है?

A rectangular park is 110m long and 70m wide. Two cross paths, each of width 6 m, are constructed parallel to the sides. If the cost of construction of these paths is Rs. $175/m^2$, then what is the total cost (in Rs.) of construction of these paths?

SSC GD 23/11/2021 (Shift-01)

(a) 178250 (b) 182700
(c) 197200 (d) 187520

31. एक त्रिभुजाकार मैदान के तीनों कोनों पर तीन घोड़े बांधे गए हैं, प्रत्येक को बांधने के लिए 7 मीटर लंबी रस्सी का उपयोग किया गया है, घोड़ों द्वारा चरे गए कुल स्थान का क्षेत्रफल ज्ञात कीजिए।

Three horses are tied at the three corners of a triangular field, 7 m long rope is used to tie each, find the area of the total space occupied by the horses.

SSC GD 25/11/2021 (Shift-02)

(a) $46\ m^2$ (b) $58\ m^2$
(c) $70\ m^2$ (d) $77\ m^2$

32. दी गई आकृति में तीन वृत्त, प्रत्येक की त्रिज्या 3.5 सेमी है, इस प्रकार रखे गए हैं कि प्रत्येक वृत्त अन्य दो को स्पर्श करता है। वृत्तों से घिरे भाग का क्षेत्रफल है: (दो दशमलव स्थानों तक) ($\pi = \frac{22}{7}$)

In the given figure three circles, each of radius 3.5 cm are placed in such a way that each circle touches the other two. The area of the portion enclosed by the circles is: (Up to two decimal places) (Use $\pi = \frac{22}{7}$)

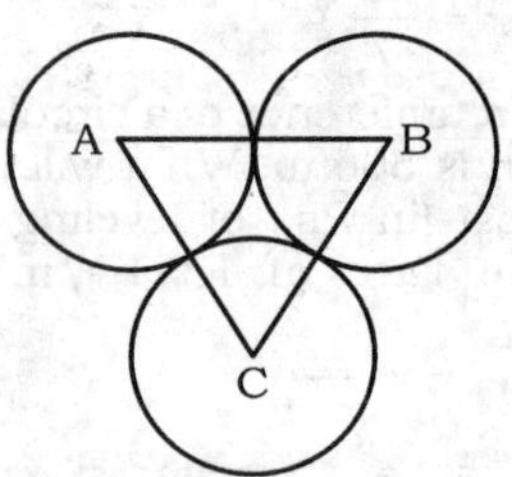

(a) $1.97\ cm^2$ (b) $3.42\ cm^2$
(c) $2.34\ cm^2$ (d) $1.48\ cm^2$

33. इकाई भुजा वाले एक समबाहु त्रिभुज को एक नियमित षट्भुज बनाने के लिए शीर्षों पर काटा जाता है। षट्भुज का क्षेत्रफल कितना है?

An equilateral triangle with side a units is cut on the vertices to make it a regular hexagon. What is the area of the hexagon?

SSC GD 06/02/2023 (Shift-01)

(a) $\frac{3a^2}{2\sqrt{3}}$ वर्ग इकाई/square unit

(b) $\frac{2a^2}{3\sqrt{2}}$ वर्ग इकाई/square unit

(c) $\frac{2a^2}{\sqrt{3}}$ वर्ग इकाई/square unit

(d) $\frac{a^2}{2\sqrt{3}}$ वर्ग इकाई/square unit

34. आरेख के छायांकित क्षेत्र का क्षेत्रफल ज्ञात कीजिए, जहाँ ACDF एक आयत है, AC = 90 सेमी, AF = CD = 20 सेमी और ED = 10 सेमी।

Find the area of the shaded region of the diagram, where ACDF is a rectangle, AC = 90 cm, AF = CD = 20 cm and ED = 10 cm.

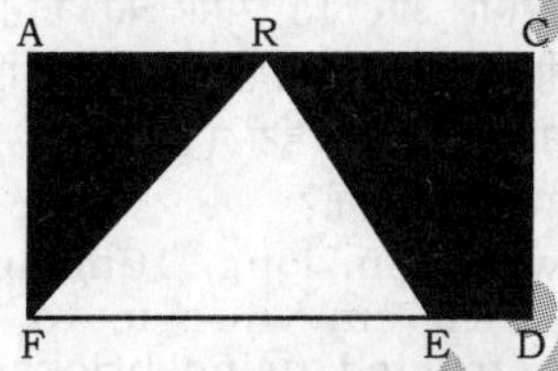

SSC GD 17/01/2023 (Shift-03)

(a) 1000 cm^2 (b) 1400 cm^2
(c) 1200 cm^2 (d) 1100 cm^2

35. यदि किसी गोले की त्रिज्या 70 फीट है, तो उसका पृष्ठीय क्षेत्रफल ज्ञात कीजिए। ($\pi = \frac{22}{7}$ का प्रयोग करें)

If the radius of a sphere is 70 feet, then find its surface area. (Use $\pi = \frac{22}{7}$)

SSC GD 23/01/2023 (Shift-01)

(a) 71542 वर्ग फीट
(b) 61600 वर्ग फीट
(c) 43200 वर्ग फीट
(d) 53124 वर्ग फीट

36. एक गोलार्ध का कुल सतह का क्षेत्रफल 4158 सेमी वर्ग है। गोलार्ध की त्रिज्या है: $\left(\text{use}\,\pi = \frac{22}{7}\right)$

The total surface area of a hemisphere is 4158 cm^2. The radius of the hemisphere is: $\left(\text{use}\,\pi = \frac{22}{7}\right)$

SSC GD 24/01/2023 (Shift-01)

(a) 21 सेमी (b) 7 सेमी
(c) 42 सेमी (d) 14 सेमी

37. जब हम एक बेलन की त्रिज्या दोगुनी कर देते हैं और ऊंचाई आधी कर देते हैं तो उसके घुमावदार सतह क्षेत्र में क्या परिवर्तन होता है?

What is the change in the curved surface area of a cylinder when we double the radius and the height is halved?

SSC GD 16/01/2023 (Shift-02)

(a) Four times/चार बार
(b) Tripled/तीन गुना
(c) Doubled/दोगुनी
(d) No change/कोई परिवर्तन नहीं होगा

38. उस शंकु का आयतन ज्ञात कीजिए जिसकी त्रिज्या 10 सेमी और तिरछी ऊँचाई 26 सेमी है। (π = 3.14)

Find the volume of a cone whose radius is 10 cm and the slant height is 26 cm.(π = 3.14)

SSC GD 13/02/2023 (Shift-01)

(a) 2432 सेमी³ (b) 2564 सेमी³
(c) 2512 सेमी³ (d) 2494 सेमी³

39. एक लम्ब वृत्तीय बेलन का व्यास 14 सेमी और ऊँचाई 2 सेमी है। इसके वक्र पृष्ठ क्षेत्रफल और कुल पृष्ठ क्षेत्रफल का योग है: (उपयोग करें $\pi = \frac{22}{7}$)

The diameter of a right circular cylinder is 14 cm and height is 2 cm. The sum of its curved surface area and the total surface area is: (use $\pi = \frac{22}{7}$)

SSC GD 10/01/2023 (Shift-01)

(a) 484 सेमी² (b) 308 सेमी²
(c) 176 सेमी² (d) 968 सेमी²

40. 9 सेमी त्रिज्या और 15 सेमी ऊंचाई वाले एक शंकु को पिघलाकर 45 सेमी ऊंचाई वाला एक बेलन बनाया जाता है। बेलन का व्यास है:

A cone of radius 9 cm and height 15 cm is melted and made into a cylinder of height 45 cm. The diameter of the cylinder is:

SSC GD 10/01/2023 (Shift-01)

(a) 3 सेमी (b) 5 सेमी
(c) 10 सेमी (d) 6 सेमी

41. सबसे लंबे खंभे की लंबाई क्या है जिसे 10 मीटर × 10 मीटर × 5 मीटर आयाम वाले कमरे में रखा जा सकता है?

What is the length of the longest pole that can be placed in a room of dimensions 10m × 10m × 5m?

SSC GD 10/01/2023 (Shift-02)

(a) 20 मीटर (b) 25 मीटर
(c) 15 मीटर (d) 10 मीटर

42. दो शंकुओं का आयतन 3 : 2 के अनुपात में है और उनकी त्रिज्याएँ 3 : 4 के अनुपात में हैं। उनकी ऊँचाई का अनुपात है:

The volumes of two cones are in the ratio of 3 : 2 and their radii are in the ratio 3 : 4. The ratio of their heights is:

SSC GD 10/01/2023 (Shift-03)

(a) 8 : 3 (b) 9 : 4
(c) 4 : 9 (d) 2 : 1

43. 4 सेमी व्यास और 54 सेमी ऊंचाई वाले एक ठोस सिलेंडर में ढालने के लिए 3 सेमी व्यास वाले कितने धातु के गोले को पिघलाया जाना चाहिए?

How many metallic spheres, each of diameter 3 cm, should be melted to mould into a solid cylinder of diameter 4 cm and height 54 cm?

SSC GD 23/01/2023 (Shift-03)

(a) 52 (b) 42
(c) 36 (d) 48

44. 21 सेमी त्रिज्या वाले एक ठोस धातु के गोले को पिघलाकर छोटे लंब वृत्ताकार शंकु में ढाला जाता है, जिनमें से प्रत्येक की त्रिज्या 7 सेमी और ऊंचाई 3 सेमी है। ऐसे शंकुओं की संख्या है:

A solid metallic sphere of radius 21 cm is melted and moulded into small right circular cones, each of radius 7 cm and height of 3 cm. The number of such cones is:

SSC GD 27/01/2023 (Shift-02)

(a) 186 (b) 126
(c) 252 (d) 224

45. रेत का एक ढेर एक लंब वृत्ताकार शंकु के आकार का है। इसकी तिरछी ऊंचाई 10 फीट और व्यास 16 फीट है। ढेर बनाने वाली रेत का आयतन ज्ञात कीजिए, ($\pi = 3.14$ लीजिए)

A heap of sand is in the shape of a right circular cone. It has a slant height of 10 feet and a base diameter of 16 feet. Find the volume of sand making up the heap (Take $\pi = 3.14$)

SSC GD 30/01/2023 (Shift-01)

(a) 301.96 फीट^3
(b) 441.72 फीट^3
(c) 423.89 फीट^3
(d) 401.92 फीट^3

46. एक नया ठोस घन बनाने के लिए 4096 सेमी^{3} आयतन वाले तीन घनों को एक सिरे से दूसरे सिरे तक जोड़ा जाता है। नये ठोस घन का पृष्ठीय क्षेत्रफल कितना है?

Three cubes each of volume 4096 cm^3 are joined end to end to form a new solid. What is the surface area of the new solid?

SSC GD 31/01/2023 (Shift-01)

(a) 1536 सेमी^{2} (b) 3584 सेमी^{2}
(c) 1792 सेमी^{2} (d) 1280 सेमी^{2}

47. 10 सेमी त्रिज्या वाले 12 गोलाकार गेंदों को ऊपर तक पानी से भरी हुई बाल्टी में डुबोया जाता है। बाहर निकले हुए पानी को 20 सेमी त्रिज्या वाले एक बेलनाकार जार में एकत्र किया जाता है। जार में पानी की ऊंचाई (सेमी में) कितनी है? ($\pi = \frac{22}{7}$ लें)

12 spherical balls of radius 10 cm are immersed in a bucket filled with water till the top. The poured out water is collected in a cylindrical jar of radius 20 cm. What is the height (in cm) of the water in the jar?

(Take $\pi = \frac{22}{7}$)

SSC GD 17/11/2021 (Shift-02)

(a) 32 (b) 40
(c) 18 (d) 45

48. दो गोलार्द्ध पात्रों की धारिता 2.7 ली और 12.5 ली है। दोनों पात्रों के आंतरिक वक्र-पृष्ठ के क्षेत्रफलों का अनुपात ज्ञात कीजिए।

The capacities of two hemispherical vessels are 2.7 L and 12.5 L. Find the ratio of the internal curved surface areas of the two vessels.

SSC GD 18/11/2021 (Shift-02)

(a) 1:2 (b) 5:3
(c) 9:25 (d) 2:1

49. 6 सेमी ऊंचाई और 16 सेमी आधार के व्यास वाले किसी ठोस लंब वृत्तीय बेलन में ड्रिल करके एक शंक्वाकार छिद्र किया जाता है। शंकु की ऊंचाई और आधार का व्यास बेलन की ऊंचाई और आधार के व्यास के बराबर हैं। शेष ठोस का संपूर्ण पृष्ठीय क्षेत्रफल कितना है?

A right circular cylinder of height 6 cm and diameter of base 16 cm. The height of the cone and the diameter of the base are equal to the height of the cylinder and the diameter of the base. What is the total surface area of the remaining solid?

SSC GD 18/11/2021 (Shift-03)

(a) 440 π सेमी^{2} (b) 240 π सेमी^{2}
(c) 210 π सेमी^{2} (d) 220 π सेमी^{2}

50. एक लंब वृत्तीय बेलन का आयतन 6930 सेमी^{3} और उसकी ऊँचाई 20 सेमी है। इसका वक्र पृष्ठीय क्षेत्रफल (सेमी^{2} में) ज्ञात करें। ($\pi = \frac{22}{7}$ मानें)

The volume of a right circular cylinder is 6930 cm^3 and its height is 20 cm. Find its curved surface area (in cm^2).

(Assume $\pi = \frac{22}{7}$)

SSC GD 22/11/2021 (Shift-02)

(a) 660 (b) 880
(c) 1320 (d) 1760

51. एक पूल की लंबाई 15 मी, चौड़ाई 10 मी और गहराई 3 मी है। उसमें 2.5 मी की गहराई तक पानी भरा जाता है। पूल में पानी की मात्रा (किलो लीटर में) कितनी है?

The length of a pool is 15m, breadth 10 m and depth is 3 m. It is filled with water to a depth of 2.5m. What is the quantity (in kilo liters) of water in the pool?

SSC GD 23/11/2021 (Shift-02)

(a) 450 (b) 370.5
(c) 475 (d) 375

52. 18 मीटर लंबी, 10 मीटर ऊंची और 40 सेमी चौड़ी एक दीवार को 30 सेमी, 15 सेमी और 10 सेमी की विमाओं वाली ईंटों का उपयोग करके निर्मित करना है। कितनी ईंटों (हजारों में) की आवश्यकता होगी?

A wall 18m long, 10m high and 40 cm wide is to be constructed using bricks of dimensions 30cm, 15 cm and 10 cm. How many bricks (in thousands) will be required?

SSC GD 25/11/2021 (Shift-03)

(a) 14 (b) 16000
(c) 16 (d) 14000

53. एक त्रिभुज की एक भुजा की लंबाई, इसकी सबसे छोटी भुजा के दोगुने से 7 मीटर अधिक है। इसकी अन्य भुजा की लंबाई, इसकी सबसे छोटी भुजा के तीन गुने से 5 मीटर अधिक है। यदि त्रिभुज का परिमाप 90 मीटर है, तो इसकी सबसे छोटी भुजा की लंबाई ज्ञात कीजिए।

The length of one side of a triangle is 7 meters more than twice its shortest side. The length of its other side is 5 meters more than three times that of its shortest side. If the perimeter of a triangle is 90 metres, find the length of its shortest side.

Group-D 30/09/2022 (Shift-03)

(a) 10 मी/m (b) 9 मी/m
(c) 13 मी/m (d) 12 मी/m

54. एक समबाहु त्रिभुज PQR की भुजाओं के मध्य बिंदु X, Y और Z है। यदि त्रिभुज PQR का परिमाप 24 सेमी है, तो त्रिभुज XYZ का परिमाप क्या है?

The midpoints of the sides of an equilateral triangle PQR are X, Y and Z. If the perimeter of triangle PQR is 24 cm, then what is the perimeter of triangle XYZ?

NTPC CBT-02 18/01/2017 (Shift-03)

(a) 96 सेमी (b) 36 सेमी
(c) 12 सेमी (d) 48 सेमी

55. यदि एक वृत्त और एक समबाहु त्रिभुज के क्षेत्रफल का अनुपात क्या होगा, जहाँ एक वृत्त का व्यास समबाहु त्रिभुज की भुजाओं के बराबर है।

What will be the ratio of the areas of a circle and an equilateral triangle, where the diameter of a circle is equal to the sides of the equilateral triangle?

RRB NTPC 20/01/2021 (Shift-03)

(a) $\pi : \sqrt{2}$ (b) $\pi : \sqrt{3}$
(c) $\pi : 1$ (d) $3 : \pi$

56. एक समकोण त्रिभुज की भुजाएं (सेमी में) $(x-2)$, $(x-4)$ और x हैं। इसका क्षेत्रफल (सेमी^{2} में) ज्ञात कीजिए।

The sides (in cm) of a right angled triangle are $(x-2)$, $(x-4)$ and x. Find its area (in cm^2).

Group-D 02/09/2022 (Shift-01)

(a) 40 (b) 60
(c) 12 (d) 24

57. दो समरूप त्रिभुजों के शीर्षलंब 4 सेमी और 6 सेमी हैं। यदि बड़े त्रिभुज का क्षेत्रफल 36 सेमी^{2} है तो दूसरे त्रिभुज का क्षेत्रफल क्या होगा?

The altitudes of two similar triangles are 4 cm and 6 cm. If the area of the larger triangle is 36 cm^2, then what will be the area of the other triangle?

RRB NTPC 12/02/2021 (Shift-01)

(a) 16 सेमी^{2}/cm^2
(b) 36 सेमी^{2}/cm^2
(c) 49 सेमी^{2}/cm^2
(d) 25 सेमी^{2}/cm^2

58. चतुर्भुज ABCD में AB = 17 cm, BC = 8 cm, CD = 9 cm और AD = 12 cm है। चतुर्भुज का क्षेत्रफल (सेमी^{2} में) ज्ञात कीजिए।

In quadrilateral ABCD, AB = 17 cm, BC = 8 cm, CD = 9 cm and AD = 12 cm. Find the area (in cm^2) of the quadrilateral.

Group-D 06/09/2022 (Shift-03)

(a) 114 (b) 110
(c) 140 (d) 144

59. एक वर्ग का क्षेत्रफल $81x^2 + 72x + 16$ है। वर्ग की प्रत्येक भुजा का माप ज्ञात कीजिये, जहाँ $x > 0$ है।

The area of a square is $81x^2 + 72x + 16$. Find the measure of each side of the square, where $x > 0$.

Group-D 17/08/2022 (Shift-01)

(a) $9x + 2$ (b) $\left(\frac{9x}{2}+2\right)$
(c) $2\left(\frac{9x}{2}+2\right)$ (d) $2\left(\frac{9x}{2}+1\right)$

60. एक वर्गाकार मैदान का क्षेत्रफल 7200 मी^{2} है। एक साइकिल 4 किमी/घंटा की स्थिर चाल से विकर्ण रूप से क्षेत्र को पार करने में कितना समय लेगी?

The area of a square field is 7200 m^2. How much time will a bicycle take to cross the field diagonally at a constant speed of 4 km/hr?

RRB NTPC 16/01/2021 (Shift-03)

(a) $\frac{9}{5}$ मिनट (b) 30 मिनट
(c) 25 मिनट (d) 5 मिनट

61. 320 रुपये प्रति हेक्टेयर की दर से किसी वर्गाकार खेत की जुताई की लागत 2880 रुपये है। इसका क्षेत्रफल ज्ञात कीजिए। (1 हेक्टेयर = 10000 मी^{2} का प्रयोग कीजिए)

At the rate of Rs 320 per hectare, the cost of plowing a square field is Rs 2880. Find its area. (Use 1 hectare = 10000 m^2)

NTPC CBT-02 14/06/2022 (Shift-01)

(a) 60000 मी^{2}/m^2
(b) 70000 मी^{2}/m^2
(c) 80000 मी^{2}/m^2
(d) 90000 मी^{2}/m^2

62. एक वर्गाकार क्षेत्र में बाड़ लगाने के लिए मनीष 48 खंभे गाड़ता है। यदि 2 खंभों के बीच की दूरी 5 मी है, तो इस प्रकार निर्मित वर्ग का क्षेत्रफल ज्ञात कीजिए।

Manish digs 48 poles to fence a square area. If the distance between 2 pillars is 5 m, then find the area of the square thus formed.

NTPC CBT-01 11/02/2021 (Shift-01)

(a) 3200 मी^{2} (b) 3600 मी^{2}
(c) 3500 मी^{2} (d) 4000 मी^{2}

63. एक कमरा 15 फीट लंबा और 12 फीट चौड़ा है। दीवारों से 1.5 फीट की जगह छोड़कर कमरे के फर्श पर एक मैट बिछाया जाना है। रु.3.50 प्रति वर्ग फीट की दर से मैट की लागत कितनी होगी?

A room is 15 feet long and 12 feet wide. A mat is to be spread on the floor of the room leaving a space of 1.5 feet from the walls. What will be the cost of the mat at the rate of Rs.3.50 per square feet?

RRB JE 30/05/2019 (Shift-02)

(a) Rs.630
(b) Rs.378
(c) Rs.472.50
(d) Rs.496

64. ABCE एक आयत है जिसमें AB = 10 cm और BC = 8 cm है। वृत्त का केंद्र O, आयत ABCE की तीन भुजाओं AB, BC और CE को स्पर्श करता है। ΔOBC का क्षेत्रफल (सेमी^{2} में) ज्ञात कीजिये।
ABCE is a rectangle in which AB = 10 cm and BC = 8 cm. O is the center of the circle touching the three sides AB, BC and CE of rectangle ABCE. Find the area of ΔOBC (in cm^2).

Group-D 09/05/2022 (Shift-01)

(a) 24 (b) 16
(c) 22 (d) 20

65. एक आयताकार खेत को तीन तरफ से घेरा जाता है और 30 फीट का एक किनारा खुला छोड़ दिया जाता है। यदि खेत का क्षेत्रफल 690 वर्ग फुट है तो कितने फुट की बाड़ लगाने की आवश्यकता होगी?
A rectangular field is enclosed on three sides and one edge of 30 feet is left open. If the area of the field is 690 square feet, how many feet of fencing will be required?

RRB NTPC 27/01/2021 (Shift-01)

(a) 46 (b) 59
(c) 76 (d) 69

66. एक आयत की लंबाई पर एक अर्धवृत्त खींचा गया है। आकृति में छायांकित क्षेत्र का क्षेत्रफल है:
A semicircle has been drawn on the length of a rectangle. The area of the shaded region in the figure is:

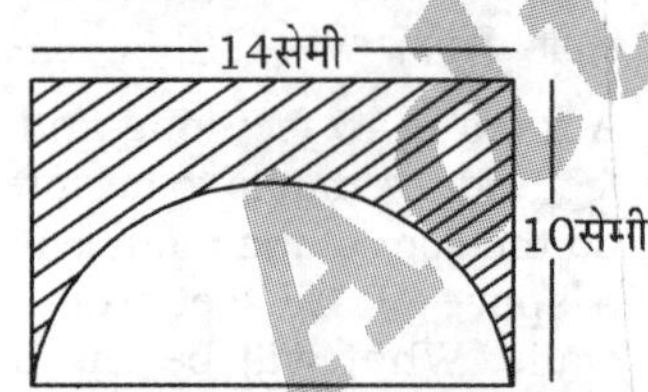

RRB NTPC 06/04/2021 (Shift-03)

(a) 129 सेमी^{2} (b) 63 सेमी^{2}
(c) 14 सेमी^{2} (d) 77 सेमी^{2}

67. एक समांतर चतुर्भुज ABCD में, AD और AC के मध्य बिंदुओं को मिलाने वाली रेखा की लंबाई 2 इकाई है। यदि समांतर चतुर्भुज का परिमाप 20 इकाई है, तो AD की लंबाई ज्ञात कीजिए।
In a parallelogram ABCD the length of the line joining the midpoints of AD and AC is 2 units. If the perimeter of the parallelogram is 20 units, then find the length of AD.

Group-D 26/08/2022 (Shift-02)

(a) 6 इकाई (b) 5 इकाई
(c) 4 इकाई (d) 8 इकाई

68. Δ ABC में DE || AC है, जहाँ D और E, क्रमशः AB और BC पर स्थित बिंदु हैं। यदि BD = 4 cm, और AD = $2\sqrt{2}$ cm है, तो Δ BDE के क्षेत्रफल और समलंब चतुर्भुज ADEC के क्षेत्रफल का अनुपात ज्ञात कीजिए।
In ΔABC, DE || AC where D and E are the points located on AB and BC respectively. If BD = 4 cm, and AD = $2\sqrt{2}$ cm then find the ratio of the area of Δ BDE and the area of trapezium ADEC.

Group-D 01/09/2022 (Shift-03)

(a) $2:(1+\sqrt{2})$
(b) $2:(1+2\sqrt{2})$
(c) $2:(1+3\sqrt{2})$
(d) $1:(1+2\sqrt{2})$

69. 5 मिनट के अंतराल में, दीवार घड़ी की 6 सेमी लंबी मिनट की सूई से निर्मित होने वाले क्षेत्र का क्षेत्रफल कितना है?
What is the area of the region formed by the 6 cm long minute hand of a wall clock, in an interval of 5 minutes?

NTPC CBT-01 23/02/2021 (Shift-01)

(a) 9.8 सेमी^{2} (b) 9.63 सेमी^{2}
(c) 9.6 सेमी^{2} (d) 9.43 सेमी^{2}

70. एक घनाभ में, इसकी तीन बिमाओं के वर्गों का योग, इसके कुल पृष्ठीय क्षेत्रफल के आधे के बराबर है। यदि घनाभ का आयतन 729 सेमी^{3} है, तो इसका पार्श्व पृष्ठीय क्षेत्रफल (सेमी^{2} में) ज्ञात कीजिए।
In a cuboid, the sum of the squares of its three dimensions is equal to half of its total surface area. If the volume of the cuboid is 729 cm^3, find its lateral surface area (in cm^2).

NTPC CBT - I 31/07/2021 (Shift- 01)

(a) 648 (b) 576
(c) 900 (d) 324

71. यदि एक बंद घनाभ की चौड़ाई और ऊँचाई इसकी 12 सेमी लंबाई की क्रमश 25% और 50% है, तो इस घनाभ का संपूर्ण पृष्ठीय क्षेत्रफल ज्ञात कीजिए।
If the breadth and height of a closed cuboid are 25% and 50% respectively of its 12 cm length, then find the total surface area of this cuboid.

Group D 26/08/2022 (Shift- 03)

(a) 252 सेमी^{2} (b) 126 सेमी^{2}
(c) 522 सेमी^{2} (d) 63 सेमी^{2}

72. 40 मीटर × 24 मीटर माप के एक कमरे के फर्श पर बिछाने के लिए, 6 मीटर × 4 मीटर माप के कितने कालीनों की आवश्यकता होगी?
To lay on the floor of a room measuring 40 m × 24 m, how many carpets measuring 6 m × 4 m will be required?

RRB JE 02/06/2019 (Shift- 03)

(a) 40 (b) 15
(c) 12 (d) 18

73. 9 सेमी × 32 सेमी × 48 सेमी विमाओं वाले एक ठोस धातु के घनाभ को पिघलाकर 8 एक समान घनों के रूप में ढ़ाला जाता है। ऐसे 5 घनों के पार्श्व पृष्ठीय क्षेत्रफलों (सेमी^{2} में) का योग ज्ञात कीजिए?
A solid metal cuboid of dimensions 9 cm × 32 cm × 48 cm is melted and cast into 8 identical cubes. Find the sum of the lateral surface areas (in cm^2) of 5 such cubes?

Group D 30/09/2022 (Shift- 03)

(a) 4320 (b) 3600
(c) 2880 (d) 2160

74. कागज की एक चौकोर शीट को इसकी भुजा की तरफ से मोड़कर एक बेलन के रूप में बदल दिया जाता है। वर्ग की भुजा और बेलन की आधार त्रिज्या का अनुपात ज्ञात कीजिए।

A square sheet of paper is folded along its side and transformed into a cylinder. Find the ratio of the side of the square and the base radius of the cylinder.

RRB JE 29/05/2019 (Shift- 03)

(a) $2\pi : 1$ (b) $1 : 4\pi$

(c) $1 : \pi$ (d) $1 : 2\pi$

75. 10 मी आधार व्यास और 12 मी ऊंचाई वाला एक शंक्वाकार तंबू बनाया गया है। तंबू की सिलाई में अपव्यय के रूप में 10% अतिरिक्त कपड़े की आवश्यकता होती है। आवश्यक कपड़े का क्षेत्रफल (मी^{2} में) ज्ञात कीजिए। [π = 3.14 मानिए]

A conical tent of base diameter 10 m and height 12 m is built. 10% of extra fabric is required as wastage in sewing the tent. Find the area of cloth required (in m^2). [Let π = 3.14]

Group D 12/06/2022 (Shift- 02)

(a) 78.5π

(b) 65π

(c) 60π

(d) 71.5π

76. एक शंकु के छिन्नक की ऊँचाई 8 सेमी है। छिन्नक के शीर्ष पर त्रिज्या 6 सेमी है और छिन्नक के नीचे 12 सेमी है। छिन्नक का वक्र पृष्ठीय क्षेत्रफल कितना है?

The height of the frustum of a cone is 8 cm. The radius on the top of the frustum is 6 cm and the bottom of the frustum is 12 cm. What is the curved surface area of the frustum?

NTPC CBT-02 14/06/2022 (Shift-02)

(a) 240π सेमी^{2} (b) 180π सेमी^{2}

(c) 360π सेमी^{2} (d) 36π सेमी^{2}

77. एक खोखले धातु के गोले की आंतरिक और बाहरी त्रिज्या क्रमशः 3 सेमी और 5 सेमी है। इसे पिघलाकर 7 सेमी त्रिज्या वाले एक ठोस बेलन के रूप में ढाला जाता है। बेलन की ऊंचाई क्या है?

The inner and outer radii of a small metallic sphere are 3 cm and 5 cm respectively. It is melted and cast into a solid cylinder of radius 7 cm. What is the height of the cylinder?

RRB NTPC 11/01/2021 (Shift- 03)

(a) 8 सेंमी (b) $\frac{2}{3}$ सेंमी

(c) 3 सेंमी (d) $\frac{8}{3}$ सेंमी

78. एक प्रिज्म का आधार एक समबाहु त्रिभुज है जिसकी भुजा 10 सेमी है। यदि प्रिज्म की ऊँचाई $10\sqrt{3}$ सेमी है, तो प्रिज्म का संपूर्ण पृष्ठीय क्षेत्रफल क्या है?

The base of a right prism is an equilateral triangle whose side is 10 cm. If height of this prism is $10\sqrt{3}$ cm, then what is the total surface area of prism?

(a) $325\sqrt{3}$ सेमी^{2}

(b) $350\sqrt{3}$ सेमी^{2}

(c) $125\sqrt{3}$ सेमी^{2}

(d) $150\sqrt{3}$ सेमी^{2}

79. एक समकोणीय पिरामिड का आधार 16 इकाई विकर्ण वाला एक वर्ग है। इसकी तिर्यक भुजा 17 इकाई है। इसकी ऊर्ध्वाधर ऊंचाई ज्ञात कीजिए।

The base of a right-angled pyramid is a square with a 16 unit diagonal. Its oblique side is 17 units. Find its vertical height.

RRB JE 24/05/2019 (Shift- 03)

(a) 30 (b) 12

(c) 15 (d) 25

ANSWER KEY

1.(b)	2.(d)	3.(a)	4.(b)	5.(c)	6.(b)	7.(b)	8.(d)	9.(d)	10.(b)
11.(a)	12.(a)	13.(a)	14.(c)	15.(b)	16.(b)	17.(c)	18.(d)	19.(d)	20.(d)
21.(b)	22.(c)	23.(c)	24.(c)	25.(c)	26.(a)	27.(b)	28.(b)	29.(b)	30.(b)
31.(d)	32.(a)	33.(d)	34.(a)	35.(b)	36.(a)	37.(d)	38.(c)	39.(a)	40.(d)
41.(c)	42.(a)	43.(d)	44.(d)	45.(d)	46.(b)	47.(b)	48.(c)	49.(b)	50.(c)
51.(d)	52.(b)	53.(c)	54.(c)	55.(b)	56.(d)	57.(a)	58.(a)	59.(c)	60.(a)
61.(d)	62.(b)	63.(b)	64.(b)	65.(c)	66.(b)	67.(a)	68.(b)	69.(d)	70.(d)
71.(a)	72.(a)	73.(c)	74.(a)	75.(d)	76.(b)	77.(d)	78.(b)	79.(c)	

SOLUTIONS

1. (b) पहले अब
त्रिज्या → 1 : 19
परिधि → 1 : 19
$= 2\pi r$ (Constant)
अतः परिधि भी 19 गुना हो जाएगी।

2. (d) क्षेत्रफल = (भुजा)^2 = 1444 सेमी^{2}
भुजा = $\sqrt{1444}$ = 38 सेमी

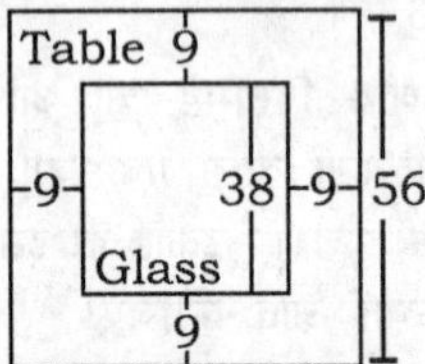

प्रश्नानुसार,
मेज की लंबाई = 38 + (9 × 2)
= 56 सेमी

3. (a) प्रश्नानुसार,
घन का विकर्ण = $\sqrt{3}a$
$\sqrt{3}a = 28\sqrt{3}$
घन की भुजा (a) = $\frac{28\sqrt{3}}{\sqrt{3}}$
= 28 सेमी
a = l
अतः घन का आयतन = घनाभ का आयतन
$a^3 = l \times b \times h$
28 × 28 × 28 = 28 × 14 × h
h = 56 सेमी

4. (b)

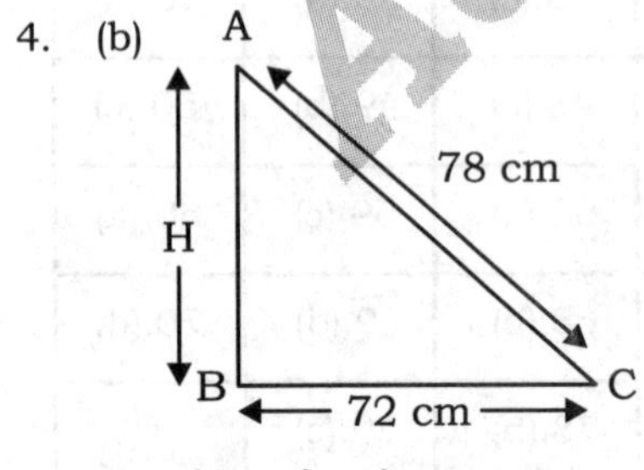

पाइथागोरस प्रमेय के अनुसार,
$H^2 = 78^2 - 72^2$
$H = \sqrt{6 \times 150}$
$H = \sqrt{6 \times 6 \times 25}$
H = 6 × 5 = 30 सेमी
∴ समकोण त्रिभुज का क्षेत्रफल
$= \frac{1}{2}$ × आधार × ऊँचाई
$= \frac{1}{2} \times 72 \times 30$
= 36 × 30 = 1080 सेमी^{2}

5. (c) घन का आयतन (भुजा^{3}) = चादर का आयतन (l × b × h)
∴ भुजा^{3} = 25 × 5 × 1
भुजा = 5 सेमी

6. (b)

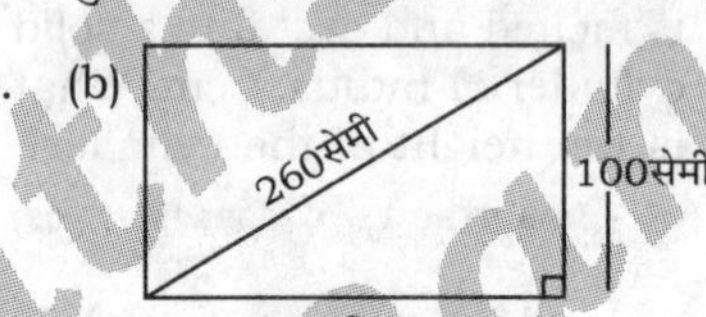

पाइथोगोरस प्रमेय के अनुसार,
कर्ण^2 = लम्ब^2 + आधार^2
∵ $(260)^2 = (100)^2 + (L)^2$
$\Rightarrow L^2 = 260^2 - 100^2$
$\Rightarrow L = \sqrt{260^2 - 100^2}$
$\Rightarrow L = \sqrt{360 \times 160}$
$\Rightarrow L = \sqrt{36 \times 100 \times 16}$
⇒ L = 6 × 4 × 10 = 240 सेमी
तब, आयत की परिधि (Perimeter)
= 2(L + H)
= 2(240 + 100)
= 2 × 340 = 680 सेमी

7. (b) चतुर्भुज परिधि = 249 सेमी
चतुर्भुज की भुजाएँ = 2 : 3 : 4 : 5
माना, भुजाएँ $2x$, $3x$, $4x$, $5x$
परिधि = भुजाओं के लंबाई का योग
$\Rightarrow 294 = (2x + 3x + 4x + 5x)$
$\Rightarrow 14x = 294$
$\Rightarrow x = \frac{294}{14} = 21$ सेमी
तब, सबसे छोटी भुजा = 21 × 2 = 42 सेमी

8. (d) हॉल का आयतन = लंबाई × चौड़ाई × ऊँचाई = 3808 मी^{2}
फर्श का क्षेत्रफल = लंबाई × चौड़ाई = 224 मी^{2}
तब, 224 × ऊँचाई = 3808
ऊँचाई = $\frac{3808}{224}$ = 17 मी.

9. (d)

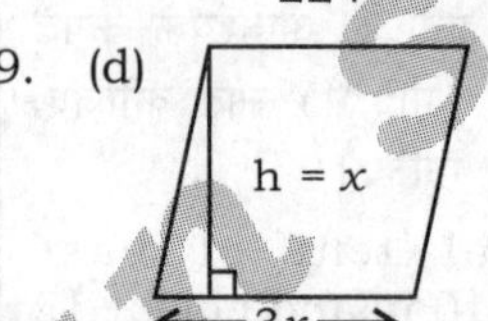

समांतर चतुर्भुज का क्षेत्रफल = ऊँचाई × आधार
$\Rightarrow 588 = x \times 3x$
$\Rightarrow 3x^2 = 588$
$\Rightarrow x^2 = 196$
$\Rightarrow x = 14$ सेमी
∴ आधार = 3 × 14 = 42 सेमी
ऊँचाई = 14 सेमी

10. (b)

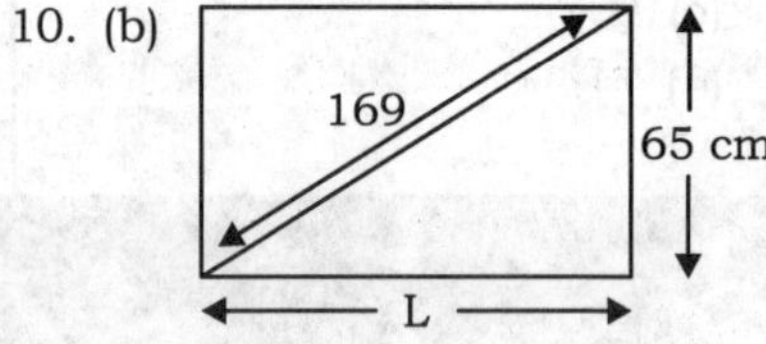

पाइथागोरस प्रमेय,
$L = \sqrt{(169)^2 - (65)^2}$
$L = \sqrt{104 \times 234}$
$L = \sqrt{39 \times 6 \times 13 \times 8}$
L = 13 × 3 × 4 = 156 सेमी
तब, आयत का परिधि = 2(L + B)
= 2(156 + 65) = 442 सेमी

11. (a)

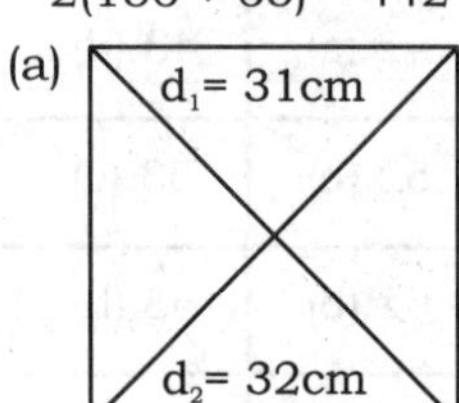

समचतुर्भुज का क्षेत्रफल = $\frac{1}{2} d_1 \times d_2$

$= \frac{1}{2} \times 31 \times 32$

= 496 सेमी^{2}

12. (a) एक समबाहु त्रिभुज की एक भुजा की लंबाई (a) = 102 सेमी

क्षेत्रफल $= \left(\frac{\sqrt{3}}{4}\right) \times a^2$

$A = \left(\frac{\sqrt{3}}{4}\right) \times 102^2$

$A = \left(\frac{\sqrt{3}}{4}\right) \times 10404$

$A = 2601\sqrt{3}$

अत: समबाहु त्रिभुज का क्षेत्रफल

$= 2601\sqrt{3}$ सेमी^{2}

13. (a) आयतन का क्षेत्रफल = 12 × 8 = 96 सेमी^{2}

प्रश्नानुसार,

$\Rightarrow 96 = 16 \times$ चौड़ाई

$\therefore$ चौड़ाई $= \frac{96}{16} = 6$ सेमी

14. (c) त्रिभुज का क्षेत्रफल $= \frac{1}{2} \times$ आधार

$\times$ ऊँचाई $= \frac{1}{2} \times (3.2) \times \left(\frac{75}{100}\right)$

$\Rightarrow 1.6 \times \frac{3}{4} = 1.2$ मीटर^2

15. (b) दिया गया है,

वृत्त की परिधि $(2\pi r)$ = 506 मीटर

$\Rightarrow 2\pi r = 506$ मीटर

$\Rightarrow 2 \times \frac{22}{7} \times r = 506$ मीटर

$\therefore r = \frac{161}{2}$ मीटर

समतल करने का खर्च

$= \frac{22}{7} \times \frac{161}{2} \times \frac{161}{2} \times 14$

$= 11 \times 161 \times 161 = 285131$ रूपये

16. (b) दिया गया है,

परिमाप = 90 सेमी

समकोण त्रिभुज के भुजाओं का अनुपात = 5 : 12 : 13

माना, भुजाएँ = $5x, 12x, 13x$

अब,

$\Rightarrow 5x + 12x + 13x = 90$

$\Rightarrow x = 3$

त्रिभुज का क्षेत्रफल $= \frac{1}{2} \times 5x \times 12x$

$\Rightarrow 30x^2 = 270$ सेमी^{2}

17. (c) दिया गया है।

आयत की भुजाएँ = 5 : 6

माना, भुजाएँ = $5x, 6x$

वृत्त का क्षेत्रफल = 18634 सेमी^{2}

$\Rightarrow \pi r^2 = 18634$

$\Rightarrow r^2 = 847 \times 7$

$\therefore r = 7 \times 11 = 77$

प्रश्नानुसार,

आयत का परिमाप = वृत्त का परिमाप

$\Rightarrow 2(5x + 6x) = 2 \times \frac{22}{7} \times 77$

$\Rightarrow x = 22$

छोटी भुजा = $5x$ = 110 सेमी

18. (d)

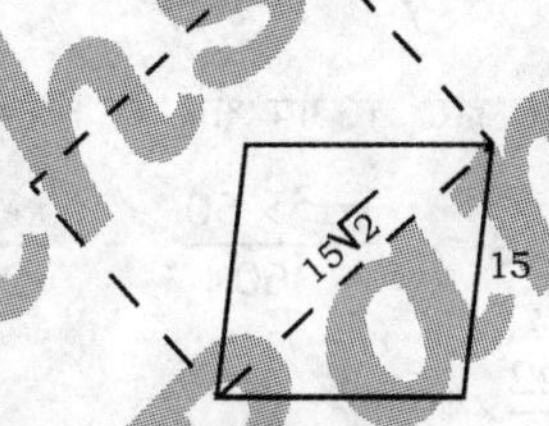

A.T.Q,

$\frac{\text{वर्ग का विकर्ण}}{\text{वर्ग की भुजा}} = \frac{15\sqrt{2}}{15} = \frac{\sqrt{2}}{1}$

19. (d)

आयत	पहले	अंतिम
लंबाई	l	$2l$
चौड़ाई	b	2b
परिमाप	$2(l + b)$	$4(l + b)$

अत:, आयत का परिमाप 2 गुना है।

20. (d)

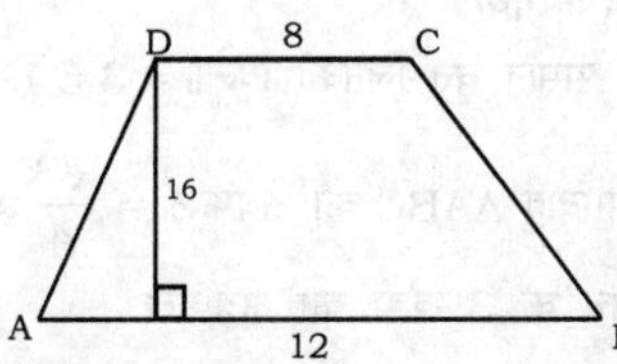

समलंब का क्षेत्रफल $= \frac{1}{2} \times$ (समान्तर भुजाओं का योग) × ऊँचाई

$= \frac{1}{2} \times (12 + 8) \times 16 = 160$ सेमी^{2}

21. (b) यहाँ 21, 28 और 35 समकोण की भुजा है।

अंत: त्रिज्या (r) $= \frac{P + B - H}{2}$

$\Rightarrow \frac{21 + 28 - 35}{2} = \frac{49 - 35}{2}$

= 7 सेमी

22. (c)

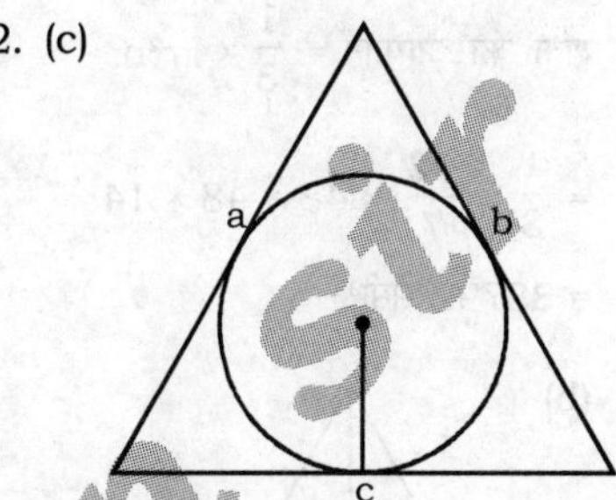

a + b + c = 60

$r = \frac{\text{क्षेत्रफल}}{\text{अर्द्ध परिमाप}}$

$8 = \frac{\text{क्षेत्रफल}}{60} \times 2$

$\Rightarrow$ क्षेत्रफल $= \frac{480}{2} = 240$ सेमी^{2}

23. (c) माना वर्ग की भुजा और समबाहु त्रिभुज की भुजाए क्रमश: a और n है

प्रश्नानुसार,

$4a = 3n \Rightarrow \frac{a}{n} = \frac{3}{4}$

वर्ग का विकर्ण $(a\sqrt{2}) = 12\sqrt{2}$

a = 12 सेमी

$\frac{12}{n} = \frac{3}{4}$, n = 16 सेमी

त्रिभुज का क्षेत्रफल $= \frac{\sqrt{3}}{4} \times 16 \times 16$

$= 64\sqrt{3}$ सेमी^{2}

24. (c) माना आवश्यक वृत्त की त्रिज्या = r

$\Rightarrow 2\pi r = 2\pi(25 - 21) \quad \Rightarrow r = 4$

आवश्यक वृत्त का क्षेत्रफल $= \frac{22}{7} \times 4^2$

= 50.3 सेमी^{2}

25. (c) आयताकार भूखंड की परिमाप

$= \frac{2880}{15}$

$2(7x + 5x) = 192$
$12x = 96$
$x = 8$
आयत की लंबाई = $7x$ = 56 मीटर

26. (a) दिया गया है।
r = 48 सेमी
h = 14 सेमी

शंकु का आयतन = $\frac{1}{3} \times \pi r^2 h$

$= \frac{1}{3} \times \frac{22}{7} \times 48 \times 48 \times 14$

= 33792 सेमी³

27. (b)

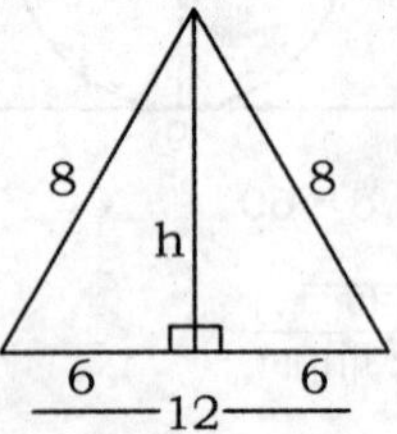

$h^2 = 8^2 - 6^2$
$h = 2\sqrt{7}$
समद्विबाहु त्रिभुज का क्षेत्रफल

$= \frac{1}{2}$ × आधार × ऊंचाई

$= \frac{1}{2} \times 12 \times 2\sqrt{7}$

$= 12\sqrt{7}$ सेमी²

28. (b) दिया गया,
वृत्ताकार भुखंड का परिमाप $(2\pi r) = 440$
$2\pi r = 440$
r = 70
वृत्ताकार पथ का क्षेत्रफल = $\pi(75^2 - 70^2)$

$= \frac{22}{7} \times 145 \times 5$

≈ 2278.6 मीटर²

29. (b) यहाँ 96, 110, 146, समकोण त्रिभुज की भुजाएँ हैं।
प्रश्नानुसार,

$\frac{1}{2} \times 96 \times 110 = \frac{1}{2} \times 60 \times d_2$

d_2 = 176 सेमी

30. (b)

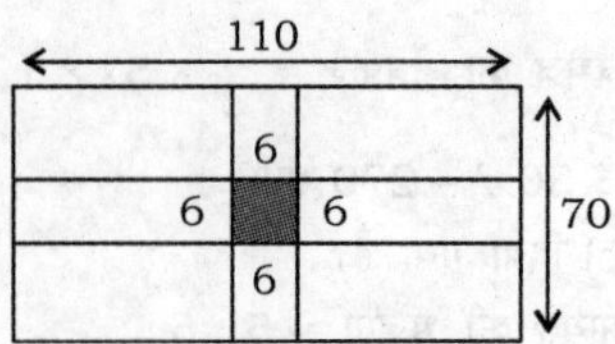

पथ का क्षेत्रफल = 110 × 6 + 70 × 6 – 6 × 6 = 660 + 420 – 36
= 1080 – 36 = 1044 मीटर²
पथों की निर्माण की कुल लागत
= 1044 × 175
= 182700 रूपये

31. (d)

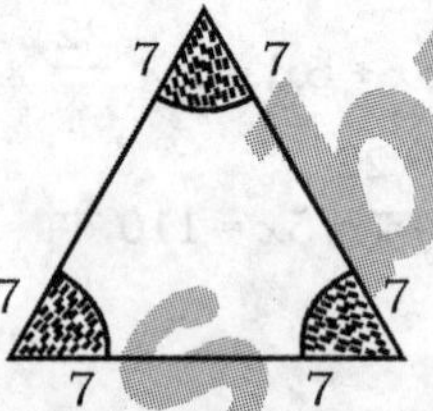

घोड़े द्वारा चरे गये क्षेत्र का क्षेत्रफल

$= 3 \times \frac{\pi r^2 \times 60}{360} = \frac{\pi r^2}{2} =$

$\frac{\frac{22}{7} \times 49}{2}$ = 77 मीटर²

32. (a)

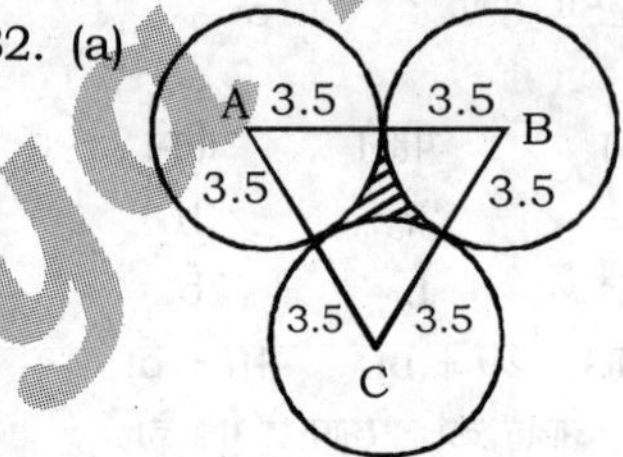

दिया गया,
3 समान वृत्त जिनकी त्रिज्या = 3.5 सेमी.

समबाहु ΔABC का क्षेत्रफल = $\frac{\sqrt{3}}{4} a^2$

वृत्त के 3 खंडो का क्षेत्रफल

$= 3 \times \frac{60}{360} \pi r^2$

प्रश्नानुसार,
छायांकित भाग का क्षेत्रफल = ΔABC का क्षेत्रफल – वृत्त के तीनों खंडों का क्षेत्रफल

$\Rightarrow \frac{\sqrt{3}}{4} \times 7^2 - 3 \times \frac{60}{360} \times \frac{22}{7} \times \frac{7}{2} \times \frac{7}{2} = \frac{1.73}{4} \times 49 - \frac{77}{4}$

$= \frac{84.87 - 77}{4} = \frac{7.87}{4} = 1.97$ सेमी²

33. (d)

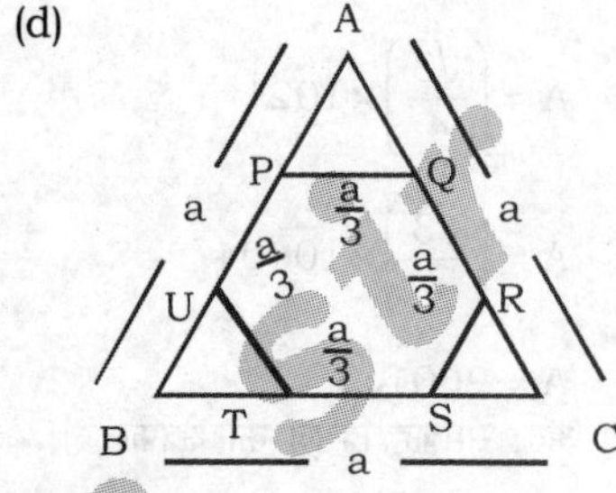

नियमित षट्कोण का भुजा = $\frac{a}{3}$

षट्कोण का क्षेत्रफल (PQRSTU)

$= 6 \times \frac{\sqrt{3}}{4} \times \left(\frac{a}{3}\right)^2 = \frac{a^2}{2\sqrt{3}}$ इकाई²

34. (a)

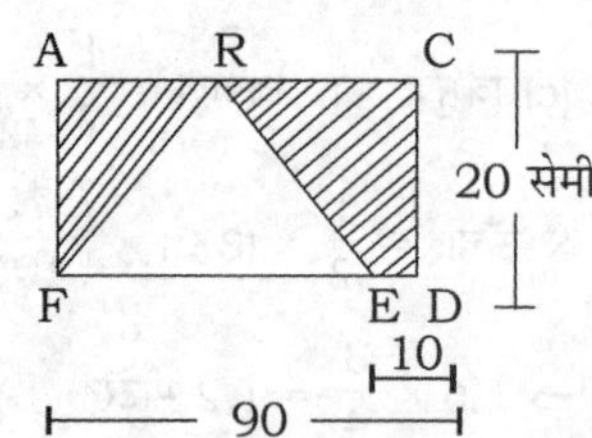

छायांकित भाग का क्षेत्रफल = आयत का क्षेत्रफल – त्रिभुज का क्षेत्रफल

$= 90 \times 20 - \frac{1}{2} \times 80 \times 20$

= 1800 – 800 = 1000 सेमी²

35. (b) r = 70 फीट
Surface area of sphare = $4\pi r^2$

$= 4 \times \frac{22}{7} \times 70 \times 70$ = 61600 फीट²

36. (a) दिया है,
Total surface area of hemisphare

$3\pi r^2 = 4158$

$r^2 = \frac{4158 \times 7}{3 \times 22}$

$= 63 \times 7 = 9 \times 7 \times 7$

$\Rightarrow r = 21$ सेमी

37. (d)

	पुराना	नया
r = त्रिज्या	1	2
h = लम्बाई	2	1
वक्रपृष्ठ का क्षेत्रफल = $2\pi rh$	2	2

$\Rightarrow$ अंत: वक्रपृष्ठ के क्षेत्रफल में कोई बदलाव नहीं होगा।

38. (c) दिया है,

त्रिज्या (r) = 10 सेमी

तिरछी ऊँचाई (h) = 26 सेमी

$h = \sqrt{l^2 - r^2} = \sqrt{26^2 - 10^2}$

= 24 सेमी

शंकु का आयतन = $\frac{1}{3}\pi r^2 h$

$= \frac{1}{3} \times 3.14 \times 10 \times 10 \times 24$

= 2512 सेमी^{3}

39. (a) दिया है,

बेलन का व्यास (d) = 14 सेमी

त्रिज्या (r) = 7 सेमी

वृत्तीय बेलन का ऊँचाई (h) = 2 सेमी

प्रश्नानुसार,

शंकु के वक्रपृष्ठ का क्षेत्रफल = $2\pi rh$

$= 2 \times \frac{22}{7} \times 7 \times 2 = 88$ सेमी^{2}

कुल पृष्ठीय का क्षेत्रफल = $2\pi r(r + h)$

$= 2 \times \frac{22}{7} \times 7 \times 9 = 396$ सेमी^{2}

वक्रपृष्ठ का क्षेत्रफल + कुल पृष्ठीय क्षेत्रफल = (396 + 88) = 484 सेमी^{2}

40. (d) दिया है,

शंकु का त्रिज्या (r) = 9 सेमी

शंकु का ऊँचाई (h) = 15 सेमी

प्रश्नानुसार,

शंकु का आयतन = बेलन का आयतन

$\frac{1}{3}\pi (9)^2 \times 15 = \pi r^2 \times 45$

$r^2 = 9$

त्रिज्या (r) = 3

बेलन का व्यास = 6 सेमी

41. (c) कमरे का विकर्ण

$= \sqrt{L^2 + B^2 + H^2} = \sqrt{100 + 100 + 25}$

= 15 cm

सबसे लंबा खंभा जिसे कमरे के विकर्ण के बराबर कमरे में रखा जा सकता है

42. (a) शंकु का आयतन = $\frac{1}{3}\pi r^2 h$

$\frac{\frac{1}{3}\pi r_1^2 h_1}{\frac{1}{3}\pi r_2^2 h_2} = \frac{3}{2} \Rightarrow \frac{9 \times h_1}{16 \times h_2} = \frac{3}{2}$

$\frac{h_1}{h_2} = \frac{8}{3}$

43. (d) $r_1 = \frac{3}{2}$ सेमी

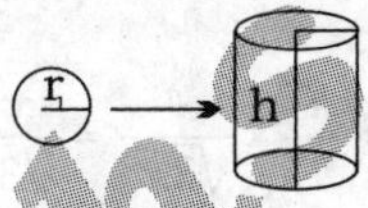

$r_2 = 2$ सेमी, h = 54 सेमी

माना, कुल गोले की संख्या = x है।

प्रश्नानुसार,

$x \times \frac{4}{3}\pi r_1^3 = \pi r_2^2 h$

$x \times \frac{4}{3} \times \frac{3}{2} \times \frac{3}{2} \times \frac{3}{2} = 2 \times 2 \times 54$

$\Rightarrow x = 48$

44. (c) $r_1 = 21$ सेमी

$r_2 = 7$ सेमी, h = 3 सेमी

माना, n शंकु होंगे

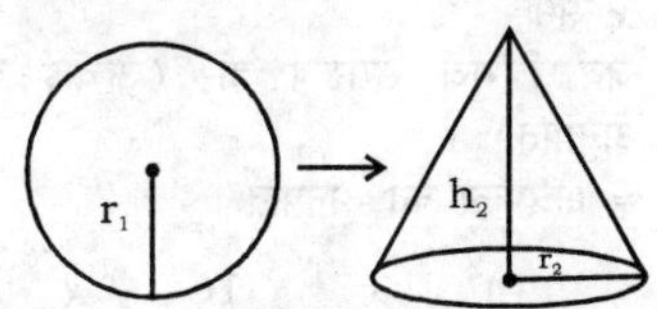

गोले का आयतन = शंकु का आयतन

$\frac{4}{3} \times \frac{22}{7} \times 21 \times 21 \times 21$

$= n \times \frac{1}{3} \times \frac{22}{7}\ 7 \times 7 \times 3$

$\therefore n = 252$

45. (d) तिरछी ऊँचाई (l) = 10 फीट.,

त्रिज्या (r) = 8 फीट.

$\Rightarrow h = 6$

$v = \frac{1}{3}\pi r^2 h$

$= \frac{1}{3} \times 3.14 \times 8 \times 8 \times 6$

= 3.14 × 128 = 401.92 फीट^3

46. (b) दिया है,

$a^3 = 4096$

a = 16

पृष्ठीय क्षेत्रफल = $14a^2$

= 14 × 16 × 16

= 3584 सेमी^{2}

47. (b) बेलन का आयतन = 12 गोलाकार गेंद का आयतन

$\pi \times 20 \times 20 \times h = 12 \times \frac{4}{3} \times \pi \times 10 \times 10 \times 10$

h = 40 सेमी

$\therefore$ जार में पानी की ऊंचाई 40 सेमी है।

48. (c) $\therefore$ 1000 मीटर = 1 लीटर

$\frac{\text{प्रथम अर्धगोलाकार बर्तन का आयतन } (v_1)}{\text{द्वितीय अर्धगोलाकार बर्तन का आयतन } (v_2)}$

$= \frac{2.7 \times 1000}{12.5 \times 1000} = \frac{27}{125}$

$\frac{(a_1)^3}{(a_2)^3} = \left(\frac{3}{5}\right)^3 \Rightarrow \frac{a_1}{a_2} = \frac{3}{5}$

$\frac{\text{प्रथम अर्धगोलाकार बर्तन का वक्रपृष्ठ का क्षेत्रफल}}{\text{द्वितीय अर्धगोलाकार बर्तन का वक्रपृष्ठ का क्षेत्रफल}}$

$= \frac{2\pi r_1}{2\pi r_2} = \left(\frac{3}{5}\right)^2 = \frac{9}{25}$

49. (b) तीर्यक ऊँचाई = $\sqrt{h^2 + r^2}$

$= \sqrt{6^2 + 8^2} = 10$ cm

बेलन के वक्रपृष्ठ का क्षेत्रफल
$= 2\pi rh$
शंकु का वक्रपृष्ठ का क्षेत्रफल $= \pi rl$
आधार का क्षेत्रफल $= \pi r^2$

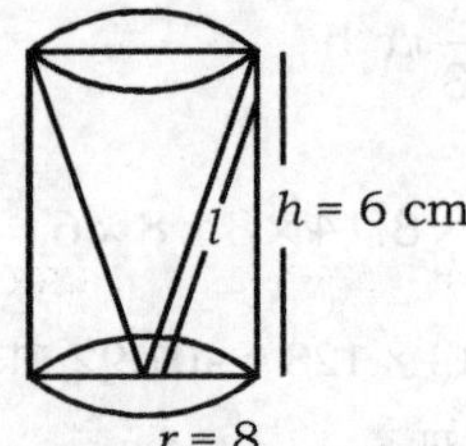

प्रश्नानुसार,
शेष ठोस का संपूर्ण पृष्ठीय क्षेत्रफल =
$2\pi rh + \pi rl + \pi r^2$
$= 2 \times \pi \times 8 \times 6 + \pi \times 8 \times 10 + \pi \times 64 = 240\pi$ सेमी²

50. (c) बेलन का आयतन ($\pi r^2 h$) = 6930

$\frac{22}{7} \times r^2 \times 20 = 6930$

$r = \frac{7 \times 3}{2} = \frac{21}{2}$ cm

बेलन के वक्रपृष्ठ का क्षेत्रफल = $2\pi rh$

$= 2 \times \frac{22}{7} \times \frac{21}{2} \times 20 = 1320$ सेमी²

51. (d) हमें ज्ञात है,
घनाभ का आयतन = लंबाई × चौड़ाई × ऊँचाई
∴ 1 घन मीटर = 1 किलोलीटर
पूल में पानी का आतयन = 15 × 10 × 2.5
= 375 घन मीटर

52. (b) माना, n ईटों की आवश्यकता होगी।
n ईटों की संख्या का आयतन = दीवार का आयतन
$n \times 30 \times 15 \times 10 = 1800 \times 1000 \times 40$

$n = \frac{1800 \times 1000 \times 40}{30 \times 15 \times 10} = 16000$

53. (c) माना सबसे छोटी भुजा = x
और दूसरी भुजा = $2x + 7$
तीसरी भुजा = $3x + 5$
त्रिभुज का परिमाप = 90
प्रश्न के अनुसार,
$x + 2x + 7 + 3x + 5 = 90$
$6x + 12 = 90 \Rightarrow 6x = 78 \Rightarrow x = 13$
अत: सबसे छोटी भुजा की लंबाई = 13 m

54. (c)

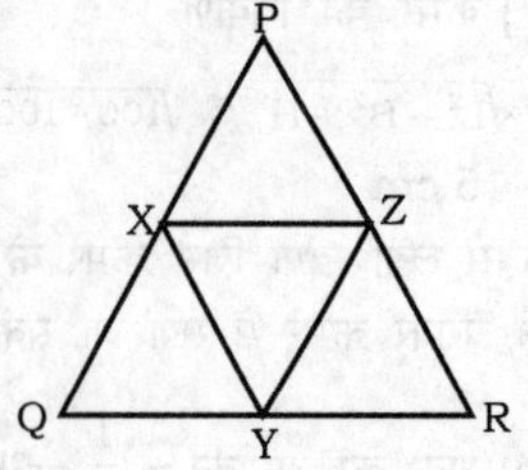

ΔXYZ का परिमाप $= \frac{1}{2} \times \Delta PQR$ का

परिमाप $= \frac{1}{2} \times 24 = 12$ सेमी

55. (b) माना समबाहु त्रिभुज की भुजा = x
वृत्त का व्यास = x

∴ त्रिज्या $= \frac{x}{2}$

$\frac{\text{वृत्त का क्षेत्रफल}}{\text{एक समबाहु त्रिभुज का क्षेत्रफल}}$

$= \frac{\pi\left(\frac{x}{2}\right)^2}{\frac{\sqrt{3}}{4}x^2} = \frac{\pi x^2}{4} \times \frac{4}{\sqrt{3}x^2} = \frac{\pi}{\sqrt{3}}$

$= \pi : \sqrt{3}$

56. (d) पाइथागोरस प्रमेय से,
$(x-2)^2 + (x-4)^2 = x^2$
$\Rightarrow x^2 + 4 - 4x + x^2 + 16 - 8x = x^2$
$\Rightarrow x^2 - 12x + 20 = 0$
$\Rightarrow x^2 - 10x - 2x + 20 = 0$
$\Rightarrow (x-10)(x-2) = 0 \Rightarrow x = 10$ या 2
अब, भुजाएँ हैं-
10, (10 – 2), (10 – 4) = 10, 8, 6

त्रिभुज का क्षेत्रफल $= \frac{1}{2} \times 8 \times 6 = 24$ सेमी²

57. (a) माना सबसे छोटे त्रिभुज का क्षेत्रफल = x सेमी²
जब त्रिभुज समरूप हों, (ऊंचाई का अनुपात)²
= क्षेत्रफल का अनुपात

$\Rightarrow \left(\frac{4}{6}\right)^2 = \frac{x}{36} \Rightarrow \frac{16}{36} = \frac{x}{36}$

$\Rightarrow x = 16$ सेमी²

58. (a)

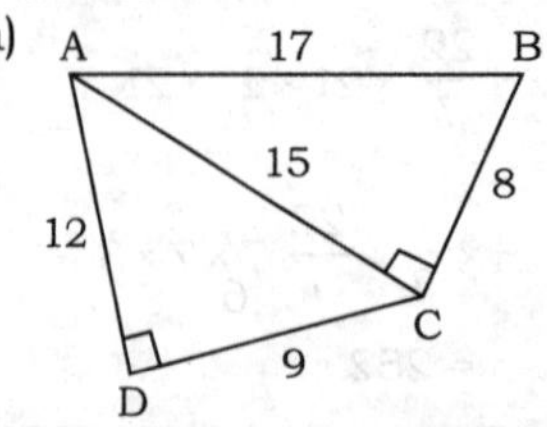

ΔADC में,
12, 9 और 15 एक त्रिक हैं (त्रिक)
तब ΔADC का क्षेत्रफल =

$\frac{1}{2} \times 12 \times 9 = 54$ सेमी²

ΔABC में,
15, 8 और 17 त्रिक हैं
ΔABC का क्षेत्रफल

$= \frac{1}{2} \times 15 \times 8 = 60$ सेमी²

अत: चतुर्भुज ABCD का क्षेत्रफल
= 60 + 54 = 114 सेमी²

59. (c) किसी भी वर्ग में,
भुजा = a
क्षेत्रफल = a^2
$a^2 = 81x^2 + 72x + 16$
$= (9x + 4)^2$

भुजा (a) $= (9x + 4) = 2\left(\frac{9x}{2} + 2\right)$

60. (a) वर्गाकार मैदान का क्षेत्रफल = 7200 मी²

$a^2 = 7200$

$a = \sqrt{8 \times 9 \times 100} = 60\sqrt{2}$ मी

वर्ग का विकर्ण $= \sqrt{2}a = 120$ मी

4 km/h $= 4 \times \frac{5}{18}$ मी/से

$= \frac{10}{9}$ मी/से

लिया गया समय $= \frac{120\text{m}}{\frac{10}{9}}$

= 108 सेंकड़

$= \frac{108}{60}$ मिनट $= \frac{9}{5}$ मिनट

61. (d) वर्गाकार खेत का क्षेत्रफल $= \frac{2880}{320}$
= 9 हेक्टेयर
9 हेक्टेयर = 9 × 10000 = 90000 वर्ग मीटर

62. (b) वर्ग की एक भुजा में 13 खंभे होंगे और 13 खंभें के बीच का अंतर 12 खंभे होगा
वर्ग की भुजा = 12 × 5 = 60 मीटर
∴ वर्ग का क्षेत्रफल = 60^2 = 3600 मी²

63. (b) फर्श की अंतिम लंबाई
$= (15 - 2 \times 1.5) = 12$ फुट
फर्श की अंतिम चौड़ाई
$= (12 - 2 \times 1.5) = 9$ फुट
आवश्यक फर्श का क्षेत्रफल
$= 12 \times 9$
$= 108$ वर्ग फुट
तो, मेट की कुल लागत
$= 3.50 \times 108$
$= 378$ रुपये

64. (b) 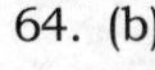
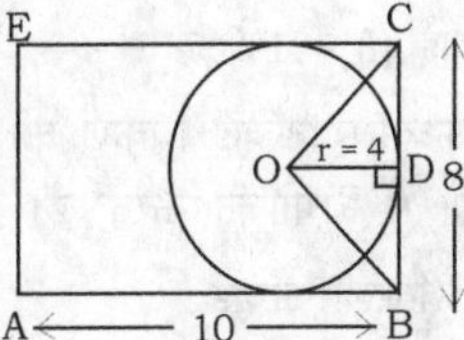

OD त्रिज्या है और BC वृत्त की स्पर्श रेखा है
OD ⊥ BC ...... (वृत्त की त्रिज्या और स्पर्श रेखा के बीच का कोण 90° होता है।)
ΔOBC का क्षेत्रफल
$= \frac{1}{2} \times$ आधार $\times$ ऊँचाई
$= \frac{1}{2} \times 8 \times 4 = 16$ सेमी^{2}

65. (c) यदि एक भुजा की लंबाई 30 फीट और क्षेत्रफल 690 फीट^2 है
क्षेत्रफल $= l \times b$
$\Rightarrow 690 = 30 \times b \Rightarrow b = 23$ फीट
दूसरी भुजा की लंबाई = 23 फीट
प्रश्नानुसार,
अब, तीनों पक्षों के लिए आवश्यक बाड़ की लंबाई
$= 23 + 23 + 30 = 76$ फीट

66. (b) अर्धवृत्त की त्रिज्या = 7 सेमी
छायांकित क्षेत्र का क्षेत्रफल = आयत का क्षेत्रफल – अर्धवृत्त का क्षेत्रफल
$= 14 \times 10 - \frac{1}{2} \times \frac{22}{7} \times 7 \times 7$
$= 140 - 77 = 63$ सेमी^{2}

67. (a)
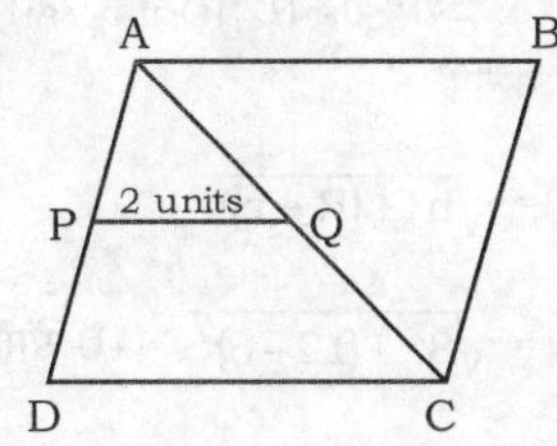

PQ = 2 इकाई
मध्य-बिंदु प्रमेय का प्रयोग करके
DC = 2 × PQ = 2 × 2 = 4 इकाई
समांतर चतुर्भुज का परिमाप = 2 × (सन्निकट भुजाओं का योग)
$\Rightarrow 2 \times (AD + DC) = 20$ इकाई
$\Rightarrow 2 \times (AD + 4) = 20$
AD = 6 इकाई

68. (b)
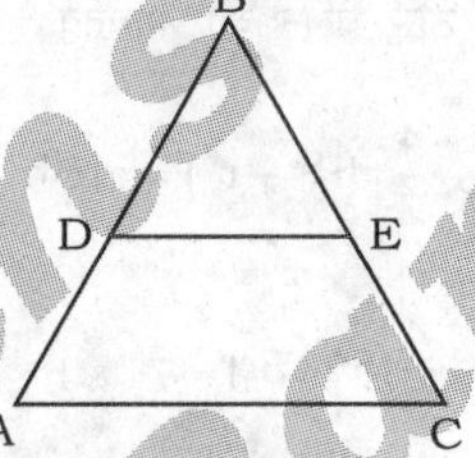

दिया गया है, BD = 4 सेंमी और $2\sqrt{2}$ सेंमी,
$$\frac{(\Delta BDE)\text{ का क्षेत्रफल}}{(\Delta ABC)\text{ का क्षेत्रफल}} = \left(\frac{BD}{AB}\right)^2$$
$$= \left(\frac{4}{2\sqrt{2}+4}\right)^2 = \frac{16}{16+8+16\sqrt{2}} = \frac{2}{3+2\sqrt{2}}$$
इसलिए, चतुर्भुज ACED का क्षेत्रफल
$= 3 + 2\sqrt{2} - 2$
$= 1 + 2\sqrt{2}$
$$\frac{(\Delta BDE)\text{ का क्षेत्रफल}}{(\text{चतुर्भुज } ADEC)\text{ का क्षेत्रफल}}$$
$= 2 : (1 + 2\sqrt{2})$

69. (d) त्रिज्यखंड का क्षेत्रफल
$= \frac{30°}{360°} \times \frac{22}{7} \times 6 \times 6$
$= 9.43$ सेमी^{2}

70. (d) माना, घनाभ की भुजाएँ l, b और h हैं
घनाभ का आयतन इसके तीन विमाओं के वर्गों का योग इसके कुल पृष्ठीय क्षेत्रफल का आधा
$l^2 + b^2 + h^2 = \frac{1}{2} \times 2\,(lb + bh + hl)$
उपरोक्त समीकरण के अनुसार, सभी अयाम समान होगें।
अत: $l = b = h$
प्रश्नानुसार,
$\Rightarrow l \times b \times h = 729$
$\Rightarrow l^3 = 729 \quad \Rightarrow l = 9$
घनाभ का पार्श्व क्षेत्रफल
$= 2\,(l + b)\,h = 2(9 + 9)9 = 324$

71. (a) लंबाई (l) = 12 सेमी,
चौड़ाई (b) = 12 का 25% = 3 सेमी,
ऊँचाई (h) = 12 का 50% = 6 सेमी
कुल सतह क्षेत्रफल = 2 (lb + bh + hl)
= 2(36 + 18 + 72) = 252 सेंमी^{2}

72. (a) आवश्यक कालीनों की संख्या
$$= \frac{\text{फर्श का क्षेत्रफल}}{\text{प्रत्येक कालीन का क्षेत्रफल}}$$
$$n = \frac{40 \times 24}{6 \times 4} = 40$$

73. (c) प्रश्न के अनुसार,
घनाभ का आयतन = 8 × घन का आयतन
$9 \times 32 \times 48 = 8 \times a^3$
$a^3 = 1728 \Rightarrow a = 12$
घन का पार्श्व पृष्ठीय क्षेत्रफल $= 4 \times (a)^2 = 4 \times (12)^2 = 4 \times 144 = 576$
5 घनों के पार्श्व पृष्ठीय क्षेत्रफलों का योग
$= 5 \times 576 = 2880$ सेमी^{2}

74. (a) माना वर्ग की भुजा 'a' है।
यदि वर्ग को उसकी भुजाओं के अनुदिश घुमाकर एक बेलन बनाया जाता है
तो बेलन के आधार की परिधि, वर्ग की भुजा के बराबर होगा।

$\Rightarrow 2\pi r = a \Rightarrow r = \dfrac{a}{2\pi}$

आवश्यक अनुपात $\Rightarrow$ वर्ग की भुजा : बेलन के आधार की त्रिज्या $\rightarrow a : \dfrac{a}{2\pi}$

$= 2\pi : 1$

75. (d) त्रिज्या (r) = $\dfrac{10}{2} = 5$ मी

ऊँचाई (h) = 12 मी

तिर्यक ऊंचाई (l) = $\sqrt{12^2 + 5^2} = 13$ मी

शंकु का वक्र पृष्ठीय क्षेत्रफल = $\pi r l$

$= \pi \times 5 \times 13 = 65\pi$

अतिरिक्त 10% कपड़े की आवश्यकता है आवश्यक कपड़े का क्षेत्रफल

$= 65\pi \times \dfrac{110}{100} = 71.5\pi$

76. (b)

6, A, 8, B, M, 12

$\Rightarrow$ शंक्वाकार छिन्नक की तिर्यक ऊंचाई

$= \sqrt{h^2 + (R - r)^2}$

$= \sqrt{8^2 + (12-6)^2} = 10$ सेंमी

AB (तिर्यक ऊंचाई) = 10 सेंमी

शंक्वाकार छिन्नक का वक्रपृष्ठीय क्षेत्रफल

$= \pi (R + r) l$

$= \pi (12 + 6) \times 10$

$= 180\pi$ सेंमी^{2}

77. (d) प्रश्नानुसार,

खोखले धातु के गोले का आयतन

= ठोस बेलन का आयतन

$\Rightarrow \dfrac{4}{3}\pi(R^3 - r^3) = \pi R^2 h$

$\Rightarrow \dfrac{4}{3}(5^3 - 3^3) = 7^2 \times h$

$\Rightarrow \dfrac{4}{3}(125 - 27) = 49 \times h$

$\Rightarrow h = \dfrac{4 \times 98}{3 \times 49} = \dfrac{8}{3}$ सेमी

78. (b) कुल सतह क्षेत्रफल = 3ah+ 2 × त्रिभुज का क्षेत्रफल

$= 3 \times 10 \times 10\sqrt{3} + 2 \times \dfrac{\sqrt{3}}{4} \times 100$

$= 350\sqrt{3}$ सेंमी^{2}

79. (c) विकर्ण = 16 इकाई और तिरछी ऊँचाई (l) = 17 इकाई

$\because$ ऊर्ध्वाधर ऊँचाई विकर्ण को दो समान भागों में विभाजित करती है।

तब, तिरछी ऊंचाई

$\sqrt{(\text{विकर्ण का आधा})^2 + (\text{ऊर्ध्वाधर ऊंचाई})^2}$

$17 = \sqrt{(8)^2 + (\text{ऊर्ध्वाधर ऊंचाई})^2}$

$289 - 64 = (\text{ऊर्ध्वाधर ऊंचाई})^2$

अत:, ऊर्ध्वाधर ऊंचाई $= \sqrt{225} = 15$

DATA INTERPRETATION
आँकड़े निर्वचन
20

निर्देश (1–3): निम्नलिखित स्तंभ आरेख (Bar Graph) का अध्ययन करिए और उसके बाद दिए गए प्रश्नों का उत्तर दीजिए।

Direction: Study the following Bar Graph and then Answer the given questions.

कुल व्यय (100%) : Rs. 45,000

Total Expenses (100%): Rs. 45,000

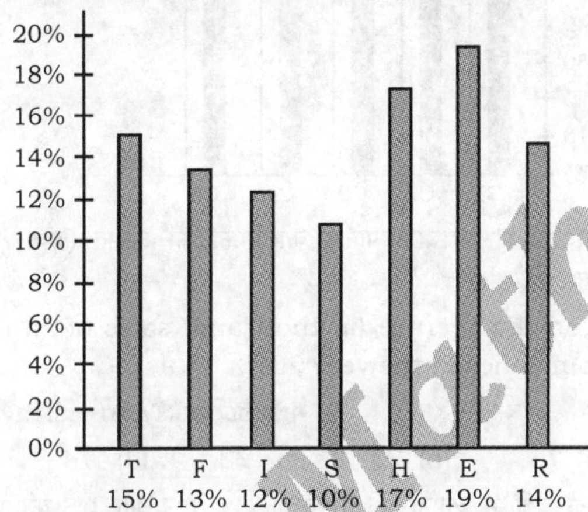

T- Transport

F- Food

I- Investment

S- Shopping

H- Household Expenses

E- Educational Fees

R- Rent

1. शैक्षणिक शुल्क में कितनी और राशि जोड़ी जानी चाहिए ताकि वह किराया (R) और घर खर्च को मिलाकर इन पर किए गए व्यय की राशि के बराबर हो?

   How much more amount should be added to the educational fee so that it becomes equal to the amount of expenditure incurred on rent (R) and house expenses together?

   RPF Constable 19/01/2019 (Shift-01)

   (a) ₹7,500 (b) ₹5,400 (c) ₹6,400 (d) ₹4,400

2. कुल व्यय (100%) : रुपये 45,000

   किराया (R), शैक्षणिक शुल्क (E) और यातायात (T) को मिलाकर इन पर किए गए व्यय की राशि ज्ञात करें।

   Total Expenses (100%) : Rs 45,000

   Rent (R), educational fee (E) and transportation (T) together Find the amount of expenditure.

   (a) ₹21,100 (b) ₹19,100 (c) ₹21,600 (d) ₹22,100

3. भोजन (F) और घर खर्च (H) दोनों को मिलाकर, किया गया खर्च ज्ञात कीजिए।

   Find the expenditure incurred on food (F) and house expenses (H) together.

   (a) ₹13,500 (b) ₹21,500
   (c) ₹15,500 (d) ₹19,500

निर्देश (4 – 6): निम्न लाइन ग्राफ में 2001 से 2006 तक की 6 साल की अवधि के बीच होने वाली एक परीक्षा में शामिल हुए कुल अभ्यर्थियों और सफल हुए कुल अभ्यर्थियों की प्रतिशतता की जानकारी दी गयी है।

Direction: The following line graph shows the percentage of total candidates who appeared in an examination and the percentage of total candidates who were successful in an examination conducted between the period of 6 years from 2001 to 2006. Information has been given.

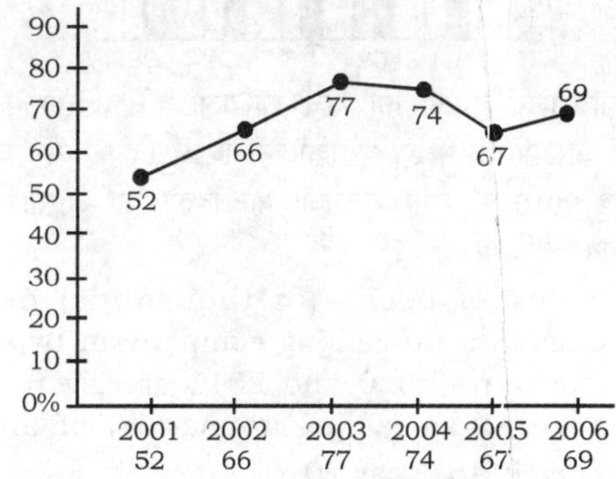

4. यदि 2003 और 2005 में शामिल हुए अभ्यर्थियों की कुल संख्या 106000 थी, तो इन दो वर्षों में सफल अभ्यर्थियों की कुल संख्या थी–

   If the total number of candidates appeared in 2003 and 2005 was 106000, then the total number of successful candidates in these two years was-

   RPF Constable 22/01/2019 (Shift-02)

   (a) 210000 (b) 150000
   (c) 235000 (d) आँकड़े पर्याप्त नहीं

5. यदि 2002 में सफल हुए अभ्यर्थियों की संख्या 99000 थी, तो 2002 में शामिल अभ्यर्थियों की संख्या कितनी थी?
If the number of successful candidates in 2002 was 99000, then what was the number of candidates appeared in 2002?
RPF Constable 22/01/2019 (Shift-02)
(a) 170000 (b) 150000
(c) 160000 (d) 180000

6. दिए हुए किन वर्षों में शामिल हुए कुल अभ्यर्थियों की तुलना में सफल हुए अभ्यर्थियों की प्रतिशत में अंतर सबसे कम है?
In which of the given years is the difference in the percentage of successful candidates compared to the total candidates appeared the least?
RPF Constable 22/01/2019 (Shift-02)
(a) 2002-2003 (b) 2004-2005
(c) 2003-2004 (d) 2001-2002

निर्देश (7 – 8): निम्न बार ग्राफ का अध्ययन कीजिये और उसके आधार पर प्रश्न का उत्तर दीजिये।
Direction: Study the following bar graph and answer the question based on it.

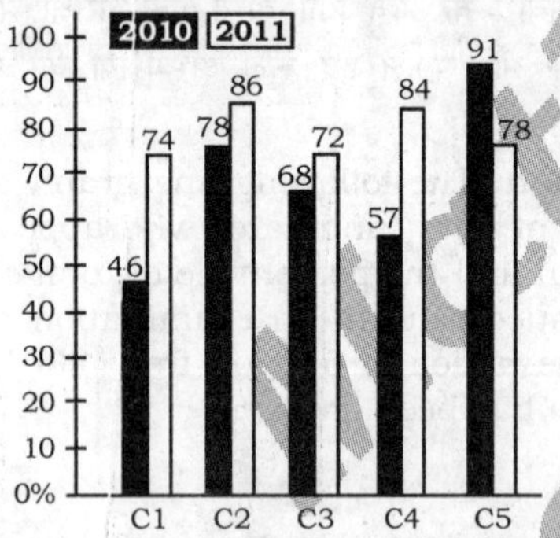

7. एक पब्लिशिंग कंपनी की पाँच शाखाओं की दो क्रमागत वर्षों 2010 और 2011 में हुई पुस्तकों की बिक्री (हजार में) दी गयी है। वर्ष 2010 में सभी शाखाओं की बिक्री का औसत (हजार में) ज्ञात कीजिये।
The sales of books (in thousands) of five branches of a publishing company in two consecutive years 2010 and 2011 are given. Find the average sales (in thousands) of all the branches in the year 2010.
RPF Constable 05/01/2019 (Shift-01)
(a) 72 (b) 68 (c) 66 (d) 74

8. दोनों वर्षों में कंपनी की शाखाओं C1, C3 और C5 की मिलाकर कुल बिक्री (हजार में) ज्ञात कीजिये।
Find the total sales (in thousands) of branches C1, C3 and C5 of the company combined in both the years.
RPF SI 05/01/2019 (Shift-01)
(a) 439 (b) 419 (c) 429 (d) 409

निर्देश (9 – 11): निम्न बार ग्राफ का अध्ययन करें और उसके आधार पर प्रश्न का उत्तर दीजिये। एक पब्लिशिंग कंपनी की पाँच शाखाओं की दो क्रमागत वर्षों 2010 और 2011 में हुई पुस्तकों की बिक्री (हजार में) दी गयी है।
Direction: Study the following bar graph and answer the question based on it. The sales of books (in thousands) of five branches of a publishing company in two consecutive years 2010 and 2011 are given.

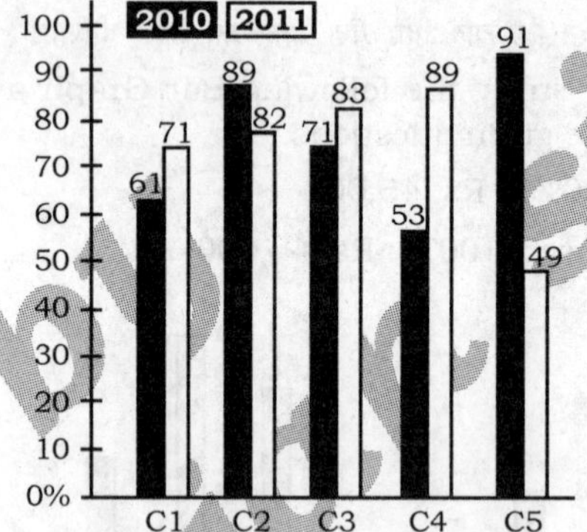

9. वर्ष 2010 में सभी कंपनियों की बिक्री का औसत (हजार में) ज्ञात कीजिए।
Find the average (in thousand) sales of all the companies in the year 2010.
RPF SI 05/01/2019 (Shift-03)
(a) 75 (b) 72 (c) 73 (d) 74

10. दोनों वर्षों में कंपनी की शाखाओं C1, C3 और C5 की एक साथ कुल बिक्री (हजार में) ज्ञात कीजिए।
Find the total sales (in thousands) of branches C1, C3 and C5 of the company in both the years together.
RPF SI 05/01/2019 (Shift-03)
(a) 425 (b) 427 (c) 426 (d) 423

11. शाखा C2 की दोनों वर्षों में हुई कुल बिक्री और शाखा C4 की दोनों वर्षों में हई कुल बिक्री का अनुपात ज्ञात कीजिए।
Find the ratio of total sales of branch C2 in both the years to total sales of branch C4 in both the years.
RPF SI 05/01/2019 (Shift-03)
(a) 142 : 171 (b) 182 : 163
(c) 171 : 142 (d) 163 : 182

निर्देश (12 – 13): निम्न बार ग्राफ का अध्ययन करें और उसके आधार पर प्रश्न का उत्तर दीजिये। एक पब्लिशिंग कंपनी की पाँच शाखाओं जी दो क्रमागत वर्षों 2010 और 2011 में हुई पुस्तकों की बिक्री (हजार में) दी गयी है।

Direction: Study the following bar graph and answer the question based on it. The sales of books (in thousands) of five branches of a publishing company in two consecutive years 2010 and 2011 are given.

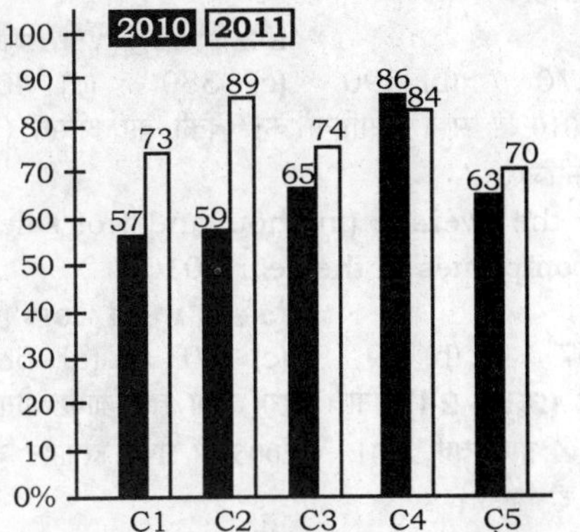

12. दोनों वर्षों में कंपनी की शाखाओं C1, C3 और C5 की एक साथ कुल बिक्री (हजार में) ज्ञात करें।
In both the years the company's branches C1, C3 and C5 Find the total sales (in thousands) together.
RPF SI 05/01/2019 (Shift-03)
(a) 403 (b) 400 (c) 401 (d) 402

13. शाखा C2 की दोनों वर्षों में हुई कुल बिक्री और शाखा C4 की दोनों वर्षों में हुई कुल बिक्री का अनुपात ज्ञात करें।
Find the ratio of total sales of branch C2 in both the years to total sales of branch C4 in both the years.
RPF SI 05/01/2019 (Shift-03)
(a) 47 : 85 (b) 37 : 58 (c) 74 : 85 (d) 29 : 56

निर्देश (14 – 15): निम्न बार ग्राफ का अध्ययन कीजिए और उसके आधार पर प्रश्न का उत्तर दीजिए।

Direction: Study the following bar graph and answer the question based on it.

एक पब्लिशिंग कंपनी की पाँच शाखाओं की दो क्रमागत वर्षों 2010 और 2011 में हुई पुस्तकों की बिक्री (हजार में) दी गई है।

The sales of books (in thousands) of five branches of a publishing company in two consecutive years 2010 and 2011 are given.

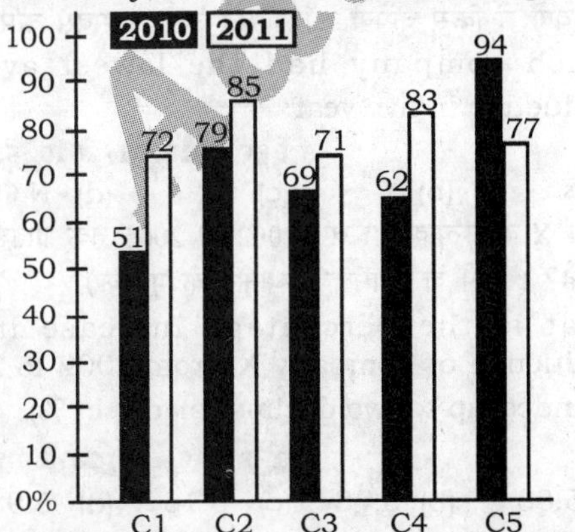

14. दोनों वर्षों में कंपनी की शाखाओं C1, C3 और C5 की एक साथ कुल बिक्री (हजार में) ज्ञात कीजिये।
In both the years the company's branches C1, C3 and C5 Find the total sales (in thousands) together.
RPF SI 06/01/2019 (Shift-03)
(a) 434 (b) 414 (c) 444 (d) 424

15. वर्ष 2010 में सभी कंपनियों की बिक्री का औसत (हजार में) ज्ञात कीजिये।
Find the average sales (in thousand) of all companies in the year 2010
RPF SI 06/01/2019 (Shift-03)
(a) 73 (b) 71 (c) 72 (d) 70

निर्देश (16 – 18): निम्न बार ग्राफ का अध्ययन कीजिये और उसके आधार पर प्रश्न का उत्तर दीजिये।

Direction: Study the following bar graph and answer the question based on it.

एक पब्लिशिंग कंपनी की पाँच शाखाओं की दो क्रमागत वर्षों 2010 और 2011 में हुई पुस्तकों की बिक्री (हजार में) दी गयी है।

The sales of books (in thousands) of five branches of a publishing company in two consecutive years 2010 and 2011 are given.

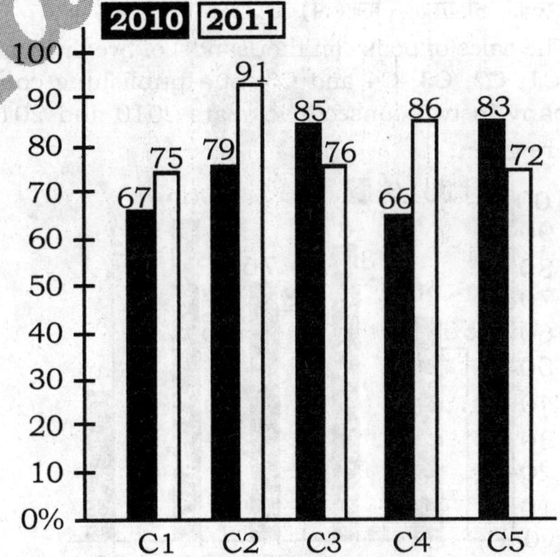

16. शाखा C2 की दोनों वर्षों में हुई कुल बिक्री और शाखा C4 की दोनों वर्षों में हुई कुल बिक्री का अनुपात ज्ञात कीजिये।
Find the ratio of total sales of branch C2 in both the years to total sales of branch C4 in both the years.
RPF SI 10/01/2019 (Shift-01)
(a) 153 : 169 (b) 170 : 152
(c) 169 : 153 (d) 153 : 170

17. एक पब्लिशिंग कंपनी की पाँच शाखाओं की दो क्रमागत वर्षों 2010 और 2011 में हुई शाखाओं की बिक्री (हजार में) दी गयी है। वर्ष 2010 में सभी कंपनियों की बिक्री का औसत (हजार में) ज्ञात कीजिये।
The sales (in thousands) of books of five branch of a publishing company in two consecutive years 2010 and 2011 are given. Find the average (in thousand) sales of all the companies in the year 2010.

RPF SI 10/01/2019 (Shift-01)

(a) 76 (b) 73 (c) 74 (d) 75

18. दोनों वर्षों में कंपनी की शाखाओं C1, C3 और C5 की एक साथ कुल बिक्री (हजार में) ज्ञात कीजिए।
Find the total sales (in thousands) of branches C1, C3 and C5 of the company in both the years together.

RPF Constable 10/01/2019 (Shift-01)

(a) 458 (b) 468 (c) 438 (d) 448

निर्देश (19 – 21): निम्न बार ग्राफ का अध्ययन कीजिये और उसके आधार पर प्रश्न का उत्तर दीजिये।

Direction: Study the following bar graph and answer the question based on it.

एक पब्लिशिंग कंपनी की पाँच शाखाओं (C1, C2, C3, C4 और C5) की दो क्रमागत वर्षों 2010 और 2011 में हुयी पुस्तकों की बिक्री (हजार में) दी गई है।
The sales of books (in thousands) of five divisions (C1, C2, C3, C4 and C5) of a publishing company in two consecutive years 2010 and 2011 are given.

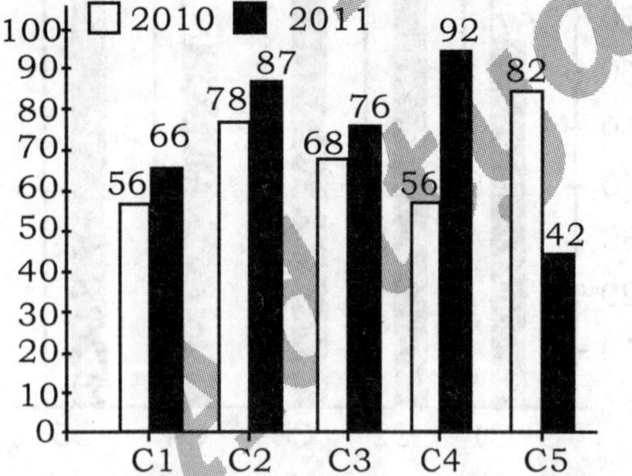

19. शाखा C2 की दोनों वर्षों में हुयी कुल बिक्री और शाखा C4 की दोनों वर्षों में हुई कुल बिक्री का अनुपात ज्ञात कीजिए।
Find the ratio of total sales of branch C2 in both the years to total sales of branch C4 in both the years.

RPF SI 10/01/2019 (Shift-03)

(a) 163 : 146 (b) 163 : 145
(c) 164 : 147 (d) 165 : 148

20. दोनों वर्षों मे कंपनी की शाखाओं C1, C3 और C5 की एक साथ कुल बिक्री (हजार में) ज्ञात कीजिए।
Find the total sales (in thousands) of branches C1, C3 and C5 of the company in both the years together.

RPF SI 10/01/2019 (Shift-03)

(a) 370 (b) 390 (c) 380 (d) 400

21. वर्ष 2010 में सभी कंपनियों की बिक्री का औसत (हजार में) ज्ञात कीजिए।
Find the average (in thousands) of sales of all the companies in the year 2010.

RPF SI 10/01/2019 (Shift-03)

(a) 67 (b) 69 (c) 70 (d) 68

निर्देश (22 – 24): नीचे दिया गया बार ग्राफ तीन कंपनियों X, Y और Z द्वारा वर्ष 2001 – 2005 में पेपर उत्पादन के आँकड़े (हजार में) दर्शाता है।

Direction: The bar graph given below shows the data (in thousands) of paper production by three companies X, Y and Z in the year 2001 – 2005.

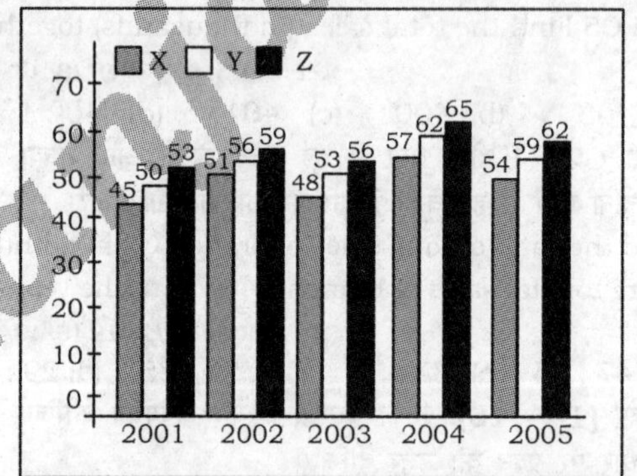

22. वर्ष 2001 में कंपनी Z के उत्पादन और 2002 में कंपनी Y के उत्पादन के मध्य अंतर (हजार में) कितना है?
What is the difference (in thousands) between the production of Company Z in the year 2001 and the production of Company Y in the year 2002?

RPF 11/01/2019 (Shift-01)

(a) 5 (b) 4 (c) 6 (d) 3

23. पाँच वर्षों में किस कंपनी का औसत उत्पादन सबसे कम था?
Which company had the lowest average production in five years?

RPF SI 11/01/2019 (Shift-01)

(a) X (b) Y (c) Z (d) N.O.T.

24. कंपनी X के उत्पादन में वर्ष 2002 से 2005 तक प्रतिशत वृद्धि क्या है? (% में दो दशमलव स्थानों तक पूर्णांक)
What is the percentage increase in the production of Company X from 2002 to 2005? (rounded up to two decimal places in %)

RPF SI 11/01/2019 (Shift-01)

(a) 5.88 (b) 5.78 (c) 6.18 (d) 5.98

निर्देश (25 – 26): निम्न बार ग्राफ तीन भिन्न कंपनियों X, Y और Z द्वारा वर्ष 2001-2005 के बीच निर्मित पेपरों के आँकड़ों (हजार में) को दर्शाता है।

Direction: The following bar graph shows the data (in thousands) of papers produced by three different companies X, Y and Z between the years 2001-2005.

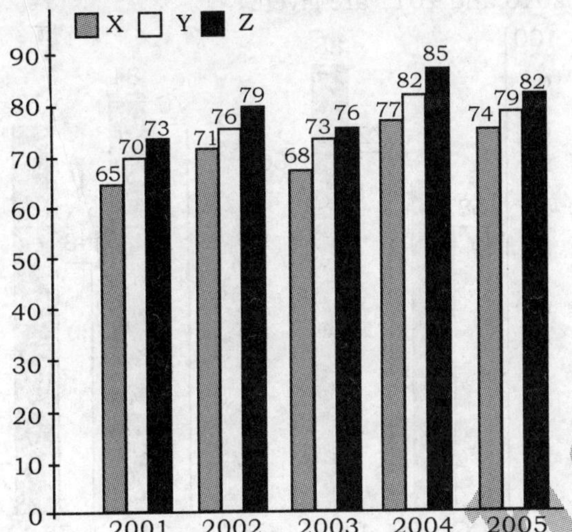

25. कंपनी Z द्वारा 2001 और 2002 में निर्मित पेपरों की संख्या का अंतर ज्ञात कीजिए। (हजार में)

Find the difference in the number of papers produced by company Z in 2001 and 2002. (in thousands)

RPF SI 11/01/2019 (Shift-02)

(a) 3 (b) 6 (c) 5 (d) 4

26. 2002 से 2005 के बीच में कंपनी X के उत्पादन में कितने प्रतिशत की वृद्धि हुई? (प्रतिशत मान दशमलव के दो अंकों तक लगभग में ज्ञात कीजिए)

By what percent did the production of Company X increase between 2002 and 2005? (Find the percentage value rounded to two decimal places)

RPF SI 11/01/2019 (Shift-02)

(a) 4.20 (b) 4.30 (c) 4.23 (d) 4.27

निर्देश (27 – 28): निम्न बार ग्राफ का अध्ययन कीजिए और उसके आधार पर प्रश्न का उत्तर दीजिए।

Direction: Study the following bar graph and answer the question based on it.

एक पब्लिशिंग कंपनी की पाँच शाखाओं की दो क्रमागत वर्षों 2010 और 2011 में हुई पुस्तकों की बिक्री (हजार में) दी गई है।

The sales (in thousands) of books of five chapters of a publishing company in two consecutive years 2010 and 2011 are given.

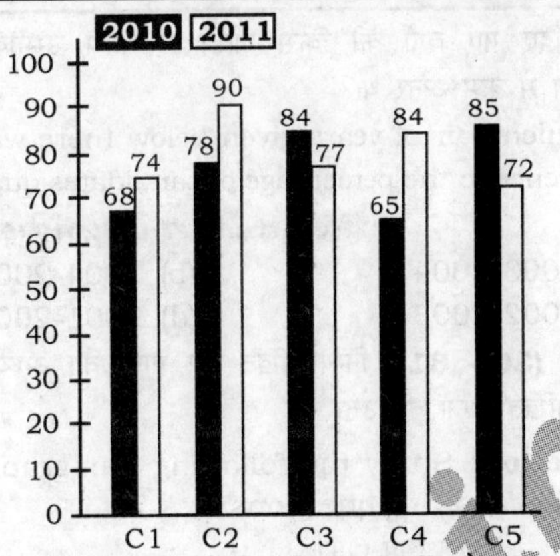

27. शाखा C2 की दोनों वर्षों मे हुई कुल बिक्री और शाखा C4 की दोनों वर्षों में हुई बिक्री का अनुपात ज्ञात कीजिए।

Find the ratio of total sales of branch C2 in both the years to the total sales of branch C4 in both the years.

RPF SI 12/01/2019 (Shift-01)

(a) 168 : 149 (b) 168 : 143
(c) 166 : 141 (d) 166 : 145

28. वर्ष 2010 में सभी शाखाओं की बिक्री का औसत (हजार में) ज्ञात कीजिए।

Find the average (in thousand) sales of all the branches in the year 2010.

RPF SI 12/01/2019 (Shift-01)

(a) 78 (b) 76 (c) 80 (d) 74

निर्देश (29): निम्नलिखित पंक्तियाँ छह साल की अवधि 2001 से 2006 के दौरान उपस्थित उम्मीदवारों की कुल संख्या की तुलना में परीक्षा में योग्य उम्मीदवारों की संख्या का प्रतिशत दर्शाती हैं।

Direction: The following rows show the percentage of number of candidates qualified in the examination compared to the total number of candidates appeared during the six year period 2001 to 2006.

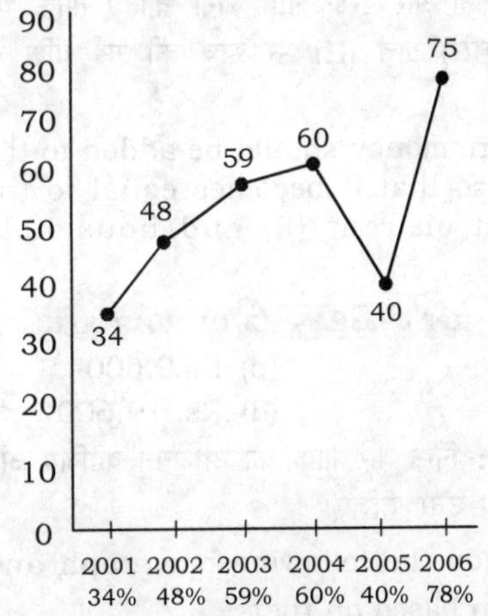

29. नीचे दिए गए वर्षों की किस जोड़ी में योग्य उम्मीदवारों के प्रतिशत में कम अंतर था?

In which pair of years given below there was less difference in the percentage of candidates qualified?

RPF Constable 17/01/2019 (Shift-01)

(a) 2003-2004 (b) 2004-2005
(c) 2002-2003 (d) 2001-2002

निर्देश (30 – 31): निम्नलिखित बार ग्राफ का अध्ययन करें और निम्नलिखित प्रश्नों का उत्तर दें:

Direction: Study the following bar graph and answer the following questions:

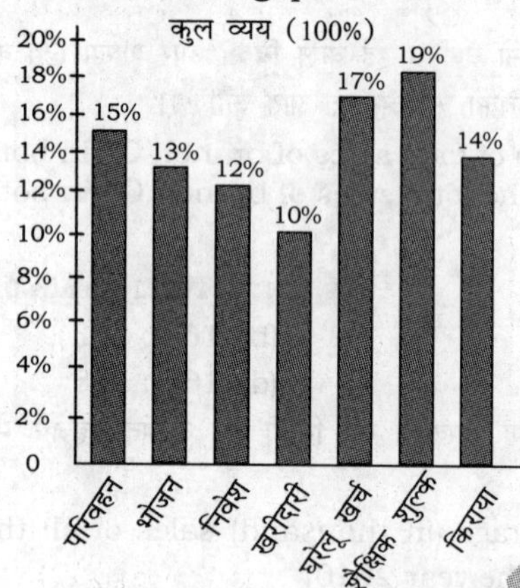

कुल व्यय (100%): रु. 85000

Total Expenses (100%): Rs.85000

30. भोजन (F) और घरेलू खर्च (H) पर एक साथ खर्च की गई राशि ज्ञात कीजिए।

Find the amount spent on food (F) and household expenses (H) together.

RPF Constable 18/01/2019 (Shift-01)

(a) Rs.24,400 (b) Rs.23,300
(c) Rs.22,200 (d) Rs.25,500

31. शिक्षा शुल्क में कितना और पैसा जोड़ा जाना चाहिए ताकि यह किराया (R) और घरेलू खर्च (H) पर खर्च की गई राशि के बराबर हो जाए।

How much more money should be added to the education fee so that it becomes equal to the amount spent on rent (R) and household expenses (H).

RPF Constable 18/01/2019 (Shift-01)

(a) Rs.10,800 (b) Rs.9,600
(c) Rs.10,200 (d) Rs. 10,600

निर्देश (32 – 33): निम्न बार ग्राफ का अध्ययन कीजिए और उसके आधार पर प्रश्न का उत्तर दीजिए।

Direction: Study the following bar graph and answer the question based on that.

एक पब्लिशिंग कंपनी की पाँच शाखाओं (C1, C2, C3, C4 और C5) की दो क्रमागत वर्षों 2010 और 2011 में हुई पुस्तकों की बिक्री (हजार में) दी गयी है।

The sales of books (in thousands) of five branches (C1, C2, C3, C4 and C5) of a publishing company in two consecutive years 2010 and 2011 are given.

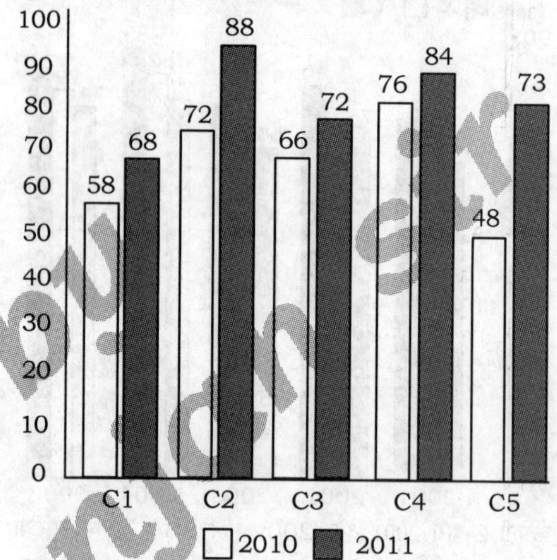

32. वर्ष 2010 में सभी शाखाओं की बिक्री का औसत (हजार में) ज्ञात कीजिए?

Find the average sales (in thousand) of all the branches in the year 2010?

RPF SI 19/12/2018 (Shift-01)

(a) 65 (b) 64 (c) 63 (d) 66

33. दोनों वर्षों में कंपनी की शाखाओं C1, C3 और C5 की एक साथ कुल बिक्री (हजार में) ज्ञात कीजिए?

Find the total sales (in thousands) of branches C1, C3 and C5 of the company in both the years together?

RPF SI 19/12/2018 (Shift-01)

(a) 355 (b) 365 (c) 375 (d) 385

निर्देश (34): निम्न बार ग्राफ का अध्ययन कीजिए और उसके आधार पर प्रश्न का उत्तर दीजिए?

Directions: Study the following bar graph and answer the question based on it?

एक पब्लिशिंग कंपनी की पाँच शाखाओं (C1, C2 C3, C4 और C5) की दो क्रमागत वर्षों 2010 और 2011 में हुई पुस्तकों की बिक्री (हजार में) दी गयी है।

The sales of books (in thousands) of five branches (C1, C2 C3, C4 and C5) of a publishing company in two consecutive years 2010 and 2011 are given.

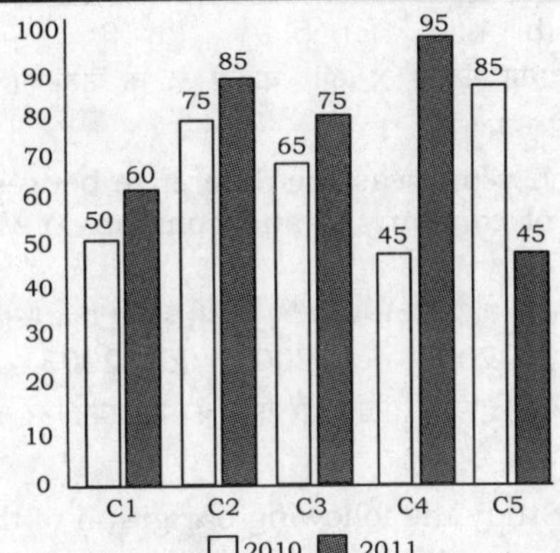

34. शाखा C2 की दोनों वर्षों में हुई कुल बिक्री और शाखा C4 की दोनों वर्षों में हुई कुल बिक्री का अनुपात ज्ञात कीजिए?

Find the ratio of total sales of branch C2 in both the years to total sales of branch C4 in both the years?

RPF SI 19/12/2018 (Shift-03)

(a) 8 : 9 (b) 7 : 8 (c) 8 : 7 (d) 9 : 8

निर्देश (35): निम्न बार ग्राफ का अध्ययन कीजिए और उसके आधार पर प्रश्न का उत्तर दीजिए?

Directions: Study the following bar graph and answer the question based on it?

एक पब्लिशिंग कंपनी की पाँच शाखाओं (C1, C2, C3, C4 और 5) की दो क्रमागत वर्षों 2010 और 2011 में हुई पुस्तकों की बिक्री (हजार में) दी गयी है।

The sales of books (in thousands) of five branches (C1, C2, C3, C4 and C5) of a publishing company in two consecutive years 2010 and 2011 are given.

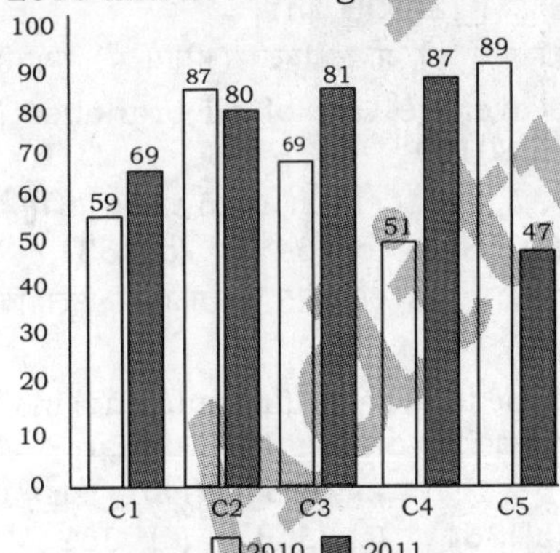

35. शाखा C2 की दोनों वर्षों में हुई कुल बिक्री और शाखा C4 की दोनों वर्षों में हुई कुल बिक्री का अनुपात ज्ञात कीजिए?

Find the ratio of total sales of branch C2 in both the years to total sales of branch C4 in both the years?

RPF SI 24/12/2018 (Shift-01)

(a) 196 : 123 (b) 123 : 196
(c) 167 : 138 (d) 138 : 167

निर्देश (36 – 37): निम्नलिखित ग्राफ का अध्ययन करें और इसके आधार पर प्रश्न का उत्तर दें।

Direction: Study the following graphs and answer the question based on this.

2001 से 2006 तक, X और Y कंपनियों द्वारा निर्मित वाहनों की संख्या (हजारों में)

From 2001 to 2006, the number of vehicles manufactured by X and Y companies (in thousands)

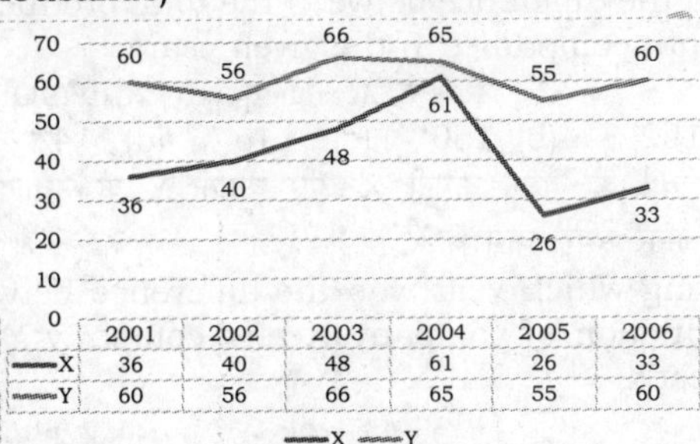

	2001	2002	2003	2004	2005	2006
X	36	40	48	61	26	33
Y	60	56	66	65	55	60

36. 2001 और 2002 में X कंपनी द्वारा निर्मित वाहनों की संख्या के बीच अंतर क्या है?

What is the difference between the number of vehicles manufactured by the X company in 2001 and 2002?

RPF Constable 02/02/2019 (Shift-01)

(a) 5 (b) 3 (c) 4 (d) 6

37. दिए गए वर्षों में दोनों कंपनियों के कुल उत्पादन (हजारों में) के बीच अंतर ज्ञात करें।

Find the difference between the total production (in thousands) of the two companies in the given years.

RPF Constable 02/02/2019 (Shift-01)

(a) 116 (b) 117 (c) 118 (d) 115

निर्देश (38 – 40): निम्नलिखित ग्राफ का अध्ययन करें और इसके आधार पर प्रश्न का उत्तर दें। 2001 से 2006 तक, X और Y कंपनियों द्वारा निर्मित वाहनों की संख्या (हजारों में) है

Direction: Study the following graphs and answer the question based on this. From 2001 to 2006, the number of vehicles manufactured by X and Y companies (in thousands)

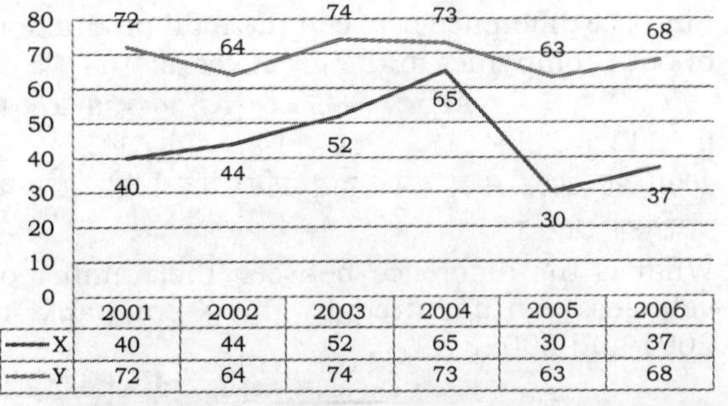

	2001	2002	2003	2004	2005	2006
X	40	44	52	65	30	37
Y	72	64	74	73	63	68

38. 2001 और 2002 में X कंपनी द्वारा निर्मित वाहनों की संख्या के बीच क्या अंतर है?
What is the difference between the number of vehicles manufactured by the X company in 2001 and 2002?
RPF Constable 03/02/2019 (Shift-02)
(a) 6 (b) 4 (c) 5 (d) 3

39. दिए गए वर्षों में दोनों कंपनियों के कुल उत्पादन के बीच अंतर ज्ञात कीजिए।
Find the difference between the total production of both companies in the given years.
RPF Constable 03/02/2019 (Shift-02)
(a) 152 (b) 150 (c) 146 (d) 148

40. किस वर्ष के दौरान कंपनी X और कंपनी Y के उत्पादन के बीच अंतर सबसे कम था?
During which year was the difference between production of company X and company Y the lowest?
RPF Constable 03/02/2019 (Shift-02)
(a) 2002 (b) 2005 (c) 2003 (d) 2004

निर्देश (41 - 43): निम्नलिखित ग्राफ का अध्ययन करें और इसके आधार पर प्रश्न का उत्तर दें।

Direction: Study the following graphs and answer the question based on this.

2001 से 2006 तक, X और Y कंपनियों द्वारा निर्मित वाहनों की संख्या (हजारों में) दिया गया है।
From 2001 to 2006, the number of vehicles manufactured by X and Y companies (in thousands) is given.

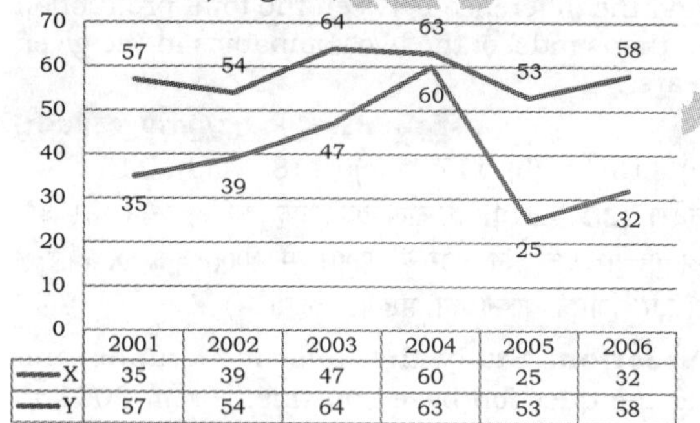

	2001	2002	2003	2004	2005	2006
X	35	39	47	60	25	32
Y	57	54	64	63	53	58

41. दिए गए वर्षों में दोनों कंपनियों के कुल उत्पादन के बीच अंतर ज्ञात कीजिए।
Find the difference between the total production of both companies in the given years.
RPF Constable 04/02/2019 (Shift-01)
(a) 111 (b) 113 (c) 114 (d) 112

42. 2001 और 2002 में X कंपनी द्वारा निर्मित वाहनों की संख्या के बीच क्या अंतर है?
What is the difference between the number of vehicles manufactured by the X company in 2001 and 2002?
RPF Constable 04/02/2019 (Shift-01)
(a) 6 (b) 4 (c) 5 (d) 3

43. किस वर्ष के दौरान कंपनी X और कंपनी Y के उत्पादन के बीच अंतर सबसे कम था?
during which years was the difference between production of company X and company Y the lowest?
RPF Constable 04/02/2019 (Shift-01)
(a) 2004 (b) 2005 (c) 2002 (d) 2003

निर्देश (44 – 46): निम्नलिखित बार ग्राफ का अध्ययन करें और निम्नलिखित प्रश्न का उत्तर दें:

Direction: Study the following bar graph of the following times and answer the following question:

2010 और 2011 के लगातार दो वर्षों में एक प्रकाशन कंपनी की पुस्तकों (हजारों C1, C2, C3, C4 और C5 में से) की बिक्री।
Books (in thousands of C1, C2, C3, C4 and C5) of a publishing company in two consecutive years of 2010 and 2011 Sales.

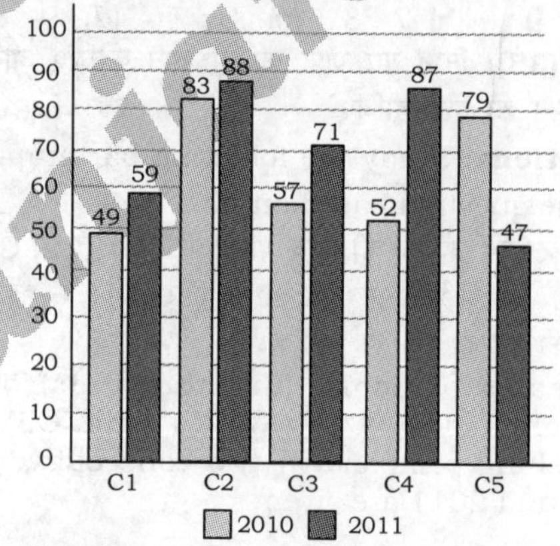

44. 2010 में सभी शाखाओं की औसत बिक्री (हजारों में) क्या है?
What is the average sale of all branches (in thousands) in 2010?
RPF SI 06/01/2019 (Shift-01)
(a) 66 (b) 65 (c) 64 (d) 63

45. दो वर्षों के दौरान C1, C3 और C5 शाखाओं में कुल बिक्री (हजार में) कितनी है?
How much is the total sales (In thousand) in C1, C3 and C5 branches during the two years?
RPF SI 06/01/2019 (Shift-01)
(a) 364 (b) 361 (c) 363 (d) 362

46. दो वर्षों के दौरान शाखा C2 की कुल बिक्री और दो वर्षों के दौरान शाखा C4 की कुल बिक्री का अनुपात क्या है?
What is the ratio of the total sales of branch C2 during the two years and the total sales of branch C4 during the two years?
RPF SI 06/01/2019 (Shift-01)
(a) 171 : 139 (b) 183 : 169
(c) 139 : 171 (d) 169 : 183

निर्देश (47 – 49): निम्नलिखित कॉलम का अध्ययन करें और निम्नलिखित प्रश्न का उत्तर दें:

Direction: Study the following columns and answer the following question:

एक प्रकाशन कंपनी की पांच शाखाओं में 2010 और 2011 में पुस्तकों की बिक्री (हजार में) दिखाई गई है।

Sales of books in 2010 and 2011 in five branches of one publishing company (in thousand) are shown.

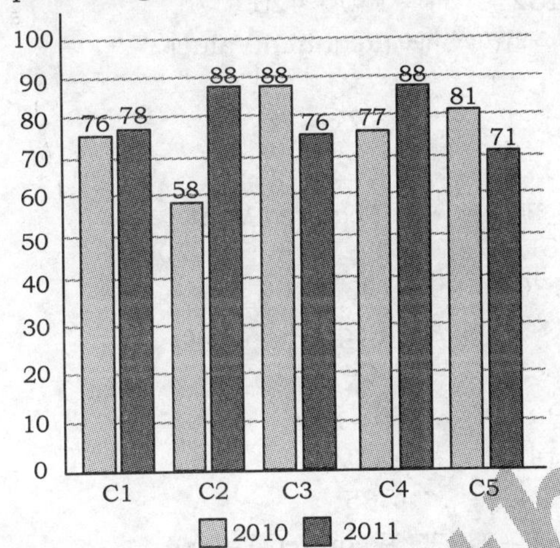

47. 2010 की सभी शाखाओं की औसत बिक्री (हजार में) कितनी है?
How much is the average sales (in thousand) for all branches of 2010?

RPF SI 06/01/2019 (Shift-02)

(a) 80 (b) 74 (c) 76 (d) 78

48. दोनों वर्षों में C1, C3 और C5 शाखाओं की कुल बिक्री (हजार में) कितनी है?
What is the total sale (in thousand) of C1, C3 and C5 branches for both the years together?

RPF SI 06/01/2019 (Shift-02)

(a) 470 (b) 460 (c) 450 (d) 480

49. C2 शाखा की दोनों वर्षों की कुल बिक्री का दोनों वर्षों की C4 शाखाओं की कुल संख्या से अनुपात क्या है?
What is the ratio of total sales for both years of C2 branch, for the total number of C4 branches for both the years?

RPF SI 06/01/2019 (Shift-02)

(a) 141 : 165
(b) 146 : 165
(c) 145 : 165
(d) 143 : 165

ANSWER KEY

1.(b)	2.(c)	3.(a)	4.(d)	5.(b)	6.(c)	7.(b)	8.(c)	9.(c)	10.(c)
11.(c)	12.(d)	13.(c)	14.(a)	15.(b)	16.(b)	17.(a)	18.(a)	19.(d)	20.(b)
21.(d)	22.(d)	23.(a)	24.(a)	25.(b)	26.(c)	27.(a)	28.(b)	29.(a)	30.(d)
31.(c)	32.(b)	33.(d)	34.(c)	35.(c)	36.(c)	37.(c)	38.(b)	39.(c)	40.(d)
41.(a)	42.(b)	43.(a)	44.(c)	45.(d)	46.(a)	47.(c)	48.(a)	49.(b)	

SOLUTIONS

1. (b) किराया (Rent) और घर खर्च (Household expenses) पर किया गया खर्च = 14 + 17 = 31%

   खर्च (Rs) = $\frac{31}{100} \times 45000 = 13950$

   ∴ शैक्षणिक शुल्क (Educational fees) पर किया गया खर्च (Rs)

   $= \frac{19}{100} \times 45000 = \text{Rs.}8550$

   ∴ आवश्यक मान (Required value)
   = 13950 – 8550 = Rs.5400

2. (c) आवश्यक मान (Required value) = R + E + T

   $= \frac{(14+19+15)}{100} \times 45000 = \text{Rs.}21600$

3. (a) आवश्यक मान (Required Value) = (F + H)

   $= \frac{(13+17)}{100} \times 45000 = \text{Rs.}13500$

4. (d) आँकड़ें अपर्याप्त हैं। क्योंकि प्रश्न के अनुसार परीक्षा में शामिल हुए कुल अभ्यार्थियों और सफल हुए अभ्यार्थियों का प्रतिशत दिया हुआ है।

5. (b) प्रश्नानुसार,

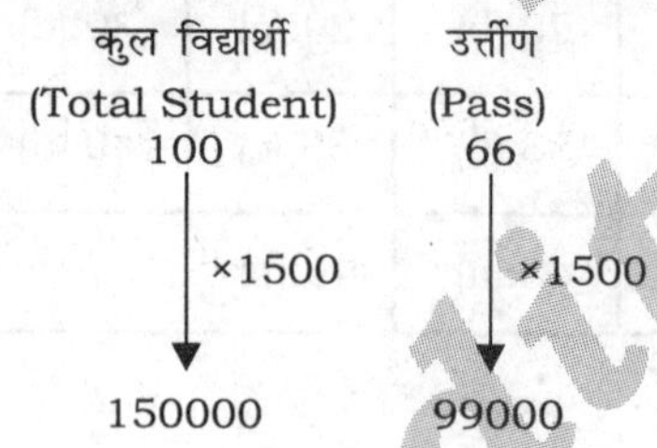

6. (c) 2003-2004 में प्रतिशत में सबसे कम अंतर है।

7. (b) वर्ष 2010 में सभी शाखाओं का औसत

   $= \frac{46+78+68+57+91}{5} = \frac{340}{5} = 68$

8. (c) आवश्यक मान (Required Value)
   = (46 + 74) + (68 + 72) + (91 + 78)
   = 120 + 140 + 169 = 429

9. (c) आवश्यक मान (Required Value)

   $= \frac{(61+89+71+53+91)}{5} = 73$

10. (c) आवश्यक मान (Required Value)
    = (61 + 71) + (71 + 83) + (91 + 49)
    = 132 + 154 + 140 = 426

11. (c) आवश्यक मान (Required Value)

    C2 : C4
    (89 + 82) : (53 + 89)
    171 : 142

12. (d) आवश्यक मान (Required Value)
    = (57 + 73) + (65 + 74) + (63 + 70)
    = 130 + 139 + 133 = 402

13. (c) आवश्यक मान (Required Value)

    C2 : C4
    (59 + 89) : (86 + 84)
    148 : 170
    74 : 85

14. (a) आवश्यक मान (Required Value)
    = (51 + 72) + (69 + 71) + (94 + 77)
    = 123 + 140 + 171 = 434

15. (b) आवश्यक मान (Required Value)

    $\frac{(51+79+69+62+94)}{5} = \frac{355}{5} = 71$

16. (b) आवश्यक मान (Required Value)

    C2 : C4
    (91 + 79) : (66 + 86)
    170 : 152

17. (a) आवश्यक मान (Required Value)

    $= \frac{(67+79+85+66+83)}{5} = \frac{380}{5} = 76$

18. (a) आवश्यक मान (Required Value)
    = (67 + 75) + (85 + 76) + (83 + 72)
    = 142 + 161 + 155 = 458

19. (d) आवश्यक मान (Required Value)

    C2 : C4
    (78 + 87) : (56 + 92)
    165 : 148

20. (b) आवश्यक मान (Required Value)
    = (56 + 66) + (68 + 76) + (82 + 42)
    = 122 + 144 + 124 = 390

21. (d) आवश्यक मान (Required Value)

    $= \frac{(56+78+68+56+82)}{5} = \frac{340}{5} = 68$

22. (d) आवश्यक मान (Required Value) = 56 – 53 = 3

23. (a) X का औसत उत्पादन

$= \frac{(45+51+48+57+54)}{5} = \frac{255}{5} = 51$

Y का औसत उत्पादन

$= \frac{(50+56+53+62+59)}{5} = \frac{280}{5} = 56$

और

Z का औसत उत्पादन

$= \frac{(53+59+56+65+62)}{5} = \frac{295}{5} = 59$

अत: सबसे कम उत्पादन X कंपनी का है।

24. (a) आवश्यक मान (Required Value)

$= \frac{(54-51)}{51} \times 100 = 5.88\%$

25. (b) आवश्यक मान (Required Value) = 79 – 73 = 6

26. (c) आवश्यक मान (Required Value)

$= \frac{(74-71)}{71} \times 100 = \frac{3}{71} \times 100 = 4.23$ (लगभग)

27. (a) आवश्यक मान (Required Value)

C2 : C4

(78 + 90) : (65 + 84)

168 : 149

28. (b) आवश्यक मान (Required Value)

$= \frac{(68+78+84+65+85)}{5} = \frac{380}{5} = 76$

29. (a) 2001 – 2002 में प्रतिशत अंतर → (48 – 34) = 14

2002 – 2003 में प्रतिशत अंतर → (59 – 48) = 11

2003 – 2004 में प्रतिशत अंतर → (60 – 59) = 1

2004 – 2005 में प्रतिशत अंतर → (60 – 40) = 20

स्पष्ट रूप से 2003 – 2004 में कम प्रतिशत परिवर्तन हुआ है।

30. (d) भोजन (F) और घरेलू खर्च (H) पर एक साथ खर्च की गई राशि:

13% + 17% = कुल खर्च का 30%

100% = 85000

30% = 25500

31. (c) किराए (R) और घरेलू खर्च (H) पर एक साथ खर्च की गई राशि: 14% + 17% = 31%

शिक्षा शुल्क (E) पर खर्च राशि: 19%

शिक्षा पर खर्च को किराए और घर के खर्च के बराबर करने के लिए = 31% – 19% = 12%

100% = 85000

12% = 10200

32. (b) वर्ष 2010 में सभी शाखाओं की बिक्री का औसत (हजार में)

$= \frac{58+72+66+76+48}{5} = \frac{320}{5} = 64$

33. (d) दोनों वर्षों में कंपनी की शाखा C1, C3 और C5 द्वारा की गयी बिक्री

= {(58 + 68) + (66 + 72) + (48 + 73)} = 385

34. (c) कंपनी C2 के द्वारा दोनों वर्षों में की गई बिक्री: कंपनी C4 के द्वारा दोनों वर्षों में की गई बिक्री

75 + 85 : 45 + 95 ⇒ 160 : 140 ⇒ 8 : 7

35. (c) कंपनी C2 के द्वारा दोनों वर्षों में कुल बिक्री : कंपनी C4 द्वारा दोनों वर्षों में कुल बिक्री

⇒ 87 + 80 : 51 + 87 ⇒ 167 : 138

36. (c) 2001 और 2002 में X कंपनी द्वारा निर्मित वाहनों की संख्या क्रमशः 36 और 40 है।

प्रश्नानुसार:

⇒ 40 – 36 ⇒ 4

∴ विकल्प 3 सही उत्तर है।

37. (c) X का कुल उत्पादन = 36 + 40 + 48 + 61 + 26 + 33 = 244

Y का कुल उत्पादन = 60 + 56 + 66 + 65 + 55 + 60 = 362

अंतर = 362 – 244 = 118

∴ विकल्प (c) सही उत्तर है।

38. (b) 2001 में X कंपनी द्वारा निर्मित वाहनों की संख्या = 40

2002 में X कंपनी द्वारा निर्मित वाहनों की संख्या = 44

अंतर = 44 – 40 = 4

∴ विकल्प (b) सही उत्तर है।

39. (c) कंपनी X का कुल उत्पादन

= 40 + 44 + 52 + 65 + 30 + 37 = 268

कंपनी Y का कुल उत्पादन

= 72 + 64 + 74 + 73 + 63 + 68 = 414

अतर = 414 – 268 = 146

∴ सही उत्तर विकल्प (c) है।

40. (d) 2002 में कंपनी X और कंपनी Y के उत्पादन के बीच का अंतर = 64 – 44 = 20

2003 में कंपनी X और कंपनी Y के उत्पादन के बीच का अंतर = 74 – 52 = 22

2004 में कंपनी X और कंपनी Y के उत्पादन के बीच का अंतर = 73 – 65 = 8

2005 में कंपनी X और कंपनी Y के उत्पादन के बीच का अंतर = 63 – 30 = 33

∴ सही उत्तर विकल्प (d) है।

41. (a) कंपनी X का कुल उत्पादन

= 35 + 39 + 47 + 60 + 25 + 32 = 238

कंपनी Y का कुल उत्पादन

= 57 + 54 + 64 + 63 + 53 + 58 = 349

अंतर = 349 – 238

⇒ 111

∴ सही उत्तर विकल्प (a) है।

42. (b) 2001 और 2002 में X कंपनी द्वारा निर्मित वाहनों की संख्या के बीच का अंतर = 39 – 35 $\Rightarrow$ 4

$\therefore$ विकल्प (b) सही उत्तर है।

43. (a) 2002 में कंपनी X और कंपनी Y के उत्पादन के बीच अंतर = 54 – 39 = 15

2003 में कंपनी X और कंपनी Y के उत्पादन के बीच अंतर = 64 – 47 = 17

2004 में कंपनी X और कंपनी Y के उत्पादन के बीच अंतर = 63 – 60 = 3

2005 में कंपनी X और कंपनी Y के उत्पादन के बीच का अंतर = 53 – 25 = 28

2006 में कंपनी X और कंपनी Y के उत्पादन के बीच का अंतर = 58 – 32 = 26

2004 में अंतर न्यूनतम है।

$\therefore$ विकल्प (a) सही उत्तर है।

44. (c) 2010 में सभी किताबों की कुल बिक्री = 49 + 83 + 57 + 52 + 79 = 320

$\therefore$ अभीष्ट औसत = $\frac{320}{5}$ = 64

45. (d) दोनों वर्षों में C_1 की कुल बिक्री = 49 + 59 = 108

दोनों वर्षों में C_3 की कुल बिक्री = 57 + 71 = 128

दोनों वर्षों में C_5 की कुल बिक्री = 79 + 47 = 126

$\therefore$ C_1, C_2 और C_5 की कुल बिक्री = 108 + 128 + 126 = 362

46. (a) कंपनी C_2 की कुल बिक्री = 83 + 88 = 171

कंपनी C_4 की कुल बिक्री = 52 + 87 = 139

$\therefore$ आवश्यक अनुपात = 171 : 139

47. (c) 2010 में सभी शाखाओं की कुल बिक्री = 76 + 58 + 88 + 77 + 81 = 380

$\therefore$ आवश्यक औसत = $\frac{380}{5}$ = 76

48. (a) दोनों वर्षों में C_1 की कुल बिक्री = 76 + 78 = 154

दोनों वर्षों में C_3 की कुल बिक्री = 88 + 76 = 164

दोनों वर्षों में C_5 की कुल बिक्री = 81 + 71 = 152

$\therefore$ C1, C3 और C_5 की कुल बिक्री = 154 + 164 + 152 = 470

49. (b) कंपनी C_2 की कुल बिक्री = 58 + 88 = 146

कंपनी C_4 की कुल बिक्री = 77 + 88 = 165

$\therefore$ आवश्यक अनुपात = 146 : 165

☆☆☆☆☆

MOCK TEST/मॉक टेस्ट

मॉक टेस्ट-01

21

1. सुशांत और प्रशांत की तनख्वाह की रकमों के अंतर का आधा उनकी तनख्वाह की रकमों के जोड़ के $\frac{3}{10}$ के बराबर है। सुशांत की तनख्वाह के संदर्भ में प्रशांत की तनख्वाह दर्शाइए।

Half the difference between the amount of salaries of Sushant and Prashant is equal to $\frac{3}{10}$ of the sum of their salaries. With reference to the salary of Sushant, show the salary of Prashant.

(a) 20% (b) 25%
(c) 33.33% (d) 10%

2. एक बल्ब उत्पादक कंपनी ने कुल उत्पाद का 13% उत्पाद दोषपूर्ण पाया, यदि गैर दोषपूर्ण उत्पादों की कुल संख्या 4785 हो, तो कुल दोषपूर्ण उत्पादों की संख्या बताएं।

A bulb manufacturing company found 13% of the total products defective, if the total number of non defective products is 4785, then find the total number of defective products.

(a) 720 (b) 710
(c) 715 (d) 705

3. एक पेनड्राइव को ₹1710 में बेचने पर, एक दुकानदार को 24% की हानि होती है। दुकानदार के लिए पेनड्राइव का क्रय मूल्य ज्ञात कीजिए। (₹ में)

By selling a pendrive for ₹1710, a shopkeeper incurs a loss of 24%. Find the cost price of the pendrive for the shopkeeper. (in ₹)

(a) 2250 (b) 2200
(c) 2275 (d) 2150

4. एक व्यापारी एक वस्तु X को बेचकर 30% का लाभ कमाता है और एक अन्य वस्तु Y को बेचकर 16% की हानि उठाता है। यदि X और Y के क्रय मूल्य का अनुपात 3 : 4 है, तो पूरे सौदे में लाभ / हानि कितनी है (दशमलव के एक स्थान तक सही)?

A trader makes a profit of 30% by selling an article X and makes a loss of 16% by selling another article Y. If the ratio of cost price of X and Y is 3 : 4, then what is the profit/loss (correct to one decimal place) in the whole transaction?

(a) 4.8% का लाभ
(b) 3.7% का लाभ
(c) 3.9% की हानि
(d) 4.5% की हानि

5. A एक वस्तु को चिह्नित कीमत पर 20% की छूट पर बेचता है। यदि चिह्नित कीमत ₹ 1200 है, तो वस्तु का बिक्री मूल्य क्या है?

A sells an article at a discount of 20% on the marked price. If the marked price is ₹ 1200, then what is the selling price of the article?

(a) ₹ 1020 (b) ₹ 1080
(c) ₹ 940 (d) ₹ 960

6. एक पुस्तक की मुद्रित कीमत 700 रुपये है। पुस्तक निर्माता ने उस पर 10% की छूट दी है। यदि वह अभी भी 20% लाभ अर्जित करता है तो पुस्तकों की मूल लागत (रुपये में) क्या होगी?

The printed price of a book is Rs. 700. The book manufacturer has given a discount of 10% on it. What will be the original cost (in Rs.) of the books if he still earns 20% profit?

(a) 515 (b) 525
(c) 535 (d) 545

7. ₹22150 पर 29% साधारण ब्याज की वार्षिक दर से 9 वर्षों के लिए प्राप्त मिश्रधन ज्ञात कीजिए (₹ में)

Find the amount under simple interest on ₹22150 at 29% per annum for 9 years. (in ₹)

(a) 79961.5
(b) 79971.5
(c) 79951.5
(d) 79981.5

8. चक्रवृद्धि ब्याज पर कोई राशि 3 वर्षों में अपने आप की दो गुनी हो जाती है। कितने वर्षों में यह अपने आप की 32 गुनी हो जाएगी?

Any amount doubles itself in 3 years at compound interest. In how many years will it become 32 times itself?

(a) 16 वर्ष (b) 12 वर्ष
(c) 15 वर्ष (d) 14 वर्ष

9. 250000 रुपये की राशि को, क्रमशः 4%, 5% और 6% पर पहले, दूसरे और तीसरे वर्ष के लिए सालाना संयोजित करते हुए 3 साल के लिए जमा किया गया। तीन वर्षों के अंत में राशि कितनी हो जाएगी?

An amount of ₹ 250000 was deposited for 3 years at 4%, 5% and 6% respectively for the first, second and third years compounding annually. What will be the amount at the end of three years?

(a) Rs. 2,56,590
(b) Rs. 3,01,400
(c) Rs. 3,25,680
(d) Rs. 2,89,380

10. 8,200 रुपये को 12% साधारण वार्षिक ब्याज की दर 4 वर्षों के लिए जमा करने पर प्राप्त होने वाली कुल राशि ज्ञात कीजिए? (रुपये में)

Find the total amount received by depositing Rs.8,200 at 12% simple annual interest for 4 years? (in Rs.)

(a) 12,156 (b) 12,146
(c) 12,166 (d) 12,136

11. ऋषिका और आकाश ने साझेदारी में कुछ पैसे निवेश किए। ऋषिका ने 1875 रुपये निवेश किये और लाभ से अपने हिस्से के रूप में 225 रुपये प्राप्त किए। अगर आकाश ने लाभ से अपने हिस्से के रूप में 288 रुपये कमाए, तो आकाश ने कितनी राशि का निवेश किया था?

Rishika and Akash invested some money each in a partnership. Rishika had invested Rs.1875 and took Rs.225 as his share from the profit made. If Akash took Rs.288 as his share of the profit made, then how much had Akash invested?

(a) 2475 रु (b) 2500 रु
(c) 2400 रु (d) 2250 रु

12. अजीत ने 28000 रूपये के साथ एक व्यवसाय शुरू किया और उसके बाद भरत 48000 रूपये के साथ इस व्यवसाय में जुड़ गया। यदि वर्ष के अंत में लाभ को समान रूप से विभाजित किया गया, तो भरत उसमें कितने महीनों बाद शामिल हुआ?

Ajith started a business with Rs. 28000 and is joined afterwards by Bharat with Rs.48000. After how many months did Bharat join if the profits at the end of the year divided equally?

(a) 4 (b) 6
(c) 7 (d) 5

13. यदि $\frac{a}{b} = \frac{c}{d} = \frac{e}{f} = \frac{2}{3}$ है, तो $\frac{2a^2 - 3c^2 + 4e^2}{2b^2 - 3d^2 + 4f^2}$ का मान ज्ञात करें।

If $\frac{a}{b} = \frac{c}{d} = \frac{e}{f} = \frac{2}{3}$, then find the value of $\frac{2a^2 - 3c^2 + 4e^2}{2b^2 - 3d^2 + 4f^2}$?

(a) 4 : 9 (b) 2 : 5
(c) 3 : 8 (d) 1 : 6

14. यदि 2P = 3Q = 5R और P + Q + R = 6200, है, तो P और R के बीच का अंतर है:

If 2P = 3Q = 5R and P + Q + R = 6200, then the difference between P and R is:

(a) 3000 (b) 2000
(c) 1200 (d) 1800

15. किस अनुपात में ₹ 8.30 प्रति किग्रा. के गेहूं को ₹ 9.80 प्रति किग्रा. के गेहूं के साथ मिलाया जाए ताकि प्राप्त मिश्रण की कीमत ₹ 9 प्रति किग्रा. हो?

In what ratio should wheat costing ₹ 8.30 per kg be mixed with wheat of ₹ 9.80 per kg so that the cost of the mixture obtained is ₹ 9 per kg?

(a) 8 : 7 (b) 6 : 07
(c) 7 : 09 (d) 9 : 08

16. एक घोल में 50 लीटर शुद्ध दूध होता है। 10 लीटर दूध को उतनी ही मात्रा में पानी से बदल दिया जाता है। पुनः 10 लीटर मिश्रण को 10 लीटर पानी से प्रतिस्थापित किया जाता है और यह क्रिया एक बार और दोहराई जाती है। अंतिम घोल में दूध की मात्रा ज्ञात कीजिये।

A solution consists of 50 litres of pure milk. 10 litres of milk is replaced with equal quantity of water. Again 10 litres of the mixture is substituted by 10 litres of water and this operation is repeated one more time. Find the quantity of milk in the final solution.

(a) 25 litres (b) 25.6 litres
(c) 25.4 litres (d) 25.2 litres

17. एक कक्षा में 50 छात्रों का औसत वजन 52 किग्रा है। यदि पहले 25 छात्रों का औसत वजन 50 किग्रा है और अगले 24 छात्रों का औसत वजन 54 किग्रा है तो अंतिम छात्र का वजन ज्ञात करें।

The average weight of 50 students in a class is 52 kg. If the average weight of the first 25 students is 50 kg and that of the next 24 students is 54 kg, then find the weight of the last student.

(a) 56 किग्रा (b) 58 किग्रा
(c) 45 किग्रा (d) 54 किग्रा

18. 30 पुरुषों की औसत आयु 25 वर्ष है। 30 वर्ष की औसत आयु के 5 नए पुरुष उनके साथ जुड़ गए। सभी पुरुषों की एक साथ औसत आयु ज्ञात कीजिए।

The average age of 30 men is 25 years. 5 new men of an average age of 30 years joined them. Find the average age of all the men put together.

(a) $26\frac{5}{7}$ years (b) $27\frac{5}{7}$ years
(c) $25\frac{5}{7}$ years (d) $28\frac{5}{7}$ years

19. A, एक कार्य को 102 दिनों में पूरा कर सकता है और B उसी कार्य को 153 दिनों में पूरा कर सकता है। यदि वे एक साथ कार्य करते हैं, तो वे कितने दिनों में वही कार्य पूरा करेंगे?

A can finish a work in 102 days and B can do the same work in 153 days. Working together, they will complete the same work in how many days?

(a) 57.5 (b) 61.2
(c) 59.2 (d) 55.2

20. A और B की कार्य-क्षमताओं का अनुपात 3 : 4 है। यदि A किसी कार्य को 12 दिन में पूरा करता है, तो B को उसी कार्य को पूरा करने में कितने दिन का समय लगेगा?

The ratio of the working efficiencies of A and B is 3 : 4. If A can do a piece of work in 12 days, then in how many days will B take to complete the same work?

(a) 16 days (b) 18 days
(c) 9 days (d) 12 days

21. पाइप A, एक टंकी को 840 मिनट में भर सकता है और पाइप B, उसी टंकी को 1050 मिनट में खाली कर सकता है। यदि दोनों पाइपों को एक साथ खोल दिया जाए, तो खाली टंकी को भरने में कितने घंटे लगेंगे?

Pipe A can fill a tank in 840 minutes and Pipe B can empty the same tank in 1050 minutes. If both pipes are opened together, how many hours will it take to fill the empty tank?

(a) 74 घंटे (b) 72 घंटे
(c) 70 घंटे (d) 68 घंटे

22. रीमा, रेखा से $\frac{5}{4}$ गुना तेज दौड़ती है। इसे देखते हुए रीमा एक मैत्रीपूर्ण रेस प्रतियोगिता में रेखा को 50 मीटर की बढ़त देती है। प्रारंभिक बिंदु से उस स्थान की दूरी ज्ञात कीजिए जहां रीमा और रेखा दोनों मिलेंगी?

Reema runs $\frac{5}{4}$ times as fast as Rekha. In view of this Reema allows Rekha a lead of 50 metres to Rekha in a friendly race competition. What is the distance from the starting point where both Reema and Rekha meet?

(a) 200 मीटर (b) 225 मीटर
(c) 240 मीटर (d) 250 मीटर

23. यदि कोई व्यक्ति 61 किमी/घंटा की बजाय 65 किमी/घंटा की चाल से गाड़ी चलाता है, तो वह 100 किमी अधिक यात्रा करता है। जब वह 65 किमी/घंटा की चाल से गाड़ी चलाता है, तो उसके द्वारा तय की गई दूरी ज्ञात करें (किमी में)

If a man drives at 65 kmph instead of 61 kmph, he had travelled 100 kms more. Find the distance travelled by him when he travels at 65 kmph. (In km.)

(a) 1725 (b) 1625
(c) 1525 (d) 1825

24. एक कुत्ता खरगोश की हर 6 छलांग के लिए 5 छलांग लगाता है, लेकिन कुत्ते की 4 छलांग खरगोश की 5 छलांग के बराबर होती है। कुत्ते और खरगोश की गति का अनुपात क्या है?

A dog takes 5 leaps for every 6 leaps of a hare, but 4 leaps of the dog are equal to 5 leaps of the hare. The ratio of the speed of dog and hare is?

(a) 16 : 24 (b) 24 : 16
(c) 25 : 24 (d) 24 : 25

25. 1000 km की दूरी तय करने में बिनॉय और कैरो के द्वारा लगने वाले समय का अनुपात 15:16 है। उनकी गतियों का अनुपात ज्ञात कीजिए।

The ratio of time taken by Binoy and Cairo to cover a distance of 1000 km is 15:16. Find the ratio of their speeds.

(a) 16 : 15 (b) 12 : 13
(c) 14 : 17 (d) 19 : 18

26. 1200 मीटर की एक गोलाकार दौड़ में, A और B एक ही समय पर क्रमशः 27 किमी/घंटा और 45 किमी/घंटा की गति से एक ही बिंदु से शुरू करते हैं। वे कितने समय बाद पहली बार ट्रैक पर उसी दिशा में दौड़ते हुए मिलेंगे?

In a circular race of 1200 m, A and B start from the same point, at the same time with speeds of 27 km/h and 45 km/h, respectively. After how much time will they meet for the first time on the track when they running in the same direction?

(a) 220 second/सेकंड
(b) 180 second/सेकंड
(c) 200 second/सेकंड
(d) 240 second/सेकंड

27. एक नाव चलाने वाले को नदी के प्रतिकूल 60 किमी की दूरी तय करने में 8 घंटे लगते हैं जबकि धारा के अनुकूल समान दूरी को तय करने में 5 घंटे लगते है। रुके हुए पानी में रोवर की गति क्या होगी ?

It takes 8 hours for a rower to cover a distance of 60 km upstream of a river while it takes 5 hours to cover the same distance downstream. What will be the speed of the rower in stagnant water.

(a) 9.25 किमी/घंटा
(b) 9.80 किमी/घंटा
(c) 9.75 किमी/घंटा
(d) 9.5 किमी/घंटा

28. यदि n कोई धनात्मक पूर्णांक है, तो $(3^{4n} - 4^{3n})$ हमेशा से विभाज्य होता है:

If n is any positive integer, then $(3^{4n} - 4^{3n})$ is always divisible by:

(a) 7 (b) 17
(c) 112 (d) 145

29. इनमें से कौन-सी संख्या 15 से विभाज्य है?

Which of these numbers is divisible by 15?

(a) 43642650 (b) 42642650
(c) 45642650 (d) 44642650

30. 2 संख्याओं का गुणनफल 1890 है और संख्याओं में 3 का अंतर है। संख्याओं का LCM ज्ञात कीजिए।

The product of 2 numbers is 1890 and the numbers differ by 3. Find the LCM of the numbers.

(a) 450 (b) 540
(c) 720 (d) 630

31. शृंखला का योग ज्ञात कीजिए/Find sum of the series:-

$$\frac{1}{1\times4}+\frac{1}{4\times7}+\frac{1}{7\times10}+\frac{1}{10\times13}+\frac{1}{13\times16}$$

(a) $\frac{1}{32}$ (b) $\frac{7}{16}$
(c) $\frac{5}{16}$ (d) $\frac{1}{210}$

32. सरल कीजिये/Simplify:

$$\left[3\frac{1}{2}\div\left\{1\frac{1}{4}-\left(\frac{1}{2}+\frac{1}{3}\right)\right\}+\frac{7}{5}\right]$$

(a) 5 (b) 7
(c) $9\frac{4}{5}$ (d) $8\frac{5}{6}$

33. 18 मीटर लंबी, 10 मीटर ऊंची और 40 सेमी चौड़ी एक दीवार को 30 सेमी, 15 सेमी और 10 सेमी की विमाओं वाली ईटों का उपयोग करके निर्मित करना है। कितनी ईटों (हजारों में) की आवश्यकता होगी?

A wall 18m long, 10m high and 40 cm wide is to be constructed using bricks of dimensions 30cm, 15 cm and 10 cm. How many bricks (in thousands) will be required?

(a) 14 (b) 16000
(c) 16 (d) 14000

निर्देश (34-35): निम्नलिखित चित्र को देखें और नीचे दिए गए प्रश्नों के उत्तर दें।

Directions: Look at the following picture and answer the questions given below.

तालिका का ध्यानपूर्वक अध्ययन करें और नीचे दिए गए प्रश्नों के उत्तर दें। तीन अलग-अलग वर्षों में विभिन्न मोबाइलों की कुल बिक्री (मिलियन में)

Study the table carefully and answer the questions given below. Total sales of different mobiles for three different years (in million)

	2010-2011	2011-2012	2012-13
सैमसंग/Samsung	18	36	75
नोकिया/Nokia	108	81	105
सोनी/Sony	24	32	60
ब्लैकबेरी/Blackberry	28	42	70
माइक्रोमैक्स/Micromax	34	17	85

34. सभी पाँच कंपनियों द्वारा वर्ष 2012-2013 में बेचे गए मोबाइलों की औसत संख्या क्या हैं?

What is the average number of mobiles sold by all the five companies in the year 2012-2013?

(a) 77
(b) 78
(c) 73
(d) 79

35. कितनी कंपनियों में, वर्ष 2010-11 की तुलना में वर्ष 2011-2012 में बेचे गए मोबाइलों की संख्या में, कम से कम 50% की वृद्धि या कमी हुई है?

In how many companies, there is at least 50% increase or decrease in the number of mobiles sold in the year 2011-2012 as compared to the year 2010-11?

(a) 1 (b) 4
(c) 3 (d) 2

ANSWER KEY

1.(b)	2.(c)	3.(a)	4.(b)	5.(d)	6.(b)	7.(a)	8.(c)	9.(d)	10.(d)
11.(c)	12.(d)	13.(a)	14.(d)	15.(a)	16.(b)	17.(d)	18.(c)	19.(b)	20.(c)
21.(c)	22.(d)	23.(b)	24.(c)	25.(a)	26.(d)	27.(c)	28.(b)	29.(a)	30.(d)
31.(c)	32.(c)	33.(b)	34.(d)	35.(c)					

SOLUTIONS

1. (b) माना, कि सुशांत और प्रशांत का वेतन क्रमशः S और P है।

प्रश्नानुसार,

$\Rightarrow \frac{S-P}{2} = \frac{3}{10}(S+P)$

5S – 5P = 3S + 3P

$\Rightarrow \frac{S}{P} = \frac{4}{1} \Rightarrow P = S \times \frac{1}{4}$

प्रशांत का वेतन सुशांत के वेतन का $\frac{1}{4}$ = 25% है

2. (c) दोषपूर्ण उत्पाद = 13%

गैर दोषपूर्ण उत्पाद = 87%

प्रश्नानुसार,

दोषपूर्ण उत्पाद संख्या

$= \frac{4785}{87} \times 13 = 715$

3. (a) माना क्रय मूल्य = 100%

तब, विक्रय मूल्य = 100 – 24 = 76%

⇒ 76% = 1710

$\Rightarrow 1\% = \frac{1710}{76} = \frac{45}{2}$

$\Rightarrow 100\% = \frac{45}{2} \times 100 =$ ₹ 2250

4. (b) 3 : 4

+30% : – 16%

लाभ $= \frac{3\times30-16\times4}{3+4} = \frac{26}{7}\%$

≈ 3.7 %

5. (d) अंकित मूल्य (M.P.) = 1200

$\Rightarrow M.P. \times \frac{100-D_1}{100} = S.P.$

विक्रय मूल्य (S.P.) = $1200 \times \frac{80}{100}$

= ₹ 960

6. (b) माना कि क्रय मूल्य = x

$\frac{100 - \text{छूट}}{100 + \text{लाभ}} = \frac{\text{क्रय मूल्य}}{\text{अंकित मूल्य}}$

प्रश्नानुसार,

$\frac{100-10}{100+20} = \frac{x}{700}$

$\Rightarrow \frac{90}{120} = \frac{x}{700}$

x = 525 रु.

क्रय मूल्य = 525 रु.

7. (a) माना मूलधन = 100%

दर = 29%, समय = 9 वर्ष

साधारण ब्याज = (दर × समय)%

= 29 × 9 = 261%

मिश्रधन = मूलधन + ब्याज

100% + 261% = 361%

∵ 100% → 22150

$\therefore 361\% \rightarrow \frac{22150}{100} \times 361$

= 79961.5

वैकल्पिक विधिः

$22150 + \frac{22150 \times 29 \times 9}{100}$

= 79961.5

8. (c) वर्ष —— गुना

3 —— 2

× → $2^{⑤}$ या 32

⇒ 15 वर्ष

9. (d) मूलधन = 250000 समय = 3 वर्ष

दर = 4%, 5%, 6%

सूत्र 3 साल के लिए

$= a + b + c + \frac{ab+bc+ca}{100} + \frac{abc}{10000}$

$= 4 + 5 + 6 + \frac{4\times5+5\times6+6\times4}{100} + \frac{4\times5\times6}{10000}$

$= 15 + \frac{20+30+24}{100} + \frac{120}{10000}$

चक्रवृद्धि ब्याज = 15.752%

मिश्रधन = 100 + 15.752%

= 115.752%

∴ 100% = 250000

115.752%

$= \frac{250000}{100\%} \times 115.752\%$

मिश्रधन = 289380 रूपये

SMART APPROACH:-

$25000 \times \frac{104}{100} \times \frac{105}{100} \times \frac{106}{100}$

= 289380

नोटः- हम उस विकल्प की भी जांच कर सकते हैं जो (7 या 3) से पूर्णतः विभाज्य है

जैसे 105

↓

(7 × 15)

10. (d) मिश्रधन (Amount) = 8200

$+ \frac{8200 \times 12 \times 4}{100}$

= 8200 + 3936 = 12136 रुपये

11. (c) लाभ का अनुपात

⇒ ऋषिका : आकाश

225 : 288

25 : 32

आकाश का हिस्सा (32) इकाई =

$\frac{1875}{25} \times 32 = 75 \times 32 = 2400$ रु

12. (d) ∵ लाभ = निवेश × समय

$\Rightarrow \frac{28000 \times 12}{48000 \times T} = \frac{1}{1}$

T = 7 माह

B ने एक वर्ष के व्यवसाय में 7 माह काम किया अर्थात् 12 – 7 = 5 माह के बाद सम्मिलित हुआ।

13. (a) दिया है,

$\frac{a}{b} = \frac{c}{d} = \frac{e}{f} = \frac{2}{3}$

जानते है,

$\frac{2a^2 - 3c^2 + 4e^2}{2b^2 - 3d^2 + 4f^2} = \frac{2(2)^2 - 3(2)^2 + 4(2)^2}{2(3)^2 - 3(3)^2 + 4(3)^2}$

$= \frac{2^2}{3^2}\left[\frac{2-3+4}{2-3+4}\right] = \frac{4}{9}$

14. (d) 2P = 3Q = 5R = k

$\Rightarrow P = \frac{k}{2}, Q = \frac{k}{3}, R = \frac{k}{4}$

P : Q : R Total

15 : 10 : 6 → 31 इकाई

तथा,

P + Q + R = 6200

प्रश्नानुसार

⇒ 31 इकाई → 6200

(P – R) का अंतर = 9 इकाई

$\rightarrow \frac{6200}{31} \times 9 = 1800$

15. (a) पृथ्वीकरण विधि के द्वारा:

Type-I Type-II

8.3 9.8

9

0.8 0.7

अत: गेंहू के मिश्रण का आवश्यक अनुपात = 8 : 7

16. (b) अंतिम दूध = मूल दूध

$\left[1 - \frac{\text{बदली गई मात्रा}}{\text{मूल मात्रा}}\right]^x$

$= 50\left[1 - \frac{10}{50}\right]^3 = 50 \times \frac{4}{5} \times \frac{4}{5} \times \frac{4}{5}$

$= \frac{128}{5} = 25.6$ लीटर

17. (d) प्रश्नानुसार,

अंतिम छात्र का वजन

= (कक्षा के सभी छात्रों का वजन) – (प्रथम 25 छात्रों का वजन + अगले 24 छात्रों का वजन)

= (50 × 52) – (25 × 50 + 24 × 54)

= 54 किग्रा

18. (c) सभी पुरूषों का औसत = 25 + $\frac{(30-25)\times 5}{(30+5)} = 25 + \frac{25}{35}$

$= 25\frac{5}{7}$ वर्ष

वैकल्पिक विधि:

30 × 25 + 30 × 5 = 750 + 150 = 900

औसत = $\frac{900}{30+5}$

$= 25\frac{5}{7}$ वर्ष

19. (b) (102, 153 का ल.स. = 306)

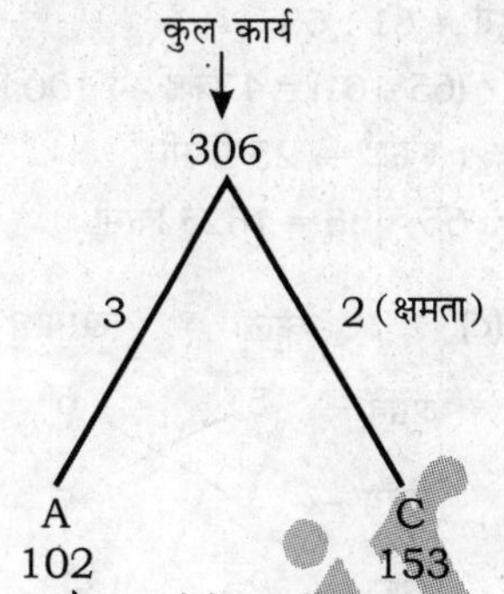

A और C दोनों कार्य पूरा समाप्त करेंगे

$= \frac{\text{कुल कार्य}}{\text{कुल क्षमता}}$

$\frac{306}{3+2} = \frac{306}{5} = 61.2$ दिन

20. (c) A : B = 3 : 4 (क्षमता)

A द्वारा किया गया कुल कार्य = 3 × 12 = 36

B द्वारा किया गया कुल कार्य = $\frac{36}{4}$

= 9 दिन

21. (c) 840, 1050 का ल.स.प = 4200

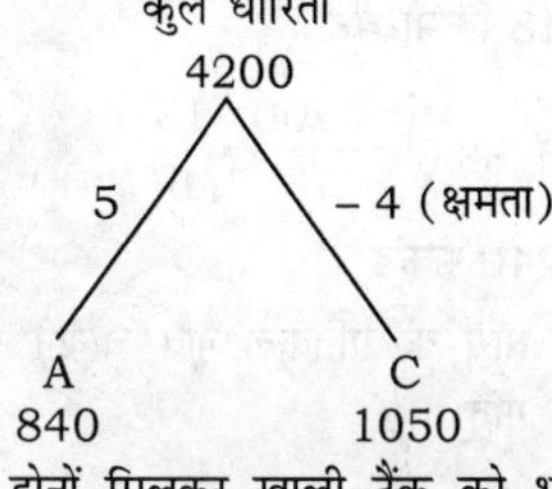

दोनों मिलकर खाली टैंक को भरेंगे

समय = $\frac{\text{कुल धारिता}}{\text{कुल क्षमता}} = \frac{4200}{5-4} = \frac{4200}{1 \times 60}$

= 70 घंटे

22. (d) गति = $\frac{\text{दूरी}}{\text{समय}}$ गति ∝ दूरी

गति ∝ $\frac{1}{\text{समय}}$

	रीमा		रेखा
गति →	5	:	4
दूरी →	5	:	4

50× 1 इकाई = 50 मीटर

250 मीटर

अत: प्रारम्भिक बिन्दु से मिलन बिन्दु तक कि दूरी 250 मीटर है।

23. (b) समय बराबर हो तो चाल α दूरी

दूरी = 61 : 65

$\because$ (65 – 61) = 4 इकाई $\rightarrow$ 100 किमी

$\Rightarrow$1 इकाई $\rightarrow$ 25 किमी

$\therefore$ 65 × 25 = 1625 किमी

24. (c)

	कुत्ता		खरगोश
क्षमता $\rightarrow$	5	:	6
समय $\rightarrow$	4	:	5
चाल $\rightarrow$	25	:	24

25. (a) हम जानते हैं कि जब दूरी स्थिर होती है

समय $\propto \frac{1}{\text{चाल}}$

समय = 15 : 16

गति = 16 : 15

26. (d) दूरी = 1200 मी.

सापेक्ष गति = (45 – 27)

= 18 किमी/घंटा

कुल समय = $\frac{1200}{18} \times \frac{18}{5}$

= 240 सेकंड

27. (c) धारा के प्रतिकूल नाव चलाने वाले की गति

= $\frac{60}{8}$ = $\frac{15}{2}$ किमी/घंटा

धारा के अनुकूल नाव चलाने वाले की गति

= $\frac{60}{5}$ = 12 किमी/घंटा

शांत जल में नाव चलाने वाले की गति

= $\frac{D+U}{2} = \frac{12+7.5}{2} = \frac{19.5}{2}$

= 9.75 किमी/घंटा

28. (b) यदि n कोई धनात्मक पूर्णांक है

n = 1 रखें (1 सबसे छोटा धनात्मक पूर्णांक है)

$(3^{4n} - 4^{3n})$

$= (3^{4\times 1} - 4^{3\times 1})$

$= 3^4 - 4^3 = 81 - 64 = 17$

इसलिए n के प्रत्येक धनात्मक पूर्णांक मान के लिए $(3^{4n} - 4^{3n})$ हमेशा 17 से विभाज्य होगा।

29. (a) नोट : 5 का divisibility rule: संख्या का अंतिम अंक 0 या 5 हो।

But, सभी विकल्प 5 से विभाज्य है। अब 3 से विभाज्यता के लिए

$\Rightarrow$ अंकों का जोड़

$= \frac{4+3+6+4+2+6+5+0}{3} = \frac{30}{3}$

अत: विकल्प (a) 15 से विभाज्य है।

30. (d) A × B = 1890

A – B = 3

$\Rightarrow$ A = 3 + B

अब,

(3 + B) B = 1890

$3B + B^2 - 1890 = 0$

$\Rightarrow$ B = 42

$\therefore$ A = 45

अत: 42 तथा 45 का ल.स.प. = 630

<u>वैकल्पिक विधि:</u>

(A × B) ल.स.प. का गुणज है

1890 केवल विकल्प (d) 630 से विभाजित होगा।

अत: A तथा B का ल.स.प. = 630.

31. (c) $\frac{1}{1\times4}+\frac{1}{4\times7}+\frac{1}{7\times10}+\frac{1}{10\times13}+\frac{1}{13\times16}$

दिया हैं;

पहला पद = $\frac{1}{1}$, अंतिम पद = $\frac{1}{16}$

अंतर = 4 – 1 = 3

सूत्र = $\frac{1}{\text{अंतर}} \times$ (पहला पद – अंतिम पद)

$= \frac{1}{3}\left[1 - \frac{1}{16}\right] = \frac{5}{16}$

32. (c) $\left[3\frac{1}{2} \div \left\{1\frac{1}{4} - \left(\frac{1}{2}+\frac{1}{3}\right)\right\} + \frac{7}{5}\right] = ?$

$\Rightarrow \left[\frac{7}{2} \div \left\{\frac{5}{4} - \frac{5}{6}\right\} + \frac{7}{5}\right]$

$= \left[\frac{7}{2} \div \frac{5}{12} + \frac{7}{5}\right] = \left[\frac{7}{2} \times \frac{12}{5} + \frac{7}{5}\right]$

$= \frac{49}{5} = 9\frac{4}{5}$

33. (b) n ईंटों की संख्या का आयतन = दीवार का आयतन

n × 30 × 15 × 10

= 1800 × 1000 × 40

n = $\frac{1800\times1000\times40}{30\times15\times10}$

= 16000

34. (d) औसत = $\frac{75+105+60+70+85}{5}$

= 79

35. (c) 2010 - 2011 से 2011 – 2012 की तुलना में बेचे गए मोबाईल की वृद्धि या कमी प्रतिशत

सैमसंग के मोबाईल पर वृद्धि %

= $\frac{36-18}{18} \times 100$

= 100%

नौकिया के मोबाईल पर कमी %

= $\frac{108-81}{108} \times 100$

= 25%

सोनी के मोबाईल पर वृद्धि %

= $\frac{32-24}{24} \times 100$

= 33.3%

ब्लैकबेरी के मोबाईल पर वृद्धि %

= $\frac{42-28}{28} \times 100$

= 50%

माइक्रोमैक्स के मोबाईल पर कमी %

= $\frac{34-17}{34} \times 100$

= 50%

50% या उससे अधिक सैमसंग ब्लैकबैरी माइक्रोमैक्स है

मॉक टेस्ट-02

22

1. घनाभ के आकार वाले एक घर की लंबाई, चौड़ाई और ऊँचाई में क्रमश: 10%, 20% और 25% की वृद्धि की जाती है। घनाभ के आयतन में प्रतिशत परिवर्तन ज्ञात कीजिए।

The length, breadth and height of a room in the shape of a cuboid are increased by 10%, 20% and 25% respectively. Find the percentage change in the volume of the cuboid.

(a) 65% increase/वृद्धि
(b) 60% decrease/कमी
(c) 70% decrease/कम
(d) 75% increase/वृद्धि

2. यदि 582 के x% का 15% = 17.46 होता है, तो 'x' का मान ज्ञात कीजिए।

If 15% of x% of 582 = 17.46, then find the value of 'x'.

(a) 25 (b) 10
(c) 20 (d) 2

3. एक दुकानदार एक उत्पाद को 729 रुपये में बेचकर उस पर 12.5% का लाभ कमाता है। उस वस्तु के क्रय मूल्स का आधा कितने रुपए के बराबर होगा?

A shopkeeper sells a product for Rs 729 and earns a profit of 12.5% on it. Half of the purchase price of that item will be equal to how many rupees?

(a) Rs. 262
(b) Rs. 648
(c) Rs. 482
(d) Rs. 324

4. यदि 2120 वस्तुओं का क्रय मूल्य 1696 वस्तुओं के विक्रय मूल्य के बराबर है, तो लाभ प्रतिशत कितना है?

If the cost price of 2120 articles is equal to the selling price of 1696 articles, then what is the gain percent?

(a) 15% (b) 20%
(c) 30% (d) 25%

5. एक व्यापारी क्रमश: 23% और 24% की दो क्रमिक छूट के बाद एक वस्तु बेचता है। यदि वस्तु का अंकित मूल्य 21400 रु. है, तो इसका विक्रय मूल्य ज्ञात कीजिए। (रु. में)

A trader sells the article after two successive discounts of 23% and 24% respectively. If the marked price of the article is Rs. 21400, find the selling price.

(a) 12523.28 (b) 13523.28
(c) 14523.28 (d) 15523.28

6. एक दुकानदार किसी वस्तु के क्रय मूल्य में 48% की बढ़ोत्तरी करके उस पर मूल्य अंकित करने के पश्चात् उसकी बिक्री पर 48% की छूट रखता है, तो उसे होने वाले कुल प्रतिशत लाभ अथवा हानि को ज्ञात कीजिये ?

If a shopkeeper increases the purchase price of an item by 48% and after marking it, gives a discount of 48% on its sale, then find out the total percentage profit or loss incurred by him?

(a) 22.80% लाभ (b) 22.84% हानि
(c) 23.40% लाभ (d) 23.04% हानि

7. 9 वर्षों के लिए 23% प्रति वर्ष की दर से ₹ 21550 पर साधारण ब्याज के तहत मिश्रधन ज्ञात कीजिए। (₹ में)

Find the amount under simple interest on ₹ 21550 at 23% per annum for 9 years (in ₹)

(a) 66158.5 (b) 65158.5
(c) 67158.5 (d) 68158.5

8. 8,800 रुपये को 12% साधारण वार्षिक ब्याज की दर से 4 वर्षों के लिए जमा करने पर प्राप्त होने वाली कुल राशि ज्ञात कीजिए? (रुपये में)

Find the total amount received by depositing Rs.8,800 at 12% simple interest for 4 years? (in Rs.)

(a) 11,034 (b) 12,034
(c) 13,024 (d) 14,024

9. ब्याज की गणना वार्षिक चक्रवृद्धि आधार पर करते हुए, प्रति वर्ष 20% की दर से एक धनराशि को 2 वर्ष के लिए निवेशित किया जाता है। यदि प्राप्त ब्याज ₹ 2464 है, तो मूलधन ज्ञात करें। (₹ में)

A sum of money is invested at 20% per annum compounding annually for 2 years. If the interest received is ₹ 2464, find the principal. (In ₹)

(a) 5300 (b) 5400
(c) 5500 (d) 5600

10. जॉनसन प्रति वर्ष 5% चक्रवृद्धि ब्याज पर ₹30,000 उधार लेता है। वह इस राशि को दो समान वार्षिक किस्तों में 2 वर्ष के अंत तक वापस करना चाहता है। प्रत्येक वर्ष के अंत में उसे लगभग कितना भुगतान करना होगा?

Johnson borrows ₹30,000 at 5% compound interest per annum. He wants to pay this amount back by the end of 2 years in two equal yearly installments. How much does he have to pay approximately at the end of each year?

(a) ₹ 16,134 (b) ₹ 15,231
(c) ₹ 16,274 (d) ₹ 15,784

11. रवि और रश्मि ने एक व्यवसाय में क्रमश: 150 रुपये और 200 रुपये का निवेश किया लेकिन कुछ महीनों के बाद रवि ने अपना पैसा वापस ले लिया। यदि बारह महीनों के अंत का लाभ रवि और रश्मी के बीच 1 : 2 के अनुपात में बांटा गया था, तो कितने महीनों के बाद रवि ने अपना पैसा निकाल लिया?

Ravi and Rashmi invested Rs. 150 and Rs. 200 respectively in a business but Ravi withdraw his money after a few months. If the end of twelve months' profit was shared between Ravi and Rashmi in the ratio 1 : 2, after how many months did Ravi take out his money?

(a) 4 (b) 6
(c) 8 (d) 10

12. अविनाश और भुवनेश ने 8 : 5 के अनुपात में कुछ राशि का निवेश करके एक साझेदारी व्यापार आरंभ किया। राकेश छ: माह बाद भुवनेश के समान राशि का निवेश करके साझेदारी में शामिल हो जाता है। अविनाश, भुवनेश और राकेश के बीच लाभ को किस अनुपात में वितरित किया जाना चाहिए?

Avinash and Bhuvanesh started a partnership business investing some amount in the ratio of 8 : 5. Rakesh joined them after six months with an amount equal to Bhuvanesh. In what ratio should the profit at the end of one year be distributed among Avinash, Bhuvanesh and Rakesh?

(a) 5 : 10 : 16 (b) 16 : 5 : 10
(c) 10 : 16 : 5 (d) 16 : 10 : 5

13. A, B और C आपस में 3 : 5 : 7 के अनुपात में नकद पुरस्कार बांटते हैं। यदि C को 49000 रुपये मिलते हैं, तो A और B दोनों को मिलाकर प्राप्त कुल राशि ज्ञात कीजिए।

A, B and C share the cash prize among themselves in the ratio 3 : 5 : 7. If C gets Rs 49000, then find the total amount received by A and B together.

(a) 65,000 रुपये (b) 44,000 रुपये
(c) 80,000 रुपये (d) 56,000 रुपये

14. दो संख्याएं एक तीसरी संख्या से क्रमश: 8% और 28% अधिक है। उन दोनों संख्याओं का अनुपात कितना है?

Two numbers are more than a third number by 8% and 28% respectively. What is the ratio of those two numbers?

(a) 27:32 (b) 2:7
(c) 5:6 (d) 5:9

15. 3 रुपये 20 पैसे प्रति किलोग्राम की टेलकम पाउडर A को 2 रुपये 90 पैसे प्रति किलोग्राम के टेलकम पाउडर B के साथ किस अनुपात में मिलाया जायें ताकि मिश्रण की लागत मूल्य 3 रुपये 8 पैसे प्रति किलोग्राम हो जाए?

In what ratio should telcum powder A of 3 rupees 20 paise per kg be mixed with telcum powder B of 2 rupees 90 paise per kg so that the cost price of the mixture becomes 3 rupees 8 paise per kg?

(a) 2 : 1 (b) 4 : 5
(c) 3 : 2 (d) 5 : 5

16. 70 रुपये प्रति किलो के चावल के बैग में दो अलग-अलग प्रकार के चावल मिलाए जाते हैं, पहले प्रकार के चावल की मात्रा 8 किलोग्राम है और इसकी कीमत 60 रुपये प्रति किलोग्राम है, जबकि दूसरे प्रकार के चावल की मात्रा 4 किलोग्राम है। दूसरे प्रकार के चावल का प्रति किलो मूल्य क्या है?

In a bag of rice of Rs 70 per kg, two different types are mixed. First type of rice is 8 kg in quantity of Rs 60 per kg, while the second type of rice is 4 kg in quantity. What is the price per kg of the second type of rice?

(a) Rs. 75 (b) Rs. 65
(c) Rs. 80 (d) Rs. 90

17. तीन क्रमागत वर्षों के लिए एक उत्पाद का मूल्य क्रमश: 122 रु. प्रति लीटर, 244 रु. प्रति लीटर और 305 रु. प्रति लीटर था। यदि आम आदमी उस उत्पाद पर प्रति वर्ष औसतन 13420 रु. खर्च करता है, तो तीन वर्षों के लिए उस उत्पाद का औसत मूल्य प्रति लीटर क्या है? (रु. में)

For three consecutive years, the costs of a product were Rs.122 per litre, Rs.244 per litre and Rs. 305 per litre respectively. If a common man spends an average of Rs. 13420 per year on that product, then what is the average cost of that product per litre for the three years? (in Rs.)

(a) 192.63 (b) 212.63
(c) 202.63 (d) 182.63

18. एक नाव में यात्रा करने वाले 10 श्रमिकों का औसत वजन 2.8 किलोग्राम बढ़ जाता है जब उनमें से एक श्रमिक, जिसका वजन 58 किलोग्राम है, को एक नए कर्मचारी द्वारा प्रतिस्थापित किया जाता है। नये श्रमिक का वजन ज्ञात कीजिये।

The average weight of 10 workers travelling in a boat is increased by 2.8 kg when one of the workers, whose weight 58 kg, is replaced by a new worker. Find the weight of the new worker.

(a) 86 kg (b) 84 kg
(c) 82 kg (d) 68 kg

19. 2 पुरुष और 3 महिलाएं 7 दिनों में 49 रुपए कमा सकते हैं। 3 पुरुष और 6 महिलाएं 8 दिनों में 96 रुपये कमा सकते हैं। 1 पुरुष और 1 महिला कितने समय में 27 रुपये कमाते हैं?

2 men and 3 women can earn Rs. 49 in 7 days. 3 men and 6 women can earn Rs. 96 in 8 days. In what time 1 man and 1 women earn Rs. 27?

(a) 9 days (b) 8 days
(c) 10 days (d) 7 days

20. A एक काम को अकेले 32 दिनों में कर सकती है, जबकि B के साथ मिलकर वह 24 दिनों में काम कर सकती है। यदि C अकेला उस काम को 64 दिनों में कर सकता है, तो B और C मिलकर उस काम को कितने दिनों में कर सकते हैं?

A can do a piece of work alone in 32 days, while together with B she can do the work in 24 days. If C alone can do the work in 64 days, in how many days can B and C together do the work?

(a) $38\frac{2}{5}$ days (b) $38\frac{3}{5}$ days
(c) $37\frac{4}{5}$ days (d) $38\frac{4}{5}$ days

21. दो पाइप 711 मिनट और 1185 मिनट में टैंक को भरते हैं। टैंक में एक रिसाव पाइप भी है। जब तीनों पाइपों को खोला जाता है, तो खाली टैंक 474 मिनट में भर जाता है। रिसाव पाइप द्वारा टैंक को खाली करने में कितने मिनट लगेंगे?

Two pipes fill the tank in 711 minutes and 1185 minutes. There is also a leak pipe in the tank. When all the three are opened, the empty tank is filled in 474 minutes. How many minutes will the leak pipe take to empty the tank?

(a) 6910 (b) 7110
(c) 7210 (d) 7010

22. एक आदमी अपने घर से 3 किमी प्रति घंटे की गति से चलने पर 20 मिनट देर से कार्यालय पहुंचता है और यदि वह 4 किमी प्रति घंटे की गति से चलता है तो 30 मिनट पहले पहुंचता है। उसका कार्यालय उसके घर से कितनी दूर है?

A man reaches his office 20 min late, if he walks from his home at 3 km per hour and reaches 30 min early if he walks 4 km per hour. How far is his office from his house?

(a) 20 किमी (b) 16 किमी
(c) 14 किमी (d) 10 किमी

23. एक ट्रेन 33 मीटर/सेकंड की गति से चलती है और यह एक सिग्नल को 11 सेकंड में पार कर लेती है। तो ट्रेन की लंबाई ज्ञात कीजिए। (मीटर में)

A train runs at a speed of 33 m/s and it crosses a signal in 11 seconds. Then find the length of the train. (in meters)

(a) 363 (b) 353
(c) 373 (d) 343

24. टेलिन सामान्य गति के $\frac{10}{11}$ से चलता है और सामान्य समय से 13 मिनट अधिक लेता है। लिया गया सामान्य समय ज्ञात कीजिये।

Tellyn moves at a speed of $\frac{10}{11}$ of normal speed and takes 13 minutes more than normal time. Find the usual time taken

(a) 130 mins (b) 120 mins
(c) 140 mins (d) 150 mins

25. 50 किमी/घंटा की चाल से चल रही 345 मीटर लंबी एक रेलगाड़ी X, इसकी विपरीत दिशा में 76 किमी/घंटा की चाल से चल रही रेलगाड़ी Y को 22 सेकण्ड में पार करती है। रेलगाड़ी Y, 905 मीटर लंबे पुल को कितने समय में पार कर लेगी?

A 345 m long train X running at 50km/h crosses a train Y traveling in its opposite direction with a speed of 76 km/h in 22 sec. In what time will train Y cross the 905 m long bridge ?

(a) 52 सेकण्ड (b) 54 सेकण्ड
(c) 63 सेकण्ड (d) 56 सेकण्ड

26. 1000 मीटर की रैखिक दौड़ में सलोनी ने श्वेता को 100 मीटर से हराया, जबकि श्वेता ने सोनम को 150 मीटर से हराया। उसी दौड में सलोनी ने सोनम को कितने मीटर से हराया?

In a linear race of 1000 m, Saloni beat Shweta by 100 m, while Shweta beat Sonam by 150 m. By how many metres does Saloni beat Sonam, in the same race?

(a) 220 मीटर/m (b) 250 मीटर/m
(c) 225 मीटर/m (d) 235 मीटर/m

27. एक नाव धारा की दिशा में 56 किमी की दूरी 3.5 घंटे में तय कर सकती है। स्थिर जल में नाव की चाल और धारा की चाल का अनुपात 3:1 है। नाव धारा के दिशा में 41.6 किमी की दूरी तय करने में कितना समय (घंटों में) लेगी?

A boat can cover a distance of 56 km downstream in 3.5 hours. The ratio of the boat in still water and the speed of stream is 3:1. How much time (in hours) will the boat take to cover a distance of 41.6 km downstream?

(a) 2.6 (b) 2.1
(c) 1.5 (d) 1.8

28. 4-अंकों की वह छोटी से छोटी संख्या ज्ञात कीजिए, जिसे 10, 11, 20, 22 से विभाजित करने पर शेषफल 8 रहता है।

Find the smallest 4-digit number which if divided by 10, 11, 20, 22 leaves remainder as 8.

(a) 1110 (b) 1108
(c) 1092 (d) 1100

29. वह बड़ी से बड़ी संख्या कौन सी है जिससे 2675 और 2320 को विभाजित करने पर शेषफल क्रमशः 5 और 6 प्राप्त होता है?

What is the greatest number by which dividing 2675 and 2320 leaves remainder 5 and 6 respectively ?

(a) 168 (b) 187
(c) 178 (d) 170

30. यदि प्रथम 110 प्राकृत संख्याओं का LCM N है, तो प्रथम 115 प्राकृत संख्याओं का LCM ज्ञात कीजिए।

If the LCM of the first 110 natural numbers is N, then find the LCM of the first 115 natural numbers.

(a) 111×112×113×114×115N
(b) 113N
(c) 115N
(d) 111×113N

31. $\frac{1}{2}+\frac{1}{6}+\frac{1}{12}+\frac{1}{20}+\frac{1}{30}+\frac{1}{42}+\frac{1}{56}+\frac{1}{72}$

(a) $\frac{1}{2}$ (b) 0
(c) $\frac{8}{9}$ (d) $\frac{1}{2520}$

32. $\frac{(0.0002)^2+(0.0033)^2+(0.0444)^2}{(0.00002)^2+(0.00033)^2+(0.00444)^2}$

का मान ज्ञात कीजिय/Find the value of

(a) 100 (b) 80
(c) 90 (d) 110

33. एक पूल की लंबाई 15 मी, चौड़ाई 10 मी और गहराई 3 मी है। उसमें 2.5 मी की गहराई तक पानी भरा जाता है। पूल में पानी की मात्रा (किलो लीटर में) कितनी है?

The length of a pool is 15m, breadth 10 m and depth is 3 m. It is filled with water to a depth of 2.5m. What is the quantity (in kilo liters) of water in the pool?

(a) 450 (b) 370.5
(c) 475 (d) 375

निर्देश (34-35): निम्नलिखित जानकारी पढ़कर निम्न प्रश्नों का उत्तर दें।

Directions: Read the following information and answer the following questions:

कम्पनी उच्च, मध्यम तथा निम्न, तीन गुणवत्ता वाले वस्त्रों एवं उच्च, मध्यम तथा निम्न तीन रंगों का प्रयोग करके पाच प्रकार की शर्ट बनाती है-

The company manufactures five types of shirts using high, medium and low, three quality fabrics and three colors high, medium and low-

A, B, C, D और E निम्न तालिका में क्रमशः विवरण दिया गया है-

A, B, C, D and E. The following table details are given respectively-

1. प्रत्येक वर्ग में हजारों में उत्पादित शर्ट

Shirts produced in thousands in each category

2. प्रत्येक प्रकार की शर्ट हेतु वितरित वस्त्र-गुणवत्ता का प्रतिशत प्रत्येक शर्ट के लिए 1.5 मीटर वस्त्र की आवश्यकता होती है।

Percentage of Textile Quality Distributed for each type of shirt. Each shirt requires 1.5 meters of cloth.

		वस्त्रों का % वितरण/ Distribution of cloths (%)			रंगो का % वितरण/ Distribution of colors (%)		
शर्ट के प्रकार Type of Shirt	संख्या (हजार में) Number in thousands	उच्च/ High	मध्यम/ Medium	निम्न/ Low	उच्च/ High	मध्यम/ Medium	निम्न/ Low
A	20	80	20		70	15	15
B	30	30	40	30	20	50	30
C	30	-	70	30	-	60	40
D	10	-	60	40	-	40	60
E	10	-	10	90	-	20	80

34. वस्त्र की कुल आवश्यकता कितनी है?

What is the total requirement of clothes?

(a) 200000 मी (b) 150000 मी
(c) 225000 मी (d) 250000 मी

35. निम्न गुणवत्ता का कितना मीटर वस्त्र प्रयुक्त हुआ?

How many meters of low quality cloth was used?

(a) 22500 मी (b) 60000 मी
(c) 46500 मी (d) 40000 मी

ANSWER KEY

1.(a)	2.(c)	3.(d)	4.(d)	5.(a)	6.(d)	7.(a)	8.(c)	9.(d)	10.(a)
11.(c)	12.(d)	13.(d)	14.(a)	15.(c)	16.(d)	17.(a)	18.(a)	19.(a)	20.(a)
21.(b)	22.(d)	23.(a)	24.(a)	25.(c)	26.(d)	27.(a)	28.(b)	29.(c)	30.(b)
31.(c)	32.(a)	33.(d)	34.(b)	35.(c)					

SOLUTIONS

1. (a)

लंबाई → 10%	10		11
चौड़ाई → 20%	5		6
ऊँचाई → 25%	4		5
	40		66

वृद्धि +26

∴ आयतन में प्रतिशत परिवर्तन = $\frac{26}{40} \times 100 = 65\%$ वृद्धि

2. (c) प्रश्नानुसार,

$\Rightarrow 582 \times \frac{x}{100} \times \frac{15}{100} = 17.46$

$\Rightarrow x = \frac{1746 \times 100}{15 \times 582} \Rightarrow x = 20$

3. (d) लाभ (Profit) = 12.5%

विक्रय मूल्य (SP) = 100 + 12.5 = 112.5%

अत: 112.5% = 729

$1\% = \frac{729}{112.5}$

$50\% = \frac{729}{112.5} \times 50 = 324$ रुपये

4. (d) माना, प्रत्येक वस्तु का क्रय मूल्य = 1 रु.

तब, विक्रय मूल्य > क्रय मूल्य

∴ लाभ प्रतिशतता $= \frac{2120-1696}{1696} \times 100$

$= \frac{424}{1696} \times 100 = 25\%$

5. (a) अंकित मूल्य (M.P.) = 21400

$\Rightarrow \text{M.P.} \times \frac{100-D_1}{100} \times \frac{100-D_2}{100} = \text{S.P.}$

$\Rightarrow 21400 \times \frac{100-23}{100} \times \frac{100-24}{100} = \text{S.P.}$

विक्रय मूल्य (S.P.) = 21400 × $\frac{77}{100} \times \frac{76}{100}$ = ₹ 12523.28

6. (d) लाभ/हानि% = 48 – 48 – $\frac{48 \times 48}{100} = -23.04$

हानि % = 23.04%

7. (a) समय = 9 वर्ष, दर = 23%, मूलधन = ₹ 21550

प्रश्नानुसार,

मिश्रधन = 21550 + $\frac{21550 \times 23 \times 9}{100}$

= 44608.5 + 21550

= ₹ 66158.5

8. (c) प्रश्नानुसार,

मिश्रधन (Amount) = 8800 + $\frac{8800 \times 12 \times 4}{100}$ = 8800 + 4224

= 13024 रुपये

9. (d) 2 वर्ष का चक्रवृद्धि ब्याज

$= 20 + 20 + \frac{20 \times 20}{100} = 40 + 4$

= 44%

44% ही कुल चक्रवृद्धि ब्याज होगा

∴ 44% = 2464

$\therefore 100\% = \frac{2464}{44} \times 100$

$= \frac{616}{11} \times 100$ = Rs 5600 रुपये

10. (a) P = 30,000 , R = 5% $= \frac{1}{20}$

T = 2 वर्ष

	मूलधन		मिश्रधन
I वर्ष	(20	:	21)×21
II वर्ष	400	:	441
	820	:	882

820 इकाई → 30,000

441 इकाई → $\frac{30000}{820} \times 441$

= 16134 रु.

11. (c) माना, रवि ने अपना पैसा x महीने के लिए निवेश किया

150 × x : 200 × 12 = 1 : 2

$\frac{150 \times x}{200 \times 12} = \frac{1}{2}$

$x = \frac{200 \times 12}{150 \times 2}$

x = 8 माह

रवि 8 महीने बाद अपना पैसा निकाल लेता है।

12. (d)

	अविनाश	भुवनेशन	राकेश
I =	8	5	5
T =	×12	×12	×6
P =	96	60	30
	16	10	5

∴ लाभ का अभीष्ट अनुपात = 16 : 10 : 5

13. (d) A, B और C के हिस्से का अनुपात ⇒ 3 : 5 : 7

प्रश्न के अनुसार,

C को 49000 रुपये मिल = 7 इकाई

1 इकाई = 7000 रुपये

(A + B)8 इकाई = 56000 रुपये

14. (a) माना कि, तीसरी संख्या 100 है तो,

I : II : III
108 : 128 : 100
27 : 32 : 25

अन्य दो संख्याओं का अनुपात = 27 : 32

15. (c) मिश्रण का क्रय मूल्य = 308 पैसा

पृथ्थीकरण विधि के द्वारा:

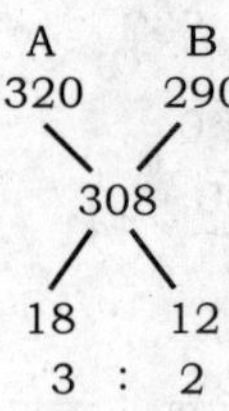

अत: टेलकम पाउडर का अनुपात 3 : 2 है।

वैकल्पिक विधि:-

$320x + 290y = 308(x + y)$

$\Rightarrow 12x = 18y$

$\Rightarrow \frac{x}{y} = \frac{3}{2}$

$x : y = 3 : 2$

16. (d)

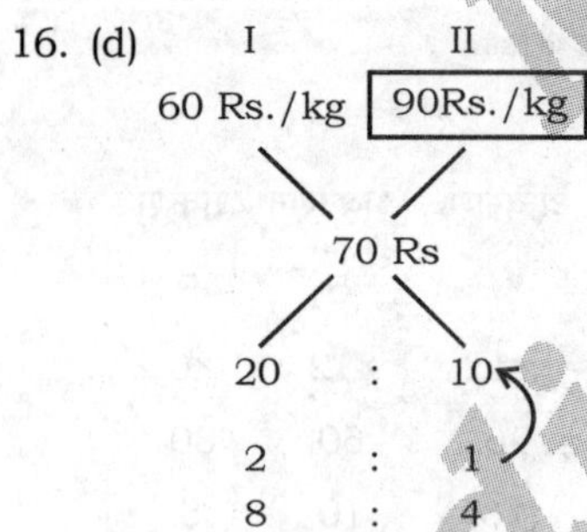

दूसरे प्रकार की चावल का मूल्य = 90 रुपये प्रति किग्रा

17. (a) तीनों वर्षो में कुल लीटर

$= \frac{13420}{122} + \frac{13420}{244} + \frac{13420}{305}$

= 110 + 55 + 44 = 209 लीटर

तीनों वर्षो में कुल मूल्य = 13420 × 3 = 40260

$\therefore$ औसत मूल्य प्रति लीटर

$= \frac{40260}{209} = ₹192.63$

18. (a) नये कर्मचारी का वजन,

= 58 + 2.8 × 10

= 58 + 28 = 86

19. (a) $\frac{(2M + 3W) \times 7}{49} = \frac{(3M + 6W) \times 8}{96}$

$\frac{M}{W} = \frac{2}{1}$ (क्षमता)

अब,

प्रश्नानुसार,

$\frac{(2M + 3W) \times 7}{49} = \frac{(M + W) \times D_2}{27}$

$\Rightarrow \frac{(4 + 3) \times 7}{49} = \frac{3 \times D_2}{27}$

$\therefore D_2 = 9$ दिन

20. (a)

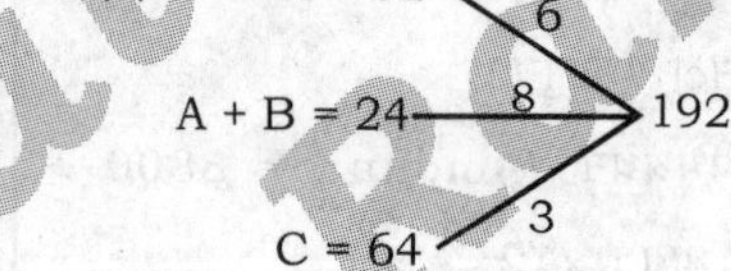

$(B + C) = \frac{192}{5} = 38\frac{2}{5}$ दिन

21. (b) 711, 1185 और 474 का ल.स.प

= 237 × 30

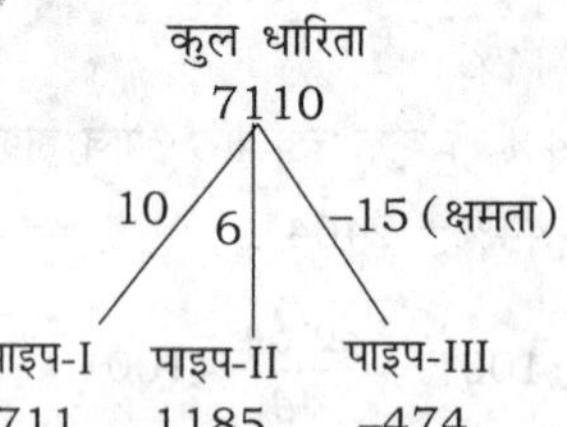

रिसाब पाइप की क्षमता

$= 10 + 6 - 15 = 1$

$\text{समय} = \frac{\text{कुल धारिता}}{\text{कुल क्षमता}}$

खाली करने में लिया गया समय

$= \frac{237 \times 30}{1}$

= 7110 मिनट

22. (d) $\because$ जब दूरी बराबर हो, गति $\propto \frac{1}{\text{समय}}$

$S_1 : S_2$

3 : 4

समय 4 : 3

1 इकाई = 20 + 30

1 इकाई = 50 मिनट

घर और कार्यालय के बीच की दूरी = 12 इकाई

$= 12 \times \frac{50}{60} = 10$ किमी

SMART APPROACH:-

माना की दूरी = D

प्रश्नानुसार,

$\Rightarrow \frac{D}{3} - \frac{D}{4} = \frac{50}{60}$

$\Rightarrow \frac{4D - 3D}{12} = \frac{50}{60}$

D = 10 km

23. (a) माना ट्रेन की लंबाई y मीटर है

$\text{चाल} = \frac{\text{दूरी}}{\text{समय}}$

दूरी y = 33 m/s × 11s

= 363m

24. (a) प्रश्नानुसार,

$\Rightarrow$ गति = 11 : 10

$\Rightarrow$ समय = 10 : 11

11 – 10 = 1 इकाई

$\Rightarrow$ 1 इकाई = 13 मिनट

$\Rightarrow$ 10 इकाई 10 × 13 = 130 मिनट

$\therefore$ प्रारंभ में टेलीन द्वारा लिया गया कुल समय 130 मिनट था।

25. (c) माना, दूसरी ट्रेन की लंबाई = L_2

प्रश्नानुसार,

$$\frac{(345+L_2)\times18}{126\times5}=22$$

$$(345 + L_2) = \frac{126\times5\times22}{18}$$

$L_2 = 425$

अत: 905 मीटर लंबे ब्रीज को पार करने में लिया गया समय

$$= \frac{425+905}{76} = \frac{1330\times18}{76\times5}$$

= 63 सेकंड

26. (d) सभी के दूरी का अनुपात

सलोनी : श्वेता : सोनम

1000 : 900

1000 : 850

200 : 180 : 153

47

प्रश्नानुसार,

$200 \to 1000$

$47 \to \frac{1000}{200} \times 47 = 235$

अत: दूरी में अंतर = 235 मी.

27. (a) दिया गया,

$$\frac{x}{y}=\frac{3}{1}=\frac{3a}{a}$$

प्रश्नानुसार,

$$\frac{56}{4a}=\frac{7}{2} \Rightarrow a = 4$$

$\Rightarrow x = 12, y = 4$

$\therefore$ आवश्यक समय $= \frac{41.6}{12+4} = \frac{416}{160}$

= 2.6

28. (b) ल.स. (10, 11, 20, 22) = 220

$\therefore$ चार अंकों की सबसे छोटी संख्या = 1000

220) 1000 (4

880

120

220 – 120 = 100

अब, 1000 + 100 = 1100

चूंकि 8 शेष बचना चाहिए

$\therefore$ 1100 + 8 = 1108

अत: अभीष्ट संख्या = 1108

29. (c) इस प्रकार के प्रश्न में हम संख्या से शेषफल को घटा लेते है और प्राप्त संख्या का महत्तम समापवर्तक निकालते है।

2675 – 5 = 2670
2320 – 6 = 2314) 356

2670, 2314 का महत्तम समापवर्तक

$$= \frac{356}{2} = 178$$

घटाने पर प्राप्त सभी संख्याओं का महत्तम समापवर्तक = 178

अंत: बड़ी से बड़ी संख्या 178 है।

30. (b) प्रथम 110 प्राकृतिक संख्यायें →

1, 2, -----------110

110 प्राकृतिक संख्याओं का ल.स.प. = N

अब –

115 प्राकृतिक संख्याओं का ल.स.प. = N

. 110, 111, 112, 113, 114, 115

$\therefore$ 111, 112, 114 और 115 ये संख्याएँ पहले 110 प्राकृतिक संख्याओं में गुणज हैं

अब, ल.स.प. = 113N

31. (c)

$$\frac{1}{2}+\frac{1}{6}+\frac{1}{12}+\frac{1}{20}+\frac{1}{30}+\frac{1}{42}+\frac{1}{56}+\frac{1}{72}$$

$$\Rightarrow \frac{1}{1\times2}+\frac{1}{2\times3}+\frac{1}{3\times4}+\frac{1}{4\times5}+\frac{1}{5\times6}+\frac{1}{6\times7}+\frac{1}{7\times8}+\frac{1}{8\times9}$$

$$= 1-\frac{1}{2}+\frac{1}{2}-\frac{1}{3}+\frac{1}{3}-\frac{1}{4}+\frac{1}{4}-\frac{1}{5}+\frac{1}{5}-\frac{1}{6}+\frac{1}{6}-\frac{1}{7}+\frac{1}{7}-\frac{1}{8}+\frac{1}{8}-\frac{1}{9} = 1-\frac{1}{9}=\frac{8}{9}$$

32. (a) a = (0.0002), b = (0.0033), c = (0.0444)

$$= \frac{a^2+b^2+c^2}{\left(\frac{a}{10}\right)^2+\left(\frac{b}{10}\right)^2+\left(\frac{c}{10}\right)^2} = \frac{a^2+b^2+c^2}{\frac{a^2+b^2+c^2}{100}}$$

= 100

33. (d) हमें ज्ञात है,

घनाभ का आयतन = लंबाई × चौड़ाई × ऊँचाई

पूल में पानी का आतयन = 15 × 10 × 2.5 = 375 मीटर^3

= 375 किलोलीटर

(1 घन मीटर = 1 किलोलीटर)

34. (b) कपड़ों की कुल संख्या

= 20000 + 30000 + 30000 + 10000 + 10000 = 100000

1 शर्ट के लिए आवश्यक कपड़ा

= 1.5 मीटर

100000 शर्ट के लिए = 1.5 × 100000 = 150000 मीटर

35. (c) B प्रकार के निम्न गुणवत्ता वाली शर्ट की संख्या

$$= 30000 \times \frac{30}{100} = 9000$$

C प्रकार की निम्न गुणवत्ता शर्ट की संख्या

$$= 30000 \times \frac{30}{100} = 9000$$

D प्रकार की निम्न गुणवत्ता शर्ट की संख्या

$$= 10000 \times \frac{40}{100} = 4000$$

E प्रकार की निम्न गुणवत्ता शर्ट की संख्या

$$= 10000 \times \frac{90}{100} = 9000$$

कुल शर्ट की संख्या = 9000 + 9000 + 9000 + 4000 = 31000

निम्न गुणवत्ता वाली शर्ट में प्रयुक्त वस्त्र

= 1.5 × 31000 = 46500 मी.

मॉक टेस्ट-03

23

1. एक सिलाई मशीन का मूल्य हर साल 15% की दर से कम होता है। इसे 2 साल पहले खरीदा गया था। अगर मशीन का वर्तमान मूल्य ₹ 1445 है, तो इसका खरीद का मूल्य ज्ञात करें।
The cost of a sewing machine depreciates at the rate of 15% every year. It was bought 2 years ago. If the present value of the machine is ₹ 1445, find its purchase price.
(a) ₹ 2400 (b) ₹ 2200
(c) ₹ 1800 (d) ₹ 2000

2. एक परीक्षा में 100-100 अंकों के तीन विषय होते हैं। एक छात्र ने पहले विषय में 75% और दूसरे विषय में 86% अंक प्राप्त किये। उन्होंने कुल मिलाकर 68% अंक प्राप्त किये। तीसरे विषय में उसके अंकों का प्रतिशत है:
In an examination, there are three subjects of 100 marks each. A student scores 75% in the first subject and 86% in the second subject. He scored 68% in aggregate. His percentage of marks in the third subject is:
(a) 65% (b) 48%
(c) 56% (d) 43%

3. 5 कैमरे बेचने पर, सचिन को 2 कैमरों की लागत मूल्य का लाभ होता है। उसके लाभ का % क्या है?
By selling 5 cameras, Sachin gains the cost price of 2 cameras. What is his profit percentage?
(a) 40% (b) 20%
(c) 35% (d) 25%

4. किसी वस्तु को 440 रुपये पर बेचने पर उसी वस्तु को 1000 रुपये में बेचने पर प्राप्त लाभ के 60% की हानि होती है। उस वस्तु का क्रय मूल्य ज्ञात कीजिये? (रुपये में)
If an item is sold at Rs. 440, there is a loss of 60% of the profit made by selling the same item at Rs. 1000. Find the purchase price of that item? (in rupees)
(a) 650 (b) 680
(c) 660 (d) 670

5. एक स्मार्ट टीवी को 155000 रुपये में खरीदा गया था। इसके अंकित मूल्य में 35% की वृद्धि की गई। अंकित मूल्य पर 20% की छूट पर बेचा गया। स्मार्ट टीवी पर लाभ प्रतिशत क्या था?
A smart TV was purchased for Rs. 155000. Its price was marked up by 35%. It was sold at a discount of 20% on the marked price. What was the profit percent of the smart TV?
(a) 8 (b) 6
(c) 4 (d) 2

6. किसी वस्तु का विक्रय मूल्य 10% और 20% की क्रमागत छूटों के बाद 1,548 रुपये है। यदि लागत मूल्य, अंकित मूल्य का 50% है तो लागत मूल्य (रुपये में) कितना है?
The selling price of an article is Rs 1,548 after successive discounts of 10% and 20%. If the cost price is 50% of the marked price then what is the cost price (in Rs)?
(a) 1,065 (b) 1,055
(c) 1,075 (d) 1,045

7. साधारण ब्याज पर निवेशित धन की एक राशि पर 15 वर्षों में अपने आप से तीन गुना हो जाती है। ज्ञात कीजिए कि समान दर पर यह राशि अपने आप से 13 गुना कितने वर्षों में होगी?
A sum of money invested at simple interest triples itself in 15 years. Find in how many years will it become 13 times itself at the same rate?
(a) 95 (b) 97
(c) 90 (d) 80

8. 12% प्रति वर्ष की दर से 5 वर्षों के लिए साधारण ब्याज में निवेश करने के बाद अर्जित ब्याज 3720 रुपये है। निवेश की गई राशि (रुपये में) ज्ञात करें?
The interest earned after investing in simple interest for 5 years at the rate of 12% per annum is Rs 3720. Find the amount invested (in Rs)?
(a) 6300 (b) 6500
(c) 6400 (d) 6200

9. विनीता ने प्रतिवर्ष 4% की दर से चक्रवृद्धि ब्याज पर 5000 रुपये 3 साल के लिए उधार दे दिए। 3 साल बाद विनीता द्वारा प्राप्त राशि कितनी है?
Vinita lent Rs 5000 for 3 years at the rate of 4% per annum compound interest. What is the amount received by Vinita after 3 years?
(a) Rs. 5264.32
(b) Rs. 5624.32
(c) Rs. 5846.23
(d) Rs. 5124.42

10. एक धनराशि का भुगतान 1,25,000 रुपये की दो वार्षिक किस्तों में किया जाता है। यदि ब्याज की दर 6% प्रति वर्ष है और ब्याज वार्षिक रूप से चक्रवृद्धि हो रहा है, तो उधार ली गई राशि ज्ञात करें (पूर्णांक मूल्य पर विचार करें)

A sum of money is paid back in two annual instalments of Rs.1,25,000 each. If rate of interest is 6% per annum and interest is compounding annually, then find the sum borrowed. (Consider round up integral value)

(a) Rs.1,50,375
(b) Rs.2,39,174
(c) Rs.2,29,174
(d) Rs.1,19,375

11. सुहास और नितिन ने 8:3 के अनुपात में एक व्यवसाय में कुछ पैसे निवेश किये, लेकिन कुछ महीनों के बाद सुहास ने अपना पैसा वापस निकाल लिया। यदि वर्ष के अंत में सुहास और नितिन द्वारा लाभ को 5 : 4 के अनुपात में साझा किया गया, तो नितिन ने कितने महीनों के लिए अकेले पैसा निवेश किया?

Suhas and Nitin invested some money in a business in the ratio 8 : 3, but Suhas withdrew his money after a few months. If at the end of twelve months' profit was shared by Suhas and Nitin in the ratio 5 : 4, for how many months did Nitin invested alone?

(a) $5\frac{5}{8}$ (b) $6\frac{3}{8}$
(c) $5\frac{3}{8}$ (d) $6\frac{5}{8}$

12. तीन साझेदार A, B और C, 4 : 5 : 6 के अनुपात में लाभ कमाते हैं। यदि लाभ में C का हिस्सा A की तुलना में 200 रुपये अधिक है, तो उनके द्वारा प्राप्त कुल लाभ ज्ञात करें।

Three partners, A, B and C shared profits in the ratio 4 : 5 : 6. If C's share of the profit was Rs.200 more than that of A, find the total profit generated by them.

(a) 1,500 रु (b) 1,600 रु
(c) 1,650 रु (d) 1,750 रु

13. आदित्य को 10 पैसे और 20 पैसे के सिक्के मिले हैं। यदि उसके पास सिक्कों की कुल संख्या 50 है, और कुल राशि ₹ 6 है, तो उसके पास 20 पैसे के कुल सिक्कों की संख्या क्या है?

Aditya has got 10 paise and 20 paise coins. If the total number of coins he has is 50, and the total amount is Rs. 6, then what is the total number of 20 paise coins he has?

(a) 10 (b) 30
(c) 20 (d) 40

14. एक पुस्तकालय में, गणित के पुस्तकों की संख्या का 25% भौतिकी पुस्तकों के संख्या के दो-तिहाई के बराबर है। पुस्तकालय में गणित की पुस्तकों की संख्या का भौतिक विज्ञान की पुस्तकों की संख्या से अनुपात क्या है?

In a library, 25% of the number of mathematics books is equal to two-third of the number of physics books. What is the ratio of the number of mathematics books to that of the physics books in the library?

(a) 4 : 7 (b) 8 : 3
(c) 7 : 4 (d) 3 : 8

15. 50 लीटर के एक मिश्रण में, शराब और सोडा का अनुपात 3 : 2 है। 6 : 7 का अनुपात बनाने के लिए कितना सोडा मिलाया जाना चाहिए?

In a mixture of 50 liters, the ratio of alcohol and soda is 3 : 2. How much soda should be mixed to make the ratio 6 : 7?

(a) 10 Litre (b) 15 Litre
(c) 20 Litre (d) 25 Litre

16. सैम, साई और श्री के वेतनों का अनुपात 7 : 9 : 11 है। यदि श्री को सैम से 320 रू. अधिक मिलते हैं, तो साई का वेतन (रू. में) कितना है?

The ratio of salaries of Sam, Sai and Shri is 7 : 9 : 11. If Shri gets Rs 320 more than Sam, then what is Sai's salary (in Rs)?

(a) 840 (b) 740
(c) 820 (d) 720

17. 5 क्रमागत महीनों में एक पंसारी की ₹ 6535, ₹ 7027, ₹ 6955, ₹ 7330 और ₹ 6362 की बिक्री होती है। ₹ 6600 की औसत बिक्री प्राप्त करने के लिए उसके द्वारा छठे महीने में कितने की बिक्री की जानी चाहिए? (₹ में)

A grocer has a sale of ₹ 6535, ₹ 7027, ₹ 6955, ₹ 7330 and ₹ 6362 for 5 consecutive months. How much sale should he have in the sixth month so that he gets an average sale of ₹ 6600? (in ₹)

(a) 5391 (b) 5389
(c) 5385 (d) 5387

18. एक स्कूल के 45 छात्रों का औसत वजन 55 किलोग्राम है। यदि शिक्षक का वजन शामिल किया जाए, तो औसत वजन 300 ग्राम बढ़ जाता है। शिक्षक का वजन ज्ञात कीजिये.

The average weight of 45 students of a school is 55 kg. If the weight of the teacher is included, the average weight rises by 300 grams. Find the weight of the teacher.

(a) 69.8 kg/किलोग्राम
(b) 67.8 kg/किलोग्राम
(c) 70.8 kg/किलोग्राम
(d) 68.8 kg/किलोग्राम

19. X एक कार्य को 135 दिनों में पूरा कर सकता है, Y एक कार्य को 225 दिनों में पूरा कर सकता है और Z उसी कार्य को 300 दिनों में पूरा कर सकता हैं। यदि X, Y और Z एक साथ कार्य करते हैं, तो कार्य को पूरा करने के लिए उन्हें कितने दिनों की आवश्यकता होगी?

X can finish a work in 135 days, Y can finish a work in 225 days and Z can finish the same piece of work in 300 days. How many days will they require to complete the work, if X, Y and Z are working together?

(a) $63\frac{35}{41}$ दिन (b) $61\frac{35}{41}$ दिन

(c) $67\frac{35}{41}$ दिन (d) $65\frac{35}{41}$ दिन

20. यदि 6 पुरुष एक कार्य को 4 दिनों में पूरा कर सकते हैं और 3 महिलाएँ उसी कार्य को 7 दिनों में पूरा कर सकती हैं, तो 8 पुरुषों और 3 महिलाओं द्वारा उसी कार्य को पूरा करने में लगने वाला समय ज्ञात कीजिए।

If 6 men can complete a work in 4 days and 3 women can complete the same work in 7 days, then find the time taken to complete same work by 8 men and 3 women.

(a) $\frac{22}{15}$ days (b) $\frac{24}{13}$ days

(c) $\frac{25}{12}$ days (d) $\frac{21}{10}$ days

21. एक टंकी को तीन पाइपों A, B और C द्वारा 4 घंटे में भरा जाता है। पाइप C, पाइप B से दोगुना तेज है, और पाइप B, पाइप A से दोगुना तेज है। पाइप A द्वारा टंकी को भरने में कितना समय लगेगा?

A tank is filled by three pipes A, B and C in 4 hours. Pipe C is twice as fast as Pipe B, and Pipe B is twice as fast is pipe A . How much time will take A to fill the tank?

(a) 25 hrs (b) 26 hrs

(c) 20 hrs (d) 28 hrs

22. एक व्यक्ति 4 सेकंड में 25 मीटर और फिर 2 सेकंड में 15 मीटर की यात्रा करता है। व्यक्ति की औसत चाल कितनी है?

A person travels 25 m in 4 s and then 15 m in 2 s. What is the average speed of the person?

(a) 6.64 मी./सेकेण्ड

(b) 6.65 मी./सेकेण्ड

(c) 6.67 मी./सेकेण्ड

(d) 6.63 मी./सेकेण्ड

23. एक लड़की एक यात्रा को 33 घंटो में पूरा करती है। वह यात्रा के पहले आधे भाग को 30 kmph से और दूसरे आधे भाग को 36 kmph की चाल से पूरा करती है। पूरी यात्रा की कुल दूरी ज्ञात कीजिए।

A girl Completes a journey in 33 hours. She travels first half of the journey at the rate of 30 kmph. and second half at the rate of 36 kmph. Find the total distance of whole journey.

(a) 1080 (b) 1180

(c) 980 (d) 1280

24 बिना रुके एक ट्रेन 75 किमी/घंटा की औसत गति के साथ एक निश्चित दूरी तय करती है और रुकने के साथ यह 65 किमी/घंटा की औसत गति के साथ समान दूरी तय करती है। ट्रेन प्रति घंटे कितने मिनट रुकती है?

Without stoppages a train travels a certain distance with an average speed of 75 km/h and with stoppages it covers the same distance with an average speed of 65 km/h. How many minutes per hour does the train stop?

(a) 10 min. (b) 7 min.

(c) 9 min. (d) 8 min.

25. 300 मीटर लंबी एक ट्रेन 5 सेकंड में बिजली के खंभे को पार करती है। ट्रेन की गति बताये।

A 300m long train crosses an electric pole in 5 sec. Find the speed of the train.

(a) 220 किमी/घंटा

(b) 200 किमी/घंटा

(c) 218 किमी/घंटा

(d) 216 किमी/घंटा

26. 1000 मीटर की एक रेखीय दौड़ में A ने B को 50मी या 5 सेकंड से हरा देता है। निर्धारित किजिए कि A को दौड़ पूरी करने में कितना समय लगता है।

In a linear race of 1000 m, A beats B by 50 m or 5 seconds. Determine how much time A takes to complete the race.

(a) 120 sec/सेकंड

(b) 60 sec/सेकंड

(c) 100 sec/सेकंड

(d) 95 sec/सेकंड

27. अर्जुन को धारा के प्रतिकूल 40 किमी तैरने में 5 घंटे लगते हैं जबकि उसे धारा के अनुकूल 24 किमी तैरन में केवल 2 घंटे लगते हैं। शांत जल में तैरने की उसकी चाल बताओ।

Arjun takes 5 hours to swim 40 km in the upstream, where as he only takes 2 hours to swim 24 km in the downstream. Tell his speed of swimming in still water.

(a) 12 किमी/घंटा (b) 10 किमी/घंटा

(c) 9 किमी/घंटा (d) 15 किमी/घंटा

28. 0! + 1! + 2! + 3! .... + 98! को 5 से भाग देने पर शेषफल क्या होगा?

0! + 1! + 2! + 3! .... + 98! What will be the remainder when divided by 5?

(a) 2 (b) 5

(c) 3 (d) 4

29. यदि p और q किसी संख्या 728pq की दो एकल अंकीय प्राकृतिक संख्याएँ हैं, जैसे कि यह 80 से विभाज्य हैं, तो p × q बराबर है:

If p and q are two single digit natural numbers of a number 728pq such that it is divisible by 80, then p×q is equal to:

(a) 5 (b) 10

(c) 0 (d) 15

30. 32 और 40 का ल.स.प. X के वर्ग से 9 कम के बराबर है। X का सकारात्मक मान ज्ञात कीजिए।

The LCM of 32 and 40 equals to 9 less than the square of X. Find the positive value of X.

(a) 14 (b) 11

(c) 12 (d) 13

31. $\frac{0.051\times0.051\times0.051+0.041\times0.041\times0.041}{0.051\times0.051-0.051\times0.041+0.041\times0.041}$

का मान/The value of......

(a) 0.092 (b) 0.0092

(c) 0.92 (d) 0.00092

32. दिए गए व्यंजक का मान क्या है?

What is the value of the given expression?

$$9\div\frac{3}{5}+25\left(\frac{4}{5}+\frac{3}{15}\right)-9\text{ of }\frac{2}{3}$$

(a) 45 (b) 34

(c) 42 (d) 37

33. एक आयत की चौड़ाई 215 सेमी है और इसका विकर्ण 559 सेमी है। इसके परिमाप ज्ञात कीजिए। (सेमी में)

The width of a rectangle is 215 cm and its diagonal is 559 cm. Find out its perimeter. (in cm)

(a) 1762 (b) 1462

(c) 1862 (d) 1562

निर्देश (34-35): नीचे दिया गया दण्ड आरेख 2011 से 2015 तक तीन अलग-अलग लैपटॉप की कीमत (हजारों में) की जानकारी दिखाता है।

Directions: The bar graph below shows the data of the price of three different Laptops (in thousands) for the years 2011 to 2015.

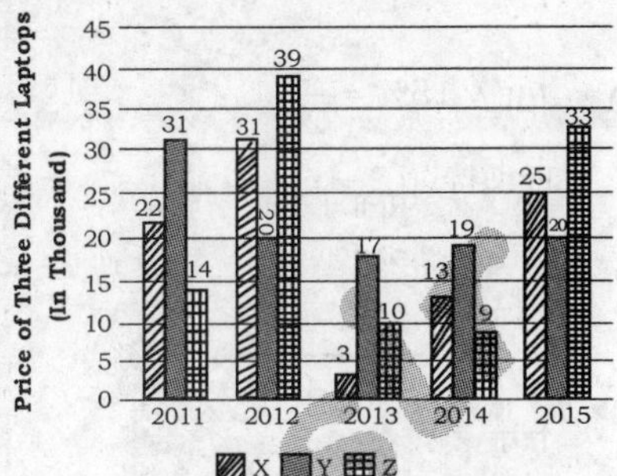

34. 2013 में लैपटॉप Y की कीमत में और 2014 में लैपटॉप Z की कीमत के बीच अंतर ज्ञात कीजिए। (हजारों में)

Find the difference between the price of laptop Y in 2013 and laptop Z in 2014. (In thousands)

(a) 6 (b) 4

(c) 9 (d) 8

35. 2012 में X की कीमत 2012 में Z की कीमत से कितने % अधिक है?

The price of Z in 2012 is what % more than the price of X in 2012?

(a) 24.806 (b) 26.806

(c) 27.806 (d) 25.806

ANSWER KEY

1.(d)	2.(d)	3.(a)	4.(a)	5.(a)	6.(c)	7.(c)	8.(d)	9.(b)	10.(c)
11.(b)	12.(a)	13.(a)	14.(b)	15.(b)	16.(d)	17.(a)	18.(d)	19.(d)	20.(d)
21.(d)	22.(c)	23.(a)	24.(d)	25.(d)	26.(d)	27.(b)	28.(d)	29.(c)	30.(d)
31.(a)	32.(b)	33.(b)	34.(d)	35.(d)					

SOLUTIONS

1. (d) $\because 15\% = \frac{3}{20}$

	पुराना	नया
I वर्ष	20	17
II वर्ष	20	17
	400	289

दिया है,

289 इकाई $\rightarrow$ 1445

400 इकाई $\rightarrow \frac{1445}{289} \times 400$

= ₹ 2000

2. (d)

I	:	II	:	III
100	:	100	:	100
1	:	1	:	1
75%		86%		?

तीनो विषयों का औसत % = 68%

तीसरे विषय का % अंक

$= \frac{68 \times (1+1+1) - 75 \times 1 - 86 \times 1}{1}\%$

$= \frac{(204 - 161)}{1}\% = 43\%$

SMART APPROACH:-

By Deviation:-

I	II	III	
75%	86%	68–25 = (= 43%)	Total 68%
+7	+18		
Sum +25%		–25%	

3. (a) प्रश्नानुसार,

5 विक्रय मूल्य – 5 क्रय मूल्य = 2 क्रय मूल्य

⇒ 5 विक्रय मूल्य = 7 क्रय मूल्य

$\frac{\text{विक्रय मूल्य}}{\text{क्रय मूल्य}} = \frac{7}{5}$

⇒ लाभ% = $\frac{7-5}{5} \times 100 = 40\%$

4. (a)

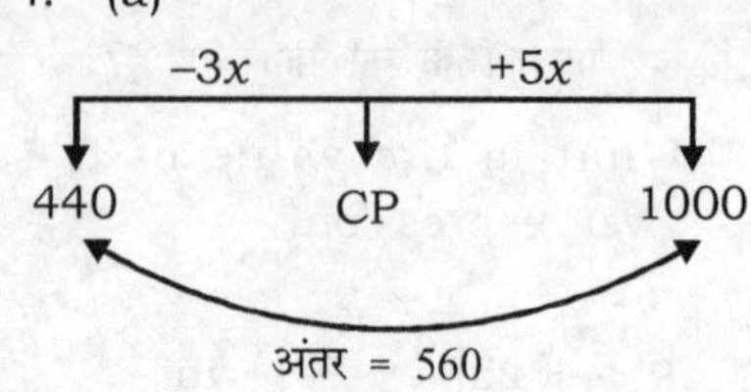

अंतर = 560

हानि = $3x$

लाभ = $5x$

$\Rightarrow 3x + 5x = 560$

$\Rightarrow 8x = 560$

$1x = 70$

⇒ हानि = $3x$

= Rs 210

क्रय मूल्य = 440 + 210

= Rs. 650

5. (a) माना, क्रय मूल्य (C.P.) = 100%

C.P.	M.P.	S.P.
	+35%	–20%
100%	135%	108%

अंकित मूल्य (M.P.) = $100 \times \frac{135}{100}$

= 135%

विक्रय मूल्य (S.P.) = $135 \times \frac{80}{100}$

= 108%

लाभ प्रतिशत = (S.P.) – (C.P.) = 8%

SMART APPROACH:-

लाभ प्रतिशत $= 35 - 20 - \frac{35 \times 20}{100}$

$= 15 - 7 = 8\%$

6. (c)

अंकित मूल्य	विक्रय मूल्य छूट के बाद
10	9
5	4
50	36

36 इकाई = 1548

1 इकाई = 43

50 इकाई (अंकित मूल्य) = 50 × 43

= 2150 रुपये

तो क्रय मूल्य = $\frac{2150}{2}$ = 1075 रु.

7. (c) माना, मूलधन = P

ब्याज = 2P

ब्याज = $\frac{\text{मूलधन} \times \text{समय} \times \text{दर}}{100}$

$2P = \frac{P \times 15 \times \text{दर}}{100}$

दर = $\frac{40}{3}\%$

पुन:, $12P = \frac{P \times 40 \times \text{समय}}{3 \times 100}$

समय = 90 वर्ष

SMART APPROACH:-

जब मूलधन और दर Constant होता है तो (ब्याज ∝ समय)

ब्याज	समय
2	15
×6	×6
12	15×6 = 90

8. (d) साधारण ब्याज = $\frac{P \times R \times T}{100}$

$\Rightarrow \frac{P \times 12 \times 5}{100} = 3720$

$P = \frac{3720 \times 10}{6}$ = 6200 रुपये

9. (b) P = 5000, T = 3 वर्ष, R = 4%

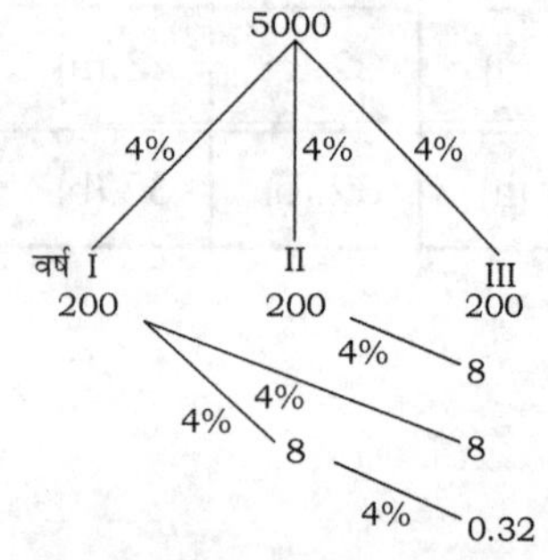

कुल चक्रवृद्धि ब्याज = 200 × 3 + 8 × 3 + 0.32 = Rs.624.32

कुल धनराशि = Rs.5624.32

वैकल्पिक विधि:-

$= 4 + 4 + \frac{4 \times 4}{100} = 8.16\%$

$= 8.16 + 4 + \frac{8.16 \times 4}{100}$

= 12.4864%

चक्रवृद्धि ब्याज = 5000 × 12.4864% = 624.32

मिश्रधन = 5000 + 624.32

= 5624.32

10. (c) $6\% = \frac{3}{50}$

	मूलधन		मिश्रधन
I वर्ष	$2650 = 50_{\times 53}$	:	$53_{\times 53}$
II वर्ष	2500	:	2809
	5150	:	2809Each

2809 इकाई → 125000

5150 इकाई → $\frac{125000}{2809} \times 5150$

≈ 229174 रु.

11. (b) सुहास : नितिन = 8 : 3

माना सुहास ने x महीने के लिए अपना पैसा निवेश किया

$\frac{8 \times x}{3 \times 12} = \frac{5}{4}$

$32x = 5 \times 12 \times 3$

$x = \frac{5 \times 12 \times 3}{32} = \frac{45}{8} = 5\frac{5}{8}$ महीना

इसलिए, नितिन ने $6\frac{3}{8}$ महीने के लिए अकेले अपना पैसा निवेश किया

12. (a) लाभ का अनुपात A : B : C = 4 : 5 : 6

= $4x : 5x : 6x$ (माना)

प्रश्न के अनुसार,

$6x - 4x = 200$

$x = 100$

कुल लाभ = $4x + 5x + 6x = 15x$

= 15 × 100 = 1500 रु

13. (a)

	10 पैसे	20 पैसे
संख्या	x	$y = 50 - x$
राशि	$\frac{x}{10}$	$\frac{y}{5} = \frac{50-x}{5}$

प्रश्नानुसार,

$\frac{x}{10} + \frac{50-x}{5} = 6$

$\Rightarrow x + 100 - 2x = 60$

$\Rightarrow 40 = x$

⇒ 20 पैसे के सिक्के = y = 10

14. (b) प्रश्नानुसार,

गणित × $\frac{25}{100} = \frac{2}{3}$ × भौतिक

$\frac{\text{गणित}}{\text{भौतिक}} = \frac{8}{3}$

15. (b)

	शराब	सोडा
पुराना	(3	2) × 2
नया	6	7

अत:

	शराब	सोडा	
पुराना	6	4	+3
नया	6	7	

कुल = 6 + 4 = 10

10 इकाई → 50

मिलाया गया सोड़ा की मात्रा

= 3 इकाई → $\frac{50}{10} \times 3 = 15$ लीटर

अत: मिश्रण में सोडा की मात्रा 15 लीटर मिलाई जाती है।

16. (d) सैम, साई और श्री के वेतन का अनुपात 7 : 9 : 11

प्रश्नानुसार, श्री को सैम से 320 रुपया अधिक प्राप्त होता है

4 इकाई = 320 रुपये

तब, 9 इकाई = 720 रुपये

17. (a) माना कि, छठे महीने की बिक्री = ₹ x

प्रश्नानुसार,

$\frac{6535 + 7027 + 6955 + 7330 + 6362 + x}{6}$

= 6600

$\Rightarrow x + 34209 = 39600$

$\Rightarrow x = ₹5391$

18. (d) अध्यापक का वजन

= 55 + 0.3 × 46

= 55 + 13.8 = 68.8 kg.

19. (d) 135, 225, 300 का ल.स.प.

= 2700

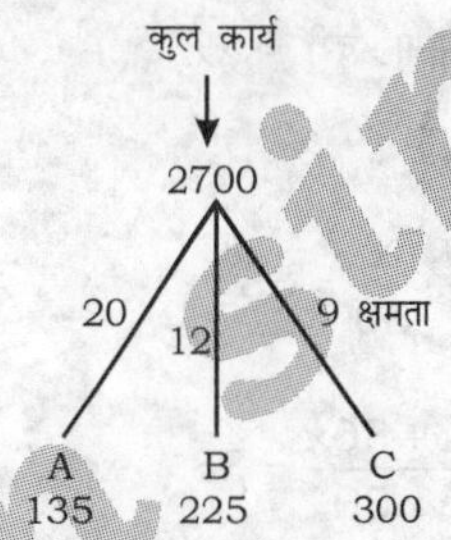

A, B तथा C तीनों द्वारा मिलकर कार्य पूरा करने में लगा समय

$= \frac{\text{कुल कार्य}}{\text{कुल क्षमता}} = \frac{2700}{20+12+9}$

$= \frac{2700}{41} = 65\frac{35}{41}$ दिन

20. (d) प्रश्नानुसार,

6M × 4 = 3W × 7

$\frac{M}{W} = \frac{7}{8}$

कुल कार्य = 6M × 4

= 6 × 7 × 4 = 168

(8M + 3W) का क्षमता

8 × 7 + 3 × 8 = 56 + 24 = 80

$\frac{168}{80} = \frac{21}{10}$ दिन

21. (d)

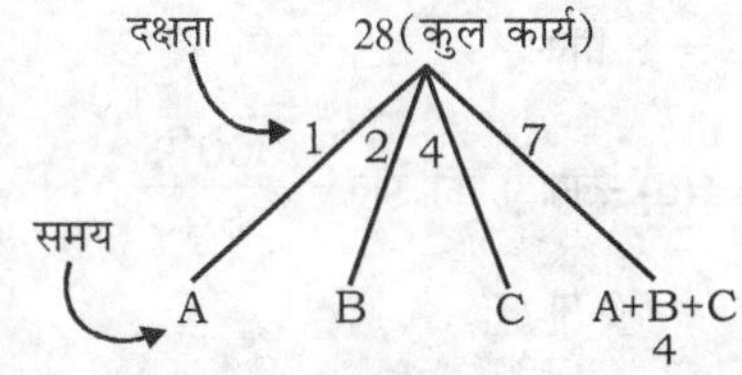

पाइप A द्वारा लिया गया समय = $\frac{28}{1}$

= 28 घंटे

22. (c) प्रश्नानुसार,

$$\text{औसत की गति} = \frac{\text{कुल दूरी}}{\text{कुल समय}}$$

$$= \frac{(25+15)\text{मीटर}}{(4+2)\text{सेकंड}} = \frac{40}{6} \text{ मीटर/सेकंड}$$

= 6.67 मीटर/सेकंड

23. (a) माना, दूरी = $2x$

दिया है

$$\frac{x}{36} + \frac{x}{30} = 33$$

$$\frac{30x + 36x}{36 \times 30} = 33$$

$66x = 33 \times 36 \times 30$

$$x = \frac{33 \times 36 \times 30}{66}$$

$x = 540$

$\therefore$ कुल दूरी = $2x = 540 \times 2$

= 1080 किमी

SMART APPROACH:-

दूरी = चाल × समय

समय = 33 घंटे

$$\text{औसत चाल} = \frac{2S_1 \times S_2}{S_1 + S_2}$$

$$= \frac{2 \times 30 \times 36}{66}$$

$$\text{कुल दूरी} = \frac{2 \times 30 \times 36}{66} \times 33$$

कुल दूरी = 1080 km

24. (d) $\text{ठहराव} = \frac{75-65}{75} \times 60$ मिनट

= 8 मिनट

25. (d) $\text{रेलगाड़ी की गति} = \frac{300\text{मि.}}{5\text{से.}}$

= 60 मी./से.

$= 60 \times \frac{18}{5}$

= 216 किमी/घण्टा

26. (d)

दूरी : समय

A द्वारा तय की गई दूरी: $50 \times 19 = 950$; B द्वारा तय की गई दूरी: $5 \times 19 = 95$

A द्वारा रेस को पूरा करने में लगा कुल समय = 95 से.

27. (b) धारा के प्रतिकूल अर्जुन की गति

$= \frac{40}{5} = 8$ किमी/घंटा

धारा के अनुकूल अर्जुन की गति

$= \frac{24}{2} = 12$ किमी/घंटा

शांत जल में अर्जुन की गति

$\frac{D+U}{2} = \frac{8+12}{2} = 10$ किमी/घंटा

28. (d) $\frac{0!+1!+2!+......+98!}{5}$

$4! = 4 \times 3 \times 2 \times 1 = 24$
$5! = 5 \times 4 \times 3 \times 2 \times 1$

$= \frac{5 \times 4 \times 3 \times 2 \times 1}{5}$

चूंकि 4! के बाद सभी 5 से पुर्णत: विभाजित है इसलिए, शेषफल शून्य होगा।

$\Rightarrow \frac{1+1+2+6+24+0+0....}{5}$

$= \frac{34}{5} = 4$ शेषफल

29. (c) 728 pq (80 से विभाजित है) तो p और q का मान 0 रखने पर

अंत: $p \times q = 0 \times 0 = 0$

30. (d) 32 तथा 40 का ल.स.प. = 160

प्रश्नानुसार,

$x^2 - 9 = 160$

$x^2 = 169$

$x = \pm 13$

धनात्मक मान $(x) = 13$

31. (a) $\frac{a^3 + b^3}{a^2 + b^2 - ab} = (a+b)$

यहां, a = 0.051, b = 0.041

$\Rightarrow$ a + b = 0.051 + 0.041

= 0.092

32. (b) $9 \div \frac{3}{5} + 25\left(\frac{4}{5} + \frac{3}{15}\right) - 9 \text{ of } \frac{2}{3}$

$9 \times \frac{5}{3} + 25\left(\frac{15}{15}\right) - 9 \times \frac{2}{3}$

$\Rightarrow 15 + 25 - 6 = 34$

33. (b) एक आयत की चौड़ाई (w)

= 215 सेमी

आयत का विकर्ण (d) = 559 सेमी

प्रश्नानुसार,

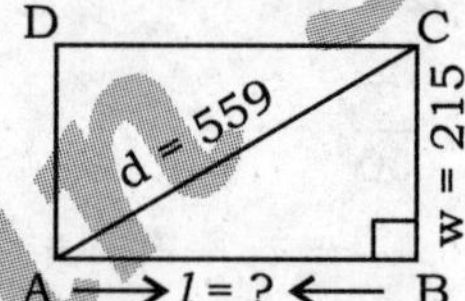

$l^2 + w^2 = d^2$

$l^2 = 559^2 - 215^2$

$l^2 = 312481 - 46225$

$l^2 = 266256$

$l = \sqrt{266256}$

$l = 516$ सेमी

अत: आयत की लम्बाई 516 सेमी है।

आयत का परिमाप = 2 (516 + 215)

= 1462

34. (d) $\therefore$ अभीष्ट अंतर = (2013 में लैपटॉप Y) – (2014 में लैपटॉप Z)

= 17000 – 9000 = 8 हजार

35. (d) 2012 में Z कीमत = 39

2012 में X की कीमत = 31

$$\% \text{ अधिक} = \frac{39-31}{31} \times 100$$

$$= \frac{800}{31} = 25.806\%$$

मॉक टेस्ट-04

24

1. यदि y, x से 20% अधिक है, तो x, y से कितने फीसदी कम है?
If y is 20% more than x, then by what percent x is less than y?
(a) 16% (b) 16.67%
(c) 17.67% (d) 16.33%

2. स्टेशन मास्टर ने आयताकार डिजिटल बोर्ड की लंबाई और चौड़ाई क्रमश: 9% और 1% बढ़ाने का फैसला किया। क्षेत्र में किए गए कुल परिवर्तन की गणना करें।
The Station Master decided to increase the length and width of the rectangular digital board by 9% and 1% respectively. Calculate the total change in area.
(a) 9.91% कमी
(b) 7.91% कमी
(c) 8.91% वृद्धि
(d) 10.09% वृद्धि

3. जब किसी वस्तु को ₹ 13224 की दर पर बेचा गया, तो उसी वस्तु को ₹ 6612 की दर पर बेचने से हुई हानि से 28% अधिक लाभ अर्जित हुआ। वस्तु का क्रय मूल्य ज्ञात कीजिए।
When the article sold at the rate of ₹ 13224 earned a profit of 28% more than that of the loss incurred when the same article sold at the rate of ₹ 6612. Find the cost price of the article.
(a) 9612 (b) 9712
(c) 9715 (d) 9512

4. एक बेईमान दुकानदार एक ग्राहक को क्रय मूल्य के ऊपर T % के लाभ पर सामान बेचता है और साथ ही 1 kg के स्थान पर वह 800 g तौलता है। उसका कुल लाभ प्रतिशत 40 % है। T का मान कितना है?
A dishonest shopkeeper sells goods to a customer at a profit of T % over the cost price and also weighs 800g instead of 1kg. His total profit percentage is 40%. What is the value of T?
(a) 40 (b) 24
(c) 10 (d) 12

5. एक व्यापारी अपने वस्तु की कीमत को ऐसे अंकित करता है कि 25% की छूट देने के बाद, वह 50% का लाभ कमाता है। उस वस्तु का अंकित मूल्य कितना है, जिसका क्रय मूल्य ₹ 18500 है? (₹ में)
A tradesman marks the price of his goods such that after allowing a discount of 25%, he earns a profit of 50%. What is the marked price of the article whose cost price is Rs.18500? (in Rs.)
(a) 34000 (b) 36000
(c) 35000 (d) 37000

6. एक दुकानदार किसी वस्तु के लागत मूल्य में 33% की बढ़ोतरी करके उस पर मूल्य अंकित करने के पश्चात् उसकी बिक्री पर 33% की छूट रखता है। तो उसे होने वाले कुल लाभ अथवा हानि की प्रतिशत ज्ञात कीजिए?
A shopkeeper, after marking an item by increasing its cost price by 33%, gives a discount of 33% on its sale. Then find the percentage of total profit or loss suffered by him?
(a) 9.96% लाभ
(b) 10.89% हानि
(c) 8.64% लाभ
(d) 11.24% हानि

7. एक निश्चित राशि साधारण ब्याज पर 2 साल में ₹ 1260 और 5 साल में ₹ 1350 हो जाती है। ब्याज की अनुमानित दर ज्ञात करें?
A certain sum of money becomes ₹ 1260 in 2 years and ₹ 1350 in 5 years at simple interest. Find the approximate rate of interest?
(a) 4.5% (b) 1.5%
(c) 2.5% (d) 3.5%

8. किसी निश्चित राशि को 12% की साधारण वार्षिक ब्याज दर पर 5 वर्षों के लिए जमा करने पर 4,200 रुपये ब्याज प्राप्त होता है। जमा की गई राशि ज्ञात कीजिए (रुपये में)?
Depositing a certain amount at a simple annual interest rate of 12% for 5 years yields Rs. 4,200 interest. Find the amount deposited (in Rs.) ?
(a) 7,500 (b) 6,000
(c) 7,000 (d) 6,500

9. 2 वर्षों के लिए 24000 रु. की राशि पर चक्रवृद्धि ब्याज और साधारण ब्याज के बीच का अंतर 240 रु. है। वार्षिक ब्याज दर क्या है ? (% में)
The difference between compound interest and simple interest on an amount of Rs.24000 for 2 years is Rs. 240. What is the rate of interest per annum? (In%)
(a) 12 (b) 14
(c) 8 (d) 10

10. चक्रवृद्धि ब्याज के तहत कोई रकम 3 साल में दोगुनी हो जाती है. कितने वर्षों में यह अपनी राशि का 256 गुना हो जाएगा?
Under compound interest, an amount doubles in 3 years. How many years will it be 256 times its amount?
(a) 24 years (b) 28 years
(c) 22 years (d) 26 years

11. मिताली और झूलन ने क्रमश: 336 रुपये एवं 231 रुपये एक कारोबार में निवेश किए परंतु मिताली ने कुछ महीनों बाद पैसे वापस निकाल लिए। 12 महीनो के समापन पर मिताली और झूलन द्वारा आपस में बांटे गए लाभ का अनुपात 2:3 होने पर मिताली ने कितने महीनों के बाद अपना पैसा निकाल लिया होगा?
Mitali and Jhulan invested Rs.336 and Rs.231 respectively in a business but Mitali withdraw her money after a few months. If the end-of- twelve-months' profit was shared between Mitali and Jhulan in the ratio 2:3, after how many months did Mitali take out her money?
(a) 4.5 (b) 5.5
(c) 6.5 (d) 7.5

12. 7 संख्याओं का औसत 143 है। एक संख्या में कटौती करने के बाद, औसत समान रहता है। अपवर्जित संख्या ज्ञात कीजिए।
The average of 7 numbers is 143. After cutting one number, the average remains the same. Find the excluded number.
(a) 143 (b) 139
(c) 141 (d) 137

13. A और B के पास 3 : 5 के अनुपात में चॉकलेट है। यदि A को B से 8 चॉकलेट अधिक मिलते है, तो अनुपात 4 : 5 हो जाता है। यह ज्ञात करें कि A और B के पास शुरू में कितनी चॉकलेट थी?
A and B have chocolates in the ratio 3 : 5. If A gets 8 more chocolates than B, the ratio becomes 4 : 5. Find how much chocolate A and B had initially?
(a) 16, 30 (b) 24,40
(c) 25, 40 (d) 30, 40

14. एक स्कूल में, 20% लड़कों की संख्या लड़कियों की $\frac{2}{3}$ के बराबर है। उस विद्यालय में लड़को का लड़कियों का अनुपात क्या है?
In a school, 20% of the boys is the same in number as $\frac{2}{3}$ of the girls. What is the ratio of boys to girls in that school?
(a) 10 : 9 (b) 3 : 10
(c) 9 : 10 (d) 10 : 3

15. एक कंटेनर में 36 लीटर पानी है। इस कंटेनर से 6 लीटर पानी निकाल ली गई और उसकी जगह तेल डाल दिया गया। यह प्रक्रिया दो बार दोहराई गई। कंटेनर के अंदर कितना पानी है?
A container contains 36 litres of water. From this container, 6 litres of the content were taken out and replaced by oil. This process was repeated two times. How much water is inside the container?
(a) 30 लीटर (b) 28 लीटर
(c) 25 लीटर (d) 20 लीटर

16. रु. 936 को गलती से $\frac{1}{2}:\frac{1}{3}:\frac{1}{4}$ के बजाय 2 : 3 : 4 के अनुपात में P, Q और R के बीच विभाजित किया गया है। वितरण में R का लाभ ______ है।
Rs. 936 is divided among P, Q and R in the ratio 2 : 3 : 4 instead of $\frac{1}{2}:\frac{1}{3}:\frac{1}{4}$ by mistake. The gain of R in the distributrion is ______.
(a) Rs. 200 (b) Rs. 24
(c) Rs. 124 (d) Rs. 216

17. एक किराने की दुकान की 5 क्रमागत महीनों के लिए ₹6835, ₹7327, ₹7255, ₹7630 और ₹6662 की बिक्री होती है। छठे महीने में उसकी कितनी बिक्री होनी चाहिए ताकि उसकी औसत बिक्री ₹6900 की हो?
A grocer has a sale of ₹6835, ₹7327, ₹7255, ₹7630 and ₹6662 for 5 consecutive months. How much sale must he have in the sixth month so that he gets an average sale of ₹6900?
(a) 5591 (b) 5691
(c) 5391 (d) 5494

18. ग्यारह खिलाड़ियों की राज्य स्तरीय क्रिकेट टीम का औसत वजन 106 किलोग्राम है। जब कोच को शामिल किया जाता है तो औसत वजन 1 किलो बढ़ जाता है। कोच का वजन (किलो में) कितना है?
The average weight of eleven players' state-level cricket team is 106 kg. When the coach is added then the average weight increases to 1 kg. What is the weight (in kg) of the coach?
(a) 114 (b) 120
(c) 116 (d) 118

19. A किसी कार्य को 12 दिन में पूरा कर सकता है। B, A की तुलना में 20% कम कार्य-कुशल है। B को कार्य पूरा करने में कितने दिन का समय लगेगा?
A can do a piece of work in 12 days. B is 20% less efficient than A. In how many days will B take to complete the work?
(a) 15 दिन (b) 18 दिन
(c) 20 दिन (d) 16 दिन

20. जब आशीष एक निश्चित कार्य पूरा करता है, तो उसे कुल वेतन 70रु प्राप्त होता है जब कनिका समान कार्य पूरा करती है, तो उसे कुल वेतन रु. 165 प्राप्त होता है आशीष और कनिका की दैनिक मजदूरी क्रमशः रु. 3.5 और रु. 5.5 है। यदि दोनों इसे एक साथ करते हैं, तो कार्य की लागत क्या है?
When Ashish finishes a certain work, he gets a total wages of Rs. 70. When Kanika finishes the same work, she gets a total wages of Rs. 165. The daily wages of Ashish and Kanika are Rs. 3.5 and Rs. 5.5 respectively. If both of them do it together, what is the cost of the work?
(a) Rs. 108 (b) Rs. 144
(c) Rs. 120 (d) Rs. 140

21. पाइप A, एक टैंक को 828 मिनट में भर सकता है और पाइप B उसी टैंक को 1035 मिनट में खाली कर सकता है। यदि दोनों पाइप एक साथ खोले जाते हैं, तो खाली टैंक को भरने में कितने घंटों का समय लगेगा?

Pipe A can fill a tank in 828 minutes and Pipe B can empty the same tank in 1035 minutes. If both pipes are opened together, how many hours will it take to fill the empty tank?

(a) 69 hours/घंटे
(b) 73 hours/घंटे
(c) 71 hours/घंटे
(d) 75 hours/घंटे

22. एक कार की गति प्रत्येक एक घंटे के बाद 2 किमी बढ़ जाती है। यदि पहले एक घंटे में तय की गई दूरी 35 किमी. है तो 12 घंटे में तय की गई कुल दूरी कितनी थी?
The speed of a car increases by 2 kms after every one hour. If the distance travelling in the first one hour was 35 kms. what was the total distance travelled in 12 hours?
(a) 456 किमी (b) 482 किमी
(c) 552 किमी (d) 556 किमी

23. एक ट्रेन चंडीगढ़ से फरीदाबाद तक 86 किमी/घंटा की चाल से चलती है और 88 किमी/घंटा की चाल से वापस आती है। यदि कुल यात्रा में 174 घंटे लगते हैं, तो चंडीगढ़ और फरीदाबाद की बेच की दूरी ज्ञात कीजिए।
A train travels from Chandigarh to Faridabad at a speed of 86 km/hr and return at a speed of 88 km/hr. If it takes 174 hours for total travel then find the distance between Chandigarh to Faridabad.
(a) 7468 km (b) 4668 km
(c) 7568 km (d) 7768 km

24. सीमा और गीता, एक ही समय में स्थान A से 90 किमी दूर स्थित स्थान B पर जाने के लिए यात्रा शुरू करती है। सीमा की चाल, गीता की चाल से 3 किमी/घंटा कम है। गीता, स्थान B पर पहुंचती है और तुरंत वापस चलना शुरू करती है। मार्ग में वह स्थान B से 15 किमी की दूरी पर सीमा से मिलती है। गीता की चाल (किमी / घंटा में) ज्ञात कीजिए।
Seema and Geeta, at the same time, start the journey to reach place B which is 90 km away from place A. The speed of Seema is 3 km/h less than the speed of Geeta. Geeta reaches place B and immediately starts walking back. On the way it meets Seema at a distance of 15 km from point B. Find the speed (in km/h) of Geeta.
(a) 9 (b) 10.5
(c) 12 (d) 7.5

25. एक रेलगाड़ी 260 मीटर लम्बे पुल के एक छोर पर सिग्नल को पार करने में 23 सेकंड का समय लेती है। यदि रेलगाड़ी पुल को पार करने में 49 सेकण्ड लेती है तो रेलगाड़ी की लम्बाई ज्ञात कीजिए।
A train takes 23 seconds to cross the signal at one end of a 260 m long bridge. If the train takes 49 seconds to cross the bridge then find the length of the train.
(a) 270m (b) 330m
(c) 230m (d) 430m

26. A, B और C क्रमश: 5 मी/से., 3 मी/से. और 8 मी/से., की गति से चलते हैं। वे एक ही समय पर बिंदु से दौड़ शुरू करते हैं। कुछ समय बाद, यह पाया गया कि A और C के बीच की दूरी 6 मीटर है। A और B के बीच की दूरी ज्ञात कीजिए।
A, B and C runs at speeds 5 m/s, 3 m/s and 8 m/s, respectively. They start the race at the same time from the point. After some time, it was found that the distance between A and C is 6 m. Determine the distance between A and B.
(a) 3 m (b) 2 m
(c) 5 m (d) 4 m

27. ठहरे हुए पानी में एक नाव की चाल 12 किमी प्रति घंटा है। धारा की चाल 8 किमी प्रति घंटा है। नाव को एक निश्चित दूरी तक धारा की दिशा में ले जाया जाता है और फिर शुरुआती बिंदु पर वापस लाया जाता है। पूरी यात्रा के दौरान नाव की औसत चाल कितनी थी?
The speed of a boat in still water is 12 km/h. The speed of the stream is 8 km/h. The boat is carried in the direction of the current for a certain distance and then brought back to the starting point. What was the average speed of the boat during the whole journey?
(a) 7 किमी/घंटा
(b) $\frac{20}{3}$ किमी/घंटा
(c) 6 किमी/घंटा (d) 8 किमी/घंटा

28. यदि 5 अंक वाली संख्या 593ab 3,7 और 11 से विभाज्य है, तो $(a^2 - b^2 + ab)$ का मान ज्ञात करें।
If the 5 -digit number 593ab is divisible by 3,7 and 11 , then what is the value of $(a^2 - b^2 + ab)$?
(a) 35 (b) 31
(c) 25 (d) 29

29. वह छोटी से छोटी संख्या ज्ञात करें, जिसमें 18 जोड़ने पर प्राप्त संख्या 28, 36 और 45 से पूर्णत: विभाज्य हो
Find the least number in which the number obtained by adding 18 is completely divisible by 28, 36 and 45.
(a) 1242 (b) 280
(c) 518 (d) 1000

30. दो संख्याओं का अनुपात 4 : 5 है और उनका म.सप. 6 है। उनका ल.स.प. है:
The ratio of two numbers is 4 : 5 and their HCF is 6. Their LCM is:
(a) 120 (b) 88
(c) 168 (d) 72

31. निम्नलिखित व्यंजक का मान ज्ञात कीजिए।
Find the value of the following expression.

$$\frac{3\frac{2}{3} \div \frac{11}{30} \text{ of } \frac{2}{3} - \frac{1}{4} \text{ of } 2\frac{1}{2} \div \frac{3}{5} \times 4\frac{4}{5}}{\frac{2}{5} \text{ of } 7\frac{1}{2} \div \frac{3}{4} - \frac{3}{4} \times 1\frac{1}{2} \div 2\frac{1}{4}}$$

(a) $3\frac{2}{3}$ (b) $\frac{2}{3}$
(c) $2\frac{6}{7}$ (d) $2\frac{2}{3}$

32. $\dfrac{\frac{1}{6}\div\frac{1}{6}\times\frac{1}{6}}{\frac{1}{6}\div\frac{1}{6}\text{of}\frac{1}{6}}-\dfrac{1}{36}$ का मान ज्ञात कीजिए।

Find the value of

(a) $\frac{1}{6}$ (b) 0

(c) $\frac{1}{36}$ (d) 1

33. यदि एक बेलन के आधार की त्रिज्या 20% बढ़ा दी जाए और इसकी ऊंचाई $33\frac{1}{3}$% घटा दी जाए, तो इसके आयतन में कितने प्रतिशत परिवर्तन हो जाएगा?

If the radius of the base of a cylinder is increased by 20% and its height is decreased by $33\frac{1}{3}$%, then what will be the percentage change in its volume?

(a) 2% कम हो जाएगा

(b) 2% बढ़ जाएगा

(c) 4% कम हो जाएगा

(d) 0.4% कम हो जाएगा

निर्देश (34-35): निम्नलिखित चित्र को देखें और नीचे दिए गए प्रश्नों का उत्तर दें।

Directions: Look at the following figure and answer the questions given below.

नीचे दिया गया चार्ट होटल में पांच विभिन्न खाद्य पदार्थों पर एक सर्वेक्षण के परिणामों को दर्शाता है।

The chart below shows the results of a survey on five different food items in hotels.

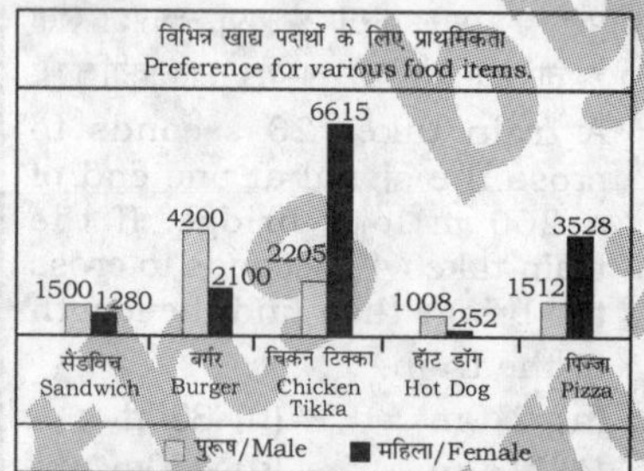

34. सैंडविच पसंद करने वाले और हॉटडॉग पसंद करने वाले लोगों का अनुपात ज्ञात करें।

Find the ratio of the number of people who like Sandwich to those who like Hotdog.

(a) 117 : 23

(b) 27 : 59

(c) 54 : 23

(d) 139 : 63

35. बर्गर पसंद करने वाले पुरूषों की तुलना में बर्गर पसन्द करने वाली महिलाओं का प्रतिशत कितना कम है?

What is the percentage of females who like Burger less than the males who like Burger?

(a) 75%

(b) 25%

(c) 100%

(d) 50%

ANSWER KEY

1.(b)	2.(d)	3.(d)	4.(d)	5.(d)	6.(b)	7.(c)	8.(c)	9.(d)	10.(a)
11.(b)	12.(a)	13.(b)	14.(d)	15.(c)	16.(a)	17.(b)	18.(d)	19.(a)	20.(a)
21.(a)	22.(c)	23.(c)	24.(b)	25.(c)	26.(d)	27.(b)	28.(d)	29.(a)	30.(a)
31.(c)	32.(b)	33.(c)	34.(d)	35.(d)					

SOLUTIONS

1. (b) $20\% = \frac{1}{5}$

$x \quad y$
$5 \quad 6$
-1

आवश्यक% = $\frac{1}{6} \times 100 = 16.67\%$

2. (d) क्षेत्रफल में परिवर्तन

$= 9 + 1 + \frac{9 \times 1}{100}$

$= 10 + 0.09 = 10.09\%$ वृद्धि

3. (d)

$28\% = \frac{7}{25}$ → लाभ = 32, → हानि

विक्रय मूल्य$_1$ ⊢25⊣ | ⊢32⊣ विक्रय मूल्य$_2$
6612 — क्रय मूल्य — 13224

प्रश्नानुसार,
(25 + 32) इकाई = 13224 – 6612
1 इकाई = 116
25 इकाई = 116 × 25 = 2900 रुपये
क्रय मूल्य = 6612 + 2900
= 9512 रुपये

4. (d) $\frac{SP}{CP}\left(\frac{140}{100}\right) = \frac{1000}{800} \times \frac{y}{x}$

$\frac{7}{5} = \frac{5}{4} \times \frac{y}{x} \Rightarrow \frac{y}{x} = \frac{28}{25}$

लाभ % = $\frac{3}{25} \times 100\% = 12\%$

5. (d)

$C.P.\left(\frac{100 + \text{लाभ}}{100}\right) = M.P.\left(\frac{100 - \text{छूट}}{100}\right)$

$C.P\left(\frac{100+50}{100}\right) = M.P.\left(\frac{100-25}{100}\right)$

$C.P. \times \frac{150}{100} = M.P. \times \frac{75}{100}$

$\frac{C.P.}{M.P.} = \frac{1}{2}$

1 इकाई → 18500
2 इकाई → 18500 × 2
= ₹ 37000

6. (b) लाभ/हानि% = $x - y - \frac{xy}{100}$

$= 33 - 33 - \frac{33 \times 33}{100}$

$= -10.89\%$

हानि % = 10.89%

7. (c) 2 वर्ष बाद राशि = 1260रु
5 वर्ष बाद राशि = 1350रु
3 वर्ष का ब्याज = 1350 – 1260
= 90

2 वर्ष का ब्याज = $\frac{90}{3} \times 2 = 60$

मूल राशि = 1260 – 60 = 1200

दर = $\frac{30 \times 100}{1200} = \frac{5}{2} = 2.5\%$

8. (c) मूलधन (P) = $\frac{4200 \times 100}{12 \times 5}$
= 7000 रुपये

9. (d) मूलधन = 24000 अंतर = 240
दर = ?
अंतर = चक्रवृद्धि ब्याज – साधारण ब्याज

= मूलधन $\left(\frac{\text{दर}}{100}\right)^2$

$240 = 24000 \times \frac{\text{दर}^2}{100 \times 100}$

दर^2 = 100
⇒ दर = 10%

10. (a) वर्ष —— गुना
3 → 2
×
$2^{⑧} = 256$
समय = 8 × 3 = 24 वर्ष

11. (b) माना, मिताली ने x महीने के लिए अपना पैसा निवेश किया

$336 \times x : 231 \times 12 = 2 : 3$

$\frac{336x}{231 \times 12} = \frac{2}{3}$

$x = \frac{2 \times 231 \times 12}{336 \times 3} = \frac{11}{2} = 5.5$ माह

मिताली 5.5 महीने बाद अपना पैसा निकाल लेती है

12. (a) 7 संख्याओं का औसत = 143
अतः योग = 7 × 143 = 1001
6 संख्याओं का योग = 6 × 143
= 858
हटाई गई संख्या = 1001 – 858
= 143

वैकल्पिक विधि:

यदि 7 संख्याओ का औसत 143 है और 1 संख्या हटाने पर भी औसत 143 ही रहता है तो इससे स्पष्ट है कि हटाई गई संख्या 143 ही होगी।

13. (b)

	A	:	B
+1	3	:	5
	4	:	5

1 इकाई → 8
A चॉकलेट = 3 इकाई → 24
B चॉकलेट = 5 इकाई → 40

14. (d) लड़का × $\frac{20}{100}$ = लड़की × $\frac{2}{3}$

लड़का : लड़की = 10 : 3

15. (c) अंतिम पानी = $36\left[1 - \frac{6}{36}\right]^2$

$= 36 \times \frac{5}{6} \times \frac{5}{6} = 25$ लीटर

16. (a) P : Q : R = (2 : 3 : 4) × 13
सर्वप्रथम हम दोनों अनुपातों के योग को समान करेंगे
26 : 39 : 52 ⇒ 117

$= \frac{1}{2} : \frac{1}{3} : \frac{1}{4} \Rightarrow (6 : 4 : 3) \times 9$

54 : 36 : 27 ⇒ 117
∴ 117 इकाई = 936
R का लाभ (52 – 27) इकाई = 8 × 25
= 200 रुपये

17. (b) माना कि, छठे महीने की बिक्री = x
प्रश्नानुसार,
$\frac{6835+7327+7255+7630+6662+x}{6}$ = 6900
$\Rightarrow 35709 + x = 41400$
$\Rightarrow x = 41400 - 35709$ = ₹5691

18. (d) ग्यारह खिलाड़ियों के क्रिकेट टीम का कुल वजन = 106×11= 1166 kg
कोच को शामिल करने के बाद कुल वजन = 12 × 107 = 1274 kg
कोच का वजन = 1284 – 1166 = 118

19. (a)
A B
क्षमता → 5 : 4
समय → 4 : 5
×3 ×3
12 दिन 15 दिन
A : B
12 दिन 15 दिन
60
कुल कार्य = 60
B → $\frac{60}{4}$ = 15 दिन

20. (a)
आशीष द्वारा कार्य करने में लगा समय → $\frac{70}{3.5}$ = 20 दिन — क्षमता 3 — कुल कार्य 60
कनिका द्वारा कार्य करने में लगा समय → $\frac{165}{5.5}$ = 30 दिन — 2
माना, कुल कार्य 60 इकाई है
तब, आशीष तथा कनिका द्वारा कार्य को पूरा करने में लगा समय
$\Rightarrow \frac{60}{5}$ = 12 दिन
$\Rightarrow$ कार्य की लागत = 12 (3.5 + 5.5)
= 12 × 9 = 108 रु.

21. (a) 828, 1035 का ल.स.प. = 23 × 9 × 20 = 4140
(कुल धारिता)
4140
5 –4 (क्षमता)
A B
828 1035
दोनों मिलकर खाली टैंक को भरेंगे
समय = $\frac{\text{कुल धारिता}}{\text{कुल क्षमता}}$
$\Rightarrow \frac{4140}{5-4} = \frac{4140}{1\times60}$ = 69 घंटे

22. (c) यदि कार की गति 2 किमी/घंटा के गति से प्रत्येक घंटे बढती है, तो कार द्वारा 12 घंटे में तय कि गयी कुल दूरी = 35 + 37 + 39 + 41 + 43 + 45 + 47 + 48 + 51 + 53 + 55 + 57
कुल दूरी = $\frac{n}{2}$ (पहली पद + अंतिम पद)
= $\frac{12}{2}[35+57]$ = 552 किमी
अत: कार द्वारा तय की गई कुल दूरी 552 किमी है।

23. (c)
86 किमी/घंटा ⟷ 88 किमी/घंटा
कुल समय लगा = 174 घंटे
$\therefore$ औसत चाल = $\frac{2(S_1 \times S_2)}{S_1+S_2}$
= $\frac{2\times86\times88}{86+88} = \frac{2\times86\times88}{174}$
$\therefore$ दूरी = चाल × समय
= $\frac{2\times86\times88}{174}\times174$ = एक तरफ से दूरी पूछी है, तो
$\therefore$ अभीष्ट दूरी = $\frac{2\times86\times88}{2} = 86\times88$
= 7568 किमी

24. (b)
A →90← B
A 75 C 15 B
सीमा = 75
गीता = 90 + 15 = 105
सीमा गीता
दूरी → 75 : 105
5 : 7
2 इकाई → 3 किमी/घंटा
1 इकाई → 1.5 किमी/घंटा
7 इकाई → 10.5 किमी/घंटा
अत: गीता की चाल 10.5 किमी/घंटा है।

25. (c) रेलगाड़ी की गति = $\frac{x}{23}$ ..(सेमी.1)
स्तिथि 2:-
रेलगाड़ी की गति
= $\frac{\text{रेलगाड़ कि लंबाई + पुल की लंबाई}}{\text{कुल समय}}$
= $\frac{x+260}{49}$ ....(सेमी.2)
रेलगाड़ी की गति के मान को बराबर करने पर,
= $\frac{x+260}{49} = \frac{x}{23}$
$\Rightarrow 23 \times 260 = 26x$
$\Rightarrow x$ = 230m

26. (d) A : B : C
चाल = 5 : 3 : 8
A और C के बीच की दूरी = 6 मी
3 इकाई = 6 मी.
1 इकाई = 2 मी.
A और B के बीच की दूरी = 2 इकाई
2 × 2 = 4 मी.

27. (b) शांत जल में नाव की चाल (V) = 12 किमी/घंटा
धारा की चाल (U) = 8 किमी/घंटा
V + U = 20 किमी/घंटा
V – U = 4 किमी/घंटा
औसत चाल = $\frac{2\times20\times4}{24}$
= $\frac{20}{3}$ किमी/घंटा

28. (d)
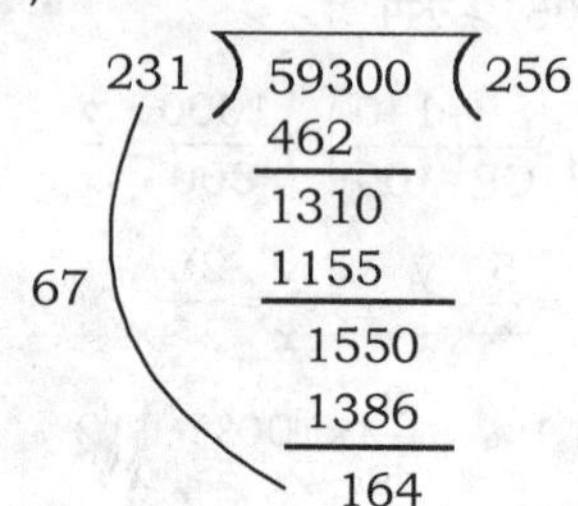

तो संख्या है
5 9 3 6 7
a b
$a^2 - b^2 + ab$
$(6)^2 - (7)^2 + 6 \times 7 = 29$

29. (a) 28, 36, 45 का ल.स.म. = 1260
1260 वह छोटी संख्या है, जो 28, 36 और 45 से पूर्णत: विभाजित है।
अंत: आवश्यक संख्या = 1260 – 18 = 1242

30. (a) A × B = ल.स.प. × म.स.प.
$\Rightarrow 4 \times 5 \times a^2$ = ल.स.प. × a
$\Rightarrow 4 \times 5 \times 6$ = ल.स.प.
$\Rightarrow$ ल.स.प. = 120

31. (c)
$$\frac{3\frac{2}{3} \div \frac{11}{30} \text{ of } \frac{2}{3} - \frac{1}{4} \text{ of } 2\frac{1}{2} \div \frac{3}{5} \times 4\frac{4}{5}}{\frac{2}{5} \text{ of } 7\frac{1}{2} \div \frac{3}{4} - \frac{3}{4} \times 1\frac{1}{2} \div 2\frac{1}{4}}$$
$$= \frac{3\frac{2}{3} \div \frac{11}{45} - \frac{5}{8} \div \frac{3}{5} \times 4\frac{4}{5}}{3 \div \frac{3}{4} - \frac{3}{4} \times 1\frac{1}{2} \div 2\frac{1}{4}}$$
$$= \frac{\frac{11}{3} \times \frac{45}{11} - \frac{5}{8} \times \frac{5}{3} \times \frac{24}{5}}{3 \times \frac{4}{3} - \frac{3}{4} \times \frac{3}{2} \times \frac{4}{9}}$$
$$= \frac{15-5}{4-\frac{1}{2}} = \frac{10 \times 2}{7} = \frac{20}{7} = 2\frac{6}{7}$$

32. (b)
$$\frac{\frac{1}{6} \div \frac{1}{6} \times \frac{1}{6}}{\frac{1}{6} \div \frac{1}{6} \text{ of } \frac{1}{6}} - \frac{1}{36}$$
$$= \frac{\frac{1}{6}}{6} - \frac{1}{36} = \frac{1}{36} - \frac{1}{36} = 0$$

33. (c) $20\% = \frac{1}{5}$, $33\frac{1}{3}\% = \frac{1}{3}$
बेलन का आयतन $= \pi r^2 h$

	पुराना	नया
R →	5	6
R →	5	6
H →	3	2
	75	72

आयतन में परिवर्तन% $= \frac{3}{75} \times 100$
$\therefore$ आयतन में कमी 4%

34. (d) जो लोग सैंडविच पसंद करते है
= 1500 + 1280 = 2780
जो लोग हॉटडॉग पसंद करते है
= 1008 + 252 = 1260
$\therefore$ आवश्यक अनुपात
$= \frac{2780}{1260} = \frac{139}{63} = 139 : 63$

35. (d) बर्गर पसंद करने वाली महिला
= 2100
बर्गर पसंद करने वाले पुरुष = 4200
आवश्यक % $= \frac{4200-2100}{4200} \times 100 = 50\%$

☆☆☆☆☆

मॉक टेस्ट-05

25

1. एक बल्ब निर्माता ने पाया कि कुल उत्पाद का 13% दोषपूर्ण है। यदि गैर दोषपूर्ण उत्पादों की संख्या 4524 है, तो दोषपूर्ण उत्पादों की संख्या ज्ञात करें।

A bulb manufacturer found that 13% of the total product was defective. If the number of non defective products is 4524, find the number of defective products.

(a) 686 (b) 676
(c) 656 (d) 696

2. विग्नेश अपनी मासिक आय का 42% भोजन पर, 16% मकान के किराए पर 11% मनोरंजन पर और 7% परिवहन पर खर्च करता है। लेकिन किसी पारिवारिक समारोह के कारण, 18,000 रु. के खर्चों की पूर्ति के लिए उसे साहूकार से 12,000 रु. उधार लेने पड़े। उसकी मासिक आय कितनी है?

Vignesh spends 42% of his monthly income on food, 16% on house rent, 11% on entertainment and 7% on transport. But due to some family function, he had to borrow Rs. 12,000 from a moneylender to meet the expenses of Rs. 18,000. What is his monthly income?

(a) Rs. 30,000
(b) Rs. 25,000
(c) Rs. 20,000
(d) Rs.24,000

3. एक वस्तु को ₹ 2066 में बेचने पर होने वाली हानि ₹ 2621 में बेचने पर होने वाले लाभ का 85% है। वस्तु का क्रय मूल्य ज्ञात कीजिए। (₹ में)

The Loss incurred by selling an article at ₹ 2066 is 85% of the gain incurred by selling the same article at ₹ 2621. Find the cost price of the article.

(a) Rs.2521 (b) Rs.2421
(c) Rs.2321 (d) Rs.2621

4. कोई दुकानदार एक वस्तु को 225 रुपये में खरीदकर 180 रुपये में बेचता है। हानि प्रतिशत ज्ञात कीजिए? (% में)

A shopkeeper buys an item for Rs 225 and sells it for Rs 180. Find the loss percentage? (in %)

(a) 25 (b) 30
(c) 35 (d) 20

5. एक स्मार्ट टी.वी. ₹ 162100 में खरीदा गया था। इसकी कीमत में 30% की वृद्धि अंकित की गई। इसे अंकित मूल्य पर 20% की छूट पर बेचा गया। स्मार्ट टी.वी. पर लाभ प्रतिशत कितना था?

A smart TV was purchased for ₹ 162100. Its price was marked up by 30%. It was sold at a discount of 20% on the marked price. What was the profit percent on a smart TV?

(a) 1% (b) 3%
(c) 4% (d) 5%

6. एक दुकानदार किसी वस्तु के लागत मूल्य में 31% की बढ़ोत्तरी करके उस पर मूल्य अंकित करने के पश्चात् उसकी बिक्री पर 31% की छूट रखता है। तो उसे होने वाले कुल प्रतिशत लाभ अथवा हानि को ज्ञात कीजिए ?

A shopkeeper, after marking an item by increasing its cost price by 31%, keeps a discount of 31% on its sale. Then find the total percentage profit or loss suffered by him?

(a) 9.61 हानि (b) 8.64 लाभ
(c) 10.21 हानि (d) 7.44 लाभ

7. एक निश्चित राशि में से एक-तिहाई हिस्सा 3% पर, एक-छठवां 6% प्रतिशत पर और शेष 8% पर निवेश किया जाता है। यदि इन सभी निवेशों में से 3 वर्षों में मिलने वाला ब्याज ₹ 600 होता है, तो मूल राशि का पता लगाइए।

One-third of a certain amount is invested at 3%, one-sixth at 6% and the rest at 8%. If out of all these investments the interest accrued in 3 years is ₹ 600, then find the principal amount.

(a) Rs.3333.3 (b) Rs.10000
(c) Rs.4000 (d) Rs.2000

8. एक राशि को 12% प्रति वर्ष की साधारण ब्याज दर पर निवेश करने पर 5 वर्ष के बाद 3960 रुपये का ब्याज प्राप्त होता है। निवेश की गई राशि ज्ञात करिए। (रुपये में)

Investing a sum of money at simple interest rate of 12% per annum gives interest of Rs.3960 after 5 years. Find the amount invested. (in Rs.)

(a) 6300 (b) 6600
(c) 6500 (d) 6400

9. ₹ 10,000 के मूलधन पर 12% प्रतिवर्ष के हिसाब से 6 महीने की अवधि के लिए कुल रकम ज्ञात करें जो त्रैमासिक रूप से संयोजित हुई हो।

Find the total amount for a period of 6 months on the principal amount of ₹ 10,000 at 12% per annum, compounded quarterly.

(a) Rs.14652 (b) Rs.10609
(c) Rs.12365 (d) Rs.11360

10. एक निश्चित राशि पर 5% प्रतिवर्ष की दर से 2 वर्ष के लिए साधारण ब्याज और चक्रवृद्धि ब्याज के बीच का अंतर ₹5 है। राशि पता करें।

The difference between simple interest and compound interest on a certain sum at 5% per annum for 2 years is ₹5. Find the amount.

(a) Rs.2000 (b) Rs.1500
(c) Rs.1600 (d) Rs.1900

11. तोरशा ने 2250 रुपये के साथ एक कारोबार शुरू किया, जबकि कुछ महीनों के बाद त्रिशा ने 2880 रुपये का निवेश किया। यदि 12 महीनों के अंत (तोरशा के निवेश के समय से) में लाभ को तोरशा और त्रिशा द्वारा 25:24 के अनुपात में बांटा जाता है, तो त्रिशा ने कितने महीनों के लिए निवेश किया था?

Torsha started a business with Rs.2250 while Trisha invested Rs.2880 after a few months. If at the end of 12 months (from Torsha's investment) profit is shared by Torsha and Trisha in the ratio 25 : 24, for how many months did Trisha stay invested?

(a) 7 (b) 8
(c) 9 (d) 10

12. एक उपहार बॉक्स में 10 अंगूठियां हैं। पहली 4 अंगूठियों का औसत वजन 39 ग्राम है और शेष 6 अंगूठियों का औसत वजन 40 ग्राम है। कुल अंगूठियों का औसत वजन (ग्राम में) ज्ञात करें।

There is 10 rings in a gift box. The average weight of the first 4 rings is 39 grams and the remaining 6 rings have an average weight of 40 grams. Find the average weight (in grams) of the total rings.

(a) 39.4 (b) 39.2
(c) 39.6 (d) 39.8

13. A और C की मासिक बचत के बीच अनुपात 3 : 5 है, और A और B के बीच अनुपात 2 : 3 है। यदि C की मासिक बचत 4,500 रुपये है, तो A और B बचत का क्या योग है?

The ratio between the monthly savings of A and C is 3 : 5, and that between A and B is 2 : 3. If the monthly savings of C is Rs. 4,500, then what is the sum of the savings of A and B?

(a) Rs.6,750 (b) Rs.4,900
(c) Rs.5,150 (d) Rs.4,870

14. यदि 644 रु. की धनराशि को तीन भागों में $\frac{1}{2}:\frac{2}{3}:\frac{3}{4}$ के अनुपात में विभाजित किया गया तो पहला भाग कितना होगा?

If a sum of Rs. 644 is divided into three parts in the ratio $\frac{1}{2}:\frac{2}{3}:\frac{3}{4}$, then what will be the first part ?

(a) Rs. 280 (b) Rs. 168
(c) Rs. 322 (d) Rs. 186

15. दो बर्तन A और B में क्रमशः 4 : 3 तथा 2 : 3 के अनुपात में दूध और पानी है। इन मिश्रणों को किस अनुपात में मिलाना चाहिए ताकि एक नया मिश्रण बने, जिसमें आधा दूध और आधा पानी हो?

Two vessels A and B contain milk and water in the ratio 4 : 3 and 2 : 3 respectively. In what ratio should these mixtures be mixed so that a new mixture is formed, which contains half milk and half water?

(a) 7 : 5 (b) 2 : 1
(c) 1 : 2 (d) 6 : 5

16. ग्यारह खिलाड़ियों की राज्यस्तरीय क्रिकेट टीम का औसत वजन 75 kg है, जब कोच को जोड़ दिया गया तो औसत वजन 1 kg बढ़ गया। कोच का वजन (kg में) कितना है?

The average weight of a state level cricket team of eleven players is 75 kg, when the coach was added the average weight increased by 1 kg. What is the weight (in kg) of the coach?

(a) 89 (b) 90
(c) 88 (d) 87

17. कक्षा में 36 छात्रों का औसत वजन 54.25 किग्रा. है, और शेष 20 छात्रों का औसत वजन 51 किग्रा. है। कक्षा में सभी छात्रों का औसत वजन ज्ञात करें। (लगभग)

The average weight of 36 students in a class is 54.25 kg, and that of the remaining 20 students is 51 kg. Find the average weight of all the students in the class. (Approximately)

(a) 53 (b) 49
(c) 47 (d) 51

18. पाँच घंटियाँ पहले एक साथ बजाना शुरू करती हैं। फिर वे 6, 5, 7, 8 और 10 सेकंड के अंतरालों पर बजाती हैं। कितने अंतराल के बाद वे फिर से एक साथ बजेंगी?

Five bells start ringing together first. Then they play at intervals of 6, 5, 7, 8 and 10 seconds. After what interval will they ring together again?

(a) 18 मिनट (b) 14 मिनट
(c) 20 मिनट (d) 16 मिनट

19. 15 व्यक्ति 7 दिनों में 35 डिब्बे भर सकते हैं। 5 दिनों में 65 बक्सों को भरने के लिए कितने व्यक्तियों की आवश्यकता होगी?

15 persons can fill 35 boxes in 7 days. How many persons are required to fill 65 boxes in 5 days?

(a) 33 (b) 36
(c) 49 (d) 39

20. B किसी कार्य को पूरा करने के लिए A द्वारा लिए गए दिनों की संख्या का पांच गुना लेता है। एक साथ काम करके वे काम को 15 दिनों में पूरा कर देते हैं। उसी काम को पूरा करने में अकेले A को कितने दिन लगेंगे?

B takes five times the number of days taken by A to complete a piece of work. Working together, they complete the work in 15 days. In how many days will A alone complete the same work?

(a) 18 (b) 12
(c) 20 (d) 16

21. तीन पाइप x, y & z के जरिए एक खाली टंकी को भरा जाता है। अकेले पाइप x और y टंकी को क्रमशः 30 घंटे और 45 घंटे में पूरा भर सकते हैं। पहले घंटे में पाइप x और y टंकी को भरते हैं और दूसरे घंटे में पाइप y और z टंकी को भरते हैं और इसी तरीके से भरते हुए टंकी 15 घंटों में 70% भर जाती है। यदि, पाइप z को, जब x और y के साथ खोला जाता है, तब उससे हो रही आपूर्ति मूल आपूर्ति के 75% है, तो अकेले पाइप z को उस टंकी को भरने में कितना समय लगेगा?

An empty cistern is filled through three pipes x, y & z. Pipes x and y alone can fill the tank completely in 30 hrs and 45 hrs respectively. In the first hour, pipes x and y fill the tank and in the second hour, pipes y and z fill the tank and in the same manner, the tank is 70 percent full in 15 hours. When pipe z is opened along with x and y, then the supply through it is 75% of the original supply, then how long will pipe z alone take to fill the tank?

(a) 40.5 hour/घंटे
(b) 56.25 hour/घंटे
(c) 54 hour/घंटे
(d) 45 hour/घंटे

22. एक आदमी गाँव से डाकघर तक 25 किमी प्रति घंटे की गति से यात्रा करता है और 4 किमी प्रति घंटे की गति से वापस आता है। यदि पूरी यात्रा में 5 घंटे 48 मिनट लगते हैं, तो गाँव से डाकघर की दूरी ज्ञात कीजिये?

A man traveled from the village to the post-office at the rate of 25 kmph and walked back at the rate of 4 kmph. If the whole journey took 5 hours 48 minutes, find the distance of the post-office from the village?

(a) 40 किमी (b) 30 किमी
(c) 20 किमी (d) 10 किमी

23. समांतर चतुर्भुज का आधार इसकी ऊंचाई का तीन गुना है. यदि इसका क्षेत्रफल 1083 सेमी^{2} है तो आधार और ऊंचाई ज्ञात करें। (सेमी में)

The base of a parallelogram is three times its height. If its area is 1083 cm^2, find the base and height. (in cm)

(a) 36, 12 (b) 45, 15
(c) 57, 19 (d) 30, 10

24. यदि कोई व्यक्ति पैदल से पहाड़ी की चोटी तक की यात्रा में 6 किमी/घंटा की गति से पहाड़ी पर चढ़ता है और 10 किमी/घंटा की गति से लौटता है, तो यात्रा के लिए उसकी औसत गति (किमी/घंटा में) ज्ञात करें।

If a man climbs a hill at 6 km/h on the journey from foot to top of the hill and returns at 10 km/h, then find his average speed for the journey (in km/h).

(a) 6.5 (b) 4
(c) 8 (d) 7.5

25. एक ट्रेन सीधे रेलवे ट्रैक पर 129 किमी/घंटा की गति से चल रही है, और समानांतर सड़क पर एक छोटी कार 60 किमी/घंटा की गति से चल रही है। यदि ट्रेन 943 मीटर लंबी है और वे एक ही दिशा में चल रही हैं, तो ट्रेन को कार को पूरी तरह से पार करने में कितना समय लगेगा (सेकंड में, निकटतम पूर्णांक तक पूर्णांकित)? ट्रेन की लंबाई की तुलना में कार की लंबाई को नजरअंदाज करें।

A train is running at a speed of 129 km/h on a straight railway track, and a small car on a parallel road is running at a speed of 60 km/h. How long (in seconds, rounded off to the nearest integer) will the train take to cross the car completely if the train is 943 m long and they are running in the same direction? Ignore the length of the car as compared to the length of the train.

(a) 49 (b) 59
(c) 39 (d) 29

26. A की गति B की गति से 30% अधिक है। यदि A और B 117 मीटर लंबी दौड़ में दौड़ते हैं, तो A को B को शुरुआत के रूप में दौड़ की लंबाई का कितना हिस्सा देना चाहिए, ताकि दौड़ एक ही समय पर खत्म हो?

A's speed is 30% more than that of B. If A and B run a race on a 117 m length race, what length of the race should A give B as a head start, so that the race ends in a dead heat?

(a) 90 m (b) 117 m
(c) 27 m (d) 36 m

27. एक नदी में धारा के प्रतिकूल 60 किमी दूरी तय करने में एक नाव को 8 घंटे लगते हैं। जबकि धारा के अनुकूल समान दूरी तय करने में 5 घंटे लगते हैं। स्थिर पानी में नाव की चाल क्या होगी?

A boat takes 8 hours to cover a distance of 60 km upstream in a river. Whereas it takes 5 hours to cover the same distance in downstream. What will be the speed of the boat in still water?

(a) 9.25 किमी/घंटा
(b) 9.80 किमी/घंटा
(c) 9.75 किमी/घंटा
(d) 9.5 किमी/घंटा

28. कितने तरीकों से 432 मोबाइलों को छात्रों के बीच वितरित किया जा सकता है?

In how many ways can 432 mobiles be distributed among the students?

(a) 20 (b) 22
(c) 18 (d) 24

29. 89563x87y एक नौ अंकीय संख्या है जो 72 से विभाज्य है। $\sqrt{7x-3y}$ का मान कितना होगा?

89563x87y is a nine digit number which is divisible by 72. What is the value of $\sqrt{7x-3y}$?

(a) 5 (b) 6
(c) 4 (d) 8

30. 2 प्राकृतिक संख्याओं का योग 140 है और उनका म.स.प और ल.स.प क्रमश: 28 और 168 है। संख्याओं के बीच अंतर ज्ञात कीजिए।

Sum of 2 natural numbers is 140 and their HCF and LCM are 28 and 168 respectively. Find the difference between the numbers.

(a) 21 (b) 14
(c) 7 (d) 28

31. निम्नलिखित व्यंजक का मान ज्ञात कीजिए।

Find the value of the following expression.

$$\frac{3}{7}+\frac{1}{14}\times 2\frac{4}{5}-\left(\frac{1}{4}\div\frac{2}{7}\text{ of }2\frac{1}{3}\right)\times\left(5\frac{1}{5}\div 3\frac{1}{2}\times\frac{5}{13}\right)$$

(a) $\frac{22}{35}$ (b) $\frac{3}{14}$

(c) $\frac{14}{21}$ (d) $\frac{29}{70}$

32. यदि $x[-3 \{-6 (-a)\}] + 6[-3 \{-3 (-a)\}] = 6a$, तो x ज्ञात कीजिए।
If $x[-3 \{-6 (-a)\}] + 6[-3 \{-3 (-a)\}] = 6a$, then find x.

(a) $-\frac{10}{3}$ (b) $\frac{10}{3}$

(c) 9 (d) –9

33. समकोण त्रिभुज का क्षेत्रफल ज्ञात करिए जिसका कर्ण 104 सेमी है और आधार 40 सेमी है।
Find the area of a right triangle whose hypotenuse is 104 cm and base is 40 cm.

(a) 1910 cm^2 (b) 1960 cm^2

(c) 1920 cm^2 (d) 1990 cm^2

निर्देश (34-35): निम्नलिखित रेखा ग्राफ का ध्यानपूर्वक अध्ययन करें और इसके नीचे दिए गए प्रश्नों के उत्तर दें।

Directions: Study the following line graph carefully and answer the questions given below it.

लाइन ग्राफ पिछले कुछ वर्षों में लाख इकाइयों में इलेक्ट्रिक हीटर के उत्पादन को दर्शाता है।

The line graph represents the production of Electric Heater in lakh units over the years.

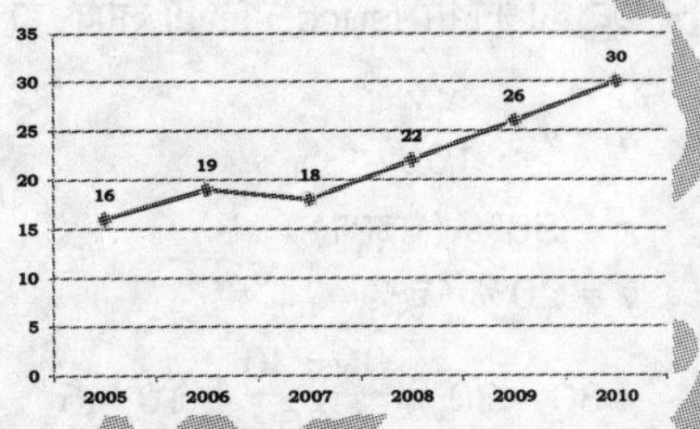

34. 2007 का उत्पादन, 2010 के उत्पादन का कितना प्रतिशत है?
The production in 2007 is what per cent of production in 2010?

(a) 30% (b) 45%

(c) 60% (d) 50%

35. वर्ष 2007 की तुलना में, वर्ष 2009 में इलेक्ट्रिक हीटर के उत्पादन में प्रतिशत वृद्धि कितनी है?
What is the percentage increase in the production of Electric heater in the year 2009 compared to that of 2007?

(a) 44.44%

(b) 48.2%

(c) 36.66%

(d) 33.33%

ANSWER KEY

1.(b)	2.(b)	3.(c)	4.(d)	5.(c)	6.(a)	7.(a)	8.(b)	9.(b)	10.(a)
11.(c)	12.(c)	13.(a)	14.(b)	15.(a)	16.(d)	17.(a)	18.(b)	19.(d)	20.(a)
21.(a)	22.(c)	23.(c)	24.(d)	25.(a)	26.(c)	27.(c)	28.(a)	29.(b)	30.(d)
31.(d)	32.(a)	33.(c)	34.(c)	35.(a)					

SOLUTIONS

1. (b) कुल उत्पाद = 100%
दोषपूर्ण उत्पाद = 13%
सही उत्पाद = 87%
दोषपूर्ण उत्पादों की संख्या
$= \frac{4524}{87} \times 13 = 676$

2. (b) माना, कुल आय = 100%
कुल खर्च = (100 – 42 – 16 – 11 – 7)%
= 18000 – 12000
24% = 6000
4 % = 1000
आय (100%) = 25000 रुपये

3. (c) $85\% = \frac{17}{20}$
$-17x$ $20x$
2066 2066 2621
(20x + 17x) = 2066 – 2621
37x = 555
x = 15
17x = 255
CP = 2066 + 255 = 2321 रुपये
वैकल्पिक विधि:
(CP – 2066)
$= (2621 - CP) \times \frac{17}{20}$
⇒ 20CP – 20 × 2066
= 2621 × 17 – 17 CP
37 CP = 44557 + 41320
$CP = \frac{44557 + 41320}{37} = 2321$

4. (d) क्रय मूल्य (CP) = 225 रुपये
विक्रय मूल्य (SP) = 180 रुपये
लाभ = विक्रय मूल्य – क्रय मूल्य
हानि % $= \frac{45}{225} \times 100 = 20\%$

5. (c) माना, क्रय मूल्य (C.P.) = 100%
क्रय मू. 100% → (+30) अंकित मू. 130% → (–20% छूट) वि. मू. $130 \times \frac{80}{100}$
विक्रय मूल्य (S.P.)=$130 \times \frac{80}{100}$
= 104

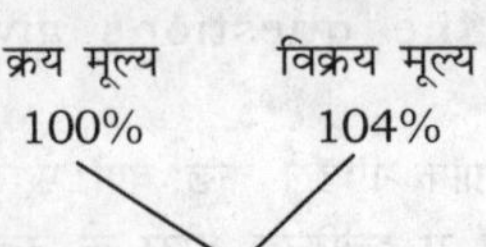

वैकल्पिक विधि:
जब एक ही मूल्य पर लगातार दो बार बढ़ाया या घटाया जाता है, वहाँ क्रमिक छूट का नियम (successive) लगता है।
$x + y + \frac{xy}{100}$
x = 30% (बढ़ाया)
y = 20% (छूट)
$= 30 - 20 - \frac{30 \times 20}{100} = 10 - 6$
= 4% लाभ

6. (a) लाभ/हानि% $= x - y - \frac{xy}{100}$
$= 31 - 31 - \frac{31 \times 31}{100} = -9.61$
हानि % = 9.61%

7. (a) मान लीजिए, कुल राशि 600रु है

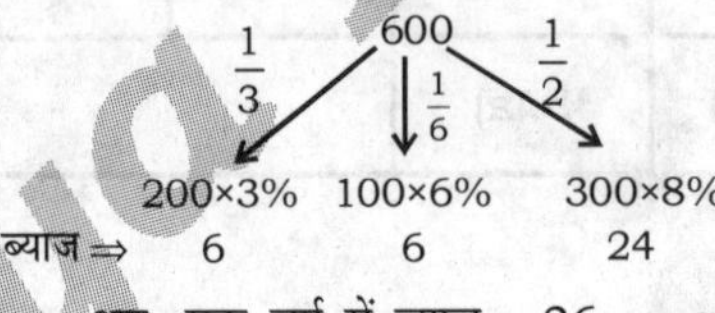

ब्याज ⇒ 6 6 24
अत: एक वर्ष में ब्याज = 36
⇒ 3 वर्ष में ब्याज = 36 × 3
= 108
∴ 108 → 600
$600 \rightarrow \frac{600}{108} \times 600$
= Rs.3333.33

8. (b) प्रश्नानुसार,
$3960 = \frac{P \times 12 \times 5}{100}$
∴ P = 6600 रुपये

9. (b) मूलधन = 10,000
दर = 12%
समय = 6 महीने = 2 तिमाही
दर ∴ $\frac{12}{4} = 3\%$
प्रभावित दर $= 3 + 3 + \frac{3 \times 3}{100}$
= 6.09%
$\frac{6.09}{100} \times 10000 = 609$
⇒ मिश्रधन = 10000 + 609
= 10609 रु.

10. (a) 2 वर्ष का SI और CI में अंतर
$= \frac{PR^2}{100^2}$
प्रश्नानुसार,
$\Rightarrow 5 = \frac{P \times 5 \times 5}{100 \times 100}$
P = ₹2000

11. (c) माना त्रिशा ने x महीने के लिए अपना पैसा निवेश किया
$\frac{2250 \times 12}{2880 \times x} = \frac{25}{24}$
x = 9 माह
इसलिए, त्रिशा ने 9 महीने के लिए अपना पैसा निवेश किया

12. (c) 4 अंगूठियों का योग = 4 × 39
= 156 ग्राम
शेष 6 अंगूठियों का योग = 6 × 40
= 240 ग्राम
सभी अंगूठियों का औसत
$= \frac{156 + 240}{10} = 39.6$ ग्राम
वैकल्पिक विधि:
सभी अंगूठियों का औसत
$= 40 - \frac{(39 - 40) \times 4}{10} = 40 - 0.4$
= 39.6 ग्राम

13. (a) A : C A : B
(3 : 5)×2 (2 : 3)×3
6 : 10 6 : 9
A : B : C
6 : 9 : 10
प्रश्नानुसार,
C = 10 इकाई → 4500
A + B = (6 + 9) इकाई
= 15 इकाई → 450 × 15
= ₹6750

14. (b) I : II : III = $\frac{1}{2} : \frac{2}{3} : \frac{3}{4}$

(2, 3 और 4) का ल.स. = 12 (12 से प्रत्येक अनुपात में गुणा करने पर)

I : II : III : = 6 : 8 : 9

(6 + 8 + 9) इकाई = 644

(6 इकाई) = $\frac{644}{23} \times 6 = 168$ रु

15. (a) बर्तन A में दूध = $\frac{4}{7}$

बर्तन B में दूध = $\frac{2}{5}$

बर्तन C के नया मिश्रण में दूध = $\frac{1}{2}$

पृथ्थीकरण विधि के द्वारा:

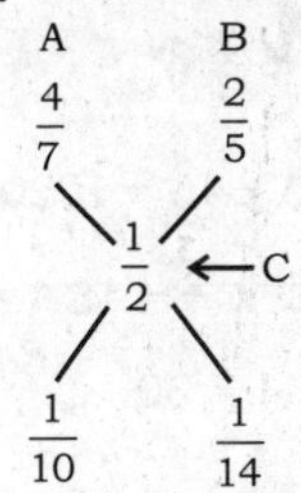

⇒ 7 : 5

अत: मिश्रण में मिलाया जाने वाला दूध और पानी का अनुपात 7 : 5 है।

अन्य विधि:-

	दूध	पानी
A	(4	3)×5
B	(2	3)×7

प्रश्नानुसार,

$20x + 14y = 15x + 21y$

$\Rightarrow 5x = 7y$

$\Rightarrow \frac{x}{y} = \frac{7}{5}$

16. (d) 11 खिलाड़ियों का कुल वजन

= 75 × 11 = 825

कोच जोड़ने पर 12 खिलाड़ियों का कुल वजन = 12 × 76 = 912

अत: कोच का वजन = 912 – 825 = 87

वैकल्पिक विधि:

कोच का वजन = 75 + 1 × 12

= 87 kg

17. (a) 36 छात्रों का औसत वजन

= 54.25 किग्रा

36 छात्रों का कुल वजन

= 36 × 54.25

20 छात्रों का औसत वजन = 51 किग्रा

20 छात्रों का कुल वजन = 20 × 51

औसत वजन = $\frac{36 \times 54.25 + 20 \times 51}{36 + 20}$

$= \frac{1953 + 1020}{56} = \frac{2973}{56} = 53.08$

= 53 किग्रा (लगभग)

18. (b) 6, 5, 7, 8, 10 का ल.स.प. = 840

ल.स.प. = 840 सेकंड = $\frac{840}{60}$

= 14 मिनट

14 मिनट बाद घंटियाँ एक साथ फिर बजेंगी।

19. (d) ∵ सूत्र,

$\frac{M_1D_1T_1}{W_1} = \frac{M_2D_2T_2}{W_2}$

$\frac{15 \times 7}{35} = \frac{M_2 \times 5}{65}$

$M_2 = 39$

∴ कुल व्यक्तियों की संख्या 39 है।

20. (a)

A	:	B	
1	:	5	(समय)
5	:	1	(क्षमता)

कुल कार्य = (5 + 1) × 15 = 90 इकाई

अकेले A द्वारा कार्य को करने में लगा

समय = $\frac{90}{5}$ = 18 दिन

21. (a) माना, टैंक की क्षमता = 90 ली.

(30, 45 का ल.स.प.)

⇒ x की क्षमता = 3 ली./घंटे

y की क्षमता = 2 ली./घंटे

तो,

पहले घंटे = x + z,

दूसरे घंटे = y + z

प्रश्नानुसार,

15 घंटे में:-

8(x + z) + 7(y + z) = 70% of 90

= 63

⇒ 8x + 7y + 15z = 63

x और y के मान रखने के बाद

⇒ 24 + 14 + 15z = 63

z = $\frac{5}{3}$ ली./घंटे

(z की क्षमता का 75%)

⇒ z की क्षमता = $\frac{20}{9}$ ली./घंटे

∴ z द्वारा अकेले किया गया कार्य

= $\frac{90}{\frac{20}{9}}$ = 40.5 घंटे

22. (c) औसत गति = $\frac{2 \times 25 \times 4}{29}$

∵ t = 5 घंटे 48 मिनट = $\frac{29}{5}$ घंटे

कुल दूरी = $\frac{8 \times 25}{29} \times \frac{29}{5}$ = 40 किमी

गाँव से डाक घर की दूरी

= $\frac{40}{2}$ = 20 किमी

23. (c)

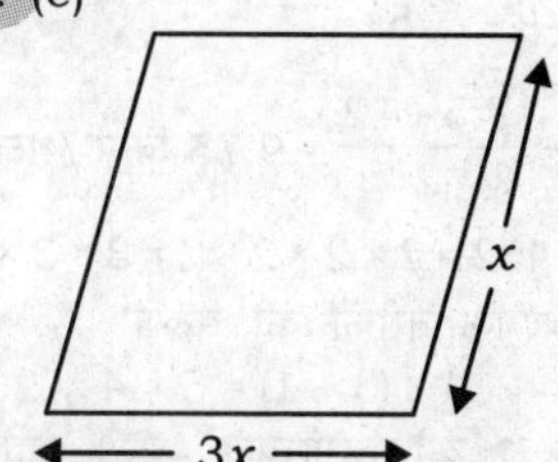

क्षेत्रफल = आधार × ऊँचाई

$\Rightarrow 3x \times x = 1083$

$\Rightarrow x^2 = \frac{1083}{3} = 361$

$\Rightarrow x = 19$ सेमी

H = 19 सेमी तथा B = 3 × 19 = 57

24. (d) औसत चाल = $\frac{2 \times S_1 \times S_2}{S_1 + S_2}$

$= \frac{2 \times 6 \times 10}{6 + 10}$ = 7.5 किमी./घंटा

25. (a) चूँकि ट्रेन और कार एक की दिशा में जा रही है।

∴ सापेक्ष चाल = (129 – 60) = 69 किमी./घंटा

दूरी = चाल × समय

943 = 69 × t × $\frac{5}{18}$

t = $\frac{943 \times 18}{69 \times 5}$ = 49.2 से.

t = 49 सेंकड (लगभग)

26. (c) 30% = $\frac{3}{10}$

दूरी/चाल → A : B = 13 : 10

A द्वारा तय दूरी = 13 इकाई = 117 मी.

1 इकाई = $\frac{117}{13}$ मी.

3 इकाई = $\frac{117}{13}$ × 3 मी. = 27 मी

अत: एक ही समय पर रेस समाप्त करने हेतू A, B को 27 मी की लीड देगा

27. (c) माना, शांत जल में नाव की चाल = V किमी/घंटा

धारा की चाल = U किमी/घंटा

धारा की दिशा में,

$V - U = \frac{60}{8} = 7.5$

धारा की विपरीत दिशा में,

$V + U = \frac{60}{5} = 12$

$V = \frac{7.5+12}{2} = 9.75$ किमी/घंटा

28. (a) 432 = 2 × 2 × 2 × 2 × 3 × 3 × 3

आवश्यक तरीकों की संख्या

= (4 + 1) × (3 + 1) = 5 × 4 = 20

29. (b) 72 की विभाज्यता → 9 और 8 की विभाज्यता

9 की विभाज्यता → सभी अंकों का योग 9 से विभाज्य

8 की विभाज्यता → किसी भी संख्या के अंतिम तीन अंक 8 से विभाज्य

संख्या → 89563x 87y

8 से विभाज्य → $\frac{87y}{8}$, y = 2

9 से विभाज्य

$\Rightarrow \frac{8+9+5+6+3+x+8+7+2}{9}$,

$x = 6$

$\sqrt{7x-3y} = \sqrt{7\times6-3\times2} = 6$

30. (d) माना, संख्यायें ax, ay तथा म.स.प. (a) = 28

a (x + y) = 140

x + y = 5

ल.स.प. (axy) = 168

$xy = \frac{168}{28}$

xy = 6

हिट एंड ट्रायल से x = 3, y = 2

संख्याओं में अंतर = ax – ay = 28

31. (d) दिया गया,

$\frac{3}{7}+\frac{1}{14}\times2\frac{4}{5}-\left(\frac{1}{4}\div\frac{2}{7}\text{of}2\frac{1}{3}\right)\times\left(5\frac{1}{5}\div3\frac{1}{2}\times\frac{5}{13}\right)$

बोडमास नियम का उपयोग करके,

$=\frac{3}{7}+\frac{1}{14}\times\frac{14}{5}-\left(\frac{1}{4}\times\frac{7}{2}\times\frac{3}{7}\right)\times\left(\frac{26}{5}\times\frac{2}{7}\times\frac{5}{13}\right)$

$= \frac{3}{7}+\frac{1}{5}-\left(\frac{3}{8}\right)\times\left(\frac{4}{7}\right)$

$= \frac{3}{7}+\frac{1}{5}-\frac{3}{14} = \frac{30+14-15}{70}$

$= \frac{29}{70}$

32. (a) x [– 3{– 6(–a)}] + 6 [–3{–3(–a)}] = 6a

⇒ x [– 3(6a)] + 6 [–3(3a)] = 6a

⇒ –18ax – 54a = 6a

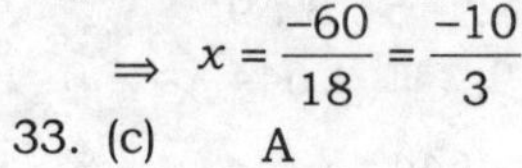

$\Rightarrow x = \frac{-60}{18} = \frac{-10}{3}$

33. (c)

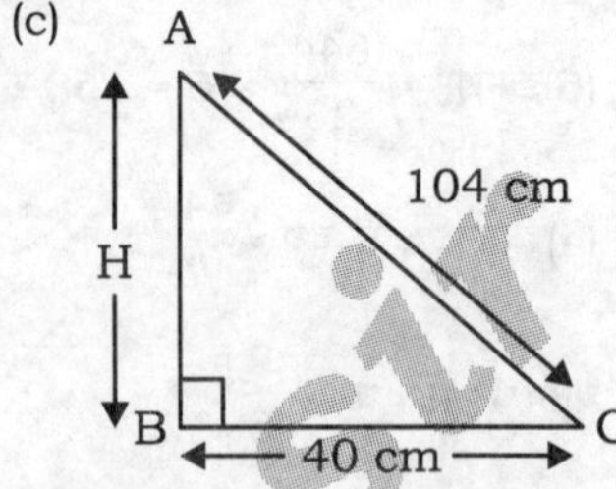

पाइथागोरस प्रमेय,

$H = \sqrt{(104)^2-(40)^2} = 96$ सेमी

क्षेत्रफल = $\frac{1}{2}$ × H × B

= $\frac{1}{2}$ × 96 × 40 = 1920 सेमी^{2}

34. (c) 2007 का उत्पादन = 18

2010 का उत्पादन = 30

% परिवर्तन = $\frac{18}{30}$ × 100 = 60%

35. (a) 2007 का उत्पादन = 18

2009 का उत्पादन = 26

अंतर = (26 – 18) = 8

% परिवर्तन = $\frac{8}{18}$ × 100%

= 44.44%

☆☆☆☆☆

मॉक टेस्ट-06

26

1. एक बल्ब उत्पादक कंपनी ने कुल उत्पाद का 13% उत्पाद दोषपूर्ण पाया। यदि गैर दोषपूर्ण उत्पादों की कुल संख्या 4611 हो, तो कुल दोषपूर्ण उत्पादों की संख्या बताएं।
A bulb manufacturing company found 13% of the total product defective. If the total number of non-defective products is 4611, then find the total number of defective products.
(a) 689 (b) 698
(c) 683 (d) 686

2. किसी फर्म में काम करने वाले कामगारों की संख्या 21% बढ़ा दी जाती हैं और प्रति व्यक्ति उनका वेतन 21% घटा दिया जाता है। ऐसा करने से यदि वेतन के लिए व्यय की जाने वाली कुल राशि में $x\%$ की कमी होती है, तो x का मान ज्ञात कीजिए?
The number of workers working on a farm is increased by 21% and their per capita wages are reduced by 21%. By doing this, if the total amount spent on salaries is reduced by $x\%$, then find the value of x?
(a) 4.43 (b) 4.41
(c) 4.42 (d) 4.40

3. सुधा ने 80 रुपए में एक किताब खरीदी। फिर 90 रुपये में राधा को बेच दिया। सुधा ने राधा से वापस इसे 100 रुपए में खरीदा है। सुधा के लिए नुकसान का प्रतिशत क्या है?
Sudha bought a book for Rs. 80. Then sold it to Radha for Rs. 90. Sudha bought it back from Radha for Rs. 100. What is the loss percentage for Sudha?
(a) 10% (b) 12.5%
(c) 20% (d) 25%

4. एक पुस्तक का अंकित मूल्य 1000 रुपये है और एक पुस्तक विक्रेता इस पर 10% की छूट देता है। यदि वह फिर भी 20% लाभ अर्जित करता है, तो पुस्तक की कीमत क्या होगी? (रुपये में)
The marked price of a book is Rs 1000 and a bookseller gives a discount of 10% on it. If he still earns 20% profit, what will be the price of the book? (in rupees)
(a) 740 (b) 750
(c) 760 (d) 770

5. एक व्यापारी अपने वस्तु का मूल्य इस तरह से अंकित करता है कि 20% छूट देने के बाद भी वह 20% लाभ अर्जित करता है। यदि वस्तु का क्रय मूल्य ₹ 21100 है, तो इसका अंकित मूल्य रुपये में ज्ञात कीजिए।
A tradesman marks the price of his goods such that after allowing a discount of 20%, he earns a profit of 20%. What is the marked price of an article if cost price is ₹ 21100 (in ₹)
(a) 32650 (b) 31650
(c) 34650 (d) 33650

6. एक पुस्तक पर 1,500 रुपये का मूल्य अंकित है। वह इस पर 10% की छूट देने के बाद भी 20% का लाभ अर्जित करता है। पुस्तक का क्रय मूल्य (रुपये में) ज्ञात कीजिए ?
A book is marked with a price of Rs. 1,500. He earns a profit of 20% even after giving a discount of 10% on it. Find the purchase price (in Rs.) of the book?
(a) 1,135 (b) 1,155
(c) 1,145 (d) 1,125

7. 4600 रूपए, 8% वार्षिक साधारण ब्याज दर पर निवेश किये गए। यदि 5 वर्षों बाद वह राशि निकाल ली जाती है और आधी राशि को शेयर बाजार में निवेश कर दिया जाता है, तो शेष बची राशि (रू. में) कितनी होगी?
Rs. 4600 was invested at 8% simple interest rate per annum. If after 5 years the amount is withdrawn and half the amount is invested in the share market, then what will be the remaining amount (in Rs.)?
(a) 2880 (b) 4220
(c) 3220 (d) 3660

8. एक निश्चित राशि को r% प्रति वर्ष की दर से 3 वर्ष के लिए साधारण ब्याज पर निवेश करने पर प्राप्त राशि समान राशि पर 19 वर्षों के लिए समान दर पर साधारण ब्याज के बराबर होती है। r का मान क्या है?
The amount obtained by investing a certain sum at r% p.a. for 3 years at simple interest is equal to the simple interest on the same sum at the same rate for 19 years, What is the value of r?
(a) 4% (b) 5.75%
(c) 6.25% (d) 8%

9. एक व्यक्ति ने प्रतिवर्ष 5% की दर से चक्रवृद्धि ब्याज पर रू. 80000 की राशि का निवेश किया। अगर संचित ब्याज रू. 8200 है, तो वर्षों में समय अवधि कितनी हुई?
A person invested Rs. 80000 at 5% compound interest. If the accumulated interest is Rs. 8200, then what is the time period in years?
(a) 2 (b) 1
(c) 4 (d) 3

10. चक्रवृद्धि ब्याज पर, एक राशि 4 वर्षों में मूल राशि से तीन गुना हो जाती है। कितने वर्षों में यह अपनी मूल राशि से 729 गुना हो जाएगी?
On a compound interest, a sum is tripled to the original amount in 4 years. In how many years will it be 729 times its original amount?
(a) 23 (b) 24
(c) 21 (d) 22

11. A, B, C ने 1 : 3 : 5 के अनुपात में अपने निवेश के साथ एक व्यवसाय शुरू किया। 4 महीने बाद, A ने पहले की तरह ही निवेश किया और B और C ने अपने निवेश का आधा वापस ले लिया। वर्ष के अंत में उनके लाभ का अनुपात है:
A, B, C started a business with their investments in the ratio 1 : 3 : 5. After 4 months, A invested the same amount as before and B as well as C withdrew half of their investments. The ratio of their profits at the end of the year is :
(a) 1 : 2 : 3 (b) 3 : 4 : 15
(c) 3 : 5 : 10 (d) 5 : 6 : 10

12. एक गिफ्ट बॉक्स में 10 कड़े हैं। पहले 4 कड़ों का औसत भार 30 gm है और बाकी 6 कड़ों का औसत भार 31 gm है। सभी कड़ों का कुल औसत भार (gm में) ज्ञात कीजिए?
There are 10 bangles in a gift box. The average weight of the first 4 bangles is 30 gm and the average weight of the remaining 6 bangles is 31 gm. Find the total average weight (in gm) of all the bangles?
(a) 30 (b) 31.6
(c) 31 (d) 30.6

13. यदि A : B = 4 : 3 और B : C = 5 : 2 है, A : B : C का पता लगाएँ।
If A : B = 4 : 3 and B : C = 5 : 2, find A : B : C.
(a) 12 : 3 (b) 20 : 15 : 6
(c) 20 : 25 (d) 3 :1 : 2

14. दो संख्याएँ 3 : 8 के अनुपात में हैं। यदि प्रत्येक संख्या में 8 जोड़ दिया जाए, तो अनुपात 1 : 2 हो जाता है। यदि प्रत्येक संख्या में से 4 घटा दिया जाए, तो अनुपात बन जाएगा:
Two numbers are in the ratio 3 : 8. If 8 is added to each number, then the ratio becomes 1 : 2. If 4 is subtracted from each number, then the ratio will become:
(a) 7 : 2 (b) 8 : 3
(c) 2 : 7 (d) 3 : 8

15. 50 लीटर फलों के गूदे और पानी के मिश्रण में 20% पानी है। मिश्रण में पानी का प्रतिशत 50% तक बढ़ाने के लिए इसमें कितना पानी डाला जाना चाहिए?
A mixture of 50 liters of fruit pulp and water contains 20% water. How much water should be added to the mixture to increase the percentage of water to 50%?
(a) 10 litre (b) 20 litre
(c) 15 litre (d) 30 litre

16. एक किराने वाले को 120 रुपये प्रति किलोग्राम और 130 रुपये प्रति किलोग्राम मूल्य की दो प्रकार की चाय को किस अनुपात में मिलाना चाहिए, ताकि मिश्रण को 136.40 रुपये प्रति किलोग्राम पर बेचकर उसे 10% का लाभ हो सके?
In what ratio must a grocer mix two varieties of tea worth Rs.120 per kg and Rs.130 per kg, so that by selling the mixture at Rs.136.40 per kg, he may gain 10%?
(a) 1 : 2 (b) 3 : 4
(c) 3 : 2 (d) 2 : 5

17. 37 दूरसंचार टावरों की औसत ऊँचाई 282 मी है। यदि पहले 18 दूरसंचार टावरों की औसत ऊँचाई 282 मी है और अंतिम 18 दूरसंचार टावरों की ऊँचाई 286 मी है, तो 19वें दूरसंचार टावर की ऊँचाई ज्ञात करें।
The average height of 37 telecom towers is 282 m. If the average height of first 18 telecom towers is 282 m and that of last 18 telecom towers is 286 m. Find 19th telecome tower height?
(a) 230 मी (b) 220 मी
(c) 200 मी (d) 210 मी

18. एक दिवसीय मैच में एक क्रिकेट टीम के 11 खिलाड़ियों का औसत स्कोर 32 है। दस खिलाड़ियों द्वारा बनाए गए रन 11, 51, 2, 96, 21, 33, 0, 32, 9 और 14 हैं। 11वें खिलाड़ी का स्कोर क्या है?
Average score of 11 players of a cricket team in a one day match is 32. The runs scored by the ten players are 11, 51, 2, 96, 21, 33, 0, 32, 9 and 14. What is the score of 11th player?
(a) 96 (b) 91
(c) 83 (d) 79

19. A और B एक साथ एक काम को 12 दिनों में कर सकते हैं। B और C एक साथ उसी काम को 15 दिनों में कर सकते हैं, A और C एक साथ उसी काम को 20 दिनों में कर सकते हैं। यदि A, B और C एक साथ काम करते हैं, तो कितने दिनों में काम खत्म हो जाएगा?
A and B together can do a piece of work in 12 days. B and C together can do the same work in 15 days, A and C together can do the same work in 20 days. If A, B and C work together then in how many days will the work be finished?
(a) 8 दिन (b) 5 दिन
(c) 4 दिन (d) 10 दिन

20. 7 व्यक्ति प्रति दिन 7 घंटे काम करते हुए 6 दिनों में 14 बक्से पैक कर सकते हैं । यदि प्रति दिन 9 घंटे काम किया जाए तो 14 व्यक्तियों को 18 बक्से पैक करने में कितने दिन लगेंगे?

7 men working 7 hours a day can pack 14 boxes in 6 days. How many days will it take for 14 men to pack 18 boxes if they work for 9 hours per day?

(a) 5 (b) 3
(c) 4 (d) 2

21. पाइप A एक टैंक को 792 मिनट में भर सकता है और पाइप B उसी टैंक को 990 मिनट में खाली कर सकता है। यदि दोनों पाइप एक साथ खोले जाते हैं, तो खाली टैंक को भरने में कितने घंटों का समय लगेगा?

Pipe A can fill a tank in 792 minutes and Pipe B can empty the same tank in 990 minutes. If both pipes are opened together, how many hours will it take to fill the empty tank?

(a) 70 (b) 68
(c) 72 (d) 66

22. ठहराव को छोड़कर, बस की औसत गति 60 किमी/घंटा है और ठहराव सहित, बस की औसत गति 40 किमी/घंटा है। प्रति घंटे बस कितने मिनट रुकती है?

Excluding stoppages, the average speed of a bus is 60 km/hr and including stoppages, the average speed of the bus is 40 km/hr. For how many minutes does the bus stop per hour ?

(a) 120 मिनट (b) 20 मिनट
(c) 40 मिनट (d) 30 मिनट

23. टेलिन सामान्य गति के $\frac{10}{11}$ से चलता है और सामान्य समय से 13 मिनट अधिक लेता है। लिया गया सामान्य समय ज्ञात कीजिये।

Tellyn moves at a speed of $\frac{10}{11}$ of normal speed and takes 13 minutes more than normal time. Find the usual time taken

(a) 130 मिनट (b) 120 मिनट
(c) 140 मिनट (d) 150 मिनट

24. एक द्विघात क्षेत्र की भुजाओं का अनुपात 2 : 3 : 4 : 5 है और परिधि 546 सेमी है। सबसे छोटी भुजा ज्ञात कीजिये. (सेमी में)

The ratio of arms to a quadratic area is 2 : 3 : 4 : 5 and the perimeter is 546 cm. Find out the smallest arm. (In cm)

(a) 80 (b) 78
(c) 76 (d) 82

25. दो ट्रेनें एक ही समय में दो स्टेशनों से शुरू होती हैं और क्रमशः 40 किमी/घंटा और 45 किमी/घंटा की गति से एक-दूसरे की ओर बढ़ती हैं। जब वे मिलते हैं तो पता चलता है कि एक ट्रेन दूसरी से 20 किमी अधिक चल चुकी है। दोनों स्टेशनों के बीच की दूरी ज्ञात कीजिए।

Two trains start at the same time from two stations and proceed toward each other at the speed of 40 km/h and 45 km/h, respectively. When they meet, it is found that one train has travelled 20 km more than the other. Find the distance between the two stations.

(a) 390 km (b) 400 km
(c) 395 km (d) 340 km

26. यदि किसी वृत्त की त्रिज्या चौदह गुना है, तो परिधि की परिधि कितनी लंबी है?

If the radius of a circle is fourteen times, how much longer is the perimeter of the perimeter?

(a) 13 (b) 16
(c) 15 (d) 14

27. एक व्यक्ति शांत जल में 11 किमी/घंटा की चाल से नाव चला सकता है। धारा की चाल $\frac{5}{6}$ मी/से है। धारा के प्रतिकूल 36 किमी की दूरी तय करने में उसे कितना समय लगेगा?

A person can row at a speed of 11 km/h. in still water. The speed of the stream is $\frac{5}{6}$ m/s. How much time will he take to row a distance of 36 km upstream?

(a) 4 घंटे 20 मिनट
(b) 4 घंटे 36 मिनट
(c) 4 घंटे 30 मिनट
(d) 4 घंटे15 मिनट

28. संख्याएँ 2, 3, 8, 7, 5 को ठीक एक बार प्रयोग करे पांच अंकों की कितनी संख्याएँ बनाई जा सकती हैं कि संख्याएँ 125 से विभाज्य हों?

How many five-digit numbers can be formed using the digit 2, 3, 8, 7, 5 exactly once such that the numbers is divisible by 125?

(a) 0 (b) 1
(c) 4 (d) 3

29. चार अंकों की बड़ी से बड़ी कौन सी संख्या 24, 40 और 48 से पूर्णतः विभाज्य है?

Which greatest four digit number is exactly divisible by 24, 40 and 48?

(a) 9990 (b) 9980
(c) 9960 (d) 9840

30. वह सबसे बड़ी संख्या कौन सी है जिससे 187, 233 और 279 को विभाजित करने पर प्रत्येक स्थिति में समान शेष बचता है?

What is the largest number which can divide 187, 233 and 279, leaving the same remainder in each case?

(a) 30 (b) 36
(c) 46 (d) 56

31. $\frac{4}{5},\frac{7}{8},\frac{6}{7},\frac{5}{6}$ का आरोही क्रम है

in ascending order is

(a) $\frac{4}{5},\frac{7}{8},\frac{6}{7},\frac{5}{6}$
(b) $\frac{7}{8},\frac{6}{7},\frac{5}{6},\frac{4}{5}$
(c) $\frac{4}{5},\frac{5}{6},\frac{6}{7},\frac{7}{8}$
(d) $\frac{5}{6},\frac{6}{7},\frac{7}{8},\frac{4}{5}$

32. यदि $\frac{(143 \div 13 \times k - 3 \times 3)}{(6^2 - 7 \times 5 + k^2)} = 1$

तो निम्नलिखित में से कौन सा विकल्प k का मान हो सकता है

Which of the following options can be the value of k.

$\frac{(143 \div 13 \times k - 3 \times 3)}{(6^2 - 7 \times 5 + k^2)} = 1$

(a) 2 (b) 4
(c) 3 (d) 1

33. $25\sqrt{3}$ सेमी यदि घनाभ बनाकर उसे पिघलाया जाए तो इसकी ऊंचाई होगी, यदि घनाभ की लंबाई घन की भुजा के बराबर हो और घनाभ की चौड़ाई 12.5 सेमी हो। (सेमी से)

$25\sqrt{3}$ cm If the cuboid is melted by making the cuboid, then its height will be, if the length of the cuboid is equal to the arm of the cube and the width of the cuboid is 12.5 cm. (from cm)

(a) 51
(b) 53
(c) 50
(d) 52

निर्देश (34-35): निम्नलिखित रेखा ग्राफ का ध्यानपूर्वक अध्ययन करें और इसके नीचे दिए गए प्रश्नों के उत्तर दें।

Directions: Study the following line graph carefully and answer the questions given below it.

लाइन ग्राफ दिए गए वर्षों के लिए किसी कंपनी की आय और व्यय की तुलना करता है।

The line graph compares the Income and Expenditure of a company for the given years.

लाभ = आय-व्यय, % लाभ

Profit = Income – Expenditure, % Profit

$= \frac{\text{लाभ / Profit}}{\text{व्यय / Expenditure}} \times 100$

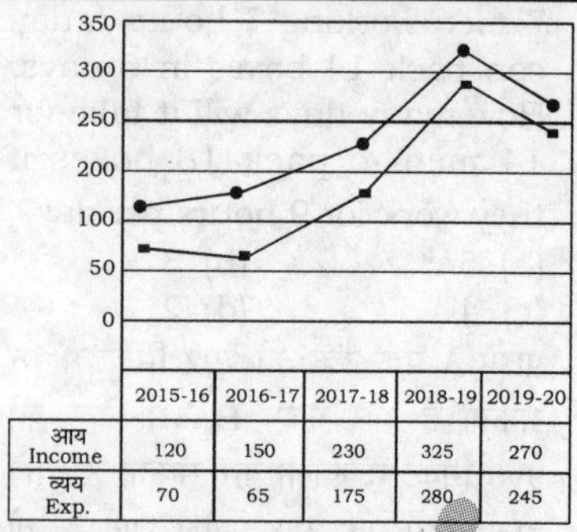

	2015-16	2016-17	2017-18	2018-19	2019-20
आय Income	120	150	230	325	270
व्यय Exp.	70	65	175	280	245

34. दिए गए वर्षों के लिए औसत आय (करोड़ में) क्या है?

What is the average income (in crore) for the given years?

(a) 219 (b) 218
(c) 217 (d) 216

35. वर्ष 2015-2016 में लाभ प्रतिशत ज्ञात कीजिए।

Find the profit percentage in the year 2015-2016.

(a) 74.3% (b) 71.42%
(c) 67.5% (d) 72.28%

ANSWER KEY

1.(a)	2.(b)	3.(b)	4.(b)	5.(b)	6.(d)	7.(c)	8.(c)	9.(a)	10.(b)
11.(d)	12.(d)	13.(b)	14.(c)	15.(d)	16.(c)	17.(d)	18.(c)	19.(d)	20.(b)
21.(d)	22.(b)	23.(a)	24.(b)	25.(d)	26.(d)	27.(c)	28.(c)	29.(d)	30.(c)
31.(c)	32.(d)	33.(c)	34.(a)	35.(b)					

SOLUTIONS

1. (a) दोषपूर्ण उत्पाद = 13%
सही उत्पाद = 87%
दोषपूर्ण उत्पाद की संख्या
$= \frac{4611}{87} \times 13 = 689$

2. (b) प्रश्नानुसार,
$= x - y - \frac{xy}{100}$
$= 21 - 21 - \frac{21 \times 21}{100}\%$
$= -4.41\% = 4.41\%$ की कमी

SMART APPROACH:-
यदि प्रश्न में लाभ और हानि प्रतिशत समान हो तो, सूत्र से
कमी % $= \frac{-(D)^2}{100}\% = \frac{-(21)^2}{100}\%$
$= -4.41\%$
ऋण (–)का चिन्ह कमी को संदर्भित करता है।

3. (b)

	क्रयमूल्य	विक्रय मूल्य
सुधा →	80	90
राधा →	90	100

सुधा के लिए हानि = (100 – 90) = 10
हानि% $= \frac{10}{80} \times 100 = 12.5\%$

4. (b) $\frac{C.P.}{M.P.} = \frac{100 - D\%}{100 + P\%}$
$\frac{C.P.}{1000} = \frac{90}{120} \Rightarrow$ C.P. =750 रुपये

5. (b)

C.P.		M.P.
(100 – D%)	:	(100 + P/L%)
100 – 20	:	100+20
80	:	120
2	:	3

2 इकाई → 21100
3 इकाई → $\frac{21100}{2} \times 3$
= 10550 × 3 = ₹ 31650

6. (d) $\frac{\text{क्रय मूल्य}}{\text{अंकित मूल्य}} = \frac{100 - \text{छूट}}{100 + \text{लाभ}}$
प्रश्नानुसार,
$\Rightarrow \frac{\text{क्रय मूल्य}}{1500} = \frac{100 - 10}{100 + 20}$
$\Rightarrow$ क्रय मूल्य $= \frac{90 \times 1500}{120}$
क्रय मूल्य = 1125 रुपये

7. (c) साधारण ब्याज $= \frac{P \times R \times T}{100}$
$= \frac{4600 \times 8 \times 5}{100} = 1840$
मिश्रधन = 4600 + 1840 = 6440
शेयर बाजार में निवेश की गई राशि
$= \frac{6440}{2} = 3220$
शेष बची राशि = 6440 – 3220
= 3220 रुपये

8. (c) $P + \frac{P \times r \times 3}{100} = \frac{P \times 19 \times r}{100}$
$P = \frac{16Pr}{100}$
दर (r) = 6.25 %

9. (a) मूलधन (P) = 80,000
दर (R) = 5%
चक्रवृद्धि ब्याज = 8200
$\frac{\text{मिश्रधन}}{\text{मूलधन}} = \frac{105}{100} = \left(\frac{88200}{80000}\right)^{\frac{1}{\text{समय}}}$
$\frac{\text{मिश्रधन}}{\text{मूलधन}} = \frac{21}{20} = \left(\frac{441}{400}\right)^{\frac{1}{\text{समय}}} = \left[\left(\frac{21}{20}\right)^2\right]^{\frac{1}{\text{समय}}}$
समय = 2 वर्ष

SMART APPROACH:-

मूलधन	:	मिश्रधन
80000	:	80000 + 8200
80000	:	88200
400	:	441
$(20)^2$	:	$(21)^2$

10. (b) वर्ष —— गुना
4   3
×
$3^{⑥} = 729$
समय = 4 × 6 = 24 वर्ष

11. (d)

	A		B		C
निवेश	1 : 2	::	3 : $\frac{3}{2}$	::	5 : $\frac{5}{2}$
समय	1 : 2		1 : 2		4 : 8
लाभ	4 : 16	::	12 : 12	::	20 : 20
	20	:	24	:	40
	5	:	6	:	10

12. (d) कुल भार
= 4 × 30 + 6 × 31 = 306
अब, औसत भार $= \frac{306}{10} = 30.6$

वैकल्पिक विधि:
सभी कड़ो का कुल औसत भार
$= 31 \frac{-1 \times 4}{10} = 30.6$

13. (b)
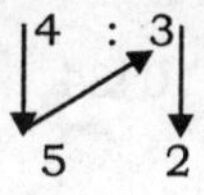

⇒	A		B		C
	4×5	:	5×3	:	3×2
	20	:	15	:	6

14. (c) माना संख्या 3x तथा 8x है
$\frac{3x + 8}{8x + 8} = \frac{1}{2}$
$6x + 16 = 8x + 8$
$2x = 8, x = 4$
संख्या = 3x = 3 × 4 = 12
8x = 8 × 4 = 32
$= \frac{12 - 4}{32 - 4} = \frac{8}{28} = \frac{2}{7}$

15. (d) पृथ्वीकरण विधि के द्वारा:

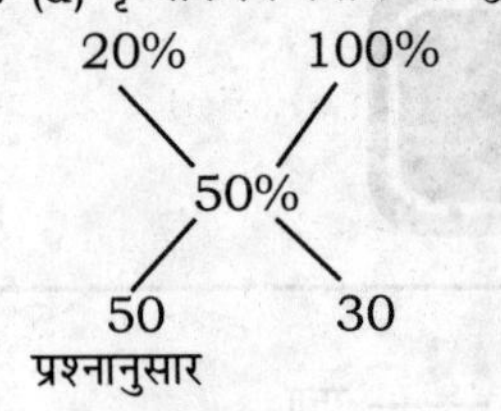

प्रश्नानुसार

$\Rightarrow \frac{50}{30} = \frac{50}{x}$

$\Rightarrow x = 30$ लीटर

वैकल्पिक विधि:

	पानी	फलों के गूदे
30	10	40
	(1	1)×40
	40	40

मिश्रण में पानी का प्रतिशत 50% तक बढ़ाने के लिए 30 लीटर पानी डालना चाहिए।

16. (c) क्रय मूल्य = $\frac{10}{11} \times 136.40$

= 12.4 × 10 = 124 रुपये

I		II
120		130
	124	
6		4
3	:	2

17. (d) माना, 19वें टॉवर की औसत ऊँचाई $= x$

दिया है,

$(18 \times 282) + x + (18 \times 286)$
$= 37 \times 282$
$5076 + x + 5148 = 10434$
$x = 10434 - 10224$
$x = 210$

> **SMART APPROACH:-**
> 19वें दूरसंचार टावर की ऊँचाई
> $= 282 - 4 \times 18$
> $= 282 - 72 = 210$

18. (c) औसत deviation द्वारा:-

11वीं पारी का औसत:-

$32 + (32 - 11) + (32 - 51) + (32 - 2) + (32 - 96) + (32 - 21) + (32 - 33) + (32 - 0) + (32 - 32) + (32 - 9) + (32 - 14)$
$= 32 + 21 + 19 + 30 - 64 + 11 - 1 + 32 + 0 + 23 + 18$
$= 167 - 84 = 83$

> **SMART APPROACH:-**
> $\frac{11+51+2+96+21+33 +0+32+9+14+x}{11} = 32$
> $\Rightarrow x = 352 - 269 = 83$

19. (d) 12, 15 तथा 20 का ल.स. = 60 इकाई

A + B = 12 — 5
B + C = 15 — 4 → 60 (कुल कार्य)
A + C = 20 — 3

A, B तथा C द्वारा एक साथ कार्य समाप्त होने में लगा समय

$= \frac{60 \times 2}{12} = 10$ दिन

20. (b) $\frac{M_1D_1T_1}{W_1} = \frac{M_2D_2T_2}{W_2}$

प्रश्नानुसार,

$\frac{7 \times 6 \times 7}{14} = \frac{14 \times D_2 \times 9}{18}$

$D_2 = 3$ दिन

21. (d) 792, 990 का ल.स.प. = 3960

दोनों A व B मिलकर भरेंगें

$= \frac{\text{कुल धारिता}}{\text{कुल क्षमता}}$

$\Rightarrow \frac{3960}{5-4} = \frac{3960}{1 \times 60} = 66$

22. (b) एक घंटे में बिना स्टॉपेज के साथ तय कि गयी दूरी = 60 किमी

एक घंटे में स्टॉपेज के साथ तय कि गयी दूरी = 40 किमी

दूरी में अन्तर = 60 – 40 = 20 किमी

चूंकि स्टॉपेज के कारण 20 किमी कम यात्रा करता है, तो प्रति घंटे स्टॉपेज समय

$= \frac{20}{60} = \frac{1}{3}$ घंटे = 20 मिनट

23. (a) प्रश्नानुसार,

माना कि टेलीन की गति 11 इकाई है

⇒ गति = 11 : 10

⇒ समय = 10 : 11

11 – 10 = 1 इकाई

⇒ 1 इकाई = 13 मिनट

⇒ 10 इकाई 10 × 13 = 130 मिनट

∴ प्रारंभ में टेलीन द्वारा लिया गया कुल समय 130 मिनट था।

24. (b) एक वर्गाकार क्षेत्र में भुजाओं का अनुपात 2 : 3 : 4 : 5 है।

परिमाप = 546 सेमी

$2x + 3x + 4x + 5x = 546$

$\Rightarrow 14x = 546$

$\Rightarrow x = \frac{546}{14}$

$\Rightarrow x \approx 39$

इसलिए, सबसे छोटी भुजा की लंबाई $2x = 2 \times 39 = 78$ सेमी

25. (d) ←x→ C ←x+20→

40 किमी./घंटा → ← 45 किमी./घंटा

दोनो C तक पहुँचने में समान समय लेगें।

समय $= \frac{x}{40} = \frac{x+20}{45}$

$\Rightarrow 9x = 8x + 160$

$x = 160$

दोनो स्टेश्नो की बीच की दूरी

= 160 + 160 + 20

= 340 किमी.

26. (d) माना वृत्त की त्रिज्या r सेमी है

वृत्त की परिधि $= 2\pi r$

वृत्त की नयी त्रिज्या = 14r

वृत्त की नयी परिधि $= 2\pi \times 14r$

$= 28\pi r$

अभीष्ट उत्तर $= \frac{28\pi r}{2\pi r} = 14$ गुना

27. (c) धारा की चाल $= \frac{5}{6} \times \frac{18}{5} = 3$ किमी/घंटा

शांत जल में नाव की चाल = 11 किमी/घंटा

धारा के विपरीत चाल

$= (11 - 3) = 8$ किमी/घंटा

आवश्यक समय $= \frac{36}{8} = 4\frac{4}{8} = 4$ घंटे 30 मिनट

28. (c) प्रश्नानुसार,

125 की विभाज्यता का नियम

अंतिम तीन अंक 125 से विभाज्य हैं, तो संख्या 125 से विभाज्य होगी।

125, 250, 375, 500, 625, 750, 875, 1000

2, 3, 8, 7, 5

23875

32875

28375

82375

4 संख्याएँ बनाई जा सकती हैं

29. (d) ल.स.प. 24, 40, 48 = 240

4 अंकों की सबसे बड़ी संख्या = 9999

$$240\overline{)9999}(27$$
$$\underline{960}$$
$$399$$
$$\underline{240}$$
$$159$$

अंत: 4 अंकों की सबसे बड़ी संख्या जो 24, 40 और 48 से विभाजित है

= 9999 – 159 = 9840

30. (c) 233 – 187 = 46

279 – 233 = 46

279 – 197 = 92

सबसे बड़ी संख्या = 46

31. (c) $\frac{4}{5} \times \frac{7}{8} \Rightarrow 32 < 35$

$\frac{4}{5} \times \frac{6}{7} \Rightarrow 28 < 30$

$\frac{4}{5} \times \frac{5}{6} \Rightarrow 24 < 25$

$\frac{5}{6} \times \frac{6}{7} \Rightarrow 35 < 36$

$\frac{6}{7} \times \frac{7}{8} \Rightarrow 48 < 49$

इसलिए, आरोही क्रम है:-

$\frac{4}{5} < \frac{5}{6} < \frac{6}{7} < \frac{7}{8}$

32. (d) $\frac{\frac{143}{13} \times K - 9}{36 - 35 + K^2} = 1$

$\frac{11K - 9}{1 + K^2} = 1$

$1 + K^2 = 11K - 9$

$K^2 - 11K + 10 = 0$

K = 1, or 10,

Option (d) Satisfied

K = 1

33. (c) घन का विकर्ण = $\sqrt{3}\,a$

$\Rightarrow \sqrt{3}\,a = 25\sqrt{3} \Rightarrow a =$ 25 सेमी

$\Rightarrow l = a$

घनाभ की लंबाई, l = 25 सेमी

प्रश्नानुसार,

$l \times b \times h = a^3$

$25 \times 12.5 \times h = 25 \times 25 \times 25$

$\Rightarrow h = \frac{25 \times 25 \times 25}{25 \times 12.5}$

$\therefore h =$ 50 सेमी

34. (a) औसत आय

$= \frac{(120 + 150 + 230 + 325 + 270)}{5}$

$= \frac{1095}{5} = 219$

35. (b) लाभ = आय – खर्च = 120 – 70 = 50

लाभ % = $\frac{50}{70} \times 100 = 71.42\%$

☆☆☆☆☆

मॉक टेस्ट-07

27

1. 3 मीटर का कितना प्रतिशत 75 सेमी है?
What percentage of 3 meters is 75 cm?
(a) 20% (b) 24%
(c) 22% (d) 25%

2. एक वस्तु के मूल्य में 20% की वृद्धि होने पर गुप्ता परिवार अपने मासिक बजट को इस प्रकार पुनर्व्यवस्थित करता है कि उक्त वस्तु पर 8% अतिरिक्त धन ही व्यय हो। बढ़ी हुई राशि के प्रबंधन के लिए उन्हें उस वस्तु के उपभोग में कितने प्रतिशत की कमी करनी चाहिए?
When the price of an article is increased by 20%, the Gupta family rearranges its monthly budget in such a way that only 8% additional money is spent on the said article. By what percent should they reduce the consumption of that article to manage the increased amount?
(a) 14 (b) 8
(c) 10 (d) 12

3. एक दुकानदार दो वस्तुएँ में प्रत्येक को 594 रुपये में बेचता है। जिसमें एक वस्तु पर 10% का लाभ अर्जित किया और दूसरे पर 10% की हानि अर्जित की तो कुल लाभ या हानि प्रतिशत ज्ञात कीजिए।
A shopkeeper sells two articles for Rs 594 each. In which a profit of 10% is earned on one item and a loss of 10% is earned on the other, then find the total profit or loss percentage.
(a) 4% Loss (b) 1% Loss
(c) 1% Profit (d) 4% Profit

4. एक आदमी ने दो कुर्सियाँ प्रत्येक 475 रुपये में बेचीं, एक पर 25% का लाभ हुआ और दूसरे पर 20% का नुकसान हुआ। यदि उसने दोनों कुर्सियाँ प्रत्येक 575 रुपये में बेचीं, तो उसका लाभ/हानि प्रतिशत क्या होगा (निकटतम पूर्णांक तक पूर्णांकित)?
A man sold two chairs for Rs 475 each, gaining 25% on one and losing 20% on the other. Had he sold the two chairs for Rs 575 each, what would have been his gain/loss percentage (rounded off to the nearest integer)?
(a) 45% gain (b) 18% gain
(c) 41% gain (d) 25% loss

5. एक व्यापारी अपने वस्तु की कीमत इस प्रकार अंकित करता है कि 20% छूट देने के बाद वह 20% का लाभ अर्जित करता है। एक वस्तु का अंकित मूल्य क्या है, जिसका क्रय मूल्य ₹ 21500 है? (₹ में)
A tradesman marks the price of his goods such that after allowing a discout of 20% he earns a profit of 20%. What is the marked price of an article if cost price is ₹ 21500? (in ₹)
(a) 32150 (b) 32250
(c) 32350 (d) 32450

6. एक पुस्तक का अंकित मूल्य 1100 रुपये है। एक पुस्तक विक्रेता इस पर 10% की छूट देता है। यदि वह अब भी 20% लाभ अर्जित करता है तो पुस्तक का लागत मूल्य (रुपये में) क्या होगा?
The marked price of a book is Rs.1100. A bookseller gives a discount of 10% on it. What will be the cost price (in Rs.) of the book if he still earns 20% profit?
(a) 815 (b) 845
(c) 825 (d) 835

7. 5600 रुपये की राशि 8% प्रति वर्ष की दर से साधारण ब्याज पर निवेश की गई। यदि 5 साल के बाद राशि वापस ले ली जाती है और कुल राशि का आधा शेयर बाजार में निवेश किया जाता है। शेष राशि ज्ञात करें। (रुपये में)
A sum of Rs.5600 was invested at simple interest at the rate of 8% per annum. If the amount is withdrawn after 5 years and half of the total amount is invested in the stock market. Find the remaining amount. (in Rs.)
(a) 3820 (b) 3920
(c) 3720 (d) 3620

8. 15 वर्षों में चक्रवृद्धि ब्याज के तहत कोई राशि अपने आप की दोगुनी हो जाती है। कितने वर्षों में यह अपने आप की 4096 गुना हो जाएगी। (वर्षों में)
The amount doubles itself under compound interest in 15 years. In how many years will it become 4096 times of it? (In years)
(a) 170 (b) 180
(c) 190 (d) 160

9. 9,960 रुपये की राशि 7.5% प्रति वर्ष चक्रवृद्धि ब्याज पर उधार ली गई और दो समान वार्षिक किश्तों में वापस भुगतान की गई। प्रत्येक किस्त की राशि क्या थी?
A sum of Rs.9,960 was borrowed at 7.5% per annum compound interest and paid back in two equal annual instalments. What was the amount of each instalment?
(a) Rs. 5,475 (b) Rs. 5,547
(c) Rs. 5,745 (d) Rs. 5,457

10. सोहेल ने 2250 रुपये से एक कारोबार आरंभ किया जबकि त्रिशला ने 3 महीने बाद कुछ राशि निवेश की। यदि 12 माह के अंत में (सोहेल के निवेश से), सोहेल और त्रिशला ने लाभ को 25 : 24 के अनुपात में बांटा है, तो त्रिशला ने कितना निवेश किया था?

Sohail started a business with Rs.2250 while Trishala invested some amount after 3 months. If at the end of 12 months (from Sohail's investment), Sohail and Trishala share the profit in the ratio 25 : 24, then how much did Trishala invest?

(a) 2160 रु (b) 2480 रु
(c) 2880 रु (d) 2920 रु

11. चार व्यक्तियों A, B, C और D में विभाजित लाभ की राशि निम्नानुसार है। B को 3 हिस्से मिलते हैं, D को 7 हिस्से मिलते है, C को B और D दोनों की संयुक्त राशि का औसत मिलता है और A को B के हिस्से का दो-तिहाई मिलता है। अगर B का हिस्सा C के हिस्से से ₹ 324 कम है, तो A और D के हिस्से का योग कितना है?

The amount of profit divided among four persons. A, B, C and D as follows. B gets third part and D gets 7th part. C get average of B and D and A gets two-third of B's share. If C's share exceeds B's share by ₹ 324. then what is the sum of A's share and D's share?

(a) ₹ 1750 (b) ₹ 1458
(c) ₹ 1673 (d) ₹ 1568

12. 77 लीटर मिश्रण में दूध और पानी का अनुपात 3: 4 है। यदि यह अनुपात बदलकर 3:5 हो जाता है, तो मिश्रण में मिलाए गए अतिरिक्त पानी की मात्रा ज्ञात करें। (लीटर में)

The ratio of milk and water in 77 liter mixture is 3 : 4. If this ratio changes to 3:5, find the amount of additional water added to the mixture. (in litres)

(a) 12 (b) 11
(c) 13 (d) 14

13. टीना और शीना की आय 2 : 3 के अनुपात में है और उनका व्यय 3 : 5 के अनुपात में है। यदि प्रत्येक ₹1,000 बचाता है, तो टीना की आय है:

Income of Tina and Seena is in the ratio of 2 : 3 and their expenditures are in ratio of 3 : 5. If each saves ₹1,000, then Teena's income is:

(a) ₹4,000 (b) ₹5,000
(c) ₹6,000 (d) ₹8,000

14. शराब और पानी के 60 लीटर मिश्रण में 20% पानी है। यदि इस मिश्रण का 20 लीटर बाहर निकाला जाता है और फिर शेष मिश्रण में 8 लीटर शराब मिलाई जाती है, तो अंतिम मिश्रण में पानी का प्रतिशत कितना है?

60 liters of a mixture of alcohol and water contains 20% water. If 20 liters of this mixture is taken out and then 8 liters of alcohol is added to the remaining mixture, then what is the percentage of water in the final mixture?

(a) 14.58% (b) 25.67%
(c) 16.67% (d) 30.00%

15. हमीद, क्रिस्टो और गणेश के वेतन का अनुपात क्रमश: 3:5:7 है, यदि गणेश को हमीद से ₹892 ज्यादा मिल रहे है तो क्रिस्टो का वेतन क्या है? (₹ में)

The ratio of salaries of Hameed, Christo and Ganesh is 3 : 5 : 7 respectively, if Ganesh is getting ₹892 more than Hameed then what is the salary of Christo? (in ₹)

(a) 1,145 (b) 1,115
(c) 1,125 (d) 1,135

16. 17 पारियों में एक क्रिकेट खिलाड़ी के द्वारा बनाए रनों का औसत 34 है। 5 रन से अपनी औसत बढ़ाने के लिए अपनी अगली पारी में उसे कितने रन बनाने चाहिए?

The average runs scored by a cricket player in 17 innings is 34. How many runs should he score in his next innings to increase his average by 5 runs?

(a) 170 (b) 180
(c) 124 (d) 168

17. एक बल्लेबाज 15वीं पारी में 97 रन बनाता है और इस प्रकार उसका औसत 5 बढ़ जाता है। 15वीं पारी के बाद उसका औसत ज्ञात कीजिए।

A batsman makes a score of 97 runs in 15th inning and thus increases his average by 5. Find his average after 15th inning.

(a) 15 (b) 82
(c) 27 (d) 92

18. A और B एक काम को क्रमश: 24 दिनों और 12 दिनों में कर सकते हैं। A, B और C एक साथ उसी काम को 4 दिनों में कर सकते हैं। यदि काम को A और B के द्वारा एक साथ शुरू किया गया है और वे केवल 3 दिनों के लिए काम करते हैं, और उसके बाद शेष काम C द्वारा अकेले ही समाप्त किया गया है, तो C ने कितने दिनों के लिए काम किया?

A and B can do a piece of work in 24 days and 12 days respectively. A, B and C together can do the same work in 4 days. If the work is started by A and B together and they work for only 3 days, and after that the remaining work is finished by C alone, then for how many days did C work?

(a) 4 days/दिन (b) 5 days/दिन
(c) 3 days/दिन (d) 6 days/दिन

19. A एक कार्य को 24 दिनों में पूरा कर सकता है। उसने 21 दिनों तक कार्य किया और फिर B ने शेष कार्य को 5 दिनों में समाप्त कर दिया। A और B मिलकर उस काम को कितने दिनों में पूरा कर सकते हैं?

A can complete a piece of work in 24 days. He worked for 21 days and then B finished the remaining work in 5 days. In how many days can A and B together finish the work?

(a) 45 days (b) 40 days
(c) 15 days (d) 24 days

20. 10 पुरुष एक कार्य को 18 दिनों में पूरा कर सकते हैं। 6 दिनों के बाद, 5 और पुरुष जुड़ते हैं। शेष कार्य कितने दिनों में पूरा होगा?

10 men can complete a task in 18 days. After 6 days, 5 more men join. In how many days the remaining work will be completed?

(a) 6 (b) 12
(c) 10 (d) 8

21. एक पुलिसकर्मी को 97 मी की दूरी से एक चोर दिखाई देता है। चोर भागने लगता है और पुलिसकर्मी उसका पीछा करता है। चोर और पुलिसकर्मी क्रमश: 21 मी/सेकंड और 23 मी/सेकंड की चाल से दौड़ते हैं। चोर पकड़ने में पुलिसकर्मी को कितना समय लगता है?

A thief is noticed by a policeman from a distance of 97 m. The thief starts running and the policeman chases him. The thief and the policeman run at a speed of 21 m/sec and 23 m/sec respectively. What is the time taken by the policeman to catch the thief?

(a) 40 सेकंड (b) 45 सेकंड
(c) 62.5 सेकंड (d) 48.5 सेकंड

22. 70 किमी प्रति घंटा और 80 किमी प्रति घंटा क्रमश: की गति वाली दो ट्रेनें दिल्ली और आगरा के बीच एक दूसरे की विपरीत दिशा में चलती है। अगर 2 ट्रेनों के मिलने के समय यह पाया जाता है कि एक ट्रेन ने दूसरी की तुलना में 40 किमी अधिक यात्रा की थी, तो दिल्ली और आगरा के बीच की दूरी क्या है?

Two trains with speeds of 70 kmph and 80 kmph respectively run in opposite directions between Delhi and Agra. If at the time of meeting of 2 trains it is found that one train traveled 40 km more than the other, then what is the distance between Delhi and Agra?

(a) 420 km (b) 500 km
(c) 600 km (d) 450 km

23. 650 मीटर लंबे पुल के एक छोर पर सिग्नल को पार करने में एक ट्रेन को 27 सेकंड लगते हैं। यदि उस ट्रेन को उस पुल को पार करने में 92 सेकंड का समय लगता है, तो उस ट्रेन की लंबाई है। (मीटर में)

A train takes 27 seconds to cross the signal at one end of a 650 meter long bridge. If that train takes 92 seconds to cross that bridge, then the length of that train is. (in meters)

(a) 270 (b) 250
(c) 240 (d) 260

24. 65 किमी/घंटा की गति से यात्रा करने वाली एक ट्रेन सुबह 10:00 बजे बॉम्बे से निकलती है। और 76 किमी/घंटा की गति से यात्रा करने वाली एक अन्य ट्रेन दोपहर 12:00 बजे उसी दिशा में शुरू होती है। बम्बई से कितनी दूरी (किमी में) पर वे एक साथ होंगे?

A train travelling at the speed of 65 km/h leaves Bombay at 10:00 A.M. and another train travelling at the speed of 76 km/h starts at 12:00 P.M. in the same direction. At what distance (in km) from Bombay will they be together?

(a) 925 km (b) 988 km
(c) 898.18 km (d) 1,000 km

25. एक व्यक्ति एक समबाहु त्रिभुजाकार क्षेत्र के किनारे के साथ 12 किमी/घंटा, 24 किमी/घंटा और 10 किमी/घंटा की गति से यात्रा करता है। उसकी औसत गति ज्ञात कीजिये।

A person travels around the edge of an equilateral triangular field at speeds of 12 km/hr, 24 km/hr and 10 km/hr. Find his average speed.

(a) 14.33 किमी/घंटा
(b) 13.33 किमी/घंटा
(c) 15.33 किमी/घंटा
(d) 12.33 किमी/घंटा

26. एक नाव धारा के प्रतिकूल 'D' किमी की दूरी तय करने में 8 घंटे लेती है और धारा के अनुकूल 'D + 2' किमी की दूरी तय करने में 6 घंटे लेती है। यदि धारा की चाल 3 किमी प्रति घंटा है, तो 2 घंटे में नाव द्वारा धारा के प्रतिकूल तय की गई दूरी ज्ञात कीजिए।

A boat takes 8 hours to cover 'D' km in upstream and takes 6 hours to cover 'D + 2 km. in downstream. If speed of stream is 3 km/h, then find distance covered by boat in upstream in 2 hrs.

(a) 34 किमी (b) 48 किमी
(c) 32 किमी (d) 56 किमी

27. एक नाविक धारा के विपरीत 75 किमी की दूरी तय करने में 12 घंटे लेता है। जबकि धारा की दिशा में समान दूरी को तय करने में उसे 7.5 घंटे लगते है धारा की गति क्या है?

A sailor takes 12 hours to cover a distance of 75 kms against the current, while he takes 7.5 hours to cover the same distance in the direction of the current what is the speed of the current?

(a) 8.425 किमी/घंटा
(b) 6.625 किमी/घंटा
(c) 6.25 किमी/घंटा
(d) 1.875 किमी/घंटा

28. निम्नलिखित में से कौन सा 24 से विभाज्य है?

Which of the following is divisible by 24?

(a) 2940 (b) 2856
(c) 1458 (d) 1860

29. यदि 328, 451 और 697 का महत्तम समापवर्तक (HCF) x है, तो x का मान _____ के बीच होगा।

If the HCF of 328, 451 and 697 is x, then the value of x will lie between _____.

(a) 48 और 52 (b) 44 और 48
(c) 36 और 40 (d) 40 और 44

30. $\frac{(589+187)^2 - (589-187)^2}{589 \times 187} = ?$

(a) 4 (b) 766

(c) 402 (d) $\frac{201}{388}$

31. हल करें/Solve this

$\frac{\frac{3}{7} \div \frac{3}{7} \times \frac{3}{7}}{\frac{3}{7} \div \frac{3}{7} \text{of} \frac{3}{7}} \div \frac{9}{49}$

(a) 1 (b) $\frac{40}{49}$

(c) $\frac{9}{49}$ (d) 10

32. एक आयताकार पार्क 110 मीटर लंबा और 70 मीटर चौड़ा है। दो क्रॉस पथ, जिनमें से प्रत्येक की चौड़ाई 6 मीटर है, भुजाओं के समानांतर निर्मित किया जाता है। यदि इन पथों के निर्माण की लागत 175 रु/मीटर² है, तो इन पथों के निर्माण की कुल लागत (रु. में) कितनी है?

A rectangular park is 110m long and 70m wide. Two cross paths, each of width 6 m, are constructed parallel to the sides. If the cost of construction of these paths is Rs. 175/m², then what is the total cost (in Rs.) of construction of these paths?

(a) 178250 (b) 182700

(c) 197200 (d) 187520

33. वृत्त की त्रिज्या को 6 गुना करने पर इसकी परिधि इसकी पूर्व की परिधि से कितने गुना बढ़ जाएगी?

By increasing the radius of a circle by 6 times, its circumference will increase by how many times from its previous circumference?

(a) 8 (b) 5

(c) 6 (d) 7

निर्देश(34-35): दिए गए आरेख का ध्यानपूर्वक अध्ययन कर उस पर आधारित प्रश्नों का उत्तर दीजिए। दिया गया रेखा आरेख एक वर्ष में छह विभिन्न राज्यों के स्नातकों की संख्या को दर्शाता है। (लाख में)

Directions: Study the following graph carefully and answer the questions given below. The given line graph represents the number of graduates from six different states in a year (In lakhs).

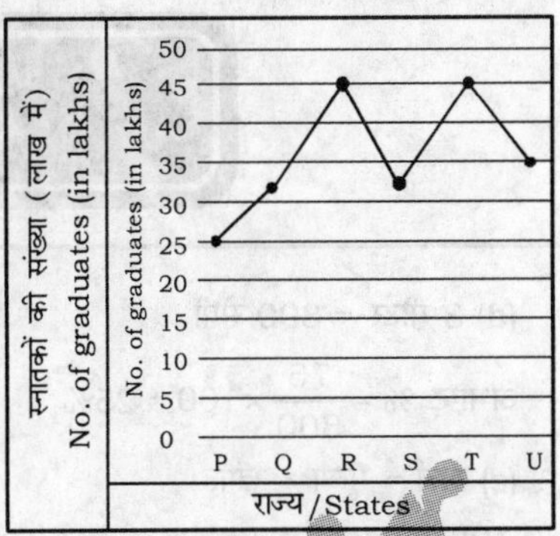

34. राज्य U और R के स्नातकों की संख्या में अंतर ज्ञात कीजिए। (लाखों में)

Find the difference in number of graduates of State R and U. (In lakhs)

(a) 10 (b) 13

(c) 12 (d) 11

35. निम्नलिखित विकल्पों में से कौन सा सबसे छोटा वर्ग है, जो 8, 15 और 20 से पूर्णत: विभाजित हो?

Find the smallest square number from among the given option which is divisible by each of 8, 15 and 20.

(a) 3600 (b) 6400

(c) 14400 (d) 4900

ANSWER KEY

1.(d)	2.(c)	3.(b)	4.(b)	5.(b)	6.(c)	7.(b)	8.(b)	9.(b)	10.(c)
11.(b)	12.(b)	13.(a)	14.(a)	15.(b)	16.(c)	17.(c)	18.(b)	19.(c)	20.(d)
21.(d)	22.(c)	23.(a)	24.(c)	25.(b)	26.(a)	27.(d)	28.(b)	29.(d)	30.(a)
31.(a)	32.(b)	33.(c)	34.(a)	35.(a)					

SOLUTIONS

1. (d) 3 मीटर = 300 सेमी

अभीष्ट % = $\frac{75}{300} \times 100 = 25\%$

2. (c) खर्च = मूल्य × खपत

$\frac{100}{108} = \frac{4}{5} \times \frac{x}{y}$

$\frac{x}{y} = \frac{10}{9}$

खपत में % कमी = $\frac{1}{10} \times 100 = 10\%$

वैकल्पिक विधि:

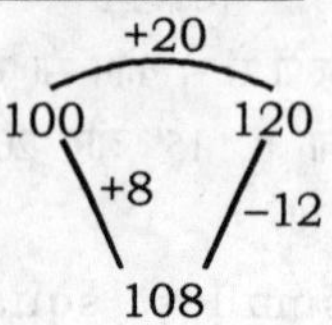

खपत में % कमी = $\frac{12}{120} \times 100$
= 10%

3. (b) C.P. : S.P.

पहली वस्तु ⇒ 10 : 11) × 9 ...(1)

दूसरी वस्तु ⇒ 10 : 9) × 11 ...(2)

S.P. के मान को बराबर करने पर,

	C.P.	:	S.P.
पहली वस्तु ⇒	90	:	99
दूसरी वस्तु ⇒	110	:	99
	200	:	198

हानि% = $\frac{-2}{200} \times 100 = -1\%$

वैकल्पिक विधि:

यदि दो अलग अलग वस्तुओं का विक्रय मूल्य समान हो और लाभ%, हानि% भी समान हैं तो हमेशा हानि होगी।

कुल हानि% = $\frac{\text{लाभ\%} \times \text{हानि\%}}{100}$

यहाँ, कुल हानि% = $\frac{10 \times 10}{100}$
= 1% हानि

4. (b) 25% = $\frac{1}{4}$, 20% = $\frac{1}{5}$

CP : SP
(4 : 5) × 4
(5 : 4) × 5

आवश्यक अनुपात

CP		SP
16	:	20
25	:	20

$\frac{475}{20} \times 41 \leftarrow 41$ $20 \rightarrow 475$

लाभ = $575 \times 2 - \frac{475}{20} \times 41$

$= 25\left(23 \times 2 - \frac{19 \times 41}{20}\right) = 176.25$

लाभ % = $\frac{176.25}{475 \times 41} \times 20 \times 100$
≈ 18%

5. (b) दिया है,

D% = 20, P% = 20%

C.P.	:	M.P.
(100 – D%)	:	(100 + P%) से,
(100 – 20)	:	100 + 20
80	:	120
2	:	3

2 इकाई = ₹ 21500

1 इकाई = ₹ 10750

∴ 3 इकाई = 3 × 10750
= ₹ 32250

6. (c) $\frac{\text{क्रय मूल्य}}{\text{अंकित मूल्य}} = \frac{100 - \text{छूट}}{100 + \text{लाभ}}$

प्रश्नानुसार,

$\frac{\text{क्रय मूल्य}}{\text{अंकित मूल्य}} = \frac{100 - 10}{100 + 20}$

क्रय मूल्य = $\frac{90 \times 1100}{120}$

क्रय मूल्य = 825 रुपये

7. (b) साधारण ब्याज = $\frac{P \times R \times T}{100}$

$= \frac{5600 \times 8 \times 5}{100} = 2240$

मिश्रधन = मूलधन + साधारण ब्याज
= 5600 + 2240 = 7840

शेयर बाजार में निवेश की गई राशि

$= \frac{7840}{2} = 3920$ रुपये

शेष बची राशि = 7840 – 3920
= 3920 रुपये

वैकल्पिक विधि:

(P)	(A)
(100%)	(140%)
↓ ×56	↓ ×56
Rs.5600	Rs.7840

∴ आवश्यक मान = $\frac{7840}{2}$
= Rs.3920

8. (b) 2 गुना = 15 वर्ष

4096 गुना = 2^{12} गुना = 15 × 12
= 180 वर्ष

नोट: जो घात होगी उसकी समय से गुणा करेंगे।

9. (b) दर = 7.5% = $\frac{3}{40}$

	मूलधन		मिश्रधन
I वर्ष	(40	:	43)×43
II वर्ष	1600	:	1849
	3320	:	1849 (प्रत्येक)

3320 इकाई → 9960

1849 इकाई → 5547 रु.

10. (c) सोहेल : त्रिशला

2250 × 12 : $x \times 9$ = 25 : 24

$\frac{2250 \times 12}{x \times 9} = \frac{25}{24}$

$x = 24 \times 120 = 2880$ रु

त्रिशला ने 2880 रूपये का निवेश किया

11. (b)

A	B	C	D
2	3	5	7

(3 → 5: +2)

दिया है,

2 इकाई → 324

अब, A + D (9 इकाई) → $\frac{324}{2} \times 9$

(A + D) का हिस्सा = 1458 रु

12. (b) माना, मिश्रण में मिलाए गए पानी की मात्रा = x

$\frac{3}{7}\times 77 = \frac{3}{8}(77 + x)$

$\Rightarrow 11 \times 8 = 77 + x$

$\Rightarrow x = 88 - 77 = 11$ लीटर

SMART APPROACH:-

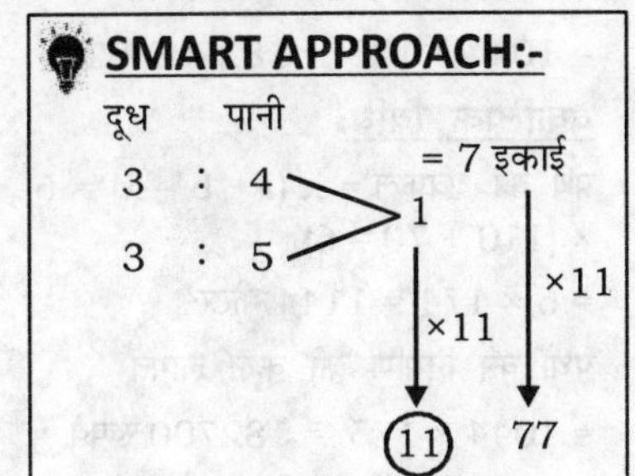

13. (a)

	T	S	
आय	(2	3)	×2
	4	6	
खर्च	3	5	
बचत	1000	1000	

बचत (1 इकाई) → 1000

टीना (4 इकाई) → 4000

वैकल्पिक विधि:

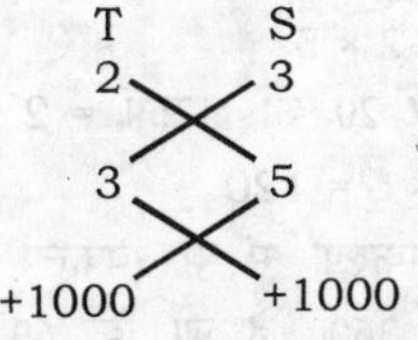

(10 – 9) इकाई = 5000 – 3000

1 इकाई = 2000

2 इकाई = 2000 × 2 = 4000 रु

14. (a)

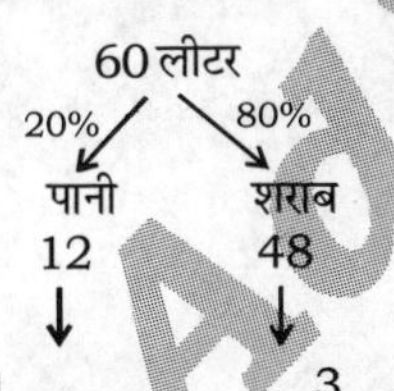

$\text{I} \rightarrow 12 - \frac{1}{4}\times 20 = 7 \quad 48 - \frac{3}{4}\times 20 = 33$

$\text{II} \rightarrow \quad 7 + 0 = 7 \quad 33 + 8 = 41$

कुल मिश्रण = 7 + 41 = 48

आवश्यक % = $\frac{7}{48}\times 100$

= 14.58%

अतः परिणामी मिश्रण में पानी का प्रतिशत 14.58% है।

15. (b)

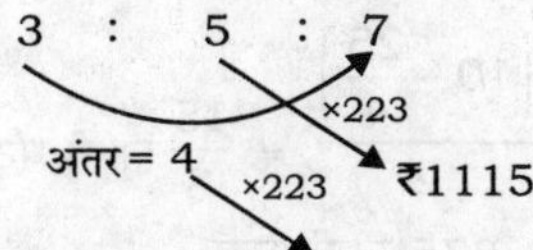

16. (c) 17 पारियों में कुल रनों की संख्या

= 17 × 34 = 578

18 पारियों तक बनाए गए कुल रनों की संख्या

= 18 × 39 = 702

18वीं पारी में बनाए गए रनों की संख्या

= 702 – 578 = 124

SMART APPROACH:-

औसत में पाँच रनों की वृद्धि के लिए पिछली प्रत्येक पारी में पाँच रनों की वृद्धि करनी होगी साथ ही नई पारी में औसत से पाँच रन अधिक बनाने होंगे।

= 17 × 5 + (34 + 5)

= 85 + 39 = 124

17. (c) 15 वीं पारी के बाद औसत

= 97 – 14 × 5 = 27 रन

18. (b)

24, 12, तथा 4 का ल.स.प. = 24

A → 24 (1)
B → 12 (2) → 24 (कुल कार्य)
A + B + C → 4 (6)

C → 3 (क्षमता)

कुल कार्य = 24 इकाई

प्रश्नानुसार,

3(A + B) + x (C) = 24

9 + 3x = 24

$x = \frac{15}{3} = 5$ दिन

19. (c) A × 24 = A × 21 + B × 5

A × 3 = B × 5

$\frac{A}{B} = \frac{5}{3}$

	A	:	B
क्षमता →	5	:	3

कुल कार्य = 5 × 24 = 120

A और B द्वारा कार्य करने में लिए गया समय = $\frac{120}{8}$ = 15 दिन

20. (d) सूत्र,

10 × 18 = 10 × 6 + (10 + 5) × D

180 = 60 + 15D

120 = 15D

D = 8 दिन

21. (d) सापेक्ष गति = 23 – 21 = 2 मीटर/सेकंड

पुलिस द्वारा चोर को पकड़ने में लिया गया समय = $\frac{97}{2}$ = 48.5 सेकंड

22. (c)

A ———— B
दिल्ली — आगरा
70 किमी/घण्टा → ← 80 किमी/घण्टा

B द्वारा तय की गई दूरी – A द्वारा यात्रा की गई दूरी = 40 किमी

माना, वे दोनों 't' समय के बाद मिलते हैं

⇒ 80t – 70t = 40

⇒ t = 4 घंटा

∴ दिल्ली और आगरा के बीच की दूरी

= (70 + 80) × 4 = 600 किमी

23. (a) दोनों ही condition में ट्रेन की चाल समान रहेगी।

∴ माना ट्रेन की लंबाई = y m

तब,

$\frac{y}{27} = \frac{650 + y}{92}$

⇒ 92y = 17550 + 27 y

⇒ 92y – 27y = 17550

⇒ 65y = 17550 ⇒ y = 270 मीटर

24. (c)

10 : 00 — 76किमी./घंटा
65किमी./घंटा ← 130किमी. →
12 : 00

सापेक्ष गति = (76 – 65)

= 11 किमी./घंटा

कुल दूरी = 65 × 2 = 130 किमी.

समय = $\frac{130}{11}$ घंटे

∵ दूरी = $\frac{130}{11}\times 76$

= 898.18 किमी.

25. (b) जैसा कि हम जानते हैं कि समबाहु त्रिभुज की भुजाएँ बराबर होती हैं। यहाँ, दूरी समान है, माना दूरी x किमी

औसत गति = $\frac{\text{दूरी}}{\text{समय}} = \frac{3x}{\frac{x}{12}+\frac{x}{24}+\frac{x}{10}}$

$= \frac{3x \times 120}{10x+5x+12x} = \frac{3x \times 120}{27x} = \frac{120}{9}$

= 13.33 किमी/घंटा

26. (a) माना, स्थिर जल में नाव की चाल = B

माना, स्थिर जल में धारा की चाल = 3 किमी/घंटा

प्रश्नानुसार,

$\frac{D}{B-3} = 8$

$\Rightarrow D = 8(B-3)$ .... (i)

$\frac{D+2}{B+3} = 6$

$\Rightarrow D = 6(B+3) - 2$ ...... (ii)

समीकरण (i) और (ii) को हल करने पर,

B = 20 किमी/घंटा

अब दूरी = (20 – 3) × 2 = 34 किमी

27. (d) धारा के अनुकूल नाविक की गति (D)

$= \frac{75}{7.5} = 10$ किमी/घंटा

धारा के प्रतिकूल नाविक की गति (U)

$= \frac{75}{12} = \frac{25}{4}$ किमी/घंटा

धारा की चाल = $\frac{D-U}{2}$

$= \frac{\left(10-\frac{25}{4}\right)}{2} = \frac{15}{8}$ किमी/घंटा

= 1.875 किमी/घंटा

28. (b) 24 = 8 × 3

दिए गए विकल्प से:

(b) 2856, यह 8 और 3 दोनों से विभाजित है

अंत: यह 24 से भी विभाजित होगा।

29. (d) 328, 451, 697 का म.स.प.

41 × 8, 41 × 11, 41 × 17

x = म.स.प. = 41

म.स.प. का मान 40 और 44 के बीच होगा।

30. (a) $\frac{(589+187)^2-(589-187)^2}{589\times187}$

= ?

$\because (a+b)^2 - (a-b)^2 = 4ab$

$= \frac{4\times589\times187}{589\times187} = 4$

31. (a) $\frac{\frac{3}{7}\div\frac{3}{7}\times\frac{3}{7}}{\frac{3}{7}\div\frac{3}{7}\text{of}\frac{3}{7}} \div \frac{9}{49}$

$= \frac{1\times\frac{3}{7}}{\frac{3}{7}\div\frac{9}{49}} \div \frac{9}{49}$

$= \frac{\frac{3}{7}}{\frac{3}{7}\times\frac{49}{9}} \div \frac{9}{49}$

$= \frac{3}{7} \times \frac{3}{7} \div \frac{9}{49} = 1$

32. (b) पथ का क्षेत्रफल = 110 × 6 + 70 × 6 – 6 × 6 = 660 + 420 – 36

= 1080 – 36 = 1044 मीटर^2

पथों की निर्माण की कुल लागत

= 1044 × 175 = 182700 रूपये

वैकल्पिक विधि:

पथ का क्षेत्रफल = $x(l + b - x)$ = 6 × (110 + 70 – 6)

= 6 × 174 = 1144 मीटर^2

पथों की निर्माण की कुल लागत

= 1044 × 175 = 182700 रूपये

33. (c) वृत्त की परिधि = $2\pi r$

जैसा कि, हम जानते हैं कि परिधि वृत्त की त्रिज्या के समानुपाती होती है यदि त्रिज्या 6 गुना बढ़ा दी जाती है तो परिधि भी 6 गुना बढ़ जायेगी।

34. (a) (R) की संख्या = 45

(U) की संख्या = 35

∴ आवश्यक अंतर = (45 – 35) = 10

35. (a) 8 = 2 × 2 × 2

15 = 3 × 5

20 = 2 × 2 × 5

8, 15 और 20 का ल.स.प. = 2 × 2 × 2 × 3 × 5 = 120

उपरोक्त विकल्पों में से विकल्प (a) की संख्या 3600 है जो कि 60 का वर्ग है और न्यूनतम है जो कि 8, 15, 20 के ल.स.प. 120 से विभाजित है। अत: 8,15,20 से पूर्णतया विभाजित होगी।

☆☆☆☆☆

मॉक टेस्ट-08

28

1. 27000 विद्यार्थियों के एक कॉलेज में 75% लड़के हैं। यदि 50% लड़कियाँ और 70% लड़के परीक्षा में अनुत्तीर्ण हुए, तो परीक्षा में उत्तीर्ण होने वाले विद्यार्थियों की संख्या ज्ञात करें।
In a college of 27000 students are there, in which 75% are boys. If 50% of the girls and 70% of the boys failed the examination, then find the number of students who passed in the examination.
(a) 9650 (b) 9450
(c) 9350 (d) 9550

2. यदि किसी वस्तु की खपत के प्रतिशत में 25% की वृद्धि हो ताकि कुल बजट में बदलाव न हो, तो वस्तु की कीमत में गिरावट आती है:
If the increase in the percentage of the consumption of a commodity is 25% so that overall budget does not change, then the price of the commodity falls by:
(a) 35% (b) 25%
(c) 20% (d) 30%

3. एक सामग्री को ₹600 में खरीदा गया। अगर सामग्री के $\frac{3}{4}$ हिस्से को 10% के लाभ पर बेचा जाता है और शेष को 20% के नुकसान पर, समग्र लाभ या हानि का प्रतिशत ज्ञात करो।
One item bought for ₹600. If $\frac{3}{4}$ part of the material is sold at a profit of 10% and the rest at a loss of 20%, find the percentage of the overall profit or loss.
(a) 3% हानि/loss
(b) 4% हानि/loss
(c) 2.5% लाभ/profit
(d) 5% लाभ/profit

4. सामान का एक तिहाई हिस्सा 15% लाभ पर बेचा जाता है, सामान का 25% हिस्सा, 20% लाभ पर बेचा जाता है, और शेष सामान 10% हानि पर बेचा जाता है। यदि पूरे लेन-देन में 350 रु. का लाभ अर्जित किया जाता है, तो सामान का वास्तविक मूल्य कितना (रु. में) था?
One third of the goods are sold at 15 profit % , 25% of the goods are sold at 20 % profit and the remaining goods are sold at 10% loss. If a profit of Rs. 350 is made in the whole transaction, then what was the original cost (in Rs.) of the goods?
(a) 9,000 (b) 7,200
(c) 5,400 (d) 6,000

5. 17% की छूट के बाद एक टेबल का विक्रय मूल्य ₹20,750 है। यदि क्रय मूल्य, अंकित मूल्य का 70% है, तो क्रय मूल्य कितना है? (₹ में)
The selling price of the table is ₹20,750 after a discount of 17%. If the cost price is 70% of the marked price, then what is the cost price? (in ₹)
(a) 17500 (b) 17300
(c) 17400 (d) 17200

6. 7,500 रुपये के अंकित मूल्य वाली एक वस्तु पर दो क्रमागत छूटें दी गई, जिनमें से पहली 10% थी। अंत में, इसे 5,805 रुपये में बेचा गया। दूसरी छूट कितने प्रतिशत थी?
Two successive discounts, with the first being 10%, were given on an article having the marked price of Rs.7,500. Finally, it was sold for Rs. 5,805. What percent was the second discount?
(a) 16% (b) 15%
(c) 14% (d) 12%

7. अरुण, बाला और चंद्रू ने एक साझेदारी की। अरुण कुल पूँजी का एक-तिहाई योगदान देता है जबकि बाला उतना योगदान देता है कि जितना अरुण और चंद्रू मिलकर देते हैं। यदि वर्ष के अंत में लाभ 84000 रु. होता है, तो चंद्रू को कितना धन प्राप्त होगा? (रु.) में)
Arun, Bala, Chandru enter into a partnership. Arun contributes one-third of the whole capital while Bala contributes as much as Arun and Chandru together contribute. If the profit at the end of the year is Rs. 84000, how much would Chandru receive? (in Rs.)
(a) 14000 (b) 42000
(c) 28000 (d) 16000

8. सोमू ने 10,000 रु. की धनराशि एक साहूकार से 7% प्रति 6 महीने की दर से साधारण ब्याज पर उधार ली, 3 वर्ष बाद उसे साहूकार को कितनी धनराशि का भुगतान करना होगा?
Somu borrowed a sum of Rs. 10,000 from a moneylender at the rate of 7% per 6 months simple interest. What is the amount he has to pay to the moneylender after 3 years?
(a) Rs.13,000
(b) Rs.12,500
(c) Rs.14,200
(d) Rs.12,100

9. यदि 8% चक्रवृद्धि ब्याज पर लिए गए ₹7500 को, 3 साल की बराबर वार्षिक किस्त में चुकाना हो, तो अनुमानित वार्षिक किस्त ज्ञात करें।
If the amount charged at 8% compound interest is ₹7500 is to be paid in equal annual installments for 3 years, then find the estimated annual instalment.
(a) ₹3013 (b) ₹2867
(c) ₹2728 (d) ₹2910

10. एक कार खरीदने के लिए 2 वर्ष बाद ₹8,00,000 की राशि की आवश्यकता होगी। बैंक में जमा की गई राशि पर 8% वार्षिक ब्याज मिलता है। आवश्यकता को पूरा करने के लिए बैंक में वर्तमान में जमा की जाने वाली अनुमानित राशि क्या होनी चाहिए; यदि ब्याज वार्षिक रूप से संयोजित होता है?

An amount of ₹8,00,000 is needed after 2 years to buy a car. The amount deposited in a bank gives 8% per annum interest. What should be the approximate amount to be deposited in present in the bank to meet the requirement; if the interest is compounded annually?

(a) ₹4,55,567 (b) ₹5,66,647
(c) ₹6,85,871 (d) ₹6,44,457

11. सथी और रथिन ने 6 : 5 अनुपात में किसी व्यवसाय में कुछ पैसे का निवेश किया, लेकिन कुछ महीनों के बाद सथी ने अपना पैसा वापस ले लिया। यदि बारह महीने के अंत में लाभ 7 : 10 के अनुसार में सथी और रथिन के बीच साझा किया गया था, तो रथिन ने कितने महीने अकेले निवेश किया था?

Sathi and Rathin invested some money in a business in the ratio 6 : 5, but Sathi withdraw her money after a few months. If the end of twelve months' profit was shared between Sathi and Rathin in the ratio 7 : 10, for how many months did Rathin alone invest?

(a) 4 (b) 5
(c) 6 (d) 7

12. दो व्यक्तियों A और B ने क्रमशः 170100 रुपये और 97200 रुपये को एक व्यवसाय में निवेश किया। वे सहमत हैं कि लाभ का 40% उनके बीच समान रूप से विभाजित किया जाना चाहिए, बाकि उनके निवेश के अनुसार उसके बीच विभाजित किया जाना चाहिए। यदि A को B से 2727 रुपये अधिक मिले हैं, तो कुल लाभ ज्ञात कीजिए। (रु. में)

Two persons A and B invested in a business with Rs.170100 and Rs.97200 respectively. They agree that 40% of the profit should be divided equal between them and remaining according to their investment. If A got Rs.2727 more than B, then find the total profit. (In Rs.)

(a) 17665 (b) 15665
(c) 16665 (d) 18665

13. 10, 18, 14 और 26 से क्या घटाया जाना चाहिए ताकि परिणामी संख्याएं आनुपातिक हो जाएं?

What should be subtracted from 10, 18, 14 and 26 so that the resulting numbers become proportional?

(a) 8 (b) 6
(c) 4 (d) 2

14. 615 सिक्कों में एक रुपया, 50 पैसे और 25 पैसे के सिक्के शामिल हैं। उनका मान क्रमशः 3 : 5 : 7 के अनुपात में है। 50 पैसे के सिक्कों की संख्या ज्ञात कीजिए।

615 coins consists of 1 rupee , 50 paise and 25 paise coins. Their values are in the ratio of 3 : 5 : 7, respectively. Find the number of 50 paise coins.

(a) 150 (b) 180
(c) 160 (d) 170

15. मदिरा से भरे एक पीपे में से 6 लीटर मदिरा निकाली जाती है और इसे पानी से भरा जाता है। यह कार्य एक बार फिर किया जाता है। अब पीपे में शेष मदिरा की मात्रा का पानी की मात्रा से अनुपात 16 : 9 है। शुरूआत में पीपे में कितनी मदिरा थी? (लीटर में)

6 litres are drawn from a cask full of wine and is then filled with water. This operation is performed once more. The ratio of the quantity of wine now left in cask to that on the water is 16 : 9. How much wine the cask hold orginally? (in litres)

(a) 26 (b) 28
(c) 24 (d) 30

16. 20 लीटर और 36 लीटर के दो कंटेनरों में दूध और पानी का अनुपात क्रमशः 3 : 7 और 7 : 5 है। यदि दोनों बर्तनों को एक साथ मिला दिया जाए तो दूध और पानी का अनुपात क्या होगा?

The ratio of milk and water in two containers of 20 litres and 36 litres are in the ratio 3 : 7 and 7 : 5, respectively. What will be the ratio of milk and water if the two containers are mixed together?

(a) 9 : 13 (b) 21 : 23
(c) 27 : 29 (d) 21 : 25

17. 121 खिलाड़ियों की कबड्डी टीम का औसत वजन 71 किग्रा है। यदि प्रबंधन का वजन शामिल किया जाता है, तो औसत 1 किग्रा बढ़ जाता है। प्रबंधक का वजन ज्ञात कीजिए। (किग्रा में)

The average weight of a kabaddi team of 121 players is 71 kg. If the weight of the manager is included, then the average increases by 1kg. Find the weight of manager.

(a) 195 (b) 193
(c) 191 (d) 197

18. एक पार्क में सप्ताह के दिनों में औसतन 30 बच्चे खेलते थे और सप्ताहांत में औसतन 60 बच्चे खेलते थे। शनिवार से प्रारंभ होने वाले जून माह में प्रतिदिन पार्क में खेलने वाले बच्चों की औसत संख्या ज्ञात कीजिए।

A park had an average of 30 children playing on weekdays and an average of 60 children playing on weekends. Find the average number of children playing per day in the park for the month of June beginning with a Saturday.

(a) 45 (b) 60
(c) 40 (d) 30

19. A और B क्रमशः 25 दिनों और 20 दिनों में किसी काम को एक हिस्से को कर सकते हैं। वे एक साथ काम को शुरू करते हैं लेकिन 10 दिनों बाद, A छोड़ देता है। शेष कार्य अकेले B द्वारा पूरा किया जाता है। काम को पूरा करने के लिए, लिए गए दिनों की कुल संख्या ज्ञात कीजिए?

A and B can do a piece of work in 25 days and 20 days respectively. They start the work together but after 10 days, A leaves. Remaining work is completed by B alone. Find the total number of days taken to complete the work?
(a) 15 days/दिन
(b) 10 days/दिन
(c) 12 days/दिन
(d) 8 days/दिन

20. सूरज एक तय कार्य को उतने ही समय में पूरा कर सकता है, जितने समय में मनोज और राजेश मिलकर उसे पूरा कर सकते हैं। यदि राजेश अकेले इस कार्य को 28 दिनों में पूरा कर सकता है और सूरज और मनोज मिलकर इस कार्य को 14 दिनों में पूरा कर सकते हैं, तो मनोज अकेला इस कार्य को कितने दिनों में पूरा कर सकता है?
Suraj can complete a certain work in the same time as Manoj and Rajesh together can complete it. If Rajesh alone can complete the work in 28 days and Suraj and Manoj together can complete the work in 14 days, then in how many days can Manoj alone complete the work?
(a) 60 (b) 45
(c) 42 (d) 56

21. पाईप A एक टंकी को 64 मिनट में खाली कर सकता है, पाइप B उसी टंकी को 96 मिनट में भर सकता है और पाइप C उसी टंकी को 128 मिनट में भर सकता है। यदि तीनों को एक साथ खोला जाए, तो खाली टंकी को भरने में कितने मिनट का समय लगेगा?
Pipe A can empty a tank in 64 minutes, Pipe B can fill the same tank in 96 minutes and Pipe C can fill the same tank in 128 minutes. If all three pipes are opened together. How many minutes will it take to fill the empty tank?
(a) 364 (b) 374
(c) 384 (d) 394

22. 45 खम्भे एक सीधी पंक्ति में इस प्रकार खड़े है कि कोई भी दो क्रमागत खम्भों के बीच की दूरी एक समान है। एक कार 72 कि.मी. प्रति घंटा की गति से चलने पर पहले से 10 वें खम्भे तक पहुँचने में 18 सेकंड लेती है। 10 वें खम्भे तथा 31 वें खम्भे के बीच की दूरी (मीटर में) क्या होगी?
45 pillars are standing in a line such that distance between any two consecutive pillars is same. A car travelling with uniform speed of 72 km/h takes 18 seconds to reach from 1st pole to 10th pole. What is the distance (in metres) between 10th and 31st pole ?
(a) 800 (b) 820
(c) 840 (d) 910

23. रवि साइकिल द्वारा 22 किमी/घंटा से A स्थान से B स्थान की दूरी तय करता है। हालांकि वह B स्थान से A स्थान की दूरी पैदल 7 किमी/घंटा से तय करता है। पूरी यात्रा के लिए उसकी औसत गति कितनी होगी?
Ravi covers a distance of A place B by cycle at 22 km/h. However, he travels from place B to place A on foot at 7 km/h. What will be his average speed for the whole journey?
(a) 18 km/hr (b) 14.5 km/hr
(c) 11.9 km/hr (d) 10.6 km/hr

24. एक छात्र 5 किमी / घंटा की चाल से चलता है। जब वह अपनी चाल को बढ़ाकर 6 किमी / घंटा कर देता है, तो वह स्कूल में 20 मिनट पहले पहुंच जाता है। छात्र द्वारा तय की गई दूरी ज्ञात करें।
A student walks at a speed of 5 km/h. When he increases his speed to 6 km/h, he reaches the school 20 minutes earlier. Find the distance covered by the student.
(a) 12 km (b) 15 km
(c) 8 km (d) 10 km

25. दो ट्रेनें एक ही समय में एकदूसरे से 300 किमी की दूरी पर स्थित दो स्टेशनों से विपरीत दिशाओं में रवाना होती हैं। दोनों ट्रेन किसी एक स्टेशन से 180 किमी की दूरी पर एक दूसरे को पार करती हैं। उनकी चाल का अनुपात कितना है?
Two trains leave at the same time in opposite directions from two stations located at a distance of 300 km from each other. Both the trains cross each other at a distance of 180 km from the same station. What is the ratio of their speed?
(a) 4 : 3 (b) 3 : 2
(c) 3 : 4 (d) 2 : 3

26. तीन धावक अमन, रमेश और नरेश दौड़ लगाते हैं, अमन रमेश से 48 मीटर आगे और नरेश से 68 मीटर आगे रहता है। समान लंबाई की एक अन्य दौड़ में, रमेश, नरेश से 25 मीटर आगे है। प्रत्येक धावक पूरी दूरी एक स्थिर गति से तय करता है। दौड़ की लंबाई ज्ञात कीजिए।
Three runners Aman, Ramesh and Naresh run a race, with Aman finishing 48 metres ahead of Ramesh and 68 metres ahead of Naresh. In another race of same length, Ramesh finishes 25 metres ahead of Naresh. Each runner travels the entire distance at a constant speed. Find the length of the race.
(a) 240 मीटर (b) 242 मीटर
(c) 244 मीटर (d) 248 मीटर

27. शांत जल में नाव की चाल का धारा की चाल से अनुपात 7 : 3 है। धारा के अनुकूल नाव 4 घंटे में 180 किमी की दूरी तय कर सकती है तो शांत जल में नाव की चाल और धारा की चाल के बीच का अंतर ज्ञात कीजिए।
Ratio between speed of boat in still water to speed of stream is 7:3. In downstream, boat can cover 180 km in 4 hours then find the difference between speed of boat in still water and speed of stream.
(a) 9 km/h (b) 12 km/h
(c) 15 km/h (d) 18 km/h

28. एक न्यूनतम संख्या को 9, 14 और 16 से विभाजित किया जाता है, तो शेषफल 10 रहता है। जब उसी संख्या को 11 से विभाजित किया जाए तो शेषफल क्या होगा?
The smallest number when divided by 9, 14 and 16 leaves a remainder 10. Find the remainder when the same number is divided by 11.
(a) 12 (b) 6
(c) 10 (d) 8

29. प्रथम चार अभाज्य संख्याओं का औसत, जो विषम हैं, है:
The average of the first four prime numbers that are odd is:
(a) 4.6 (b) 4
(c) 6 (d) 6.5

30. तीन धावक एक गोलाकार ट्रैक पर दौड़ना शुरू करते हैं। वे सुबह 6 बजे एक ही बिंदु से शुरू करते हैं और 1 चक्कर पूरा करने में क्रमश: 12 सेकंड, 15 सेकंड और 24 सेकंड लेते हैं। वे आरंभिक बिंदु पर पुन: किस समय मिलेंगे?
Three runners start running on a circular track. They start from the same point at 6 AM and take 12 seconds, 15 seconds and 24 seconds respectively to finish 1 round. At what time will they meet again at the starting point?
(a) 6:03:20 AM
(b) 6:02:30 AM
(c) 6:01:40 AM
(d) 6:02:00 AM

31. निम्नलिखित का मान क्या है?
$72 \div [38 - \{30 - (31 - 60 \div 4 \times 5)\}] = ?$
What is the value of
$72 \div [38 - \{30 - (31 - 60 \div 4 \times 5)\}] = ?$
(a) –2 (b) –3
(c) –4 (d) –8

32. $72 \div 16$ of $3 - [28 \div 6$ of $4 - 20 \div 7 \times (23 - 37) - 41] \times 1\frac{1}{2}$ का मान ज्ञात कीजिए।
Find the value of $72 \div 16$ of $3 - [28 \div 6$ of $4 - 20 \div 7 \times (23 - 37) - 41] \times 1\frac{1}{2}$.
(a) $\frac{5}{8}$ (b) 1
(c) $\frac{5}{4}$ (d) $\frac{3}{2}$

33. 3.5 मीटर व्यास वाले एक मकबरे के अर्धगोलाकार गुंबद को चित्रित किया जाना है। यदि पेंटिंग की लागत 20 पैसे प्रति सेमी वर्ग है, तो गुंबद को अंदर से पेंट करने की लागत (₹ में) क्या है? $\left(\pi = \frac{22}{7}\text{ लीजिए}\right)$
A hemispherical dome of a tomb having diameter of 3.5 m is to be painted. If the cost of painting is 20 paise per cm^2, then what is the cost (in ₹) of painting the dome from inside? $\left(\text{Take } \pi = \frac{22}{7}\right)$
(a) ₹38,500 (b) ₹35,000
(c) ₹28,500 (d) ₹25,000

निर्देश (34-35): पाई चार्ट का अध्ययन करें और नीचे दिए गए प्रश्नों के उत्तर दें।
Direction: Study the pie chart and answer the questions given below.
चार्ट मुंबई में वाशिंग मशीन के विभिन्न ब्रांडों की बिक्री को दर्शाता है।
The chart shows the sales of different brands of the washing machines in Mumbai.
बेची गई वाशिंग मशीन की कुल संख्या = 85000
Total number of Washing machines sold = 85000

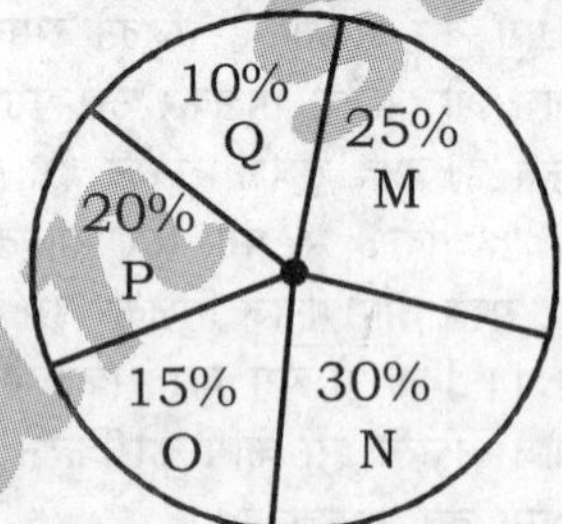

34. ब्रांड N और ब्रांड Q दोनों की मिलाकर बेची गई वाशिंग मशीनों की कुल संख्या कितनी है?
What the total number of washing machines of Brand N and Brand Q sold together?
(a) 32000 (b) 34000
(c) 26000 (d) 28000

35. ब्रांड M और ब्रांड P की बेची गई वाशिंग मशीनों की संख्या के बीच अंतर ज्ञात कीजिए।
Find the difference between number of washing machines of brand M and brand P sold.
(a) 4250 (b) 4300
(c) 4150 (d) 4200

ANSWER KEY

1.(b)	2.(c)	3.(c)	4.(d)	5.(a)	6.(c)	7.(a)	8.(c)	9.(d)	10.(c)
11.(b)	12.(c)	13.(d)	14.(a)	15.(d)	16.(c)	17.(b)	18.(c)	19.(c)	20.(d)
21.(c)	22.(c)	23.(d)	24.(d)	25.(b)	26.(a)	27.(d)	28.(b)	29.(d)	30.(d)
31.(a)	32.(c)	33.(a)	34.(b)	35.(a)					

SOLUTIONS

1. (b) कुल विद्यार्थी = 27000

लड़कों की संख्या = $27000 \times \frac{75}{100}$

= 20250

लड़कियों की संख्या = 27000 – 20250

= 6750

30% उत्तीर्ण लड़कों की संख्या

= 20250 × 30% = 6075

50% उत्तीर्ण लड़कियों की संख्या

= 6750 × 50% = 3375

परीक्षा में उत्तीर्ण होने वाले छात्रों की संख्या

= 6075 + 3375 = 9450

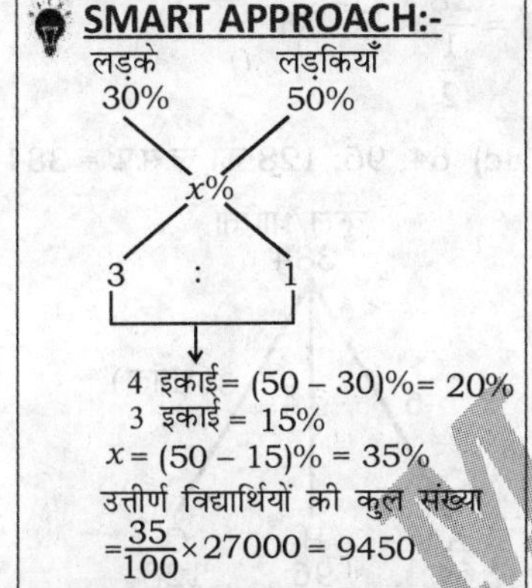

2. (c) बजट = मूल्य × उपभोग

∵ बजट स्थिर है

तब,

मूल्य $\propto \frac{1}{\text{उपभोग}}$

$25\% = \frac{1}{4}$

उपभोग → 4 : 5

मूल्य → 5 : 4

मूल्य में प्रतिशत कमी = $\frac{1}{5} \times 100$

= 20%

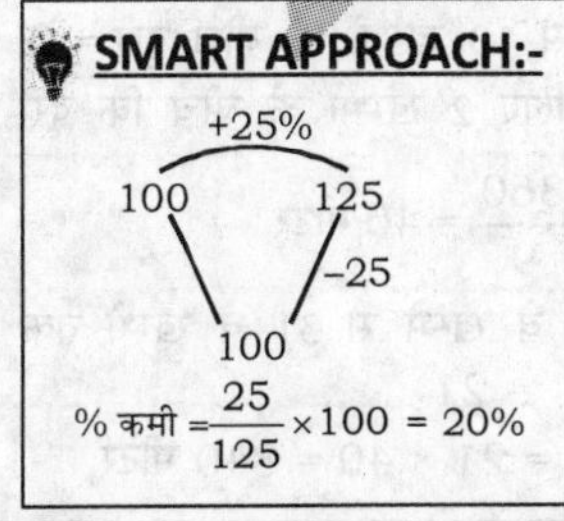

3. (c) दिया है, $\frac{3}{4}$ हिस्सा में

माना कुल हिस्सा 4 इकाई है।

4 → 3 : 1

3	1
+10%	–20%
3 × 10%	1× –20%
= 30%	– 20%

= 30% – 20% = 10%

= 10% = $\frac{10\%}{4}$ = 2.5%

4. (d)

4	:	3	:	5	= 12
+15%		+20%		–10%	= 2
60%		60%		–50%	= 12x

12x = 60% + 60% – 50%

x (समग्र लाभ) = $\frac{70}{12}\%$

$\frac{70}{12}\% \to 350$

100% → 6000 रु.

5. (a) माना, अंकित मूल्य (M.P.) = 100%

क्रय मूल्य (C.P.) = 70%

विक्रय मूल्य (S.P.) = 100% – 17%

= 83%

83% = 20750

∴ 70% = $\frac{20750}{83} \times 70$

= ₹17500

6. (c) माना, छूट x प्रतिशत है।

$7500 \times \frac{9}{10} \times \frac{100 - x}{100} = 5805$

$75 \times \frac{9}{10} \times (100 - x) = 5805$

100 – x = 86

x = 14%

7. (a) जो व्यक्ति जितनी पूंजी लगाएगा उसका उतना ही लाभ मिलेगा। इसलिए अरुण का लाभ =

$84000 \times \frac{1}{3} = 28000$ रुपये

बाला का लाभ =

$84000 \times \frac{1}{2} = 42000$

चंद्रू का लाभ = 84000 – (28000 + 42000)

= 84000 – 70000 = Rs.14000

8. (c) दिया है,

मूलधन(P) = 10000, समय (T) = 3 वर्ष

दर(R) = 7% (अर्द्धवार्षिक)

दर(R) = 7% × 2 = 14% (वार्षिक)

प्रश्नानुसार,

ब्याज(SI) = $\frac{P \times R \times T}{100}$

= $\frac{10,000 \times 14 \times 3}{100}$ = 4200

मिश्रधन(A) = मूलधन(P) + ब्याज (S.I)

मिश्रधन(A) = 10,000 + 4200

= 14200

9. (d) दर% = 8% = $\frac{2}{25}$

27 × 27 × 25	27 × (27)²
27 × 25 × 25	27 × 27 × 27
25 × 25 × 25	27 × 27× 27
50725	19683

वार्षिक किश्त = $\frac{7500}{50725} \times 19683$

≈ 2910

10. (c) दिया है,

R = 8%, मिश्रधन = 800000

समय = 2 वर्ष

प्रश्नानुसार,

प्रभावी दर = 8 + 8 + $\frac{8 \times 8}{100}$

= 16.64%

∴ $\frac{116.64}{100} \times P = 800000$

⇒ P = $\frac{800000}{116.64} \times 100$ = ₹685871

11. (b) माना, सथी ने x महीने के लिए अपना पैसा निवेश किया

सथी	:	रथिन
6 × x	:	5 × 12 = 7 : 10

$\frac{6x}{5 \times 12} = \frac{7}{10}$

x = 7 माह

7 महीने के बाद सथी ने अपना पैसा वापस ले लिया

इसलिए, रथिन ने अपना पैसा अकेले (12 – 7) = 5 महीने के लिए निवेश किया

12. (c) A : B = 170100 : 97200
= 1701 : 972 = 7 : 4
उनके पूंजी का अंतर (7 – 4) = 3 है।
प्रश्नानुसार,
$= \frac{2727}{3} = 909$
कुल पूंजी = 909 × 11 = 9999
9999 पूंजी का 60% है, तो कुल पूंजी का 100%
$= \frac{9999}{60} \times 100 = 16665$

13. (d) प्रश्नानुसार,
$\frac{10-x}{18-x} = \frac{14-x}{26-x}$
$x = 2$ संतुष्ट करता है
$\frac{10-2}{18-2} = \frac{1}{2} = \frac{14-2}{26-2}$

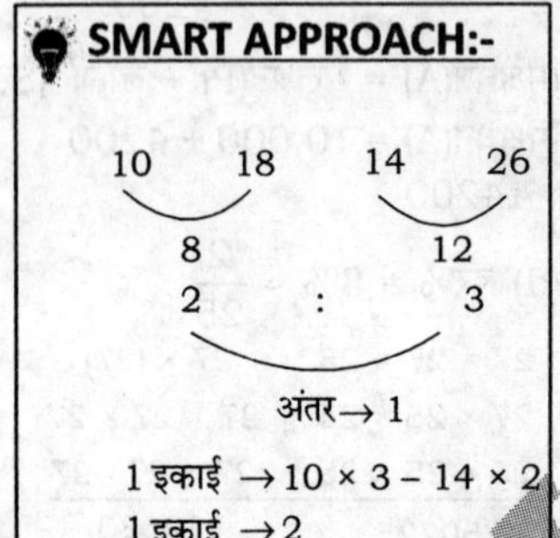

14. (a)

सिक्के	1	50p	25p
राशि	3	5	7
सिक्कों की संख्या	3	$\frac{5}{\frac{1}{2}}$	$\frac{7}{\frac{1}{4}}$
	3	10	28

प्रश्नानुसार,
कुल सिक्के = 41 → 615
1 → 15
50p = 10 → 150

15. (d) मदिरा : पानी
16 : 9
मूल मदिरा की मात्रा = 16 + 9 = 25
मूल मदिरा : अब मदिरा
25 : 16
प्रक्रिया दो बार दोहरायी गई इसलिए वर्गमूल करें।
$\sqrt{25} : \sqrt{16}$
= 5 : 4
1
1 → 6 5 → 30
शुरुआत में मदिरा की मात्रा = 30 लीटर

16. (c) पहले कंटेनर में दूध $= 20 \times \frac{3}{10}$
= 6 लीटर
पहले कंटेनर में पानी = 20 – 6
= 14 लीटर
दूसरे कंटेनर में दूध $= 36 \times \frac{7}{12}$
= 21 लीटर
दूसरे कंटेनर में पानी = 36 – 21
= 15 लीटर
अनुपात = (6 + 21) : (14 + 15)
= 27 : 29

वैकल्पिक विधि:

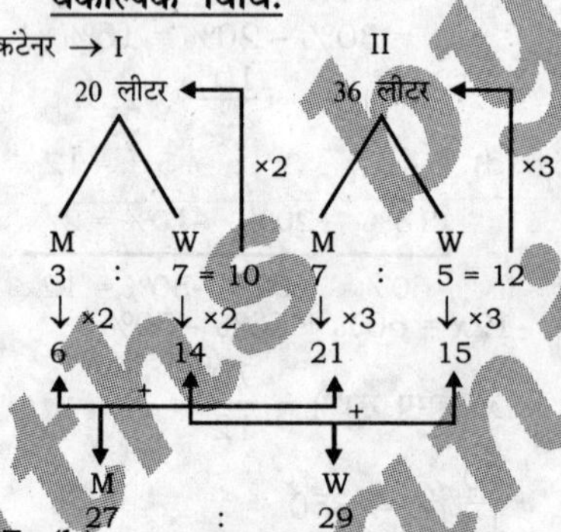

17. (b)
खिलाड़ी औसत
121 71
+1 +1
122 72
प्रबंधक का वजन 121 × 1 + 72 × 1 = 193

18. (c) साप्ताहिक दिन साप्ताहांत

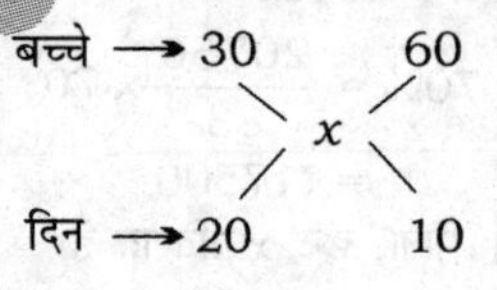

प्रश्नानुसार,
$\frac{60-x}{x-30} = \frac{2}{1}$
$\Rightarrow 60 - x = 2x - 60$
$\Rightarrow 3x = 120 \Rightarrow x = 40$

19. (c) 25 तथा 20 का ल.स. = 100 इकाई

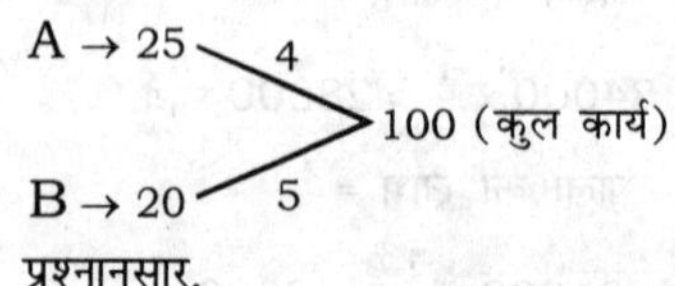

प्रश्नानुसार,
$10(A + B) + x(B) = 100$
$\Rightarrow 90 + 5x = 100$
$x = 2$
⇒ कुल दिन = 12 दिन

20. (d)

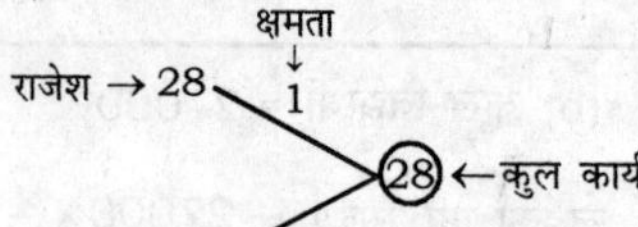

सूरज की क्षमता – मनोज की क्षमता
= 2 – 1 = 1 (राजेश की क्षमता)
सूरज की क्षमता + मनोज की क्षमता = 2
2 (मनोज की क्षमता) = 2 – 1 = 1
मनोज की क्षमता $= \frac{1}{2}$
मनोज द्वारा पूरे कार्य का करने में समय
$= \frac{28}{\frac{1}{2}} = 56$ दिन

21. (c) 64, 96, 128 का ल.स.प. = 384

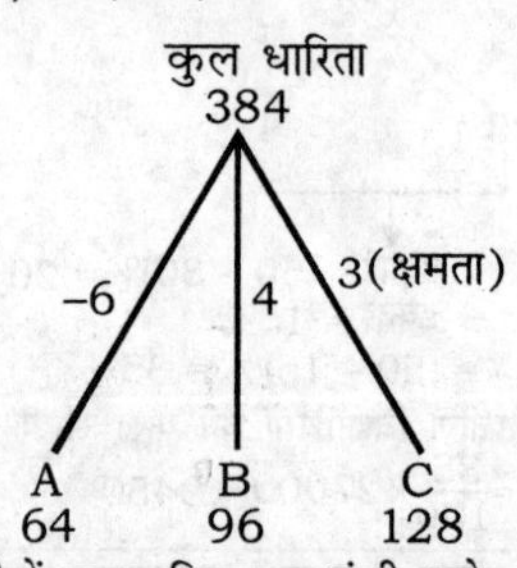

तीनों द्वारा मिलकर टंकी को भरने में लगा समय $= \frac{\text{कुल धारिता}}{\text{कुल क्षमता}}$
$= \frac{384}{-6+4+3}$
$= \frac{384}{1} = 384$ मिनट

22. (c) कार कि गति = 72 किमी/घंटा.
18 सेकंड में कार द्वारा तय कि गयी दूरी
$= \frac{72 \times 5}{18} \times 18 = 360$ मीटर
1 से 10 खम्भो के बीच दूरी = 9
इसलिए 2 खम्भो के बीच कि दूरी
$= \frac{360}{9} = 40$ मीटर
10 वे खम्भे से 31 वे खम्भे तक का गैप = 21
दूरी = 21 × 40 = 840 मीटर

23. (d) औसत गति = $\frac{2\times S_1\times S_2}{S_1+S_2}$

$=\frac{2\times22\times7}{22+7}=\frac{308}{29}$

= 10.6 किमी/घंटा

24. (d) दूरी = $\frac{S_1\times S_2}{S_1+S_2}\times T$

S_1 = पहले तरफ की चाल

S_2 = दूसरे तरफ की चाल

T = दूरी तय करने में लगा अतिरिक्त समय

$\frac{5\times6}{5-6}\times\frac{20}{60}$ = 10 किमी.

25. (b)

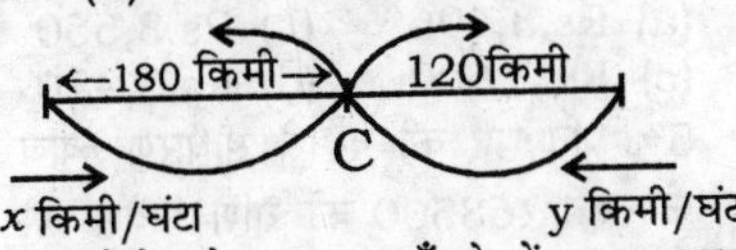

दोनों को C तक पहुँचने में समान समय लगेगा।

समय = $\frac{180}{x}=\frac{120}{y}$

$\frac{x}{y}=\frac{180}{120}$

x : y = 3 : 2

SMART APPROACH:-

यदि समय समान हो

तब, चाल ∝ दूरी

दूरी→ 180 : 120

3 : 2

चाल→ 3 : 2

26. (a) माना, रेस की कुल लंबाई = x मी.

इसलिए अमन द्वारा तय की गई दूरी = x मी.

रमेश द्वारा तय की गई दूरी = (x – 48) मी.

नरेश द्वारा तय की गई दूरी = (x – 68) मी.

अब, जब रमेश x मी दूरी तय करता है तब नरेश (x – 25) मी दूरी तय करता है

पहली शर्त

∴ $\frac{\text{अमन}}{\text{रमेश}}=\frac{x}{x-48}$

$\frac{\text{रमेश}}{\text{नरेश}}=\frac{x-48}{x-68}$ – (1)

$\frac{\text{अमन}}{\text{नरेश}}=\frac{x}{x-68}$

दूसरी शर्त

$\frac{\text{रमेश}}{\text{नरेश}}=\frac{x}{x-25}$ – (2)

समीकरण (1) और (2) को बराबर करने पर

$\frac{x-48}{x-68}=\frac{x}{x-25}$

⇒ $x^2-73x+1200=x^2-68x$

⇒ $5x=1200$

⇒ $x=240$

27. (d) नाव की चाल : धारा की चाल

7 : 3

धारा के अनुकूल नाव की चाल

$=7x+3x=\frac{180}{4}=45$

∴ अंतर = $7x-3x=4x$

$=\frac{45}{10}\times4=18$ किमी/घंटा

28. (b) सबसे छोटी संख्या जो 9, 14, 16 से भाग करने पर 10 शेष बचाए

ल. स. = 9, 14, 16 = 1008

अब = 1008 + 10 = 1018

तब, $\frac{1018}{11}$ = शेष = 6

29. (d) प्रथम चार अभाज्य संख्या जो विषम है = 3, 5, 7, 11

औसत $=\frac{3+5+7+11}{4}=\frac{26}{4}=6.5$

30. (d) 12, 15 तथा 24 का ल.स.प. = 120 सेंकण्ड = 2 मिनट

वे शुरूआती बिंदु पर 6:02 AM फिर मिलेंगे।

31. (a) 72 ÷ [38 – {30 – (31 – 60 ÷ 4 × 5)}] = ?

$\Rightarrow 72\div\left[38-\left\{30-\left(31-\frac{60}{4}\times5\right)\right\}\right]$

⇒ 72 ÷ [38 – [30 + 44]]

⇒ 72 ÷ [38 – 74]

⇒ 72 ÷ (– 36) = $\frac{72}{-36}$ = – 2

32. (c) 72 ÷ 16 of 3 – [28 ÷ 6 of 4 – 20 ÷ 7 × (23 – 37) – 41] × $\frac{3}{2}$

$=\frac{72}{48}-\left[\frac{28}{24}-\frac{20}{7}\times(-14)-41\right]\times\frac{3}{2}=\frac{3}{2}-\left[\frac{7}{6}-1\right]\times\frac{3}{2}$

$=\frac{3}{2}-\frac{1}{6}\times\frac{3}{2}=\frac{3}{2}-\frac{1}{4}=\frac{5}{4}$

33. (a)

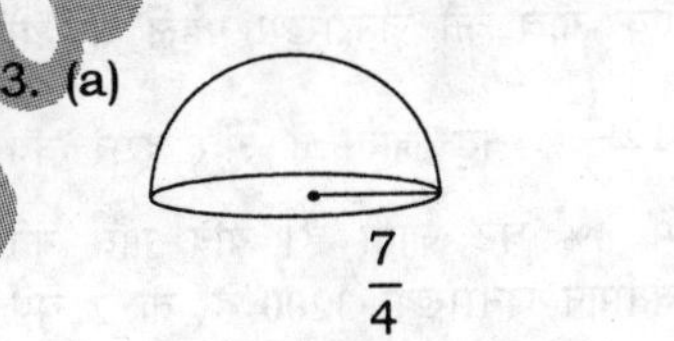

वक्रपृष्ठ का क्षेत्रफल = $2\pi r^2$

$=2\times\frac{22}{7}\times\frac{7}{4}\times\frac{7}{4}=\frac{77}{4}m^2$

∴ लागत = $\frac{1}{5}\times\frac{77}{4}\times10000$

= 77 × 500 = Rs. 38500

34. (b) ब्रांड (N) = 30%

ब्रांड (Q) = 10%

दोनो मिलाकर बेची गई मशीनों की संख्या = (85000 × 40%)

= 34000

35. (a) ब्रांड (M) = 25%

ब्रांड (P) = 20%

अंतर = (25 – 20)% = 5%

संख्या = 85000 × 5% = 4250

☆☆☆☆☆

मॉक टेस्ट-09

29

1. केवल शिवा और राजू ही महाविद्यालय के चुनाव में खड़े हुए। शिवा को वैध मतों के कुल 55% मत प्राप्त हुए। 20% मत अवैध थे। यदि कुल 7500 मत पड़े, तो राजू को कुल कितने वैध मत प्राप्त हुए?
Only Shiva and Raju stood in the college election. Shiva got a total of 55% of the valid votes. 20% of the votes were invalid. If a total of 7500 votes were cast, then how many valid votes did Raju get?
(a) 3000 (b) 3100
(c) 2900 (d) 2700

2. एक गाँव की जनसंख्या पहले वर्ष में $12\frac{1}{2}$% बढ़ जाती है और दूसरे वर्ष में 8% घट जाती है। यदि गाँव की वर्तमान जनसंख्या 3200 है, तो 2 वर्ष बाद गाँव की जनसंख्या कितनी होगी?
The population of a village increases by $12\frac{1}{2}$% in the first year and decrease by 8% in the second year. If the present population of village is 3200, then what will be the population of the village after 2 years?
(a) 3312 (b) 3564
(c) 3412 (d) 3388

3. बेला ने 1450 रूपये मूल्य की एक पेंटिंग 10% लाभ पर टेडी को बेची। टेडी ने 10% नुकसान पर उसे बेनी को बेचा। अगर बेनी उस मूल्य पर वह पेंटिंग बेला से खरीदता जिस मूल्य पर उसने वह टेडी से खरीदी है, तो बेला का लाभ या हानि प्रतिशत कितना होता?
Bella sold a painting worth Rs.1450 to Teddy at a 10% profit. Teddy sold it to Benny at 10% loss. If Benny had bought the painting from Bella at the price at which he bought it from Teddy, what would have been Bella's profit or loss percent?
(a) 1% लाभ (b) 2% लाभ
(c) 2% हानि (d) 1% हानि

4. एक दुकानदार अपने सामान का एक-चौथाई 20% के लाभ पर, और एक-चौथाई 25% के लाभ पर, और एक-चौथाई 10% के लाभ पर और शेष 5% की हानि पर बेचता है। उसका कुल लाभ प्रतिशत है:
A shopkeeper sells one-fourth of his goods at a profit of 20%, another one-fourth at a profit of 25%, and another one-fourth at a profit of 10% and the rest at a loss of 5%. His overall profit percentage is:
(a) 10% (b) 20%
(c) 12.5% (d) 25%

5. 20% की छूट देने के बाद, शीला ₹2400 में एक मोबाइल फोन बेचती है और फिर भी 20% का लाभ कमाती है। अगर मोबाइल फोन बिना कोई भी छूट दिए बेच दिया गया होता, तो लाभ प्रतिशत क्या होता?
After giving a discount of 20%, Sheela sells a mobile phone for ₹2400 and still makes a profit of 20%. If the mobile phone had been sold without giving any discount, what would have been the profit percentage?
(a) 50% (b) 25%
(c) 33.33% (d) 11.33%

6. पंकज एक कुर्सी की बिक्री पर पहले 250 रुपये की नकद छूट और फिर 8% और 5% की दो क्रमिक छूट प्रदान करता है। यदि कुर्सी का अंकित मूल्य 4,250 रुपये है, तो दी गई छूट योजना के बाद ग्राहक के लिए कुर्सी का अंतिम मूल्य क्या है?
Pankaj offers a cash discount of Rs.250 first and then two successive discounts of 8% and 5% on the sale of a chair. If the marked price of the chair is Rs.4,250, what is the final price of the chair for a customer after the given discount scheme?
(a) Rs.3,496 (b) Rs.3,550
(c) Rs.3,600 (d) Rs.3,450

7. 5% प्रति वर्ष की दर से साधारण ब्याज के तहत ₹68500 की राशि निवेश की गई। यदि 28 वर्ष बाद राशि निकाल ली जाती है और कुल राशि का $\frac{3}{4}$ हिस्सा बाजार में निवेश किया तो शेष हिस्सा ज्ञात करें। (₹ में)
A sum of ₹ 68500 is invested under simple interest at rate of 5% p.a. If the amount after 28 years is been withdrawn and $\frac{3}{4}$ of the total amount invested in share market, then find the remaining amount. (In ₹)
(a) 41200 (b) 41100
(c) 41000 (d) 41300

8. विमला ने साधारण ब्याज पर ₹7,200 का ऋण लिया। ब्याज की दर और अवधि वर्ष के संख्यात्मक मान समान हैं। ऋण अवधि के अंत में यदि उसे ब्याज के रूप में ₹5,832 की धनराशि का भुगतान करना पड़ा, तो ब्याज दर ज्ञात करें।
Vimla took a loan of Rs. 7,200 at simple interest. The rate of interest and the period of the year have the same numerical value. Find the rate of interest if he had to pay an amount of Rs. 5,832 as interest at the end of the loan tenure.
(a) 8% (b) 9%
(c) 8.5% (d) 12%

9. समान राशि पर 2 वर्षों में अर्जित चक्रवृद्धि ब्याज और साधारण ब्याज की राशियों का अंतर ₹28 है। यदि ब्याज दर 4% वार्षिक हो, तो निवेशित राशि की गणना (₹ में) कीजिए?

The difference between the amounts of compound interest and simple interest earned on the same amount in 2 years is ₹28. If the interest rate is 4% per annum, then calculate the amount invested (in ₹)?

(a) 14500 (b) 16500
(c) 18500 (d) 17500

10. एक बैंक अर्द्ध-वार्षिक रूप से चक्रवृद्धि 5% प्रतिवर्ष की दर से चक्रवृद्धि ब्याज का भुगतान करता है। एक ग्राहक ने एक वर्ष में 1 जनवरी और 1 जुलाई प्रत्येक को ₹1,600 जमा किए। वर्ष के अंत में जमा की गई राशि पर उसे मिलने वाला ब्याज है:

A bank pays compound interest at the rate of 5% per annum compounded half-yearly. A customer deposited ₹1,600 on each of 1st January and 1st July in a year. The interest he gets on the amount deposited at the end of the year is:

(a) Rs.91 (b) Rs.121
(c) Rs.132 (d) Rs.88

11. सुहास और नितिन ने 8 : 3 के अनुपात में एक व्यवसाय में कुछ पैसा निवेश किया, लेकिन कुछ महीनों के बाद सुहास ने अपना पैसा वापस ले लिया। यदि बारह महीनों के अंत में सुहास और नितिन द्वारा लाभ को 5 : 4 के अनुपात में साझा किया गया, तो नितिन ने अकेले कितने महीनों के लिए निवेश किया?

Suhas and Nitin invested some money in a business in the ratio 8 : 3, but Suhas withdraw his money after a few months. If at the end of twelve months' profit was shared by Suhas and Nitin in the ratio 5 : 4, for how many months did Nitin invest alone?

(a) $5\frac{5}{8}$ (b) $6\frac{3}{8}$
(c) $5\frac{3}{8}$ (d) $6\frac{5}{8}$

12. तीन व्यक्ति A, B और C क्रमशः 7:8:4 के अनुपात में निवेश करके एक साझेदारी में प्रवेश करते हैं। एक वर्ष बाद A, ₹5800 और निवेश करता है और B, ₹4600 निकालता है। अब निवेश का अनुपात 8:5:6 हो जाता है। A ने आरंभ में लगभग कितना निवेश किया था? (₹ में)

Three persons A, B and C enter into a partnership by investing in the ratio of 7:8:4 respectively. After one year A invest ₹5800 more and B withdraws ₹4600. Now, the ratio of investment changes to 8 : 5 : 6. Approximately how much A invested initially? (in ₹)

(a) 13882.75 (b) 15882.75
(c) 14882.75 (d) 12882.75

13. जानवी की आयु जननी से 4 गुना है। अब से दस वर्ष बाद, जानवी जननी से दो गुना बड़ी होगी। जानवी की वर्तमान आयु ज्ञात करें।

Janavi's age is 4 times that of Janani. Ten years from now, Janvi will be twice as old as Janani. Find the present age of Janvi.

(a) 12 वर्ष (b) 20 वर्ष
(c) 16 वर्ष (d) 24 वर्ष

14. एक बैग में 441 रु. की धनराशि 50 p, 25 p और 20 p के सिक्कों के रूप में है जिनका अनुपात 4 : 3 : 2 है। 25 p के सिक्कों की संख्या ज्ञात कीजिए।

A bag contains Rs. 441 in the form of 50 p, 25 p and 20 p coins in the ratio 4 : 3 : 2. Find the number of coins of 25 p.

(a) 400 (b) 240
(c) 460 (d) 420

15. दो बर्तनों में 35 लीटर और 47 लीटर मात्रा में दूध तथा पानी का घोल है जिनका अनुपात क्रमशः 17: 18 और 28: 19 है। यदि दोनों घोल को एक साथ मिलाया जाता है, तो अंतिम घोल में कितना पानी मिलाया जाए जिससे कि परिणामी घोल 1 : 1 के अनुपात में हो?

Two vessels containing 35 litres and 47 litres quantity of solution, have milk and water in the ratio of 17 : 18 and 28 : 19 respectively. If the solutions a many litres of water has to be added in the final solution to make the resulting solution in the ratio 1 : 1 ?

(a) 10 लीटर (b) 12 लीटर
(c) 8 लीटर (d) 6 लीटर

16. दूध और पानी के मिश्रण में 18 भाग दूध और 8 भाग पानी है। मिश्रण का कितना अंश निकालकर उसके स्थान पर पानी डालना चाहिए ताकि पानी और दूध का अनुपात बराबर हो जाए?

A mixture of milk and water contains 18 parts of milk and 8 parts of water. How much fraction of the mixture should be removed and replaced by water so the ratio of water and milk are equal?

(a) $\frac{1}{18}$ (b) $\frac{12}{18}$
(c) $\frac{10}{18}$ (d) $\frac{5}{18}$

17. अगर तरूण और अरूण को हटा दिया जाये तो n लोगों के एक समूह की औसत उम्र 12 और बढ़ जाती है। दो नए लोगों, रोहित और मोहित की कुल आयु, तरूण और अरूण के बराबर ही है। अगर रोहित और मोहित को n लोगों के समूह में शामिल कर लिया जाता है, तो औसत उम्र 4 कम हो जाती है। n ज्ञात करें?

If Tarun and Arun are removed, the average age of a group of n people increases by 12 more. The total age of two newcomers, Rohit and Mohit, is same as that of Tarun and Arun. If Rohit and Mohit are included in a group of n people, then the average age becomes 4 less. Find n?

(a) 6 (b) 2
(c) 5 (d) 4

18. तीन अंकों वाली चार संख्याओं $34x$, 197, $6x4$ और 348 का औसत 386 है। $(3x + 1)$ और $(7x - 2)$ का औसत क्या होगा?

The average of four three digit numbers 34*x*, 197, 6*x*4 and 348 is 386. What will be the average of $(3x + 1)$ and $(7x - 2)$?
(a) 24.5 (b) 26
(c) 23 (d) 25.5

19. A और B एक कार्य को पूरा करने में क्रमशः 25 और 45 दिन लेते हैं। A ने अकेले काम करना शुरू किया और कुछ दिनों के बाद B ने एक साथ काम करना शुरू किया। कार्य को पूरा करने में कुल 20 दिनों का समय लगा, कितने दिनों के बाद B ने कार्य करना शुरू किया?
A and B take 25 and 45 days respectively to complete a task. A started working alone and after a few days B started working together. The work took a total of 20 days to complete. After how many days did B start working?
(a) 10 (b) 11
(c) 12 (d) 9

20. सोनू किसी कार्य को उतने ही समय में पूरा कर सकता है, जितने समय में मोनू और राज मिलकर उस कार्य को पूरा कर सकते हैं। यदि राज अकेले इस कार्य को 30 दिन में पूरा कर सकता है और सोनू और मोनू मिलकर इस कार्य को 15 दिन में पूरा कर सकते हैं, तो मोनू अकेले इस कार्य को कितने दिन में पूरा कर सकता है?
Sonu can complete a work in the same amount of time as Monu and Raj together can complete that work. If Raj alone can complete the work in 30 days and Sonu and Monu together can complete the work in 15 days, then in how many days can Monu alone complete the work?
(a) 42 दिन (b) 60 दिन
(c) 58 दिन (d) 45 दिन

21. पाइप A, एक टैंक को 105 मिनट में भर सकता है, पाइप B उसी टैंक को 63 मिनट में भर सकता है और पाइप C उसी टैंक को 42 मिनट में खाली कर सकता है। यदि तीनों पाइप एक साथ खोल दिए जाए तो टैंक को भरने में कितने मिनट का समय लगेगा?
Pipe A can fill a tank in 105 minutes, Pipe B can fill the same tank in 63 minutes and Pipe C can empty the same tank in 42 minutes. If all three pipes opened together. How many minutes will it take to fill the empty tank?
(a) 610 (b) 630
(c) 670 (d) 650

22. कविता, सविता और बबीता 5 : 8 : 2 की गति से P से Q तक चल रही हैं। सभी द्वारा Q तक पहुँचने में लगने वाले समय का अनुपात होगा?
Kavita, Savita and Babita are walking from P to Q at the speed of 5 : 8 : 2. The ratio of time taken by all to reach Q will be?
(a) 5 : 8 : 20 (b) 8 : 5 : 20
(c) 20 : 8 : 5 (d) 8 : 20 : 8

23. विपरीत दिशाओं में चल रही दो ट्रेनें प्लेटफॉर्म पर खड़े एक आदमी को क्रमशः 54 सेकंड और 1.5 मिनट में पार कर लेती हैं। अगर वे एक-दूसरे को 74 सेकंड में पार करती हैं, तो उनकी गति का अनुपात कितना होगा?
Two trains running in opposite directions cross a man standing on a platform in 54 seconds and 1.5 minutes respectively. If they cross each other in 74 seconds, what will be the ratio of their speeds?
(a) 4 : 03 (b) 4 : 5
(c) 3 : 04 (d) 1 : 1

24. एक व्यक्ति अपने घर से निकलकर 4 किमी/घंटा की चाल से चलते हुए अपने कार्यालय को जाता है और 2 किमी/घंटा की चाल से वापस लौटता है। यदि उसे आने और जाने में 6 घंटे लगते हैं, तो उसके घर और कार्यालय के बीच की दूरी कितनी है?
A person leaves his house walking at 4 km/h to his office and returns at 2 km/h. If it takes him 6 hours to come and go, what is the distance between his home and office?
(a) 8km (b) 6km
(c) 8.5km (d) 4 km

25. समान लंबाई की दो ट्रेनें A और B समानांतर पटरियों पर एक ही दिशा में क्रमशः 64.8 किमी/घंटा और 50.4 किमी/घंटा की चाल से चल रही हैं। ट्रेन A, ट्रेन B को एक मिनट में पार करती है। प्रत्येक ट्रेन की लंबाई (मीटर में) ज्ञात करें।
Two trains A and B of equal length are running on parallel tracks in the same direction at 64.8 km/h and 50.4 km/h respectively. Train A crosses train B in one minute. Find the length (in metres) of each train.
(a) 125 (b) 100
(c) 120 (d) 150

26. A 4 मिनट में 1 किमी दौड़ सकता है, और B समान दूरी 4 मिनट 10 सेकंड में तय कर सकता है। 1 किमी की दौड़ में A, B को कितनी दूरी से हरा सकता है?
A can run 1 km in 4 min, and B can cover the same distance in 4 min 10 sec. By what distance can A beat B in a 1 km race?
(a) 45 m/मीटर (b) 40 m/मीटर
(c) 35 m/मीटर (d) 30 m/मीटर

27. नाव द्वारा धारा के प्रतिकूल और धारा के अनुकूल एक निश्चित दूरी को तय करने में लिए गए समय का अनुपात 4 : 1 है। धारा के अनुकुल और धारा के प्रतिकूल नाव की गति का अनुपात ज्ञात कीजिए।
The ratio of time taken by the boat to cover a certain distance upstream and downstream is 4 : 1. Find the ratio of speed of boat downstream and upstream.
(a) 4 : 1 (b) 3 : 5
(c) 1 : 4 (d) 5 : 3

28. एक परीक्षा में परीक्षार्थी को प्रत्येक सही उत्तर के लिए 5 अंक मिलते हैं तथा प्रत्येक गलत उत्तर के 2 अंक काट लिए जाते हैं अगर उसने 120 प्रश्नों के उत्तर देकर 285 अंक प्राप्त किए तो उसने कितने प्रश्नों का सही उत्तर दिया?

In an examination, a candidate gets 5 marks for every correct answer and 2 marks are deducted for every wrong answer, if he gets 285 marks by answering 120 questions, how many questions did he answer correctly?

(a) 60 (b) 65
(c) 75 (d) 85

29. दिए गए युग्मों में से कौन-सा एक सह-अभाज्य संख्या युग्म बनाता है?

Which of the given pairs form a co-prime numbers pair?

(a) (21, 42) (b) (9, 63)
(c) (36, 15) (d) (11, 21)

30. वह न्यूनतम संख्या ज्ञात कीजिए जो 8, 24 और 30 से पूर्णत: विभाज्य हो।

Find the least number, which is exactly divisible by 8, 24 and 30.

(a) 150 (b) 60
(c) 130 (d) 120

31. यदि P = $\frac{3}{5}$ और $\frac{2}{7}$ का योग है, Q = $\frac{15}{31}$ है तो P × Q का मान ज्ञात करें।

If P is the sum of $\frac{3}{5}$ and $\frac{2}{7}$, Q = $\frac{15}{31}$, then Find the value of P × Q.

(a) $\frac{7}{4}$ (b) $\frac{2}{7}$
(c) $\frac{3}{7}$ (d) $\frac{3}{4}$

32. $\left(1-\frac{1}{2}\right)\left(1-\frac{1}{3}\right)\left(1-\frac{1}{4}\right)......\left(1-\frac{1}{23}\right)$ को सरल करने पर प्राप्त परिणाम _______ होगा।

The result obtained on simplification of $\left(1-\frac{1}{2}\right)\left(1-\frac{1}{3}\right)\left(1-\frac{1}{4}\right).........\left(1-\frac{1}{23}\right)$ will be _______.

(a) $\frac{1}{23}$ (b) $\frac{1}{22}$
(c) $\frac{1}{3}$ (d) $\frac{1}{2}$

33. 15 सेमी लंबी भुजा वाले वर्ग के विकर्ण का उसकी भुजा से अनुपात ज्ञात करें।

Find the ratio of the diagonal of a square of side 15 cm long to its side.

(a) 2 : 3 (b) $\sqrt{2}:3$
(c) $1:\sqrt{2}$ (d) $\sqrt{2}:1$

निर्देश (34–35): यहां दिया गया पाई चार्ट किसी विशेष वर्ष के दौरान विभिन्न खेल गतिविधियों पर एक देश का खर्च दिखाता है। रेखाचित्र का अध्ययन करें और प्रश्न का उत्तर दें। वर्ष के दौरान खेल पर खर्च की गई कुल राशि 20 लाख रुपये है।

Directions: The pie chart given here shows the expenditure of a country on various sports activities during a particular year. Study the diagram and answer the question. The total amount spent on sports during the year is Rs.20 lakh.

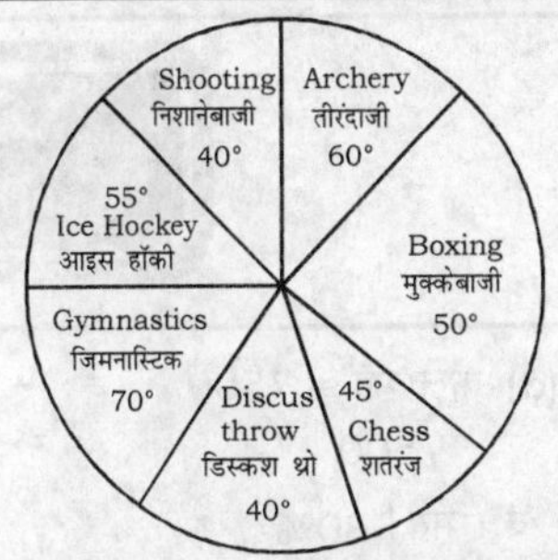

34. यदि साल भर में खेल पर खर्च की गई कुल राशि 90 लाख रुपये हो और विभिन्न श्रेणियों के बीच वितरण का प्रतिशत वही रहे तो तीरंदाजी पर खर्च की गई राशि निशानेबाजी से कितनी अधिक है।

If the total amount spent on sports during the year is Rs 90 lakh and the percentage of distribution among different categories remains the same, then the amount spent on archery is more than that of shooting by.......

(a) Rs.500,000
(c) Rs.300,000
(b) Rs.600,000
(d) Rs.400,000

35. डिस्कस थ्रो एवं जिमनास्टिक्स दोनों पर मिलाकर खर्च की गई राशि और आइस हॉकी एवं शतरंज दोनों पर मिलाकर खर्च की गई राशि के बीच अनुपात क्या है?

What is the ratio between the amount spent on Discus throw and Gymnastics together and the amount spent on Ice hockey and Chess together?

(a) 13 : 12 (b) 10 : 11
(c) 11 : 10 (d) 12 : 13

ANSWER KEY

1.(d)	2.(a)	3.(d)	4.(c)	5.(a)	6.(a)	7.(b)	8.(b)	9.(d)	10.(b)
11.(b)	12.(b)	13.(b)	14.(d)	15.(c)	16.(d)	17.(d)	18.(a)	19.(b)	20.(b)
21.(b)	22.(b)	23.(b)	24.(a)	25.(c)	26.(b)	27.(c)	28.(c)	29.(d)	30.(d)
31. (c)	32.(a)	33.(d)	34.(a)	35.(c)					

SOLUTIONS

1. (d) कुल मत = 7500

7500
वैध मत ↓ 80%
6000
55% ↙ ↘ 45%
शिवा 3300, राजू 2700

2. (a) $12.5\% = \frac{1}{8}$, $8\% = \frac{2}{25}$

	पहले		बाद
I वर्ष	8	:	9
II वर्ष	25	:	23
	200	:	207

प्रश्नानुसार,
200 इकाई → 3200
1 इकाई → 16
207 इकाई → 207 × 16 = 3312

3. (d)

	क्रय मूल्य	विक्रय मूल्य
बेला	1450	$\frac{110}{100}\times 1450 = 1595$
टेडी	1595	$\frac{90}{100}\times 1595 = 1435.5$

यदि बेनी 1435.5 रु में इस पेंटिंग को बेला से खरीदता है
तब,
बेला को होने वाली हानि%

$= \frac{1450-1435.5}{1450}\times 100 = 1\%$

4. (c) कुल लाभ प्रतिशत

$= \frac{1}{4}\times 20\% + \frac{1}{4}\times 25\% + \frac{1}{4}\times 10\% - \frac{1}{4}\times 5\%$

$= \frac{1}{4}[20+25+10-5]\%$

$= \frac{50}{4}\% = 12.5\%$

5. (a) दिया गया है,
विक्रय मूल्य (S.P.) = 2400,
लाभ = 20%, छूट = 20%

क्रय मूल्य (C.P.) $= \frac{2400}{120}\times 100$ = ₹ 2000

अंकित मूल्य (M.P.) $= \frac{2400}{80}\times 100$ = ₹ 3000

∴ नया लाभ = 3000 – 2000 = 1000

लाभ % $= \frac{1000}{2000}\times 100 = 50\%$

6. (a) अंकित मूल्य = 4250 रु.
नकद छूट के बाद कुर्सी का विक्रय मूल्य = 4250 – 250 = 4000 रु.
छूट % = 8% और 5%

अंकित मूल्य $= 4000\times\frac{23}{25}\times\frac{19}{20}$
= 8 × 23 × 19 = 184 × 19
= 3496 रु.

7. (b) दिया है, मूलधन = Rs.68500, दर = 5%
समय = 28 वर्ष
साधारण ब्याज = 28 × (5%) = 140%
मिश्रधन = 100% + 140% = 240%

शेयर बाजार में, $\frac{3}{4}$

शेष $= 1-\frac{3}{4} = \frac{1}{4}$

∴ शेष $= 240\times\frac{1}{4} = 60\%$

∴ शेष हिस्सा

$= 68500\times\frac{60}{100} = $ Rs 41100

SMART APPROACH:-
साधारण ब्याज = (दर × समय)%
28 × 5 = 140%
शेष हिस्सा =
$68500\times\frac{240}{100}\times\frac{1}{4} = 41100$

8. (b) साधारण ब्याज $= \frac{P\times R\times T}{100}$

$5832 = \frac{7200\times R\times R}{100}$

$R^2 = \frac{5832}{72} = 81$

दर (R) = 9%

9. (d) दर $= \sqrt{\frac{D}{P}\times 100}$

$4 = \sqrt{\frac{28}{P}\times 100} \Rightarrow \frac{1}{25} = \sqrt{\frac{28}{P}}$

$\Rightarrow \frac{1}{625} = \frac{28}{P}$

⇒ P = 28 × 625 = 17500

10. (b) दिया है,
R (वार्षिक) = 5% 1 जनवरी → 1600

R (अर्द्ध-वार्षिक) = $\frac{5}{2}\%$

1 जुलाई → 1600
प्रश्नानुसार,

C.I $= \frac{5}{200}\times 1600 + \frac{5}{200}\times 3200 + \frac{5}{200}\times 40$

= 40 + 80 +1 = 121 रु.

11. (b) माना, सुहास ने अपना धन x महीने के लिए निवेश किया

सुहास	:	नितिन
$8\times x$	:	3 × 12 = 5 : 4

$\frac{8x}{3\times 12} = \frac{5}{4}$

$x = \frac{5\times 3\times 12}{8\times 4} = \frac{45}{8}$ महीना

$\frac{45}{8}$ महीनों बाद सुहास ने अपना पैसा निकाल लिया

नितिन ने अकेले $\left(12-\frac{45}{8} = 6\frac{3}{8}\right)$ महीनों तक अपना पैसा निवेश किया।

12. (b) $\frac{A}{B} = \frac{7x+5800}{8x-4600} = \frac{8}{5}$

$\Rightarrow 35x + 29000 = 64x - 36800$

$\Rightarrow 29x = 65800$

$\Rightarrow x = 2268.96$

$\therefore$ A का निवेश = $7x$

= 7 × 2268.96 = ₹15882.75

13. (b)

	जानवी	:	जननी	
वर्तमान →	4	:	1	
10 वर्ष →	(2	:	1)	×3 +2
	6	:	3	

$\therefore$ 2 इकाई → 10 वर्ष.

1 इकाई → 5 वर्ष.

जानवी= 4 इकाई → 20 वर्ष

14. (d) सिक्कों का अनुपात = 4 : 3 : 2

कुल राशि

$= \frac{1}{2} \times 4 + \frac{1}{4} \times 3 + \frac{1}{5} \times 2 = \frac{63}{20}$

$\therefore \frac{63}{20}$ इकाई = 441

1 इकाई = 140

25 पैसे के सिक्कों की संख्या = 140 × 3 = 420

15. (c)

35 l → M : W = 17 : 18

47 l → M : W = 28 : 19

कुल दूध = 17 + 28 = 45

माना x पानी मिलाया गया।

$\frac{45}{37+x} = \frac{1}{1}$

$x = 8$

8 लीटर पानी और मिलाएगें।

16. (d)

दूध	पानी	मिश्रण
18	8	26
13 :	13	26

आवश्यक भिन्न = $\frac{5}{18}$

चूँकि मिश्रण निकालकर उतना ही पानी मिलाया गया तो मिश्रण की अंतिम मात्रा पर कोई र्फक नहीं पड़ेगा।

17. (d) प्रश्नानुसार,

(n – 2) × 12 = (n + 2) × 4

$\Rightarrow$ 12n – 24 = 4n + 8

$\Rightarrow$ 8n = 32

n = 4

18. (a) $34x + 197 + 6x4 + 348$

= 386 × 4 = 1544

$34x$ (x = 5)
197
$6x4$
348
1544

$(3x + 1)$ और $(7x - 2)$ का औसत

$= \frac{(3\times5+1)+(7\times5-2)}{2}$

औसत = $\frac{49}{2}$ = 24.5

SMART APPROACH:-

इकाई विधि द्वारा,

$34x$, 197, $6x4$, 348 = 386

$\frac{x+7+4+8}{4} = 6$

$19 + x = 4$

$x = 5$

$3x + 1$ और $7x - 2$ का औसत =

$\frac{(3\times5+1)+(7\times5-2)}{2}$

$= \frac{16+33}{2} = 24.5$

19. (b) 25 और 45 का ल.स. = 225

A → 25 ⎤ 225 → 9
B → 45 ⎦ 225 → 5

$\therefore$ A पहले कार्य करना प्रारंभ करता है इसलिए, A के 20 दिन का कार्य = 20 × 9 = 180

B द्वारा शेष कार्य को करने में लगा समय

$= \frac{225-180}{5} = \frac{45}{5} = 9$ दिन

$\therefore$ B, 9 दिन कार्य किया

अत:

B कार्य प्रारम्भ होने के (20 – 9) = 11 दिन बाद समूह में जुड़ता है।

20. (b)

राज → 30 (क्षमता 1)
सोनू + मोनू → 15 (क्षमता 2)
30 ← कुल कार्य

सोनू की क्षमता – मोनू की क्षमता = 1(राज की क्षमता)

सोनू की क्षमता + मोनू की क्षमता = 2

$\therefore$ 2(मोनू की क्षमता) = 2 – 1

मोनू की क्षमता = $\frac{1}{2}$

मोनू द्वारा कार्य करने में लिया गया समय

$= \frac{30}{\frac{1}{2}} = 60$ दिन

21. (b) 105, 63, 42 का ल.स.प. = 630

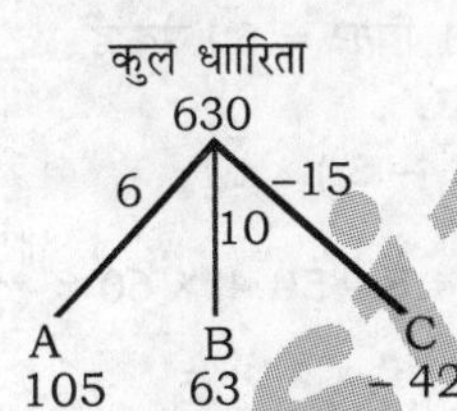

कुल समय तीनों पाइप को लगेगा

समय = $\frac{\text{कुल धारिता}}{\text{कुल क्षमता}} = \frac{630}{A+B+(-C)}$

$= \frac{630}{6+10-15} = \frac{630}{1} = 630$ मिनट

22. (b) हम जानने हैं कि गति समय के व्युत्क्रमानुपाती होती है।

समय का अनुपात $\frac{1}{5} : \frac{1}{8} : \frac{1}{2}$

5, 8 और 2 का ल.स.प. = 40

Q तक पहुँचने में सभी द्वारा लिए गए समय का अनुपात

$= \frac{1}{5} \times 40 : \frac{1}{8} \times 40 : \frac{1}{2} \times 40$

= 8 : 5 : 20

23. (b) माना रेलगाड़ियों की गति S_1 और S_2 है और लंबाई L_1 और L_2 है

$\Rightarrow L_1 = 54\,S_1,\ L_2 = 90\,S_2$

प्रश्नानुसार,

$\frac{54S_1 + 90S_2}{S_1 + S_2} = 74$

$\Rightarrow 16S_2 = 20S_1$

$\Rightarrow \frac{S_1}{S_2} = \frac{8}{10} = \frac{4}{5}$

SMART APPROACH:-

54		90
	74	
16	:	20
4	:	5

24. (a) दूरी = $\frac{S_1 \times S_2}{S_1 + S_2} \times T$

$= \frac{4 \times 2}{4+2} \times 6 = 8$ किमी.

25. (c) माना, प्रत्येक ट्रेन की लम्बाई x है।

$S_1 = 64.8$ किमी./घंटा, $S_2 = 50.4$ किमी./घंटा

समय = 1 मिनट = 60 सेकेंड

प्रश्नानुसार,

$2x = (S_1 - S_2) \times t$

$2x = (64.8 - 50.4) \times 60 \times \frac{5}{18}$

$2x = 14.4 \times 60 \times \frac{5}{18}$

$2x = 240$

$x = 120$ मी.

26. (b) चूँकि A, B को 10 सेकंड से हराता है

इसलिए 10 सेकंड मे B द्वारा तय की गई दूरी = $\frac{1000}{250} \times 10$ = 40 मी.

अत: 1 किमी की रेस में A, B को 40 मी. से हराता है

27. (c) हम जानते है कि, चाल = $\frac{\text{दूरी}}{\text{समय}}$

∴ दूरी नियत है

चाल ∝ $\frac{1}{\text{समय}}$

धारा के अनुकूल : प्रतिकूल

समय → 4 : 1

चाल → 1 : 4

28. (c) माना, सही उत्तरों की संख्या x और गलत उत्तरों की संख्या y है

$5 \times x - 2 \times y = 285$

$5x - 2y = 285$ ... समीकरण (i)

$x + y = 120$

$2x + 2y = 240$ ... समीकरण (ii)

समीकरण (i) और (ii) से

$2x + 2y = 240$

$5x - 2y = 285$

$7x = 525$

$x = 75$

SMART APPROACH:-

माना सभी उत्तर सही हैं।

तब, कुल अंक = 120 × 5 = 600

वास्तविक रूप से प्रप्त अंक = 285

परीक्षार्थी द्वारा गलत किए गए प्रश्नों की संख्या

$= \frac{600 - 285}{7} = \frac{315}{7} = 45$

सही किए गए प्रश्नों की संख्या

$= 120 - 45 = 75$

29. (d) (11, 21) यह सह-अभाज्य संख्या का युग्म बनाता है।

30. (d) 8, 24 और 30 का ल.स.प. = 120

31. (c) दिया गया,

$P = \frac{3}{5} + \frac{2}{7}$, $Q = \frac{15}{31}$

अब,

$P = \frac{21+10}{35} = \frac{31}{35}$

प्रश्न के अनुसार,

$P \times Q = \frac{31}{35} \times \frac{15}{31} = \frac{3}{7}$

32. (a) $\left(1-\frac{1}{2}\right)\left(1-\frac{1}{3}\right)\left(1-\frac{1}{4}\right)$ ---- $\left(1-\frac{1}{23}\right)$

$\frac{1}{2} \times \frac{2}{3} \times \frac{3}{4} \times$ ----- $\frac{22}{23}$

$= \frac{1}{23}$

33. (d)

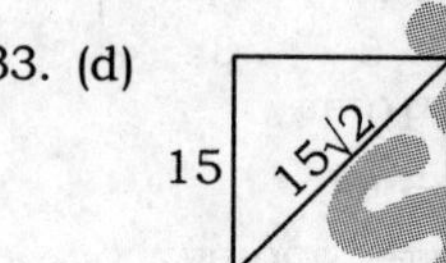

प्रश्नानुसार,

$\frac{\text{वर्ग का विकर्ण}}{\text{वर्ग की भुजा}} = \frac{15\sqrt{2}}{15} = \frac{\sqrt{2}}{1}$

34. (a) तीरंदाजी पर खर्च = 60°

निशानेबाजी पर खर्च = 40°

अंतर = 60° − 40° = 20°

360° = 9000000

$20° = \frac{9000000}{360} \times 20$

= ₹ 500000

35. (c) ∴ आवश्यक अनुपात

$= \frac{40+70}{55+45} = \frac{110}{100} = \frac{11}{10}$

मॉक टेस्ट-10

30

1. 10 रूपये का 25% कितना होगा?
What will be 25% of Rs.10?
(a) Rs.2.90 (b) Rs.2.80
(c) Rs.3.80 (d) Rs.2.50

2. पिंकी ने अपनी कार की टंकी को 20 लीटर पेट्रोल से भर दिया। वह एक यात्रा पर निकलती है और अंत में टैंक में केवल 5.5 लीटर पेट्रोल बचता है। टैंक में पेट्रोल में कितने प्रतिशत परिवर्तन हुआ?
Pinky fills her car tank with 20 liters of petrol. She goes on a journey and end up with just 5.5 liters of petrol left in the tank. What is the percent change in the petrol in the tank?
(a) 14.5% (b) 72.5%
(c) 5.5% (d) 85.5%

3. एक व्यापारी अपना माल बेच कर 5% का लाभ कमाता है। उसके लाभ का प्रतिशत क्या होगा अगर उसके लागत मूल्य और बिक्री मूल्य दोनों में 20% की वृद्धि होती है।
A trader makes a profit of 5% by selling his goods. What will be the percentage of his profit if both his cost price and selling price increase by 20%?
(a) 5% (b) 8%
(c) 6% (d) 10%

4. 500 पन्नों की एक रिम ₹280 रुपये में खरीदी जाती है और उससे 25 पन्नों के पैकेट बनाए जाते हैं। प्रत्येक पैकेट ₹18 में बेचा जाता है। प्रतिशत लाभ या हानि ज्ञात कीजिए। (एक दशमलव स्थान तक पूर्णांकित करें)
A rim of 500 pages is bought for ₹280, and packets of 25 pages are made from it. Each packet is sold for ₹18. Find the percentage profit or loss. (Rounded off up to one decimal place).
(a) 24.6% loss
(b) 28.6 profit %
(c) 26.5 profit %
(d) 24.5 profit %

5. एक दुकानदार अपनी विज्ञापित कीमत पर 20% की छूट देता है और फिर भी 10% का लाभ कमाता है। यदि वह एक वस्तु पर 56 रुपये का लाभ कमाता है, तो उसकी विज्ञापित कीमत क्या होगी?
A shopkeeper allows a discount of 20% on his advertised price and still makes a profit of 10%. If he makes a profit of Rs. 56 on an article, what will be its adver-tised price?
(a) Rs.770 (b) Rs.810
(c) Rs.650 (d) Rs.600

6. एक दुकानदार अंकित मूल्य पर 15% छूट देने के बाद 8% का लाभ कमाता है। स्टॉक खत्म करने के लिए, दुकानदार x% की क्रमिक छूट देता है और कोई लाभ या हानि नहीं कमाता है। 'x' का मान (अनुमानित) क्या है?
A shopkeeper earns a profit of 8% after offering a 15% discount on the marked price. To clear the stock, the shopkeeper offers a successive discount of x% and earns no profit or loss. What is the value (approximate) of 'x'?
(a) 7.8 (b) 7.6
(c) 7.4 (d) 8.0

7. धोनी द्वारा उधार ली गयी ₹800 की राशि, साधारण ब्याज की एक निश्चित दर पर 3 साल में ₹956 हो जाती है, तो 3 साल में ₹800 की राशि क्या होगी अगर ब्याज की दर में 4% की वृद्धि हुई है?
Borrowed by Dhoni ₹800, in 3 years at a certain rate of simple interest become ₹956, then in 3 years. What will be the amount of ₹800 if the rate of interest is increased by 4%?
(a) ₹1152 (b) ₹1252
(c) ₹1352 (d) ₹1052

8. 1,625 रु. की राशि पर दो अलग-अलग स्त्रोतों से 5 वर्षों में प्राप्त साधारण ब्याजों के बीच 32.50 रु. का अंतर है। उनकी ब्याज दरों के बीच अंतर ज्ञात कीजिए।
The difference between the simple interest received in 5 years on an amount of Rs. 1,625 from two different sources is Rs. 32.50. Find the difference between their interest rates.
(a) 0.6% (b) 0.5%
(c) 0.3% (d) 0.4%

9. ₹8000 पर 1 वर्ष के लिए 6% वार्षिक चक्रवृद्धि ब्याज दर पर वार्षिक और अर्द्ध-वार्षिक रूप से संयोजित ब्याज के बीच क्या अंतर होगा? (₹ में)
What is the difference between the compound interests on ₹8000 for a 1 year at 6% per annum compounded yearly and half-yearly? (in ₹)
(a) 7.2 (b) 9.2
(c) 8.2 (d) 6.2

10. A और B के बीच रु. 5,309 को इस प्रकार विभाजित कीजिए, ताकि 6% प्रति वर्ष की दर से ब्याज चक्रवृद्धि किए जाने पर 4 वर्ष बाद A की राशि, 6 वर्ष बाद B की राशि के के बराबर हो जाए, ब्याज का संयोजन वार्षिक रूप से किया गया है।
Divide Rs. 5,309 between A and B, so that the amount of A after 4 years is equal to the amount of B after 6 years, the interest being compounded at 6% per annum, compounding annually.
(a) Rs. 2,809, Rs. 2,500
(b) Rs. 2,759, Rs. 2,550
(c) Rs. 2,659, Rs. 2,650
(d) Rs. 2,709, Rs. 2,600

11. किरण और सुषमा ने 3000 रुपये और 4000 रुपये के साथ कारोबार शुरू किया 8 महीने बाद किरण 1000 रुपये निकालती है और सुषमा 1000 रुपये और पेशगी देती है। वर्ष के अंत में, उनका लाभ 630 रुपये था, किरण का हिस्सा ज्ञात कीजिये?
Kiran and Sushma began business with Rs.3000 and Rs.4000 after 8 months, Kiran withdraws Rs.1000 and Sushma advances Rs.1000 more. At the end of the year, their profit amounts to Rs.630 find the share of Kiran?
(a) Rs. 240 (b) Rs. 75
(c) Rs. 125 (d) Rs. 354

12. मनोज और नवीन ने 5 : 6 के अनुपात में कुछ राशि का निवेश करके एक साझेदारी व्यापार आरंभ किया। सेखर छः माह के बाद नवीन के समान राशि का निवेश करके उनके साथ आ जाता है। एक वर्ष के अंत में मनोज नवीन और सेखर के बीच लाभ को किस अनुपात में वितरित किया जाना चाहिए?
Manoj and Naveen started a partnership business investing some amount in the ratio of 5 : 6. Sekhar joined them after six months with an amount was to that of Naveen. In what proportion should the profit at the end of one year be distributed among Manoj, Naveen and Sekhar?
(a) 5 : 6 : 3 (b) 6 : 3 : 5
(c) 6 : 5 : 3 (d) 5 : 3 : 6

13. 6500 रुपये की एक राशि को तीन लोगों में इस तरह साझा किया जाता है कि पहले व्यक्ति के हिस्से का 4 गुना दूसरे व्यक्ति के हिस्से का तीन गुना, और तीसरे व्यक्ति के हिस्से का दो गुना, एक बराबर हो। तीसरे व्यक्ति का हिस्सा कितना होगा?
A sum of Rs.6500 is to be shared among three persons in such a way that 4 times the share of the first person, thrice the share of the second person, and twice the share of the third person, becomes equal to one. What will be the third person's share?
(a) Rs. 3000 (b) Rs. 1800
(c) Rs. 5200 (d) Rs. 3600

14. तीन संख्याओं का अनुपात 3 : 2 : 5 और उनके वर्गों का योग 8550 है। उन संख्याओं का योग ज्ञात करें।
If three numbers are in the ratio of 3 : 2 : 5 and the sum of their squares is 8550. Find the sum of those numbers.
(a) 225 (b) 72
(c) 172 (d) 150

15. एक आदमी ₹60 प्रति लीटर के हिसाब से स्पिरिट खरीदता है, उसमें पानी मिलाता है और फिर उसे 75 रुपए प्रति लीटर के हिसाब से बेचता है। यदि इस सौदे में उसका मुनाफा 37.5% है तो स्पिरिट का पानी से क्या अनुपात होना चाहिए?
A man buys spirit at ₹ 60 per litre, mixes it with water and then sells it at Rs 75 per litre. If his profit in this transaction is 37.5 percent, then what should be the ratio of spirit to water?
(a) 11 : 1 (b) 9 : 1
(c) 12 : 5 (d) 10 : 1

16. समान क्षमता वाले दो कंटेनरों में दूध और पानी का अनुपात क्रमशः 3 : 4 और 3 : 1 है। यदि दोनों कंटेनरों को पूरे मिश्रण को रखने की क्षमता वाले एक बड़े कंटेनर में खाली कर दिया जाता है, तो बड़े कंटेनर में दूध और पानी का अनुपात क्या है?
Two containers with equal capacity have milk and water in the ratio of 3 : 4 and 3 : 1 respectively. If both the containers are emptied into a bigger container having the capacity to contain the whole mixture, then what is the ratio of milk to water in the bigger container?
(a) 32 : 31 (b) 23 : 11
(c) 33 : 21 (d) 33 : 23

17. 18 व्यक्तियों के एक परिवार का औसत वजन 1 किग्रा से कम हो जाता है। जब उसमें एक बच्चे का वजन जोड़ा जाता है। अगर बच्चे का वजन शामिल करने के बाद परिवार का औसत वजन 19 किग्रा है, तो बच्चे का वजन क्या होगा?
The average weight of a family of 18 persons becomes less than 1 kg when the weight of one child is added to it. If the average weight of the family after including the weight of the child is 19 kg, then what will be the weight of the child?
(a) 19 किग्रा (b) 1 किग्रा
(c) 2 किग्रा (d) 3 किग्रा

18. छह संख्याओं A, B, C, D, E और F में से, पहली पांच संख्याओं A, B, C, D और E का औसत, अंतिम पांच संख्याओं B, C, D, E और F के औसत से 26 अधिक है। A और F के बीच का अंतर ज्ञात करें।
Out of six numbers A, B, C, D, E and F, the average of first five numbers A, B, C, D and E is 26 more than the average of last five numbers B, C, D, E and F. Find the difference between A and F.
(a) 125 (b) 140
(c) 120 (d) 130

19. अजय और विजय एक कार्य को क्रमशः 70 और 60 दिनों में पूरा कर सकते हैं। वे एक साथ काम करना शुरू करते हैं और कुछ समय बाद अजय चला जाता है। विजय ने शेष कार्य को 47 दिनों में पूरा किया, अजय ने कार्य कब छोड़ दिया?
Ajay and Vijay can do a work In 70 and 60 days respectively. They start working together and after some time, Ajay leaves. Vijay completed the remaining work in 47 days, when did Ajay quit the work?
(a) After 7 days
(b) After 144 days
(c) After 10 days
(d) After 8 days

20. एक सैन्य छावनी में 425 आदमियों के लिए 30 दिन का प्रावधान था। हालांकि, 375 पुरुषों ने शिविर में भाग लिया। प्रावधान कितने समय तक चले?
In an army camp, there were provisions for 425 men for 30 days. However, 375 men attended the camp. How long did the provisions last?
(a) 30 days (b) 35 days
(c) 34 days (d) 32 days

21. पाइप A, 155 मिनटों में एक टैंक भर सकता है, पाइप B, 93 मिनटों में उसी टैंक को भर सकता है और पाइप C, 62 मिनटों में उसी टैंक को खाली कर सकता है। यदि तीनों पाइप एक साथ खोले जाते हैं तो खाली टैंक को भरने में कितने मिनट का समय लगेगा?

Pipe A can fill a tank in 155 minutes, Pipe B can fill the same tank in 93 minutes and Pipe C can empty the same tank in 62 minutes. If all three pipes are opened together, how many minutes will it take to fill the empty tank?

(a) 930 (b) 940
(c) 920 (d) 950

22. फ्रैंकलिन रेस का पहला लैप 550 मील प्रति घंटे की गति से पूरा करता है और रेस का दूसरा लैप 825 मील प्रति घंटे की गति से पूरा होता है। दोनों लैप्स की औसत गति ज्ञात करें। (मील प्रति घंटा)

Franklin completes the first lap of the Race at 550 mph and the second lap of the race completes at 825 miles per hour. find the average speed of both laps. (mph-miles per hour)

(a) 660 (b) 665
(c) 670 (d) 675

23. एक कार 5 घंटे में 240 किमी की दूरी तय करती है। यदि यह अपनी सामान्य गति की आधी गति से चलती है, तो समान दूरी तय करने में कितना अधिक समय लगेगा?

A car covered 240 km in 5 h. If it travels with half of its usual speed, then how much more time will be taken to cover the same distance?

(a) 3 h. (b) 5 h.
(c) 10 h. (d) 4 h.

24. 92 किमी / घंटा की एकसमान चाल से चल रही 180 मीटर लंबी एक ट्रेन, उसी दिशा में 75 किमी / घंटा की एकसमान चाल से चल रही दूसरी ट्रेन को 60 सेकण्ड में पार करती है। दूसरी ट्रेन की लंबाई ज्ञात करें।

A 180 m long train running at a uniform speed of 92 km/h crosses another train running in the same direction with a uniform speed of 75 km/h in 60 seconds. Find the length of the second train.

(a) 120 m (b) 150 m
(c) 160 m (d) 140m

25. A 4 मिनट में 1 किमी दौड़ सकता है, और B समान दूरी 4 मिनट 10 सेकंड में तय कर सकता है। 1 किमी की दौड़ में A, B को कितनी दूरी से हरा सकता है?

A can run 1 km in 4 min, and B can cover the same distance in 4 min 10 sec. By what distance can A beat B in a 1 km race?

(a) 45 m/45 मी
(b) 40 m/40 मी
(c) 35 m/35 मी
(d) 30 m/30 मी

26. शांत जल में एक नाव की चाल 30 किमी/घंटा है और धारा की चाल 6 किमी/घंटा है। 5 मिनट में धारा के प्रतिकूल तय की गई दूरी (किमी में) है:

The speed of a boat in still water is 30 km/h and the speed of the current is 6 km/h. The distance (in km) travelled upstream in 5 minutes is:

(a) 3 (b) 4
(c) 2 (d) 2.5

27. यदि N5921, 11 से विभाज्य है, तो सबसे छोटी प्राकृतिक संख्या N का मान ज्ञात करें।

If N5921 is divisible by 11, find the value of smallest natural number N.

(a) 9 (b) 7
(c) 6 (d) 8

28. यदि सात अंकों की संख्या 42971K2, 44 से विभाज्य है, तो K का मान है:

If a seven-digit number 42971K2 is divisible by 44, then the value of K is:

(a) 4 (b) 7
(c) 3 (d) 4

29. पहली चार अभाज्य संख्याओं के लघुत्तम समापवर्त्य (LCM) का पहली तीन अभाज्य संख्याओं के महत्तम समापवर्तक (HCF) से अनुपात ज्ञात करें।

Find the ratio of the LCM of the first four prime numbers to the HCF of the first three prime numbers.

(a) 26 : 1 (b) 210 : 1
(c) 6 : 1 (d) 168 : 1

30. $\left[\left(1-\frac{1}{3}\right)\left(1-\frac{1}{4}\right)\left(1-\frac{1}{5}\right)\left(1-\frac{1}{6}\right)....\left(1-\frac{1}{99}\right)\left(1-\frac{1}{100}\right)\right]$

(a) $\frac{2}{99}$ (b) $\frac{1}{25}$
(c) $\frac{1}{50}$ (d) $\frac{1}{100}$

31. [52 – 4 of (17 – 12) + 4 × 7] ÷ [30 ÷ 15 × 5]? का मान कितना है?

What is the value of [52 – 4 of (17 – 12) + 4 × 7] ÷ [30 ÷ 15 × 5]?

(a) 8 (b) 10
(c) 6 (d) 12

32. 16 मीटर, 14 मीटर और 10 मीटर एक कमरे के आयाम हैं। सभी आयामों को सटीक रूप से मापने के लिए सबसे बड़े संभावित पैमाने की लंबाई ज्ञात करें।

16 m, 14 m and 10 m are the dimensions of a room. Find the length of the greatest possible scale to measure all dimensions exactly.

(a) 3 मीटर (b) 4 मीटर
(c) 2 मीटर (d) 10 मीटर

33. 14 सेमी व्यास वाले एक वृत्त की परिधि, एक वर्ग के परिमाप के बराबर है। उस वर्ग का क्षेत्रफल ज्ञात करें। ($\pi = \frac{22}{7}$)

The circumference of a circle of diameter 14 cm is equal to the perimeter of a square. Find the area of that square. ($\pi = \frac{22}{7}$)

(a) 400 cm² (b) 121 cm²
(c) 256 cm² (d) 289 cm²

निर्देश (34 – 35): निम्नलिखित प्रश्न का जवाब देने के लिए दिया गया आरेख देखें।

Directions: Refer to the given diagram to answer the following questions.

क्षेत्रीय परिव्यय/Regional outlay

1991 कुल परिव्यय/Total outlay = ₹ 2,00,000

1992 कुल परिव्यय/Total outlay = ₹ 2,50,000

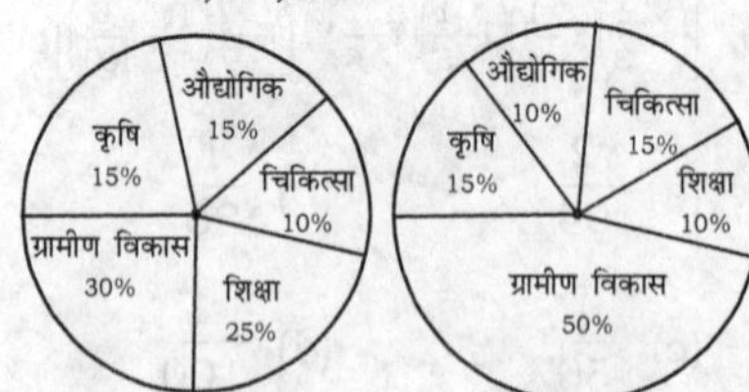

34. वह दो क्षेत्र कौन से हैं जहां ग्रामीण और अन्य क्षेत्रों के आवंटन बराबर है और जिनका योगफल 25% से अधिक है लेकिन वर्ष में कुल आबंटन से 50% से कम है?
What are the two sectors where the allocation to rural development and other sectors is equal and the sum of which is more than 25% but less than 50% of the total allocation in the year?
(a) चिकित्सा और शिक्षा
Medical and Education
(b) कृषि और औद्योगिक
Agriculture and Industrial
(c) चिकित्सा और औद्योगिक
Medical and Industrial
(d) कृषि और चिकित्सा
Agriculture and Medicine

35. पिछले साल की तुलना में आवंटन में अधिकतम प्रतिशत वृद्धि दर्ज करने वाले क्षेत्र के लिए, दो वर्षों के लिए परिव्यय के बीच का अंतर कितना होगा?
For the sector registering maximum percentage increase in allocation over the previous year, what will be the difference between the outlays for the two years?
(a) ₹65,000 (b) ₹40,000
(c) ₹50,000 (d) ₹5,000

ANSWER KEY

1.(d)	2.(b)	3.(a)	4.(b)	5.(a)	6.(c)	7.(d)	8.(d)	9.(a)	10.(a)
11.(a)	12.(a)	13.(a)	14.(d)	15.(d)	16.(d)	17.(b)	18.(d)	19.(a)	20.(c)
21.(a)	22.(a)	23.(b)	24.(a)	25.(b)	26.(c)	27.(d)	28.(b)	29.(b)	30.(c)
31.(c)	32.(c)	33.(b)	34.(d)	35.(a)					

SOLUTIONS

1. (d) प्रश्नानुसार,
$10 \times \frac{25}{100} = \text{Rs } 2.5$

2. (b) पेट्रोल की मात्रा में प्रतिशत परिवर्तन
$= \frac{20-5.5}{20} \times 100$
$= 14.5 \times 5 = 72.5\%$

3. (a)

	क्रय मूल्य	विक्रय मूल्य
पुराना	100	105
नया	120	126

नया लाभ% $= \frac{126-120}{120} \times 100 = 5\%$

4. (b) कुल C.P = 280 रु.
कुल S.P $= \frac{500}{25} \times 18 = 360$ रु.
लाभ % $= \frac{360-280}{280} \times 100$
लाभ $= \frac{80}{280} \times 100 = 28.6$

5. (a) माना, अंकित मूल्य (M.P.) = 100
प्रश्नानुसार,

क्रय मूल्य	अंकित मूल्य	विक्रय मूल्य
$\frac{800}{11}$	100	80

+56

लाभ $= 80 - \frac{800}{11} = \frac{80}{11} \rightarrow ₹56$

अंकित मूल्य (M.P.) $= 100 \rightarrow \frac{56}{80} \times 11 \times 100 = ₹ 770$

6. (c) माना, अंकित मूल्य = 100, विक्रय मूल्य = 85
क्रय मूल्य $\times \frac{108}{100} = 85$
क्रय मूल्य $= \frac{8500}{108}$ रु.
क्रय मूल्य : विक्रय मूल्य (न लाभ न हानि)
$\frac{8500}{108} : 85$
$100 : 108$
$25 : 27$
छूट % $= \frac{27-25}{27} \times 100\%$
$= \frac{200}{27}\% \approx 7.4\%$

7. (d) ब्याज = 956 – 800 = 156

ब्याज $= \frac{\text{मूलधन} \times \text{समय} \times \text{दर}}{100}$

$\Rightarrow 156 = \frac{800 \times 3 \times \text{दर}}{100}$

R = 6.5%

अब, 4% की वृद्धि के बाद

R' = 10.5%

साधारण ब्याज $= \frac{800 \times 3 \times 10.5}{100}$

= 252

कुल राशि = 800 + 252 = 1052

SMART APPROACH:-

4% की वृद्धि 3 साल तक

= 3 × 4% = 12%

$800 \times \frac{12}{100} = 96$ रु

कुल धनराशि = 956 + 96

= 1052 रु

8. (d) $\frac{1625 \times 5 \times (R_1 - R_2)}{100} = 32.5$

$(R_1 - R_2) = \frac{3250}{1625 \times 5} = 0.4\%$

9. (a) मूलधन = 8000 रू

चक्रवृद्धि वार्षिक दर = 6%

चक्रवृद्धि अर्द्धवार्षिक दर $= \frac{6}{2}\% = 3\%$

(6 – 6 माह) 2 समय के लिए चक्रवृद्धि ब्याज

$= 3 + 3 + \frac{3 + 3}{100} = 6.09\%$

अन्तर = 6.09% – 6 = 0.09%

$= 8000 \times \frac{0.09}{100} = 7.2$ रु.

10. (a) $R = 6\% = \frac{3}{50}$

$\frac{A}{B} = \frac{53}{50}$

$= \left(\frac{53}{50}\right)^2 = \frac{2809}{2500}$

A = 2809 रु., B = 2500 रु.

नोट: हमने इसलिए वर्ग (Square) किया है, क्यों कि उनके बीच समय का अन्तर 2 था।

11. (a)

	K		S
8 महीने	3,000	:	4,000
=	3	:	4
4 महीने	2,000	:	5,000
=	2	:	5

किशन का लाभ = 24 + 8 = 32

सुशमा का लाभ = 32 + 20 = 52

लाभ का अनुपात 32 52

8 : 13

प्रश्नानुसार,

21 इकाई → 630

8 इकाई → 240

12. (a) M : N : S

5 : 6 : 6

= राशि × 12 × 12 × 6 = समय

60 : 72 : 36 = लाभ

(सेखर 6 महीने बाद निवेश करता है।)

लाभ का अनुपात = 5 : 6 : 3

13. (a) A B C

$4x = 3y = 2z$

3 : 4 : 6

प्रश्नानुसार,

कुल = 3 + 4 + 6

= 13 इकाई → 6500

1 इकाई → 500

तीसरा आदमी = 6 इकाई → 3000

14. (d) 3 : 2 : 5 = 3n : 2n : 5n

$9n^2 + 4n^2 + 25n^2 = 8550$

$38n^2 = 8550$

$n^2 = 225 \Rightarrow n = 15$

तीनों संख्याओं का योग = 10n

= 10 × 15 = 150

15. (d) लाभ = 37.5% $= \frac{3 \to \text{लाभ}}{8 \to \text{क्रय मूल्य}}$

विक्रय मूल्य = क्रय मूल्य + लाभ

⇒ विक्रय मूल्य = 8 + 3 = 11

⇒ क्रय मूल्य $= \frac{75}{11} \times 8 = ₹54.54$

पृथ्थीकरण विधि के द्वारा:-

स्पिरिट पानी

60 0

54.54

54.54 5.45

10 : 1

पानी का क्रय मूल्य 0 रू. है क्योंकि वह मुफ्त में उपलब्ध होता है

अत: मिश्रण में स्पिरिट और पानी का अनुपात 10 : 1 है।

अन्य विधि:-

माना कि, स्पिरिट से पानी का अनुपात x : y है।

→ $60x + y \times 0 = 54.54(x + y)$

→ $5.45x = 54.54y$

$\Rightarrow \frac{x}{y} = \frac{10}{1}$

16. (d)

	दूध		पानी		मिश्रण
I →	$3_{\times 4}$	:	$4_{\times 4}$	:	7 ×4
	12		16		
II →	$3_{\times 7}$	:	$1_{\times 7}$	:	4 ×7
	21		7		

अंतिम → (21 + 12) : (16 +7)

33 : 23

17. (b) प्रश्नानुसार,

जब परिवार के औसत वजन में बच्चे का वजन जोड़ा जाता है तो पूरे परिवार का औसत वजन 1 किग्रा से कम हो जाता है

अर्थात् बच्चे के वजन में परिवार के शेष सभी सदस्यों के वजन से 1 किग्रा वजन जोड़ा गया

तब,

बच्चे का वजन = 19 – (1 × 18)

= 19 – 18 = 1 किग्रा

18. (d) $\frac{A+B+C+D+E}{5} - \frac{B+C+D+E+F}{5}$

= 26

$\frac{A+B+C+D+E-B-C-D-E-F}{5} = 26$

⇒ A – F = 26 × 5 = 130

19. (a) 70 और 60 का ल.स. = 420

अजय → 70 (क्षमता 6)

420 (कुल कार्य)

विजय → 60 (7)

∵ अजय द्वारा कार्य छोड़ कर जाने पर विजय कार्य को समाप्त करता है

अत:, विजय द्वारा 47 दिन में किया गया कुल कार्य = 47 × 7 = 329

शेष कार्य को दोनों के द्वारा किये जाने में लगा कुल समय

$= \frac{420 - 329}{(6 + 7)} = \frac{91}{13} = 7$ दिन

∴ अत: अजय कार्य प्रारंभ होने के 7 दिन बाद चला जाता है।

20. (c) सूत्र,

$\frac{M_1D_1T_1}{W_1} = \frac{M_2D_2T_2}{W_2}$

प्रश्नानुसार,

$425 \times 30 = 375 \times D_2$

$D_2 = 34$ दिन

21. (a) 155, 93, 62 का ल.स.प. = 930

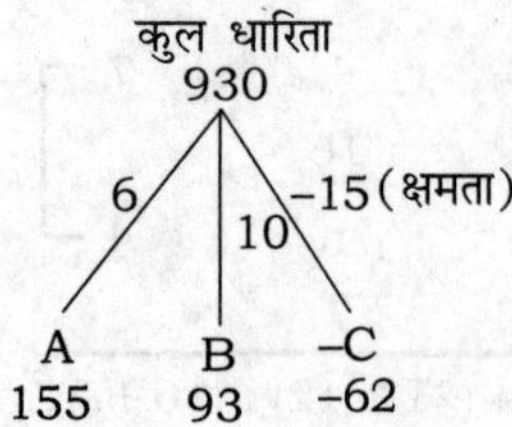

कुल समय = $\frac{\text{कुल धारिता}}{\text{कुल क्षमता}}$

$= \frac{930}{6+10-15} = \frac{930}{1}$

= 930 मिनट

22. (a) दिया गया है:

S_1 = 550 मील प्रति घंटा

S_2 = 825 मील प्रति घंटा

औसत गति $= \frac{2S_1 S_1}{(S_1 + S_2)}$

$\Rightarrow \frac{(2 \times 550 \times 825)}{(550 + 825)}$

$\Rightarrow \frac{907500}{1375} \Rightarrow$ 660 मील/घंटा

23. (b) चाल = $\frac{240}{5}$ = 48 किमी./घंटा

अब,

चाल को आधा करने पर दूरी तय करने में लगा कुल समय = $\frac{240}{24}$ = 10 घंटा

अतिरिक्त समय = 10 – 5 = 5 घंटा

24. (a) S_1 = 92 किमी./घंटा, S_2 = 75 किमी./घंटा

T_1 = 180 मी., माना $T_2 = x$ मी.

समय (t) = 60 से.

∵ दोनो ट्रेने एक ही दिशा में गति कर रही है।

तब, सापेक्ष गति = $S_1 \sim S_2$

$\frac{\text{दूरी}}{\text{समय}}$ = 92 – 74

$\frac{(180 + x)}{60} = 18 \times \frac{5}{18}$ मी./से.

$\frac{180 + x}{60} = 5$

$\Rightarrow 180 + x = 300$

x = 120 मी.

25. (b) चूँकि A, B को 10 से. से हराता है।

इसलिए 10 से. मे B द्वारा तय की गई दूरी = $\frac{1000}{250} \times 10$

= 40 मी.

अत: 1 किमी की रेस में A, B को 40 मी. से हराता है

26. (c) धारा के विपरीत नाव की चाल = 30 – 6 = 24 किमी/घंटा

5 मिनट में धारा के विपरीत तय की गई दूरी = 24 × $\frac{5}{60}$ = 2 किमी

27. (d) <u>0N</u> <u>59</u> <u>21</u>

(0 – N) + (5 – 9) + (2 – 1) = 0

– N – 4 + 1 = 0

– N – 3 = 0

N = – 3

N का मान नकारात्मक नहीं हो सकता इसलिए हम 11 जोड़ रहे हैं।

∴ छोटी प्राकृतिक संख्या N का मान = 11 – 3 = 8

SMART APPROACH:-

N 5 9 2 1

विषम स्थानों पर अंकों का योग तथा सम स्थानों पर अंकों के योग का अंतर 0 या 11 से विभाज्य होना चाहिए।

(N + 9 + 1) – (5 + 2) = 0 या 11

⇒ (N + 10) – 7 = 0 या 11

⇒ N + 3 = 0 या 11

⇒ N = 0 – 3 = – 3 या

N = 11 – 3 = 8

– 3 मान नहीं हो सकता है।

28. (b) 42971K2 → 4 × 11

⇒ (4 + 9 + 1 + 2) – (2 + 7 + K) = 0 or 11

⇒ 16 – 9 – K = 0

⇒ K = 7

29. (b) $\frac{2,3,5,7 \text{ का ल.स.प.}}{2,3,5 \text{ का म.स.प.}}$

$= \frac{210}{1}$

30. (c)

$\left[\left(1-\frac{1}{3}\right)\left(1-\frac{1}{4}\right)\left(1-\frac{1}{5}\right)\left(1-\frac{1}{6}\right)....\left(1-\frac{1}{99}\right)\left(1-\frac{1}{100}\right)\right]$

$\Rightarrow \frac{2}{3} \times \frac{3}{4} \times \frac{4}{5} \times \frac{5}{6} \times .... \times \frac{98}{99} \times \frac{99}{100}$

$= \frac{2}{100} = \frac{1}{50}$

31. (c) $[52 - 4 \text{ of } (17-12) + 4 \times 7]$

$\div [30 \div 15 \times 5] = 60 \div 10 = 6$

32. (c) म.स.प. (16, 14, 10) = 2 मीटर

मापने का सबसे बड़ा संभावित पैमाना = 2 मीटर

33. (b) दिया गया है,

व्यास = 14cm, r = 7

वर्ग का परिमाप = 4a

वर्ग की भुजा = a

प्रश्नानुसार,

$4a = 2 \times \frac{22}{7} \times 7$

a = 11 सेमी

वर्ग की क्षेत्रफल = 11^2 = 121 सेमी^{2}

34. (d) दिए गए जानकारी और विकल्पों द्वारा:–

(a) चिकित्सा + शिक्षा = 10% + 15% = 25%

(b) कृषि + औद्योगिक = 20% + 15% > 30% = ग्रामीण विकास

(c) चिकित्सा + औद्योगिक = 25%

(d) कृषि + चिकित्सा = 20% + 10% = 30%.

जो दी गई शर्त को पूरा करता है।

35. (a) आँकड़ों से पता चलता है कि सबसे अधिक वृद्धि ग्रामीण विकास में हुई है

1991 में → $\frac{30}{100} \times 200000$

= 60000

1992 में → $\frac{50}{100} \times 250000$

= 125000

∴ आवश्यक अंतर

= 125000 – 60000 = ₹ 65000

NOTES

NOTES